AF827638

Anja Wolkenhauer

Sonne und Mond, Kalender und Uhr

Untersuchungen zur antiken Literatur und Geschichte

Herausgegeben von
Heinz-Günther Nesselrath, Peter Scholz
und Otto Zwierlein

Band 103

De Gruyter

Sonne und Mond, Kalender und Uhr

Studien zur Darstellung und poetischen Reflexion der Zeitordnung in der römischen Literatur

von

Anja Wolkenhauer

De Gruyter

Gedruckt mit Hilfe der Geschwister Boehringer Ingelheim Stiftung
für Geisteswissenschaften in Ingelheim am Rhein und
der Gisela und Reinhold Häcker-Stiftung in Östringen-Odenheim.

ISBN 978-3-11-024712-1
e-ISBN 978-3-11-024713-8
ISSN 1862-1112

Library of Congress Cataloging-in-Publication Data:

Wolkenhauer, Anja.
Sonne und Mond, Kalender und Uhr : Studien zur Darstellung und poetischen Reflexion der Zeitordnung in der römischen Literatur / von Anja Wolkenhauer.
p. cm. -- (Untersuchungen zur antiken Literatur und Geschichte, ISSN 1862-1112 ; Bd. 103)
Includes bibliographical references and index.
ISBN 978-3-11-024712-1 (hardcover : alk. paper) -- ISBN 978-3-11-024713-8 (e-bk.)
1. Latin literature--History and criticism. 2. Time in literature. 3. Time management--Rome. 4. Time measurements--History. I. Title.
PA6029.T54W65 2010
870.9--dc22

2010037604

Bibliografische Information der Deutschen Nationalbibliothek
Die Deutsche Nationalbibliothek verzeichnet diese Publikation
in der Deutschen Nationalbibliografie; detaillierte bibliografische Daten
sind im Internet über http://dnb.d-nb.de abrufbar.

© 2011 Walter de Gruyter GmbH & Co. KG, Berlin/New York

Druck: Hubert & Co. GmbH & Co. KG, Göttingen
∞ Gedruckt auf säurefreiem Papier

Printed in Germany

www.degruyter.com

Vorbemerkung und Danksagung

„Sonne und Mond, Kalender und Uhr“ ist ein Versuch, Fragen aus der klassischen Philologie, der Wissenschafts- und der Mentalitätsgeschichte miteinander zu verknüpfen. Ohne den kritischen Beistand vieler Freunde und Kollegen wäre es mir weit schwerer gefallen, eine Form für diese Untersuchung zu finden. Der jetzt vorliegende Text ist im Frühjahr 2008 im Manuskript abgeschlossen und als Habilitationsschrift an der Universität Hamburg eingereicht worden; wenn dabei ein lesbares und hoffentlich auch lesenswertes Buch herausgekommen ist, so ist es auch all jenen zu danken, die den Wachstumsprozeß der Arbeit kritisch und hilfreich verfolgt haben:

Ohne Dorothee Gall wäre dieses Buch nicht entstanden; sie hat mich vom ersten Moment an ermutigt und mich durch alle Untiefen hindurch und über alle räumlichen Distanzen hinweg aufmerksam und mit der nötigen blickschärfenden Kritik begleitet. Dafür möchte ich von Herzen danken.

Zahlreiche Freunde und Kollegen haben mir mit ihrem Wissen und mit kritischer Geduld weitergeholfen. Besonders danken möchte ich meinen Lehrern Walther Ludwig und Joachim Dingel, deren umsichtiger Rat auch diesem Buch guttat, sowie Klaus Alpers, Beate Ceranski, Dorothea Frede, Ulrike Egelhaaf-Gaiser, Jens Gerlach, Andreas Kleinert, Claudia Klodt, Stefanie Krüger, Solveig Malatrait, Ulrich Mönnig, Susanne Muth, Claudia Schindler, Sabine Schmolinsky, Werner Suerbaum, Bernard van Wickevoort-Crommelin und Clemens Zintzen, die mir in vielerlei Weise helfend zur Seite standen. Karlheinz Schaldach und Ulrich Voigt haben mich bei technischen und mathematischen Fragen beraten. Den Zuhörern meiner Vorträge an den Universitäten Bochum, Bonn, Gießen, München und Tübingen verdanke ich manche Anregung.

Dass das Buch in Ruhe fertig werden durfte, ist vor allem dem Kalkhof-Rose-Stipendium der Mainzer Akademie der Wissenschaften und der Literatur geschuldet. Das Institut für Griechische und Lateinische Philologie der Universität Hamburg gewährte mir auch in schwierigen Zeiten ein zuverlässiges Arbeitsumfeld.

Otto Zwierlein und Heinz-Günther Nesselrath haben das Manuskript mit wohlwollender Akribie gelesen und es in die von ihnen herausgegebene Reihe der UaLG aufgenommen, worüber ich mich sehr freue. Bei der Druckvorbereitung standen mir Lilian Burghardt, Ulrike Falkenstein und Florian Pfister zur Seite; im Verlag haben Sabine Vogt und Andreas Brandmair das Buch mit großer Geduld betreut. Die Finanzierung des Druckes wurde in großzügiger Weise von der Gisela und Reinhold Häcker-Stiftung, Östringen-Odenheim, und der Geschwister Boehringer Ingelheim Stiftung für Geisteswissenschaften, Ingelheim am Rhein unterstützt.

Allen Freunden, Kollegen und Mitarbeitern möchte ich für die Bereitschaft danken, mit der sie ihr Wissen mit mir geteilt haben; mehr noch danke ich ihnen für ihre Zeit: Denn ohne sie hätte das Buch nicht entstehen können, ebenso wenig wie ohne die Zeitgeschenke meiner Familie. Ich hoffe, die Mühe hat sich für alle gelohnt.

Hamburg, im Juni 2010 Anja Wolkenhauer

Inhalt

I. Einführung

„Dass jenen die Götter verfluchen mögen, der als erster die Stunden entdeckte und eine Sonnenuhr hier aufstellen ließ; er schlägt mir Elendem den Tag in Stücke! Als ich ein Kind war, da diente mir allein mein Magen als Uhr....“[1] So beginnt ein witzig-wütender Monolog über die Macht der Uhren, vorgetragen vor römischem Publikum in einer plautinischen Komödie um 200 v. Chr. Die wenigen überlieferten Verse lassen viele Fragen aufkommen. Hatten die Zuschauer überhaupt eine Chance, zu verstehen, worum es ging? Benutzten sie Uhren? War die Klage des Sprechers auch die ihre, griff er gar ein weit verbreitetes Thema auf? Wie sprachen die Römer sonst über Uhren und deren alltagsverändernde Macht? Wie zeichnet sich diese Macht in ihrer Sprache und der literarischen Reflexion ab? Und wie kommt es, dass die hier von Plautus formulierte Klage unseren modernen Klagen so ähnelt – ist die Zeitkritik eine Größe, die sich dem historischen Wandel entzieht, oder gibt es andere Wege, die Schärfe dieser Worte zu erklären?

„Dem Obelisken auf dem Marsfeld fügte der vergöttlichte Augustus einen bewundernswerten praktischen Nutzen hinzu, nämlich den, die von der Sonne erzeugten Schatten und damit die Länge der Tage und Nächte festzuhalten.“[2] So steht es in der *Naturalis historia* von Plinius d.Ä., verfasst rund 250 Jahre nach dem obigen ‚Uhrenfluch‘. Eine andere Epoche, eine andere literarische Gattung, ein anderes Urteil – aber noch immer geht es um die Versuche, der Zeit innerhalb der römischen Gesellschaft eine Ordnung, eine rationale Struktur zu verleihen. Wie der Sprecher bei Plautus knüpft Plinius am Instrument der Zeitordnung an; wie dort gibt es einen Urheber und ein Urteil, aber Plinius steht der Angelegenheit sichtlich positiver gegenüber; er spricht von einem *mirabilis usus*, später noch von einer *res cognitu digna.*

Gibt es eine Verbindung zwischen diesen beiden Texten, die über den Zufall des ähnlichen Motivs hinausreicht? Gibt es einen römischen ‚Dis-

1 Plaut. Boeotia frg. 1 Leo; s. dazu unten S. 124 ff.

2 Plin. nat. 36, 72; s. dazu unten S. 252 ff.

kurs'[3] über die Ordnung der Zeit, der etwa denen über die Naturbeherrschung und die Kulturentwicklung an die Seite gestellt werden könnte, der in der Frühzeit der römischen Literatur anhebt und bis weit in die Kaiserzeit reicht? In welchen Texten wird er sichtbar, welche Gedanken und Argumente prägen ihn? Verfügt er über spezifische Begriffe und Bilder? Das sind die Fragen, mit denen ich diese Studie begonnen habe.

Dies ist also kein Buch über die Philosophie der Zeit. Es beschäftigt sich auch nicht mit der historischen Rekonstruktion der Zeitordnung in Rom, sondern mit ihrer literarischen Reflexion. Am Ende wird wenig darüber stehen, „wie es wirklich gewesen", wohl aber etwas darüber, wie diese Ordnung sprachlich konstituiert wurde, welche Metaphern sie hervorbrachte, welche Argumente man austauschte, wenn man darüber sprach, und in welchen Kontexten sie präsent war. Mein Interesse richtet sich daher auf diejenigen antiken Texte, in denen die Geschichte und Kritik der römischen Zeitordnung, oft konkretisiert in den beiden ‚Organisationsinstrumenten' Kalender und Uhr, artikuliert wird. Die Konzentration auf die instrumentell vermittelte Zeitordnung schärft den Blick für die implizite Bildlichkeit, die jeder Idee einer Ordnung der a priori immateriellen und nicht wahrnehmbaren Zeit zugrunde liegt, und ermöglicht zugleich die Abgrenzung des Forschungsgegenstands.

Wichtigstes Ziel ist die interpretatorische Erschließung der relevanten Texte von Plautus bis in die Zeit des Prinzipats (mit Ausblicken bis in die hohe Kaiserzeit) und, daran anknüpfend, die Rekonstruktion des kulturellen Wissens in Bezug auf das *tempus Romanum.* Das Nachdenken über die Zeitordnung verbindet sich mit vielen eminent römischen Problemfeldern: Sie wird in die Kulturentstehungslehren integriert, der Kultur-

---

3 Der Diskursbegriff ist in mehrfacher Hinsicht problematisch, da er aufgrund seiner ubiquitären Anwendung inhaltlich schwer fixierbar ist, zugleich aber unnötig polarisierend wirkt. Ich verstehe in Anlehnung an Titzmanns Definition unter dem ‚Diskurs' über die römische Zeitordnung alle Gedanken, Argumente, Motive und Metaphern, die in Bezug auf die kulturelle bzw. natürliche Strukturierung der Zeit, besonders aber auf ihre Instrumente Kalender und Uhr, in der römischen Literatur formuliert werden, sowie die regelhafte Struktur, die sich zwischen diesen Inhalten (Propositionen) abzeichnet. Die hier anschließenden Textinterpretationen, die die Basis jeder Rekonstruktion eines Diskurses bzw. des darin sich ausdrückenden kulturellen Wissens bilden, sind diesem Zugangsweg in Maßen verpflichtet. Sie arbeiten möglichst eng am Text, um ihre Ergebnisse möglichst allgemein nachvollziehbar zu halten. Die Diskursanalyse stellt dabei ein Verfahren neben anderen dar, das sich für den Umgang mit dem sowohl heterogenen als auch stark durch intertextuelle Bezüge geprägten *Corpus* der hier untersuchten antiken Literatur anbietet. Titzmann, Kulturelles Wissen, 51 ff.

kritik unterworfen, für das Selbstbild Roms in Anschlag gebracht und in einem *aemulatio*-Verhältnis zu Griechenland positioniert. Ihre Rekonstruktion ruft einen Kontext in Erinnerung, der eine in vielen Texten bislang übersehene Facette sichtbar werden lässt.

1. Zur Forschungsgeschichte

Es gibt keinen Forschungsstand zur antiken Zeitordnung, der wie derjenige zu einem antiken Dichter darzustellen wäre. Die Janusköpfigkeit des Zeitbegriffs, der zwischen der Realität der Chronologie und der poetischen Zeitmetaphorik eingespannt ist, erschwert jede Annäherung. Ich werde daher hier einige Entwicklungslinien der Zeitforschung skizzieren und ihre unterschiedlichen Zugriffsweisen kurz charakterisieren; die autoren- oder motivrelevante, stärker auf die Literarizität des Einzeltextes ausgerichtete Literatur findet sich im Eingang der jeweiligen Kapitel.[4]

Die Rekonstruktion der antiken Zeitrechnung bildete im 19. und frühen 20. Jahrhundert das Zentrum der positivistisch ausgerichteten, besonders von der deutschsprachigen Forschung gepflegten Disziplin der historischen Chronologie. Die damals entstandenen Grundlagenwerke liefern Rahmendaten für die Rekonstruktionen der antiken Kalender und der Jahreszählung. Weit weniger Raum widmeten sie den Zeiteinheiten unterhalb des Tages und der Messung mit der Uhr, die weder der *memoria* noch dem *cultus*, sondern vor allem der Alltagsorganisation dienten und denen daher schon in der Antike weniger Aufmerksamkeit zuteil geworden war.

Als wirkmächtigstes Werk dieser Jahre ist Theodor Mommsens „Römische Chronologie" (1858) anzusehen, in der er sich mit dem römischen Kalender und der Jahreszählung befasst. Der Tagesgliederung, die bei ihm ausgespart bleibt, widmet sich Gustav Bilfinger in einer Reihe bislang ebenfalls nicht ersetzter Studien.[5] Wegweisend ist Mommsens Differenzierung der verschiedenen Jahre – Zehnmonatsjahr, Mondjahr, republikanisches Jahr, Bauernjahr und Amtsjahr –, die den Blick auf die unterschiedlichen Zeitordnungssysteme lenkt, die innerhalb einer Gesellschaft

4 Dieser Aufteilung entsprechend findet sich grundlegende oder mehrfach zitierte Literatur am Ende des Buches im Verzeichnis der abgekürzt zitierten Literatur, während Arbeiten, die nur für einzelne Passagen herangezogen wurden, vollständig in den Fußnoten des jeweiligen Kapitels angeführt werden.

5 Bilfinger, Stundenangaben (1888); Bilfinger, Tag (1888); Bilfinger, Horen (1892).

nebeneinander existieren.[6] Die Sammelwerke von Friedrich Ginzel und Wilhelm Kubitschek sowie Elias Bickermanns besonders in der englischsprachigen Welt gebräuchliche Chronologie fassen die Ergebnisse in systematischen Handbüchern zusammen.[7]

Neue Impulse brachten die Arbeiten von Agnes Kirsopp Michels in den 60er Jahren des letzten Jahrhunderts, Pierre Brind'Amour in den 80ern sowie Robert Hannah, Denis Feeney und Jörg Rüpke in jüngster Zeit, die unter Nutzung neuerer Kenntnisse aus Epigraphik und Paläoastronomie und mit dem methodischen Rüstzeug der Sozial- und Kulturwissenschaften scharfsinnige und zugleich lesbare Darstellungen des vorjulianischen Kalenders und der julianischen Reform vorlegten. Die geographische Herkunft der Autoren zeigt die Internationalisierung der Wissenschaft deutlich an, während ihr disziplinärer Ort erkennen lässt, dass die historische Chronologie ihren Platz offenbar auf Dauer *zwischen* den Fachdisziplinen gefunden hat.[8]

Die historiographische Zeitforschung des ausgehenden 20. Jahrhunderts ist in hohem Maße von der mentalitätsgeschichtlich orientierten Erforschung des Hochmittelalters und der Frühen Neuzeit geprägt, die von den Studien von Jacques LeGoff und der französischen Annales-Schule

---

6 Theodor Mommsens Schrift ist eine Reaktion auf die chronologischen Schriften seines Bruders August, dem er vorwirft, bei seinem Bemühen um die Synchronisation verschiedener Zeitrechnungssysteme die je spezifischen Grundlagen – e. g. die römische Jahreszählung – vernachlässigt zu haben. Aufgrund der Titelähnlichkeit werden beide Schriften gelegentlich miteinander verwechselt; die Erscheinungsdaten der Monographien verwischen zudem das chronologische Verhältnis der Texte zueinander: Theodor Mommsen publizierte seine Schrift 1858, ^{2}1859. August Mommsen hingegen hatte die ersten „Beiträge zur Zeitrechnung" bereits 1856 und 1857 vorgelegt, während seine umfassendere „Chronologie" erst 1883 erschien. Sie behielt allerdings die früher formulierten Thesen bei, ist also chronologisch in fast allem *vor* die Chronologie Th. Mommsens zu stellen. Theodor Mommsen geht in seiner Vorrede kurz auf diese Konstellation ein. Mommsen (August), Chronologie (1883); Mommsen (Theodor), Chronologie (^{2}1859).

7 Ginzel, Handbuch (1906–1914); Kubitschek, Zeitrechnung (1928); Bickermann, Chronologie (1933; erweiterte englische Ausgabe 1968).

8 Michels wirkte als Altertumswissenschaftlerin am Bryn-Mawr-College; Pierre Brind'Amour (Université d'Ottawa) ist mit Studien zur frühneuzeitlichen Astrologie bekannt geworden; Robert Hannah und Denis Feeney, beide aus Neuseeland stammend, arbeiten innerhalb der Klassischen Philologie mit religionswissenschaftlichem bzw. paläoastronomischem Hintergrund; Jörg Rüpke hat einen Lehrstuhl für vergleichende Religionswissenschaften an der Universität Erfurt inne.

ausging. In ihrem Bemühen, die spezifischen Zeitordnungen von Stadt und Land, Städten und Ländern differenziert zu beschreiben und mit sozialen Ordnungen einerseits, technischen Entwicklungen andererseits zu verknüpfen, haben sie historische Krisen – wie etwa die Einführung der Räderuhr in den hochmittelalterlichen Städten – analysiert, während deren sich der Umgang einzelner Gesellschaftsschichten mit der Zeitordnung unter heftigen Auseinandersetzungen signifikant änderte.

Einen wesentlichen Schritt bedeutete Norbert Elias' Studie „Über die Zeit" (1984), die die Zeitordnung als kulturelle Konvention und politisches Mittel bestimmt und dabei erstmalig auch die römische Antike in den Blick nimmt, die zuvor – sei es aus sprachlichen Gründen, sei es aus Mangel an alltagsgeschichtlich nutzbaren Quellen – kaum berücksichtigt worden war. Ich verdanke Elias die Wahrnehmung der disziplinierenden Funktion der Zeit und den Versuch, alle Formen der Zeitordnung, von der Uhr bis zur Jahreszählung, in einen Fragehorizont zusammenzufassen. Direkte Anwendung haben seine Kategorien für die Struktur und Entwicklung von Zeitordnungen in historischen Gesellschaften im Kapitel „Uhren für Rom" gefunden. Die zahlreichen anthropologischen und soziologischen Studien, die hieran anschließen, sind methodologisch hilfreich, vor allem aber tragen sie dazu dabei, die historische Entwicklung der römischen Zeitordnung an ihren Wendepunkten zu verstehen:[9] Die Einführung der Uhr in Rom erweist sich aus dieser Perspektive als gänzlich ‚regulärer' Akkulturationsprozess, die julianische Kalenderreform dagegen in ihrer Eleganz und Dauerhaftigkeit als singulär.

Ebenfalls an mentalitätsgeschichtliche Fragestellungen schließen sich die Forschungen zu Gedächtnis und römischer *memoria* an, die nach der Bewahrung der Vergangenheit in der Zeit fragen. Auf der Basis der älteren chronologischen Forschung haben Hermann Strasburger und Arnaldo Momigliano in ihren Arbeiten den Umgang besonders der griechischen Geschichtsschreiber mit den jeweils erreichbaren Chronologien thematisiert.[10] Karl Joachim Hölkeskamp und Egon Flaig untersuchen in ihren Studien zur Konstruktion von Vergangenheit römische Phänomene wie den Gebrauch der *exempla* oder die *pompa funebris* nach den Kriterien von Zeitordnung, Zeitgewinn und Zeitverlust.[11]

9 Exemplarisch Schöps, Zeit (1980) und Muri, Pause (2004), die beide einen umfangreichen und gut strukturierten Forschungsüberblick bieten; zu Kalenderreformen auch Gell, Anthropology, 294–313.

10 Strasburger, Herodot (1956); Momigliano, Time (1963).

11 Hölkeskamp, Exempla (1996); Flaig, Umkämpfte Zeit, (2002)

Den Einfluss der technischen Entwicklung auf die Geschichte der Mentalitäten betonen die kalendergeschichtlichen Studien von Arno Borst und die umfassende „Geschichte der Stunde“ von Gerhard Dohrn-van Rossum (1992). Beide greifen dabei auf Überlegungen von Derek de Solla Price aus den 60er Jahren zurück, der in Bezug auf die Geschichte der Uhr und besonders des „Antikythera mechanism“ immer wieder auf die notwendige Verbindung technik-, wissenschafts- und geistesgeschichtlicher Forschung hingewiesen hat. Die antike Technikgeschichte hat dafür im realienkundlichen Bereich viele Vorarbeiten geleistet;[12] neuere interpretatorische Arbeiten haben auf diesem in Deutschland wenig bearbeiteten Feld Helmuth Schneider und Burckhard Meissner vorgelegt; auch Brodersens Studien zur römischen Raumerfassung seien hier aufgrund der sachlichen Verwandtschaft genannt.[13] Für die Instrumente der antiken Zeitrechnung ist zudem besonders Karlheinz Schaldach zu nennen, dessen Publikationen auf ein hohes Interesse der außeruniversitären Öffentlichkeit an diesem Forschungsgegenstand hindeuten.[14]

In ihrem Umgang mit Bildern verdanken die derzeitigen mentalitätsgeschichtlichen Forschungen vieles dem so genannten Warburg-Kreis, in dem mit der ikonologischen Methode sowohl ein kulturwissenschaftliches Handwerkszeug entwickelt wurde, das den Umgang mit Text- und Bildquellen gleichermaßen gestattet, als auch zugleich ein besonderes Interesse an der Darstellung von ‚Zeit‘ existierte, sichtbar in der Zuwendung Aby Warburgs zu astronomischen und astrologischen Themen. Der Begrifflichkeit von Zeit, ihrer Metaphorik und bildlichen Repräsentation sind zahlreiche Einzelstudien aus diesem Kreis gewidmet.[15] Alle Arbeiten

---

12 Gibbs, Sundials (1976); ergänzt durch Severino, Orologi (2003) und Schaldach, Sonnenuhren Griechenlands (2006).

13 Schneider, Technikverständnis (1989); Meissner, Fachliteratur (1999). Brodersens Studie untersucht die Modi der Raumerfassung in Rom, die gewisse Analogien zur Erfassung und Ordnung der Zeit aufweisen. Sein Interesse gilt allerdings weniger den Möglichkeiten und Grenzen der einzelnen Verfahren zur Erfassung und bildlichen Fixierung des Raumes sowie ihrer jeweiligen Verschriftlichung, sondern konzentriert sich auf die *vexata quaestio* nach der römischen Kartographie (Brodersen, Terra, 1995).

14 Schaldach, Römische Sonnenuhren (^{3}2001); Schaldach, Sonnenuhren Griechenlands (2006).

15 Exemplarisch genannt seien Alfred Dorens Arbeit über die „Wunschräume und Wunschzeiten“ der Utopie (1924–1925), Fritz Saxls Studie zum Verhältnis von Zeit und Wahrheit (Veritas, 1963) und das die disziplinären Grenzen weit überschreitende *opus magnum* von Raymond Klibansky, Erwin Panofsky und Fritz Saxl über „Saturn und Melancholie“ (engl. 1964, dt. 1990).

zeigen, wie ertragreich übergreifende Ansätze dort sind, wo die moderne disziplinäre Trennung von Bild- und Textwissenschaften der gemeinsamen Tradierung und wechselseitigen Beeinflussung der Künste nicht gerecht zu werden vermag.

Nahezu unbeeinflusst von den im weitesten Sinne kulturwissenschaftlichen Forschungen stellt sich die Philosophiegeschichte dar. Der platonische, aristotelische und augustinische Zeitbegriff sind Gegenstände einer stark auf sich selbst fokussierten Forschung.[16] Selbst Anknüpfungsmomente wie Platons Entwurf der ‚kosmischen Uhr' scheinen weder zum Brückenschlag in andere Disziplinen genutzt worden zu sein noch dazu herauszufordern. Um so auffälliger ist es, wenn Michael Theunissen auf der Grundlage nichtphilosophischer griechischer Texte eine Zeittheorie entwickelt, die zeitlich und inhaltlich weit über Platon hinausgreift, wobei er sich auf die verschiedenen Zeitqualitäten und ihre Begriffsgeschichte konzentriert.[17] Die (wenigen) Anmerkungen zur Zeit in der römischen Philosophie wurden gewöhnlich als Rezeptionsphänomene der griechischen Theorien eingeordnet und nur wenig beachtet. Hilfreich sind hier die Studien von Kurt Flasch,[18] der zwar ebenfalls den Bogen von den Griechen direkt zu Augustin schlägt, doch Cicero vergleichsweise viel Aufmerksamkeit zuteil werden lässt, sowie einige Arbeiten zu Seneca.[19]

Die meisten der bislang erwähnten Studien zur Zeit sind außerhalb der Klassischen Philologie entstanden, vielfach sogar außerhalb der Altertumswissenschaften. Als charakteristisch für die Position der Antike im Rahmen der Zeitforschung kann auch das Spektrum der von Julius T. Fraser betreuten und inhaltlich breit aufgefächerten Tagungsbände zu den „Studies of time" (1972–1981) angesehen werden, in denen die griechische Philosophie immerhin gelegentlich berücksichtigt wird, während die römischen Bestrebungen zur Zeitordnung an keiner einzigen Stelle vorkommen.

Es lohnt sich, über die möglichen Gründe dieses Fehlens nachzudenken. Bei kulturwissenschaftlichen Fragestellungen spielt sicher die oft festgestellte methodische Verspätung der klassischen Philologie eine gewisse Rolle. Sie führt in diesem Fall dazu, dass dort, wo die antike Literatur von anderen Disziplinen befragt wird (etwa bei der Suche nach dem

16 Exemplarisch: Flasch, Zeit (1993); Mesch, Gegenwart (2003); Schäfer, Paradigma (2005).
17 Theunissen, Pindar (2000); s. auch Theunissen, Zeitbegriffe (2002).
18 Flasch, Zeit (1993).
19 Exemplarisch Blänsdorf/Breckel (1983).

‚Anfang' einer Entwicklung), die Fragenden keine Antwort finden – nicht, weil der Gegenstandsbereich der Klassischen Philologie nichts beizutragen hätte, sondern weil diese Beiträge nicht in einer für andere Disziplinen erkennbaren Form vorliegen.

Denn es gibt und gab immer auch Forschungen aus dem Bereich der Klassischen Philologie, die sich der ‚Zeit' widmen. Dabei sind allerdings kaum monographische Arbeiten entstanden, die die gewonnenen Forschungsergebnisse resümieren und über die Fachöffentlichkeit hinaus sichtbar machen könnten, sondern eine Vielzahl kleinerer, verstreut erschienener und terminologisch uneinheitlicher Arbeiten. Historisch dominieren Studien zur Lexik, Begriffsgeschichte und Erzähltechnik, so dass die Fragerichtung grundsätzlich eher als im engeren Sinne philologisch denn als altertumswissenschaftlich zu charakterisieren ist. Diese Ausrichtung ermöglicht zwar Untersuchungen, die ohne eine a priori feststehende Definition der Zeit auskommen und daher für sehr unterschiedliche Zeitphänomene offen sind, erschwert aber zugleich den Blick über den spezifischen Begriff bzw. Text hinaus. Dieser Definitionsmangel prägt bis heute die philologischen Arbeiten.

Ausgehend von einem Vortrag Hermann Fränkels zur Zeitauffassung im griechischen Epos (1931) entstanden Studien zum gattungsspezifischen Umgang der griechischen Epen und Dramen mit der literarischen Darstellung von Zeit.[20] Ebenfalls aufbauend auf Fränkel wurden topographische und chronologische Bestimmungen in lateinischen Epen miteinander verglichen, wobei die Fahrt als Ausdruck der Dauer zur zentralen Kategorie wurde.[21] In jüngster Zeit hat ein von Jürgen P. Schwindt herausgegebener Tagungsband zur „Poetik der Zeit in augusteischer Dichtung" diese Überlegungen mit einer Reihe von Studien vor allem zur Erzähltechnik und zur Konstruktion von Geschichte und *memoria* im lateinischen Epos fortgeführt. Besonders hervorheben möchte ich zwei Studien aus diesem Band, und zwar diejenige von Mario Citroni über die je spezifische Entwicklung der literarischen Ausdrucksformen, die eine Eigenzeitlichkeit innerhalb des literarischen Systems konstituieren, und diejenige von Stephen Hinds über markante Zeitangaben in Ovids Werk. Auffallend in dem anregungsreichen Band bleibt das Fehlen einer definitorischen Klammer, die dazu beitrüge, den von Fall zu Fall diskutierten Zeitbegriff klarer zu konturieren.[22]

20 Hellwig, Raum (1964); De Romilly, Time (1968).
21 Exemplarisch: Mehmel, Virgil (1940).
22 Schwindt, Zeit (2005).

Zwischen narratologischer und motivgeschichtlicher Forschung angesiedelt ist die Studie von Martha Brauneiser über „Tagzeiten [sic] und Landschaft im Epos der Griechen und Römer" (1944), die außer einer umfänglichen Belegstellensammlung erste Überlegungen zur erzähltechnischen Funktion von Zeitangaben bietet. Eine größere Analysetiefe weist die Habilitationsschrift von Otta Wenskus auf, die dem Gebrauch von astronomischen Zeitangaben in der griechischen Literatur nachgeht; meine Überlegungen zur Stundengliederung knüpfen an beide Arbeiten an.[23] Die neuere narratologische Forschung, die die Differenz von Erzählzeit und erzählter Zeit sowie temporale Kriterien des Erzählens wie Tempo und Verzögerung, Vor- und Rückblende in ihren Analysen berücksichtigt, hat sich bislang vor allem der griechischen Literatur zugewandt.[24] In der römischen Literatur ist es besonders das vielfältige Œuvre Ovids, das in den letzten Jahren zu Fragen nach dem Verhältnis von Erzähltechnik und Zeitauffassung Anlass gegeben hat. Die Topoi der zeitlichen Situierung hat Claudia Montuschi zusammengetragen.[25] Die chronologisch-lineare Struktur der *Metamorphoses*, die vom Anbeginn der Welt bis zur Gegenwart des Dichters fortschreiten, wurde dem Aufbau historiographischer Werke und dem zyklischen Gang der *Fastorum libri* gegenübergestellt.[26] Neben derart großräumig angelegten Vergleichen wurde in Bezug auf die *Fastorum libri* festgehalten, dass sie nicht nur der prinzipiell zyklischen Struktur des Festjahres folgen, sondern auch durch die Gleichsetzung von Monat und Buch bzw., so die weitergehende Interpretation von Volk, durch die Synchronisierung von Leben, Schreibprozess und Gedichtverlauf gekennzeichnet sind.[27] Die zahlreichen Studien der letzten Jahre haben Ovid als Dichter der zeitlichen, biographisch wie stadtgeschichtlich konturierten Ordnung der Zeit sichtbar gemacht. An diese Studien anknüpfend möchte ich Ovids Wahrnehmung unterschiedlichster Zeitstrukturen und ihrer Ordnungsmittel (natürliche, kulturelle, individuelle Zeit) und seine Darstellung nicht nur geordneter, sondern auch gestörter und beeinträchtigter Zeiten in meine Überlegungen einbeziehen.

23 Wenskus, Zeitangaben (1990).
24 De Jong, Narrators (2004); im Hinblick auf die Zeitstrukturen erstaunlich farblos bleibt Murgatroyd, Narrative (2005) (zu Ovid).
25 Montuschi, Tempo (2005).
26 Siehe die Studien von Feeney und Hinds in Hardie/Barchiesi/Hinds (1999).
27 Volk, Carmine (1997).

Fastendichtungen sind vor allem aus augusteischer Zeit bekannt. Ihnen nahe stehen die römischen Aratea, die sich ebenfalls innerhalb weniger Jahrzehnte konzentrieren. Patrizio Domenicucci und Emma Gee haben ihnen in wegweisenden Studien einen Platz im kulturellen Gefüge des frühkaiserzeitlichen Rom zugewiesen und sie mit der ‚Kartierung' und Vereinnahmung des Kosmos zu politischen Zielen verbunden.[28] Gee macht dabei auch deutlich, dass die *laudes Astronomiae* dieser Jahre eine bereits obsolete Form der Zeitbestimmung verteidigen – mit dem Funktionieren des julianischen Kalenders wurden die Sterne für das *tempus Romanum* zunehmend irrelevant.

2. Grundbegriffe: Zeit – Bild – Text

2.1. Zeit/Zeitordnung/Zeitmessung

Die Dimension der Zeit wird in antiken Texten als sprachliches, philosophisches oder historisches Phänomen reflektiert. Eine Allgemeingültigkeit beanspruchende antike Theorie der Zeit und ihrer vielfältigen Gestalten existiert nicht, so dass immer neu bestimmt werden muss, von welcher ‚Zeit' jeweils die Rede ist. Der ‚Zeit an sich' (χρόνος, *tempus*) können komplementäre Zeitbegriffe zur Seite gestellt werden, die die Beständigkeit (αἰών, *aeternitas*) bzw. den besonderen Moment (καιρός, *occasio*) bezeichnen, oder solche, die die je spezifische Füllung der Zeit charakterisieren (*labor, otium* etc.). Für die Frage nach der Zeitordnung haben die genannten beiden Komplemente jedoch nur eine geringe Bedeutung, so dass ‚Zeit' im Folgenden stets als Entsprechung von *tempus* verstanden werden kann. Schon in der antiken Etymologie, die *tempus* mit *temperare* verbindet,[29] trägt der Zeitbegriff die Vorstellung einer Zergliederung und Ordnung in seinem begrifflichen Zentrum.

Als ‚Zeitordnung' bezeichne ich das Ergebnis menschlicher Bemühungen darum, Regelmäßigkeiten in der Natur zu erkennen und diese für die Lebensbewältigung und für die Organisation des menschlichen Miteinanders in den Dienst zu nehmen; kürzer gesagt: den Versuch, die Zeit zu einem Instrument im Dienste des Menschen zu machen. Zeitordnungen lassen sich in jeder Kultur beobachten und sind etwa mit den Strukturen

---

28 Domenicucci, Astra (1996); Gee, Ovid (2000).

29 Varro ling. 6, 2, 3; s. auch Maltby, Lexicon, S. 603 s.v. *tempus* (mit weiteren Verweisen).

der Landverteilung zu vergleichen; sie werden mit steigender gesellschaftlicher Komplexität ebenfalls komplexer.[30]

Die römische Antike besaß keinen feststehenden Ausdruck zur Bezeichnung dieser Ordnung; die Beispiele legen Wendungen wie *observatio, ratio, dispositio* oder sogar *compositio temporum* nahe.[31] In ihnen wird das Bild einer Zeitordnung sichtbar, die vom Menschen und seinem verstandesgemäßen Handeln ausgeht und weder als göttliches Geschenk noch als naturgegebenes Faktum anzusehen ist. Die Begriffe legen jedoch nicht fest, mit welchem Verfahren diese Ordnung geschaffen und erhalten wird. In der historischen Entwicklung wurde die direkte Naturbeobachtung (Wechsel von Tag und Nacht, Mondphasen, Jahreszeiten) zunehmend durch die Orientierung an Instrumenten (Uhr, Kalender) ergänzt und später abgelöst.

Eine enge Beziehung besteht zum oft synonym gebrauchten Begriff der Zeitmessung, obgleich dieser lediglich einen Teilbereich erfasst und eher den Weg der Ordnungsgewinnung als die Ordnung selbst fokussiert: Die so genannte ‚Zeitmessung' stellt das zentrale Verfahren für das Herstellen einer Zeitordnung dar, bei dem Ereignisse mit Hilfe eines genau definierten Instruments in Korrelation gebracht werden, dessen regelmäßiger Rhythmus als allgemeingültiges Maß anerkannt wird.[32]

Die Zeitordnung wird in den gesellschaftlichen Praktiken sichtbar, die ihrer Erzeugung und Erhaltung dienen; sie hinterlässt Spuren in der Konstruktion und Bewertung der dazu nötigen Instrumente und – in

30 Schöps, Zeit, widmet sich in einer sehr anregenden Studie dem Begriff der Zeitordnung aus Sicht der Moderne und mit soziologischem Interesse. Dementsprechend gelangt sie zu einem völlig anderen Begriffsgebrauch und zu anderen Differenzierungen. Natürliche und kulturelle Zeitordnung erscheinen bei ihr nicht als Zwillingspaar, sondern das, was ich als ‚kulturelle Zeitordnung' beschreibe, gilt ihr als alleinige Zeitordnung, die sich nach den Begriffen der „Realordnung" (Bindung von Handlungen an bestimmte Zeiten), „Normgefüge" (Gewohnheiten und Gesetze) und „externe Determinanten" differenzieren lässt. Erst hier, als nachgeordnete und somit sichtlich unwichtige Determinante kommt neben den biologischen Rhythmen und dem Festkreis des Jahres auch der Tag-Nacht-Rhythmus hinzu.

31 Cic. leg. 2, 29 (*compositio anni)*; Manil. 3, 417 (*horarum ratio*); Sen. epist 122, 18 (*dispositio temporum* als individuelle Zeiteinteilung); Plin. nat. 7, 212 (*horarum observatio* als Beachtung der Tagesgliederung mit der Uhr; vgl. auch Plin. nat. 7, 215 *luminis discretio*); Tac. Germ. 30 (*diem disponere* als rudimentäre gesellschaftliche Zeitordnung).

32 Natürlich sind durchaus Zeitordnungen denkbar, die sich ohne ein derartiges externes Maß konstituieren – wer kleine Kinder hat, weiß, wie schwer es ist, die Uhrzeit als Maß des Handelns durchzusetzen.

Schriftkulturen – in der Literatur, die das kulturelle Wissen der Gesellschaft tradiert. In Rom ist sie mit anderen vertrauten Problemfeldern eng verbunden: Die *memoria* als Verfahren der Strukturierung und potentiellen Aktualisierung der kollektiven Geschichte bedarf ihrer als Hilfsmittel. Ihre Bindung an das städtische Leben und den ‚otionalen Raum' macht sie angreifbar für die Stadt- und Kulturkritik, und ihre Begründung in der *ratio* und der Naturbeobachtung führt sie an der Seite der *astronomia* in die Diskussion um Art und Umfang der Menschenbildung hinein.

2.2. Bild/Metapher

Jedes Reden über die Zeit ist bildhaftes Reden. Denn da wir die Zeit selbst nicht sinnlich erfassen können, orientiert sich jedes Reden über sie entweder an Veränderungen der Umwelt (z.B. ‚die Sonne ist aufgegangen') oder aber an Bildern von Zeit, deren Veränderung stellvertretend beschrieben wird (‚die Zeit ist verflossen'). Die Instrumente, die zur Messung der Zeit eingesetzt werden, sind als Veränderungen in einem spezifischen Bereich der Umwelt zu verstehen, die abstrahiert und zur Norm erhoben werden (‚der Schatten auf der Sonnenuhr hat die Mitte erreicht, ergo sind sechs Stunden verstrichen'). Darüber hinaus können sie jedoch auch als ‚Bilder auf zweiter Stufe' gelten, die aus der grundlegenden Bildlichkeit der Zeit abgeleitet sind: Denn nur, wenn der Zeit eine – wenn auch imaginäre – Materialität eingeräumt wird, kann man annehmen, sie mit Hilfe von Instrumenten zerteilen, ordnen, darstellen zu können. Diese grundlegende Bildlichkeit der Zeitrede wird in der antiken Philosophie bewusst gehandhabt, um eine Vorstellung vom Wesen der Zeit zu entwickeln und die Idee einer Messung zu begründen. Ihre Feststellung impliziert das Vorhandensein einer großen Anzahl habitualisierter Metaphern, die unauffällig an der Basis der Sprache wirken und von Fall zu Fall in kreativer Weise aktualisiert werden können.

Eine Untersuchung der Veranschaulichungsformen der Zeit bzw. der Zeitordnung muss jedoch einen wesentlich breiteren Bildbegriff zugrunde legen. Denn die Veranschaulichung einer Zeitordnung erfolgt nicht allein durch die mehr oder minder bewusst gebrauchte bildhafte Sprache, sondern daneben auch in personifizierender Rede (z.B. über Numa, der zum Vater der Zeitordnung gestaltet wird), in der Entwicklung von Utopien und modellhaften Abbildern der Zeitordnung (*fasti, horologia, sphaerae*), in personifizierenden Bildkunstwerken (*Ianus, Horae* ...), in spezifischen Architekturen und nicht zuletzt in den zahlreichen Bild-erzeugenden

Praktiken der Zeitstrukturierung durch gesellschaftliche und individuelle Feste und Gedenktage. Dieser umfangreiche Bildbegriff, der zusätzlich zur sprachlichen Bildhaftigkeit die Gesamtheit der ‚visual culture' erfasst,[33] steht hinter den folgenden Überlegungen.

Das ändert nichts daran, dass die konkrete Textanalyse weiterhin im Zentrum der Arbeit steht. Wohl aber erweitert der breite Bildbegriff die Kategorien, nach denen die Texte ausgewählt werden, und führt dazu, dass neben der philosophischen Definition der Zeitmessung auch die personalisierte Geschichte ihrer Begründung durch die πρῶτοι εὑρεταί Raum erhält; dass neben den Uhrenmetaphern auch die Beschreibungen römischer Kalender- und Uhrenbauten berücksichtigt werden und dass außer den Beschreibungen des römischen Alltags auch Entwürfe paradiesischer Orte und ihrer spezifischen Zeitkonstitution ihren Platz in der Untersuchung haben.

2.3. Text/Virtuelles und konkretes Textcorpus

Dieser Arbeit liegt der altertumswissenschaftliche Literaturbegriff zugrunde, der alle verschriftlichten Äußerungen der antiken, in diesem Fall der römischen Kultur umfasst. Wie beim antiken Literaturbegriff, auf dem er gründet, stellt die Fiktionalität hier keine Grenzscheide dar.[34] Die untersuchten Texte haben den Rang je individueller Konkretisierungen, die nicht nur durch ihren Ort innerhalb der Literatur, sondern auch durch die spezifische historische und gesellschaftliche Situation geprägt sind. Sie sind als absichtsvolle, auf einen Adressaten hin orientierte, sich im Verhältnis zu Tradition und Gesellschaft positionierende Äußerungen ihrer Verfasser zu interpretieren.

Das virtuelle Textcorpus meiner Studien umfasst daher alle Texte der klassischen Latinität, in denen die Zeitordnung dargestellt, verbildlicht oder als Strukturelement genutzt wird. Das konkrete Textcorpus unterscheidet sich hiervon durch zwei Einschränkungen: Die erste liegt in der

33 Zum Begriff der „visual culture" und der sie erschließenden Bildwissenschaften s. die Einführungen in Klaus Sachs-Hombach (Hrsg.), Bildwissenschaft: Disziplinen, Themen, Methoden, Frankfurt/Main 2005.

34 Grundlegend Wolfgang Schadewaldt, Der Umfang des Begriffs der Literatur in der Antike, in: W.S., Hellas und Hesperien 1 (1970) 782–796; vgl. dazu die Anmerkungen bei Albrecht, Geschichte, 1–2; P.L. Schmidt, Einleitung in das Gesamtwerk (= HLL 1, §101), hier bes. XLIV-XLVII.

Ungunst der Überlieferung begründet, die zweite in einer bewussten Auswahl.

Im Zentrum des virtuellen *Corpus* müssten die caesarianischen Kalenderschriften und Varros sechs Bücher *de temporibus* stehen, die die wichtigsten und vermutlich umfangreichsten Werke zur römischen Zeitordnung dargestellt hätten. Diese Werke sind jedoch verloren und nur in ganz groben Umrissen zu rekonstruieren (s. Kap. IV). Eine derartige Ausgangssituation – das Fragen um eine leere und nicht mehr zu füllende Mitte herum – fordert dazu auf, alle erhaltenen Hinweise auf die zentralen Werke mit doppelter Aufmerksamkeit zu lesen, da sie allein ein viel größeres vorstellbar halten müssen. Damit sind alle Texte, die Erkenntnisse über Varros antiquarische Studien und Caesars Kalendercorpus vermitteln, in das konkrete Textcorpus aufzunehmen. Dazu gehören besonders die späten Werke von Censorinus und Macrobius, die vielfach auf Varro zurückgreifen und eine Idee davon vermitteln, wie reich das antiquarische Schrifttum zur Geschichte der Zeitordnung in Rom einmal war, sowie Lehr- und Fachbücher wie die von Geminos, Vitruv und Plinius d. Ä., die Varro vorlagen, auf Varro zurückgreifen oder einen ihm vergleichbaren Wissensstand vorhalten. Es ist klar, dass eine derart an den Rändern ansetzende Untersuchung auch doppelt aufmerksam sein muss, bevor sie ein Motiv, ein Argument einer bestimmten historischen bzw. literarischen Konstellation zuschreiben kann; die exemplarische Analyse von Plinius' Geschichte der Uhr macht dieses Problem deutlich.

Doch das virtuelle Textcorpus erfasst nicht nur antiquarische, historische und fachwissenschaftliche Texte, denn auch die Diskussionen und Vorstellungen, um die es geht, beschränken sich nicht auf diese Gattungen. Für die weitere Auswahl fehlen allerdings eindeutige formale Kennzeichen. Es könnten dazugehören: Werke, deren Aufbau einer chronologischen Ordnung folgt (annalistische Historiographie; Fastendichtung; Ovids *Metamorphoses*); theoretische Schriften, die das Wesen der Zeit und ihr Verhältnis zum Menschen zu definieren versuchen (Platon, *Timaios*; Seneca, *De brevitate vitae*); Eutopien, in denen sich der Entwurf einer idealen Zeitordnung abzeichnet, ebenso wie Dystopien, die die Machart der jeweils imaginierten ‚Zeithölle' erkennen lassen; Dichtungen, die literarische Motive entwickeln, tradieren oder neu beleben, die eine deutliche Zeitkomponente besitzen (Zeitaltermythos, *puer senex, nox longa, carpe diem*) oder Metaphern und Bildfelder, die die Ordnung der Zeit sinnlich konkretisieren (Fluss der Zeit, Uhrwerkmetapher). Ein derart überreiches und heterogenes *Corpus* macht eine Auswahl nötig. Ich habe nach folgenden Kriterien ausgewählt:

Chronologische Abgrenzung: Das erste konkrete Textcorpus hatte deutlich gemacht, dass die Einführung bzw. Revision der Instrumente der Zeitordnung wichtige – d.h. hier: literarisch reflektierte – Momente bezeichnete. Für die Einführung der Uhr ließ sich dies nur mit einer gewissen Kautel feststellen, da sie zu einer Zeit (im 3. und 2. Jhdt. v.Chr.) stattfand, aus der kaum lateinische Texte erhalten sind; für die julianische Kalenderreform ließ es sich dafür um so deutlicher zeigen. Damit kann die untersuchte Zeitspanne ungefähr auf die Jahre von 200 v. bis 50 n.Chr. fixiert werden. Innerhalb dieser Zeit ergibt sich ein erster Schwerpunkt in der Frühzeit (ca. 200–150 v.Chr.), in der Uhr und Stundenzählung sich etablierten, und ein zweiter, literarisch gewichtigerer, rund um die julianische Kalenderreform (ca. 50 v. – 10 n.Chr.). Die Literatur innerhalb des gesteckten Zeitrahmens, besonders aber an den beiden postulierten Schwerpunkten habe ich möglichst vollständig durchgesehen.

Thematische Abgrenzung: Ausgeschlossen blieb die philosophische Ethik, deren Gedanken zum rechten Zeitgebrauch erst bei Seneca ihren Anfang nehmen und vorher in Rom nicht erkennbar präsent sind. Ebenfalls weitgehend ausgeschlossen blieb die einzelnen Werken oder Gattungen implizite chronologische Struktur, die für meine Fragen keinen erkennbaren Ansatzpunkt bot; ich habe bei der Zusammenstellung des Textcorpus keine konkreten Hinweise darauf gefunden, dass die Diskussion um die Zeitordnung und die steigende Zeitdisziplin Auswirkungen auf die chronologische Struktur von Einzeltexten oder Gattungen gehabt hätte oder von dort beeinflusst worden wäre.

Aufnahme der erhaltenen Haupttexte: An dritter Stelle stand ein positives Kriterium: Ich habe alle jene Textpassagen, in denen die Zeitordnung oder ihre Instrumente explizit dargestellt, kommentiert oder verbildlicht wurden, in das konkrete Textcorpus aufgenommen und in Einzelanalysen detailliert untersucht. Dort, wo es eine Reihe ähnlicher Darstellungen gab (z.B. im Lehrgedicht), habe ich mich auf exemplarische Analysen beschränkt und weitere Werke ggf. über Verweise in den Fußnoten miteinbezogen.

Es ist ein Topos, darauf hinzuweisen, dass auch Klio dichte – aber, und das soll nicht vergessen werden, die anderen Musen hören ihr und Urania auch gelegentlich zu. Das heißt: Das Problem der Zeitordnung, dem ich nachgehe, wird nicht nur in einem einzigen Bereich der Literatur verhandelt; ähnlich z.B. wie der römische Deszendenzdiskurs zieht es sich in immer neuer Verwandlung durch Texte und Zeiten. In dem Versuch, das Historische in poetischen Texten nicht zu übersehen, aber auch die Literarizität der fachwissenschaftlichen Literatur nicht zu unterschlagen, habe ich Texte von Plautus, Lukrez, Varro, Cicero, Caesar, Vitruv, Vergil, Livius, Ovid, Valerius Maximus, Pomponius Mela, Plinius d.Ä., Martial, Lucan, Sueton, Censorinus und Macrobius ausgewählt und interpretiert; ergänzend herangezogen wurden die Zeittheorien von Platon und Aristoteles sowie motivisch relevante Passagen bei Hesiod, (Ps.–)Aischylos, Xenophon, Hekataios, Geminos, Plutarch, Iambulos, Lukian und Alkiphron. Dabei werden Überlegungen und Verfahren aus Begriffs- und Motivgeschichte, Narratologie, Metaphorologie und Diskursanalyse genutzt, um ein Höchstmaß an Textverständnis zu erreichen. Die Kombination verschiedener Herangehensweisen, die nicht nur fruchtbar, sondern durchaus auch irritierend und problematisch sein kann, bleibt durch die eng am jeweiligen Text geführten Einzelinterpretationen überprüfbar.

3. Gliederung

Auf die Einführung (= Kap. I) folgt die grundlegende Begriffsbestimmung von ‚Zeit' und ‚Zeitordnung' aus der antiken Literatur (= Kap. II). Ihre Schwierigkeiten sind eingangs bereits angeklungen: Zwar gibt es in der griechischen Philosophie (im Gegensatz zur römischen) eine Tradition der definitorischen Festlegung, in der immer neu formuliert wurde, was die ‚Zeit' sei. Diese Definitionen stehen im Dienst ontologischer oder metaphysischer, gelegentlich auch ethischer Überlegungen. Doch dieser Zeitbegriff reicht nicht aus, um das römische Reden über die Zeit angemessen zu analysieren.

Denn ginge man allein von der griechischen Definition aus, betonte also nur die Tradition, liefe man Gefahr, das, was sich in Rom neu oder anders entwickelte, nicht wahrzunehmen. Der Weg muss also ein doppelter sein; er darf nicht nur dem Traditionsangebot Griechenlands folgen, sondern muss auch nach den spezifischen Interessen Roms suchen. Diese gelten vor allem der ‚angewandten Zeit', d.h. ihrer konkreten Beziehung zum gesellschaftlichen Leben, und finden sich nicht unbedingt in der philosophischen Literatur, sondern in den Kulturentstehungslehren, in der Darstellung von πρῶτοι εὑρετάι und in der Frühgeschichte der Astronomie, darüber hinaus in Texten aller literarischen Gattungen, die die Geschichte Roms zum Thema haben. Natürlich bilden die ägyptische und griechische Kultur mit ihrer je eigenen Zeitordnung hier wichtige Bezugspunkte, doch der Zugriff der römischen Literatur erscheint nicht auf das philosophische Zentrum der Begriffsdefinition gerichtet, sondern auf eher ‚randständige' Bemerkungen bei Platon und Aristoteles, die den Instrumenten der

Zeitmessung sowie dem Vorbildcharakter der kosmischen für jede menschliche Ordnung gelten. Ziel des zweiten Kapitels ist es, das *tempus Romanum* als eine spezifisch römische und eng an die Begriffe von Messung und Ordnung gebundene Größe zu konturieren. Dabei gilt der konzeptionellen Bildlichkeit der Zeit große Aufmerksamkeit, da sie die Grundlage dafür bildet, dass Zeit überhaupt als etwas Mess- oder Teilbares erscheinen kann. Als besonders problematisch (da bislang nicht historisch reflektiert) hat sich dabei der Begriff der ‚kosmischen Uhr' erwiesen, der, aus Platons *Timaios* gewonnen, eine chronologisch völlig unzutreffende Vorstellung von Uhren und der durch sie geprägten Zeitstrukturen in das klassische Griechenland projiziert.

Aufbauend auf die Bestimmung dessen, was in Rom dem Begriff der ‚Zeit' zugerechnet wurde, widmet die Studie sich den beiden zentralen Bereichen der römischen Zeitordnung, d.h. der Ordnung von Tag und Nacht, die zunehmend durch die Uhr bestimmt wurde (= Kap. III), und der Ordnung des Jahres, deren Regulationshilfe der Kalender bildet (= Kap. IV). Beide sind in der bisherigen Forschung zumeist getrennt betrachtet worden, was um so erstaunlicher ist, da die wichtigsten Instrumente – vor allem die Sonnenuhr – grundsätzlich in beiden Bereichen Anwendung finden konnten. Erst Norbert Elias hat diese Trennung aufgehoben und gezeigt, wie ertragreich es sein kann, die verschiedenen Zeitordnungsstrukturen als Ausdruck eines in unterschiedlichen Kontexten wirkenden ähnlichen Bemühens zu analysieren. Leitfragen und Binnenstruktur der einzelnen Kapitel sind jedoch – dies ist nicht zu vermeiden – stark von der unterschiedlichen Überlieferungssituation geprägt.

Das dritte Kapitel ist der zeitlichen Ordnung von Tag und Nacht gewidmet. Das kleinste natürliche Zeitmaß ist durch seine einzigartige Möglichkeit zur literarischen Kontrastbildung ausgezeichnet. In der Dichotomie von Licht und Dunkel, in der die – für die zeitgenössische Bewertung so wichtige – Zusammengehörigkeit von Licht, Ordnung und positiver Staatlichkeit einerseits und Dunkel, Strukturmangel und Dystopie andererseits sichtbar wird, werden *in nuce* bereits viele Themen der folgenden Kapitel angerührt:

Die Untergliederung des Lichttages nach der Sonne, nach bestimmten Ereignissen oder nach nummerierten Stunden reflektiert die technische Entwicklung. Zugleich eröffnet sich dort, wo chronologisch ‚synonyme' Zeitangaben zur Verfügung stehen, der Frage nach den inhaltlichen Implikationen der jeweiligen Zeitangaben ein neuer, bislang kaum genutzter Raum. Was unterscheidet etwa die *hora quinta* in der Literatur von der

Angabe *ante meridiem?* Wann und wo werden gezählte Nachtstunden eingesetzt? Alle Ordnungsversuche der Nacht kulminieren im Begriff der *intempesta nox,* die außerhalb der Zeit, außerhalb jeder diesseitigen und kulturellen Sicherheit steht und Elemente der Unterwelt und des Todes in sich trägt. Das Motiv der Nacht als ‚zeitloser Zeit' wird in der Analyse der utopischen Zeitordnungen im fünften Kapitel wieder aufgegriffen.

Doch nicht nur das blickschärfende Gegensatzpaar von Tag und Nacht, sondern auch ein literarischer Glücksfall bestimmt das dritte Kapitel: Anders als beim Kalender, wo die fachwissenschaftlichen Texte größtenteils verloren sind, ist für die Geschichte der Uhren in Rom zumindest ein kleiner, aber durchaus inhaltsreicher Abriss innerhalb von Plinius' *Naturalis historia* erhalten. Bei seiner Interpretation sind zwei Ebenen zu berücksichtigen, die realienkundliche und die textanalytische: Plinius verknüpft seine Geschichte der Uhren in Rom mit einer Vielzahl stadtbekannter Gebäude, die seinen Lesern eine ergänzende topographische Orientierung bieten. Berücksichtigt man diese Angaben, so tritt die räumliche Fixierung der Zeitordnung ebenso zutage wie der Sondercharakter einiger früher römischer Uhren. In der Textanalyse indes gilt es, die Konstruktion des Textes nachzuvollziehen, seine Denkfiguren und Wertungen herauszuarbeiten, um den technikhistorisch bedeutenden Text in seinen literarischen Zusammenhang zu setzen und zu einem besseren Textverständnis zu gelangen, als es die Forschung bislang erreicht hat.

Die Ordnung des Jahres steht im Zentrum jeder Untersuchung der römischen Zeitordnung, was sicher in der manipulationsanfälligen Struktur des republikanischen Kalenders sowie seiner bis heute wirkenden Reform durch die beiden Julier begründet ist. Sie ist bereits vielfach und mit hohem analytischem Einsatz untersucht worden, so dass ich darauf aufbauen und mich auf den bislang wenig beachteten Bereich der Vermittlung und Repräsentation der Reform konzentrieren kann (= Kap. IV). Meine Fragen zielen vor allem auf den römischen Kalenderdiskurs des ersten vorchristlichen Jahrhunderts, d.h. auf die Argumente und Begründungszusammenhänge, die im Vorfeld der Reform, in ihrem Verlauf und aus dem Nachhinein in der römischen Literatur vorgebracht wurden. Welches Wissen in Bezug auf den eigenen und auf fremde Kalender war in Rom vorhanden? Wann und in welcher Weise war es verschriftlicht worden? Nach welchen Kriterien wurde eine Zeitordnung beurteilt? Was erwartete man von ihr? Welche Handlungsspielräume besaß Caesar für seine Reform und mit welchen Argumenten konnte er sie, die so erstaunlich erfolgreich werden sollte, unterstützen? Kein späterer Reformversuch wurde je ähnlich glücklich und dauerhaft durchgesetzt.

Im Zentrum des vierten Kapitels stehen drei beherrschende Gestalten der späten Republik, Varro, Cicero und natürlich Caesar. Dieser erweist sich schon in den 50er Jahren als aufmerksamer Beobachter fremder Zeitordnungen und scheint mehr als andere die kulturelle Formung und damit die implizite Veränderbarkeit jeder Zeitordnung zu bemerken, ohne dass sich dadurch die Motive, die hinter der von ihm mitverursachten Kalenderverwilderung standen, klären ließen, will man dies nicht mit der allgegenwärtigen Beschädigung der Institutionen in den Bürgerkriegsjahren begründen. Varro zeigt nicht nur großes Interesse an der teils historiographisch, teils astrologisch motivierten Frage nach der römischen Jahreszählung und dem Gründungsdatum der Stadt, sondern erweist sich auch als treibende Kraft hinter der Verschriftlichung der zahlreichen älteren römischen Zeitordnungen (Seefahrt, *cultus*, Landwirtschaft, Politik, Astronomie). Ciceros verstreute Äußerungen, die hier im Zusammenhang betrachtet und z. T. neu interpretiert werden, lassen dagegen erkennen, wie eng der Raum für eine Veränderung des Kalenders aus der Sicht eines traditionsorientierten Römers war.

Doch ich sehe die julianische Kalenderreform nicht nur als Lösung altererbter Probleme an, sondern auch als eine Initialzündung für weitere Überlegungen über die Qualität des *tempus Romanum* und Ermutigung zur politischen Nutzung der Zeitordnung. Augustus' kleine Kalenderkorrektur erscheint aus dieser Perspektive in einem neuen Licht.

Der Uhrenmetaphorik des dritten Kapitels hat das Kalenderkapitel nichts entgegenzusetzen: In der antiken lateinischen Literatur wird keine irgendwie geartete ‚Kalendermetaphorik' sichtbar; allein auf die habitualisierte Metapher des „kreisenden Jahres" könnte hier verwiesen werden. Stattdessen widmet sich das fünfte Kapitel den Bildern der geordneten und der ungeordneten Zeit in Eutopie und Dystopie, d. h., so könnte man sagen, in Texten, deren metaphorisches Potential bereits in der Form liegt. Eutopien definieren ‚ideale', von klaren Strukturen, Kalkulierbarkeit und Licht geprägte Zeitordnungen und lassen die Widerstände der Realität erkennen, an denen der Entwurf sich zu messen hatte. Dystopische Darstellungen konzentrieren sich, sofern sie einen zeitlichen Aspekt entwickeln, auf die ‚Loslösung' der Zeit aus ihren natürlichen und gesellschaftlichen Regelwerken. Sie lassen sie vorwärts und rückwärts laufen, erstarren und beschleunigen. Besonders deutlich wird die Auflösung der zeitlichen Ordnung bei Ovid, den man nicht nur als den Dichter der geordneten, sondern mit gleichem Recht als den Dichter der beschädigten Zeit bezeichnen dürfte. Man möchte – etwa in der Interpretation von Medeas ‚Rückwärtszauber' (met. 7) – danach fragen, inwieweit spezifische

Erfahrungen mit der Erschütterung und Neuordnung der gesellschaftlichen Zeitordnung dazu beigetragen haben, dass für ihn eine derartige Verräumlichung und Störung der Zeitordnung denkbar wurde.

Das Schlusskapitel (= Kap. VI) zeichnet unter Rückgriff auf die Resümees zu den einzelnen Kapiteln Leitlinien der Untersuchung nach. Es zeigt an, wo sie mit anderen Themen der römischen Literatur in Verbindung stehen – mit der Kulturentstehung und Kulturkritik, dem Verhältnis von Ordnung und Chaos, der sukzessiven Definition von Räumen und Zeiten. Am Ende geht es der Frage nach, ob sich aus den utopischen Entwürfen, den Zeitbildern und der Kritik, die im Umfeld von Uhreneinführung und Kalenderreform gelegentlich laut wurde, so etwas wie eine antike Kritik an der Zeitordnung ableiten lässt.

Eine praktische Bemerkungen zum Schluss: Zur Erleichterung der Lektüre ist allen hier relevanten lateinischen und griechischen Texten eine Übersetzung beigegeben; diese Übersetzungen stammen, sofern nicht anders angegeben, von mir. Aus demselben Grund verwende ich durchgängig die anachronistische Zählung der Jahre vor bzw. nach Christi Geburt. Ich möchte damit jedoch nicht den Eindruck erwecken, in Rom wäre je so gezählt worden.

II. Was ist Zeit?

1. Die Ordnung der Zeit in der philosophischen Literatur

Vor Augustin gab es kein Zeitdenken in der römischen Philosophie, das auch nur im Ansatz dem entsprochen hätte, was Platon und Aristoteles, Chrysipp und Epikur für die Philosophie der Zeit geleistet haben. Aber es wäre zu kurz gedacht, wollte man daraus schließen, dass es kein römisches Nachdenken über die Zeit gegeben habe – nur lag der Schwerpunkt nicht in der philosophischen Literatur.

Unter den vielen Sichtweisen auf das Phänomen der Zeit gehören ihre Messung und deren Begründung in der Bildlichkeit der Zeitrede zu den ältesten. Sie haben vom Anbeginn der sprachlichen Reflexion an das Nachdenken über die stets nur uneigentlich zu benennende Zeit begleitet. In Rom übernahmen sie eine zentrale Rolle, da Metaphysik und Naturphilosophie aus vielen Gründen, die nur hypothetisch zu erschließen wären, ausfielen,[35] so dass lediglich im Bezug auf die gesellschaftliche Zeitordnung und in der Ethik eine spezifische Zeitdiskussion um die dem Menschen zugehörige Zeit geführt wurde.

Im Folgenden will ich versuchen, auf der Grundlage der Zeitdefinitionen von Cicero und Lukrez den römischen Zugang zu diesem Phänomen zu beschreiben. Wie definieren sie ‚Zeit'? Welche Aspekte sind ihnen wichtig? Welche sprachliche Form finden sie, das Unanschauliche anschaulich zu machen und als Ordnungsprinzip mit dem menschlichen Leben zu verbinden?

Um hier das spezifisch Römische erkennen zu können, ist es sinnvoll, etwas weiter auszuholen und die philosophische Koiné daraufhin zu untersuchen, wie in der griechischen Philosophie das Verhältnis von Zeit und Messung beschrieben wurde und welche bildlichen Entwürfe von Zeit in diesem Zusammenhang entwickelt worden sind. Gemeinsam markieren die griechischen Definitionen den Horizont, vor dem die römischen Definitionen zu verstehen sind und der ihre Spezifika deutlicher hervortreten lässt.

Auf den folgenden Seiten steht das Substantiv χρόνος bzw. *tempus* im Zentrum meiner Überlegungen. Es sei aber zumindest hier einmal in Er-

35 Eine aktuelle Einführung in das Problem der römischen ‚Philosophiefeindlichkeit' bietet Bringmann, Bedeutung.

innerung gerufen, dass ‚Zeit' nicht nur in substantivischer Form formuliert werden kann[36] und dass es mehr als den einen Ausdruck gibt, um ‚Zeit' in einem umfassenden Sinne zu bezeichnen.[37] Αἰών/ *aeternitas/ aevum* und καιρός/ *occasio* stehen weitgehend unabhängig neben χρόνος/ *tempus;* sie gehören, wie Cicero einmal bemerkt, der gleichen Gattung (*genus*), aber einer anderen Art (*species*) an.[38] Für Fragen der Messung und Ordnung sind die beiden anderen Zeitbegriffe neben *tempus* allerdings unbedeutend, da sie entweder der Teilung und Veränderung vollkommen enthoben sind (αἰών) oder aber die Zeit in ihnen auf den kurzen und nur qualitativ zu beurteilenden Moment der ‚Chance' zusammenschrumpft (καιρός). Mit χρόνος/ *tempus* verbindet sie die Tatsache, dass in enger Gemeinschaft mit den Texten eine ausgeprägte Bildtradition existiert, auf die hier summarisch verwiesen sei.[39] Alle Jahreszeiten, aber auch Aion und Kairos werden personalisiert, ohne jedoch dauerhaft den Status einer Gottheit zu erreichen.[40] Χρόνος erwirbt zahlreiche Bildeigenschaften über den Sprung zu Κρόνος/ Saturn.[41] Auf diesem Weg geht der Aspekt von Messung und Ordnung al-

36 Die umstrittene Zeitauffassung der homerischen Epen bleibt hier unberücksichtigt. Sicher differenziert die Ilias bei der berühmten Charakterisierung des Kalchas als eines Menschen, der sieht, was ist, was kommt und was war (τὰ τ' ἐόντα τά τ' ἐσσόμενα πρό τ' ἐόντα; Il. 1, 70) drei Modi der Zeit: gegenwärtiges, künftiges und vergangenes Sein. Diese Differenzierung bleibt für lange Zeit singulär, zeigt aber doch, wie tief die Vorstellung dreier Zeitextasen (Vergangenheit, Gegenwart, Zukunft) in der griechischen Sprache und Literatur verankert ist. Zur Erzähltechnik der Epen grundlegend Hellwig, Raum; zuletzt Rengakos, Zeit; De Jong, Narrators, 13 ff. Der viel zitierten ‚Indifferenz' der homerischen Epen in zeitlichen Fragen, die Fränkel in lange maßgeblicher Weise dargestellt hat (Fränkel, Zeitauffassung, 1 ff.) stehen eine Reihe jüngerer Untersuchungen entgegen, die die spezifische Zeitgestaltung der homerischen Epen analysieren. Theunissen, Pindar, 19 ff. fasst den Forschungsstand zusammen und verweist kritisch auf die wichtigste unausgesprochene Prämisse Fränkels: dass dort, wo kein eindeutiger Zeitbegriff sei, auch keine Zeitvorstellung gewesen sein könne.

37 Zur Begriffsgeschichte: Fränkel, Zeitauffassung; Theunissen, Pindar; Theunissen, Zeit; Theunissen, Zeitbegriffe. Eine Ausdehnung der Chronos-Vorstellung auf die Vergangenheit scheint erst im Drama des 5. Jahrhunderts greifbar zu werden; vgl. Fränkel, Zeitauffassung, 12; de Romilly, Time, 33 ff.

38 Cic. inv. 1, 40.

39 Eine gute Orientierung bieten die LIMC-Artikel zu Aion, Annus, Astra, Chronos, Horae, Kairos, Kronos, Planetae, Saturnus etc.

40 Zu Aion s. bes. Zuntz, Aion; zu Occasio s. Rudolf Wittkower, Gelegenheit, Zeit und Tugend, in: Wittkower, Allegorie, 186–207; allg. zum Problem der Visualisierung von Zeit s. Wolkenhauer, Gastmahl.

41 Trotz der Konzentration auf Mittelalter und Frühe Neuzeit grundlegend: Klibansky/Panofsky/Saxl.

lerdings weitgehend verloren. Bewahrt bleibt er allein in zyklischen Darstellungen, wie etwa bei den Parzen, bei Monats- und Jahreszeitendarstellungen.[42]

1.1. Zeitordnung und Zeitbild in der griechischen Antike

Die Zeittheorien der griechischen Antike hier in Gänze darstellen zu wollen, wäre vermessen, ist aber auch nicht nötig, da hier allein die Konkretisierungen von ‚Zeit' wichtig sind, die in den Überlegungen zur Zeitordnung und Zeitmessung und der damit verbundenen Bildlichkeit sichtbar werden.

Bis auf den Urgrund der Sprache geht die Erfassung des zeitlichen Geschehens mit Hilfe räumlicher Ausdrücke zurück.[43] Daher kann seit den Anfängen erzählender Rede jede Bewegungsweise im Raum *per analogiam* auch auf die Bewegung in der Zeit, ja sogar auf die Bewegung der Zeit selbst übertragen werden. Diese nimmt dann den Charakter einer Naturgewalt oder eines lebendigen Wesens an: Sie geht vorüber, schleicht, kriecht, verfließt, fliegt davon usw.[44] Je nachdem, ob der Äußerung eher eine zyklische oder eine lineare Zeitvorstellung zugrunde liegt, finden sich Sprachbilder, die aus der kreisförmigen oder gerade fortschreitenden Bewegung von Körpern gewonnen sind: Die Zeit kreist, zieht ihre Bahn, eilt ans Ziel, strömt dahin. Die weit reichende Metapher vom ‚Fluss der Zeit' bahnt sich im herakliteischen ποταμός-Paradoxon an;[45] die kreisende Zeit hat ihren wichtigsten Bildgeber im platonisch-aristotelischen Entwurf der Gestirne als Zeitmessinstrument (s.u.).

Anthropomorphe Beschreibungen der Zeit zeigen sie als eine den mythischen Göttern ähnliche Kraft. Die hier entwickelten Begrifflichkeiten sind in enger Verbindung mit bildlichen Darstellungen zu beurteilen, die

---

42 Die Zyklen geben die Zeitordnung durch ihre Anordnung im Raum wieder. Bei der Darstellung der Parzen kommt es auf spätantiken Sarkophagen vor, dass sie gemeinsam mit einer Uhr gezeigt werden, die begrenzte Spanne des menschlichen Lebens im Bildmotiv also doppelt determiniert wird. In jedem Fall zeichnet sich hier eine Endlichkeitsmetapher ab (s. dazu unten S. 143 ff.), wie sie dem Fundort angemessen ist. Belege für die Parzendarstellung finden sich bei Traversari, Pelecinum, dessen inhaltliche Deutung mir allerdings zu weit zu gehen scheint.

43 Dazu sprachvergleichend, wenn auch vor allem auf die Moderne konzentriert, Radden, Metaphorisierte Zeit.

44 Grundlegend: De Romilly, Time, 33–58 (mit zahlreichen Belegen); s. auch Anm. 39 (LIMC).

45 Dazu ausführlich G.S. Kirk, Heraklitus. The cosmic fragments, ed. with an introduction and commentary, Cambridge 1954, 366–384.

spätestens seit dem dritten vorchristlichen Jahrhundert begannen, das ‚Bild der Zeit' mitzugestalten.[46] Pindar nennt (im Rückgriff auf eine schon ältere Gleichsetzung) Χρόνος den Herrscher und Vater aller Dinge oder, verdeckter, als etwas an den Dingen, das sie geschehen lässt.[47] Die Dramen des fünften Jahrhunderts gestalten die personifizierte Zeit als Zeuge und als Richter: Sie kennt die Wahrheit, enthüllt, urteilt. Auf eine a priori festliegende Grenze der personifizierenden Darstellung von Zeit verweist Aristoteles, wenn er ihre unumkehrbare Gerichtetheit herausstellt: Die Sprache kenne in metaphorischer Rede nur die destruktive Kraft der Zeit; Gegenbewegungen – wie Schöpfung, Zusammenfügung oder Heilung – seien in ihren Personifikationen nicht realisiert:[48]

> Καὶ (πάντα) πάσχειν δή τι ὑπὸ τοῦ χρόνου, καθάπερ καὶ λέγειν εἰώθαμεν ὅτι κατατήκει ὁ χρόνος, καὶ γηράσκει πάνθ' ὑπὸ τοῦ χρόνου, καὶ ἐπιλανθάνεται διὰ τὸν χρόνον, ἀλλ' οὐ μεμάθηκεν, οὐδὲ νέον γέγονεν οὐδὲ καλόν. Φθορᾶς γὰρ αἴτιος καθ' ἑαυτὸν μᾶλλον ὁ χρόνος.
>
> („Und alles müsse also infolge der Zeit eine Wirkung erfahren, so wie wir zu sagen pflegen, dass die Zeit etwas auflöse, dass alles durch die Zeit altere und man wegen der Länge der Zeit vergesse, nicht aber, dass man etwas erlernt habe oder etwas jung oder schön geworden ist. Denn die Zeit an sich ist eher eine Ursache des Vergehens [als des Entstehens].")

Die Darstellung des Verstreichens von Zeit in Analogie zu Bewegungen im Raum sowie ihre Personifikation als machtvolles oder weises, die Wahrheit enthüllendes oder Zerstörung bringendes Wesen: das ist das Vermächtnis der älteren Literatur. Alle diese Verkörperungen sind qualitativ zu beschreiben. Keine von ihnen legt die Idee einer Messung der Zeit explizit nahe.

Diese Eigenschaft brachten Platon und Aristoteles ein. Indem sie die Zeit als etwas Messbares auffassten, die Gestirne zum Ort ihrer Veranschaulichung und deren Bewegung zum Mittel der Zeitmessung erklärten, verbanden sie das bildliche Reden über die Zeit mit der menschlichen Zeitordnung. Nach ihnen sind das Wissen um die Metaphorik jeder Zeitrede

---

46 Zu den Bildzeugnissen s. Anm. 39.

47 Pindar Ol. 2, 17. Lateinische Fassungen dieses Gedankens finden sich bei Otto, Sprichwörter, tempus 5; zur Gleichsetzung von χρόνος und Κρόνος s. Cic. nat. deor. 2, 64.

48 Arist. Phys. 4, 12, 221a30–221b1; siehe dazu Goldschmidt, Temps, 184. Eine derart negative, den zweiten Hauptsatz der Thermodynamik gleichsam vorausnehmende Sicht auf die Zeit widerspricht der platonischen Sicht geradezu, in der die Zeit aufgrund der kontinuierlichen Annäherung von χρόνος an αἰών wenn überhaupt, dann in verbessernder, heilstiftender Weise wirksam werden muss.

und um das himmlische Maß aller menschlichen Zeit aus den Darstellungen nicht mehr fort zu denken.

Platon legt seine Zeittheorie im *Timaios* dar, wo er die Zeit (χρόνος) als veränderliches Abbild der Ewigkeit (αἰών) bestimmt. In ihrem beständigen Werden nähere sie sich in einem fort und mehr als alles andere dem Ewigen an, das außerhalb jeder Zeit in unbewegter Dauer verharre.[49] Dieser Annäherungsprozess ist als asymptotisch zunehmende Ähnlichkeit, nicht als räumliche Nähe gedacht, so wie auch sonst auffällt, dass Platon auf alle nahe liegenden topographischen Bezüge verzichtet und Zeit und Ort ontologisch voneinander getrennt hält.[50] Die Zeit ist allerdings nicht vom Kosmos zu scheiden. Um sie sichtbar und messbar zu machen, hat der Demiurg Sonne, Mond und die Planeten geschaffen, die durch ihre Bewegung die einzelnen Teile (τὰ μέρη) der Zeit definieren. Platon nennt hier die grundlegenden und für die Zeitrechnung relevanten Zeitabschnitte Tag und Nacht, Monat und Jahr; ihre Funktion im Dienst von Ackerbau, Schiffahrt und Kriegskunst betont er an anderer Stelle.[51]

Innerhalb der kosmologischen Rede trägt Platon ein neues und höchst folgenreiches Motiv in das Nachdenken über die Zeit hinein, wenn er Sonne, Mond und Planeten als über sich selbst hinausweisende „Werkzeuge der Zeit" (ὄργανα χρόνου) bestimmt, die nach dem Plan des Demiurgen für die gleichförmige Ordnung der Zeit Sorge tragen sollten.[52] Das Bild impliziert die Vorstellung, dass die Himmelskörper nicht nur das Verstreichen von Zeit anschaulich machen, sondern zugleich dem Menschen an die Hand gegeben seien, um mit ihrer Hilfe eine eigene Zeitordnung zu bilden – etwa so, wie ihm die Sprache als Werkzeug der Verständigung gegeben ist. Es resultiert letztlich aus einer anthropomorphen Schöpfungskonzeption, die die Gottheit als Baumeister, den Kosmos als seinen Bau und den Menschen als

---

49 Pl. Ti. 37c-39e. In die platonische Zeittheorie führen ein: Schäfer, Paradigma; Böhme, Idee; Mesch, Gegenwart; Gloy, Studien; weitere Literatur und eine außerordentlich klare Darstellung der antiken Zeittheorien bietet Flasch, Zeit, 109 ff.

50 Ausführlich dazu Cornford, Cosmology, 102 f.

51 Pl. Ti. 37e, 39b-d, vgl. Ti. 47a; dazu Böhme, Idee, 105–106. Dass die Kenntnis von Monat und Jahr für den Ackerbau und die menschliche Kultur relevant seien, betont Pl. Plt. 7, 527d (s. dazu Böhme, Idee, 144 f.).

52 Pl. Ti. 41e5 und 42d5; vgl. Ti. 38c. Hier wird möglicherweise eine pythagoreische Vorstellung ausgeführt, wie eine Bemerkung bei Simplikios erkennen lässt (die Erde als Organon der Zeit bei Simp. in Cael. 512, 15 ($=^{6}$FVS 58 B 37 D.-K.).

Nachahmer und Nutzer begreift. Die antike Kritik an einem gar zu handwerklich-niedrig gedachten Gott hat Cicero in aller Polemik formuliert.[53]

Vielleicht haben derartige Kritiken dazu beigetragen, dass das Bild der himmlischen Werkzeuge im Laufe seiner Rezeptionsgeschichte eine eigentümliche Wandlung erfahren hat. Die Werkzeugmetapher ist – zu einem mir unbekannten Zeitpunkt – zu einer Uhrenmetapher konkretisiert und eingeengt worden. Damit wurde ein Neues, im platonischen Bild nicht vorgegebenes Ähnliches geschaffen, das nicht mehr die Nutzbarkeit, sondern das technische, in der modernen Literatur gewöhnlich mechanisch gedachte Gerät in den Vordergrund rückt.[54] Der Schritt vom ‚Werkzeug der Zeitordnung' zur ‚Uhr' mag klein erscheinen, doch er ist es, der das platonische Bild explizit in die Diskussion um das Verhältnis von Natur und Technik einführt. Indem er dem Werkzeug eine konkrete Bildlichkeit zuordnet, bereitet er der in der Neuzeit viel gewendeten Frage nach dem göttlichen Uhrmacher den Weg.[55] Zugleich führte die Einengung der Werkzeug- zur Uhrenmetapher dazu, dass etwas, das eigentlich gar keine Uhr war – die Bewegung der Gestirne am Himmel – gleichwohl zum festen Bestandteil der antiken Uhrenmetaphorik werden konnte.

Daher möchte ich zumindest versuchen, den Zeitpunkt, zu dem die Werkzeug- zur Uhrenmetapher wurde, etwas genauer zu bestimmen. Die Platon-Übersetzungen liefern leider keine Anhaltspunkte für ihr Aufkommen. In den beiden ciceronischen Texten, wo ihre Verwendung auf der Hand gelegen hätte – im ciceronischen *Timaios* und im Vergleich menschlicher

---

53 Vgl. Cic. nat. deor. 1, 18 ff.; zur Baumeistermetapher s. Solmsen, Nature.

54 Wenn Schäfer, Paradigma, 84 anmerkt: „Im Demiurgen des Timaios sollten wir nicht so sehr den kosmischen Uhrmacher, den Verfertiger von Armillarsphären sehen, sondern den Herrscher, der die sichtbaren und körperlichen Dinge in dem Weltganzen so ordnet, wie der wahre Politiker die menschlichen Verhältnisse im idealen Staat einrichtet bzw. einrichten soll", wendet er sich – zu Recht – gegen ein als platonisch geltendes, aber letztlich nur der Platon-Exegese zugehöriges Bild, das er andernorts selbst verwendet: vgl. ebda, S. 135 („himmlische Uhr", „Zifferblatt des Fixsternhimmels"). Erler, Platon, 270 geht leider nicht auf das Problem ein, paraphrasiert die Stelle allerdings auch vorsichtig unter Verzicht auf die Metapher der ‚kosmischen Uhr'.

55 Hier spielt es dann eine wichtige Rolle, dass Handwerker und Objektgattung hoch, d. h. in der Nähe des Astronomen und der Freien Künste angesiedelt sind. Vgl. dazu auch Wolkenhauer, Ordo. Wie anders der Weg hätte sein können, deutet ein Vergleich an, den Lukrez wählt, um die Bewegung der Gestirne zu beschreiben: Sie seien wie Schöpfräder, vom Wasser getrieben (*ut fluvios versare rotas atque austra videmus,* Lucr. 5, 516).

und göttlicher Schöpferkraft in *De natura deorum*[56] – fehlt sie. Calcidius wählt in seiner wirkmächtigen *Timaios*-Übersetzung, die wohl ans Ende des vierten nachchristlichen Jahrhunderts zu datieren ist, den Ausdruck *instrumenta temporis*, zielt also nicht auf eine Gleichsetzung mit den *horologia* seiner Zeit, die ihm durchaus vertraut waren.[57] Aus seiner detaillierten Darstellung der unregelmäßigen Planetenbewegung gewinnt man den Eindruck, die Idee des regelmäßigen Kreisens sei bei ihm so weit in den Hintergrund gerückt und von Beobachtungen überlagert, dass allein deshalb der Vergleich zu einer sich regelmäßig bewegenden Maschine sich nicht ergäbe.[58]

Geht man dagegen von der Metapher aus, so kann man festhalten, dass sie die geordnete Bewegung der Gestirne in ein Verhältnis zur geordneten Bewegung einer Uhr setzt. ‚Die Planeten dürfen als Werkzeuge der Zeit bezeichnet werden, da sie sich am Himmel bewegen wie die Teile einer riesigen Uhr' – so oder ähnlich hätte der Vergleich lauten müssen, aus dem die Bezeichnung ‚kosmische Uhr' hervorging.

Nicht alle antiken Uhrentypen kommen hier als *tertium comparationis* in gleicher Weise in Frage. Während die Klespydra keine und die Sonnenuhr nur eine halbe Kreisbewegung zeigt, sie also kaum mit dem Kreisen der Gestirne zu vergleichen sind, wäre eine mechanische bzw. hydraulische Wasseruhr, deren Teile kreisförmige Bewegungen vollziehen, durchaus denkbar.

Die Erfindung der hydraulischen Wasseruhr wird allgemein Ktesibios im dritten vorchristlichen Jahrhundert zugeschrieben. Vorher wäre dieser Vergleich also nicht zu formulieren gewesen, so dass hier ein *terminus post quem* festgehalten werden kann.[59] Im ersten Jahrhundert vor Christus lässt sich das Spektrum des in Rom Vorstellbaren mit der Uhr in Varros Gartenhaus verdeutlichen: Dort ist das Gewölbe des Raums als Himmel gestaltet, an dem die Bewegung der hell leuchtenden Venus die einzelnen

56 Dazu unten S. 38 ff.

57 Calc. Ti. transl. 47 (=Pl. Ti. 42d); vgl. comment. 132; zu Calcidius s. die Einführung im HLL 5 (1989) § 566.

58 Vgl. etwa Calc. Ti. comm. 77.

59 Blumenberg, Paradigmen, 95 denkt an eine Armillarsphäre als Vorbild für das platonische Planetenmodell. Dies wäre chronologisch nur haltbar, wenn man sie Eudoxos zuspräche, was aber m.W. in der Antike nicht geschieht; über Archimedes wird man kaum hinausgehen können. Vgl. dazu Schlachter/Gisinger, 46–47.

Stunden des Tages und der Nacht bezeichnet.[60] Dargestellt ist also offenbar der gestirnte Nachthimmel, ergänzt durch Markierungen für die einzelnen Stunden: Hier verschmelzen Himmelsbeobachtung und Uhrenbetrachtung in einer Weise miteinander, die es erlaubt, von dem Bild einer wahrhaft kosmischen Uhr zu sprechen, einer konkretisierten Metapher.

Ich halte es demnach für wahrscheinlich, dass die Umdeutung der Werkzeug- zur Uhrenmetapher erst Jahrhunderte nach dem Entstehen des *Timaios* erfolgte, und zwar in einem Kontext, in dem der Idee und dem ‚Bild' des Kosmos größere Bedeutung zukam als seiner Beobachtung. Seine antiken Übersetzer und Kommentatoren legen kein eindeutiges Zeugnis ab. Gleichwohl deuten die Verbindungen, die im Rom der Zeitenwende zwischen dem Uhrenbau und dem geordneten Kosmos geschlagen werden können, darauf hin, dass um diese Zeit das Bild einer ‚kosmischen Uhr' vorstellbar war; Varros Gartenuhr macht sie – bar jeder philosophischen Implikation – anschaulich.[61] Sie stellt also eine Interpretation des platonischen Textes aus einer Epoche dar, die sich nicht zuletzt durch die Entwicklung und allgemeine Präsenz verschiedenster Uhrentypen deutlich von der Entstehungszeit des *Timaios* unterschied.

In seiner Darstellung der Zeit im vierten Buch der Physik bietet Aristoteles mehrere Definitionsansätze dafür an, was die Zeit sei.[62] Alle sind

---

60 Varr. rust. 3, 5, 17: *intrinsecus sub tholo stella lucifer interdiu, noctu hesperus ita circumeunt ad infimum hemisphaerium ac moventur, ut indicent, quot sint horae.* Varro schweigt über die genaue Konstruktionsweise des Mechanismus. Neben der Himmelsbeobachtung war der einzige Weg, den die Antike kannte, um die Stunden des Tages und der Nacht (!) zu ermitteln, die Wasseruhr. Flachs Vorschlag, sich einen Sklaven vorzustellen, der den Stern über die gemalte Kuppel bewege, scheint mir daher zu kurz gegriffen, denn auch der Sklave musste mit den nötigen Informationen versorgt werden. Wenn aber a priori eine Wasseruhr nötig war, dann konnte man sich den Sklaven auch ‚sparen', und den Zeiger gleich mit der Uhr verbinden. Darauf, dass Varro hier von einer Wasseruhr ausgeht, weist zudem das Vorhandensein vom Wasser am Ort – er spricht von einem Wasserbecken – als auch die Erwähnung des „Turms der Winde" in Athen, der ebenfalls Wind- und Zeitanzeige durch eine Wasseruhr verbindet. Dieter Flach, Varros Vogelhaus, Gymnasium 111 (2004) 137–168, zur Uhr 165 ff.

61 Siehe dazu unten S. 94ff. (Vitruv) und S. 138ff. (Ovid). Es wäre zu prüfen, inwieweit der nur bei Athenaios Deipn. 4, 174c unter Rückgriff auf Aristokles (flor. 120 v. Chr.) erwähnte ‚platonische Wecker' nicht auch auf einer Rückprojektion beruht, die in einem Missverständnis der Metapher von der kosmischen Uhr gründet. Für den wiederholt vorgenommenen Versuch, Platon die Erfindung eines Weckers zuzuschreiben, fehlt jede technikhistorische Grundlage.

62 Zur aristotelischen Zeittheorie s. Goldschmidt, Temps; Conen, Zeittheorie; Bostock, Account; Rudolph, Zeit. Unter einem anderen Blickwinkel wird die Zeit in

durch die Analogiebildung zu räumlichen Kategorien, Linearität und Quantifizierung geprägt. In der bekanntesten Formulierung bestimmt er sie als „zahlenförmiges Maß der Bewegung hinsichtlich des ‚davor' und ‚danach'" (ἀριθμὸς κινήσεως κατὰ τὸ πρότερον καὶ ὕστερον).[63] Damit ‚Zeit' entsteht, ist jedoch nicht nur eine räumlich gedachte Veränderung nötig, sondern auch jemand, der sie wahrnimmt, wie Aristoteles in der Erzählung von den sardischen Schläfern verdeutlicht. Diese, so beginnt die ins vierte Buch der *Physik* eingefügte Erzählung, schliefen eine unbestimmte Zeit lang „bei den Heroen". Diese Angabe lässt nicht nur den Zweck des Schlafes erahnen – es dürfte sich um eine *incubatio,* einen Schlaf an heiligem Ort mit dem Ziel der Offenbarung handeln –, sondern auch seinen Ort: eine dunkle Höhle, vielleicht das Grab der Herakliden auf Sardinien, wie die Kommentatoren seit Simplikios vermuten.[64] Solange diese Menschen dort schlafen, spüren sie die vergehende Zeit nicht; wenn sie erwachen, werden sie nicht wissen, wie viele Stunden oder Jahre mittlerweile vergangen sind, da ihre Umgebung sich nicht verändert: Die Wahrnehmung einer Veränderung im Raum wäre die notwendige Voraussetzung dafür, das Verstreichen der Zeit zu bemerken; wo sich nichts erkennbar verändert, scheint die Zeit stillzustehen.

Besser als an jeder irdischen Veränderung, die die Schläfer nach ihrem Erwachen bemerken könnten, ist das ‚Zeitsubstrat' allerdings am Lauf der Gestirne abzulesen, deren regelmäßige und kontinuierliche Kreisbewegung die Kontinuität der Zeit garantiert und die Voraussetzung für das zahlenmäßige Erfassen der Zeit in der Seele bildet.

Platon wie Aristoteles äußern sich in einer Weise über die Zeit, die die bildliche Rede der älteren Literatur fortführt, sie jedoch explizit als einen

---

der Kategorienschrift und in der Nikomachischen Ethik behandelt. Einführende Literatur: Udo Marquardt, Die Einheit der Zeit bei Aristoteles, Würzburg 1993; s. auch wiederum Flasch, Zeit, 115 ff.

63 Arist. phys. 4, 11, 219b2; die gegenseitige Abhängigkeit von Zeit und Bewegung wird anschließend in 220b14–24 ausgeführt. Bostock, Account, 165 f.; Ad. Torstrik, Ueber die Abhandlung des Aristoteles von der Zeit, Phys. Δ 10 ff., in Philologus 26 (1867) 456–523, hier 446 f. setzt voraus, dass Aristoteles seiner Zeitdefinition die Beobachtung einer Veränderung, konkret des Weges eines Sterns über den Himmel, zugrunde legt, erläutert diese Annahme aber leider nicht weiter.

64 Arist. Phys. 4, 11 (=218b); zur Erzählung s. W. D. Ross, Aristotle's Physics. A revised text with introduction and commentary, Oxford 1936, 597; die Quellen sind aufgearbeitet bei Rohde, Sage. Rohde verweist auf Ähnlichkeiten mit der Erzählung vom Schlaf des Epimenides in der kretischen Zeushöhle und weist auch auf die Motive vom Schlaf des Endymion oder dem Schlaf des Königs im Berge (Barbarossa etc.) hin, die verwandte Züge aufweisen.

besonderen Redemodus kennzeichnet: Den kosmologischen Lehrvortrag bestimmt Platon im *Timaios* als „gleichnishafte, der Wahrheit ähnliche Darstellung" (εἰκὼς λόγος), was den Abbildcharakter der Zeit und die Schwierigkeit jeder Zeitrede in Erinnerung ruft.[65] Auch Aristoteles schafft eine in der Wortwahl deutlich sichtbare Distanz zur referierten „erfundenen Geschichte von den sardischen Schläfern".[66] Ihr Verfahren legt nahe, dass über alle philosophischen Grenzen hinweg das Reden über die Zeit nur in Form der ebenso distanzierend wie klärend wirkenden Bildrede möglich war.

Mir scheint hier dieselbe Vorstellung zu wirken, die noch Jahrhunderte später Ciceros Lob der Himmelsdarstellung im konstruierten Modell der *sphaera* zugrunde liegt:[67] Alle Versuche, das Wesen der Zeit zu ergründen, finden ihren Höhepunkt in einer bewusst als solcher markierten bildlichen (Re-)Konstruktion. Der Bildgewinn impliziert zugleich eine uneinholbare epistemische Schwäche, die in der Nichtwahrnehmbarkeit der Zeit an sich begründet ist.

In der Begründung der Zeit in einer außerzeitlichen Instanz und der daraus gezogenen Schlussfolgerung, dass die kontinuierliche, zyklische und zahlenmäßig erfassbare Bewegung der Himmelskörper den einzig möglichen unabhängigen Zeitmesser darstelle, gleichen sich Platon und Aristoteles. Stoa und Epikureismus bieten in Hinblick auf die Fragen nach der bildlichen Konzeption und der Messung wenig grundsätzlich Neues, sondern eher Schwerpunktverschiebungen.[68] Ein Blick auf die Definitionen lässt – bei allen Differenzen – die aristotelische Prägung erkennen: Chrysipp bestimmt die Zeit als „Intervall der Bewegung des Kosmos" (διάστημα τῆς τοῦ κόσμου κινήσεως):[69] Während der Betrachter hier aus dem Blick gerät, tritt die räumlich, aber betrachterunabhängig gedachte geordnete Struktur der

65 Zum Begriff des ‚Abbildes' ausführlich Böhme, Idee, hier bes. S. 30; Mesch, Bildlichkeit, 197: „Der Kosmos ist unaufhebbar bildlich, weil der Kosmos […] selbst nur ein Bild ist, das ein göttlicher Demiurg anhand des Vorbilds von immer Seiendem gestaltet." Klärend zum Status des Mythos innerhalb der platonischen Dialoge ist Glenn W. Most, Platons exoterische Mythen, in: Janka/Schäfer, 7–19.

66 Arist. phys. 4, 11, 218b23–24: οἱ ἐν Σαρδοῖ μυθολογούμενοι καθεύδειν.

67 Dazu unten S. 41 ff.

68 Arist. Phys. 4, 14, 223b22 ff.

69 SVF 509, vgl. 513 und 515 sowie die kommentierte Auswahl der Textzeugnisse bei Long/Sedley, frg. 51. Das stoische Ringen um die Ausdehnung der Gegenwart hat für die Bereiche der Bildlichkeit und der Messung keine direkten Auswirkungen, schlägt sich aber z. B. in der stoischen Tempuslehre nieder (dazu Pohlenz, Stoa, 45 ff.).

Zeit in den Vordergrund.[70] Im Gegensatz dazu lenkt Epikur den Blick von den Werkzeugen der Zeit auf den messenden und dadurch zeitkonstituierenden Menschen, wenn er die Zeit als eine „messende Anschauung von der Veränderung“ bestimmt (φαντασία τις κινήσεως πάσης καταμετρητική).[71] Alle Ansätze beziehen – wenn auch in unterschiedlicher Intensität – den Menschen in die Definition der Zeit mit ein und legen eine Begründung der gesellschaftlichen Zeitordnung in der Himmelsbeobachtung nahe. Auf ihre jeweils eigene Art haben dies auch der Mythos und die geschichtsfixierenden Heuretes-Kataloge getan, auf die ich im weiteren Verlauf des Kapitels noch zu sprechen kommen werde.[72]

1.2. Definitionen der Zeit in der römischen Antike

Im römischen Nachdenken über die Zeit haben metaphysische und naturphilosophische Definitionsansätze nur eine geringe Rolle gespielt. Weit größeren Raum nehmen die pragmatische Ordnung und Nutzung der Zeit sowie deren gesellschaftliche Konkretisierung in der Zeitmessung ein. In der Notwendigkeit, das Verhältnis der menschlichen Zeitordnung zur Gesamtschöpfung zu bestimmen, wie es Platon im Modell der ‚Zeit-Werkzeuge‘ begonnen hatte, und im Bedürfnis, ihren Platz innerhalb der menschlichen Kulturentwicklung analog zu Ackerbau und Schiffahrt festzulegen, gründen die römischen Definitionen der Zeit.

Neben der eingangs erwähnten Trias *tempus-aeternitas-occasio* bietet die lateinische Sprache eine Reihe weiterer, eher qualitativ bestimmter Zeitbegriffe, wie *vita, otium* etc. Diese spielen vor allem in der Philosophie Senecas eine zentrale Rolle, der die vom Menschen vorgenommene oder erlittene Füllung der individuell verfügbaren Zeit in den Mittelpunkt rückt.[73] Die ‚Zeit an sich‘ erscheint bei ihm als eine weitgehend bedeutungslose Rohmasse; sein Interesse gilt stets subjektiven und qualitativen, nicht

---

70 Sambursky, Physics, 98–108.

71 Pap. Herculanensis 1413; dazu A. Barigazzi, Il concetto del tempo nella fisica atomistica, in: Epicurea in memoriam Hectoris Bignone, Genua 1959, 29–59, hier 38 f.; ergänzende Textzeugnisse bei Long/Sedley, 7.

72 Siehe unten S. 48 ff.

73 Exemplarisch sei die viel zitierte Eingangspassage von epist. 1, 1 angeführt: *Ita fac, mi Lucili, vindica te tibi et tempus, quod adhuc aut auferebatur aut subripiebatur aut excidebat, collige et serva.*

quantitativen Zeitbegriffen, in seiner Begrifflichkeit: *vita,* nicht *tempus.*[74] In dieselbe Richtung weist auch seine Formulierung *spatium, quod quamvis natura currit, ratio dilatat*[75], die den subjektiven Zugriff auf die Zeit betont und *spatium* auf die Bedeutung von *occasio* hin ausdehnt, und zwar derart, dass das Moment der Gelegenheit nicht in der Außenwelt, sondern im handelnden Individuum lokalisiert erscheint. Dementsprechend gliedert Seneca selbst dort, wo er es mit astronomisch begründeten und gesellschaftlich festgelegten Zeitspannen zu tun hat, alles auf das Individuum hin. Zu den ‚objektiven' Gliederungen greift er erst dort, wo es kein dem Menschen abgewonnenes Kriterium mehr gibt, so dass seine Hierarchie der Zeiten an einer beispielhaften Stelle lautet: *tota aetas, adulescentia, pueritia, annus, mensis, dies.*[76] Eine allgemeine Zeitdefinition geht aus seinen Überlegungen nicht hervor, ebenso wenig Versuche, die Zeit auf begrifflicher Ebene überindividuell zu gliedern.[77]

Doch es gibt Definitionen von *tempus,* die dem Allgemeingültigkeitsanspruch der zitierten griechischen Definitionen näher kommen. Die ersten finden sich nahezu gleichzeitig in der Mitte des ersten vorchristlichen Jahrhunderts:[78] Lukrez behandelt die Zeit (*tempus*) unter den Prinzipien der Atomphysik im ersten Buch seiner Lehrdichtung *De rerum natura.* Cicero geht in seinem ungleich umfangreicheren Œuvre sowohl in sprachgeschichtlich-rhetorischen Zusammenhängen als auch unter philosophischer und historischer Perspektive auf die Frage ein, was die Zeit sei. Beide möchte ich daraufhin untersuchen, mit welchen Parametern sie die ‚Zeit' zu bestimmen suchen, welche Kräfte sie bei der Entwicklung einer menschlichen Zeitordnung am Werke sehen und welche Veranschaulichungsformen in diesem Zusammenhang gewählt werden.

---

74 Sen. brev. 2, 2. Grundlegende Literatur zu Senecas Zeitbegriff: Blänsdorf/Breckel; Grimal, Place.

75 Sen. brev. 6, 4.

76 Sen. epist. 12, 6: Die Konzeption des Lebens nach Art einander umschließender Kreise.

77 Blänsdorf betrachtet Senecas Umgang mit der Zeit offenbar als der klassischen Zeitphilosophie entgegengesetzt, wenn er formuliert: „Die Zeit hat unter dem Gesichtspunkt des Erlebens die Eindeutigkeit der physikalischen Definition verloren." Mit der „physikalischen Definition" kann eigentlich nur die Vorstellung einer linear gerichtet fortschreitenden Zeit gemeint sein, die in der antiken Philosophie am ehesten bei Aristoteles zu finden ist. Blänsdorf/Breckel, 29.

78 Zur gleichen Zeit zitiert auch Varro eine stoische Zeitdefinition und knüpft an sie Informationen zur römischen Zeitrechnung an: Varro ling. 6, 2, 3.

1.2.1. Lukrez: Trennung von Zeit und Zeitmessung

Nach der für alle späteren prägenden aristotelischen Definition, die Zeit sei das Maß der Veränderung, wird allein die Veränderung für den vergleichenden Blick sichtbar. Aristoteles hatte die Erzählung von den sardischen Schläfern gewählt, um die Umweltabhängigkeit dieses Zeitbegriffs deutlich zu machen. In der epikureischen Zeitphilosophie wird er durch die Bestimmung der Zeit als Akzidens, das von der Existenz der sie sichtbar machenden Körper abhängt, verstärkt. Lukrez knüpft daran an, wenn er die Zeit als Beziehung zwischen den Dingen und dem Betrachter darstellt:[79]

> tempus item per se non est, sed rebus ab ipsis
> consequitur sensus, transactum quid sit in aevo,
> tum quae res instet, quid porro deinde sequatur;
> nec per se quemquam tempus sentire fatendumst
> semotum ab rerum motu placidaque quiete.

> („Auch ist die Zeit nichts an sich, sondern nur von den Dingen ausgehend erfolgt eine Wahrnehmung davon, was in der Vergangenheit geschehen ist, dann, was jetzt gerade ansteht und was weiter dann noch folgen wird. Niemand kann aus eigenem Vermögen – das muss man einräumen – die Zeit wahrnehmen, getrennt von der Bewegung der Dinge oder [ihrer] gänzlichen Ruhe.")

Wenn jede Zeitwahrnehmung einer Veränderung und eines Betrachters bedarf und es keine ‚eigentliche' Wahrnehmung der Zeit gibt, dann ist jedes Reden über sie ein Reden über die Dinge, in denen sie sich manifestiert: Darin wäre sich Lukrez mit Aristoteles einig.[80]

Der Begriff der καταμέτρησις, der Messung, scheint auf den ersten Blick in der genannten Definition verloren gegangen zu sein.[81] Dass Lukrez jedoch ganz im Gegenteil der Zeitmessung als rationaler Weltaneignung eine hohe Bedeutung beimaß, sie aber – wohl wegen des unverzichtbaren menschlichen Betrachters – in die Darstellung der Kulturentstehungslehre eingeordnet hat, möchte ich im Folgenden zeigen.

---

79 Lucr. 1, 459–463. Ich folge den Ausgaben von Martin und Diels; auf andere wird bei Bedarf verwiesen. Für Parallelstellen zur epikureischen Zeitlehre s. Long/Sedley, Nr. 7.

80 Mir scheint es denkbar, dass auch hinter der lukrezischen Definition der Zeit die Erzählung von den sardischen Schläfern aufscheint, d. h. *quisquam, tempus sentire* und *quies* auf den aristotelischen Kontext hindeuten. Die Kommentare ad loc. gehen nicht darauf ein. – Zur Erzählung von den sardischen Schläfern s. oben S. 28.

81 So konstatiert Gisela Berns, Time and Nature in Lucretius „De rerum natura", in: Hermes 104 (1976) 477–492, hier 477.

In der Kulturentstehungslehre entwickelt er in einer Kette begrifflich und motivisch aufeinander bezogener Szenen ein Panorama der Grundlagen der Zeitmessung und ihrer Entwicklung. Im letzten Drittel des 5. Buches *De rerum natura* wendet Lukrez sich der Entstehung der menschlichen Kultur und der Künste zu (925–1457),[82] nachdem er zuvor kosmologische (91–508) und astronomische (509–781) Fragen behandelt und sich dem Problem der Urzeugung (782–924) gewidmet hat. Die *communis opinio* unterscheidet in der Darstellung recht einheitlich drei chronologisch aufeinander folgende Entwicklungsphasen, während die Kategorien, nach denen Lukrez sein Material innerhalb der jeweiligen Phasen ordnet, stärker umstritten sind.[83] Ebenso strittig ist die Frage, ob das fünfte Buch nicht mit dem Vers 1435 hätte enden sollen; besonders die scheinbare Zusammenhanglosigkeit der folgenden drei äußerst kurzen Abschlusspassagen ist kontrovers diskutiert worden.[84]

In das fünfte Buch ist allerdings auch ein bislang wenig beachteter Strang eingeflochten, der der Entwicklung der menschlichen Zeitordnung gilt. Dass diese Erzählstrategie nicht singulär und dies nicht der einzige derartige Erzählstrang ist, sondern auch andere Themen von Lukrez derart ‚eingeflochten' werden, wobei er die großen Gliederungsabschnitte gleichsam unterläuft, hat Blickman für das Kriegswesen und die Seefahrt gezeigt.[85] Die folgende Analyse möchte daher versuchen, neben ihrem engeren Ziel, Lukrez' gesellschaftlichen Zeitbegriff darzustellen, auch einen kleinen Beitrag zur *vexata quaestio* des Aufbaus des 5. Lukrezbuches zu leisten und die Frage zu klären, ob die Verse 5, 1436–1439 eine Weiterentwicklung, ein Resümee oder eine Wiederholung des zuvor Gesagten darstellen, ob sie also

82 Der Begriff der Kultur hat v.a. in der deutschsprachigen Forschung bis hin zu Manuwald immer wieder zu Irritationen geführt, da hier unterschiedliche Kulturbegriffe aufeinander stoßen: M. E. geht die Vorstellung einer Kulturentstehungslehre eindeutig von einem holistischen Kulturbegriff (Kultur vs. Natur) aus, der die Abgrenzung von der Geschichte, um die Manuwald sich bemüht, unnötig macht. Manuwald, Aufbau, hier S. 6 f.; vgl. dazu Gotter, Akkulturation.

83 Urzeit 925–1010, erste Phase 1011–1104, zweite Phase 1105–1457; so etwa Manuwald, Aufbau, 39; Kubusch, Saecula, 59–74; Müller, Ethnologie, 378; etwas andere Grenzziehungen bei Westphalen, Kulturentstehungslehre, 5 f.

84 Der ältere Forschungsstand ist bei Manuwald, Aufbau, 8 ff. aufgearbeitet. Manuwald selbst versucht den Passus 1436–1439 mit der zuvor behandelten Musik und der nachfolgenden Passage (1440–1447), in der er die Entwicklung von Schrift und Epos thematisiert sieht, zu einer Gruppe von *deliciae vitae* zu verknüpfen (S. 40 f). Mir leuchtet diese Gruppierung nicht ein; gerade 1440–1447 gibt unter dem Blickwinkel der *deliciae* sehr wenig her.

85 Blickman, Lucretius, bes. 178 f.

als sinnvoller Endpunkt der Darstellung oder eher als redundantes Relikt anderer Textfassungen zu deuten sind.

Einen großen Teil des fünften Buches nimmt die Behandlung astronomischer Fragen ein. Dabei werden die für die Zeitrechnung relevanten Sternbewegungen genannt und Demokrit (5, 622)[86] sowie die Babylonier und Chaldäer (5, 727–728) als Erforscher der Sterne und Lehrer der Astronomie hervorgehoben. Besonderen Nachdruck legt Lukrez auf die Regelhaftigkeit der himmlischen Ereignisse und ihre zeitliche Verbindung mit irdischen Ereignissen (*tempore certo; ex ordine certo*).[87] Alle nötigen Aspekte, die zu einer Beschreibung der Anfänge der Zeitrechnung hätten führen können – Beobachtung des Himmels, Verständnis, Belehrung und Anwendung – sind hier angelegt, werden jedoch nicht ausgeführt.

In der anschließenden chronologischen und aitiologischen Darstellung der menschlichen Kultur weist Lukrez bei der Schilderung der Urzeit darauf hin, dass die damaligen Menschen den täglichen Wechsel von Licht und Dunkel ohne Staunen, ohne Angst, aber auch ohne jeden Deutungsversuch wahrgenommen hätten:[88]

> a parvis quod enim consuerant cernere semper
> alterno tenebras et lucem tempore gigni,
> non erat ut fieri posset mirarier umquam
> nec diffidere, ne terras aeterna teneret
> nox in perpetuum detracto lumine solis.

(„Da sie von klein auf daran gewöhnt waren, Dunkelheit und Licht in beständigem Wechsel entstehen zu sehen, konnte es nicht dazu kommen, dass sie sich je gewundert hätten oder besorgt gewesen wären, das Sonnenlicht könne fortgenommen werden und eine ewige Nacht könne für immer die Erde umfassen.“)

---

86 Dazu Manuwald, Aufbau, 6–7 und Anm. 14. Demokrit wurde in der späten Republik nicht nur als Lehrer Epikurs, sondern besonders auch als Vermittler astronomischen Wissens dargestellt. Dazu ausführlich Sabine Luciani, Présence de Démocrite dans l'astronomie lucrétienne, in: Euphrosyne 31 (2003) 83–98.

87 Zusammengefasst in Lucr. 5, 669–679: *multa videmus enim, certo quae tempore fiunt/ omnibus in rebus. florescunt tempore certo/ arbusta et certo dimittunt tempore florem./ nec minus in certo dentes cadere imperat aetas/ tempore et inpubem molli pubescere veste/ et pariter mollem malis demittere barbam./ fulmina postremo nix imbres nubila venti/ non nimis incertis fiunt in partibus anni./ namque ubi sic fuerunt causarum exordia prima/ atque ita res mundi cecidere ab origine prima,/ conseque quoque iam redeunt ex ordine certo.*

88 Lucr. 5, 972–981, hier zitiert 977–981. Diesen Lukreztext hat bereits Westphalen, Kulturentstehungslehre, 125, mit den beiden hier folgenden verbunden. Er untersucht sie jedoch nicht auf eine eventuelle Zusammengehörigkeit hin, sondern deutet die Ähnlichkeiten als unverarbeitete Redundanz.

Es ist immer schon gesehen worden, dass Lukrez sich hier der These der urzeitlichen Angst vor dem Verlust der Sonne entgegenstellt, doch zugleich bieten diese Verse die Beschreibung einer Kultur, der der Himmel zwar verlässlich erscheint, die ihn aber weder auf rationaler noch auf emotionaler Ebene für zugänglich hält oder in irgendeiner Weise auf die Menschenwelt bezieht.

Bei der Darstellung der Religion (5, 1161–1240) nennt Lukrez zwei Motive, die die Menschen zum Glauben an die Götter bewegt hätten, die Macht der Träume und die Ordnung des Himmels:[89]

> praeterea caeli rationes ordine certo
> et varia annorum cernebant tempora verti
> nec poterant quibus id fieret cognoscere causis.

(„Außerdem nahmen die Menschen die in einer klaren Ordnung gegründeten Gesetzmäßigkeiten des Himmels wahr und die Wiederkehr der Jahreszeiten, ohne dass sie jedoch in der Lage waren, die Gründe dafür zu erkennen.“)

Auch dies ist nicht nur als religionsgeschichtliche Erklärung zu lesen, sondern auch als rekonstruierter Moment aus der Geschichte der Himmelsbeobachtung: Die Menschen erkennen, anders als in der Urzeit, die Ordnung der Abläufe und ihre regelmäßige Wiederkehr, können sie sich aber nicht erklären. Die Beobachtung ist noch nicht zur Belehrung und zur Anwendung vorgedrungen; wie nah sie jedoch bereits davor steht, zeigt sich darin, dass die *rationes caeli* und die irdischen *varia annorum tempora* bereits nebeneinander zu stehen kommen, während das menschliche Verständnis noch in der Negation verharrt: *nec poterant ... cognoscere.*

Die Verse 5, 1436–1439 formulieren den nächsten Schritt in dieser Entwicklung:

> At vigiles mundi magnum versatile templum 1436
> sol et luna suo lustrantes lumine circum
> perdocuere homines annorum tempora verti
> et certa ratione geri rem atque ordine certo.

(„Aber die Wächter des Welt, die mit ihrem Licht ringsum das große, kreisende Heiligtum beleuchten, Sonne und Mond, haben die Menschen genau über den Wechsel der Jahreszeiten belehrt und dass dies nach festem Plan und bestimmter Ordnung geschieht.“)

89 Lucr. 5, 1183–1193, hier zitiert 1183–1185.

Die Kernbegriffe *ordo* und *ratio* werden auch hier wieder aufgegriffen,[90] doch jetzt tritt ganz betont das Motiv der Lehre hinzu, gestützt durch zwei Personifikationen, Sol und Luna, und ein intensiviertes Verb, *perdocuere*, am Versbeginn, die als letzte Schritte das Verständnis und die Lehre der himmlischen Vorgänge hinzufügen. Wieder wird der Wechsel der Jahreszeiten genannt, doch jetzt ist er, und das ist neu, eingebunden als Objekt der Lehre. Es geht um die Nutzanwendung der Himmelskenntnis im Dienst der Menschen, konkret um die in den voranstehenden Versen genannte Seefahrt und die nachfolgende Landwirtschaft.

Die Forschung hat stets die relative Isolation dieses Abschnitts betont. Lukrez schlägt keinen deutlichen Bogen zu der eingangs behandelten Astronomie und auch nicht zu den direkt anschließenden Resümees.[91] Sein Inhalt ist als „history of the calendar“[92], als „prähistorischer Anfang der Naturphilosophie“[93] oder auch als „practical information about the earthly seasons“[94] umschrieben worden, wobei die Differenzen in der Titulatur auf inhaltliche Unschärfen hinzudeuten scheinen, m. E. jedoch eher auf die Deutungsperspektive der jeweiligen Autoren als auf Lukrez selbst zurückzuführen sind: Seine Anwendungsorientierung wird ausgeblendet, wenn man den Passus ohne Einschränkung der Naturphilosophie zuordnet. Auf der anderen Seite wäre die Fixierung und Veröffentlichung der Zeitordnung, die der Begriff „Kalender“ impliziert, ein möglicher weiterer Schritt, findet aber in der lukrezischen Darstellung noch gar nicht statt. Lukrez ist eindeutiger als seine Interpreten. Er schreibt ausdrücklich von der Beobach-

90 Zum Begriff der *ratio* bei Lukrez s. Baileys Kommentar zu Lucr. 1, 51. M. Renelle Ojeman, Meanings of ‚ratio‘ in the ‚De rerum natura‘, in: CB 39,4 (1963) 53–59 geht kaum darüber hinaus.

91 Beide Resümees skizzieren und beurteilen noch einmal in stark raffender Form die Kulturentwicklung, ähneln sich dabei jedoch so sehr, dass man geneigt ist, an zwei Versionen eines Buchschlusses zu denken. Die erste nennt in nur je einem Vers Stadtgründung, Landbesitz, Landwirtschaft, Seefahrt, Völkerrecht, Schrift und Dichtung, woran sich eine Schlussbemerkung über die prinzipielle Unerforschbarkeit illiterater Kulturen anschließt (1440–1447). Die zweite wiederholt diesen Heurematakatalog mit geringen Variationen – z. B. nennt sie die Bild- statt der Textkünste –, doch in noch stärkerer Verkürzung (1448–1451). Am Ende steht das Bild des lehrenden *usus* und der vermittelnden *experientia*, die als Helfer der *ratio* allem Wissen ans Licht verhelfen (1478–1457).

92 Merlan, Lucretius, 365; Pöhlmann, Lukrez, 225, differenziert Westphalen, Kulturentstehungslehre, 124–126.

93 Manuwald, Aufbau, 14, unterstützt von D. P. Fowler in seiner Rezension (CR 32, 2,1982, 157–159) und von Müller, Entdeckung, 324.

94 Cole, Democritus, 42; ähnlich Jean-Perre Borle, Progrès ou déclin de l’humanité? La conception de Lucrèce, 5, 801–1457, in: MH 19 (1962) 162–179, hier 171.

tung der himmlischen Zeitgeber und von ihrer ordnenden Macht, ist jedoch noch lange nicht bei der Errichtung eines gesellschaftlichen Instituts angelangt.

Akzeptiert man die Annahme übergreifender Motivstränge in der geschilderten Weise, dann wären die Verse 1436–1439 nicht redundant, kein übrig gebliebener Entwurf,[95] sondern der systematisch angelegte Höhe- und Schlusspunkt der Entwicklung des Menschen zum rationalen Nutzer des Himmels. Die zeitliche Orientierung durch den Blick an den Himmel erwiese sich dann als ein später, aber zentraler Punkt in der kulturellen Entwicklung des Menschen, die einen durchaus sinnvollen Ort am Ende der lukrezischen Kulturentstehungslehre innehat. In den lehrenden Personifikationen von Sonne und Mond klingt das Motiv des πρῶτος εὑρετής an; die lukrezischen Kernbegriffe *ratio* und *ordo* heben das menschliche Maß der Zeit hervor. Die humane Zeitordnung zeigt sich als intellektueller Nachvollzug und als Repräsentation des geordneten Himmels, die sowohl diesem als auch den ihm abgewonnenen rationalen Strukturen gerecht werden muss.

Der eingangs erwähnten Definition aus dem ersten Buch wird demnach am Ende des fünften ein zusätzlicher, in mehreren Schritten historisch hergeleiteter Aspekt hinzugefügt: Auch wenn die Zeit, für sich allein betrachtet, nicht wahrnehmbar ist und vielleicht gar nicht existiert, so ist es doch möglich, die Gestirne – Garanten der vernunftgemäßen Ordnung des Kosmos – zu Helfern bei der zeitlichen Gliederung des menschlichen Lebens zu machen. Dies impliziert die Beobachtung der Jahreszeiten und der sie ankündigenden ‚Kalendersterne' ebenso wie die Orientierung an den Rhythmen von Sonne und Mond. Kalender und Uhr werden in dieser Perspektive zu Abbildern kosmischer Ordnung; ein Kalender, der vom Sonnenjahr abweicht, wäre aus dieser Perspektive ebenso inakzeptabel wie etwa eine auf Willkür basierende kalendarische Schaltung.

1.2.2. Cicero: Die himmlische Ordnung und ihre Veranschaulichung im Modell

Durchaus im Bewusstsein der definitorischen Schwierigkeiten – das heißt: offenbar in Kenntnis, doch ohne die ausführliche Darstellung griechischer Philosopheme – bestimmt Cicero in seiner rhetorischen Frühschrift *De*

95 So z. B. Merlan, Lucretius, 366 f., der in den drei kurzen Passagen am Schluss des 5. Buches (5, 1440–1457) drei Skizzen zu der dann wesentlich umfangreicher gewordenen Kulturentstehungslehre der Verse 1105–1389 sieht, die ein skrupulöser Herausgeber bewahrt habe.

inventione (um 80 v. Chr.) die Zeit als einen am natürlichen Maß definierten Abschnitt der Ewigkeit:[96]

> tempus autem est – id quo nunc utimur, nam ipsum quidem generaliter definire difficile est – pars quaedam aeternitatis cum alicuius annui, menstrui, diurni nocturnive spatii certa significatione.
>
> („,Zeit' bezeichnet jedoch – in der Weise, wie ich den Begriff hier benutze; denn sie umfassend zu definieren ist schwierig – einen Teil der Ewigkeit mit der genauen Bezeichnung der Zeitspanne von Jahr, Monat, Tag oder Nacht.")

Damit verschiebt Cicero das Definitionsproblem von *tempus* auf den nächsten Zeitbegriff, die *aeternitas*, um sich leichter dem klar definierten – und begrifflich bereits als messbar gekennzeichneten! – Zeitabschnitt, *spatium*,[97] zuwenden zu können. Er akzeptiert die definitorische Schwäche um der Praxis willen, d. h. um Redetexte und die Alltagswelt, auf die sie sich beziehen, darstellen zu können. Um ein erzählerisches Geschehen zeitlich zu situieren, benötigt er einen auf den Alltag anwendbaren Zeitbegriff, der die Zeit als Zeitraum (*spatium*) auf einen festen, durch das natürliche Maß von Tag, Monat oder Jahr fixierten Begriff bringt. Unmittelbar auffällig ist die Verknüpfung einer knappen ontologischen Definition mit dem Problem der Zeitordnung, das ‚Herunterbrechen' auf Begriffe des Alltags und der Messung, wie sie sich nicht nur bei Cicero, sondern auch in der von Varro angedeuteten Etymologie von *tempus-temperare* zeigt.[98]

Dem *tempus* gegenüber steht bei Cicero der Begriff der *occasio*, die weniger die zeitliche Ausdehnung einzelner Momente als die damit verbundene Möglichkeit betont. Sie gehört, wie Cicero bemerkt, dem gleichen *genus*, aber einer anderen *species* an – man könnte übersetzen: beide Begriffe erfassen etwas an der Zeit, doch *tempus* tendiert eher zur quantitativen, *occasio* eindeutig zur qualitativen Zeitbestimmung.[99]

Gliederungen, die über die Polarität von *tempus* und *occasio* hinausgehen, finden sich in verwirrender Vielfalt nicht nur bei Cicero, sondern auch in der späteren grammatischen und rhetorischen Tradition. Gemeinsam ist

96 Cic. inv. 1, 39; vgl. Flasch, Zeit, 110 f.

97 Cicero übersetzt auch in späteren Schriften χρόνος gelegentlich nicht mit *tempus*, sondern mit *spatium temporis*, was den Aspekt der zeitlichen Begrenztheit in den Vordergrund rückt: Cic. Tim. 46; vgl. Cic. nat. deor. 2, 64 (Gleichsetzung von Κρόνος, χρόνος und *spatium temporis*). Nur folgerichtig erscheint daher die Definition der *aeternitas*, die Cicero den Epikureer Velleius referieren lässt und nach der die Ewigkeit das sei, was vor und jenseits jeder Messung ist (Cic. nat. deor. 1, 21; vgl. nat. deor. 2, 95).

98 Varro ling. 6, 2.

99 Cic. inv. 1, 40; zu den Kategorien vgl. etwa Quint. inst. 7, 3, 3.

ihnen die grundsätzliche Differenz zwischen der natürlichen, tendenziell unendlichen, durch das Maß der Gestirne definierten Zeit und der menschlich bestimmten, dadurch irregulären und vor allem durch die jeweilige inhaltliche Füllung geprägten Zeit.[100] In *De inventione* etwa gliedert Cicero die *occasio* am Maß derjenigen Menschen(gruppen), für die die jeweilige Zeit eine ‚Qualitätszeit' bedeutet: Das *genus publicum*, zu dem Feste, Spiele und Kriege gehören, betrifft die gesamte Gesellschaft; das *genus commune* gilt ebenfalls allen, beschränkt sich aber auf Zeitmaße der natürlichen Umwelt wie Hitze und Kälte, Ernte und Lese. Das *genus singulare* umfasst die zeitlichen Fixpunkte des individuellen Lebens, wie Hochzeiten und Beerdigungen.[101]

Einen anderen Kontext für die Frage danach, was die Zeit sei, entwickelt Cicero in seinen späteren philosophischen Schriften, wo er die Gestirne als natürliche Zeitmesser und die menschlichen Zeitinstrumente *sphaera* und *horologium* als Zeugnisse der gottgleichen menschlichen *ratio* und ihrer Schöpfungskraft einführt. Es wäre lehrreich gewesen zu wissen, wie Cicero den geistigen Vorläufer der Modellbildung, Platons kosmische Uhr, in seiner *Timaios*-Übersetzung dargestellt und ob er sie bereits als Uhr bezeichnet hätte. Der überlieferte Text hat jedoch bei der ersten in Frage kommenden Stelle eine Lücke, bei den folgenden verknappt Cicero insgesamt so stark, dass aus dem Fehlen des Werkzeug- bzw. Uhrenbegriffs nichts zu schließen ist.[102]

---

100 Der Begriff *tempus naturale* im Gegensatz zum *tempus fortuitum*, der gesellschaftlich definierten und daher durch Irregularität geprägten Zeit, fällt in Cic. part. 37. Quintilian spricht *tempus* eine *duplex significatio* zu, die *generaliter* dem *tempus*, *specialiter* den *tempora* bzw. dem καιρός entspräche (Quint. inst. 5, 10, 42–43 ; vgl. 3, 6, 26).

101 Cic. inv. 1, 40. *Occasio autem est pars temporis habens in se alicuius rei idoneam faciendi aut non faciendi opportunitatem. Quare cum tempore hoc differt: nam genere quidem utrumque idem esse intellegitur, verum in tempore spatium quodam modo declaratur, quod in annis aut in anno aut in aliqua anni parte spectatur, in occasione ad spatium temporis faciendi quaedam opportunitas intellegitur adiuncta. (quare cum genere idem sit, fit aliud, quod parte quadam et specie, ut diximus, differat.) Haec distribuitur in tria genera: publicum, commune, singulare. Publicum est, quod civitas universa aliqua de causa frequentat, ut ludi, dies festus, bellum. Commune, quod accidit omnibus eodem fere tempore, ut messis, vindemia, calor, frigus. Singulare autem est, quod aliqua de causa privatim alicui solet accidere, ut nuptiae, sacrificium, funus, convivium, somnus.*

102 Pl. Ti. 38c-39e entspricht Cic. Tim. 29–34, doch Pl. Ti. 37c3–38c3 und damit die eigentliche Definition der Zeit fehlen. Die Stellen, an denen Platon die Gestirne als Werkzeuge der Zeit bezeichnet (Pl. Ti. 41e5, 42e5), paraphrasiert Cicero ohne die Nutzung vergleichbarer Begriffe.

Doch es gibt keinen Hinweis darauf, dass Cicero sich von dieser Vorstellung bewusst abgewendet hätte, ganz im Gegenteil. Die Funktion der Gestirne als Erzeuger und Wächter über die Ordnung der Zeit (*terra effectrix et custos*) findet sich bei ihm ebenso wie der Hinweis auf ihre Zeichenfunktion (*signa et notae*).[103] Ebenfalls übertragen hat Cicero das Lob des Augensinns, der die Beobachtung der Gestirne erst ermöglicht und damit die Entwicklung von Zahl, Zeitvorstellung und Philosophie herbeigeführt habe.[104] Ich habe daher vermutet (und möchte es hier wiederholen),[105] dass die begriffliche Zuspitzung der Werkzeug- zur Uhrenmetapher erst in *nachciceronischer* Zeit stattgefunden hat.

Mit der Visualisierung der kosmischen Ordnung beschäftigt sich Cicero noch aus einer gänzlich anderen Perspektive, und zwar bei der Betrachtung und Beurteilung von *sphaerae*, die den Kosmos nachbilden.[106] Als wissenschaftliche Modelle stehen sie der platonischen Beschreibung nahe,[107] haben aber ihre Nutzanwendung (zumindest in Ciceros Darstellung) außerhalb der Wissenschaft in politischen und kulturellen Kontexten. Cicero knüpft an die *sphaerae* eine Reihe von Beobachtungen, *exempla* und Vergleichen an. Die Bedeutung, die er ihnen einräumt, wird vermutlich durch eine konkrete Erfahrung gestützt – eine gesellschaftliche Praxis, die unser Bild der Repräsentation von Zeit in Rom um eine wichtige Facette ergänzt.

In der nur fragmentarisch erhaltenen Vorrede zu seiner staatsphilosophischen Schrift *De re publica* lässt Cicero von dem astronomisch versierten C. Sulpicius Gal(l)us ein einzigartiges Referat über die Geschichte und Funktion der Himmelsmodelle halten, vom Himmelsglobus (Thales,

---

103 Cic. Tim. 46 zu Pl. Ti. 38c. Der Demiurg verteilt die Seelen: *alios in terram, alios in lunam, alios in reliquas mundi partes, quae sunt spatiorum temporis signa et notae constitutae, spargens quasi serebat.*

104 Cic. Tim. 52: *Nunc vero dies noctesque oculis cognitae, tum mensium annorumque conversiones et numerum machinatae sunt et spatium temporis dimensae, et ad quaestionem totius naturae impulerunt.* Vgl. Pl. Ti. 47b.

105 Siehe vorne S. 26ff.

106 Der Begriff σφαῖρα/*sphaera* wird in der antiken Literatur für eine Vielzahl von Himmelsmodellen verwendet, u. a. für den Himmelsglobus, die Armillarsphäre, das Planisphaerium und das Planetarium, wobei die Quellen eine genaue Zuordnung oft nicht zulassen. Grundlegend ist hier noch immer Schlachter/Gisinger, Globus, 48–51, ergänzt von Künzl; Himmelsgloben, 57–58 und 80; Evans/Berggren 27–34. Zur Bauweise s. auch Auguste Haury, Cicéron et l'astronomie (à propos de Rep. 1, 22), in: REL 42 (1964) 198–212.

107 So nahe, dass etwa Blumenberg, Paradigmen, 95 vermuten konnte, Platon habe seine Darstellung (wie später Manilius seine Dichtung) unter Nutzung einer Armillarsphäre verfasst.

Eudoxos) bis zum beweglichen Planetarium des Archimedes.[108] Dabei wird auch die gesellschaftliche Funktion der Modelle deutlich: Waren sie in der Epoche, aus der Cicero seine Beispiele gewann, vor allem philosophische Erkenntnismittel im Dienste von Politik und Kriegsführung, so sind sie seit der späten Republik Hilfsmittel bzw. Objekte der kosmologischen Lehrdichtung und Gegenstand des halböffentlichen, gelehrten Diskurses.

Cicero suggeriert, dass die *sphaera* sich zum Zeitpunkt des imaginierten Gesprächs im Jahr 129 v. Chr. noch im Besitz der Claudii Marcelli befand. M. Claudius Marcellus hatte die *sphaerae* des Archimedes 214 v. Chr. aus dem eroberten Syrakus mit nach Rom gebracht. Eine davon – vermutlich ein bewegliches Modell – hatte er als einziges Beutestück für sich selbst beansprucht; die zweite, die ansehnlicher, aber wohl nicht beweglich war, hatte er für den von ihm gelobten und von seinem Sohn vollendeten Tempel der Virtus vorgesehen.[109]

Ciceros auch in späteren Schriften reich dokumentiertes Interesse gibt Anlass zu der Annahme, er selbst habe die *sphaera* noch Mitte der 50er Jahre, also fast 170 Jahre nach dem Raub aus Syrakus, funktionstüchtig im Besitz der Familie gesehen.[110] Ihr unschätzbarer Wert lag, wie Cicero im Einleitungsdialog von *De re publica* deutlich macht, weniger in ihrer *venustas* als vielmehr in dem Vermögen, die himmlischen Abläufe genau abzubilden, wobei es nicht nur um die in *De re publica* konkret diskutierten Sonnenfinsternisse geht: Als bewegliches Abbild des Kosmos erschließt die *sphaera* der menschlichen *ratio* die Ordnung des Himmels, die auch die Ordnung der Erde sein soll:[111]

> Nam cum Archimedes lunae, solis, quinque errantium motus in sphaeram illigavit, effecit idem quod ille, qui in Timaeo mundum aedificavit, Platonis

108 Cic. rep. 1, 21–22; auch Poseidonios wird als Urheber eines Planetariums genannt in Plin. nat. 2, 88 (s.u.). Eine astronomische Schrift des Sulpicius Gal(l)us ist erwähnt in Plin. nat. 2, 53.

109 Der Tempel der *Virtus* und des *Honos* wurde 222 v. Chr. von Marcellus gelobt, 205 v. Chr. von seinem Sohn geweiht.

110 Cic. rep. 1, 21–22; rep. 1, 28; Tusc. 1, 63; 5, 64–66 (Suche nach dem durch eine *sphaera* bezeichneten Grab des Archimedes); nat. deor. 2, 88; s. Schlachter/Gisinger, 49 f.

111 So in Cic. Tusc. 1, 63, vgl. Cic. leg. 2, 7, 16. Nur auf die pädagogische Funktion des Modells schaut R. Gallagher, Metaphor in Cicero's „De re publica", CQ 51 (2) (2001) 509–519, hier 515: „Scipio uses the orrery of Archimedes as a pedagogical device by which to educate his younger interlocutors in the science of politics." Gee, Ovid, 96–104, versucht in ihrer Interpretation der Vestalia (Ov. fast. 6, 267 ff.), den Vestatempel als ein der *sphaera* entsprechendes Modell des Kosmos zu erweisen.

deus, ut tarditate et celeritate dissimillimos motus una regeret conversio. quod si in hoc mundo fieri sine deo non potest, ne in sphaera quidem eosdem motus Archimedes sine divino ingenio potuisset imitari.

(„Denn indem Archimedes die Bewegung des Mondes, der Sonne und der fünf Planeten an seiner sphaera anbrachte, tat er dasselbe wie der Gott Platons, der im *Timaios* die Welt so einrichtete, dass eine einzige Umdrehung die durch Langsamkeit und Schnelligkeit ganz unterschiedlichen Bewegungen lenkt. Wenn in unserer Welt dies nicht ohne einen Gott geschehen kann, dann hätte Archimedes diese Bewegungen im Modell der *sphaera* nicht nachahmen können, hätte er keine göttliche Begabung besessen.")

Das Vermögen, den Aufbau des Kosmos und in ihm die natürliche Zeitordnung durch instrumentell unterstütztes Denken zu begreifen, wird hier zu einem Symbol rationaler Welterkenntnis, die *sphaera* – ebenso wie Sprache, Zahlenbewusstsein und aufrechter Gang – ein Spezifikum des Menschseins, das diesen von den Tieren unterscheidet.[112]

Dass nicht nur die *sphaera*, sondern auch Uhren einen vergleichbaren Symbolcharakter annehmen können, zeigt nicht nur die bildliche Tradition – zu erinnern wäre hier an die Philosophenmosaiken von Torre Annunziata und Rom, die eine Gruppe von Philosophen im Gespräch zeigt, vor ihnen eine *sphaera sterea*, hinter ihnen hoch aufragend eine Sonnenuhr[113] –, sondern auch ein weiterer, ein knappes Jahrzehnt später entstandener Text Ciceros:

In *De natura deorum* legt Cicero dem Stoiker Lucilius Balbus einen Gottesbeweis in den Mund, der die *ratio* und die aus ihr hervorgehende Fähigkeit zur Schöpfung als gemeinsames Vermögen des Menschen und der Gottheit herausstellt. Dabei zieht er Bild, Schiff, Uhr und wieder eine *sphaera* als Beispiele für das kunstreiche Wirken des menschlichen Geistes heran, und leitet aus der noch kunstvolleren Machart der Welt die Existenz eines Weltbaumeisters ab. Menschliche *ratio* wird in den Hervorbringungen seiner *mens divina*, göttliche in der Ordnung des Kosmos erkannt.[114]

---

112 Vgl. Pl. Ti. 47b; der Gedanke wurde möglicherweise wieder aufgegriffen in Cic. rep. 3, 3: *accessit eo numerus, res cum ad vitam necessaria tum una inmutabilis et aeterna; quae prima inpulit etiam ut suspiceremus in caelum, nec frustra siderum motus intueremur, dinumerationibusque noctium ac die<rum>* [Text bricht ab].

113 Abbildungen und eine Analyse bietet Gaiser, Philosophenmosaik. Sonnenuhren treten als Musen- und Philosophenattribut auch auf spätantiken Sarkophagen auf; s. dazu Traversari, Pelecinum.

114 Cic. nat. deor. 2, 87–88; die Gegenthese hatte Velleius in 1, 18ff. vertreten. Zum Kontext s. Georg Pfligersdorffer, Politik und Muße. Zum Proömium und Einleitungsgespräch von Ciceros De re Publica, München 1969, 54 f.

Si igitur meliora sunt ea quae natura quam illa quae arte perfecta sunt, nec ars efficit quicquam sine ratione, ne natura quidem rationis expers est habenda. Qui igitur convenit, signum aut tabulam pictam cum aspexeris, scire adhibitam esse artem, cumque procul cursum navigii videris, non dubitare, quin id ratione atque arte moveatur, aut cum solarium vel descriptum vel ex aqua contemplere, intellegere declarari horas arte, non casu, mundum autem, qui et has ipsas artes et earum artifices et cuncta conplectatur consilii et rationis esse expertem putare? [88] Quod si in Scythiam aut in Britanniam sphaeram aliquis tulerit hanc, quam nuper familiaris noster effecit Posidonius, cuius singulae conversiones idem efficiunt in sole et in luna et in quinque stellis errantibus, quod efficitur in caelo singulis diebus et noctibus, quis in illa barbaria dubitet, quin ea sphaera sit perfecta ratione [...]

(„Wenn also die Dinge, die durch die Natur hervorgebracht wurden, besser sind als die durch Kunst geschaffenen, und wenn die Kunst nichts ohne vernünftige Planung hervorbringt, dann darf man auch die Natur nicht für vernunftlos halten. Wie passt es also zusammen, dass man bei der Betrachtung einer Skulptur oder eines Gemäldes weiß, dass hier Kunst angewendet wurde, und dass man, wenn man in der Ferne die Spur eines Schiffes sieht, nicht zweifelt, dass es mit Verstand und Geschick gelenkt wird, oder dass man, wenn man eine Sonnen- oder Wasseruhr betrachtet, versteht, dass die Stunden durch Kunstfertigkeit, nicht durch Zufall angezeigt werden, dass man aber die Welt, die doch all diese kunstvollen Dinge, ihre Hersteller und alles andere enthält, für plan- und vernunftlos hält? Wenn also jemand dieses von unserem Freund Poseidonius kürzlich angefertigte Planetarium, dessen einzelne Umläufe bei Sonne, Mond und den fünf Planeten dasselbe anzeigen, was am Himmel in den jeweiligen Tagen und Nächten geschieht, nach Skythien oder Britannien brächte – wer würde dann selbst in diesen kulturlosen Gebieten daran zweifeln, dass dieses Planetarium vollkommen planvoll gemacht ist?")

Wenige Zeilen später fasst Balbus seinen Gedankengang noch einmal zusammen, wobei er als *exempla* herausragender menschlicher *ratio* nur noch *sphaera* und *horae* (*=horologium*) nennt.[115] Wenn aber Himmelsmodelle und Uhren in hervorragender Weise die Funktion besitzen, die *ratio* des Kosmos nach menschlichem Vermögen abzubilden, dann bedeutet dies, dass die beste Zeitordnung diejenige ist, die in größtmöglicher Übereinstimmung mit der himmlischen Ordnung steht. Der Kalender muss sich bemühen, Sonne und Mond zu folgen, und darf davon nicht absehen oder anderen Kriterien folgen.

Bei dieser Konzeption der Zeitordnung, die in Religion, Philosophie und Geschichte gleichermaßen fest verankert ist, wird klar, wie gering Ciceros intellektueller Spielraum in Bezug auf eine eventuelle Neuordnung der gesellschaftlich definierten Zeit ist: Er kann nur diejenigen Kalenderrefor-

115 Cic. nat. deor. 2, 97.

men gutheißen, die auf eine größere Übereinstimmung des ‚römischen Jahres' mit den kosmischen Umläufen hinzielen. Die Kategorien von Ordnung und Naturgemäßheit dominieren die Wahrnehmung; die Zeitmessung und ihre Instrumente Kalender und Uhr werden zu Zeichen des Menschseins und der rationalen Durchdringung der Welt. Politische oder ökonomische Interessen, die in Ciceros praktischem Umgang mit dem republikanischen Kalender durchaus sichtbar werden, müssen in der literarischen Konzeption der idealen Zeitordnung hintanstehen;[116] auch eine Vereinfachung der Tageszählung innerhalb eines Monats könnte als ‚Unsichtbarwerden' des Mondes im Monat verstanden werden. Die Symbolfunktion, die *sphaera* und *horologium* bei ihm annehmen, lässt den Hintergrund erahnen, vor dem Kalender und Uhr im folgenden Jahrhundert nicht nur zu gesellschaftlichen Ordnungsinstrumenten, sondern auch zu Objekten der Repräsentationskunst im öffentlichen und halböffentlichen Raum werden.[117]

1.2.3. Ausblick: Reflexe in der späteren Grammatik und Rhetorik

Die von Cicero vorgegebene Perspektive auf den Zeitbegriff wird von den späteren Schriften zur Grammatik und Rhetorik weiter getragen. Ihr Hauptthema ist natürlich nicht der substantivische Zeitbegriff, sondern die Tempuslehre des Verbs und die Funktion der Zeitangabe im Textzusammenhang.[118] Aus der Perspektive der Erzähltechnik setzt die Zeit als Eigenschaft des Verbs die Ereignisse in eine relative Ordnung und verleiht dem Erzählen so einen *naturalis ordo,* der dem *ordo* der Welt abgeschaut ist. So betonen rhetorische Werke, dass jeder Text die Zeit im Sinne der aristotelischen Kategorie als Antwort auf die Frage ‚wann?' und ‚wie lange?' berücksichtigen muss. Der natürliche Ort der Zeitbestimmung ist der Anfang eines Textes oder Sinnabschnitts – Quintilian nennt Ciceros Rede *Pro Caelio* und einen Vergilvers als deutliche Beispiele dafür, dass diese Regel für alle literarischen Genera gilt.[119]

---

116 Siehe dazu unten S. 182f.

117 Cicero ist der erste Privatmann, von dem wir wissen, dass er eine Uhr im Garten seiner Villa aufstellen ließ (Cic. fam. 16, 18, 2). Dass er der erste ist, ist sicher in der Quellenlage begründet; dass sich hier ein gesellschaftlicher Wandel anbahnt, lassen die Funde aus Pompeji erahnen.

118 Zahlreiche Beispiele bietet Samantha Schad, A Lexicon of Latin Grammatical Terminology, Pisa/Rom 2007 (= Studia Erudita 6), 395–397 (s.v. *tempus*).

119 Quint. inst. 4, 1, 31 (Zeitbestimmung im *prooemium*) und 4, 2, 2f. (Zeitbestimmung in der *narratio*); dort werden Cic. Cael. 1 und Verg. georg. 1, 43 zitiert.

Eine Antwort auf die Frage, was die Zeit an sich sei, ist in diesen Texten nicht zu erwarten, doch verblüffend häufig steht der erzähltechnischen Beschäftigung mit der Zeit oder den Zeiten eine knappe ontologische Definition der Zeit voran, die in dem Bemühen, das Unmögliche kurz zu sagen, einen Einblick in die spätere Koiné ermöglicht.[120]

Priscianus greift bei der Bestimmung der *tempora verborum* die Metapher des Zeitflusses auf und macht an ihr Kontinuität des Zeitverlaufs und die Schwierigkeit deutlich, einen gegenwärtigen Moment zu bestimmen: *cum enim tempus fluvii more instabili volvatur cursu, vix punctum habere potest in praesenti* („Da ja die Zeit sich nach Art des Flusses in nie innehaltender Bewegung vorwärts wälzt, kann sie kaum einen festen Punkt in der Gegenwart besitzen"). Die Gegenwart gehört jedoch gleichberechtigt neben die anderen Tempora des Verbs; ihre Rettung scheint nur mit einem breiter konzipierten Begriff der Gegenwart, wie ihn die stoische Zeitlehre bietet, möglich.[121]

In singulärer Weise reflektiert Diomedes grammaticus, ein oströmischer Autor des vierten Jahrhunderts, das Problem der Zeitmessung. In der Eingangspassage zur Behandlung der *tempora verborum* bestimmt er – wohl in Anlehnung an Plotin – in pointierter Weise das Verhältnis von Zeit, Handlung und Zeitmessung:[122]

---

120 Hier sei ergänzend auf Censorinus verwiesen, der im Zentrum seines Werkes *De die natali* eine Definition der Zeit bietet, die vollkommen von einer Wesensbestimmung absieht und sich allein auf das Zähl- und Messbare konzentriert: *tempus autem non diem tantummmodo vel mensem vel annum vertentem appello, sed et quod quidam lustrum aut annum magnum vocant et quod saeculum nominant* (Cens. 16, 2).

121 Prisc. gramm. 1, 414, 10–16 Keil: *praesens tempus proprie dicitur, cuius pars praeteriit, pars futura est. cum enim tempus fluvii more instabili volvatur cursu, vix punctum habere potest in praesenti, hoc est instanti. maxima igitur pars eius, sicut dictum est, vel praeteriit vel futura est, excepto ‚sum' verbo* [...] *id enim omnium semper est perfectissimum, cui nihil deest.*

122 Diom. gramm. 1, 335, 15–25 Keil: *Tempus est vicissitudo rerum triformiter mutabilitate comprehensa, si quidem potest comprehendi quod numquam stat, vel spatium aetatis volubile* [*quod*] *in eisdem usurpationibus patiens declinationem, quod numero videtur comprehendi. Hactenus de tempore principali, nunc de temporibus verborum dicemus. In primis tempus per se nullum diremptum est omnino, cum per se in se revolvatur et sit perpetuo unitum. Verum quoniam differt noster actus nec semper idem est (aut enim facimus aut fecimus aut facturi sumus), hac ex re individuo tempori imponimus partes temporis, non tempus dividentes sed actum nostrum diversum significantes.* Vgl. dazu Plot. 3, 7, 9.

Verum quoniam differt noster actus nec semper idem est (aut enim facimus aut fecimus aut facturi sumus), hac ex re individuo tempori imponimus partes temporis, non tempus dividentes sed actum nostrum diversum significantes.

(„Da ja unser Handeln sich unterscheidet und nicht immer sich selbst gleich ist – denn entweder sind wir dabei etwas zu tun, oder wir haben getan oder wir werden tun –, haben wir der unteilbaren Zeit die Teile der Zeit auferlegt, wodurch wir allerdings nicht die Zeit zerteilen, sondern unser je anderes Tun bezeichnen.")

Wenn der Mensch mit Hilfe der Zeitmessung sich nur selbst misst, dann liegt die Funktion der Zeitordnung nicht mehr, wie es Platon postuliert und die römische Tradition zumindest bis hin zu Cicero weiter getragen hatte, in der Welterkenntnis und der Übertragung des vollkommenen kosmischen Maßes auf die irdische Welt, sondern ganz allein in der pragmatischen Strukturierung des Alltags.

In eine ähnliche Richtung weist das Kategorienraster, das ein Grammatiker des vierten nachchristlichen Jahrhunderts, Fortunatianus, formuliert hat.[123] Er unterscheidet bei der Beschreibung der Zeit eine Vielzahl von *modi* der Zeitbezeichnung, wobei er nicht auf die sprachliche Form, sondern vor allem auf den Hintergrund der gesellschaftlichen Strukturierung von Zeit blickt: Fortunatianus unterscheidet den *modus publicus*, der die drei Zeitstufen Vergangenheit, Gegenwart und Zukunft umfasst,[124] den *modus naturalis* für die natürliche Zeitordnung von Tag und Nacht, den *modus legitimus aut stativus* des Festkalenders, den *modus accidens*, der offenbar die Zeitgliederung nach dem ‚plautinischen' Maß von Hunger und Durst bezeichnet,[125] den *modus communis* der die für die bäuerliche Gemeinschaft relevanten Zeiten wie Ernte und Lese benennt, den *modus singularis*, der typische Ereignisse der Einzelbiographie wie Togafeier oder Hochzeit festhält, und den *modus proprius*, der außerordentliche Ereignisse dieses Lebens festhält.

123 Fort. 2, 3; Er lehnt sich eng an Cicero und Varro an, übertrifft sie aber an Detailgenauigkeit. Lucia Calboli Montefusco, Consulti Fortunatiani ars rhetorica. Introduzione, edizione critica, traduzione italiana e commento, Bologna 1979, 347 weist in ihrem Kommentar auf die Nähe zu Cicero hin, gibt aber leider keinen Hinweis darauf, woher die Veränderungen und Erweiterungen Fortunatians rühren könnten.

124 Cicero benutzt den Begriff *modus publicus* in inv. 1, 39–40 in m.E. weit treffenderer Weise zur Bezeichnung öffentlicher Ereignisse. Fortunatianus verschiebt diesen Inhalt in die Kategorie *legitimus*, die jedoch nicht alle Beispiele Ciceros aufnehmen kann – sie erfasst durchaus die Feste, aber nicht den Krieg (Fort. 2, 3) – und deutet *publicus* im Sinne von „allgemein"

125 Siehe dazu unten S. 124ff.

Dies dürfte das höchste Maß an zeitlicher Differenzierung sein, das die römische Literatur bis zum Ende der Antike bietet. Je spezifischer die Differenzierung wird, desto geringer wird die Bedeutung der kosmischen Ordnung und der Gestirne. Alle Versuche, die Zeit zu messen und zu ordnen, stehen im Widerspruch zu der Unerreichbarkeit und Unteilbarkeit der ‚Zeit an sich'. So tritt immer diejenige Ordnung in den Vordergrund, die um die Alltagsbedürfnisse der Menschen herum gebildet ist. Jedes Messen fällt letztlich auf den Menschen zurück – wir sind es, nicht die Zeit, die gemessen werden.

2. Die ‚Erfinder' und Lehrer der Zeitordnung

Das vorangehende Kapitel hat die Verankerung jeder Zeitvorstellung im Bild sowie die Bedeutung der Zeitmessung und der damit verbundenen Instrumente erkennen lassen. Gerade in Rom ersetzt das Nachdenken über die gesellschaftliche Ordnung der Zeit, ihre Lenkung und Strukturierung, fast immer das Nachdenken darüber, was die Zeit denn ‚eigentlich' sei.

Wie jedes gesellschaftliche Institut hat auch die Zeitordnung einen Anfang und eine Geschichte. Sowohl in Griechenland als auch in Rom ist dieser Prozess als Teil der jeweils eigenen Geschichte erzählt worden, wobei die historische Entwicklung in der Benennung von Protagonisten konkretisiert wurde. Die folgenden Überlegungen gelten den Erklärungsmodellen, die die römische Antike für die Fragen nach der Herkunft und Eigenart der eigenen Zeitordnung gefunden hat. Denn während die griechischen Begründer in einer chronologisch unbestimmten Frühzeit aller Kultur angesiedelt sind, zeichnet sich in Rom das deutliche Bemühen darum ab, die Zeitordnung mit der Gründungsgeschichte der Stadt und mit der ersten Gesetzgebungsphase zu verbinden.

Ziel der folgenden Überlegungen ist es, in exemplarischer Arbeit den Horizont dieser römischen Vorstellungen abzustecken. Ähnlich wie in der schon angeführten lukrezischen Kulturentstehungslehre kann man am ‚Charakter' des jeweiligen Kulturheros und der ihm zugewiesenen genealogischen und historischen Position ablesen, welcher Stellenwert und welche Aufgaben der Zeitordnung zugesprochen wurden. Die Fragen an die untersuchten Texte lauten: In welche geistesgeschichtlichen Zusammenhänge wird die Zeitordnung gestellt? In welchem historischen Moment sollen die Begründer der Zeitordnung gewirkt haben? In welcher historischen Situation wird ihr literarisches Bild aktiviert? Welchen Spielraum eröffnet das Motiv der Gründerheroen, wo verschließt es Möglichkeiten?

Sucht man in antiken Texten nach dem mythischen Begründer der Zeitrechnung oder nach den Erfindern der Instrumente, die zu ihrer Darstellung und Aufrechterhaltung nötig waren – Kalender, *sphaera* und Uhr –, so läuft man erst einmal ins Leere. Anders als die Ordnung des Staates, des Heeres oder gar der Mahlzeiten hat die *ratio temporum* keinen Gründerheros.

Uranfänglich ‚erfunden' wurde nach dem Verständnis der antiken Autoren offenbar weder das zugrunde liegende Ordnungskonzept noch das konkrete Instrument (das leisteten in späterer Zeit historisch greifbare Menschen), sondern vielmehr die Fähigkeit, aus der Beobachtung der Sonne, des Mondes, der Planeten und Sterne Wissen über das jeweils gebotene bzw. mögliche Handeln in der Landwirtschaft und in der Seefahrt abzuleiten. Die Frage an die Heurematakataloge lautet also nicht: „Wer erfand den ersten Kalender, die erste Uhr?", sondern vielmehr: „Wer lehrte die Menschen die Beobachtung des Himmels und die Fähigkeit, daraus eine zeitliche Orientierung abzuleiten?"

Die Frage nach dem εὑρετής der Zeitordnung ist also nicht so sehr die Frage nach einem Wissenschaftler oder Techniker, sondern vor allem die Frage nach einem Lehrer – gelegentlich mit gesetzgebender Macht – gewesen. Darauf haben Ägypten, Griechenland und Rom sehr unterschiedliche Antworten gegeben. Ich werde mit einem kurzen Blick auf ägyptische Lehrer beginnen, um dann die griechischen Titanen Prometheus und Atlas und den Heros Palamedes und ihre Rezeption in Rom zu untersuchen;[126] am Ende stehen die nur für Rom relevanten Gesetzgeber Romulus und Numa. Diese ‚Angebote' zur personalen Konkretisierung des Ursprungs sind in der römischen Rezeption in sehr unterschiedlicher Weise wahrgenommen worden.

Bei der Suche nach den Lehrern der Himmelsbeobachtung trifft man gelegentlich auf die ‚zuständigen' Himmels-, Sonnen- und Kulturgottheiten

126 Endymion, den man als vierten in dieser Reihe erwarten könnte, bleibt hier außer Betracht, da seine Rolle als erster Astronom infolge einer rationalisierenden Interpretation des Selenemythos zwar schon bei Plinius anklingt, doch erst in der Literatur und Kunst der Renaissance zur Ausbildung kommt: Plin. nat. 2, 6, 43 (Mondbeobachter); vgl. Nonn. Dion. 41, 379. Eine antike Bildtradition für Endymion als Astronom existiert nicht. Zur Geschichte des Motivs s. Hanns Gabelmann, Endymion, in: LIMC 3,1 (1986) 726–742; E. Bethe, Endymion, in: RE 5, 2 (1905) 2557–2560 (Rückführung der rationalistischen Deutung auf Mnaseas); L. v. Sybel, Endymion, in: Roscher 1 (1884–1886) 1246–1248. Zur Entwicklung seit der Renaissance s. Natalia Agapiou, L'Endimione col cannocciale de Guercino, in: Studi Umanistici Piceni, 25 (2005) 269–281.

wie Uranos, Hermes, Apoll oder den ägyptischen Gott Thoth,[127] vor allem aber auf Ägypten als Ursprungsort der Himmelskunde: eine alte Wissenschaft eines alten Volkes, das aus der Kenntnis der himmlischen Abläufe einen nicht geringen Teil seiner Stabilität bezieht.[128] Den größten Einfluss übte hier vermutlich die Darstellung Herodots aus, der den Ägyptern die Ableitung des Jahres aus der Sonnenbeobachtung und seine regelmäßige Zwölfmonatsgliederung zuschrieb. Die im griechischen Kalender übliche Schaltung wird von ihm dagegen eher als Mangel denn als sinnreiche Erfindung beurteilt.[129] Die intensive Inanspruchnahme des ägyptischen Vorbilds für die caesarianische Kalenderreform hat hier ihren Ursprung und ihre Legitimation.

Die zentrale Rolle Ägyptens beschränkt sich allerdings auf die Vermittlung astronomischer Kenntnisse und des darauf basierenden Kalenders; Uhren werden in diesem Zusammenhang nicht erwähnt. Die späteren Erfinderkataloge der Uhr bei Vitruv und Plinius enthalten dagegen nur menschliche und historisch greifbare Erfinder verschiedener Uhrentypen.[130] Man gewinnt den Eindruck, dass Uhren auf einer anderen Hierarchiestufe als Kalender stehen und daher im Kulturbegründungszusammenhang keinen Platz haben; ob sie aber nur spätere oder auch geringerwertige Erfindungen sind, bleibt offen.

Alle untersuchten Texte setzen die Existenz einer auf kulturellen Konventionen beruhenden Zeitordnung als ebenso selbstverständlich voraus wie die Kenntnis natürlicher Zeitrhythmen. Keiner von ihnen reicht über die Anfänge der kulturellen Zeitordnung hinaus, auch wenn sie natürlich unterschiedliche Momente der ‚kulturellen Verzeitlichung' widerspiegeln. Wenn man als Anfangspunkt dieser Entwicklung die erste instrumentell unterstützte und politisch wahrgenommene Himmelsbeobachtung ansetzt und als vorläufigen Endpunkt die flächendeckende Etablierung öffentlicher Uhren und Kalender, so ist sie für Athen etwa zwischen 800 und 300 v. Chr., für Rom zwischen 300 und 50 v. Chr. anzusetzen. Die Frage nach dem Ur-

---

127 Nachweise: A. Furtwängler, Apoll, in: Roscher 1 (1884–1886) 423–425; Roeder, Thoth, in: Roscher 5 (1916–1924) 851–852, s. dazu auch Steuding, Mercurius, in: Roscher 2, 2 (1894–1897) 2802–2831, hier 2822–2823 und 2827–2828; die Erwähnung von Hermes bei Manil. 1, 25ff.; D.S. 1, 16, 1; zum kosmogonischen Uranos s. Cole, Democritus, 205.

128 Dazu Schneider, Technikverständnis, 84–97; Kleingünther, Protos heuretes, 52–59. Zur Rezeption der ägyptischen Zeitrechnung in Spätantike und Frühmittelalter s. Borst, Kalenderreform, 669–673.

129 Hdt. 2, 4; s. auch Kleingünther, Protos heuretes, 56 ff.; Thraede, Erfinder, 1204 f.

130 Zu Plinius vgl. unten Anm. 172; zu Vitr. 9, 7–9 vgl. unten S. 94ff.

sprung der kulturellen Zeitordnung ist daher für alle Autoren eine spekulative, deren Beantwortung sich allein aus der jeweiligen Vergangenheitsrekonstruktion ergibt: Was sich abbildet, ist – in Anlehnung an Hayden Whites Worte – nicht die Wahrheit der Fakten, sondern Klios Dichtung.[131]

2.1. Atlas, der Fremde

Die Figur des Atlas weist sowohl ägyptische als auch göttliche Züge auf, wobei ‚ägyptisch' im Sinne kultureller Fremdheit, ‚göttlich' im Sinne einer überlegenen, maßgebenden Distanz zu verstehen ist. Die mythologischen Erzählungen heben häufig sein übergroßes Wissen hervor, die Auflehnung gegen die olympischen Götter und seinen als Strafe verstandenen Dienst als Himmelsträger.[132] Der Bogen nach Nordafrika wird spätestens von Herodot durch die erzählerische Verknüpfung mit dem gleichnamigen Gebirge geschlagen.[133] Sein Reich befindet sich weit im Südwesten, am Rande der Oikumene. Genealogie und Geographie legen es nahe, in ihm mehr als in anderen das vorolympische und außergriechische Wissen repräsentiert zu sehen.

Die große Distanz zwischen ihm und den Menschen kann nur durch die Einschaltung eines Vermittlers und durch zeichenhafte Kommunikation überbrückt werden. Allen Menschen, die die Zeichen zu deuten wissen, dient der verstirnte Atlas gemeinsam mit seinen ebenfalls verstirnten Kindern als Symbol und Merkzeichen der Zeit: Hesperus verkündet Abend und Morgen, die Plejaden markieren wichtige Momente des Jahreslaufs.[134] Unmittelbar von Atlas wird offenbar nur Herakles unterrichtet, der seinerseits

131 White, Klio.

132 Die ersten Erwähnungen finden sich bei Hom. Od. 1, 52–54 (Kenntnis der Meerestiefen; ὀλοόφρων) und Hes. Th. 517–520 (Himmelsträger). Weitere Belege bei Beatriz de Griño/Ricardo Olmos/Javier Arce/Luis J. Belmaseda, Atlas" in LIMC 3,1 (1986) 2–16; Wernicke, Atlas (3), in: RE 2,2 (1896) 2119–2133; als Astronom 2125; Stoll, Atlas, in: Roscher 1 (1884–1890) 704–709, bes. 707. – In eine gänzlich andere Richtung weist die Bezeichnung „Atlas" für die seit dem 6. Jahrhundert auftretende männliche Trägerfigur in der antiken Architekturtheorie (Vitr. 6, 7, 6; Text s. Anm. 136). Himmelsträgerschaft und Himmelswissenschaft werden, um nur zwei Beispiele zu nennen, in der von Vitruv formulierten Weise aitiologisch im sog. Atlas Farnese miteinander verbunden, doch kaum in den Atlanten des Zeus-Tempels in Agrigent.

133 Hdt. 4, 184; vgl. etwa Verg. Aen. 4, 480–482, Ov. met. 4, 626.

134 D. S. 3, 60.

zum Lehrer der Griechen wird.[135] Ein so aufgefasster Atlas eröffnet den Menschen einen rationalen Weg zum Verständnis der himmlischen Ordnung; dass er einst ein gefallener Gott war, scheint keine weitere Rolle mehr zu spielen.

Atlas ist der Einzige, der als mythischer Lehrer der Astronomie wirklich Eingang in die römische Literatur gefunden hat: Vitruv etwa weist bei der Behandlung männlicher Trägerfiguren in der Architektur darauf hin, dass diese der astronomischen Lehrtätigkeit des Atlas zu Ehren und als Dank für seine Wohltat so bezeichnet würden.[136] Nicht nur Vergil, sondern auch ein wenig beachtetes Germanicus-Fragment charakterisiert ihn als fremden und mythisch entrückten Lehrer.[137] Der besondere Charakter des Atlas wird am deutlichsten bei Vergil sichtbar, der in den Schlussversen des ersten Aeneisbuches das Lied des Kitharöden Iopas paraphrasiert, das dieser bei Didos Gastmahl vor Karthagern und Trojanern für Aeneas gesungen hat:[138]

Cithara crinitus Iopas
personat aurata, docuit quem maximus Atlas.
Hic canit errantem lunam solisque labores;[139]

---

135 D. S. 4, 27, 4–5.

136 Vitr. 6, 7, 6: *Atlas enim formatur historia sustinens mundum, ideo quod is primum cursum solis et lunae siderumque omnium versationum rationes vigore animi sollertiaque curavit hominibus tradenda eaque re a pictoribus et statuariis deformatur pro eo beneficio sustinens mundum* […]

137 Verg. Aen. 1, 740ff; Germ. frg. 5, 1–5: *astrorum globos et sidera maximus Atlans/ protulit in populos, numeris versutus et omnes/ stellarum motus certa ratione notavit;/ quae Pharii Tyriique viri commenta sequentes/ aequora vere novo* <…> Das Fragment ist weder Teil der Aratübertragung des Germanicus noch mit dem überlieferten Arattext zu verbinden; ob es Teil eines weiteren Werkes oder einer beabsichtigten erweiterten Fassung des lateinischen Arat sein sollte, ist in der Forschung umstritten. Traglia betont das Fehlen aller arateischen Elemente; Possanza weist darauf hin, dass die Verlegung der Himmelslehre von Menschen (bei Arat) auf Atlas (bei Germanicus) der bei diesem auch sonst zu beobachtenden Tendenz zur Entrationalisierung und Remythologisierung entspreche. Das überlieferte *humeris virtutis* durch *numeris versutus* zu ersetzen, wie es die Herausgeber seit Emil Baehrens tun, scheint mir nicht zuletzt durch den Vergleich mit Pl. Ti. 47a und A. Pr. 459 geboten, wo die Entdeckungsgeschichte von Zahl und Zeit ebenfalls eng zusammenrücken. Possanza, Translating, 203 und Anm. 78 auf S. 217; Traglia, Germanico, hier 323 f.

138 Verg. Aen. 1, 740–745 und 4, 480 ff. Grundlegend Kranz, Lied; überzeugend und unter Aufarbeitung der älteren Forschung Little, Song.

139 Die Attribute von Sonne und Mond sind ungewöhnlich. Gelegentlich sind sie als über die Naturbeschreibung hinausweisende Charakterisierungen von Aeneas und Dido gedeutet worden; auch ein Hinweis auf die Mühen und Irrfahrten des

unde hominum genus et pecudes; unde imber et ignes;
Arcturum pluviasque Hyadas geminosque Triones;
quid tantum Oceano properent se tinguere soles
hiberni, vel quae tardis mora noctibus obstet.[140]

(„Auf der vergoldeten Kithara spielt der lockige Iopas, den der mächtige Atlas gelehrt hat. Er besingt den wandernden Mond und die Mühen der Sonne, woher das Geschlecht der Menschen und die Tiere, Regen und Feuer kommen, den Arktur und die regenbringenden Hyaden und die beiden Bären, wieso die Wintertage so eilen, ins Meer zu tauchen, und welches Hindernis den spät kommenden [Sommer-]Nächten entgegensteht.")

Iopas, der nach epischem Modell gebildete Sänger, wird hier nicht als Schüler der Musen, sondern als ein dem Apollo ähnelnder Sänger,[141] vor allem aber als Schüler des Atlas eingeführt.[142] Sein Lied, das Themen der Naturgeschichte und Kosmologie behandelt und dabei die Perspektive einer Seefahrernation einnimmt, für die die Leitsterne und die Tageslängen von existentieller Bedeutung sind, erscheint durch die Figur des Atlas geprägt.

Aeneas ist hier sicher denkbar. Doch der Begriff der *solis labores* ist auch auf der Ebene der Naturbeschreibung zu verstehen, wo er entweder analog zu Verg. georg. 2, 478 Finsternisse oder aber in einem direkteren Sinne, wie Servius ad loc. bemerkt, als mühsame Bewegung von Sonne und Mond verstanden werden kann; mühsam deshalb, da sie sich beständig in Gegenrichtung zu den übrigen Planetensphären bewegen. Dass es sich bei *solis labores* um keinen geläufigen Begriff handelt, belegt Plin. nat. 2, 55.

140 Wie Little nehme ich an, dass hier von Wintertagen und Sommernächten, d.h. dem Duktus des Liedes entsprechend von gegensätzlichen Naturerscheinungen die Rede ist. In der älteren Forschung sind gelegentlich beide Verse auf den Winter bezogen und (in einer m.E. den Text überfordernden Weise) als Ausdruck von Didos künftigem Befinden verstanden worden. Little, Song, 29–33.

141 Die Nähe zu Apoll ist m.E. im viel diskutierten Attribut *crinitus* ausgedrückt (hierin folge ich Hardie, Aeneid, 47 f. und Little, Song, 23). In Verbindung mit dem Instrument betont das Attribut die Götternähe des Sängers, ohne dass Iopas dadurch zu Apolls Schüler würde; er ist ihm auf andere Weise nahe. – Von nachgeordneter Bedeutung erscheint die These, im *crinitus* sei eine Anspielung auf Maecenas zu erkennen, vgl. Leon Herrmann, Crinitus Jopas, Latomus 26, 2 (1967) 474–476.

142 Zum Lehrer-Schüler-Verhältnis s. Serv. Aen. 1, 741, der aufgrund chronologischer Überlegungen eine Vermittlung durch Herakles nahe legt (so auch D. S. 4, 27, 5). Zum epischen Charakter des Sängers s. Hardie, Aeneid, 52–57. Den positiven Charakter, den der Titan Atlas hier annimmt, arbeitet Little, Song, 19–21 gegen Segals These von dessen „outlawry" heraus.

Beide, der ‚aithiopische' Atlas und der aus Joppe gebürtige Sänger, sind Vertreter einer außergriechischen Welt.[143]

Es ist oft auf die Nähe dieser Passage zum Anfang der Kosmologie im zweiten Georgikabuch hingewiesen worden, wo Vergil einige Verse, die sich auch hier finden (v. 742, 744, 745) bereits eingesetzt hatte.[144] Dort aber sind es in klassischer Weise die *dulces Musae*, die er um Beistand bittet; sein Lied zeigt sich weniger auf die Vermittlung kosmologischen Wissens ausgerichtet als darauf, das Angsterregende der Welt verstehend zu durchdringen. Dementsprechend steht das Bedrohliche der umgebenden Natur, Erdbeben und heftige Gezeiten, hier im Vordergrund, während es am entsprechenden Ort in der Aeneis fehlt. An seine Stelle ist die detaillierte Aufzählung der Kalendersterne getreten, deren Kenntnis die Seefahrt weniger gefahrvoll macht.

Dass Arcturus, der hellste Stern des Bärenhüters, die Hyaden und beide Bären vor allem als Leitzeichen auf See zu verstehen sind, deutet eine andere Versparallele an: Im dritten Buch der Aeneis betrachtet Palinurus den gestirnten Himmel – *sidera cuncta notat* – und leitet aus der Beobachtung der Sterne das Signal zum Aufbruch ab.[145] Robert Hannah hat überzeugend gezeigt, dass die erwähnten Sterne an beiden Stellen nicht nur formelhaft für alle Orientierungssterne stehen, sondern unter der die ganze Passage prägenden Prämisse von „similarity and opposition" alle Himmelsgegenden vertreten.[146] Man darf ergänzen, dass sie aus nautischer Sicht sowohl die

143 Für Atlas vgl. Verg. Aen. 4, 480–482: *Oceani finem iuxta solemque cadentem/ ultimus Aethiopum locus est, ubi maximus Atlas/ axem umero torquet stellis ardentibus aptum.* In der Deutung des Namens Iopas = aus Jaffa stammend folge ich Kranz, Lied, 30. Hardie, Aeneid, 58–59 beurteilt (gegen Kranz) die Fremdheit beider als weniger evident, bietet jedoch keine alternativen Deutungen für die Anrufung des Atlas und den Namen des Sängers.

144 Verg. georg. 2, 475–482: *Me vero primum dulces ante omnia Musae,/ quarum sacra fero ingenti percussus amore,/ accipiant caelique vias et sidera monstrent,/ defectus solis varios lunaeque labores;/ unde tremor terris, qua vi maria alta tumescant/ obicibus ruptis rursusque in se ipsa residant,/ quid tantum Oceano properent se tingere soles/ hiberni, vel quae tardis mora noctibus obstet.*

145 Verg. Aen. 3, 512–519: *necdum orbem medium nox horis acta subibat:/ haud segnis strato surgit Palinurus et omnis/ explorat ventos atque auribus aera captat;/ sidera cuncta notat tacito labentia caelo,/ Arcturum pluviasque Hyadas geminosque Triones,/ armatumque auro circumspicit Oriona./ postquam cuncta uidet caelo constare sereno,/ dat clarum e puppi signum* […].

146 Hannah, Stars, weist darauf hin, dass die Sichtbarkeit aller vier innerhalb einer Nacht nur im Hochsommer gegeben war, so dass Vergil hier – sofern es sich nicht um unreflektiertes Formelgut handelt – eine realistische, langwierige und der

Verhinderer – Arktur und Hyaden bringen Regen und Wind – als auch die Ermöglicher der Seefahrt erfassen: je einer der beiden Bären gewährt den Puniern resp. den Griechen Orientierung auf ihrer Fahrt.[147]

Atlas im kosmologischen Lied eines ‚Ausländers' als Lehrer der angewandten Astronomie einzuführen, bedeutet, dass der Titan zur Zeit Vergils noch nicht vollständig romanisiert war, sondern seine Fremdheit bewahrt hatte und weiterhin den außerrömischen Kulturbegründern zugerechnet werden konnte.[148] Noch Germanicus betont, dass er sein Wissen nicht (wie Prometheus) allen Menschen, sondern nur den Ägyptern und Puniern weitergegeben habe.[149] Bald nach ihm jedoch verschwindet die Figur des Lehrers Atlas aus der römischen Literatur. Ich möchte vorschlagen, in der bewahrten Fremdheit die Ursache für das allmähliche Verschwinden des Titanen aus kosmologischen und kulturtheoretischen Texten zu sehen. Je mehr die Zeitordnung als etwas originär Römisches angesehen wurde, je geringer der Einfluss anderer Kulturvölker geschätzt wurde, um so weniger Raum gab es für einen fremdländischen Begründer der römischen Zeitordnung.

Augurentätigkeit vergleichbare Durchmusterung des himmlischen *templum* evoziert.

147 Es ist lange gesehen worden, dass die untersuchten Vergilverse einen Bogen zu Hom. Od. 5, 271–275 schlagen, Odysseus' Sternenbeobachtung bei der Abreise von Kalypso. Die Unterschiede hat Hannah, Stars, herausgearbeitet. Ich möchte ein Detail hinzufügen: Anders als Homer nennt Vergil *beide* Bären. Möglicherweise liegt hierin eine Anspielung auf die unterschiedlichen nautischen Gewohnheiten der Griechen und Punier, wie sie spätestens seit Arat bekannt sind und in Rom vielfach, u. a. bei Ov. fast. 3, 107–108 erwähnt werden: Die seefahrenden Punier sollen sich am kleinen, die Griechen am großen Bären orientiert haben, die zu dieser Zeit einen ungefähr identischen Abstand zum himmlischen Nordpol aufwiesen.

148 Bettenworth, Gastmahlsszenen, 152 und 168 ff. betont das nordafrikanische „Lokalkolorit", das Atlas hier einbringt, und vergleicht ihn mit dem weisen ägyptischen Priester bei Lucan (siehe dazu hier S. 234 f.). Bei aller grundsätzlichen Zustimmung scheint mir der Begriff des „Lokalkolorits" die Wahrnehmung des Fremden unangemessen zu verflachen.

149 Siehe dazu Anm. 137.

2.2. Prometheus, der Frevler und Kulturbegründer

Der lehrende Zug tritt in der Darstellung des Atlasbruders Prometheus, des Feuerdiebes und Menschenbildners, noch deutlicher hervor.[150] In einzigartiger Intensität und Differenzierung zeigt ihn die Tragödie *Prometheus Desmotes* als Kulturbringer. Nur hier wird Prometheus explizit als Begründer des Kalenders genannt, was seine Aufnahme in diese Untersuchung rechtfertigt. Gleichwohl zeigen auch spätere Darstellungen ihn als umfassenden, für alle Bereiche der menschlichen Kultur bedeutenden Kulturbegründer, und noch bei Ovid klingt das Motiv der Himmelsbeobachtung an.[151]

Nicht nur wegen ihrer eigentümlichen Handlungsarmut, sondern auch aufgrund der potentiellen Zugehörigkeit zu einer (weitgehend verlorenen) Prometheus-Trilogie und ihrer expliziten Gotteskritik wird die Autorschaft der Tragödie in der Forschung noch immer intensiv diskutiert.[152] Zum Verständnis der Figur des Prometheus, wie sie sich in der sogenannten Kulturschöpferrede (v. 436–506) zeigt, reicht jedoch die einhellige Datierung des Dramas in den geistesgeschichtlichen Kontext des fünften vorchristlichen Jahrhunderts aus; die Autorenfrage kann hier zurückstehen.[153]

---

150 Feuerdieb seit Hesiod; Menschenbildner spätestens im 5. vorchristlichen Jahrhundert. Belege bei Kraus, Prometheus; Bapp, Prometheus, bes. 3044 ff. (Menschenschöpfer); Thraede, Erfinder, bes. 1198–1199; s. auch Raymond Trousson, Le thème de Prométhée dans la littérature Européenne, Genf 1964, 1, 40–55.

151 Bapp, Prometheus, 3058 ff. (Erfindungen). Eine hilfreiche Übersicht der klassischen Themen der Kulturentstehungslehren bietet Cole, Democritus, 25–46.

152 Grundlegend und anregend: Hans-Georg Gadamer, Prometheus und die Tragödie der Kultur (zuerst 1946), in: H.-G. G., Kleine Schriften II. Interpretationen, Tübingen 1967, 64–74; Wilamowitz-Moellendorff, Aischylos, 114–162. Rose Unterberger, Der gefesselte Prometheus des Aischylos. Eine Interpretation (Tübinger Beiträge zur Altertumswissenschaft, 45) lehnt eine Verbindung des Dramas zu den Kulturentstehungslehren explizit ab (S. 77). Den Varianten des Prometheus-Mythos hat sich jüngst R. Bees in verschiedenen Arbeiten gewidmet. Er bezweifelt wegen des problematischen Zeusbildes die Zuschreibung an Aischylos und schlägt eine Spätdatierung um 430/420 sowie die Zuschreibung an den Naturphilosophen Archelaos v. Athen vor: R. Bees, Prometheus, in: Drama 8 (1999) 1–42 (=Zimmermann, Gr.-röm. Drama 3; dort auch weitere Literatur). Eine ethnologische Perspektive auf die Figur bietet Müller, Ethnologie; vgl. auch Reimar Müller, Die ‚Kulturgeschichte' in Aischylos „Prometheus", in: E.G. Schmidt (Hrsg.), Aischylos und Pindar. Studien zu Werk und Nachwirkung, Berlin 1981 (Schriften zur Geschichte und Kultur der Antike, 19) 230–237.

153 Die sophistischen Elemente im Prometheus Desmotes sind vielfach untersucht worden. Ein Resümee der Forschung findet sich bei Eckard Lefèvre, Studien zu den Quellen und zum Verständnis des Prometheus Desmotes, Göttingen 2002 (=

In der Kulturschöpferrede betont Prometheus, er – und nicht etwa Zeus oder die Menschen selbst – sei der eigentliche Begründer der menschlichen Kultur; erst die von ihm vermittelten τέχναι hätten die Scheidung des Menschen vom Tier ermöglicht.[154] Vor seinem Eingreifen hätten die Menschen durch das Unvermögen, das, was sie sahen, auch zu begreifen, Wahnsinnigen oder Tieren geglichen. Erst seine Gaben hätten ihr elendes Leben verbessert, sie bedeuteten Fortschritt und Sieg über den Gott, der den Menschen dieses Wissen nicht gönne. In einer langen Liste, deren Reichtum im Detail ebenso irritiert wie der Mangel im Eigentlichen (Prometheus' ureigene Erfindung, das Feuer, fehlt),[155] nennt er den Hausbau, die Deutung der Gestirne, Zahlen und Buchstaben, Tierhaltung, Schiffahrt, Medizin, Mantik und Bergbau. Das Ablesen der Zeit an den Gestirnen und die daraus folgende Entwicklung eines erfahrungsbasierten astronomischen Kalenders beschreibt er mit folgenden Worten:[156]

ἦν δ'οὐδὲν αὐτοῖς οὔτε χείματος τέκμαρ
οὔτ' ἀνθεμώδους ἦρος οὔτε καρπίμου
θέρους βέβαιον, ἀλλ' ἄτερ γνώμης τὸ πᾶν[157]
ἔπρασσον, ἔστε δή σφιν ἀντολὰς ἐγὼ
ἄστρων ἔδειξα τάς τε δυσκρίτους δύσεις.
Καὶ μὴν ἀριθμόν, ἔξοχον σοφισμάτων,
ἐξηῦρον αὐτοῖς […]

(„Es gab für die Menschen kein Anzeichen, das den [nahenden] Winter oder den blütenreichen Frühling oder den fruchtbaren Sommer zuverlässig angekündigt hätte, sondern sie lebten völlig ohne Einsicht [in die astronomischen Gesetzmäßigkeiten], bis ich sie die Aufgänge und Untergänge der Sterne lehrte, die schwer zu unterscheidenden. Und dann habe ich sogar die Zahl, herausragend unter den Erfindungen, für sie entdeckt …")

Abhandlungen der Akademie der Wissenschaften zu Göttingen, Philolog.-hist. Klasse, 3. Folge, 252) 111–112; zu den spezifischen Motiven s. dort 113–134.

154 Die Diskussionen des fünften Jahrhunderts über Nähe und Distanz des Menschen zu tierischen Lebensformen sind aufgearbeitet bei Urs Dierauer, Tier und Mensch im Denken der Antike. Studien zur Tierpsychologie, Anthropologie und Ethik, Amsterdam 1977 (=Studien zur antiken Philosophie 6), 25–52; zum aufrechten Gang s. auch Anm. 159.

155 Der Feuerraub ist Ursache der Bestrafung des Prometheus und daher bereits zu Beginn des Stückes präsent (v. 7–11, 106–111). Gleichwohl erstaunt es, dass er in dieser Liste fehlt – sollte Prometheus nicht mehr stolz darauf sein?

156 A. Pr. 454–460. Diesen Abschnitt hat auch Stobaios offenbar als programmatisch empfunden: vgl. Stob. 1, 1.

157 Zum adverbialen Gebrauch von τὸ πᾶν vgl. A. Supp. 781; Pr. 215.

Direkt zuvor hatte er das Höhlenleben erwähnt, das die Menschen zu sonnenlosen Gesellen, ἀνήλιοι, gemacht hatte. Jetzt darf man sich den Menschen aus der Höhle herausgetreten denken, zum Himmel aufschauend, am Morgen und am Abend den Horizont betrachtend, wo er die Position der Sterne als Zeitangaben des himmlischen Kalenders zu deuten lernt. Aus der Betrachtung der Sterne und ihrer Konstellationen entsteht bildhaftes Wissen; aus der Gabe der Zahl das Vermögen, dieses Wissen zu abstrahieren. In den Epitheta der Jahreszeiten lässt (Ps.–)Aischylos die Bedeutung des Kalenders für die bäuerliche Existenz erkennen. Kulturhistorisch aufmerksam stellt er die Landwirtschaft deutlich vor und über die Seefahrt.[158]

In den ersten Versen der Kulturentstehungsrede wird die Entstehung positiven Wissens in einer mehrschrittigen Entwicklung skizziert – auch wenn (wie oft konstatiert wurde) im weiteren Verlauf wohl keine ‚Entwicklungsgeschichte der Menschheit' intendiert gewesen ist. Doch der Schritt aus der Höhle hat hohen Symbolwert; im Bild der Himmelsbetrachtung fasst der Dichter die Herauslösung des Menschen aus der tierischen Existenz und seine Begabung zum planvollen Handeln zusammen.[159]

Das ganze Drama des *Prometheus Desmotes* basiert darauf, dass Prometheus als älterer Widersacher des noch jungen Zeus der olympischen Ordnung Widerstand leistet. Ihn zum menschenfreundlichen Kulturbringer, zum εὑρετής der Himmelsbeobachtung zu machen, impliziert eine Begründung der Zeitordnung in Gegnerschaft zu den olympischen Göttern. Diese Begründung der Zeitordnung im Mangel und im Widerstand gegen die Götter bleibt singulär.[160]

In Rom scheint die Kulturbegründung und besonders die Erfindung der Zeitordnung durch Prometheus aus dem Blick geraten zu sein, während andere Züge der Figur erhalten blieben. Allein Cicero erwähnt Prometheus gemeinsam mit Atlas als eine bekannte Denkfigur zur Formulierung

158 Ihre Nennung wäre hier ebenfalls möglich gewesen, wie etwa der vergleichende Blick auf Lukrez zeigt. Doch sie gerät erst zehn Verse und etliche Erfindungen später kurz in den Blick (A. Pr. 467 f.); der Bogen zwischen beiden wird nicht geschlagen.

159 Michele Pellegrino, Status rectus, in: Mullus, FS Th. Klauser (=JbAC, Ergänzungsbd. 1) 1964, 273–281; s. auch Walter Spoerri, Späthellenistische Berichte über Welt, Kultur und Götter. Untersuchungen zu Diodor von Sizilien, Basel 1959, 152–156; zahlreiche Beispiele zusammengestellt bei S. Owen Dickermann, De argumentis quibusdam [...] obviis e structura hominis et animalium petitis, (Diss.) Halle 1909, bes. S. 92–101. Zur Unterscheidung des Menschen vom Tier s. auch Anm. 154.

160 Gewöhnlich wird Zeus/Jupiter als Urheber und Garant der Zeitordnung genannt; vgl. Verg. georg. 1, 113 ff.; Ov. met. 1, 116ff. (dazu unten S. 277ff.).

astronomischen Wissens.[161] Insgesamt erscheint Prometheus jedoch entmachtet und auf eine menschliche Größe reduziert, in der er weder titanisch noch göttlich zu wirken vermag; sogar sein Schöpfertum wird parodiert.[162] Unter den Augusteern bewahrt allein Ovid die positiven und machtvollen Züge der Figur, wenn er ihn in seiner Schöpfungsgeschichte nicht nur zum Menschenbildner, sondern auch zum Erzieher des Menschengeschlechts macht, der es aufrichtet und den Blick in die Sterne lehrt: *os homini sublime dedit caelumque videre/ iussit et erectos ad sidera tollere vultus.*[163] Dieses Bild ist jedoch von allem kulturellen Tun des Menschen noch einige Zeitalter und eine weitere Schöpfung entfernt; die astronomische Andeutung wird nicht weiter ausgeführt.[164]

2.3. Palamedes, der begabte Mensch

Im *Prometheus Desmotes* werden Prometheus neben der Zeitrechnung noch weitere Erfindungen zugeschrieben – Buchstaben, Maße und Gewichte –, die sonst meist Palamedes für sich beansprucht; ja: Prometheus tritt mit diesem in eine regelrechte Erfinderkonkurrenz. Andere Tragödien des 5. Jahrhunderts lassen erahnen, dass gewöhnlich Palamedes die Rolle des Lehrers der Himmelskunde zukam; er war es, der die οὐράνια σήματα zu deuten wusste.[165] Vor allem aber war Palamedes der Trojakämpfer, Ebenbild

161 Bapp, Prometheus, 3079 erwähnt aus klassischer Zeit nur eine einzige Bemerkung in Ciceros Tuskulanen, in der Prometheus als Astronom bezeichnet wird (Tusc. 5, 8: *Nec vero Atlans* [sic] *sustinere caelum nec Prometheus adfixus Caucaso nec stellatus Cepheus cum uxore genero filia traderetur, nisi caelestium divina cognitio nomen eorum ad errorem fabulae traduxisset*) vgl. auch Tusc. 2, 23. Nach Ovid nennt noch Servius Prometheus einen *vir prudentissimus* und Lehrer der Sternkunde für die Assyrer (Serv. ecl. 6, 42).

162 Der Feuerraub wird erwähnt bei Verg. ecl. 6, 42; Hor. carm. 1, 3, 25–28; die Erschaffung des Menschen in Hor. carm. 1, 16, 13–16; Prop. 3, 5, 7–10; s. auch Phaedr. 4, 16. Horaz nennt Prometheus auffallend häufig, was gelegentlich als Reflex der bei Sen. epist. 19, 9 erwähnten Schrift des Maecenas über Prometheus gewertet wurde.

163 Ov. met. 1, 82–86, hier 85–86.

164 Zu den Implikationen des *status rectus* s. Anm. 154 und 159.

165 Hauptzeugen sind ein Fragment aus Sophokles' Palamedes, das außer den Himmelszeichen noch Zahlen und Maße aufführt (frg. 432 Radt), und ein Scholion zum (ps.-)aischyleischen Prometheus (458 A Dindorf). Dazu Kleingünther, Protos heuretes, 66–84; Franz Stoessl, Der Prometheus des Aischylos als geistesgeschichtliches und theatergeschichtliches Phänomen, Stuttgart 1988 (=Palingenesia 24), 70–71 (Vergleich beider Aischylos-Dramen).

und Gegenbild des Odysseus, ein zu Unrecht Verurteilter – der Erfindungsreichtum dient der positiven Zeichnung der Figur, doch die Tragik seines Lebens dominiert die Rezeption.[166]

Zu seinen kanonischen Erfindungen gehören auffallend viele rationale ‚Ordnungsinstrumente', z. B. die Buchstaben und Zahlen, die Waage und das Brettspiel, daneben auch gesellschaftliche Institutionen wie die Beobachtung von Auf- und Untergang der Gestirne, die Ordnung der Mahlzeiten, die systematische Aufstellung des Heeres usw.[167] Die ihm zugeordneten Erfindungen zeigen Palamedes als schöpferischen Menschen im Dienste der Gemeinschaft, dessen Ideen meist sozial motiviert erscheinen. Dies wird am deutlichsten sichtbar in seinem Versuch, einer Hungersnot durch gerechte Verteilung der knappen Mittel und durch Beschäftigungsmaßnahmen zu begegnen – so erfindet er die Buchstaben und das Brettspiel.[168]

Vergleicht man die Figur des Palamedes mit den beiden Titanen, so wird deutlich, dass die Zeitordnung bei ihm kein (mehr oder minder freiwillig gegebenes) göttliches Geschenk, sondern eine grundsätzlich menschliche Erfindung ist, die allein menschlichen Zielen folgt.[169] Wie bei Atlas kann sie

---

166 Palamedes fehlt in den homerischen Epen; ob die Gestalt vor- oder nachhomerisch ist, ist umstritten. Seit den Kypria ist der Mythos präsent; alle drei großen Tragiker haben sich mit ihm beschäftigt. Eine quellenreiche und weit über Euripides hinausreichende Einführung in die Figur des Palamedes bietet Raffaella Falcetto, Il ‚Palamede' di Euripide. Edizione e commento dei frammenti, Alessandria 2002, 7–37, zu Aischylos bes. 17–21; weitere Belege bei Lewy und Wüst (wie Anm. 167). Zur Rekonstruktion s. Franz Stoessl, Die Palamedestragödien der drei großen Tragiker und das Problem der Hypothesis, in: WS 79 (1966) 93–101. Im Zentrum dürfte dort jeweils der ungerechte Prozess gestanden haben; Stoessl erwägt eine Erwähnung der Erfindungen in Prolog oder Verteidigungsrede (S. 94).

167 Wüst, Palamedes; s. auch die Übersicht bei Heinrich Lewy, Palamedes, in: Roscher 3,1 (1897–1902) 1264–1273, hier 1270. Die neuere Literatur ist verzeichnet bei Susan Woodford/Ingrid Krauskopf, Palamedes, in: LIMC 7,1 (1994) 145–149. Wüst 2508 weist darauf hin, dass diese Erfindungen – sofern datierbar – überwiegend dem 7. vorchristlichen Jahrhundert angehören; ihre Verbindung mit Palamedes folglich zwischen dem 7. und 5. Jahrhundert stattgefunden haben muss. Vgl. Kleingünther, Protos heuretes, 82 f. – Zu den Erfindern der Buchstabenschrift und ihrer Tradition in Mittelalter und Renaissance s. Wolkenhauer, Ricerca.

168 Soph. frg. 479 Radt; Schol. Eur. Or. 432 Dindorf; Eust. 2, 308 Valck; vgl. auch Hdt. 1, 94, der die Erfindung des Brettspiels als Mittel, eine Hungersnot zu ertragen, den Lydern zuschreibt.

169 Ulrich von Wilamowitz-Moellendorff hat vielleicht auch deshalb (er gibt keine diesbezüglichen Beweggründe an) im Palamedes einen ehemaligen Titan sehen

der Menschheit zum Guten dienen, wobei dieses Gute bei Atlas eher in der Erkenntnis, bei Palamedes im gesellschaftlichen Nutzen liegt.

Cicero zitiert zwei Tragödienverse, in denen die *perspicax prudentia* des Palamedes gelobt wird, was man sicher auf seinen Erfindungsreichtum beziehen darf. Darüber hinaus dient Palamedes in Rom jedoch vor allem als *exemplum* unrechter Rechtsprechung; alles andere tritt dahinter zurück.[170] Plinius d.Ä., der ihn gelegentlich als Entdecker erwähnt,[171] verzichtet bei der Frage nach den Anfängen der Zeitordnung darauf, ihn zu nennen, und beschränkt sich statt dessen auf menschliche Entdecker(völker) und Atlas.[172]

2.4. Romulus und Numa, die Gesetzgeber Roms

Wenn römische Autoren über die Anfänge der Zeitordnung sprechen, greifen sie, wie erwähnt, gelegentlich auf die Figur des Atlas zurück, aber fast nie auf Prometheus und Palamedes.Man kann also danach fragen, was diese beiden aus römischer Sicht so wenig geeignet erscheinen ließ, in welche römischen Erklärungsmuster Atlas sich einfügte und welche zusätzlichen Qualitäten die neu hinzugewonnenen römischen Begründer der Zeitordnung einbrachten. Eine mögliche Antwort, die sich in der Analyse der Atlasfigur bereits abzeichnete, läge in der Annahme, dass Prometheus und Palamedes zu ‚griechisch' waren für ein gesellschaftliches Faktum, das in Rom offenbar derartig hoch geschätzt wurde, dass es so eng wie möglich mit

wollen, ohne dass sich diese These jedoch durchgesetzt hätte. Vgl. Wilamowitz-Moellendorff, Aischylos, 146 ff.; kritisch Wüst, Palamedes.

170 Cic. off. 3, 98; vgl. Tusc. 1, 98; top. 76; Ov. met. 13, 56 (mit dem Kommentar von Bömer ad loc. und zu 13, 37, der die Geschichte der Figur des Palamedes – ohne Berücksichtigung der Erfindungen – referiert).

171 Im großen Erfinderkatalog wird Palamedes als Erfinder der Buchstaben (Plin. nat. 7, 192), Maße und Gewichte (nat. 7, 198) und der Heeresordnung (nat. 7, 202) genannt.

172 Plinius nennt Atlas zweimal, im Erfinderkatalog als Begründer der Himmelskunde (nat. 7, 203) und als Erfinder der *sphaera* in der Kosmologie (nat. 2, 31). Unter den Erfindervölkern erwähnt er die Babylonier, die zuerst die Sterne beobachtet hätten (*observationes siderum*, nat. 7, 193), die Ägypter als Begründer der Astronomie (*astrologia*, nat. 7, 203) und die Punier, die die Himmelsbeobachtung zu Zwecken der Seefahrt eingeführt hätten (*siderum observatio in navigando*, nat. 7, 209). Als historische Einzelpersonen werden Anaximander, der die *sphaera* in die Astronomie eingeführt haben soll (nat. 7, 203), und Anaximenes als Erfinder des Gnomon (nat. 2, 187) genannt. Zu dem etwas anders gelagerten Prozess der Einführung der Uhren in Rom (nat. 7, 212–215) s. unten S. 70 ff.

dem Ursprung der Stadt verknüpft werden sollte. Atlas hingegen wäre fern und göttlich genug gewesen, um nicht als expliziter Konkurrent wahrgenommen zu werden, und hätte diese Funktion so noch eine gewisse Zeit lang weiter ausfüllen können.

Dabei wird von den zahlreichen Instrumenten und Möglichkeiten der Zeitordnung nur ein ganz kleiner Bereich fokussiert: Alle Angaben beschränken sich auf den Kalender; eine Jahreszählung erscheint denkbar, wird aber selten explizit genannt. Andere Veranschaulichungsformen der Zeit oder die kleinschrittige Gliederung des Tages durch die Uhr werden nicht berücksichtigt.

Der erste mythische König und Gründer Roms, Romulus, gilt auch als Begründer der römischen Zeitordnung.[173] In dem Maße, wie seine Figur zum Spiegelbild des zweiten Königs Numa und beide gemeinsam zum Idealbild des Herrschers wurden, *pacis ac belli peritus,* wird auch diese Gründungstätigkeit auf beide verteilt.[174] In differenzierteren Darstellungen wird Romulus besonders die Festlegung des Jahresbeginns auf den Monat seines Vaters, Mars, die erste Etablierung und Benennung der Monate (wenn auch unterschiedlichster Länge und ohne jede Korrelation zum Sonnenjahr) sowie die Ausweitung des römischen Kalenders auf benachbarte Völker zugeschrieben.[175] Diese Handlungen zeigen ihn als aufrechten Sohn, als Nomenklator und als Kriegsmann, aber nicht als Begründer einer auf

173 Der Begriff des εὑρετής wird weder auf Romulus noch auf Numa angewendet. Romulus als Begründer oder Reformator des *annus Romanus* nennen Licinius Macer (bei Macr. Sat. 1, 13, 4), Livius (1, 19), Ovid (fast. 1, 27 ff.; 3, 119–122), Plutarch (Rom. 21, Num. 18) und Macrobius (Sat. 1, 12, 5 ff.). Die Romulus zugeschriebenen Institutionen sind mit ausgewählten Belegstellen zusammengestellt bei J. B. Carter, Romulus, in: Roscher 4 (1909–1915) 164–209, hier 192–196. Carter unterscheidet gesellschaftlich-politische, militärische und sakralrechtliche Institutionen, wobei er den Kalender der ersten Gruppe zuschlägt und damit der Einrichtung der Tribus und Kurien, des Senats, der Stände, des Patronatssystems und den Ehegesetzen an die Seite stellt.

174 Die wechselnde Zuschreibung einzelner Reformen zu Romulus und Numa lässt sich als Indiz dafür ansehen, dass es mehr um die Zuweisung zu einem der beiden Gründungskönige Roms und weniger um die Festlegung der spezifischen Einzelperson ging: So wird die Übernahme des Kalenders durch die Nachbarvölker bei Plutarch Romulus (Plu. Rom. 21), bei Macrobius Numa zugeschrieben (Macr. Sat. 1, 13, 4); die erste Schaltung von Licinius Macer Romulus, von Valerius Antias Numa.

175 Plu. Rom. 21 (Monatsnamen; Übernahme durch die Sabiner); Num. 18 (unregelmäßige Monatslängen von ca. 19–36 Tagen; Differenz von Lunar- und Solarjahr nicht erkannt); Cens. 22, 9 (Monatsnamen); Macr. Sat. 1, 12, 3 (Zehnmonatsjahr, Monatsnamen, Jahresbeginn März).

Beobachtung und Erfahrung basierten rationalen Zeitordnung nach griechischem Vorbild. So bleibt er auch im Bild späterer Jahrhunderte vor allem als derjenige präsent, der die Grundlagen der politischen Ordnung und der Militärpolitik gelegt hat. Dass auch in der Antike die Diskrepanz zwischen dem Charakter der Figur und dem Institut der Zeitordnung wahrgenommen wurde, mag der Grund dafür gewesen sein, dass Romulus' Handeln in seinem wissenschaftlich-technischen Aspekt sogar kritisiert werden konnte: Erinnert sei hier an Ovids milde lächelnde Bemerkung *scilicet arma magis quam sidera, Romule, noras*[176] und an das viel diskutierte Zehnmonatsjahr, das schon die antiken Fachschriftsteller zweifeln ließ.[177]

Bei Numa hingegen, dem Friedensherrscher und Philosophenkönig pythagoreischer Prägung, ergaben sich viele Anknüpfungspunkte: Die Ordnung der Zeit fügt sich in sein innenpolitisches Ordnungs- und Disziplinierungsprogramm ein;[178] der topische (wenn auch schon in der Antike bezweifelte) Kontakt zu Pythagoras betont die Anbindung an die griechische Wissenschaft und Kultur; die Verbindung mit Egeria schließlich versinnbildlicht die göttliche Inspiration.[179] Numa überbrückt mit seiner Kalenderkorrektur die Spanne zwischen dem Zehnmonatsjahr des Romulus und der Gegenwart der Schreibenden. Ihm werden daher explizit die Justierung des Jahres zwischen Lunar- und Solarjahr sowie die dadurch bedingte Einführung von Schaltmonaten zugeschrieben. Hinzu kommt die Neufestlegung des Jahresbeginns auf den Januar (gelegentlich als Einfügung der Monate Januar und Februar formuliert), die Normierung der Monatslänge

176 Ov. fast. 1, 27ff: *Tempora digereret cum conditor Urbis, in anno/ constituit menses quinque bis esse suo:/ scilicet arma magis quam sidera, Romule, noras/ curaque finitimos vincere maior erat.*

177 Zur Diskussion s. unten S. 156ff. und Michels, Calendar, 119–127; Rüpke, Kalender, 192–204; Cloud, Numa. Die ältere Forschung und Belegstellen sind gesammelt in Bömers und Frazers Kommentaren (Frazer, Fastorum libri 2, 8–29 und 35–37; Bömer, Fasten, hier 1, 40 und 1, 42 und der Kommentar ad loc.).

178 Eine Übersicht bietet K. Glaser, Numa Pompilius, in: RE 17,1 (1936) 1242–1252. Hartwin Brandt, König Numa in der Spätantike. Zur Bedeutung eines frührömischen *exemplum* in der spätrömischen Literatur, MH 45 (1988) 98–110, hier 107 f. weist darauf hin, dass Numa neben der in allen Kulturentstehungslehren zentralen Ackeraufteilung auch die Einführung prämonetärer Zahlungsmittel zugeschrieben wurde, was ihn neben der Zeitordnung für zwei weitere zivilrechtliche Grundordnungen verantwortlich macht.

179 Offenbar als Folge dieser Diskussion formuliert Macrobius vorsichtiger und ohne Namensnennung in Bezug auf Numas Kalendertätigkeit: *Graecorum observatione forsan instructus* (Macr. Sat. 1, 13, 1). – Beide Inspirationsquellen für die Kalenderreform werden gemeinsam genannt bei Ov. fast. 3, 151–154.

und die sakralrechtliche Ergänzung des Jahres um wichtige Feste.[180] Diese Leistungen scheint ein Standbild hervorgehoben zu haben, das Plinius erwähnt: Es sei auf Anordnung Numas auf dem Forum aufgestellt worden und habe den Gott Ianus gezeigt, der mit den Fingern die Zahl 365 gebildet habe: Sinnbild der Neufestlegung des Jahresbeginns und der an der Sonne orientierten Jahreslänge.[181] Numas in der römischen Literatur viel diskutierte Position zwischen Griechenland und Rom ermöglicht es, ihn auch in Kalenderdingen als Pythagoreer oder Sabiner, d.h. Vermittler griechischen Wissens einerseits und Vertreter italischer Selbständigkeit andererseits zu deuten.[182]

Das Handeln beider hat – im Gegensatz zu den vorgenannten griechischen Kulturheroen – wenig mit dem Blick in die Sterne zu tun; gelegentlich wird sogar explizit darauf hingewiesen, dass es nicht die eigene astronomische Kompetenz war, die sie zu Vätern der Zeitordnung machte.[183] Sie wenden sich ihr zu in einem gesetzgeberischen Akt, der mit der Gründung der Stadt Rom aufs Engste verbunden ist. Daher sind es auch keine Himmelsbeobachtungen, sondern vertraute natürliche Fristen und etablierte soziale Normen, die Romulus und Numa dazu bringen, die Länge des Jahres, Anzahl und Namen der Monate festzulegen – so vermutet jedenfalls Ovid, der als Einziger nach einer Plausibilisierung für das romuleische Zehnmonatsjahr sucht.[184] Das in der Forschung immer wieder als widersinnig und sicher ahistorisch charakterisierte Zehnmonatsjahr[185] wird in Ovids Perspektive zu einem gerechtfertigten Versuch, das Jahr nicht astronomisch, sondern sozial anhand menschlicher Erfahrungen wie Schwangerschaft oder Trauerzeit zu definieren.

Der spezifisch römische Kalender wird so zum Teil der römischen Identität. Wann Romulus und Numa in diesem Prozess die Funktion von Kalendervätern zugewachsen ist, ist schwer zu bestimmen. Natürlich sind beide als Gründungskönige Roms in der republikanischen Literatur präsent, und ebenso selbstverständlich werden sie sehr oft im Zusammenhang mit der Einrichtung gesellschaftlicher Neuerungen erwähnt. Doch ihre Tradition als

180 Liv. 1, 19, 6–7 (zwölfmonatiges Lunarjahr, Differenz von Lunar- und Solarjahr durch Schaltung ausgeglichen); Plu. Num. 18–19 (Differenz von Lunar- und Solarjahr; Schaltung; Jahresbeginn im Januar); s. auch Macr. Sat. 1, 13, 1. Dazu Rüpke, Kalender, 202 ff.

181 Plin. nat. 34, 33.

182 Dazu Buchheit, Plutarch; Buchheit, Numa.

183 Plu. Num. 18, 1; Macr. Sat. 1, 13, 1.

184 Ov. fast. 1, 31 ff.

185 Dazu Anm. 175.

Begründer der Zeitordnung zeichnet sich nur schwach ab. Macrobius verweist auf zwei Geschichtsschreiber des ersten vorchristlichen Jahrhunderts, Licinius Macer und Valerius Antias. Dieser wiederum diente wohl Livius als Quelle, der Numa die Erfindung eines komplexen Schaltverfahrens zuschreibt.[186] Cicero spart in seiner ausführlichen Würdigung Numas in *De re publica* (rep. 2, 23–30) den Aspekt der Kalenderreform vollständig aus, kennt ihn aber in *De legibus* 2, 29 als Begründer der kalendarischen Schaltung. So spricht einiges für eine Bildung oder zumindest Aktualisierung der Tradition in der Mitte des ersten vorchristlichen Jahrhunderts.

Vielleicht sind also beide, Romulus und Numa, wirklich erst in der Zeit der größten ‚Kalenderverwilderung' als Kalenderväter ins öffentliche Bewusstsein gerückt worden, obgleich nicht mehr rekonstruierbar ist, von wem und in welchem Text dies geschehen sein könnte; hier Varro zu postulieren, ist ebenso nahe liegend wie unbeweisbar. Beide finden ihren Platz in der historiographischen Literatur, in der (Lehr-)Dichtung bleibt mit Atlas auch die griechische Tradition präsent. Auf die Datierung des Topos in die Mitte des letzten vorchristlichen Jahrhunderts deutet auch die Tatsache hin, dass die genannten Reformhandlungen beider Gründungskönige stets auf die Verankerung des römischen Jahres in Mond- und Sonnenjahr und die daraus resultierende Problematik der regelmäßigen Schaltung bezogen werden. Dies ist jedoch deutlich als eine anachronistische Projektion derjenigen Probleme zu verstehen, die im Zusammenhang mit den kalendarischen Problemen jener Jahre ins Bewusstsein gerückt waren.

3. Fazit: Ein römisches Maß für Rom

Im Rückblick auf beide Annäherungen an den römischen Zeitbegriff über die Definitionen und die Gründergestalten lässt sich der Rahmen abstecken, in dem die Frage „Was ist Zeit?" aus römischer Sicht hätte beantwortet werden können. Wie hätte ein Zeitgenosse Ciceros geantwortet?

Hätte er eine umfassende Bildung erfahren, so wäre ihm sicher das eine oder andere Fragment der griechischen Philosophie in Erinnerung gekommen und er hätte die Aporien der Zeit oder aber ihre grundlegende Bindung an das menschliche Handeln erwähnt. Sicher aber wäre er auf das spezifisch

186 Dazu Cloud, Numa. Liv. 1, 19, 6 schreibt Numa die Begründung eines 19jährigen Zyklus zu, der den (hier ungenannten) metonischen Zyklus vorwegnähme; man wird dies als Teil der skizzierten romzentrierten Geschichte der Zeitrechnung verstehen dürfen, ohne dass die Urheberschaft eindeutig feststünde.

Römische, auf die Zeit der Stadt zu sprechen gekommen: auf ihr hohes Alter, ihre Begründung bei Romulus und Numa und auf die gerade wieder aktuellen Schwierigkeiten bei der rechten Handhabung des Kalenders, die zu Überlegungen über eine Kalenderreform geführt hätten. Er hätte auf öffentliche Kalender und Uhren, vielleicht auch auf kunstvoll konstruierte Sphären und Planetarien hingewiesen, die jedem in der Stadt die himmlische Herkunft der Zeit und ihre gesellschaftliche Bedeutung vor Augen führten.

Doch es sind wohl wirklich nur die Zeitgenossen von Cicero, Ovid oder bestenfalls noch Plinius d.Ä., die für ein derartiges Gespräch in Frage gekommen wären. Die ersten Definitionen der Zeit finden sich in der römischen Literatur in der Mitte des letzten vorchristlichen Jahrhunderts. Ungefähr gleichzeitig scheint auch den Stadtgründern Romulus und Numa der Kalender als ein spezifisch römisches εὕρημα zugewachsen zu sein. Im Umfeld der Kalenderreformen wird die Zeit zum literarischen Sujet. Doch das Interesse engt sich bald auf antiquarische Studien ein.

So hypothetisch der Versuch einer Definition der Zeit also sein muss, so deutlich sollte nach den vorgelegten Überlegungen doch sein, dass hier keine eindimensionale Antwort zu erwarten ist. Die ‚Zeit' war nicht nur Gegenstand des philosophischen Diskurses und ihre Messung kein ausschließlich technisches Problem, sondern – besonders in Rom – etwas, das ebenso konkret wie das Land, auf dem die Stadt sich ausdehnt, zu ihr, ihren Orten und ihrer Geschichte hinzugehört. Als Zeitordnung beschreibt sie ein gesellschaftliches Institut, gelenkt von den politisch Machthabenden, die Uhren aufstellten, Kalender reformierten und die historische Folge der Jahre mit ihrem Namen bezeichneten. In Griechenland waren Götter und Heroen als Erfinder der Zeitordnung benannt worden, Rom dagegen machte im vergöttlichten Romulus und im θεῖος ἀνήρ Numa die hohe Bedeutung sichtbar, die man der Zeit als einem spezifisch römischen Institut zusprach. Dies alles kulminierte in der zweiten Hälfte des letzten vorchristlichen Jahrhunderts, als die mit hohem Kommunikationsaufwand umgesetzten Kalenderreformen Caesars und Augustus' die Bedeutung und das spezifisch Römische der Zeitordnung allen Römern vor Augen stellten.

III. Die Ordnung von Tag und Nacht

Ein überindividuell verständliches Zeitraster zur Fixierung der verschiedenen Momente des Tages kann durch soziale Konventionen (‚Essenszeit‘) oder durch als Zeitmarker definierte Naturphänomene (‚Sonnenuntergang‘) hergestellt werden. Das Interesse an derart definierten Zeitmarkern wächst entsprechend der Komplexität eines sozialen Systems naturgemäß an: Je größer die Anzahl der betroffenen Personen ist und je stärker die Notwendigkeit empfunden wird, in Abstimmung miteinander zu agieren, um so mehr wächst das Bedürfnis nach Regeln, Verhaltensnormen und Gesetzen jeglicher Art und damit zugleich an Verfahren der Zeitordnung.

Die Einführung von Uhren in Rom seit dem dritten vorchristlichen Jahrhundert fügt sich daher in einen bereits Jahrhunderte zuvor entwickelten Rahmen ‚primitiver‘, auf Beobachtung und Konvention basierender Zeitordnung ein: Uhren sind im dritten Jahrhundert etwas Neues, die Zeitordnung ist es nicht. Diese Kontinuität der Entwicklung, die das Instrument integriert und es nicht zum Ausgangs- oder Wendepunkt macht, ist auch die Grundlage der einzigen antiken Darstellung der Einführung der Uhren in Rom, die man in Plinius' *Naturalis historia* 7, 212–215 findet.

Dieser Text, der die historische Entwicklung der Tageszeitmessung in Rom nachzeichnet, steht am Anfang des folgenden Kapitels. Als Hauptquelle für die Rekonstruktion der Tageszeitmessung in Rom ist er bekannt und wohluntersucht, während seine ‚Literarizität‘ in der v.a. stadt- und technikhistorisch ausgerichteten Forschung bislang keinerlei Berücksichtigung fand. Daher ist mein Zugriff auf den Text ein doppelter: Die Quellenanalyse arbeitet die Entwicklungsschritte und Funktionszuschreibungen an die Uhr heraus; die Würdigung der Literarizität des Textes ermöglicht es, die Wertungen, mit denen Plinius diesen Prozess versieht, in ihrem Kontext deuten zu können.

An zweiter Stelle geht es um die Begriffe, die in der klassischen lateinischen Literatur die zeitliche Strukturierung von Tag und Nacht leisten, und um die ‚Gerüste‘ der Zeitordnung, die sich an ihnen ablesen lassen. Als Textbasis dient die Literatur der beiden Jahrhunderte um Christi Geburt, das Verfahren ist teils exemplarisch interpretierend, teils statistisch; Ziel ist eine Übersicht über die in Rom eingesetzten Zeitordnungen und ihre jeweiligen literarischen Orte.

Aus dem gesellschaftlichen Bedürfnis nach einer differenzierten Tagesgliederung gewinnt die Uhr Legitimation und Bedeutung. Im Bild der kosmischen Uhr in platonischer Tradition einerseits, der plautinischen ‚Magenuhr' andererseits werden zwei komplementäre Bildfelder kenntlich, die die positive (‚Harmonie') und negative Ordnung (‚Zwang') der Zeit durch die Uhr erfassen. Ihre Analyse im dritten Teil der Untersuchungen zu Tag und Uhr bietet primär einen Beitrag zur Metapherngeschichte. Darüber hinaus zeigt sie, wie neben den ‚absoluten' Metaphern von kosmischer Uhr und Lebensuhr in spezifischen Situationen sich auch andere, die gesellschaftliche Realität kommentierende Metaphern entwickelten. Die Rückbindung der Metaphernanalyse an die eingangs skizzierte historische Entwicklung macht es darüber hinaus möglich, einem schwierigen Plautus-Fragment seinen ‚Sitz im Leben' zurückzugeben.

Die Forschungsliteratur zum Thema weist zwei deutliche, voneinander unabhängige Schwerpunkte in der Technikgeschichte und in der Begriffsgeschichte bzw. deren Vorstufe der lexikalischen Begriffsklärung auf, ohne dass hier explizite Verknüpfungen gesucht würden. Materialsammlungen, die sich der inhaltlichen Festlegung einzelner Momente des Tages widmen, finden sich in größerem Umfang in der älteren Literatur;[187] auch die Entwicklung einzelner Begriffe (etwa *hora* oder *nox intempesta*) ist beleuchtet worden.[188] Eine Analyse der Tages- und Nachtzeitangaben in der lateinischen Literatur und ihrer jeweiligen sachlichen und erzähltechnischen Implikationen in der Art derjenigen, die Otta Wenskus vor bald 20 Jahren für die astronomischen Zeitangaben in der älteren griechischen Literatur vorgelegt hat, fehlt weiterhin.[189] Dies ist umso bedauerlicher, als sie sich dort bereits gelegentlich zu römischen Spezifika geäußert, Fragen der Erzähltechnik, der Gattungsdifferenz, der Konkurrenz verschiedener Zeitangabeform etc. mitbedacht hat.

Referenztext aller Darstellungen in der (technik)historischen Forschung ist Plinius' Geschichte der Uhr, die allerdings nicht kritisch überprüft und oft verkürzt wiedergegeben wird. Dies hat z.B. zur Folge, dass die von ihm festgehaltene instrumentenunabhängige Kontinuität der Zeitmessung nur selten berücksichtigt wird; viele Arbeiten beginnen erst mit der Aufstellung

187 Maßgeblich Sontheimer, Tageszeiten; dazu Dissen, De partibus; G. F. Unger, Tages Anfang [sic], Philologus 51 (1892) 14–45; 212–230. Ginzel, Handbuch 2, 162–170; Bilfinger, Stundenangaben (dagegen Kubitschek, Zeitrechnung, 182–187); s. auch die im Kapitel „Nacht" angegebene Literatur.

188 Langholf, Ὥρα; Courcelle, Intempesta.

189 Wenskus, Zeitangaben.

der ersten Sonnenuhren in Rom. Ein weiterer, ähnlich verzerrender Aspekt liegt in dem meist unausgesprochen zugrunde liegenden Konzept der ‚Erfolgsgeschichte': Die Römer hätten mit der Uhr zwar etwas übernommen, was sie kaum verstanden hätten, doch mit zunehmendem Verständnis hätten sie immer bessere, d.h. genauere Uhren gebaut. Diese Annahme ist vermutlich nicht falsch, führte jedoch dazu, dass von diesem Denkmodell abweichende Entwicklungen nicht wahrgenommen wurden.[190]

Schon 1964 hat Derek de Solla Price in seiner grundlegenden Studie über antike *automata* konstatiert: „It would be a mistake to suppose that water-clocks, or the sundials to which they are closely related, had the primary utilitarian purpose of telling the time."[191] Vorbereitet wurden seine Überlegungen von denjenigen Nilssons zur primitiven Zeitrechnung (1920) und durch Norbert Elias' Arbeiten zur Soziologie der Zeit (1974);[192] methodisch flankiert wurden sie von den Studien aus dem Umfeld der französischen Annales-Schule.[193] In jüngster Zeit gingen neue Impulse vor allem von der Katalogisierung und eingehenden Untersuchung der erhaltenen antiken Sonnenuhren aus, die die Masse und Vielfalt der erhaltenen Sonnenuhren sichtbar werden lassen.[194] Was dagegen fehlt, sind Untersuchungen, die etwa die konkreten Verwendungszusammenhänge von Stundenangaben in lateinischen Texten untersuchen, um die Ausbreitung der Stundenmessung auf einer breiteren und chronologisch weiter ausgreifenden Basis nachzuzeichnen, ebenso Versuche, das Verhältnis der Tageszeit zur (weit besser untersuchten) Kalenderrechnung zu bestimmen, vor allem aber Ansätze, um das erzähltechnische Potential, die topische Seite der Stundenordnung zu analysieren.

190 Whitrow, Erfindung, 108; Dohrn-van Rossum, Stunde, 27.

191 De Solla Price, Automata, 13.

192 Elias, Zeit.

193 Am nächsten steht die berühmte Studie von J. Le Goff zur Funktion der öffentlichen Uhr im Hochmittelalter (Le Goff, Zeit der Kirche); s. auch Dohrn-Van Rossum, Stunde.

194 Gibbs, Sundials; Schaldach, Sonnenuhren Griechenlands; Severino, Orologi.

1. Uhren für Rom: Plinius' Geschichte eines Akkulturationsprozesses

Der Text, der mehr als alle anderen unser Bild von der Einführung und Nutzung von Uhren in Rom geprägt hat, steht in Plinius' *Naturalis historia.*[195] Die umfassende Darstellung des gesamten naturkundlichen Wissens ist ohne Vorbild. Ihr Detailreichtum hat sie zur Fundgrube für alle späteren Epochen werden lassen und drängte die Wahrnehmung der stilistisch-organisatorischen Gestaltung des Werks ebenso in den Hintergrund wie die Würdigung des Werks als Gesamtheit. Wie andere Werke der frühen Kaiserzeit – Verrius Flaccus' *De verborum significatione* oder die so genannte Weltkarte des M. Vipsanius Agrippa – demonstriert sie das Bemühen, das einmal erlangte Wissen zu resümieren und zugänglich zu halten. Zugleich werden Kulturhoheit und Eigenwert Roms von Plinius sowohl in der Bewertung griechischer und ägyptischer Leistungen als auch in den nach Herkunft differenzierenden Autorenindices deutlich sichtbar gemacht.

Das Werk wurde nach jahrzehntelanger Arbeit um 77 n.Chr. abgeschlossen. Plinius stellt das Werk als Schatzkammer für breite Bevölkerungskreise, sich selbst als unermüdlichen Arbeiter dar.[196] Beide Bilder haben die Rezeption seiner Schrift dahingehend geprägt, dass sein Werk vielfach als Steinbruch genutzt, sachliche Fehler seinem kompilierenden Unverstand angelastet wurden. Die Analyse des nuancenreichen, unterschiedliche Quellen verarbeitenden und kritisch beurteilenden ‚Uhrenkapitels' lässt Zweifel daran aufkommen.

Der Struktur des Werks und der Komplexität der Zeitordnung entsprechend kommt Plinius innerhalb der Enzyklopädie verschiedentlich auf zugehörige Aspekte zu sprechen, ohne ihnen jedoch einen derart klar bestimmten Raum zuzuweisen, wie es Varro etwa in den *antiquitates* tat. Über Varro hinaus geht er dagegen dort, wo er auch Nichtrömisches in den Blick nimmt. Im 2. Buch der *Naturalis historia* – der sog. Kosmologie – referiert er eine Reihe von Beobachtungen zur Geschichte der Zeitmessung,[197] zum

---

195 Zur Biographie des Autors und der Wirkungsgeschichte des Textes s. jetzt Klaus Sallmann, Plinius der Ältere (23/24–79 n.Chr.), in Ax, Lehrer, 45–665; Borst, Buch.

196 Plin. nat. praef. 6: *tum possem dicere: 'Quid ista legis, Imperator? humili vulgo scripta sunt, agricolarum, opificum turbae, denique studiorum otiosis*; vgl. auch Plin. nat. praef. 17–18; Zur Vorrede und Plinius Einordnung in den römischen Literaturbetrieb s. Howe, Defense; Köves-Zulauf, Vorrede.

197 Plin nat. 2, 35 (dort auch *observatio umbrarum*); vgl. auch Plin. nat. 18, 207 ff.

Windkalender (120–130), zur Zeitdilatation (180–181),[198] zur räumlich beschränkten Einsetzbarkeit von Sonnenuhren (182) sowie zur regionalen Schwankungen der Tageslänge (186–187) und des kalendarischen Tagesbeginns (188), wobei die Kulturabhängigkeit und Relativierbarkeit jeder Zeitordnung durch den geographischen Ort deutlich sichtbar wird. Im 18. Buch, das dem Ackerbau gewidmet ist, formuliert er seinen Witterungskalender (§§ 207–339) unter Rückgriff auf Caesars Parapegma, das erstmalig Erscheinungen und Kalenderdaten miteinander verknüpft hatte. Im Steinbuch (nat. 36) kommt er schließlich auf die römischen Obelisken und die so genannte Sonnenuhr des Augustus zu sprechen.[199]

Zu Plinius' Quellen für die Bearbeitung dieser Themen gehören Varro, der hier seinerseits vielleicht auf den Annalisten Calpurnius Piso zurückgreift;[200] daneben wohl Caesars Kalenderschriften, aber auch historiographische oder fachwissenschaftliche Texte wie derjenige des Fabius Vestalis; der ebenfalls gelegentlich diskutierte Rückgriff auf Vitruv oder Verrius Flaccus lässt sich nicht eindeutig belegen.[201] Varro schrieb, soviel wissen wir, drei Bücher über die *tempora divina* und sechs über die *tempora humana*. Dies wäre die älteste römische Geschichte der Uhr, die noch über Parallelen in erhaltenen varronischen Werken – v.a. *De lingua latina* – zu erschließen ist. Noch ältere (aber nicht monographische) Behandlungen sind in der römischen Annalistik zu vermuten. Plinius d. Ä. konnte also, als er seine *Naturalis historia* verfasste, auf ein wesentlich umfangreicheres Textcorpus zurückgreifen, als wir es heute haben. Auf dieser Grundlage hat er seine Geschichte der Uhr verfasst. Es gibt keine Parallelüberlieferung, die darauf

198 Die Fokussierung auf die Sonnenuhr als Zeitmessinstrument verdeutlichen Bemerkungen wie diejenige, an den „schattenlosen" Orten in Indien würden keine Stunden gezählt (*Onesicritus, dux eius, scripsit, quibus in locis Indiae umbrae non sint, septentrionem non conspici, et ea loca appellari ascia, nec hora dinumerari ibi.*) Plin. nat. 2, 185 über den Flottenführer Alexanders in Indien.

199 Plin nat. 36, 72; s. dazu unten S. 252ff.

200 Thematisch nahe standen vermutlich die Darstellungen in Varro, ant. hum. 15 (*De temporum descriptionibus*) frg. 3 Mirsch und Varro ling. 6, 2, 3 ff.; s.dazu Münzer, Beiträge, 353–356. O. Leuze, Chronologisches zum Annalisten Piso, Philologus 66 (1907) 531–561, vermutet Calpurnius Piso als Vorlage Varros. Diese These wird von Alban Baudou, Censorinus et le saeculum Pisonien, in: RPh 69 (1995) 15–36 angezweifelt und in FRH 7, 39 nicht berücksichtigt.

201 Zu Fabius Vestalis s. HRR 1; zu Vitruv s. unten S. 94ff. Max Rabenhorst, Der Ältere Plinius als epitomator des Verrius Flaccus. Eine Quellenanalyse des Siebenten Buches der Naturgeschichte, Berlin 1907, 115–118 sieht Verrius Flaccus als Hauptquelle auch für die Passage über die Uhren an, ohne jedoch spezifische Argumente beizubringen.

hindeutete, dass er entscheidende Phasen der Entwicklung übersprungen hätte. Es ist allein der Verlust aller Vorgänger, der Plinius' Darstellung zur einzigen Geschichte der Zeitmessung in Rom macht.

Das siebte, die Anthropologie behandelnde Buch der *Naturalis historia* entwickelt in seiner zweiten Hälfte eine zunehmend katalogartige Struktur, die am Ende von einem umfangreichen, aber wenig strukturierten Heurematakatolog abgeschlossen wird.[202] An seinem Ende findet sich die vergleichsweise umfangreiche Geschichte der Uhren in Rom, die mit dem Alphabet und dem Scheren des Bartes gemeinsam als länderübergreifende kulturelle Errungenschaft eingeführt wird.[203] Eine derartige Verknüpfung der Uhr mit den Topoi der Kulturentstehung ist singulär, aber sowohl in der Rolle des Kalenders in den Kulturentstehungslehren als auch in den spezifischen Maßnahmen zur Aufwertung der Uhr seit der späten Republik angelegt, wie sie etwa Vitruv vollzogen hat.[204] Der Passus bei Plinius lautet:[205]

> (212) Tertius consensus fuit in horarum observatione,[206] iam hic ratione accedens. quando et a quo in Graecia reperta, diximus secundo volumine.[207] serius etiam hic Romae contigit. XII tabulis ortus tantum et occasus nominantur, post aliquot annos adiectus est et meridies, accenso consulum id pronuntiante, cum a curia inter Rostra et Graecostasin prospexisset solem; a columna Maenia ad carcerem inclinato sidere supremam pronuntiavit, sed hoc serenis tantum diebus, usque ad primum Punicum bellum. (213) princeps solarium horologium statuisse ante XII[208] annos quam cum Pyrro bellatum est ad aedem Quirini L. Papirius Cursor, cum eam dedicaret a patre suo votam, a Fabio Vestale proditur. sed neque facti horologii rationem vel artificem significat nec unde translatum sit aut apud quem scriptum id invenerit. (214) M. Varro primum statutum in publico secundum Rostra in

---

202 Plin. nat. 7, 191 ff.

203 Plin. nat. 7, 210: *consensus* [...] *tacitus omnium.*

204 Zur Zeitmessung in den Kulturentstehungslehren s. S. 33 ff. (Lukrez); S. 94 ff. (Vitruv).

205 Plin. nat. 7, 212–215.

206 Vgl. Ad. Lumpe/Ant. Szantyr, *observatio*, in: ThlL 9,2 (1968–1981) 196–201, hier 199, 40 f.: *horarum observatione i. e. in ratione horas numerandi.*

207 Plin. nat. 2, 187.

208 Die Jahreszahlen sind in der Überlieferung entstellt und unterschiedlich wieder hergestellt worden. Das obige Zitat folgt Mayhoff; Ernout gibt mit 11 und 491 eine um ein Jahr differierende Datierung, die sich auf einen Teil der Handschriften und auf ältere Editionen, namentlich die von Hardouin stützt. Es ist jedoch nicht bedacht worden, dass beide Zahlen, 11/21 und 490/491 aus verschiedenen Quellen stammen, d.h. möglicherweise schon bei Plinius unterschiedlichen Zählweisen folgten. Eine Klärung ist daher m.E. nicht zu erreichen, Ernouts Sicherheit eine scheinbare. Vgl. dazu auch unten Anm. 231.

columna tradit bello Punico primo a M'. Valerio Messala cos. Catina capta in Sicilia, deportatum inde post XXX annos quam de Papiriano horologio traditur, anno urbis CCCCLXXXX. nec congruebant ad horas eius lineae, paruerunt tamen ei annis undecentum, donec Q. Marcius Philippus, qui cum L. Paulo fuit censor, diligentius ordinatum iuxta posuit, idque munus inter censoria opera gratissima acceptum est. (215) etiam tum tamen nubilo incertae fuere horae usque ad proximum lustrum. tunc Scipio Nasica collega Laenati primus aqua divisit horas aeque noctium ac dierum idque horologium sub tecto dicavit anno urbis DXCV. tam diu populo Romano indiscreta lux fuit.

(„Die dritte Gemeinsamkeit, die nun auf rechnerischer Grundlage hinzukam, bestand in der Beachtung der Tagesgliederung durch Stunden. Wann und von wem dies in Griechenland entdeckt wurde, habe ich im zweiten Buch gesagt. Auch dies ereignete sich in Rom erst ziemlich spät. Auf den 12 Tafeln werden nur Aufgang und Untergang der Sonne genannt. Nach einigen Jahren ist der Mittag hinzugefügt worden, den ein Gehilfe der Konsuln ausrief, wenn er vom Sitz des Senats, der Curia Hostilia, die Sonne zwischen der Rednerbühne und dem Platz der auswärtigen Gesandten [Graecostasis] erblickt hatte. Hatte sich die Sonne von der Säule des Maenius zum Gefängnis geneigt, rief er die letzte Stunde aus, allerdings nur an heiteren Tagen. Dies geschah bis zum ersten Punischen Krieg. Als Erster soll L. Papirius Cursor 12 Jahre vor dem Krieg mit Pyrrhos eine Sonnenuhr am Tempel des Quirinus aufgestellt haben, als er diesen, der von seinem Vater gelobt worden war, weihte – so sagt Fabius Vestalis. Aber er beschreibt weder die Bauweise der Uhr noch nennt er den Baumeister, noch gibt er an, von wo sie hergebracht worden ist oder bei wem er diese Angaben gefunden hat. Marcus Varro berichtet, dass die erste öffentliche Uhr neben der Rednerbühne und auf einer Säule gewesen sei, aufgestellt während des ersten Punischen Krieges durch den Konsul Manlius Valerius Messala, nachdem sie aufgrund der Einnahme von Catania in Sizilien von dort [nach Rom] gebracht worden sei. Das war 30 Jahre nach der überlieferten Ankunft der papirianischen Uhr, im Jahr 490 der Stadt Rom. Ihre Stundenlinien stimmten nicht mit den Stunden [der Stadt Rom] überein, aber dennoch folgte man ihr für 99 Jahre, bis Q. Marcius Philippus, der gemeinsam mit L. Paullus Censor war, eine sorgfältiger konstruierte direkt daneben aufstellen ließ. Unter allen Werken ihrer Censur galt dies als das willkommenste. Auch damals war die Zeitbestimmung jedoch bei bewölktem Himmel noch unsicher; das war so bis zum nächsten Lustrum. Damals unterteilte Scipio Nasica als Amtskollege des Laenas als Erster durch Wasser in gleicher Weise die Stunden der Nacht und des Tages. Er weihte diese Innenraumuhr im Jahr 595 der Stadt Rom. So lange besaß das römische Volk ungeschiedenes Tageslicht.")

Plinius' Geschichte ist eine Geschichte aus dem Nachhinein, die aus der Distanz von mindestens zwei Jahrhunderten zu rekonstruieren versucht, was für den Autor selbst bereits Normalität war. Plinius verweist an anderer Stelle mit römischem Stolz darauf, dass Iulius Caesar eine römische ‚Kalenderschule' begründet habe, die in der Nachfolge der großen chaldäischen, ägyptischen und griechischen Wissenschaft stehe.[209] Die julianische Kalenderreform, der letzte große Schritt in der Institutionalisierung einer Zeitordnung, wurde durch Augustus, d.h. in der Generation von Plinius' Eltern abgeschlossen. Sein eigenes Staunen über die Gelassenheit, mit der die Römer lange eine falsch gehende ‚Normaluhr' akzeptierten, macht deutlich, wie nahe er in dieser Hinsicht uns und wie fern er bereits jener Welt ist.

Ich werde im Folgenden die von Plinius referierten Phasen der Etablierung von Uhren in Rom Schritt für Schritt nachzeichnen. Dabei geht es nicht etwa darum, eine Erfolgsgeschichte zu wiederholen, sondern zu bestimmen, zu welchen Zwecken die Uhren dienten, auf welche Weise sie ihre Funktionen erfüllten, welche Konsequenzen für das Leben in Rom daraus erwuchsen und wie diese aus der Sicht eines späteren Römers zu kategorisieren waren. Eng damit verbunden ist ein zweiter Analyseschritt, der dem Text als Text gilt und nach seiner literarischen Form, den Topoi und dem literarischen Kontext seiner Bewertungen fragt. Wie eng beide miteinander verwoben sind, zeigt sich am Ende in der schwierigen Deutung des plinianischen Schlusssatzes.

1.1. Das Zwölftafelgesetz: Naturbeobachtung

Plinius nahm den Ursprung der instrumentellen Zeitmessung mit derselben Selbstverständlichkeit in Griechenland an, mit der griechische Autoren ihn in Ägypten suchten. Dabei meint er mit dem, was sich in Rom ereignete (*contigit,* 212) keine Instrumentenentwicklung, sondern allein die grundsätzliche Hinwendung zur *observatio horarum.* Rom entdeckte nicht, sondern übernahm die Instrumente der Zeitordnung von den Griechen und entwickelte sie weiter (*horologium … diligentius ordinatum*, 214).[210] Plinius spricht hier vor allem von der Instrumentenentwicklung; nur implizit sind Überlegungen zur sozialen Praxis der Zeitordnung zu erkennen.

Plinius charakterisiert die Beobachtung des Sonnenlaufes und die daraus resultierende Gliederung des Tages als eine Errungenschaft, die allen Kulturvölkern eignet. Grundlage der *observatio temporum* ist die *observatio umbrarum*, der auch sein Rückverweis auf das 2. Buch der *Naturalis historia* gilt, wo er Anaximander die Erfindung des Schattenstabs zugeschrieben

209 Plin. nat. 18, 211.

210 Zum Topos s. zuletzt Vogt-Spira/Rommel; zur Differenzierung von dinglicher Übernahme und sozialer Praxis s. besonders Flaig, Akkulturation, ebenda.

hatte.[211] In Griechenland begann nach der antiken Doxographie vermutlich zur Zeit Anaximanders – im sechsten Jahrhundert vor Christus – die astronomische Zeitmessung, die die Darstellung der kosmischen Ordnung mit Hilfe zunehmend komplexer Sonnenuhren implizierte. Eine politisch gewollte und fixierte Ordnung des Tages mittels einer Sonnenuhr ist allerdings frühestens im vierten Jahrhundert zu erwarten.[212] Die Frühdatierung der Anfänge der instrumentellen Zeitdarstellung in der *Magna Graecia* ins 6. und 5. vorchristliche Jahrhundert erklärt den Ausdruck *serius Romae contigit*, den Plinius benutzt: Denn das, was Plinius über die Jahrhunderte der frühen und mittleren Republik zu berichten hat, zeugt wohl von Beobachtungen des Sonnenganges im Tagesverlauf, aber nicht vom Gebrauch von eigens dafür entwickelten Instrumenten.

Plinius nennt sechs Verfahrensweisen der Tagesgliederung in Rom in chronologischer Folge, die rund 300 Jahre umspannen. Als ältestes Zeugnis zieht er das Zwölftafelgesetz heran, das nach römischer Tradition um 450 v. Chr. durch die Dezemvirn kodifiziert worden war. Er konstatiert, dass es als Zeitangaben lediglich den Sonnenauf- und -untergang (*ortus* und *occasus*) verzeichnete, d. h. nur Zeitbestimmungen, die durch einfache Naturbeobachtung überall und durch jeden gewonnen werden konnten.[213] Der Text des Zwölftafelgesetzes war traditionell an den *rostra* auf dem Forum einsehbar; es ist anzunehmen, dass auch Sonnenauf- und -untergang daher als Ortszeit zu verstehen waren, da sie sich auf Rechtsakte – Gerichtsverhandlungen – bezogen, die hier erfolgten.

Einige Zeit nach der Aufstellung der *XII Tabulae* seien die Mittagsstunde (*meridies*) und die letzte Stunde vor Sonnenuntergang, *suprema*, in den Text aufgenommen worden.[214] Das exakte Verhältnis von *suprema* zu

211 Plin. nat. 2, 187.

212 Dazu genauer unten S. 83 ff.

213 Censorinus legt an das Zwölftafelgesetz explizit die Kategorien seiner Zeit an und präzisiert *nusquam nominatas horas invenies* (23) – er fand dort keine Angaben vor, die die Genauigkeit einer Stunde erreichten.

214 Lex XII tab. 1, 6–9 (FIRA): dort sind *ante meridiem, post meridiem, sol*[*is*] *occasus* und *suprema tempestas* genannt; die letzten beiden Begriffe bezeichnen denselben Zeitpunkt. Plinius deutet hier möglicherweise eine Differenzierung verschiedener Altershorizonte innerhalb des Zwölftafelgesetzes an – erst *ortus* und *occasus*, dann *meridies* und *suprema* –, die aus dem Gesetzestext in überlieferter Form nicht ablesbar ist. Censorinus hält vor allem die Hinzufügung des *meridies* für bedeutsam, da sie eine Zweiteilung des Tages erlaubte: *horarum nomen non minus annos trecentos Romae ignoratum esse credibile est: nam XII tabulis nusquam nominatas horas invenies ut in aliis postea legibus, sed ante meridiem, eo videlicet, quod partes diei bifariam tum divisi meridies discernebat* (Cens. 23, 8).

occasus war Gegenstand der antiquarischen Diskussion: Nach Varro waren beide Begriffe bis zur (unsicher datierten) *lex Plaetoria*[215] synonym als Zeit des Sonnenuntergangs zu verstehen.[216] Nach Plinius wurden jedoch beide ausgerufen, was nur bei einer gewissen zeitlichen Distanz sinnvoll ist. Um diese Diskrepanz zu erklären, ist es hilfreich, die in der *lex Plaetoria* kenntlich werdende Perspektivverschiebung zu betrachten: *Suprema* markierte herkömmlich – nach Varros erster Definition – den Sonnenuntergang, nach der zweiten, neueren, die letzte Stunde, in der der *praetor* noch Gericht halten ließ, allgemeiner: in der Tagesaktivitäten noch abgeschlossen werden konnten. Damit bildete *suprema* den letzten der ‚öffentlichen' Zeitbegriffe, zugleich war er der erste, der nicht ausschließlich durch Sonnenbeobachtung festgelegt wurde, sondern dessen Festlegung und Bekanntgabe dem *praetor* oblag. Dabei entstand eine Differenzierung zwischen dem Ende des öffentlichen Lebens (*suprema*) und dem Ende des Lichttags (*occasus*), die den Ausruf beider sinnvoll machte.

1.2. Der Ausruf auf dem Comitium

Frühestens seit dem Ende des 5. Jahrhunderts v. Chr., in der von Plinius detailliert beschriebenen Form aber wohl erst ein Jahrhundert später wurden die Tagesfixpunkte am Mittag und am frühen Abend auf dem Forum durch den *accensus*, einen Gehilfen der Konsuln, ausgerufen.[217]

Zum juristischen Inhalt s. Okko Behrends, Der Zwölftafelprozeß. Zur Geschichte des römischen Obligationsrechts, Göttingen 1974 (Göttinger rechtswissenschaftl. Studien 92), 77–97.

215 Zur *lex Plaetoria* s. Elster, Gesetze, 159–162. Elster datiert die *lex Plaetoria* um 242 v. Chr.; damit würde der Ausruf der *suprema* erst 242 v. Chr. und damit *nach* Aufstellung der valerianischen Uhr einsetzen, was durchaus möglich und mit der aus Plautus zu erschließenden Fortdauer des Ausrufs (s.u.) in Verbindung zu bringen wäre, Plinius allerdings ein sprachliches Missverständnis oder einen Bruch in der Chronologie unterstellen würde.

216 Varro ling. 6, 2, 4–6, hier 5: *suprema summum diei* [...] *hoc tempus XII tabulae dicunt occasum esse solis; sed postea lex Plaetoria id quoque tempus esse iubet supremum quo praetor in comitio supremam pronuntiavit populo.* Die ältere Definition *suprema* = *occasus* auch bei Gell. 17, 2, 10 (nach den *XII Tabulae*); die jüngere bei Cens. 24, 3, der sich bei dem Versuch, die verschiedenen Detailbezeichungen der Abenddämmerung mit dem umfassenderen *occasus* zu verknüpfen, unsicher zeigt (*quamvis plurimi supremam post occasum solis esse existimant).*

217 Der *accensus* scheint eine Art persönlicher Adjutant hoher Magistrate gewesen zu sein. Vgl. W. Kubitschek, *accensi* (2), in: RE 1,1 (1893) 135–137; Kunkel/Wittmann 126–127.

Der Ausrufer stand dabei vor dem Senatssitz, der *Curia Hostilia*, und blickte über die Platzanlage des Comitium sowie die anliegenden Tempel, die *rostra*, Amtsgebäude und Läden. Er orientierte sich am scheinbaren Vorübergang der Sonne an gegebenen geographischen Markierungen (*rostra, Graecostasis, columna Maenia, carcer*), war dadurch deutlich an einen bestimmten Ort gebunden und zeichnete diesen als zeitgebendes Zentrum des römischen Staatswesens aus: Nur hier auf dem Forum geschahen innerhalb eines einzigen Tages Dinge, die in verbindlicher und überindividueller Weise möglichst exakt zeitlich zu regeln waren. Das LTUR bietet einen Rekonstruktionsvorschlag für die Platzanlage, den ich hier wiedergebe.[218]

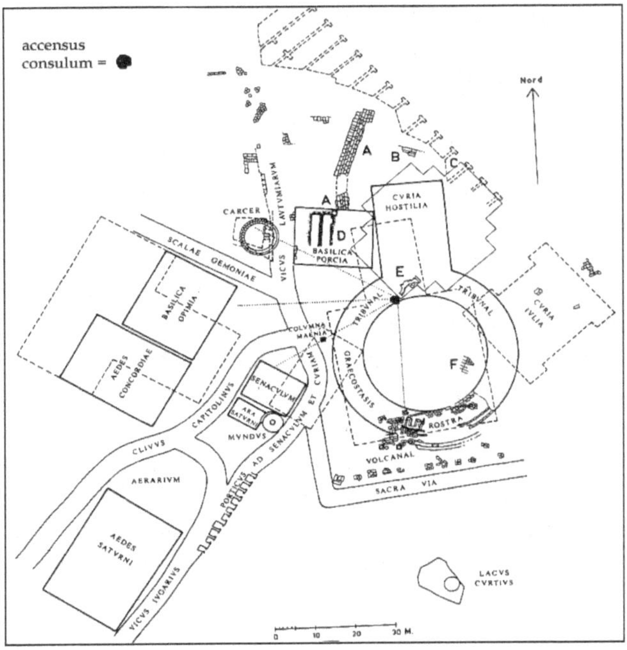

Die vier eingezeichneten Sichtachsen des *accensus* sind m. E. nur mühsam mit Plinius' Beschreibung in Einklang zu bringen: Der erste Durchblick erfolgte zwischen *rostra* und *Graecostasis.* Er konnte, da er dem Mittagsstand

218 Die Position der Gebäude zueinander und des Ausrufs zu ihnen wurde in der topographischen Forschung unterschiedlich angesetzt; die hier wiedergegebene Abbildung entstammt der jüngsten Publikation von F. Coarelli, Comitium, in: LTUR 1, 1993, 309–314 mit Fig. 179 ff.; hier Fig. 182; dazu: Chr. Hülsen, Das Comitium und seine Denkmäler in der republikanischen Zeit, in: MDAI (R) VIII (1893) 79–93, bes. 88 ff.

galt, relativ schmal sein. Der zweite Durchblick erfolgte zwischen der *columna Maenia* und dem *carcer*; hier müssen je nach Jahreszeit verschiedene Orientierungspunkte existiert haben, die Plinius nicht einzeln erwähnt. Die breite Öffnung zwischen der *columna* in SW und dem *carcer* in NW dagegen könnte darauf hindeuten, dass die unterschiedlichen Untergangsorte der Sonne im Jahreslauf hier bei der Zeitbestimmung berücksichtigt wurden.

Zeitbestimmungen an einem Ort und für diesen Ort verweisen ebenso wie die Nutzung von derartigen Observatorien auf ältere, kleinräumig organisierte Kulturformen, wie sie Elias ausführlich analysiert hat, wobei in Rom die natürlichen geographischen Markierungen sukzessive durch Artefakte ersetzt wurden. Auffällig und zugleich erstaunlich spannungsarm scheint dabei die klare Aufteilung der Zuständigkeiten unter den Autoritäten zu sein: Spuren einer Konkurrenz oder einer Neugewichtung der Zuständigkeiten von Tages- und Jahresordnung sind innerhalb der hier untersuchten Zeitspanne nicht zu erkennen.[219]

Anders als die Jahres- und Kalenderrechnung, die in der Obhut des Pontifikalkollegiums lag und damit auch religiöse Belange zu berücksichtigen hatte,[220] wurde die Tagesgliederung offenbar als ein rein staatsrechtlicher Ordnungsakt angesehen, wobei die Zuständigkeit in der Folge mit hierarchisch aufsteigender Tendenz zwischen verschiedenen hohen Magistraten – Prätoren, Konsuln und Censoren – wechselte (s.u.).

Nimmt man die von Plinius angeführten Bauten – *curia, rostra, Graecostasis, columna Maenia, carcer* – zusammen, lässt sich aus ihnen ein Anhaltspunkt für die Datierung des Ausrufs gewinnen, vorausgesetzt, dass Plinius bzw. seine Quelle hier nicht ältere Ortsangaben zur besseren Orientierung der Leser durch jüngere ersetzt hat. Der Kerker geht auf die Königszeit zurück;[221] auch eine Rednerbühne ist schon früh auf dem Comitium belegt. Dieser Bau wird allerdings gewöhnlich als *templum* bezeichnet.[222] 338 v. Chr. wurde er vom damaligen Konsul C. Maenius neu

219 Elias, Zeit, 19–23; Beispiele auch bei Nilsson, Time-Reckonning, 17–19. Zu den Zuständigkeiten vgl. bes. Elias, Zeit, 20: „Fast überall in der langen Entwicklung menschlicher Gesellschaften waren Priester die ersten Spezialisten des aktiven Zeitbestimmens. In einer späteren Phase, als größere und komplexere Staatsgesellschaften entstanden, teilten sich Priester gewöhnlich die gesellschaftliche Funktion, den Zeitpunkt wichtiger sozialer Tätigkeiten festzusetzen, in einer oft spannungsreichen Partnerschaft mit weltlichen Staatsautoritäten." In Rom ist eine frühe Differenzierung der Zuständigkeiten festzustellen: Für den Tag und die Uhr waren hohe politische Amtsträger, für Jahr und Kalender die Priester zuständig.

220 Ausführlich diskutiert bei Rüpke, Kalender, 230–238.

221 F. Coarelli, Carcer, in: LTUR 1, 1993, 236–237.

222 Liv. 2, 56, 10; 3, 17, 1.

gestaltet und mit den namensgebenden Schiffsschnäbeln versehen, so dass erst seit dieser Zeit die *rostra* als *pars pro toto* die Rednerbühne bezeichnen können,[223] obgleich auch ein anachronistischer Gebrauch von *rostra* hier in Betracht gezogen werden sollte.[224]

Die *columna Maenia* ist von C. Maenius ohne Vorgängerbauten errichtet worden; die Stiftung erfolgte frühestens 338 v. Chr., wahrscheinlich sogar erst 318 v. Chr., als C. Maenius das Censorenamt innehatte.[225] Sie bietet daher das sicherste Datum für eine Festlegung des *terminus post quem* für den Ausruf auf die Jahre nach 318 v. Chr. Die *Graecostasis* existierte als nicht überdachte Tribüne bereits seit den Anfängen der Republik. Im Jahre 304 v. Chr. ließ der Ädil Cn. Flavius einen Concordiatempel auf ihr errichten, der wegen seiner größeren Höhe zur Peilung des Sonnenstandes geeigneter gewesen wäre und der ebenfalls als Ort der Zeitordnung ausgewiesen war.[226] Man könnte daraus (wenn auch mit großer Vorsicht) schließen, dass die Festlegung der Peilungsorte vor dem Bau des Concordiatempels erfolgt sei (=*terminus ante quem*). Aus diesen Betrachtungen ergibt sich ein relativ klarer Anfangszeitpunkt des staatlich organisierten Ausrufs auf frühestens 318, spätestens 305 v. Chr.

Der Ausruf wäre demzufolge nach dem Zwölftafelgesetz aufgekommen; er wurde am Ende des vierten Jahrhunderts v. Chr. normiert und existierte danach noch mindestens ein halbes Jahrhundert lang, bis eine Sonnenuhr aus der Kriegsbeute des ersten Punischen Krieges (264–241 v. Chr.) auf dem Forum aufgestellt wurde. Ob dann der Ausrufer die von ihr angezeigte Stunde verkündete, d. h. lediglich sein ‚Instrument' wechselte[227] oder aber nur die Erinnerung an ihn noch lange nachlebte, ist unklar – Plautus jedenfalls, der erst um 250 v. Chr. zur Welt kam, erwähnt ihn noch in selbstverständlicher Weise: *ubi primum accensus clamaret meridiem.*[228]

---

223 F. Coarelli, Rostra (età repubblicana), in: LTUR 4, 1999, 212–214.

224 Liv. 4, 17, 6.

225 M. Torelli, Columna Menia, in: LTUR 1, 1993, 301–302; die Stiftung wird beschrieben in Plin. nat. 34, 20.

226 Zu Flavius s. unten Anm. 455; den Bau erwähnen Liv. 9, 46, 6 (*aedes*) und Plin. nat. 33, 19 (*aedicula*).

227 Vgl. unten Anm. 256.

228 Varro ling. 6, 89 (= Plaut. Boeot. frg. 2 Leo). Es kann hier unberücksichtigt bleiben, ob eine griechische Vorlage bei dieser Formulierung mitgewirkt hat, solange anzunehmen ist, dass nur diejenigen kulturspezifischen Verhaltensweisen bei Plautus Erwähnung oder Übernahme fanden, die sein römisches Publikum dem eigenen Erfahrungshorizont gemäß einordnen konnte. – Dass der Stundenausruf zu den Aufgaben des *accensus* gehörte, erwähnt neben Plautus und Plinius nur noch der (ebenfalls bei Varro ling. 6, 89 überlieferte) Grammatiker Cosconius: *praetorem accensum solitum esse iubere, ubi ei videbatur horam esse tertiam, inclamare horam*

1.3. Die Uhr des L. Papirius Cursor: Repräsentationskunst?

Bereits kurz nach der Einführung bzw. Normierung des staatlichen Ausrufs soll L. Papirius Cursor[229] anlässlich einer Tempelstiftung die erste Sonnenuhr in Rom öffentlich aufgestellt haben. Plinius beruft sich für diesen Bericht auf Fabius Vestalis, wobei er dessen unzureichende Angaben ausdrücklich kritisiert. Die ältere Forschung – namentlich Friedrich Münzer[230] – hat erkannt, dass die Abschnitte über den *accensus* (§212) und das *horologium Valerianum* (§ 214) zu einer bruchlosen Chronologie zusammengefügt werden können, und hat für beide den an zweiter Stelle genannten Varro als Quelle postuliert; der Passus aus Fabius Vestalis sei von Plinius hier eingefügt worden.

Dem ist zuzustimmen, gleichwohl scheint die Einordnung der papirianischen Uhr an dieser Stelle der Chronologie nicht willkürlich, sondern sinnvoll, da zahlreiche Details darauf hinweisen, dass hier tatsächlich ein historisch früherer Moment behandelt wird. Plinius' Vorgehen, disparates Material zu einem Thema zusammenzustellen, hat an dieser Stelle dazu beigetragen, die gradlinige ‚Erfolgsgeschichte', wie Varro sie offenbar erzählte, um eine hochinteressante historische ‚Sackgasse' zu ergänzen. Plinius' deutliche Kritik daran, was Fabius alles nicht erzählt, lässt uns im Umkehrschluss erkennen, was Plinius von seinen Quellen erwartete: Aufstellungsort, Stifter, Baumeister, Uhrentyp, Herkunft; Informationen, die ihm auch Varro nicht immer gab, die aber einen hohen Anspruch an die Objekte und ihre Produzenten durchschimmern lassen.

Die Tempelweihe durch L. Papirius Cursor erfolgte um 295/294 v. Chr., in einer Zeit, die von seinen Erfolgen im dritten Samnitenkrieg (298–290) geprägt war; für das Jahr 293 wurde er zum Konsul gewählt. Plinius bzw. seine Quellen offerieren zwei Zeitangaben, um die Aufstellung dieser Uhr chronologisch und politisch zu datieren. Beide sind vermutlich durch die Überlieferung entstellt, was Aussagen über die Genauigkeit seiner Angabe unmöglich macht, sein Datierungsverfahren jedoch nicht beeinträchtigt: Wohl auf der Basis des von ihm kritisch betrachteten Fabius Vestalis gibt Plinius an, dass die Uhr 12 Jahre vor dem Krieg gegen Pyrrhos aufgestellt wurde, der den Abschluss der Samnitenkriege bildete (284–272 v. Chr.). Nach Varro bemerkt er, dass dies 30 Jahre vor der Aufstellung der Uhr des Valerius Messala, im 490. Jahr nach der Stadtgründung gewesen sei. Die

---

tertiam esse, itemque meridiem et horam nonam. Zu Cosconius: Eduard Norden, De Stilone Cosconio Varrone Grammaticis commentatio, Greifswald 1895.

229 Zur Biographie: Fr. Münzer, Papirius (53), in: RE 18, 3 (1949) 1051–1056.

230 Münzer, Beiträge, 353–356, analysiert die Struktur dieses Abschnitts überzeugend, ohne aber auf den Inhalt, der ihm „schwerverständlich" (353) schien, einzugehen.

Aufstellung kann allerdings nach der überzeugenden Rekonstruktion von J. Molthagen erst nach dem Triumph im März 262 erfolgt sein.[231] Die Daten verknüpfen das Geschehen mit einem sachlich nahe stehenden und einem allgemeinhistorischen Ereignis und stiften so – vielleicht um den Preis einer gewissen chronologischen Unschärfe – sowohl eine entwicklungsgeschichtliche als auch eine synchronistische Einordnung.

Die enge Beziehung zwischen den höheren Staatsämtern und der offiziellen Stundenordnung, die bereits beim *accensus consulum* erkennbar war, blieb beim *solarium Papirianum* gewahrt, der Ort indes wechselte, was für die Nutzung der Uhr entscheidende Folgen hatte. Denn der Bau, den bereits der ältere Papirius Cursor gelobt, aber nicht ausgeführt hatte,[232] erfolgte nicht in der Nähe des Forums, sondern auf dem Quirinal, wo er das alte *sacellum Quirini* durch einen großen Tempelbau ersetzte.[233] Der Tempel war, wie Livius berichtet, im Übermaß mit den Waffen der besiegten Samniten geschmückt.[234] Die Sonnenuhr gehörte offenbar zu den *spolia hostium* und wurde als Weihgeschenk und Schaustück direkt am Tempel (*ad aedem*) aufgestellt.

Ich möchte vorschlagen, sie als Beutedenkmal im Kontext der frühen römischen Repräsentationskunst zu sehen.[235] Zur traditionellen Tempelweihe an die hilfreiche Gottheit kommt hier das Bedürfnis nach öffentlicher Repräsentation hinzu, sei es durch die Aushängung der Samnitenschilde an den *tabernae*, wie es der Vater getan hatte,[236] sei es durch die öffentliche Schaustellung

231 Will man diese Datierungen zusammenbringen, so muss man entweder das Gründungsjahr Roms auf das Jahr 752 v. Chr. ansetzen oder einen Überlieferungsfehler bei der Zahl annehmen oder annehmen, runde Zahlen und eindeutige Bezugspunkte hätten Plinius hier mehr interessiert als die Genauigkeit. Ich halte die dritte Lösung für die wahrscheinlichste. Zu den Ansetzungen des Gründungsjahres der Stadt s. unten Anm. 558.

232 Zur Biographie: Fr. Münzer, Papirius (52), in: RE 18, 3 (1949) 1039–1051. Liv. 10, 46, 7: *Aedem Quirini dedicavit quam in ipsa dimicatione votam apud neminem veterem auctorem invenio, neque hercule tam exiguo tempore perficere potuisset ab dictatore patre votam filius consul dedicavit.*

233 Zur Baugeschichte: F. Coarelli, Quirinus, aedes, in: LTUR 4 (1999)185–187.

234 Liv 10, 46, 7: [*Papirius aedem*] *exornavitque hostium spoliis; quorum tanta multitudo fuit ut non templum tantum forumque iis ornaretur sed sociis etiam coloniisque finitimis ad templorum locorumque publicorum ornatum dividerentur.* – Von dem jüngeren L Papirius Cursor ist nach seinem zweiten Konsulat und dem Triumph von 272 v. Chr. noch eine weitere repräsentative Stiftung, der Consustempel auf dem Aventin, bekannt. Siehe M. Andreussi, Consus, aedes, in: LTUR 1 (1993) 321–322.

235 Hölscher, Anfänge, 318 f.; Elizabeth Rawson, The antiquarian tradition. Spoils and representations of foreign armour, in: Walter Eder (Hrsg.), Staat und Staatlichkeit in der frühen römischen Republik, Stuttgart 1990, 158–173, bes. 161 f. (zur aushäusigen Aufstellung) und 165 f.

236 Hölscher, Anfänge, 320 f.

besonderer Beutestücke wie dieser Uhr: Die öffentliche Repräsentation tritt als gleichberechtigter Zweck neben die Weihe. Das Verdienst der Uhr muss hier nach Kategorien wie Seltenheit, Kostbarkeit und Kuriosität bemessen worden sein; sie als Zeitmesser einzusetzen wurde offenbar nicht erwogen, sei es, weil das Bedürfnis dazu (noch) nicht bestand, sei es, weil eine vergleichbare Zeitmessung auf dem Forum existierte und nur dort notwendig war.

Soweit bekannt ist, verfügte die bäuerliche Samnitenkultur über kein entsprechendes technisches Wissen, das sie befähigt hätte, eine Sonnenuhr zu bauen. Man kann daher annehmen, dass die Uhr als Handels- oder Beutegut aus den griechischen Siedlungen Kampaniens in ihre Hände gelangt war.[237] Eine ähnliche Überlegung scheint auch Plinius angestellt zu haben, da er davon ausgeht, dass es sich bei der Uhr um einen Import handelte, ohne dass dessen genaue Herkunft zu bestimmen wäre. Nimmt man seine Beschreibung des *horologium Papirianum* und des *Valerianum* zusammen, so belegen sie, dass Uhren aus dem östlichen Mittelmeerraum im 3. Jahrhundert v. Chr. als Handels- und Beutegut nach Italien gelangten, wo sie ähnlich wie die ungefähr gleichzeitig aufkommenden *sphaerae* zu repräsentativen Zwecken eingesetzt wurden.[238] Sie zur Zeitmessung zu benutzen, kam den Römern dagegen erst an zweiter Stelle in den Sinn: Objektverbreitung und Objektnutzung folgten unterschiedlichen Bedürfnissen und Chronologien.

Der Fremdartigkeit und der daraus resultierenden Kostbarkeit der Sonnenuhr scheint im Aufstellungskontext des Quirinustempels eine höhere Bedeutung zugekommen zu sein als ihrer ursprünglichen Funktion als Zeitgeber. Nur so lässt sich überzeugend erklären, dass sie in den vorliegenden Quellen zwar erwähnt wird, genauere Informationen aber schon für Plinius unerreichbar waren und sie in der Geschichte der städtischen Zeitmessung nicht die Rolle eingenommen hat, die ihr aus chronologischen Gründen hätte zukommen können: Immerhin war sie für einige Jahrzehnte die erste und vielleicht einzige Uhr der Stadt. Eine Funktionszuschreibung als *spolium* und exotisches Kuriosum könnte ihr Verschwinden aus der

---

237 Zu den Samniten, ihrer Kultur und den Kriegen s. Edward T. Salmon, Samnium and the Samnites, Cambridge 1967; speziell zur Sonnenuhr dort 402n.

238 Zu den *sphaerae* s. oben S. 41 ff. – Die ‚Besiedlung' Roms durch ausländische Skulpturen hat Catherine Edwards kürzlich in einem beeindruckenden Aufsatz nachgezeichnet (Edwars, Incorporating). Meines Wissens fehlen vergleichbare Studien für die Übernahme und die Nutzungszusammenhänge von wissenschaftlichen Instrumenten und Modellen. Sie könnten, beginnend bei den frühen Sonnenuhren über den Antikythera-Mechanismus bis hin zu den Obelisken der Spätantike die Spezifika dieses Akkulturationsprozesses nachzeichnen, der früh einsetzte und offenbar kontinuierlich und von wenig Widerspruch begleitet seinen Weg nahm.

Überlieferung ebenso begründen wie die von Plinius nahe gelegte enge chronologische Verzahnung der vorangehenden Ausruferpraxis und der zeitlich späteren valerianischen Sonnenuhr. Das Forum war offenbar bereits zu dieser Zeit, Mitte des dritten vorchristlichen Jahrhunderts, als Ort der normierenden Zeitverkündung derart etabliert, dass sich andere, alternative oder ergänzende Standorte für die ‚Normaluhr' – etwa der Quirinal oder der Aventin – nicht erfolgreich durchsetzen konnten.[239]

1.4. Zum Vergleich: Uhren in der *Magna Graecia*

Obgleich die Frühzeit der instrumentellen Zeitmessung in Griechenland ähnlich lückenhaft zu rekonstruieren ist wie in Rom, kann man für das Athen des vierten Jahrhunderts wie auch für die Großstädte der *Magna Graecia* eine gewisse fachwissenschaftliche, öffentliche und kulturelle Präsenz der instrumentellen Zeitmessung belegen, die das römische Maß deutlich übersteigt und einige abweichende Charakteristika aufweist.[240]

In der fachwissenschaftlichen Diskussion finden sich seit dem sechsten vorchristlichen Jahrhundert Hinweise darauf, dass babylonische Erfindungen wie der Gnomon auch in Griechenland rezipiert wurden.[241] In der

239 Vgl. auch den Hinweis bei Cens. 23, 6–7: *Quorum antiquissimum quod fuerit, inventu difficile est: alii enim apud aedem Quirini primum statutum dicunt, alii in Capitolio, nonnulli ad aedem Dianae in Aventino.* Es gab also Quellen, die neben dem Quirinal auch den Dianatempel auf dem Aventin als Standort der ersten römischen Sonnenuhr reklamierten. Der Aventin, extrapomerial und in dieser Zeit ausschließlich plebeisch geprägt, hatte keine ordnungspolitischen Funktionen, die mit denjenigen des Forum bzw. Capitol zu vergleichen wären. So bleibt allein eine Aufstellung als Weihgeschenk denkbar; es sind allerdings keine ähnlichen Dedikationen vom Dianatempel oder einem anderen Tempel des Aventin bekannt. Zur Topographie s. L. Venditelli, Diana Aventina, aedes, in: LTUR 2 (1995), 11–13; M. Andreussi, Aventinus Mons, in: LTUR 1 (1993) 147–150.

240 Mein Überblick folgt Schaldach, Sonnenuhren Griechenlands; Gibbs, Sundials 5–11; Bowen/Goldstein; eine Studie aus archäologischer Perspektive zu Zeitmessung und Zeitverständnis in Griechenland hat Eva Winter (Frankfurt) angekündigt.

241 Mitte des 5. Jahrhunderts v. Chr. erwähnt Herodot (2, 109), dass die Griechen Gnomon, Polos und die Zwölfteilung des Tages von den Babyloniern übernommen hätten; diese Stelle ist in der Forschung allerdings gelegentlich unter Interpolationsverdacht gestellt worden, da eine Zwölfteilung des Tages zu so früher Zeit unwahrscheinlich erschien (J. Enoch Powell, Greek timekeeping, in: CR 54 (1940) 69–70; vgl. dagegen D. S. Robertson ebda, 180–182). Die Erfindung des Gnomons und seine erste Aufstellung wurde von der antiken Doxographie An-

ersten Hälfte des vierten Jahrhunderts scheint die Beobachtung von Horizontphänomenen durch den Instrumentengebrauch abgelöst worden zu sein. Als erster sicher bestimmbarer Erfinder einer Sonnenuhr wird der in Athen wirkende Eudoxos von Knidos (ca. 391–338) genannt.[242] Anders als in Rom ist die Übernahme, später auch die Weiterentwicklung von Uhren mit den Namen bedeutender Mathematiker resp. Astronomen (Anaximander, Anaximenes, Meton, Eudoxos, Berosos, Aristarch u. a.) verknüpft, d. h. sie erfolgte nicht auf politisch-militärischem Wege, sondern als Wissenstransfer innerhalb einer scientific community,[243] wodurch der ordnungspolitische Einsatz nicht in dem Maße vorgegeben war, wie es in Rom zu beobachten ist.

Eine Reihe von Beobachtungen deutet darauf hin, dass neben der Astronomie vor allem die Medizin eine zentrale Rolle bei der Entwicklung und Nutzung von Uhren in Griechenland besessen hat. Sucht man nach Erklärungen, so stößt man zuerst auf die Astromedizin, für die der ‚kalendarische' Aspekt der Uhren, d. h. ihr Beitrag zur genauen Bestimmung von Sternauf- und -untergängen von Bedeutung war.[244] Dazu passt, dass die älteste derzeit bekannte erhaltene Sonnenuhr aus einem Tempelbereich, dem Amphiareion von Oropos, stammt. Neben Amphiareios, der hier ähnliche Verehrung genoss wie Asklepios in Epidauros, wurde Hygieia verehrt. Die Sonnenuhr des Amphiareions wird in die Zeit zwischen 350 und 300 v. Chr. datiert.[245]

Bald darauf wirkten die Interessen der Medizin und der praktischen Musik an der zeitlichen Fixierung von Rhythmen an der technischen Weiterentwicklung der Wasseruhr mit. So soll um 300 v. Chr. Herophilos den Puls der Kranken nicht nur qualitativ beschrieben, sondern auch mit Hilfe

---

aximander von Milet (ca. 645–545) bzw. seinem Schüler Anaximenes zugeschrieben; mit seiner Hilfe waren kalendarische ebenso wie chronologische Messungen möglich (Mittag, kürzester/längster Tag, Solstitien, Tagundnachtgleichen; vgl. dazu ausführlich Sarton, History, 173–175; Szabó, Weltbild, 70 ff.und 280 f).

242 Vitr. 9, 8, 1.

243 Bei der Aufzählung der Konstrukteure besonderer Uhrentypen nennt Vitr. 9, 8, 1 u. a. Eudoxos v. Knidos (ca. 391–338), Patroklos (4./3. Jhdt v. Chr.), Berosos (3. Jhdt v. Chr.), Aristarch v. Samos (310–250) und Apollonios v. Perge (ca. 262–190). Zu Vitruv s. unten S. 94 ff.

244 Kiritisch zu den Zeitangaben im *Corpus Hippocraticum* äußert sich Wenskus, Zeitangaben, 93 ff.

245 Schaldach, Sonnenuhren Griechenlands, Nr. 23.

einer Wasseruhr quantitativ bestimmt haben.[246] Die erst bei Marcellinus im zweiten nachchristlichen Jahrhundert überlieferte Beschreibung der Uhr lässt jedoch keine Rückschlüsse auf ihre Funktionsweise und Genauigkeit zu.[247]

Durch die politischen Umstände bedingt scheint es in Griechenland (anders als später in Rom) keine längerfristige Konzentration auf eine Stadt gegeben zu haben; dementsprechend ist auch die politische Nutzung der Uhr, wie sich bereits andeutete, ein nachgeordnetes Phänomen. Zwar sind die ersten Hinweise auf Uhren durchaus mit der Stadt Athen zu verbinden – Meton und Eudoxos wirkten hier; Oropos war zum Zeitpunkt der Uhrenaufstellung unter athenischer Herrschaft –, doch schon wenige Jahrzehnte später gibt es Hinweise auf prominente Uhren oder uhrenähnliche Instrumente in anderen Städten der *Magna Graecia.*

Ein in Athen auf der Pnyx ergrabenes Fundament wurde in den 30er Jahren des 20. Jahrhunderts von Kourouniotes und Thompson als Teil des ἡλιοτρόπιον identifiziert, das von dem griechischen Astronomen Meton im Jahr 430 v.Chr. dort aufgestellt worden sein soll, wie ein Aristophanes-Scholion festgehalten hat (ἐν τῇ νῦν οὔσῃ ἐκκλησίᾳ πρὸς τῷ τείχει τῷ ἐν τῇ πνυκί).[248] Diese These hat viel Widerspruch ausgelöst und wurde zuletzt von Thomson selbst revidiert, hält sich aber hartnäckig.[249] Zwei Grundprobleme, die sie nicht hat lösen können, sind sprachlicher Art: Weder gibt es genügend Belege für das ἡλιοτρόπιον, um eindeutig festlegen zu können, was es genau bezeichnet, noch lässt sich erklären, wieso es, wenn es denn eine Uhr war, in einer Kultur eingesetzt wurde, die es noch nicht für nötig hielt, die ‚Stunde'

246 Staden, Herophilus, 282–284. Der Autor datiert Herophilos' Wirken in die Jahre zwischen 330/320 und 260/250 v.Chr. (S. 43–50). Zur qualitativen Beschreibung des Pulses verwendete Herophilos die musikalische Terminologie und ordnete jeder Lebensphase einen spezifischen Rhythmus zu.

247 Staden, Herophilus, T 182.

248 Schol. in Ar. Av. 997. K. Kourouniotes/Homer A. Thompson, The Pnyx in Athens. A study based on excavations conducted by the Greek Archaeological Service, in: Hesperia 1 (1932) 90–217, zur Sonnenuhr bes. 207–211); aufgenommen in die Standardwerke von Walter Judeich, Topographie von Athen, München 1931 (HdbA III 2,2) 390 und 394 und John Travlos, Bildlexikon zur Topographie des antiken Athen, Tübingen 1971, 466–475. Man kann sich fragen, wieso Aristophanes diese Uhr – wenn es denn eine war – nicht erwähnt, obgleich er sonst alle Register zieht, wenn er Meton als verrückten Stadtplaner im Wolkenkuckucksheim vorstellt (Ar. Av. 992–1020). Dass er es nicht tut, könnte man als ein Indiz dafür nehmen, dass die Uhr keine Uhr war oder aber das öffentliche Leben Athens nicht in herausragendem Maße prägte.

249 Bowen/Goldstein, 73.

begrifflich zu bezeichnen. Die Anfänge der griechischen Uhrenentwicklung sind also ebenso wie die Einengung des Begriffs der ὥρα auf die Stunde erst im vierten vorchristlichen Jahrhundert anzunehmen.[250]

Spätesten zu Beginn des vierten Jahrhunderts verfügte auch Syrakus in der Achradina über eine prominent aufgestellte Uhr oder ein uhrenähnliches Instrument, das in politische Handlungen einbezogen wurde, ohne dass eine eindeutige Zweckbestimmung kenntlich würde.[251] Eine Erwähnung bei Plutarch, Dion habe im Jahre 357 v. Chr. von dort aus eine Rede gehalten, lässt an eine erhöhte Aufstellung im Bereich der Agora denken und belegt ihre innerstädtisch relevante Position. Ohne dass in der ohnehin schwierigen Diskussion etwas über einen etwaigen Anteil Platons gesagt werden könnte, weist doch die Darstellung der Uhr noch in der Bibliothek des Prunkschiffs von Hieron II. (ca. 306–215 v. Chr.) auf eine dauerhafte Bedeutung und Wertschätzung hin – des Technikers, des Aufstellers oder des Ortes. Athenaios charakterisiert sie in seiner Beschreibung des schwimmenden Palastes als Innenraumdarstellung, so dass man annehmen muss, dass dort keine irgendwie geartete chronologische oder politische Funktion intendiert war, sondern allein die wissenschaftliche und kulturelle Potenz der Stadt Syrakus betont werden sollte.[252] Zu dieser Zeit waren Sonnenuhren in der *Magna Graecia* bereits so weit verbreitet, dass die Römer sie auf ihren Kriegszügen erbeuten und als wertvolles Beutegut nach Rom schaffen konnten (s. u.).

1.5. Die Uhr des M.' Valerius Messala: Griechisches Wissen für Rom

Mit dem nächsten Schritt knüpft Plinius wiederum an die bereits etablierte Zeitverkündung auf dem Forum an. Er hält fest, dass der an Gebäuden orientierte Ausruf bis zum ersten Punischen Krieg existierte, und legt damit eine direkte Ablösung dieses Ausrufs durch die Sonnenuhr nahe, die M.'

250 Gibbs, Sundials, 7, geht in ihrem Resümee noch weiter: „The literary evidence seems to suggest that there were few, if any sundials marking the season and seasonal hours in Greece before the third century b.C.“

251 Sie wurde zu Lebzeiten des Dionysius v. Syrakus (ca. 430–367 v. Chr.) aufgestellt. Plu. Dio 29, 2; dazu Emilio Gabba/Georges Vallet, La Sicilia antica 2,1 (1980) 225 ff., bes. 238.

252 Ath. 5, 206d-209e, hier 207e; Vgl. dazu Caroline Lehmler, Syrakus unter Agathokles und Hieron II. Die Verbindung von Kultur und Macht in einer hellenistischen Metropole, Frankfurt/ Main 2005, bes. 103, 217, 226.

Valerius Messala[253] nach dem ersten Punischen Krieg auf dem Forum hatte aufstellen lassen.[254] Durch sie verfeinerte sich vor allem das Instrumentarium, von dem abgelesen wurde. Es ist jedoch nicht nötig anzunehmen, dass die Aufstellung dieser Uhr bereits den *accensus* überflüssig machte. Die Tatsache, dass noch Plautus ihn wie selbstverständlich erwähnt[255] und dass das Verfahren des Ausrufens auch in weit späterer Zeit (dann allerdings v. a. im privaten Bereich) noch üblich war, deutet auf eine starke Kontinuität hin.[256]

Nach Plinius war die Uhr bei der Einnahme Catanias im ersten Punischen Krieg erbeutet worden; es ist also davon auszugehen, dass Valerius Messala sie am 17. März 262 im Triumph *de Poenis et rege Siculorum Hierone* mitführte und gemeinsam mit dem Gemälde, das seine Siege darstellte, auf dem Forum aufstellen ließ.[257] Die Umstände der Herkunft und der Aufstellungskontext ähneln also der papirianischen Uhr; neu ist die Aufstellung auf dem Forum (in der Nähe der *rostra*) und auf einer Säule.[258] Die *rostra* hatten bereits vorher einen der beiden Orientierungspunkte zur Ausrufung des *meridies* gebildet. Die Aufstellung der neuen Uhr an eben diesem Platz auf der Nordwestseite des Forums löste die alten „Landmarkierungen" von

---

253 Valerius Maximus Messala war 263 *consul*, triumphierte 262, war 252 *censor*. Siehe Friedrich Münzer, Valerius Maximus Messala (247), in: RE 2. Reihe 8,1 (1955) 123–125.

254 Vgl. Cens. 23, 7: *Illud satis constat, nullum in foro prius fuisse quam id, quod M'. Valerius ex Sicilia advectum ad rostra in columna posuit. quod quoniam ad clima Siciliae descriptum ad horas Romae non conveniret, L Philippus censor aliud iuxta constituit.*

255 Siehe unten S. 128 ff.

256 Aus späterer Zeit sind zahlreiche Beispiele von Sklaven bekannt, zu deren Aufgaben das Ablesen und Ausrufen der Uhrzeit gehörte, s. etwa Mart. 8, 67, 1; Mart. 10, 48, 1–2; Iuv. 10, 213–16; Plin. epist. 3, 1, 8 u. a.

257 In beiden Fällen – der öffentlichen Aufstellung des Gemäldes ebenso wie der Einführung der Sonnenuhr – war Valerius Messala, wie Plinius betont, der erste, der sie in Rom ausführte. Plin. nat. 35, 22: *Dignatio autem praecipua Romae increvit, ut existimo, a M.' Valerio Maximo Messala, qui princeps tabulam pictam proelii, quo Carthaginienses et Hieronem in Sicilia vicerat, proposuit in latere curiae Hostiliae anno ab urbe condita CCCLXXX.* – Zu den Auseinandersetzungen auf Sizilien und dem folgenden Triumph s. ausführlich Joachim Molthagen, Der Triumph des M.' Valerius Messala und die Anfänge des ersten Punischen Krieges, in: Chiron 9 (1979) 53–72. Er datiert den Triumph auf den 17. März 262 v. Chr. Mit anderem Ziel (aber gleicher Datierung) argumentierend: Karl-Wilhelm Welwei, Hieron II. von Syrakus und der Ausbruch des ersten Punischen Krieges, in: Historia 27 (1978) 573–487. Zu Siegesgemälden in Rom s. auch Isager, Pliny, 119.

258 Plin. nat. 7, 214: *secundum rostra in columna*; Cens. 23 *ad rostra in columna*.

rostra und *Graecostasis* ab und übernahm zugleich den durch Tradition bereits gefestigten Ort. Die erhöhte Aufstellung auf einer Säule diente nicht nur dem Zweck einer möglichst guten Sichtbarkeit – sie formulierte auf städtebaulicher Ebene auch einen Gegenpol zur *columna Maenia*, die der Ausrufer bis zu dieser Zeit als Orientierungsmarke benutzt hatte, so dass sie optisch und funktional wohlüberlegt in die bestehenden Zusammenhänge eingebettet erscheint. Gleichzeitig verlagert sie das Zentrum der Zeitverkündung einige Meter nach Süden, vom Comitium zum Zentrum des Forums hin.[259]

Diese Uhr, die als erste direkt aus der *Magna Graecia* übernommen und zentral aufgestellt wurde, markiert für Plinius die sichtbare Übernahme der Kulturtechnik der instrumentellen Zeitmessung aus Griechenland nach Rom, wobei er anmerkt, dass sie vergleichsweise spät (*serius*, nat. 7, 212) erfolgt sei. Sein nicht explizit benannter Vergleichspunkt ist in der griechischen Welt zu suchen, wo seit dem Ende des fünften Jahrhunderts in Athen, später auch in anderen Städten der *Magna Graecia* Uhren öffentlich aufgestellt und mit öffentlichen Funktionen versehen worden waren.

Die Römer hätten sich, so Plinius, nach ihrer Aufstellung in der Mitte des dritten Jahrhunderts ungefähr 100 Jahre lang an der Uhr des Valerius Messala orientiert, obwohl sie falsch ging, da sie natürlich für die geographische Breite von Catania konstruiert worden sei. Beide Anmerkungen lassen erkennen, dass Plinius die römische Entwicklung als eine technisch und kulturell verzögerte Adaption an den Standard anderer Regionen – Griechenland und Ägypten – einschätzt.[260] Konkrete Gründe für die Ver-

---

259 In der Forschung (ganz unhinterfragt z. B. in Kinseys Kommentar zu Cic. Quinct. 18, 59) wird die Ortsangabe *ad solarium* gewöhnlich auf das *horologium Valerianum* und seinen Aufstellungsort am Forum bezogen, für den es (analog zu den *rostra*) als *pars pro toto* stehe. Man kann natürlich annehmen, dass diese Uhr – als erste längerfristig genutzte öffentliche Uhr – einen derart prägenden Eindruck hinterließ, dass sie selbst, als sie schon außer Funktion bzw. vielleicht gar nicht mehr vorhanden war, dem Ort noch ihren Namen hinterlassen konnte. Es ist m.W. bislang nicht diskutiert worden, ob die Bezeichnung nicht etwa an das nahebei positionierte *solarium Marcianum* anknüpfte, wieso es nicht *ad solaria* heißt, da ja am vermuteten Ort in historischer Zeit zwei Uhren standen, ob nicht doch einer der alternativen Uhrenstandorte in Frage komme etc. Die Beziehung von *ad solarium* auf den Ort des *Valerianum* kann wohl als attraktiv, aber nicht als zwingend gelten (vgl. Cic. Quinct 18, 59 und den Komm. ad loc in T. E. Kinsey, M. Tulli Ciceronis pro P. Quinctio oratio, ed. with Text, Introduction and Commentary, Sydney 1971.vgl. auch Rhet. Her. 4, 14)

260 Im Hintergrund wird die Überzeugung sichtbar, die Weiterentwicklung der Wissenschaften, auch der Astronomie, sei Stärke und Aufgabe anderer Völker,

zögerung und das aus seiner Sicht offenbar insgesamt geringe Interesse an der instrumentellen Zeitmessung formuliert Plinius nicht.

Die Akzeptanz einer falsch gehenden Uhr, die Plinius (ebenso wie die gesamte moderne Literatur) für so besonders erwähnenswert hält, dürfte nach den vorangegangenen Überlegungen kaum mehr erstaunen: Die Neuigkeit der valerianischen Uhr bestand darin, dass sie zum Gebrauch aufgestellt wurde und sich in Fortsetzung der örtlich bereits existierenden Traditionen erfolgreich etablieren konnte – mit anderen Worten: dass eine differenzierte Tagesgliederung auf dem Forum von Seiten der regierenden Staatsbeamten begrüßt wurde. Mit Hilfe dieser Uhr war es möglich, Zeitangaben für eine große Menge von Menschen zugänglich zu halten, die weit über das Repertoire des *accensus* hinausgingen: nicht mehr nur die vier Fixpunkte von *ortus*, *meridies*, *suprema* und *occasus*, sondern eine Vielzahl von Zeitabschnitten innerhalb des Lichttags wurden unterscheidbar und konnten je nach Markierung abgelesen bzw. ausgerufen werden.[261] Damit war ein Grad an Differenziertheit erreicht, der für die Bedürfnisse der nächsten 100 Jahre ausreichte.

Die in der Forschung wiederholt monierte Ungenauigkeit durch die Verschiebung um gut vier Breitengrade erzeugte zum einen eine Differenz von maximal 40 Minuten auf die gesamte Tageslänge,[262] zum anderen bewirkte sie eine ungenaue Markierung der Sonnenwenden, schränkte also ggf. die kalendarische Funktionalität der Sonnenuhr ein.[263] Beide Abweichun-

---

nicht der Römer; explizit formuliert es Vergil in den Zeilen, die der berühmten Formulierung des Herrschaftsauftrags an Rom vorangehen (Aen. 6, 847–853): *Excudent alii spirantia mollius aera/ – credo equidem – vivos ducent de marmore voltus;/ orabunt causas melius caelique meatus/ describent radio et surgentia sidera dicent:/ tu regere imperio populos, Romane, memento/ haec tibi erunt artes, pacique imponere morem/ parcere subiectis et debellare superbos.*

261 Vitruv erwähnt explizit 12 Markierungen (Vitr. 9, 7, 7); viele erhaltene Uhren weisen weniger Linien auf.

262 Catania liegt ungefähr auf 37°31' nördlicher Breite, Rom gut 4° nördlicher auf 41°53'. Dazu Gibbs, Sundials, 96, Anm. 25.

263 Die Abweichung in der Zeit der Solstitien dürfte kaum wahrgenommen worden sein, da dort die Tageslänge für mehr als einen Monat quasi stabil bleibt (vgl. Gem. 6,29–43); deutlich sichtbar war die Abweichung allein an den Äquinoktien. Diese sozusagen ‚natürliche' Abweichung der Uhr wurde jedoch durch einen menschengemachten Fehler, die Schaltpraxis des Pontifikalkollegiums, deutlich verstärkt. Die Versuche, das Verhältnis von kalendarischem und astronomischem Jahr des präjulianischen Kalenders zu ermitteln, ergeben Abweichungen von bis zu zwei Monaten. Übersicht bei Ginzel, Handbuch 2, 268–273; detailliertere neuere Untersuchungen u. a. bei Derow, Calendar; Brind'Amour, Calendrier; Michels, Calendar.

gen wurden von den Zeitgenossen jedoch, soweit wir es erkennen können, nicht als problematisch oder gar korrekturbedürftig empfunden, die erste, da eine Varianz von wenigen Minuten pro Stunde offenbar tolerabel und damit eine ausreichende Genauigkeit erreicht war, die zweite, da die Justierung des Kalenders nie Aufgabe der forensischen Zeitmesser war (und das vorjulianische Jahr noch weit ‚schlimmere' Abweichungen als die Messungenauigkeit kannte). Das Bemerkenswerte an Plinius' Formulierung ist also nicht, dass die Römer des dritten vorchristlichen Jahrhunderts eine falsch gehende Uhr akzeptierten, sondern dass er, Plinius, es aus seiner Zeit heraus als einen irritierenden Mangel wahrnimmt: Das Staunen der Moderne beginnt bei Plinius.

1.6. Die Uhr des Q. Marcius Philippus : *Accepta fecerunt meliora*

Ein Jahrhundert später wurde eine neue, genauere Sonnenuhr direkt neben die valerianische gesetzt, so dass sie diese aus ihrer zeitgebenden Funktion verdrängen und auf die des historischen Monuments reduzieren konnte.[264] Demnach war es spätestens im Jahr 164 v. Chr. möglich, in Rom eine den Koordinaten der Stadt angepasste Uhr herzustellen. Plinius beschreibt das direkte Nebeneinander der beiden Uhren als kompetitiv; er charakterisiert damit das römisch-griechische Verhältnis als ein zu diesem Zeitpunkt nicht mehr nur rezeptives, sondern nun auch produktives, wie es Cicero später in vergleichbarer Weise tat: *accepta fecerunt meliora.*[265]

Mit der Fähigkeit, eine genau gehende Uhr zu konstruieren, und mit ihrer Aufstellung gehen Veränderungen in der politischen und sozialen Praxis einher. Es lag mittlerweile offenbar im staatlichen Interesse, die Abweichung in der Stundenmessung unter eine halbe Stunde zu senken. Als Auftraggeber der Uhr fungierte der Zensor Q. Marcius Philippus,[266] der sie im Rahmen seines Amtes (*censoria opera*, 215) anfertigen ließ. Die Uhr rückt so in die Nähe der aus Senatsmitteln unter Aufsicht der Zensoren

---

264 Plin. nat. 7, 214; Cens. 23, 7: *L. Philippus censor aliud iuxta constituit.*

265 Cic. Tusc. 1, 1: *meum semper iudicium fuit omnia nostros aut invenisse per se sapientius quam Graecos aut accepta ab illis fecisse meliora, quae quidem digna statuissent, in quibus elaborarent.* Zuletzt dazu: Bernhard Zimmermann, Cicero und die Griechen, in: Vogt-Spira/Rommel, 240–248, bes. 243 f.

266 Friedrich Münzer, Marcius (79), in: RE 14,2 (1930) 1573–1579. Q. Marcius Philippus, geboren 229 v. Chr., war 188 *praetor* in Sizilien, 180 *decemvir sacrorum*, 164 gemeinsam mit L. Aemilius Paullus *censor.*

errichteten staatlichen Nutzbauten wie Straßen, Aquädukte, Basiliken etc.[267] Die hohe Bedeutung, die ihr nun zugesprochen wurde, lässt sich sowohl in der Zuschreibung dieses Aufgabenbereichs an die Censoren als auch in der von Plinius referierten Beurteilung der Anfertigung und Aufstellung als *munus inter censoria opera gratissima acceptum* (215) erkennen: Damit scheint die Zuständigkeit für die (von der kalendarischen zu trennende) Zeitordnung des Tages auf die Zensoren übergegangen zu sein. Auch der schon nach wenigen Jahren folgende nächste Schritt in Hinblick auf eine exaktere Zeitmessung wurde von einem Zensor unternommen, von P. Cornelius Scipio Nasica Corculum, der mit Q. Marcius Philippus und L. Aemilius Paullus am makedonischen Krieg teilgenommen hatte.

1.7. Die Wasseruhr des P. Scipio Nasica: das allumfassende Maß

Plinius' Bericht schließt mit der Einführung der ersten Wasseruhr in Rom unter den Zensoren P. Cornelius Scipio Nasica Corculum und M. Popillius Laenas, fünf Jahre nach den vorgenannten Ereignissen.[268] Ihnen werden zahlreiche städtebauliche Initiativen, namentlich die Entfernung aller ohne offiziellen Auftrag entstandenen Ehrenstatuen vom Forum zugeschrieben.[269] Varro erwähnt eine Uhr, die ich für die ihrige halten möchte (was voraussetzt, dass Varro verschiedene Uhrentypen vollkommen undifferenziert unter dem Oberbegriff des *solarium* zusammenfasst).[270] Unter dieser Prä-

---

267 Kunkel/Wittmann, 402; 457–460 gehen auf diese Funktion der *censores* nicht ein, zählen aber zahlreiche Beispiele zensorischer Bautätigkeit auf.

268 Fr. Münzer, Cornelius (353), in: RE 4,1 (1900)1497–1501; Volkmann, Popillius (24), in: RE 22,1 (1953) 61–62. Zum Kontext s. Egon Flaig, Lucius Aemilius Paullus – militärischer Ruhm und familiäre Glücklosigkeit, in: Karl-Joachim Hölkeskamp, Von Romulus zu Augustus. Große Gestalten der römischen Republik, München 2000, 131–146.

269 Plin. nat. 34, 30.

270 Varro ling. 6, 2, 4: *solarium dictum id, in quo horae in sole inspiciebantur, quod Cornelius in basilica Aemilia et Fulvia inumbravit.* Diese Beschreibung ist distributiv auf zwei Uhrenarten und den gemeinsamen Oberbegriff *solarium* zu beziehen: ‚*Als solarium* wird das bezeichnet, auf dem die Stunden in der Sonne (= mit Hilfe der Sonne) gesehen werden können, und das, was Cornelius in der Basilika Aemilia und Fulvia mit Schatten bedeckt hat.' Goetz/Schoell postulieren in ihren *adnotationes ad loc.* Wortausfall (Georg Götz/Fritz Schöll: M. Terenti Varronis De lingua Latina quae supersunt, Leipzig 1910, 260 f.). Zur Bedeutungsbreite von *solarium* s. auch Cic. nat. deor. 2, 34, 87 (*solarium vel descriptum aut ex aqua*). – Auf dieselbe Verständnisschwierigkeit im varronischen Text

misse liefert er den genauen Aufstellungsort der Uhr: die *basilica Aemilia et Fulvia,*[271] Amtssitz des *praetor urbanus*, Ort der Rechtsprechung, die schon seit frühester Zeit ein wichtiger Antrieb zur offiziellen Tagesgliederung gewesen war.[272]

Schon bei der Beschreibung des *accensus* (7, 212) hatte Plinius auf die Wetterabhängigkeit der Sonnenbeobachtung hingewiesen, die er nun wieder aufgriff (*serenis tantum diebus* 212; *nubilo incertae fuere horae,* 215*):* Eine Wasseruhr ermöglicht die zuverlässige Zeitmessung unabhängig von Wetter und Tages- und Jahreszeit; sie schließt die Nachtstunden mit ein und erreicht zusätzlich durch die Aufstellung in Innenräumen ein größeres Spektrum an Einsatzmöglichkeiten. *sub tecto* ist hier also kaum im Sinne einer Überdachung der ansonsten frei stehenden Uhr zu verstehen, sondern vor allem als Hinweis auf den großen Entwicklungsschritt, der in der Entwicklung einer Innenraumuhr liegt.[273] Mit ihr dehnt sich der geordnete Tag von den Sonnenstunden des Lichttages auf den gesamten Kalendertag aus. Die Stunden werden nicht unbedingt „genauer" gemessen, wie Plinius es als Hauptcharakteristikum der vorangegangenen Verbesserung vermerkt hatte, sondern es werden *mehr* Stunden gemessen – und noch dazu an Orten, die zuvor

---

scheint Censorinus zu reagieren, wenn er anmerkt: *Deinde aliquanto post P. Cornelius Nasica censor ex aqua fecit horarium, quod et ipsum ex consuetudine noscendi a sole horas solarium coeptum vocari* (Cens. 23, 7).

271 Zu der schwierigen Bau- und Besitzgeschichte der Basilika s. Eva Margareta Steinby, Basilica Aemilia, in LTUR 1, ^{2}1993, 167–168; sie vertritt ihre Rekonstruktion ausführlicher in: Il lato orientale del foro Romano. Proposte di Lettura, Arctos 21 (1987) 139–184.

272 Neuere Funde deuten darauf hin, dass der Ort der Wasseruhr auch bei späteren Baumaßnahmen gewahrt blieb. Arnolds weist auf Grabungen hin, die einen Raum mit wasserfester Auskleidung, d.h. einen Wasserspeicher haben nachweisen können, der einer mindestens 100 Jahre jüngeren Bauphase angehörte. Markus Arnolds, Funktionen republikanischer und frühkaiserzeitlicher Forumsbasiliken in Italien, Dissertation Heidelberg 2005, 126 (im Internet einsehbar unter http://archiv.ub.uni-heidelberg.de/propylaeumdok/volltexte/2007/76/ zuletzt eingesehen am 18.03.2008).

273 Plinius benutzt *sub tecto* im Sinne von „inhäusig" u.a. in nat. 18, 7 über die ländlichen Arbeiten im Haus und auf dem Feld ([*agricolam esse*] *pessimum qui sereno die sub tecto potius operraretur quam in agro*); 37, 136 über ein Quarzgestein, das im naturgemäß etwas dunkleren Innenraum farbige Lichtbrechung zeigt (*vocatur iris, nam sub tecto percussa sole species et colores arcus caelestis in proximas parietes eiaculatur*). Übersetzungen wie „überdachte Uhr", „Uhr mit einem Dach" u.ä., die immer wieder, zuletzt bei bei Steinby (s.o.) oder Roderich König/Wolfgang Glockner/Joachim Hopp, Winkler (Tusculum) ^{2}1996 vorgeschlagen werden, betonen m.E. nicht den entscheidenden Aspekt.

unerreichbar waren. Es geht in diesem Schritt nicht um einen Zuwachs an technischer Genauigkeit (den Wasseruhren gerade bei der Messung kleinerer Zeitintervalle durchaus erbringen konnten), sondern um die Erschließung neuer Räume und Zeiten: der Häuser und der Nacht.

Mit diesem Schritt scheint für Plinius ein Endpunkt erreicht zu sein; er lässt Darstellung und Buch hier enden. Alles Folgende ist aus seiner Perspektive, so wäre dieser Endpunkt vielleicht zu erklären, nur noch quantitative, keine qualitative Veränderung mehr gewesen. Tag und Nacht, Innen- wie Außenraum sind seit dieser Zeit potentiell in unendlich viele Abschnitte zu zergliedern; technische Entwicklungen haben danach aus seiner Sicht nicht mehr stattgefunden.

Die Zeitmessung hat sich nach Plinius' Bericht in den Jahrhunderten von der Begründung der Republik bis in die Lebenszeit von Plautus, Cato, Ennius und Terenz als Technik und soziale Praxis etabliert. Aus seinem letzten Satz ist ein vages Unbehagen herauszuhören; ein Unbehagen, das sich mit anderen Kulturbewertungsstrategien in Rom verbinden lässt: *tam diu populo Romano indiscreta lux fuit,* „so lange besaß das römische Volk ungeschiedenes Tageslicht" (nat. 7, 215). Auf diesen Satz, dem seine Position als Fazit der Geschichte der Zeitmessung und zugleich als Schlusswort des 7. Buches der *Naturalis historia* ein gewisses Gewicht verleihen, werde ich am Ende noch einmal zurückkommen.

Die Datierung der Ereignisse lässt erkennen, dass *indiscreta lux* nicht ein Leben ohne zeitlich geregelte Abläufe bezeichnen kann, sondern eher ein Leben, in dem Uhren das Alltagsleben (noch) nicht dominieren. Diese Phase scheint um 160 v. Chr. zu Ende gegangen zu sein. Ungefähr ein Jahrhundert später beginnt die schriftliche und materielle Überlieferung sich zu verdichten; der uhrenabhängige Gebrauch der Stundennummerierung etabliert sich, Uhren halten im Privatbereich Einzug.

Bis hierhin diente Plinius' Text als Leitfaden, der in seiner Rückschau vor allem das „noch nicht" betonte. Für die Folgezeit fehlt eine ‚Geschichte der Uhren', die der plinianischen an die Seite gestellt werden könnte. Eine gewisse Vorstellung vom gesellschaftlichen Stellenwert und der wissenschaftssystematischen Verortung des Uhrenbaus in der späten Republik bietet allerdings Vitruv, der sie nutzt, um der Architektur ein höheres Renommee zu verschaffen.

1.8. Ausblick: Vitruvs Gnomonik zwischen Kosmologie und Architektur

Vitruvs *De architectura libri decem* entstanden in caesarianischer Zeit, wurden aber erst unter Augustus, vermutlich in den zwanziger Jahren des letzten vorchristlichen Jahrhunderts veröffentlicht.[274]

Plinius d.Ä. hätte das Werk also vermutlich verwenden können, wenn er die technische Differenzierung von Uhren hätte darstellenwollen. Er griff jedoch weder in der Kosmologie, wo er die Erfindung des Gnomons kurz erwähnt (nat. 2, 187), noch in der oben analysierten Anthropologie, wo die Geschichte der Uhren in Rom im Zentrum steht, erkennbar auf Vitruv zurück: eine Wahl, die darauf hindeutet, dass für ihn weniger die Technik an sich als ihre Konsequenzen für die Stadt Rom von Bedeutung waren.

Vitruv hat einen sehr weiten, Architekturtheorie, Baupraxis und (im modernen Sinne) auch Nachbardisziplinen wie den Uhrenbau und die Mechanik umfassenden Begriff von *architectura.* In seinen Definitionsansätzen betont er die Bildungsorientierung des Architektenberufs und grenzt ihn von der reinen Handwerkstätigkeit ab:[275] Die *architectura* bedürfe nicht nur der *fabrica*, sondern auch der *ratiocinatio.*[276] Sie erscheint als eine *ars liberalis* im Sinne einer anspruchsvollen, auf breiter Bildung basierenden, intellektuell wie sozial hoch einzuschätzenden Tätigkeit; entsprechend hoch ist Vitruvs Anspruch an die Ausbildung des Architekten.

Seine Schrift soll, so betont er, alle Teilgebiete der *architectura* behandeln.[277] Die Gliederung des konkreten Werks und Vitruvs Definition der Wissenschaft sind jedoch nicht miteinander in Deckung zu bringen. Denn während er in seiner Definition der Architektur den Maschinenbau (*machinatio*) und die Uhrenbaukunst (*gnomonike*) gleichberechtigt neben die

274 Zur Biographie: Höcker, Vitruvius (mit Nennung aller aus dem Werk gewonnener Belege); Knell, Vitruvius (mit einer kritischen Einführung in Werk und Rezeption). Eine aktuelle Übersicht über die verschiedenen Datierungsansätze zwischen ca. 40 und 15 v.Chr. bietet: Rowland/Howe, 3–5.

275 Vitr. 1, 1, 1 definiert das notwendige Vermögen des Architekten als *fabrica et ratiocinatio*; Vitr. 2 konzentriert sich auf die Charakteristika der *aedificatio*; s. dazu Robert L. Scranton, Vitruvius' Art of architecture, in: Hesperia 43, 1974, 494–499; zur *ars liberalis* s. Rowland/Howe, 18.

276 Tosi, Architettura, zeigt, dass Vitruv diese Verbindung von Theorie und Praxis exemplarisch für die Astronomie und ihre Anwendung in der Uhrenbaukunst vorführt. Ihre weitergehenden Überlegungen zur Bedeutung der Astronomie bei Vitruv verlieren dadurch an Genauigkeit und Trennschärfe, dass sie die gesamte antike Meteorologie ohne Differenzierung miteinbezieht.

277 Vitr. 1, praef. 3: *omnes disciplinae rationes*; im Resümee Vitr. 10, 16, 12: *totum corpus omnia architecturae corpus.*

Baukunst (*aedificatio*) stellt,[278] räumt er ihnen im Folgenden nur einen Bruchteil des Platzes ein. Nähme man Vitruvs Dreiteilung der Architektur als Richtschnur, so dürfte man nach sieben Büchern über die Aspekte des Hochbaus (Stadtplanung, sakraler und profaner Bau, Baumaterialien etc.) sieben Bücher über die Uhrenbaukunst erwarten, doch tatsächlich folgen je eines zum Wasserbau (8), zum Uhren- und zum Automatenbau (9 und 10):[279] Offenbar divergieren aus Sicht Vitruvs der Tätigkeits- und der Bedeutungsschwerpunkt der Architektur.

Mag man auch den Wasserbau als biographisch bedingte Ergänzung zum Hochbau verstehen,[280] so bleibt es doch schwierig, die letzten beiden Bücher zu beurteilen, da sie Tätigkeitsbereichen gelten, die der Architektur weder in der Antike noch später gewöhnlich zugerechnet werden. Dabei wirkt es sich erschwerend aus, dass keine weitere architekturtheoretische Schrift der Antike erhalten ist, so dass unklar bleiben muss, inwieweit die Ausdehnung der Architektur auf Gnomonik und Mechanik ebenso wie der enzyklopädische Bildungsanspruch ältere (varronische?) Tendenzen widerspiegelt oder doch allein der neuartigen Konzeption eines Einzelnen zu verdanken ist.[281]

Auf die Integration des Uhrenbaus in die Architektur legt Vitruv erkennbar großen Wert: Schon im ersten Buch erwähnt er die Astronomie als Krönung des enzyklopädischen Bildungsgangs der künftigen Architekten.[282] Wer die anderen Lernenden in allen Disziplinen an *sollertia, acumen* und

---

278 Vitr. 1, 3, 1: *Partes ipsius architecturae sunt tres: aedificatio, gnomonice, machinatio.*

279 Zur Gliederung s. Gall, Literatur, 100–106; Fuhrmann, Lehrbuch, 78–85, bes 84 f., Seine Schlussbemerkung, Vitruv habe Ordnung, aber kein System angestrebt, dürfte auf dem von ihm deutlich herausgestellten Ungleichgewicht in der Gliederung beruhen.

280 Vitr. 8, 6, 2; Frontin aq. 25, 1.

281 Vitruv selbst erwähnt zahlreiche, meist griechische Baubeschreibungen sowie Arbeiten zur Optik und Symmetrie und weist darauf hin, dass schon Varro ein Buch der *disciplinae* ebenfalls der *architectura* gewidmet hatte. Zugleich betont er die Neuartigkeit seiner eigenen Schrift, besonders ihren Umfang: *amplius vero in id genus scripturae adhuc nemo incubuisse videtur* (Vitr. 7, praef. 15).

282 Vitr. 1, 1, 3 skizziert den enzyklopädischen Bildunganspruch: *Et ut litteratus sit, peritus graphidos, eruditus geometria, historias complures noverit, philosophos diligenter audierit, musicam scibit, medicinae non sit ignarus, responsa iurisconsultum noverit, astrologiam caelique rationes cognitas habeat.* Vitr. 1, 1, 10 definiert den Inhalt der *astrologia* genauer und bestimmt die Funktion dieser Kenntnisse: *Ex astrologia autem cognoscitur oriens, occidens, meridies, septentrio, etiam caeli ratio, aequinoctium, solstitium, astrorum cursus, quorum notititam si quis non habuerit, horologiorum rationem omnino scire non poterit.*

memoria überträfe, könne über den *architectus* hinauswachsen und zum *mathematicus* werden. Die anschließende Aufzählung sieben bedeutender *mathematici* umfasst Wissenschaftler aus den modernen Disziplinen der Astronomie, Mechanik, Mathematik und Geographie, drei von ihnen führt Vitruv später noch einmal als Erfinder von Sonnenuhren an, was die Gnomonik als hohe Wissenschaft zwischen *architectura* und *mathematica* positioniert.[283]

Die Anordnung der Themen innerhalb des Werks ist demnach nicht nur logisch-systematisch, sondern auch hierarchisch zu begreifen. Die Bücher 9 und 10, die der Astronomie, der Gnomonik und dem Maschinenbau gelten, sind, wenn man Vitruvs Beharren auf der Bedeutung der Gnomonik ernst nimmt, weniger als irritierende Anhängsel denn als Höhepunkt der Darstellung und anspruchsvollster Bereich der Architektenkunst zu verstehen.[284] Offenbar ist diese Integration der Gnomonik aus moderner Sicht jedoch so schwer nachzuvollziehen, dass die Forschungsliteratur zu Vitruv die letzten beiden Bücher weitgehend ignoriert.[285] Wo sie sie berücksichtigt,

283 Vitr. 1, 1, 17: *Quibus vero natura tantum tribuit sollertiae, acuminis, memoriae, ut possint geometriam, astrologiam, musicen ceterasque disciplinas penitus habere notas, praetereunt officia architectorum et efficiuntur mathematici. Itaque faciliter contra eas disciplinas disputare possunt, quod pluribus telis disciplinarum sunt armati. Hi autem inveniuntur raro, ut aliquando fuerunt Aristarchus Samius, Philolaus et Archytas Tarentini, Apollonius Pergaeus, Eratosthenes Cyrenaeus, Archimedes et Scopinas ab Syracusis, qui multas res organicas, gnomonicas numero naturalibusque rationibus inventas atque explicitas posteris reliquerunt.* Aristarch, Apollonius und Scopinas werden in Vitr. 9, 8, 1 als Erfinder von Sonnenuhren aufgeführt.

284 Dorothee Gall schlägt einen ähnlich hierarchischen, jedoch von der Baupraxis und nicht von der wissenssystematischen Seite aus entwickelten Weg vor, wenn sie in der Ordnung des Werks ein planerisches Fortschreiten von der Auswahl des Geländes über Baustoffe und Bau bis hin zur nutzbringenden Ausgestaltung der ‚fertigen' Stadt durch Uhren sieht. Gall, Literatur, 103. Fuhrmann, Lehrbuch, 85 erkennt keine Hierarchie und kein System, nur auf kleineren Raum beschränkte Ordnungen. Knell, Architekturtheorie, IX, sieht in den Büchern 8–10 Ergänzungen, die nicht mehr die Architektur im spezifischen Sinne behandeln, und schließt sie daher aus seiner Interpretation aus.

285 Vgl. etwa Knell, Architekturtheorie, 34–36. Hanno Walter Kruft, Geschichte der Architekturtheorie von der Antike bis zur Gegenwart, München 1986; Georg Germann, Einführung in die Geschichte der Architekturtheorie, Darmstadt ³1993 gehen beide nicht auf die komplexe Struktur des Werks bzw. speziell auf das neunte Buch ein. Frank E. Brown hat vor fast einem halben Jahrhundert versucht, diese Kluft zu überwinden, indem er in seinem grundlegenden Aufsatz über die Architektur als *ars liberalis* die Bücher 7–10 als Ausweitungen des Architekturbegriffs interpretierte. Diese Ausweitung im Gegenstandsbereich habe die

kann sie die Uhrenkunst überhaupt nur mit dem Städtebau verbinden. Dies ließe sich aus der Geschichte der römischen ‚Normaluhr' und der städtebaulichen Nutzung der Obelisken seit augusteischer Zeit durchaus begründen, lässt sich aber aus dem Werk Vitruvs nicht herleiten – bis auf einen einzigen knappen Hinweis zu einer innerstädtischen Uhr berührt er ihre gesellschaftlichen und städtebaulichen Funktionen nicht.[286] Dass schon die Spätantike sich mit der vitruvianischen Einordnung der Uhrenbaukunst in die Architektur schwer tat, zeigt das Kompendium des Cetius Faventinus, der sein Werk mit einem „nur der Form halber" vorgebrachten Ausblick auf den Uhrenbau schließen lässt.[287] Wenn sich aber die Gnomonik zu keiner Zeit selbstverständlich in die Architektur integrieren ließ, darf man danach fragen, was Vitruv dazu bewogen haben könnte, sie hier an exponierter Stelle einzufügen und mit einem derart unverhältnismäßig großen kosmologischen Exkurs zu ‚unterfüttern'.

Es ist immer betont worden, dass das neunte Buch ein Konglomerat zweier Lehrschriften bildet. Soubiran hat deutlich gemacht, dass es sich dabei nicht um eine gleichberechtigte Verknüpfung handelt, bei der ein astronomischer Teil einem gnomonischen voransteht, sondern dass die Astronomie als Exkurs aus der Bemerkung hervorwächst, zum Bau einer Sonnenuhr sei die Kenntnis des exakten Aufstellungsortes nötig, da die Schattenlänge nach Jahreszeit und geographischer Breite differiere (9, 1, 1).[288] An den Begriff des *mundus*, der in diesem Zusammenhang fällt, knüpft der Exkurs an, der die Kapitel 9,1,2–9,6 umfasst. Vitruv behandelt dort die Umläufe der Planeten, den Mond und seine Phasen, den Weg der Sonne durch den Tierkreis und die Sternbilder des nördlichen und südlichen Himmels, um mit einem Hinweis auf Parapegmata zu enden.[289]

Dieser Exkurs steht inhaltlich anderen Darstellungen der Astronomie und Kosmologie nahe, die in allen literarischen Genera seit der späten

---

Zuständigkeit für alle humanen Artefakte eingefordert und zugleich die *imitatio naturae* als Maß allen architektonischen Handelns definiert. „Architecture is seen as the whole artificial environment of man, the sum of ancient man's capacitiy to control and exploit nature." Brown, Vitruvius, hier 104.

286 So Knell, Vitruvius, S. 501.

287 Cet. Fav. 29 a.E.; dazu Hugh Plommer, Vitruvius and later Roman building manuals, Cambridge 1973; positiver beurteilt von Schaldach, Römische Sonnenuhren, 31 ff.

288 Derartige Exkurse sind bei Vitruv nicht selten, s. etwa 2, 1 (Kulturentwicklung) 5, 4 (Musik); 6, 1 (Ethnographie).

289 Soubiran, S. XV-XVI, nennt es „un véritable manuel d'astronomie" und beurteilt seinen Nutzwert skeptisch. Vitruve, de l'architecture livre IX, texte établi, traduit et commenté par Jean Soubiran, Paris 1969 (Coll. Budé).

Republik auftreten – von den Anfängen in der *Eisagoge* des Geminos, die in griechischer Sprache verfasst, aber vermutlich in Rom und für ein römisches Publikum entstanden ist, bis hin zu den lateinischen Aratea von Cicero, Manilius und Germanicus. Sachlich ist er für das Verständnis des Sonnenuhrenbaus von geringem Interesse; für den Bau von Wasseruhren ist er irrelevant. Seine Bedeutung liegt auf einer ganz anderen Ebene: zum einen in der wissenschaftssystematischen Ableitung der Gnomonik aus der Astronomie, zum anderen in der Nobilitierung des Bauhandwerks durch die Einbeziehung der Uhrenbaukunst.[290] Beide Strategien sind aus späteren Zeiten gut bekannt und erforscht; erinnert sei hier nur an die Etablierung der Malerei als freier Kunst im Italien des 15. Jahrhunderts.

Die Rückbindung an Astronomie und Kosmologie war für einen anderen Bereich der Zeitordnung, den Kalender, wohl etabliert; auch die göttlichen und heroischen Gründerväter wurden vor allem für den Kalender in Anspruch genommen. Der von Vitruv angebotene Begründungsapparat legte den Uhren einen Bezug zu den kosmischen Regelhaftigkeiten bei, ohne den Umweg über den Kalender zu gehen; darin ähneln sie der vielleicht in diesen Jahren aufkommenden Metapher von der ‚kosmischen Uhr'.[291] Uhr und Stadt sind beide Abbilder des geordneten Kosmos; in diesem unausgesprochenen *tertium* liegt der Grund für die Aufnahme des Uhrenbaus in die Architektur und für den astronomischen Exkurs.

Erst mit Kap. 7 nimmt Vitruv die Thematik des Uhrenbaus wieder auf, wobei er zuerst die Sonnen- und dann ausführlicher die Wasseruhren behandelt.[292] Man darf annehmen, dass ihm auch hier eine Lehrschrift vorlag, die er bearbeitete. Spuren der Vorlage haben sich jedoch nicht erhalten, so dass Vitruvs neuntes Buch die einzige antike Lehrschrift des Uhrenbaus

290 Bereits angedeutet bei Knell, Architekturtheorie, 36, ohne dass dieser jedoch Konsequenzen aus seinen Beobachtungen zöge: „Anscheinend beansprucht er [Vitruv] für sich persönlich, selbst jene Stufe von Wissen und Erkenntnis erreicht zu haben, die über die Bandbreite von gängiger Architektur hinausführt, hin zum Bau von Maschinen und Uhren. Dies ist für uns zugleich begründeter Anlaß, die letzten Bücher in dem hier abgesteckten Rahmen auszuklammern […]". Es wäre in diesem Zusammenhang reizvoll, etwas über die antiken Illustrationen des Vitruvtextes zu wissen, besonders darüber, inwieweit sie sich auch auf den gnomologischen Teil erstreckten. Neuzeitliche Ausgaben (z.B. Venedig 1567) illustrieren die Gnomonik gelegentlich mit übergroßen und reich geschmückten Apparaturen, die eine Idee davon vermitteln, wie der Stellenwert, den Vitruv der Uhrenbaukunst zumaß, auch durch das Bild gestützt worden sein könnte.

291 Zur Datierung der Metapher s. oben S. 26ff.

292 Zu den einzelnen Uhrentypen s. Schaldach, Römische Sonnenuhren 29–31; Gibbs, Sundials 59ff.

bewahrt hat, was – wie bei der Analyse des Gesamtwerks – der Frage nach dem Verhältnis zur Tradition enge Grenzen setzt.

Auch die Gestaltung des eigentlichen ‚Uhrenteils' lässt Fragen offen. Zum Zweck der Uhren äußert er sich nicht; der Technik im engeren Sinne wird wenig Platz eingeräumt. Lediglich bei den Wasseruhren ist Vitruv so detailfreudig, dass aufgrund des Textes ein Nachbau denkbar wäre. Seine Beschreibungen liefern – einem Verzeichnis von πρῶτοι εὑρεταί vergleichbar – vor allem die Namen der Erfinder und eine knappe Charakterisierung der von ihnen erfundenen Uhr. Das regional sonst eher heterogene Bild seiner Quellen – Vitruv nennt verschiedentlich griechische Fachschriftsteller, weist aber auch auf römische Traditionen und eigenen Unterricht hin[293] – wird hier deutlich einseitiger. Unter den Erfindern finden sich nur ägyptische und griechische Wissenschaftler;[294] ein römischer Anteil an der Entwicklung der Technik wird weder eingefordert noch kenntlich gemacht.

Hinweise auf die gesellschaftliche Ordnung der Zeit, die sonst als Legitimation aller Versuche der Zeitordnung angeführt werden, fehlen. Besonders auffällig ist dies in Hinblick auf die Kalenderreform. Bereits die Zeitgenossenschaft, besonders aber seine Tätigkeit als ‚Ingenieur' in Caesars Heer und später am augusteischen Hof dürfte ihn mit der julianischen Kalenderreform vertraut gemacht haben. Im astronomischen Exkurs hätte sich eine Diskussion der Schaltung bei der Erwähnung der unterschiedlichen Längen von Sonnen- und Mondjahr angeboten;[295] bei der Behandlung der Wasseruhren hätte er sich über Monatslängen oder die Korrelation von *annus naturalis* und *civilis* äußern können, doch er sagt nichts dazu.

Vitruvs Abstinenz scheint mir die Datierung des Werkes – anders als bei Geminos – nicht in Frage zu stellen. Weit mehr erscheint sie als Ergebnis einer äußerst stringenten Themenabgrenzung, bei der Kalender und Uhr als zwei gänzlich getrennte Bereiche der Zeitordnung verstanden werden. Konsequent beschreibt Vitruv die Sonnenuhren nicht als potentiell kalendarische Instrumente, sondern reduziert auf ihre Funktion als städtische Stundenmesser. Zugleich aber entwickelt er für die Uhren einen neuen, eigenen Zugang zur Kosmologie, mit deren Hilfe er der Architektur eine

---

293 Knell, Architekturtheorie, 170 f. (für die Betonung italischer Gebäudetypen); vgl. dazu etwa Vitr. 9, 1, 16: *De zona XII signorum et septem astrorum contrario opere ac cursu, quibus rationibus et numeris transeunt e signis in signa, et circumitum eorum, uti a praeceptoribus accepi, exposui; nunc de crescenti lumine lunae deminutioneque, uti traditum est nobis a maioribus, dicam.*

294 Vgl. Schürmann, Mechanik, 252–261.

295 Vitr. 9, 1, 6. Schon von Soubiran (wie Anm. 289), XLII, konstatiert, ohne dass dieser weitere Schlüsse daraus zöge.

zusätzliche, wissenschaftssystematische Legitimation verschaffte und das alte Bild von der Stadt als Abbild des Kosmos (man denke an das platonische Atlantis) mit dem jüngeren der Uhr als Abbild des Kosmos verband. Dass es dabei zu keiner Problemdiskussion kam, ist der Entwicklung der Uhrenzeit in Rom geschuldet: Die Messung der Uhrzeit erfolgte in Rom seit Menschengedenken – seit der Etablierung öffentlicher Sonnen- und Wasseruhren um 160 v. Chr. – ohne erkennbare Schwierigkeiten; hier gab es kein zeitgenössisch relevantes Problemfeld, auf das er hätte eingehen können oder müssen.

Damit ergibt sich eine scheinbar höchst widersprüchliche Bewertung der Vitruvschen *architectura:* In der fremdartig anmutenden Anknüpfung der Gnomonik an die Kosmologie und in ihrer Einbindung in die Architektur spiegelt sich die seit Platon geläufige Konzeption der Uhr als Abbild kosmischer Ordnung und Vorbild irdischer Institutionen. Indem sie ein durch Herkunft und technischen Anspruch bedeutendes Handwerk in die Architektur integriert, untermauert sie deren eigenen Anspruch, als Kunst anerkannt zu werden, die alle Hervorbringungen der menschlichen Kultur umfasst.

In ihrer Ausführung lässt sie dagegen deutlich erkennen, dass die verschiedenen Bereiche der gesellschaftlichen Zeitordnung von ganz unterschiedlicher Aktualität waren und aus der Sicht des Baumeisters allein der weniger ‚brisante', zugleich aber städtebaulich relevante Bau von Uhren von Interesse war. Damit spiegelt er die Bedeutung der römischen ‚Normaluhr' wieder, reagiert aber auch auf die Bedürfnisse seiner Zeit, in der private Uhren zunehmend Verbreitung fanden: Um die Mitte des Jahrhunderts hatte Varro eine Sonnenuhr in Praeneste bewundert, den Römern den kunstreichen Turm der Winde in Athen vorgestellt und sich selbst einen kunstvollen Zeitanzeiger, vermutlich eine hydraulische Wasseruhr bauen lassen.[296] Cicero stattete das Tusculanum mit einer Sonnenuhr aus,[297] und Vitruv selbst sah offenbar eine Sonnenuhr außerhalb des politischen Stadtzentrums in der Gegend des Circus Flaminius.[298] Inschriften bezeugen

296 Varr. rust. 3, 5, 17; siehe dazu oben Anm. 60.

297 Cic. fam. 16, 18, 3.

298 Vitr. 9, 8, 1. Der *Circus Flaminius* muss einen ganz anderen Platzcharakter besessen haben als etwa der *Circus Maximus.* Eine Umfassungsmauer ist nicht nachgewiesen; vielleicht darf man sich einen großen, offenen Platz vorstellen, der sich daher für Versammlungen, Triumphzüge, Märkte etc. anbot – diese Nutzungen sind belegt. Die Aufstellung einer Uhr scheint hier weder politisch noch juristisch oder kultisch begründbar zu sein. Wiseman vermutet eine Nutzung im Markt- und Bankgeschehen, für die ich allerdings in der Literatur keine weiteren

die Aufstellung öffentlicher Uhren außerhalb Roms.[299] Augustus und die nachfolgenden Kaiser legen eine stundengenaue Zeitdisziplin an den Tag;[300] aus dem ersten nachchristlichen Jahrhundert stammen auch die Hinweise auf die Verstärkung und Veröffentlichung der persönlichen Zeitdisziplin einzelner Römer durch einen bestellten Zeitausrufer.[301] Die Ausgrabungen von Pompeji und Herculaneum, die einen etwas späteren Moment der Geschichte einfangen, haben bislang über dreißig Uhren zutage gefördert, die dort mit unterschiedlichstem Anspruch an die Genauigkeit sowohl in öffentlichen als auch in privaten Räumen die Zeit angezeigt haben und sogar als Reiseuhren Verwendung fanden:[302] Ein Maß an Durchdringung der städtischen Lebenswelt und funktionaler Diversifikation waren erreicht, das sich in den folgenden Jahrhunderten nicht mehr entscheidend verändern sollte.

2. Die Ordnung von Tag und Nacht in klassischer Zeit

Plinius' Bericht über die Einführung der Uhren in Rom endet im Jahre 159 v. Chr.; damit scheint der Prozess für ihn – rund zwei Jahrhunderte vor seiner eigenen Zeit – abgeschlossen gewesen zu sein: Die technische Entwicklung

---

Hinweise finde. T. P. Wiseman, The Circus Flaminius, in: PBSR 42 (1974) 2–26, hier 4. A. Viscogliosi, Circus Flaminius, in: LTUR 1 (1993) 269–272 versucht keine Funktionszuweisung.

299 Eine bei den Stabianer Thermen in Pompeji gefundene Sonnenuhr wird auf das 2. oder 1. vorchristliche Jahrhundert datiert. Sie trägt eine Inschrift in oskischer Sprache, die den stiftenden Amtsträger und die Finanzierung durch Bußgelder verzeichnet. Gibbs, Sundials, Nr. 3071G; vgl. H.H. Janssen, Oscan and Umbrian inscriptions with a Latin translation, Leiden 1949, Nr. 5.

300 Sueton bemerkt, dass Augustus nicht nur den Tag, sondern auch die Stunde, zu der er einen Brief verfasst hatte, notierte (Suet. Aug. 50). Dazu passt, dass er auch in seiner Darstellung vom Erscheinen des *sidus Caesareum* (zitiert bei Plin. nat. 2, 94) und in einem Edikt des Jahres 12. v. Chr. (Suet. Aug. 44, 3) Stundenangaben benutzt zu haben scheint.

301 Mart. 8, 67, 1; Mart. 10, 48, 1–2; Iuv. 10, 213–16; Plin. epist. 3, 1, 8 u. a.

302 Die Anzahl muss sicher deutlich höher eingeschätzt werden, da die Menge der mehr oder minder erlaubt entfernten Uhren nicht zu unterschätzen ist. S. Gibbs, Sundials, 1019–1031, 2019, 3064–3074, 4004–4007, 5015, 7004; Ergänzungen bei Severino, Orologi (*ad indicem*); vgl. auch die Zusammenstellung bei Marquardt, Privatleben, 789 f. Eine genauere Datierung der Sonnenuhren erweist sich als außerordentlich schwierig; erste Versuche unternehmen Gibbs, Sundials; Schaldach, Sonnenuhren Griechenlands, Übersicht S. 219; s. auch Kubitschek, Zeitrechnung, 192. Zu den Reiseuhren, bes. zu dem sogenannten „Schinken von Portici", s. Schaldach, Römische Sonnenuhren, 40–47; Buchner, Reiseuhren.

ist abgeschlossen; alle Räume und Zeiten sind von der Zeitordnung durchdringbar. Das, was Plinius ausspart, ist der anschließende, v. a. quantitativ zu messende Prozess: die wachsende Durchdringung der komplexer werdenden Gesellschaft und der Literatur mit Zeitnormen, die sich u. a. im Aufkommen der numerischen Stundenordnung und in der Zuordnung spezifischer Verfahrensweisen der Tagesgliederung zu bestimmten literarischen Ausdrucksformen konkretisiert.

Dies beides steht im Zentrum der folgenden Überlegungen, die versuchen, Strukturen des Wortgebrauchs und der sich darin konkretisierenden Strukturen der Zeitordnung zu ermitteln. Jede Analyse der numerischen Stundenordnung wird allerdings dadurch erschwert, dass bereits seit ciceronischer Zeit *hora* in Zeitangaben wegfallen konnte, d. h. zunehmend schwer recherchierbare Angaben wie *tertia diei* auftreten, die den Rückgriff auf die Lexika erschweren und die direkte Durchsicht größerer Textcorpora erforderlich machen.

Die Belege lassen erkennen, dass in der späten Republik und in der frühen Kaiserzeit in Rom eine Vielzahl unterschiedlicher Formen und Praktiken, die Tages- und Nachtzeit anzugeben, nebeneinander existierten und einen je spezifischen Kontext besaßen: Der Tag des Bauern ist nicht der des Städters, die Nacht des Heeres ist nicht die der Liebenden – und all dies drückt sich auch in der Wahl der Zeitbestimmungen zur Darstellung des jeweiligen Kontextes aus. Auf methodischer Ebene machen diese Zeitbestimmungen deutlich, dass chronologisch distante Zeiterfahrungen bei jeder Interpretation nicht nur auf ihren faktischen Gehalt, sondern vor allem auch auf ihre Literarizität zu untersuchen sind und dass dies zu selten geschieht. Um nur zwei Beispiele herauszugreifen: Livius passt die Zeitangaben älterer Annalisten seiner Zeiterfahrung an und ‚übersetzt' sie in die Darstellungsweise seiner Epoche. Dagegen verharrt die Lektüre des Martialepigramms 4,8 als ‚Stundenplan Roms' auf der Textoberfläche und fragt zu wenig danach, für wen denn der Stundenplan in diesem höchst kunstvoll konstruierten Epigramm Geltung haben solle.

2.1. Die Gliederung des Lichttages nach dem Sonnenlauf

Die erste und offensichtlichste aller zeitlichen Ordnungen ist diejenige von Tag und Nacht. Als Lichttag im Gegensatz zur Nacht wird die Frist von Sonnenauf- bis Sonnenuntergang (*dies naturalis*) bezeichnet. Lichttag und Nacht gemeinsam können jedoch ebenfalls zum Tag (bürgerlicher oder Kalendertag, Volltag, *dies civilis, legitimus*) zusammengefasst werden, dessen Beginn kulturabhängig bei Sonnenaufgang (morgendliche Epoche), am Mittag, bei Sonnenuntergang (abendliche Epoche) oder, wie heute, in der Mitternacht liegen kann. Am geläufigsten war sowohl in Griechenland als auch in Rom die morgendliche Epoche; besonders in religiösen Zusammenhängen war auch die mitternächtliche von Bedeutung.[303] Antike Etymologien leiten *dies* von Δία und *deus* ab und erinnern damit an die Gottesnähe des hellen Tages.[304]

Die Phasen des Tages werden nach unterschiedlichen Kriterien voneinander unterschieden, deren drei wichtigste die Gliederung nach dem Sonnenlauf, die numerische Ordnung und die pragmatische Differenzierung sind, d. h. die Bestimmung der Stunde nach einer gewöhnlich zu dieser Frist stattfindenden Tätigkeit: „Die Sonne geht auf", „die erste Stunde des Tages beginnt" und „Zeit zum Aufstehen" können ein und denselben Moment des Tages bezeichnen. Dies gilt besonders in einer durch Temporalstunden geprägten Kultur, in der die Stundenzählung – anders als heute – an den Lichtrhythmus gebunden ist. Das gedankliche Gegenstück zu einem derart ‚geteilten Tag' bilden der (selten genannte) *dies solidus*, der volle, ununterbrochene Tag, und *hora solida*, eine ganze, volle Stunde.[305]

Wird der Tag nach den Lichtphasen gegliedert, so folgen auf die Ankündigung durch Dämmerung (*diluculum*) und Morgenstern (*lucifer*) der Sonnenaufgang (*ortus*) und das allmähliche ‚Hereinströmen' der Sonnenstrahlen aus dem Osten (*mane*).[306] Die zeitliche Folge scheint in der Literatur dabei weniger relevant als die Möglichkeit, unterschiedliche Aspekte des Übergangs vom Dunkel der Nacht zum hellen Tag benennen zu können. Die folgenden Zeitangaben (*meridies, ad meridiem, de meridie*) orientieren sich am Sonnenhöchststand und dokumentieren seine Dominanz im Tageslauf: Er halbiert den Tag. Der Nachmittag erscheint insgesamt weniger gegliedert; der Sonnenuntergang, das Sichtbarwerden des Abendsterns und die Abenddämmerung (*occasus, vespera, crepusculum*[307]) beenden ihn.

Diese vermutlich historisch älteste Schicht der Benennung gründet sich in der Sonnen- und Naturbeobachtung. In der römischen Literatur ist sie

---

303 Siehe etwa Plin. nat. 2, 188; Sen. epist. 12, 7; Cens. 23, 2–3.

304 Paul. Fest. p. 74: *Dies dictus, quod divini sit operis, sive ab Iove, eius, ut putabant, rectore, qui graece Δία appellatur; sive quod aer diurnus dehiscat in candorem.* Macr. 1, 15, 14: *ipsi quoque Romani Diespitrem appellant ut diei patrem.* Vgl. Maltby, Lexicon, S. 187 s.v. *dies.*

305 Hor. carm. 1, 20; Iuv. 11, 204–206; vgl. Sen. epist. 83, 3, Liv. 1, 19, 6; 4, 8, 7.

306 Varro ling. 6, 2, 4: *tum manat dies ab oriente*; Paul. Fest. 154: *manare solem antiqui dicebant cum solis orientis radii splendorem iacere coepissent, a quo et dictum putabant mane.* Andere Herleitungen bei Maltby, Lexicon, 363 ff.

überall verbreitet, prägt aber besonders die bukolische Dichtung und, mit Einschränkungen, die agrarische Fachliteratur,[308] bleibt also dem ‚ländlichen Milieu' besonders verbunden. Dort kennzeichnen Sonnenauf- und -untergang Arbeitsbeginn und Arbeitsende; der Sonnenhöchststand dient sowohl zur Fixierung eines zeitlichen Moments im Tag (schon/noch nicht/seit Mittag etc.) als auch der topischen Pausenmarkierung.

Die Beschreibungen von Sonnenaufgang und -untergang, Morgen- und Abendstern sind aber nicht nur mit bestimmten Szenen, sondern auch mit spezifischen Gattungen besonders verbunden. Diese Verknüpfung ist zeitweise als so eng empfunden worden, dass die Motive auch in der Parodie als Gattungsmarker eingesetzt werden konnten; exemplarisch genannt sei hier die Parodie der epischen Zeitperiphrase in der Apokolokyntosis.[309] So, wie die „rosenfingrige Morgenröte" den Buchbeginn innerhalb des Epos und den Aufbruch zu neuen Tagen charakterisiert, bildet das Erscheinen des Abendsterns spätestens seit Vergil ein wichtiges Schlussmotiv bukolischer Dichtung.[310] Im Drama bildete der Lichttag für lange Zeit das kaum hinterfragte implizite Zeitmaß der Dichtung.[311]

2.2. Numerische und pragmatische Stundenordnung

Eine Unterteilung des Tages, später auch der Nacht in je 12 Temporalstunden war in Rom nach Einführung der Sonnenuhr (für den Tag, ab ca. 260 v. Chr.) bzw. der Wasseruhr (für die Nacht, ab ca. 160 v. Chr.) möglich;[312] in

307 Varro sieht im *crepusculum* die Unsicherheit angezeigt, die den Übergang zwischen Tag und Nacht begleitet: *crepusculum significat dubium* [...] *quod crepusculum dies etiam nunc sit an iam nox multis dubium* (Varro ling. 6, 2, 5). Die meisten Autoren folgen dieser auf *creper* zurückdeutenden Etymologie, setzen den Begriff allerdings gelegentlich auch für das morgendliche Zwielicht ein.

308 Grundsätzlich ist festzuhalten, dass in der agrarischen Literatur Zeiteinheiten unterhalb der Monatsebene kaum eine Rolle spielen (vgl. dazu auch die Ausführungen bei Colum. 11, 2, 2–4). Tage und Stunden scheinen für bäuerliche Arbeitsabläufe weitgehend bedeutungslos zu sein. Varro bemerkt, dass es zwei Arten der Zeit gebe, Jahr und Monat (Varro rust. 1, 27, 1); die Tages- oder gar Stundengliederung, deren er sich andernorts durchaus bewusst ist (s. etwa rust.), kommt ihm hier nicht in den Sinn. Dazu passt, dass Stunden bei Cato nie, bei Varro sehr selten erwähnt werden; die kleinste von Varro in *De re rustica* benutzte Zeiteinheit teilt den Tag in drei Momente (*mane-meridie-vespere*).

309 Sen. apocol. 2, 1–4.

310 Zahlreiche Beispiele bei Brauneiser, Tagzeiten; Bardon, Aurore.

311 Schwindt, Tagesspanne.

Griechenland hatte die Entwicklung rund 100–150 Jahre vorher eingesetzt. Ein bekanntes Zeugnis dieses Prozesses ist die allmähliche semantische Einengung des griechisch-lateinischen ὥρα/*hora* seit dem vierten vorchristlichen Jahrhundert von „Jahreszeit" und „Moment" auf die „Stunde".[313] In der hier untersuchten Epoche lässt sich die Ausweitung der Stundenordnung auf alle Bereiche des Lebens besonders an der Verknüpfung von *hora* mit den Numeralia ablesen, die – wie schon Censorinus bemerkt hat[314] – im Zwölftafelgesetz noch vollkommen fehlt, sich in der annalistischen Literatur allmählich ausbreitet und sukzessive mit bestimmten, sozial definierten Inhalten verknüpft wird.

Dass die verschiedenen Verfahren der Tagesgliederung nicht als chronologische Folge, sondern als ein Nebeneinander deutlich unterschiedener Modi der Zeitdarstellung zu werten sind, zeigt eine frühe, bereits im Zwölftafelgesetz erwähnte Zeitangabe. Als einzige der dort erwähnten Angaben ist sie nicht solar, sondern sozial bestimmt: *Suprema*, die letzte Stunde des Spätnachmittags oder frühen Abends, zu der noch zu Gericht gesessen werden kann.[315] Die pragmatische Differenzierung von solarer und sozialer Zeitordnung ist also seit den frühesten Quellen zur römischen Stundenrechnung belegt.[316]

Ein viel diskutiertes Problem liegt in der ungewissen Bestimmung der Stundengrenzen. Bilfinger hat in seiner grundlegenden Studie dafür plädiert, die meisten Stundenangaben als abgelaufene Stunden (d.h. so wie unsere Angaben der Stunden oder Lebensjahre) zu verstehen. Dagegen haben Beispiele wie das unten erwähnte Epigramm Martials heftigen Widerspruch herausgefordert, da die Stundenangaben dort eher Zeitspannen als den exakten Endpunkt einer Stunde zu bezeichnen scheinen. Ich halte Bilfingers Überlegungen grundsätzlich für zutreffend, das Epigramm Martials allerdings für ungeeignet als Argument in einer Diskussion, die sich an modernen

---

312 Cens. 23, 6. Eine Temporalstunde des Lichttages entspricht 1/12 des Tagesbogens der Sonne, d.h. ihre Länge schwankt im Jahresverlauf zwischen 45 und 75 Minuten unserer Rechnung. – Belege für den Gebrauch von Äquinoktialstunden (*horae aequales, aequinoctiales*) finden sich gelegentlich bei den Fachschriftstellern und in der Lehrdichtung, z.B. Manil. 3, 306; Plin. nat. 2, 77, 186; Colum. 11, 2, 91.

313 Zur lateinischen Begriffsentwicklung s. Gundel, Hora.

314 Cens. 23, 8.

315 Die Begriffe sind zusammengestellt bei Varro, ling. 6, 2, 3–7; aufgegriffen u.a. bei Cens. 24. Zur Diskussion um die zeitliche Fixierung dieser Stunde s. Varro und Censorinus a.a.O. und oben S. 74ff.

316 Eine ältere Parallele dazu bietet die griechische Tagesgliederung nach den Mahlzeiten; dazu Sontheimer, Tageszeiten, 2018f.

Zeitvorstellungen orientiert. Denn bei Martial ist sowohl die verständnislenkende und -korrigierende Funktion der Präpositionen als auch die verhältnismäßig große Elastizität römischen ‚Zeitempfindens' zu berücksichtigen: Unsere Frage, ob mit *hora sexta* die Zeit zwischen 11 und 12 Uhr mittags, genau 12 Uhr mittags oder gar auch noch einige Zeit danach gemeint sein kann, legt einen Maßstab anachronistischer Pünktlichkeit an die antiken Texte an, dem diese weder gehorchen wollen noch können. Angaben unterhalb der Stunde finden sich in klassischer Zeit, wo mit der Wasseruhr (*clepsydra*) auch ein Maß für kurze Zeitspannen von ca. 15–20 Minuten vorlag, wenn überhaupt, dann nur im Bereich der Rhetorik, oder, selten, in astronomischen und medizinischen Zusammenhängen. In allen anderen Lebensbereichen scheinen derart kurze Fristen unterhalb einer Stunde keine Bedeutung gehabt zu haben und sollten daher nicht als Maßstab für das Textverständnis herangezogen werden.[317]

Eine Stichprobe bei Cicero und Livius legt die Annahme nahe, dass unter der scheinbar gleichförmigen Struktur der gezählten Stunden durchaus Substrukturen existierten (ohne dass damit gesagt werden könnte, ob diese auf der literarischen Ebene oder in der Alltagsorganisation verankert sind). So werden die erste und die letzten Tagesstunden (10–12) fast nie erwähnt; in diesen Phasen dominieren Bezeichnungen der Dämmerungsphänome bzw. des Sonnenauf- und -untergangs. Sowohl im zivilen als auch im militärischen Bereich herrschen im Tageslauf die Stundenangaben des Vormittags vor (Livius bietet für den Vormittag mehr als doppelt so viele Angaben wie für den Nachmittag);[318] auch die später kanonische Vierteilung des Lichttages durch Terz, Sext und Non ist bereits in vorchristlicher Zeit deutlich ausgeprägt und spiegelt offenbar die über lange Zeit dominante Vierteilung der Nacht wider.[319]

Betrachtet man exemplarisch die Verteilung der Stundenangaben auf die einzelnen Bücher des livianischen Geschichtswerks, so wird der Einfluss einer öffentlichen Zeitmessung und des daraus resultierenden Zeitbewußtseins auf die Gestaltung historischer Quellen offensichtlich: In den

---

317 Vgl. etwa Plin. epist. 2, 11, 14: *dixi horis paene quinque; nam duodecim clepsydris, quas spatiosissimas acceperam, sunt additae quattuor*; ins Komische gezogen bei Mart. 6, 35.

318 Keine Belege für *hora prima* und *quinta* sowie nach der *nona; secunda:* Liv. 22, 60, 24; 35, 5, 1; 41, 26, 5; 45, 2, 3; *tertia:* 8, 38, 10; 23, 44, 6; 27, 2, 7; 35, 1, 5; 36, 23, 10; 38, 36, 4; 44, 37, 13; *quarta:* 8, 38, 10; 23, 44, 6; 27, 2, 7; 35, 1, 5; 36, 23, 10; 38, 36, 4; 44, 37, 13; *sexta:* 40, 50, 2; *septima:* 28, 15, 3; *octava:* 8, 38, 10; 10, 34, 2; 45, 36, 2; *nona:* 44, 40, 7; 21, 59, 5.

frühen Pentaden, d.h. in denjenigen Büchern, die von den noch uhrlosen Jahrhunderten handeln, finden sich maximal vier numerische Zeitangaben, deren Genese noch genauer zu betrachten ist. In der letzten erhaltenen Pentade hingegen (=Buch 41–45), die bereits in die Zeit der öffentlichen Uhren in Rom hineinreicht, verdoppelt sich die Anzahl der numerischen Stundenangaben. Wie ist dies zu erklären?

In der Zeit, von der die frühen Bücher handeln, konnten in Rom – nach unserem Wissen – weder Stunden gemessen werden noch wurde dies angestrebt. Da die Stundenangaben an den entsprechenden Stellen jedoch mit Kardinalzahlen verknüpft werden, bezeichnen sie mit Sicherheit Temporalstunden römischer Konvention. Man muss sie also als historische Rekonstruktionen durch Livius oder seine Quellen beurteilen, deren Funktion darin liegt, die Geschwindigkeit und Dauer einer uhrlosen Gesellschaft vermittels einer anachronistischen Exaktheit vorstellbar zu machen.[320] Einige Beispiele können dies verdeutlichen: Durch eine numerische Stundenangabe hebt Livius die Schnelligkeit der römischen Mobilmachung hervor und verleiht bei Kampfbeschreibungen der Zeit ‚um den Mittag herum' eine für seine Zeitgenossen nachvollziehbare Ausdehnung.[321] In Schlachtschilderungen verstärken Stundenangaben die Dramatik und erzeugen den Eindruck authentischer Darstellung. Da der Tag jeweils vom Sonnenaufgang her gedacht wird, bezeichnet die zweite Stunde zudem oft ein schnell oder gar zu schnell eingetretenes Ereignis, die achte oder neunte Stunde ein (zu) spät eingetretenes Ereignis bzw. die Unmöglichkeit, jetzt noch etwas zu beginnen.[322]

---

319 Siehe dazu auch Anm. 228; Gundel, Hora, 2960; Kubitschek, Zeitrechnung, 187 f. Eine entsprechende Vierteilung zeigen auch manche Sonnenuhren: dazu Schaldach, Römische Sonnenuhren, 25 f.

320 Eigenartigerweise scheint kaum einer der Livius-Kommentatoren sich gefragt zu haben, wie Livius zu numerischen Stundenangaben für Ereignisse gelangte, die vor der Einführung der Uhr in Rom stattgefunden hatten. Lediglich in der 6. Auflage des Kommentars von Weissenborn/ Müller (1924) habe ich an einer Stelle (ad 3, 69, 8) die Notiz „*quarta diei hora:* nach der Bezeichnung der späteren Zeit" gefunden; jüngere Kommentatoren haben die Anregung nicht weiter verfolgt. Im Zusammenhang mit der Schlachtschilderung aus dem Samnitenkrieg in 8, 38, in deren Zusammenhang auch die zweite frühe Stundenangabe fällt, bemerkt Forsythe: „Very little if any at all, of 8, 38–39 can be accepted as historical." Diese Einschätzung darf auf die Stundenangabe, die Forsythe nicht berücksichtigt hat, ausgedehnt werden. Gary Forsythe, Livy and Early Rome. A study in historical method and judgement, Stuttgart 1999 (= Historia Einzelschriften 132) 68–70.

321 Vgl. Liv. 3, 69, 8 und Liv. 8, 38, 10; 10, 34, 2.

Wollte man annehmen, dass eine instrumentelle Zeitmessung schon zum Zeitpunkt der Ereignisse selbst diese Angaben gestützt habe, so würde dies implizieren, dass Zeitmeßinstrumente auf Kriegszügen früher als in der Stadt Rom selbst verwendet worden seien und dass das Bedürfnis nach einer kleinteiligen Zeitmessung dort bereits deutlich früher bestanden habe, als es in der Hauptstadt sichtbar geworden sei, dies aber weder in der Literatur noch in der Kunst Spuren hinterlassen habe. Eine derartige Annahme wird durch nichts unterstützt. Zudem hat die Geschichte der Uhren in Rom gezeigt, dass Uhren anfänglich eher als Repräsentations- denn als Meßinstrumente rezipiert wurden. Ich halte es daher für falsch, die Epoche der Uhrennutzung aufgrund derartiger Belege aus der Historiographie vorzudatieren. Erst mit der Rückkehr von Aemilius Paullus nach Rom und im Zusammenhang mit seinem schwer errungenen Triumph am Ende des Jahres 167 v. Chr. treten bei Livius Zeitangaben auf, die Uhrzeiten für innerstädtische Ereignisse festhalten und bei denen man begründet annehmen darf, dass die Stundenangaben tatsächlich aus zeitgenössischen annalistischen Quellen stammen und an städtischen Uhren abgelesen wurden.[323]

Ein Blick auf Ciceros Briefe und Reden zeigt deutliche Gemeinsamkeiten zwischen den in Zeit und Gattung so verschiedenen Texten. Cicero verwendet Uhrzeitangaben mit großer Selbstverständlichkeit; häufig treten sie als beiläufige, Normalität verkündende Zusatzinformation auf.[324] Daneben nutzt er sie, um Ereignisse eines Tages differenziert darzustellen; in besonders dramatischen Schilderungen – den Auseinandersetzungen zwischen Milo und Clodius, der Ermordung des Marcellus – häufen sich Stundenangaben, und es treten sogar numerisch gezählte Nachtstunden hinzu.[325] Wie bei Livius werden Authentizitätsanspruch und Dramatik der Darstellung durch die exakte Zeitangabe gesteigert; anders als bei livianischen Quellen darf man jedoch davon ausgehen, dass Cicero tatsächlich über die Möglichkeiten verfügte, Tages- und Nachtuhrzeiten an seinen jeweiligen Aufenthaltsorten zu ermitteln – was etwas über seine historischen Möglichkeiten, aber natürlich nichts über die Zuverlässigkeit der Zeitangaben aussagt.

322 Vgl. Liv. 22, 60, 24; 41, 26, 5 und Liv. 21, 59, 5.

323 Liv. 45, 2, 3; 45, 36, 2; 45, 37, 6.

324 Zum Beispiel Cic. Att. 2, 10 (Abreise); Att. 2, 12, 4 (Lektürezeitpunkt); Att. 7, 16, 2 (schnelle Antwort).

325 Stundendatierung der Ereignisse um Milo: Cic. Att. 4, 2, 4; Att. 4, 3, 2; Att, 4, 3, 4; vgl. Mil. 29 und Mil. 48. Todesnachrichten zur Nachtzeit: Cic. fam. 4, 12, vgl. Rosc. 19, Cluent. 27. Siehe dazu auch Rhet. Her. 2, 4, 7, wo bei den Fragen nach

Diese Skizze fügt sich zur Verwendungsgeschichte der Uhr in Rom und ergänzt sie um die Feststellung, dass die Angabe der Uhrzeit spätestens in ciceronischer Zeit nicht nur chronologische, sondern auch spezifisch literarische Funktionen übernommen hatte. Dies impliziert die Notwendigkeit, alle Uhrzeitangaben, besonders aber die anachronistischen, d. h. solche, die in Bezug auf Ereignisse gemacht werden, die vor das zweite vorchristliche Jahrhundert zurückreichen, genau zu prüfen, bevor man sie ‚wörtlich' nimmt. Im Gegenzug verweist es auf die bislang in der Forschung unbeachtete Notwendigkeit, die Stundenangaben bei antiken Texten in die literarische Interpretation miteinzubeziehen. Inwieweit die Verknüpfung bestimmter Zeiträume mit bestimmten Tätigkeiten als überzeitliche Norm und damit als ‚Subtext' jeder literarischen Zeitangabe zu beurteilen ist, ist bislang noch nicht systematisch untersucht worden. Weit häufiger findet sich die entgegengesetzte Tendenz, Stundenangaben als vollständig kontextunabhängige ‚reine' Zeitsignale zu behandeln. Ein Beispiel kann die Problematik dieses Vorgehens deutlich machen.

2.2.1. Zur Interpretation von Martials ‚Stundengedicht' 4, 8

In den Darstellungen römischer Sitten- oder Alltagsgeschichte wird oft Martials Epigramm 4,8 herangezogen, dessen explizite Begrifflichkeit zu zeigen scheint, was im römischen Alltag zu einer bestimmten Stunde geschah, der numerischen also eine pragmatische, durch die Tradition gefestigte Stundenordnung an die Seite stellt. Aus ihm werden daher vor allem realienkundliche Aussagen gewonnen, Signale der Literarizität des Textes werden dagegen wenig beachtet.[326] Diese Tendenz zur Reduktion, die noch im jüngsten Kommentar wahrzunehmen ist, beeinträchtigt das Verständnis des Epigramms erheblich. Eine genaue Lektüre kann die Defizite dieser Lesart aufdecken. Der Text lautet:[327]

Prima salutantes atque altera continet[328] hora,
exercet raucos tertia causidicos,
in quintam varios extendit Roma labores,
sexta quies lassis, septima finis erit,

---

der zeitlichen Ordnung des in der Rede dargestellten Geschehens alle Ebenen bis hin zur Nacht(!)stunde genannt werden.

326 Das Handbuch von Marquardt, Privatleben, geht von diesem Epigramm aus; die nachfolgende Forschung hat seine Ergebnisse m.W. bislang nicht revidiert. Ausführliche Kommentare zu Mart. 4, 8 bieten Ugo Enrico Paoli (Hrsg.), Marziale, Epigrammi scelti, Florenz ^{2}1934; Moreno Soldevila, Martial, 138–148; s. auch Bilfinger, Stundenangaben, 17 ff.; Friedländer, Martial ad loc.

sufficit in nonam nitidis octava palaestris,
imperat extructos frangere nona toros:[329]
hora libellorum decuma est, Eupheme, meorum,
temperat ambrosias cum tua cura dapes
et bonus aetherio laxatur nectare Caesar
ingentique tenet pocula parca manu,[330]
tunc admitte iocos: gressu timet ire[331] licenti
ad matutinum nostra Thalia Iovem.

(„Die erste und zweite Stunde des Tages schließen die grüßenden Klienten in sich. Die dritte übt die dröhnenden Stimmen der Anwälte. Bis zur fünften geht Rom verschiedenen Tätigkeiten nach. Die sechste bietet den Erschöpften Ruhe; die siebte wird diese [Ruhe] beenden. Die achte dient dem schweißglänzenden Sport, bis zur neunten; die neunte fordert dazu auf, die [im Triclinium] aufgebauten Liegen zu benutzen. Die Stunde meiner Büchlein ist die zehnte, Euphemos, wenn deine Fürsorge göttliche Speisen reicht, der gute Kaiser sich bei himmlischem Nektar entspannt und einen bescheiden bemessenen Becher in der machtvollen Hand hält. Dann lass' die scherzhafte Dichtung zu ihm kommen: denn mit ihrem lockeren Schritt zum morgendlichen Jupiter zu gehen, fürchtet meine Thalia sich.")

327 Mart. 4, 8; entstanden vor 88/89 n. Chr. Der Text folgt Shackleton Bailey (1990). Zum sozialen Ort des Epigramms s. Sullivan, Classic, bes. 33 ff.; Leberl, Domitian, 124–125; Nauta, Poetry, passim.

328 Ebenfalls gut belegt ist die Lesart *conterit.* Ich halte *continet* aus inhaltlichen Gründen für richtig, da es – ebenso wie die Personifizierung und Subjektsetzung von *hora* – die eindeutige Festlegung auf ein personales Subjekt vermeidet. – Die Gegenposition vertritt Moreno Soldevila, Martial, 139.

329 *Frangere toros* findet sich in der klassischen lateinischen Literatur nur bei Martial 2, 59, 3 und hier. Die Deutungen des Ausdrucks variieren stark. Der ThlL bietet *accumbere* als Entsprechung an, das offenbar Helms deutscher Übersetzung zugrunde liegt („sich ausstrecken", 1957). Andere haben versucht, auch die Heftigkeit, die im *frangere* zum Ausdruck kommt, zu fassen, indem sie die Bewegung des Subjekts miteinbeziehen (etwa: ‚sich auf die Liege werfen', ‚die Kissen zerwühlen', ‚die Liege zum Zusammenbruch bringen'; so die Übersetzungen von Paley/ Stone, 1898; Bridge/Lake, 1908; Izaac 1930; Williams 2004). Einen anderen Weg schlug Paoli (wie Anm. 326) ein, der *extruere* und *frangere* auf Aufbewahrung und Aufbau der Liegen vor dem Convivium beziehen wollte. Letztlich werden alle diese Versuche unausgesprochen dadurch geprägt, welches logische Subjekt ergänzt wird – ein normaler Römer kann sich auf eine Liege ‚schmeißen' oder sie ‚zusammenbrechen lassen', der Kaiser kaum.

330 Die Annäherung Domitians an Jupiter geht hier bis ins Detail der Ernährung: auch Domitian trinkt Ambrosia; vgl. Mart. 13, 91; ausführlicher dazu Sullivan, Classic, 141 ff.

331 Zur überlieferten Lesart *gressu metire*, die alle Herausgeber einhellig verwerfen, s. Moreno Soldevila, Martial, 147.

Das Epigramm ist in zwei gleichlange, inhaltlich jedoch unterschiedlich gefüllte Hälften gegliedert, deren erste (v. 1–6) die geraffte Beschreibung eines Tagesablaufs bringt, während die zweite (v. 7–12) einen langen Moment bei der zehnten Stunde und der mit ihr verbundenen Geselligkeit innehält, um dann mit einer Dedikation zu schließen.[332] Dieses letzte Distichon stellt *nostra Thalia* und *matutinum Iovem* einander gegenüber, wobei *nostra Thalia* die bereits in Vers 6 (*libelli*) und 11 (*ioci*) eingeführten Epigramme Martials personifiziert. Mit der Gestalt eines ‚leichten Mädchens', das weder *cliens* noch *matrona*[333] ist und daher nicht in die Morgengesellschaft gehört, sondern beim Abendessen unterhalten möchte, schließt sich der Kreis, der mit dem Bild der *salutatio* begonnen hatte.

Mir scheint zu wenig Aufmerksamkeit auf Martials Erzähltechnik verwendet worden zu sein. Die vorherrschende Lesart sieht die *persona* des Autors als diejenige an, die diesen Tagesablauf exemplarisch durchlebt bzw. sein Erleben imaginiert, und sieht im Epigramm „*die* Tageseintheilung" der Römer,[334] referiert und beklagt durch den Dichter, dem dieses enge Korsett keinen Platz für das dichterische *otium* läßt.[335] In der zweiten Hälfte des Gedichts gibt der Erzähler sich dann als identisch mit dem Autor zu erkennen, der sich durch die Vermittlung des Tafelvorstehers Euphemos darum bemüht, sein Werk dem Kaiser nahe zu bringen. Die Antagonisten ‚Alltagsleben' und ‚Herrschermahl' werden in dieser Sicht durch die Bitte dessen, der den Alltag der ersten Gedichthälfte durchlebt hat, miteinander verknüpft; Erzähler und handelnde Figur sind von Anfang bis Ende identisch.

---

332 Domitian ist Widmungsempfänger; Adressat und zugleich Vermittler der Dedikation ist Euphemos, der vermutlich als Domitians Tafelvorsteher (*tricliniarches, architriclinus*) das abendliche Mahl leitete. Moreno Soldevila, Martial, 139, hört aus dem sprechenden Namen die Möglichkeit heraus, dass Euphemos als Vorleser die Epigramme Martials hätte vortragen können.

333 *Gressu licenti* variiert den Topos vom leichten, doch festen Schritt der römischen Matrone und wendet ihn auf die Muse und ihre Dichtung gleichermaßen an; vgl. etwa Ov. ars 3, 299ff., auch schon CIL VI 15346. Die Verknüpfung bestimmter weiblicher Rollenmodelle mit den Musen deuten deren Attribute auch sonst gelegentlich an; vgl. etwa die *Musa rustica* Vergils (ecl. 3, 84), die *Musa severa* bei Horaz (carm. 2, 1, 9) und die *Musa lasciva* Ovids, die der convivialen Muse Martials am nächsten steht. Zur ‚Weiblichkeit' der Musen s. auch Moreno Soldevila, Martial, 149.

334 Marquardt, Privatleben, 261, von dort übernommen etwa in den Lehrwerken und Stadtführern von Heinrich Krefeld, Christoff Neumeister u. a., aber auch bei Moreno Soldevila, Martial, 138: „the Roman daily routine".

335 So Moreno Soldevila, Martial, 138.

Schon vor fast einem Jahrhundert hat Gustav Friedrich mit m.E. überzeugenden Argumenten dargelegt, dass die abschließende Dedikation einen genaueren Blick auf den Erzähler und die Erzählperspektive geradezu einfordert.[336] Ein deutlicher Hinweis darauf, dass Martial die personalen Instanzen der Erzählung in Frage stellt und mit den Erwartungen des Lesers spielt, zeigt sich darin, dass der Dichter in der ersten Gedichthälfte explizit die Nennung eines Erzählers oder eines personalen Handlungsträgers vermeidet, der den beschriebenen Alltag durchlebt. Zu diesem Zweck hat er *Roma* und – in singulärer Weise – *hora* personifiziert und zugleich bei *imperat* (v. 6) auf das zu erwartende Objekt verzichtet. Stadt und Zeit sind die Agenten, die den Rahmen vorgeben, in dem die Menschen handeln. Eine vergleichbare Sichtweise, die Zeit und Raum derart materiell auffasst und sie gar zu Handelnden werden lässt, findet sich sonst nicht, weder bei Martial noch in seinem Umfeld, wohl aber ganz zu Beginn der römischen Literatur, bei Plautus, wo es darum geht, Kritik an einer Struktur zu fomulieren, die nicht als willkommene Ordnung, sondern als Zwang wahrgenommen wird.[337]

Die Hinwendung zum Kaiser in der zweiten Epigrammhälfte bei gleichzeitiger Fortführung des Stundenrasters füllt die in den ersten Versen kunstvoll offengehaltene Leerstelle des Subjekts. Neben der *hora*, die noch den Platz des grammatikalischen Subjekts für sich behauptet,[338] wird der Kaiser zum logischen Subjekt. Das ebenso vielfältige wie wohlgeordnete Leben der Stadt Rom, die im Epigramm wie aus der Vogelperspektive beobachtet erscheint, konzentriert sich im Moment der Gegenwart des Kaisers, dem der kunstgewordene Alltag seiner Stadt überreicht wird. Die Auswahl der erwähnten Motive ist dabei so treffend wie topisch: Die Gewährleistung von innerem Frieden und geregelter Rechtsprechung gehört ebenso wie die Zuwendung zur Literatur und maßvoller Geselligkeit zu den klassischen Topoi des Herrscherlobs, die auch im Zusammenhang mit Domitian vorgebracht werden.[339] Das aber, was sie alle zusammenhält, ist das Stundenraster, dessen Gewährleistung in dieser Zeit zu den Herrscherqualitäten

336 Friedrich, Epigramme, 257–264. Ein weiteres Thema seiner Überlegungen ist (in Auseinandersetzung mit Bilfinger) die Schwierigkeit, Zeitraum und Zeitpunkt, Stundenanfang und Stundenende zu unterscheiden. – Zur Differenzierung der Sprecher und Adressaten s. Nauta, Poetry, 39–58 („'You' and ‚I' in Martial").

337 Siehe dazu ausführlich S. 124ff.

338 In ihrer ständigen Wiederholung ist es die *hora*, die die vielgliedrige erste Hälfte bis über die Gelenkstelle hinaus zusammenhält. Hora ist nicht nur fast durchgehend Subjekt, sondern auch jeder einzelne Vers trägt eine oder zwei ihrer Ordinalia, die kunstvoll die Positionen innerhalb des Metrums durchspielen.

gezählt zu werden beginnt.[340] Damit wird zugleich die Art der Normensetzung neu bestimmt: Nicht die römische Tradition ist es, die das Handeln im zeitlichen Rahmen bestimmt, sondern der Kaiser und die von ihm vertretene Zeitordnung sind es, die der Stadt ihren Rahmen geben. Diese Lesart stellt die Prämisse, dass eine bestimmte Handlungsfolge im Tagesablauf eines Stadtrömers festgelegt und mit spezifischen Stundenangaben assoziiert werden kann, nicht grundsätzlich in Frage: *salutatio, forum* oder *studium, prandium, meridiatio, balneum, cena* oder *convivium, somnus* bilden eine Folge, die neben Martial etwa auch Plinius d.J. und Iuvenal selbstverständlich verwenden.[341] Doch Martials Epigramm erinnert daran, dass diese Normierungen nicht nur historisch gewachsen, sondern auch zunehmend durch den Kaiser und die von ihm kontrollierte und instrumentalisierte Zeitordnung bestimmt wurden. Spätestens seit Caesar ist ein derartiges normensetzendes Verhalten in Bezug auf die Zeitordnung nachweisbar,[342] das die römischen Traditionen aufnahm und umgestaltete. Caesars Handeln war am Ausgleich und an der Stabilisierung der Zeitordnung orientiert; Augustus personalisierte die Vorstellung von Stabilität und Dauer im

339 Die gewissenhafte engagierte Rechtsprechung als Topos des Kaiserlobs erwähnt Sueton bei Domitian (cap. 8), Augustus (cap. 33) und Claudius (cap. 14). – Vielleicht ist auch die frühe Terminierung der *cena* konkret auf Domitian gemünzt, von dem Sueton (Dom. 21) sagt, dass er früh und mäßig und ohne anschließendes Trinkgelage zu Abend gegessen habe; seine *cena* sei stets vor Sonnenuntergang beendet gewesen. Zu Plinius d.J. schickt Martial seine Muse erst drei Stunden später, bei Einbruch der Dunkelheit: Mart. 10, 20, 18–21 (an Plinius): *Seras tutior ibis ad lucernas:/ Haec hora est tua, cum furit Lyaeus,/ Cum regnat rosa, cum madent capilli:/ Tunc me vel rigidi legant Catones.*

340 Die Dominanz, die das Epigramm durch die rhythmische Häufung der *hora* den einzelnen Stunden einräumt, erinnert an die spätestens seit Augustus topische, hoch entwickelte Zeitdisziplin des kaiserlichen Tages. Zur augusteischen Zeitdisziplin s. Suet. Aug. 50; zu Domitian, der sich, so Sueton, aus Aberglauben die einzelnen Stunden melden ließ und sein Handeln genau danach richtete, s. Suet. Dom. 14, 1 ff.

341 Vgl. etwa. Mart. 1, 108 (Gegenüberstellung von *salutatio* und *cena*) Mart. 3, 36; 10, 48 (Badezeiten); 7, 51 (ein viel beschäftigter Jurist hat vor der 10. Stunde keine Zeit); Plin. epist. 6, 20, 2. Vergleichbar detailliert ist Plinius' Darstellung vom Arbeitstag seines Ziehvaters (epist. 3, 5) und von seinem eigenen sommerlichen Alltag auf dem Landgut (epist. 9, 36: *quemadmodum in Tuscis diem aestate disponam*). Plinius nennt nur die erste, vierte und fünfte Stunde explizit; seine Bemerkung, er habe auf dem Lande eben keinen fixen Zeitablauf (epist. 9, 36, 2: *neque enim certum dimensumque tempus*) lässt im Gegenzug darauf schließen, dass er ihn in der Stadt sehr wohl hatte; wie sein städtischer Tag gewichtet war, sagt er nicht. Zu Iuv. 1, 95–134 s. Robert E. Colton, A client's day: Echoes of Martial in Juvenal's First Satire, CB 52 (1975–1976) 35–38.

Rahmen seiner Zeitpolitik.[343] Domitians Handeln erscheint in Martials Darstellung als eine noch weitergehende Annäherung von Zeitordnung, Staat und Herrschaft, die in überpersonaler Weise miteinander verschmelzen.

Normative Verbindungen der numerisch benannten Stunde mit bestimmten Handlungen konnten nur dort Relevanz entwickeln, wo es eine gewisse Anzahl von Uhren gab, die den Stundenrhythmus fixierten, d.h. in der Stadt Rom, in der frühen Kaiserzeit auch in Provinzstädten und Sommerfrischen wie Pompeji. Sie dienten dem reibungsarmen Ablauf des sozialen Miteinander; die Gruppengröße, die Anzahl der zeitlichen Fixpunkte, aber auch die tatsächliche Relevanz der Treffen hatten Rückwirkungen auf die größere oder geringere Normativität von Zeitangaben und der mit ihnen verknüpften Handlungen. Die Konzentration der Belege bei stadtrömisch gebundenen Autoren des ersten nachchristlichen Jahrhunderts lässt in dieser Epoche einen Höhepunkt der Normierung vermuten; hier wäre eine weiter ausgreifende Analyse nötig.

Martials Epigramm 4, 8 ist singulär in seiner Konzentration auf die *hora* und das Netz, das sie über das Leben aller legt. Sucht man Vergleiche in den Alltagsdarstellungen bei Horaz oder Ovid, so finden sich dort gewöhnlich die Lichtphasen des Tages angegeben; numerisch wird allein die *hora prima* erwähnt, die zu überschlafen eine Freude ist (was das Versäumen oder die mangelnde Notwendigkeit einer *salutatio* impliziert). In seiner umfangreichen Studie zur literarischen Darstellung der Morgen- und Abenddämmerung hat Bardon vermutlich aufgrund solcher und ähnlicher Beobachtungen geschlossen, die Römer hätten die (numerische) Angabe der Stunde grundsätzlich für „indigne de la poésie" gehalten.[344]

Sicher trifft es zu, dass sich die numerischen Stundenangaben zuerst und vor allem in der Prosa finden und dass ihr Auftreten in der Dichtung vor Martial auf Einzelfälle beschränkt bleibt. Es liegt im städtischen und ‚modernen' Charakter der numerischen Zeitangabe, dass sie eher im Epigramm als in der Bukolik oder im Epos ihren Platz gefunden hat. Doch Ausnahmen wie Verg. georg. 3, 327, wo sich eine numerische Stundenangabe in eine bukolische Morgenszene ‚eingeschlichen' hat, mahnen ebenso wie das diskutierte Epigramm Martials zur Aufmerksamkeit bei der Interpretation von Tageszeitangaben.

342 Siehe dazu ausführlich S. 208ff.

343 Siehe dazu ausführlich S. 237ff.

344 Bardon, Aurore, 83.

2.3. Das Gegenbild des Tages: die Nacht

Die Nacht wurde, wie Plinius bemerkt, von den Uhren zuletzt erobert. Doch auch danach galt sie noch lange als zeitarmer, wenig strukturierter Raum. Zugleich bot sie um so mehr Platz für alles, was den lichten Tag floh oder in ihm keinen Platz fand, was verboten war oder geheim bleiben sollte.

Der Forschungsstand zur Nacht ist uneinheitlich. Für das Mittelalter und die Frühe Neuzeit gibt es umfangreichere kulturwissenschaftliche Arbeiten;[345] hinzu kommen diachrone Studien aus der Religions- oder Kunstgeschichte.[346] Erste Ansätze zu einer Alltagsgeschichte der Nacht in Rom bietet die Einführung von Karl-Wilhelm Weeber.[347] Hingegen fehlen Studien, die den Topoi nächtlichen Geschehens oder der Nachtmetaphorik in der lateinischen Literatur gewidmet wären; meist bleibt sie ein schattenhafter Gegenentwurf zur (griechischen) Lichtmetapher, der für sich allein kaum Aufmerksamkeit zu gewinnen vermag.[348] Eine Ausnahme bildet allein die erzählerische Funktion der Nacht in den griechischen und lateinischen Epen, die ein kontinuierliches Interesse auf sich gezogen hat.[349]

Man hat versucht, das Wesen der Nacht in einer Reihe von Dichotomien zu fassen.[350] Zwei von ihnen seien genannt, da sie das metaphorische Potential erkennen lassen, das in ihr steckt: die Unterscheidung des natürlichen Handlungsraums ‚Nacht' von der personifizierten, kosmischen Kraft Nyx und das Wissen darum, dass beide Aspekte der Nacht wiederum gute, d. h. helle, und böse, d. h. dunkle Züge tragen können: Die mondhelle, sternenglänzende Nacht verheißt Stille, Erholung und Frieden;[351] als göttliche Macht schenkt sie den Menschen den Schlaf. Die dunkle Nacht erscheint den

345 Boiadjiev, Nacht; Verdon, Nuit; Windau, Somnus, bes. 63 ff. (zu Schlaflosigkeit und nächtlichem Weltfrieden); vgl. Ekirch, Close (mit einem Schwerpunkt im frühneuzeitlichen England).

346 Reimbold, Nacht, bes. 158–179 (über die Nacht als numinose Zeit); Borchhardt-Birbaumer, Imago, bes. S. 57–134.

347 Weeber, Nachtleben. Weebers Interesse gilt vor allem der Erotik und nächtlichen Feiern; für den hier diskutierten Zusammenhang interessant ist sein Kapitel über die nächtlichen Illuminationen Roms (143–153).

348 Bultmann, Lichtsymbolik; Bremer, Licht; Blumenberg, Licht (auch zur Höhlenmetapher).

349 Mehmel, Virgil; Brauneiser, Tagzeiten, 18–27, 71–117, 196–210 (umfangreiche Sammlung von Belegstellen; keine Berücksichtigung von *nox longa* und *nox intempesta*); Montuschi, Tempo (zu allen Schriften Ovids); Rey, Nacht; König, Mensch, bes. 457–463; Gärtner, Nox; Kyriakides, Narrative (über die Nacht als Ort innerer Entwicklung); durch thematische Überschneidungen ebenfalls hilfreich ist Strobl, Macht, bes. 231–252.

irrationalen Kräften zugänglich; sie bietet Raum für menschliche Verbrechen und Hexenwerk, kann aber auch selbst als bedrohlich-numinose Personifikation dargestellt werden, die dem Tod nahe steht.

Die Bestimmungsversuche der nächtlichen Zeit zeigen, dass ihr imaginäres Gegenüber nicht nur der lichte Tag, sondern auch das irdische Paradies ist, so, wie jede Nacht Züge der Unordnung und Bedrohung in sich trägt und ihre literarischen Eigenschaften denjenigen der Unterwelt ähneln. Vor der Dunkelheit dieser Dystopie leuchtet der verlässlich geregelte, lebensfreundliche, von zerstörerischen Kräften gemiedene, von Göttern und Menschen in seiner Ordnung respektierte Tag nur um so heller.

Die verschiedenen Phasen der Nacht unterscheiden zu können, war für die Seefahrt, die Landwirtschaft und das Militär gleichermaßen nötig. In allen drei Bereichen wurden Verfahrensweisen und Begriffe entwickelt, um dies zu ermöglichen, so dass je nach Kontext eine Differenzierung der Nacht nach *vigiliae*, nach Sternen bzw. Sternbildern oder nach den Lebensäußerungen der Natur geschieht.

Als Anfang jeder zeitlichen Orientierung gilt in der Antike häufig die Beobachtung der Auf- und Untergänge der Gestirne, wobei die Einschätzung, ob dies zuerst im Dienste der Landwirtschaft oder der Seefahrt geschah, in den antiken Kulturentstehungslehren schwankt. Die doppelte Herkunft aus der Beobachtung des Himmels und derjenigen des irdischen Lebens zeigen deutlich die seit Varro immer wieder kompilierten lateinischen Begriffe zur Bezeichnung der Nachtphasen:[352] *vesper* und *crepusculum*, Abendstern und Zwielicht, berücksichtigen die Veränderungen des Abendhimmels; das nachlassende Leben wird durch *fax* (=Zeit des Lichtanzündens) und *concubium,* die Ruhe der tiefen Nacht als *conticinium* und *nox intempesta* bezeichnet; *gallicinium, diluculum* und *aurora* charakterisieren die Rückkehr von Geräusch und Licht zu Tagesbeginn.

Als technische Hilfsmittel zur Bestimmung der Nachtstunden können Wasseruhren herangezogen werden, da sie aufgrund ihrer Licht- und Witterungsunabhängigkeit auch in Innenräumen und bei Nacht funktionie-

---

350 S. etwa Weizsäcker, Nyx, in: Roscher 3 (1897–1902) 569–576 (mit zahlreichen Beispielen); Reimbold, Symbolik.

351 S. dazu Schirlitz, Homer (v.a. zur νὺξ ἀμβροσίη).

352 Eine Übersicht über die Quellen bietet Courcelle, Intempesta; lateinische und griechische Zeiteinteilungen im Vergleich behandelt Dissen, De partibus; zur römischen Nacht s. bes. 146–148. Ginzel, Handbuch 2, 164 bietet eine viel rezipierte Übersicht der römischen Tages- und Nachtzeitbenennungen, die jedoch daran leidet, dass sie versucht, alle Begriffe überschneidungsfrei unterzubringen.

ren.[353] Griechische Quellen belegen die Verwendung einfacher Wasseruhren (*clepsydrae*) zur Bestimmung der Nachtwachen beim Militär seit dem 4. vorchristlichen Jahrhundert.[354] Auch wenn entsprechende lateinische Quellen fehlen, ist es doch plausibel anzunehmen, dass Caesar eine einfache *clepsydra* mit sich führte, um die Nachtwachen gerecht aufzuteilen, und auf diese Art auf die abweichenden Nachtlängen in Britannien stieß.[355] Alle vier Nachtwachen (*vigilia prima, secunda* ...) waren gleich lang; ihre Dauer schwankte jedoch – wie die der Tagstunden – im Jahresverlauf. Ihr Beginn wurde jeweils mit einem akustischen Signal (*bucina*) angekündigt.[356]

In der Stadt Rom wäre nach der Aufstellung der Wasseruhr des Scipio Nasica Corculum i.J. 159 v. Chr. durchaus eine kleinschrittigere Gliederung der Nacht in zwölf Stunden möglich gewesen, sofern man davon ausgeht, dass diese Uhr zu den Einlaufuhren gehörte, also einen recht komplexen Bautyp vertrat. Derartige Wasseruhren konnten aufgrund des Wasserreservoirs, das sie benötigen, sehr groß geraten und bedurften sowohl deswegen als auch zum Schutz der Technik einer Überdachung oder eines Gebäudes; der Turm der Winde in Athen vermittelt eine gute Vorstellung

---

Vermutlich aus diesem Grunde setzt sie *nox intempesta* hinter die Schlafenszeit, aber vor die Mitternacht; eine Fixierung, die die antiken Texte m. E. nicht stützen.

353 Die Bezeichnungen der Uhren sind oft uneindeutig und erschweren daher Verständnis und Datierung. *Solarium* taucht – als der vermutlich älteste und daher umfassendste Begriff – nicht nur zur Bezeichnung von Sonnenuhren, sondern gelegentlich auch von Wasseruhren auf (etwa bei Cic. nat. deor. 2, 87). Daneben treten die spezifischen Begriffe *clepsydra* und *horologium ex aqua* auf, wobei als *horologium ex aqua* nur die ‚echte', die Stunden des Tages und der Nacht kontinuierlich messende Wasseruhr bezeichnet wird, als *clepsydra* dagegen sowohl die ‚echte', kontinuierlich messende Uhr als auch reine ‚Stoppuhren', die nur einen gewissen Zeitabschnitt (z. B. die Dauer einer Rede) zu messen vermögen. – Grundlegende Literatur: Schmidt, Entstehung; Diels, Technik, 155–232, bes. 192 ff.; Marquardt, Privatleben, 792–798; Thalheim, Klepsydra; Rehm, Horologium, bes. 2428–2433; Schürmann, Mechanik, 252–273; Dohrn-van Rossum, Uhr, bes. 973–974.

354 Aen. Tact. 22, 24–25.

355 So vermutet schon Schmidt, Entstehung, 60. Der entsprechende Passus (Caes. Gall. 5, 13, 3–4) ist in seiner Echtheit umstritten, was jedoch der Plausibilität der Annahme, Caesar habe auf seinen Feldzügen nach griechischem Vorbild eine *clepsydra* benutzt, keinen Abbruch tut.

356 Zum Ablauf s. Veg. mil. 3, 8. Belege zum akustischen Signal bei Ihm, *bucina*, in: ThlL 2 (1900–1906) 2231–2233, hier 2232; Bilfinger, Stundenangaben, 48–49; 57 f. Caesar weist in seinen *Commentarii* gelegentlich auf militärische Aktionen während der Wachen hin (Gall. 1, 21–22; Gall. 1, 40, 14; Gall. 2, 11, 1; Gall. 2, 33, 2; civ. 2, 35, 5; civ. 2, 39, 1; civ. 3, 75, 1), lässt aber zugleich erkennen, dass nächtliche militärische Aktivitäten eine Ausnahme bildeten.

davon. Die Anzeige dieser Uhren konnte tag- bzw. nachtgenau justiert werden; kunstvoll gestaltete optische und akustische Signale unterstützen die Zeitangabe.[357] Ihre Aufstellung in öffentlichen Gebäuden, an Marktplätzen, bei Tempeln und Bädern weist (neben dem repräsentativen Status dieser komplexen Automaten) auf ihre Funktion im Zusammenhang mit der Festlegung von Terminen und Fristen hin.

Eine tatsächliche nächtliche Nutzung dieser Uhren ist in Rom nicht belegt: Das öffentliche Leben ruhte wirklich.[358] Selbst in der ‚städtischen Dichtung' eines Horaz, Ovid oder Martial dringen die typischen Verrichtungen des städtischen Lebens und die Stundenzählung des Tages nicht in die Nacht ein; ja sogar die erste, elfte und zwölfte Stunde des Tages werden kaum je numerisch gezählt, sondern gewöhnlich durch Ausdrücke wie *ortus* und *occasus* (*solis*) ersetzt.[359] Die literarischen Quellen zeigen allerdings auch, dass in bestimmten Zusammenhängen – z. B. bei der Rekonstruktion juristisch relevanter Ereignisse – zu Ciceros Zeit durchaus eine Erwähnung numerisch gezählter Nachtstunden möglich war und verstanden wurde.[360] Vergleichbar ist der Befund bei Livius, der in den erhaltenen Büchern mit einer gewissen Regelmäßigkeit und steigenden Intensität die Tagesstunden erwähnt, doch nur ein einziges Mal – bei der Schilderung der Mondfinsternis in der Nacht vor Pydna – die Zählung der Nachtstunden aus seiner Vorlage übernimmt: *C. Sulpicius Gallus* [...] *consulis permissu ad contionem militibus vocatis pronuntiavit, nocte proxima, ne quis id pro portento acciperet, ab hora secunda usque ad quartam horam noctis lunam defecturam*

357 Hier setzt die spätere Entwicklung der Wasseruhren zu mechanischen Automaten und Schaustücken von hohem Reiz an (vgl. Vitr. 9, 8). Einen Höhepunkt dieser Kunst bezeichnet die sog. Kunstuhr von Gaza, die durch die ausführliche Beschreibung Prokops bekannt ist (Diels, Prokop).

358 Getrennt hiervon ist die nächtliche Arbeit bei künstlichem Licht zu betrachten, die nur die einzelne Hausgemeinschaft betraf und vermutlich ohne die Organisationshilfe der Uhr auskam, vgl. Colum. 11, 2, 90–92.

359 Vgl. Bilfinger, Stundenangaben, 38 ff. Belege für Horaz bei Wilhelm Gemoll, Die Realien bei Horaz, Berlin 1892, 2. Heft, 19–20. Ovid (fast. 4, 165–169) beschreibt die Dämmerung als Übergangszeit und innige Verschränkung nächtlicher und dem Tag zugehörender Ereignisse: *nox ubi transierit caelumque rubescere primo/ coeperit et tactae rore querentur aves/ semiustamque facem vigilata nocte viator/ ponet et ad solitum rusticus ibit opus,/ Pleiades incipient umeros relevare paternos.* Martial beschränkt in den einschlägigen Epigrammen (4, 8; 8, 67) die normative Stundengliederung auf den Tag und schweigt über die Nacht, deren einzelne Phasen oder Stunden er auch sonst nicht nennt; 10, 70 betont die Irregularität der *nox actuosa.*

esse.[361] Hier dient die singuläre Erwähnung der Nachtstunden dazu, die Kalkulierbarkeit und damit Beherrschbarkeit der nächtlichen Erscheinung zu demonstrieren, was um so deutlicher vor Augen tritt, als andere Schilderungen des berühmten Ereignisses entweder keine exakte Zeitangabe bieten oder magische Strategien der Soldaten zur ‚Rettung' des Mondes erwähnen.[362] Livius' Quelle kommt sicher aus dem Bereich der Fachliteratur, für die auch Gallus steht.[363] Eine weitere Verbreitung scheint die nächtliche Stundenzählung erst im Laufe der Kaiserzeit und besonders bei den christlichen Autoren erfahren zu haben.[364]

2.3.1. Nox intempesta: ein zeit- und rechtloser Raum

Den Zusammenhang von Nacht und Zeitlosigkeit hat Aristoteles in der Geschichte von den sardischen Schläfern anschaulich gemacht, die während ihres Schlafes die vergehende Zeit nicht spüren, da sie keine Veränderung im Raum bemerken – wo sich nichts verändert, scheint die Zeit stillzustehen. Aristoteles zitiert hier, wie er sagt, eine aus seiner Sicht alte, dem Mythos nahe Geschichte, die jedoch seine Definition der Zeit als Maß der Bewegung sehr einprägsam veranschaulicht.[365] Sie macht zugleich die Grenzen menschlicher Zeitwahrnehmung deutlich, die an Licht und Bewegung gebunden ist. Im Gegenzug, so ist aus der Erzählung zu schließen, implizieren Nacht und Dunkelheit nicht nur Welt-, sondern auch Zeitverlust.

---

360 Cicero benutzt in einigen Prozessreden neben der Vigilienzählung (Catil. 3, 5–6) und der ‚klassischen' Bezeichnung der Nachtstunden (v.a. *intempesta nox:* s. Merguet, s.v. *nox* III) die numerische Zählung (Verr. 2, 2, 91–92; vgl. auch Mil. 66), die ein höheres Maß an Exaktheit und genauere Kenntnisse suggerierte. Cic. S. Rosc. 19 verbindet beides: *cum post horam primam noctis occisus esset, primo diluculo nuntius hic Ameriam venit, decem horis nocturnis sex et quinquaginta milia passuum cisiis pervolavit* [...] – die Ermordung wird numerisch fixiert, die Ankunft des Boten nach nächtlichem Lauf mit dem konnotationsreicheren ‚beim Morgengrauen' (*diluculo*) bestimmt. – Horaz und Ovid nennen keine numerisch gezählten Nachtstunden; Lucan erwähnt den Wachwechsel und die numerische Zählung der Nacht gemeinsam (Luc. 5, 507)

361 Liv. 44, 37, 6; s. dazu Esther Bréguet, Récits d'histoire Romaine chez Cicéron et Tite-Live, in: MH 35 (1978) 264–272, hier 270 ff. – Die Zählung der Nachtstunden nach den *vigiliae* findet sich deutlich häufiger, so u. a. Liv. 10, 40, 2; 21, 27, 2; 21, 48, 4; 25, 9, 1; 25, 38, 16.

362 Vgl. etwa Cic. rep. 1, 23; Quint. inst. 1, 10, 47; Plin. nat. 2, 53; Val. Max. 8, 11, 1.

363 Vgl. Tränkle, Livius, 64; Gal(l)us' Werk über die Finsternisse wird bei Plinius erwähnt. Zur Biographie s. Münzer, Sulpicius.

364 Vgl. dazu Gundel, Hora.

Dieser Aspekt der Nacht ist in der lateinischen Vorstellung der *nox intempesta* eingefangen.[366] Antike Etymologien führen das Adjektiv *intempestus* – gelegentlich auf dem Umweg über *tempestas* – auf *tempus* zurück und nehmen als Grundbedeutung daher die Negation der Zeit bzw. die Negation ihrer Wahrnehmbarkeit an.[367] Das seit Ennius belegte Adjektiv tritt nur in Verbindung mit *nox* auf; es bezeichnet ganz ausschließlich einen spezifischen Aspekt der Nacht, keine andere Tageszeit, kein anderes Geschehen. *Intempesta nox* ist *multa nox*,[368] und dies in einer derartigen Intensität, dass das Adjektiv nicht mehr zu steigern ist: mehr als *intempesta* kann eine Nacht nicht sein.[369]

Varro bezeichnet in einem ersten Zugriff die gesamte Zeitspanne zwischen dem potentiellen Sichtbarwerden von *vesperugo* und *iubar*, von Abend- und Morgenstern, als *nox intempesta*, beschränkt in einem zweiten, vergleichenden Versuch den Begriff dann aber auf die tiefste, mond- und sternenlose Nacht.[370] Unter allen Bezeichnungen für die verschiedenen Phasen der Nacht fällt allein diese durch ihr Abstraktionsniveau auf: Die *nox intempesta* ist weder durch Zeichen am Himmel noch durch irdische Geräusche gekennzeichnet, sondern allein durch den Mangel an etwas – den Mangel an deutbaren Zeitzeichen und dem daraus abzuleitenden Wissen um die Zeit, darf man in Kenntnis der aristotelischen Erzählung ergänzen.[371]

---

365 Zur Erzählung von den sardischen Schläfern siehe vorne S. 28 ff.

366 Die griechische Zeitbestimmung ἀωρὶ νυκτός, auf die gelegentlich vergleichend verwiesen wird und auf die auch Nietzsche zurückgreift, sollte hiervon getrennt werden. Sie trägt keine Konnotationen von Gefährdung oder Zeitlosigkeit, sondern dient entweder als ‚nüchterne' Zeitbestimmung (=in tiefer Nacht, so bei Antipho 2, 1, 4; 2, 4, 5) oder betont – wie das lateinische *intempestivus* –, dass eine Handlung in einem unpassenden Moment stattfindet (z. B. Ar. Ec. 741 – das zu frühe Wecken); dies gilt für die gesamte Wortfamilie (ἄωρος, ἀωρί, ἀωρία).

367 Belege bei Nielsen, *intempestus*, in: ThlL 7 (1934–1964) 2110, dazu Courcelle, Intempesta.

368 Cens. 24, 6.

369 Den superlativischen Charakter von *intempestus* zeigt eine Beschreibung der fortschreitenden Nacht bei Apuleius, wo nach zwei Komparativen als letzte Steigerung nur noch *intempestus* folgt: *Sic desolatus ad cadaveris solacium perfrictis oculis et obarmatis ad vigilias animum meum permulcebam cantationibus, cum ecce crepusculum et nox provecta et nox altior et dein concubia altiora et iam nox intempesta* (Apuleius met. 2, 25; vgl. Dissen, De partibus, 147). – Im Deutschen wird der Ausdruck *nocte intempesta* meist verflachend als „in tiefster Nacht" übersetzt; dem lateinischen Bedeutungshorizont näher scheint die englische Version „in the dead of night": Ekirch, Close, 137 f. bestimmt es als Zeitraum zwischen Mitternacht und drei Uhr früh.

Der tatsächliche Gebrauch des Ausdrucks *intempesta nocte* in der klassischen lateinischen Literatur zeigt, wie sich aus diesem Mangel ein klar zu bestimmender Eigencharakter dieser Zeitphase entwickelt hat, der den anderen nächtlichen Zeiten nicht in vergleichbarer Weise zu eigen ist. *Multa nox* impliziert nach etymologischen Begriffsverständnis *multa noxia;* tiefe Nacht und potentielle Gefährdung sind also bereits auf sprachlicher Ebene miteinander verknüpft.[372] Im Gegensatz zu anderen Phasen der Nacht ist die *nox intempesta* daher keine Zeit der späten Gastmähler, der nächtlichen *lucubrationes* oder der heimlich Liebenden,[373] ganz im Gegenteil: In dieser Phase der Nacht versucht der Makedonenprinz Demetrius seinen Bruder Perseus in dessen Schlafgemach zu töten,[374] vergewaltigt Tarquinius Lucretia,[375] begeht Verres seine Verbrechen,[376] überfällt Jugurtha das Lager des Aulus,[377] trifft Catilina sich mit seinen Mitverschwörern im Hause des Laeca[378] und flieht Piso in Sklavenkleidern aus Dyrrhachium.[379]

Die gesellschaftliche Ordnung ist in diesen Nachtstunden fragil. Als Inbegriff des Dunkels sind sie nicht nur dem Verbrechen, sondern auch dem Tod besonders nahe. Dies wird in einer wohl an Ennius gebildeten Wendung

---

370 Varro ling. 6, 2, 7: *Inter vesperuginem et iubar dicta nox intempesta, ut in Bruto Cassii quod dicit Lucretia: „Nocte intempesta nostram devenit domum.“ Intempestam Aelius dicebat cum tempus agendi est nullum, quod alii concubium appellarunt, quod omnes fere tunc cubarent; alii ab eo quod sileretur silentium noctis, quod idem Plautus tempus conticinium: scribit enim: „Videbimus: factum volo. Redito conticinio.“* Die Angabe *inter vesperuginem et iubar* bezieht sich sicher nicht auf das (unmögliche) Sichtbarwerden innerhalb einer Nacht, sondern auf die relative Dunkelheit, die herrschen muss, damit man den ersten Stern gerade erkennen kann. Vgl. Dingel, Epigramme, 224.

371 So schon Ciceros Gebrauch des Begriffs (Phil. 1, 8); vgl. die Definitionen von Censorinus (24, 6:*qua nihil agi tempestivum*) und Macrobius (Sat. 1, 3, 15: *quae non habet idoneum tempus rebus gerendis*). – Eine philosophische Deutung der *nox intempesta* in der neuzeitlichen Philosophie, besonders bei Nietzsche, der von der ihr immanenten Zeitlosigkeit ausgeht, bietet Luca Lupo, *Intempesta nocte.* Tempo soggetivo ed eterno ritorno, in: Maria C. Fornari (Hrsg.), La Trama del Testo, Lecce 2000, 113–121.

372 Varro ling. 6, 6; vgl. das Spiel mit der Etymologie bei Ov. met. 15, 334. Zur mittelalterlichen Verwendung s. Boiadjiev, Nacht, 30–31.

373 Dazu ausführlich James Ker, Nocturnal writers in imperial Rome: the culture of *lucubratio*, in: CPh 99 (2004) 209–242; vgl. auch Montuschi, Tempo, 13–100 und 396 ff., die auf den Topos des die Stunden zählenden Liebhabers eingeht. Dieser Topos hat – bis auf den grundlegenden Gegensatz – natürlich nichts mit den gezählten Stunden des römischen Tages und der mathematisch-astronomischen Zeitordnung zu tun; ihr Verweis auf Caesars Kalenderreform deutet an, dass sie beides möglicherweise nicht ausreichend differenziert (398).

374 Liv. 40, 9, 7; zu den folgenden Beispielen vgl auch Courcelle, Intempesta, 129.

Vergils deutlich, wo in einem ganz anderen Kontext – der Beschreibung des nächtlichen Himmels – die in ‚unzeitiger' Stille ruhende Nacht, die mythischen Randvölker und das Reich der Verstorbenen eng zusammenrücken.[380] Hier wird die Erinnerung an die homerischen Kimmerier wach, die dem Hades so nahe sind, dass sie Nachbarn des Cerberus genannt werden können,[381] und die seit Homer im ewigen Dunkel, in einem Gegenentwurf zu allen irdischen Paradiesen wohnen.[382] Ihnen fehlt jedes Licht, das nötig wäre, um die amorphe Finsternis zu strukturieren und aushaltbar zu machen.

Recht- und Zeitlosigkeit kennzeichnen das Zentrum der Nacht. Dadurch konzentriert sich in ihr nicht nur das bedrohliche Potential, das der dunklen Nacht innewohnt, sondern auch, was bisher nur wenig beachtet wurde, die Tendenz der Nacht zur Auflösung der zeitlichen Struktur der Gesellschaft. Wer ihre Zeitordnung außer Kraft setzen will, findet hier einen Ansatzpunkt – das zeitmagische Handeln Medeas und anderer Zauberinnen setzt nicht ohne Grund hier an.[383]

---

375 Acc. 675 Dangel (=Acc. Praet. 41R); die Autorenfrage (Accius oder Cassius?) ist zuletzt ausführlich diskutiert bei Luigi Castagna, Osservazioni sul *Brutus* di Accius, in: Stefan Faller/Gesine Manuwald (Hrsg.), Accius und seine Zeit, Würzburg 2002 (Identitäten und Alteritäten 13) 79–103, hier 90–94.

376 Cic. Verr. 2, 4, 94; Verr. 2, 5, 186.

377 Sall. Iug. 38, 4; vgl. Enn. frg. 160 Skutsch.

378 Sall. Catil. 27, 3; s. auch Catil. 32, 1 (seine Flucht aus Rom).

379 Cic. Pis. 93.

380 Verg. georg. 1, 240–251: *mundus, ut ad Scythiam Riphaeasque arduus arces/ consurgit, premitur Libyae devexus in Austros./ hic vertex nobis semper sublimis; at illum/ sub pedibus Styx atra videt Manesque profundi./* [...]*/ illic, ut perhibent, aut intempesta silet nox/ semper et obtenta densentur nocte tenebrae;/ aut redit a nobis Aurora diemque reducit,/ nosque ubi primus equis Oriens adflavit anhelis/ illic sera rubens accendit lumina Vesper.* Die Kommentatoren weisen hier auf Enn. frg. 33 Skutsch und frg. 160 Skutsch hin, wo die *nox intempesta* erstmalig in der erhaltenen lateinischen Literatur auftritt; das bedrohliche Potential dieses Ausdrucks und seine mögliche Aktualisierung durch Vergil analysieren sie nicht weiter.

381 So Krates von Mallos in seinem Kommentar zu Hom. Od. 11, 15; s. dazu Hans Joachim Mette, Sphairopoiia. Untersuchungen zur Kosmologie des Krates von Pergamon, München 1936, bes. 79–89; die Bezeichnung der Kimmerier als Kerberier S. 88.

382 Hom. Od. 11, 11–19; siehe dazu die Parodie bei Lukian, VH 2, 12–13 und deren Deutung bei Fauth, Inseln, 54 f., Möllendorff, Suche, 324 und 426 ff.

3. Das Bild der Uhr

Die Antike besaß eine ausgeprägte Zeitmetaphorik, die auf Naturphänomene rekurrierte und kaum je menschengemachte Bezugspunkte auswählte. Arm an Uhren ist sie zugleich auch arm an Uhrenmetaphern; man könnte im Gegenteil darüber staunen, dass es überhaupt welche gibt: Denn bevor etwas literarisch vergleichs- resp. metaphernfähig wird, muss es einem ausreichend großen Kreis potentieller Rezipienten vertraut und mit gewissen Eigenschaften charakteristisch verknüpft sein. In Griechenland ereignete sich diese Aufnahme in den gesellschaftlichen Bildervorrat frühestens im vierten, in Rom Ende des dritten vorchristlichen Jahrhunderts – zuerst und vor allem für Sonnenuhren.

Allen Uhren gemeinsam ist, dass sie stets ein Maß und eine Grenze bestimmen, gewissermaßen das *aptum* vorgeben. Aber es wird zu wenig berücksichtigt, dass antike Uhren eine viel größere technische Bandbreite aufweisen als moderne und dass diese verschiedenen Uhrentypen deutlich unterschiedene semantische Potentiale besitzen.[384] Zentraler Bildspender der modernen Uhrenmetaphorik ist die mechanische Räderuhr. Die Antike besaß mit der Klepsydra, Sonnen- und mechanischen Wasseruhr drei ganz unterschiedliche, aber seit hellenistischer Zeit gleichermaßen verbreitete Uhren, ergänzt durch die ‚kosmische Uhr', die zwar eigentlich keine Uhr, gleichwohl aber Bezugspunkt der Uhrenmetaphorik war[385] – also ein viel größeres Reservoir möglicher Bilder.

Die zentralen Merkmale der Uhren in der Metaphernbildung kann man folgendermaßen skizzieren: Den Gestirnen, die die kosmische Uhr bilden, eignen Göttlichkeit, Ewigkeit und Harmonie; einfache Wasseruhren lassen das Verlaufen einer Frist beobachten; die Sonnenuhr, die als Bildspender (die beschädigte Uhr) wie als Bildempfänger (die beherrschende Uhr) auftritt, ist nicht ohne die machtvolle Allgegenwart der Sonne denkbar. Mechanische Wasseruhren können als Ausdruck menschlichen Erfindungsgeistes angesehen werden und ähneln in ihrem bildlichen Potential der neuzeitlichen Räderuhr am meisten. Der Austauschbarkeit der Uhren, die in der gesellschaftlichen Praxis und Begrifflichkeit zu beobachten ist, steht eine

383 Siehe dazu unten S. 304ff. (zeitliche Dystopien).

384 Bedenkt man dies nicht, so wird die Perspektive zu eng; Blumenbergs Bemerkung etwa, die neuzeitliche Uhrwerkmetapher lasse sich nicht aus der antiken Metapher der kosmischen Uhr ableiten, ist natürlich richtig, ignoriert aber sowohl das bildliche Potential der Wasseruhren als auch die mit der Sonnenuhr verknüpfte Herrschaftsmetaphorik (Blumenberg, Paradigmen, 103).

385 Dazu oben S. 26ff.

starke Spezifizität der Metaphern gegenüber. Einige der ihnen im Bild zugeordneten Eigenschaften bezeichnen sogar gegensätzliche Positionen – Göttlichkeit vs. Menschenwerk, Ewigkeit vs. Endlichkeit, Ordnung vs. Tyrannei, Tagesherrschaft vs. Nachtherrschaft. Alle diese Begriffe finden sich auch im Zusammenhang mit der neuzeitlichen Uhrwerksmetapher wieder, so dass man annehmen darf, dass diese antiken Metaphern so wirkmächtig waren, dass sie den ‚Instrumentenwechsel' zur Räderuhr überstanden haben und auf die eine oder andere Weise in die moderne Uhrenmetaphorik einflossen.

Ich stelle im Folgenden die wichtigsten römischen Uhrenmetaphern jeweils ausgehend von einem zentralen Text dar, wobei es neben der Inventarisierung der Belege v. a. um ihre jeweilige literarische Funktion und die Bestimmung der Bewertung der Uhr geht, die im jeweiligen Kontext vorgenommen und in der Metapher sichtbar wird. Mein Metaphernbegriff ist dabei sehr weit gefasst; seinen Kern bildet die in der Metapher formulierte Ähnlichkeitsbeziehung zwischen Bildspender und Bildempfänger. Ziel ist es, möglichst viele der insgesamt raren Uhrenbilder zu erfassen, auf die ihnen innewohnende Vorstellung von der Uhr im Verhältnis zur Zeit und zum Menschen zu befragen und dieses Wissen für die Interpretation der Texte fruchtbar zu machen. Die exemplarischen Analysen tragen zur Datierung (Bsp. 1) und Interpretation (Bsp. 2, 3) der jeweiligen Texte bei. In ihrer Gesamtheit bilden sie einen Beitrag zur historischen Metaphorologie, der die Arbeiten von Blumenberg und Peil, die v. a. auf die Moderne schauen, ergänzt.[386]

3.1. Der Uhrenzwang: Ein Komödienmotiv bei Plautus und Alkiphron

Um die Anfänge der Uhrenmetaphorik – den Moment, in dem Uhren in Rom von der Bezeichnung eines Gegenstandes zur Metapher wurden – zu analysieren, muss man bis in plautinische Zeit zurückgehen. Gellius überliefert im Zusammenhang mit einigen Anmerkungen über den Kanon der plautinischen Komödien ein paar Verse aus der nicht weiter bekannten Komödie *Boeotia,* in denen die Macht der Sonnenuhren verflucht und mit derjenigen eines despotischen und gewalttätigen Herrschers verglichen

386 Peil, Untersuchungen, 510–516; Blumenberg, Paradigmen, 93 ff.; s. auch Klaus Maurice, Die deutsche Räderuhr. Zur Kunst und Technik des mechanischen Zeitmessers im deutschen Sprachraum, München 1976, 1, 5–16 (Überblick über die Uhrenmetaphorik in der frühneuzeitlichen Literatur).

wird. Gellius nennt sie als außerhalb des Varronischen Kanons stehende, gleichwohl mit Sicherheit plautinische und auch von Varro durchaus als solche anerkannte Komödie (*versus Plautinissimi*).[387] Die dem Zitat vorangehende Bemerkung *nuperrime legebamus*,[388] er habe die Komödie kürzlich gelesen, zeigt sowohl, dass der Text Gellius noch vorlag, als auch, dass den zitierten Versen eine herausgehobene Stellung in der Komödie zukam – wobei es dem Leser überlassen bleibt, zu erraten, was genau Gellius hier als besonders bemerkenswert, zitierwürdig und plautinisch empfand: Sind die Verse besonders komisch? Besonders einprägsam? Oder etwa charakteristisch in der Weise, in der sie griechische Motive in die römische Lebenswelt überführen?

Dass der letztgenannte Punkt eine Rolle gespielt haben könnte, zeigt der Kontext, in dem dieser Abschnitt bei Gellius steht. In diesem und im folgenden Kapitel (3, 3 und 3, 4) spricht er über zwei der drei großen kanonischen Erfindungen des Mittelmeerraumes, wie wir sie aus Plinius kennen:[389] hier über die instrumentelle Zeitrechnung, dort über die Rasur des Bartes. Bei der Bartschur konstatiert er ein historisch abweichendes Verhalten und macht es durch das *mirabamur* (3, 4, 2) explizit; für 3, 3 bleibt es im Sinne einer kapitelübergreifenden und -verbindenden Einschätzung zu vermuten, dass er auch hier ein verändertes Verhalten wahrnahm, auch wenn diese Distanz nur implizit aus dem Zitat erschlossen werden kann: Denn Plautus gab einer Empfindung Ausdruck, die wenig zum selbstverständlichen Umgang mit der Zeitmessung in Gellius' Welt passte.

In der Forschungsgeschichte ist das Plautusfragment seit Salmasius oft mit dem eingangs diskutierten Abschnitt aus Plinius' Naturgeschichte in Verbindung gebracht worden,[390] um Autorschaft und Datierung abzusi-

---

387 Gell. 3, 3, 3–5; (= Plaut. Boeot. frg. 1 Leo). Das Fragment gilt allgemein als plautinisch; zu der alternativen Zuschreibung an Aquilius s. zuletzt J. Bländsdorf in HLL1 (2002) §131.4; zu den Plautus-Fragmenten ebd. §127.22 (S. 217 f). Das Fragment wird dort charakterisiert als „Monolog eines [...] Parasiten, der über die für Hungrige wertlosen Sonnenuhren wütend ist." Diese Bemerkung greift das im Überlieferungszusammenhang bei Gellius voranstehende *esuriens* auf, wird aber der Zielrichtung des Textes nicht gerecht: Es geht hier nicht um Wert- oder Nutzlosigkeit, sondern um die als Zwang empfundene Ordnungsmacht der Uhren (s.u.). Zu stilistischen Fragen und den Gründen für eine Zuweisung an Plautus vgl. zuletzt ausführlich Wright, Dancing, 80–85 (mit der älteren Literatur; nicht im HLL).

388 Gell. 3, 3, 3.

389 Vgl. dazu oben S. 70ff. Die dritte Erfindung, das Alphabet, behandelt Gellius nicht gesondert.

chern: Man bemühte sich, das Plautinische und den Anteil der griechischen Vorlage voneinander zu trennen, und zog dabei die plinianische Chronologie zur Unterstützung heran, um zu klären, wann und wo überhaupt genügend Sonnenuhren vorhanden waren, dass man einen derartigen Text hätte verfassen können.

Vor 25 Jahren hat A.S. Gratwick die Diskussion in eine neue Richtung gelenkt, indem er überzeugend darlegte, dass das Fragment und einer der „Briefe“ des Alkiphron aus dem zweiten nachchristlichen Jahrhundert auf dieselbe griechische Vorlage zurückgehen.[391] Seine Wiederentdeckung entzieht allen Spekulationen darüber, ob das Fragment im Wortsinne plautinisch sei, den Boden. Das Grundkonzept des Uhrenfluchs stammt sicher aus der Mittleren oder Neuen Komödie; zu fragen bleibt, wie und wo Plautus es dem Erfahrungshorizont seines römischen Publikums anpasste und wo er es erweiterte. Das überlieferte Fragment hat folgenden Wortlaut:[392]

ut illúm di perdant, primus qui horas repperit
quique adeo primus statuit hic solarium;
qui mihi comminuit misero articulatim diem.
Nam <unum> me puero venter érat solarium
multo omnium istorum optimum et verissimum
ubi is té monebat, esses, nisi cum nihil erat;
nunc etiam quom est non estur, nisi Soli libet;
itaque adeo[393] iam oppletum oppidum est solariis:
maior pars populi aridi reptant fame.

(„Dass jenen die Götter verfluchen mögen, der als Erster die Stunden entdeckte und der deshalb als Erster eine Sonnenuhr hier aufstellen ließ; er schlägt mir Armen den Tag ganz in Stücke! Als ich ein Kind war, da diente mir allein mein Magen als Uhr, und der war bei weitem der beste und wahrhaftigste von diesen ganzen [Zeitmessern]: sobald er einen daran erinnerte, hat man gegessen – außer wenn es nichts gab. Heute aber wird auch,

390 Claudius Salmasius, Plinianae exercitationes in C. Iulii Solini Polyhistoria, Paris 1629, 632–658.

391 Alciphr. 3, 1 (s. dazu unten S. 133 ff.). Gratwick, Sundials, arbeitet die ältere Literatur vorbildlich auf; eine gewisse Engführung der Interpretation erlegt er sich selbst dadurch auf, dass er das Plautus-Fragment auf „sundials are a nuisance for hungry parasits“ reduziert. Nach F. W. Ostermayer, De historia fabulari, Greifswald 1884, war Leo der Erste und bis zu Gratwick der Einzige, der die Herkunft des Uhrenmotivs aus dem griechischen Original postulierte und mit Alkiphron begründete: Leo, Forschungen, 152–154.

392 Plaut. Boeot. frg. 1 Leo.

393 Nach Lodge hier im Sinne von *tam, ita* zu vestehen: Gonzales Lodge, Lexicon Plautinum, Leipzig 1924–1933; *adeo* II.2.

wenn was da ist, nicht gegessen, außer wenn es der Sonne passt. Die Stadt ist schon so sehr mit Sonnenuhren angefüllt: Ein ganz großer Teil der Leute schleicht ausgedörrt vom Hunger herum.")

Die Klage des Parasiten ist Teil einer Komödie, deren Sujet und weiterer Erzählverlauf nicht bekannt sind und nur aus strukturell oder inhaltlich nahe stehenden Texten annäherungsweise erschlossen werden können. Der durch Gellius überlieferte Titel, *Boeotia*, weist auf eine griechische Vorlage hin. Entsprechende Titel sind von Menander (ca. 342–291 v.), von Theophilos und seinem Zeitgenossen Antiphanes (um 405–330 v.) und von Diphilos (360/350-nach 300 v.) bekannt, deren Komödien jedoch ebenfalls verloren sind.[394] In ihnen spielten die namensgebenden Böotier, die nicht nur für ihre hinterwäldlerische Art, sondern auch für ihre Esslust berühmt sind, eine zentrale Rolle; der klagende *parasitus esuriens* könnte sich sogar als *Boeotius* und damit als eine Hauptfigur des Stückes erweisen. Zwingend notwendig ist eine derartige Verknüpfung allerdings nicht – ein nach Einladungen schielender *parasitus esuriens* ist in jeder Komödie per se ausreichend motiviert.[395]

Das iambische Maß der Klage weist auf eine Sprechszene hin; Parallelen bei Alkiphron lassen einen Dialog zwischen zwei Parasiten annehmen, deren Vorstellung bereits erfolgt ist, so dass das völlige Fehlen von Namen hier weniger auf Verschweigen hindeutet als darauf, dass die Verse aus einem längeren Zusammenhang herausgegriffen sind, der ihnen Ort und Namen gab.

Einzelne Motive der Klage lassen sich auch anderswo bei Plautus nachweisen, (so dass das *plautinissimi* für sie ausgesprochen sein könnte); die größte Nähe besteht zur Klage des hungrigen Parasiten Ergasilus in den *Captivi*:[396] Nach einer längeren erfolglosen Suche betritt der Parasit die Bühne, um dort über die Schwierigkeiten zu räsonieren, eine Einladung zum Essen zu erlangen. Er verflucht die Mühsal seines Lebens, droht dem Tag an, ihm die Augen auszukratzen, und artikuliert das Leiden seines personifizierten Magens. Am Ende des Monologs tritt er ab, um andernorts

---

394 Menander: PCG VI 2, 90–95 Antiphanes: PCG II, Nr. 59 (S. 343–344); Theophilus: PCG VII, Nr. 2 (S. 701), Diphilos: PCG V, Nr. 22 (S. 62); zur *Boeotia* und den esslustigen Böotiern s. H. G. Nesselrath, Die attische mittlere Komödie, 1990, dort S. 224–228.

395 Vgl. den *edax parasitus* im Figurenkatalog der Terenz-Prologe: Haut. 38, Eun. 38; zur umfassenderen Charakterisierung des Parasiten s. Stephan Flaucher, Studien zum Parasiten in der römischen Komödie, Diss. Univ. Mannheim 2002, publiziert unter http://www.uni-mannheim.de/mateo/verlag/diss/flaucher/flaucher.pdf (zuletzt eingesehen am 10.10.2007). Zum Fragment siehe besonders S. 3–8, 64–65.

weiterzusuchen. Die Szene bleibt monologisch und deskriptiv; sie gewinnt Witz und Inhalt aus sich selbst, ohne in vergleichbarer Weise die gemessene Zeit als eigentliche Gegnerin auszumachen.

Außer der Klage des Parasiten ist noch ein einziger weiterer Vers aus der plautinischen *Boeotia* erhalten, der den Zeitausruf auf dem Comitium erwähnt.[397] Wie das große Fragment scheint er darauf hinzudeuten, dass zumindest in der lateinischen *versio* der Zeitordnung des Alltagslebens eine gewisse Bedeutung zukam. In diese Richtung weist auch die Begriffsgeschichte: Plautus ist der erste Römer, der Sonnenuhren überhaupt erwähnt. Er verwendet für sie den lateinischen Begriff *solarium*, ohne diesen jedoch kommentierend einzuführen, wie er es z. B. beim *paedagogus* tat,[398] so dass man bereits eine gewisse Geläufigkeit der Vorstellung und des Begriffs vor der hier greifbaren literarischen Fixierung annehmen darf. Gleichwohl kann er noch keine Alltäglichkeit gewonnen haben – der nächste erhaltene Beleg folgt erst in ciceronischer Zeit.[399]

Bei aller Kürze zeigt der von Gellius ausgewählte Abschnitt eine klar erkennbare Gliederung und einen in sich schlüssigen Gedankengang. Auf die Verfluchung des πρῶτος εὑρετής von Stundenmaß und Uhr (v.1–3) folgt eine Gegenüberstellung der *reges* des inneren und äußeren Zeitmaßes, *venter* (4–6) und *Sol* (7–9). Der *parasitus esuriens* wendet sich dabei

396 Plaut. Capt. 461–468: *Miser homo est, qui ipse sibi quod edit quaerit et id aegre invenit,/ sed ille est miserior, qui et aegre quaerit et nihil invenit;/ ille miserrimust, qui cum esse cupit, <tum> quod edit non habet./ nam hercle ego huic die, si liceat, oculos effodiam libens,/ ita malignitate oneravit omnis mortalis mihi;/ neque ieiuniosiorem neque magis ecfertum fame/ vidi nec quoi minus procedat quidquid facere occeperit,/ ita venter gutturque resident esurialis ferias.*

397 Varro ling. 6, 89: *accensum solitum ciere Boeotia ostendit, quam comediam Aquili esse dicunt, hoc versu: ubi primum accensus clamaret meridiem.* Zum Verfasserproblem s. Anm 387; zur Deutung s. oben S. 86 ff. Gratwicks Versuch, auch diesen Vers im Brief Alkiphrons wiederzufinden, trifft m. E. nur an der Oberfläche, nicht im Kern zu: In beiden Texten ruft jemand eine Zeit aus, doch bei Alkiphron geht es um einen Sklavendienst im Kontext der *domus*, wie er auch in der Spätantike noch üblich war, bei Plautus dagegen markiert der Begriff des *accensus* deutlich den staatlich-administrativen Kontext dieser Zeitverkündung: Hier geht es um Gerichtszeiten, nicht ums Essen (Gratwick, Sundials, 310 f.).

398 Plaut. Merc. 89–91: *olim puero parvolo/ mihi paedagogus fuerat, quasi uti mihi foret/ custos.*

399 Plautus verwendet den Begriff in zwei eng benachbarten Bedeutungen – „offener, sonniger Platz“ und „Sonnenuhr“: In der Bedeutung „Sonnenuhr“ taucht *solarium* bei Plautus nur im *Boeotia*-Fragment auf. Weitere Belege: Plaut. Mil. 378 (über Zugangs- oder Kommunikationswege): *neque solariumst apud nos neque hortus ullus/ neque fenestra nisi clatrata*; ähnlich bereits Mi. 340: *neque*

verschiedenen Adressaten zu: In den ersten Versen gilt sein Fluch einem imaginären, in Raum und Zeit bereits entfernten Gegenüber (1–3). Im zweiten Abschnitt zieht er sich auf sich selbst und seine Erinnerung zurück (4–5), um dann über das generalisierende „du" (6) und „man" (7) Rede und Blick schließlich auf den weiten Horizont von Sonne, Stadt und Publikum zu öffnen (8–9). Dabei dürfte ihm das Lachen des einen oder anderen Theaterbesuchers sicher gewesen sein, der den Fehler begangen hatte, hungrig ins Theater zu gehen und sich nun „an den Geschichten sättigen" musste, wie es in dem (etwas späteren) Poenulus-Prolog heißt: „Es ist wirklich eine kolossale Dummheit, sich ungesättigt auf dem Theatersitz niederzulassen".[400] Strukturell ist das Fragment sowohl in einem Dialog mit einem imaginären Gegenüber als auch in einem Monolog vorstellbar, sowohl in enger Verbindung mit dem Hauptthema der Komödie als auch weitgehend unabhängig möglich; eine eindeutige Zuordnung gestattet der Text selbst nicht.

Was ist nun aber der Tenor der Klage? Was an ihr ist komisch? Hinter dem auf der Oberfläche geführten Vergleich von Magen und Uhr lässt eine Gruppe von Metaphern erkennen, dass es bei der Klage über die Uhren nicht nur um die Zeitordnung, sondern auch um die zugrunde liegenden Machtverhältnisse geht: Eingeleitet durch das *comminuit* [...] *articulatim* des dritten Verses, das die strukturelle Gewalt der Zeitordnung in eine physische überführt und dadurch anschaulich macht,[401] entwickelt sich das Bild einer Stadt im Belagerungszustand. *Sol* ist es, der die Menschen beherrscht (*nisi Soli libet*, v. 7), deren Stadt unter Uhren verschwunden ist (*oppletum oppidum est solariis*).[402]

Präsenz und Macht der Uhren fallen ineinander. Überall dort, wo Sonne ist, können auch sie sein; wo sie sind, üben sie ihre Macht aus.

---

solarium neque hortum – nisi per impluvium; zum letzteren vgl. auch Otto Zwierlein, Zur Kritik und Exegese des Plautus II, Mainz 1991, 37–38.

400 Plaut. Poen. 5–10: *'sileteque et tacete atque animum advortite,/ audire iubet vos imperator' histricus,/ bonoque ut animo sedeate in subselliis,/ et qui esurientes et qui saturi venerint:/ qui edistis, multo fecistis sapientius,/ qui non edistis, saturi fite fabulis;/ nam cui paratumst quod edit, nostra gratia/ nimia est stultitia sessum impransum incedere.*

401 *Comminuere* setzt Plautus sonst immer im konkreten, gewalttätigen Sinne ein; vgl. etwa die Drohungen in Plaut. Rud. 1118 *ego tibi comminuam caput* und Men. 856 *ego huius membra atque ossa atque artua comminuam illo scipione. Articulatim* findet sich nur an einer einzigen weiteren Stelle bei Plautus. Auch dort dient es der Verstärkung, wobei die anatomische Herkunft des Begriffs noch nachzuklingen scheint, was im Deutschen nicht nachzuahmen ist: Epid. 488 *istic*

Dadurch, dass Plautus hier den vermittelnden Menschen ausblendet – es muss ja doch, wie Alkiphron zeigen wird, immer jemand da sein, der auf die Einhaltung des Zeitmaßes achtet –, erhalten die Instrumente selbst dämonische Macht. Eben diese Macht fehlt den menschlichen Bewohnern der Stadt. Denn obgleich auch sie in großer Zahl präsent sind, strömen sie nicht kraftvoll durch die Straßen, sondern bieten ein Schauspiel von Knechtschaft und Siechtum: *maior pars populi aridi reptant fame.* Austrocknung und Hunger gehen hier eine weder grammatikalisch noch inhaltlich auflösbare Verbindung ein, die in wechselseitiger Steigerung die vollständige Entkräftung beschreibt.

Pointiert könnte man sagen: Macht liegt aus Sicht des hungrigen Parasiten allein bei demjenigen, der über die Zeitordnung bestimmt. Für diese Position kennt er zumindest zwei Anwärter: den in Raum und Zeit entfernten Erfinder von Uhr und Stundenordnung sowie die Sonne selbst, die durch das Instrument wirkt (Alkiphron bringt als dritten noch denjenigen bei, der das Uhrenmaß etabliert und auf seine Befolgung Acht gibt). Am Rande des Bildes von der übermächtigen Sonne und ihrem Gefolge von Uhren wird sichtbar, dass jede Zeitordnung eine soziale Ordnung ist, die durchgesetzt und befolgt werden muss, Gewinner und Verlierer hervorbringt.

Sicher vermag bereits der furiose, bei allem Ärger hilflose Auftritt des Parasiten das Publikum zum Lachen zu reizen. Doch Plautus verlässt sich nicht nur auf die Fähigkeiten seiner Schauspieler und auf das Komische, das der Figur innewohnt, sondern er setzt in diesem kurzen Abschnitt auch sprachliche Signale der Komik, indem er das ‚Normale' verfremdet und das Selbstverständliche überzeichnet.[403]

Drei dieser Perspektiv- oder Maßstabswechsel sind deutlich markiert: Den üblichen Lobpreis des *heuretes* transponiert Plautus zum Fluch, so dass der Erfinder nicht als Wohl-, sondern als Gewalttäter erscheint.[404] Ebenfalls in pointierter Umkehrung idealisiert er seinen Magen als guten

homo te articulatim concidit („Dieser Mann hat dich nach Strich und Faden hereingelegt"). Vgl. Fraenkel, Elementi, S. 77.

402 Das alliterierende *opplere* ruft ähnlich wie das häufigere *complere* die konkrete Vorstellung eines Gefäßes hervor, das angefüllt wird; vgl. etwa Plaut. Truc. 523: *oppletis tritici opust granariis;* ähnlich *aures vaniloquentia opplere* (Rud. 905), *aedes spoliis* (Truc. 522). Der später häufige militärische Gebrauch, der das Anfüllen eines Ortes mit Menschen, Soldaten, Waffen, Blut usw. beschreibt, findet sich bei Plautus noch nicht.

Herrscher und den Hunger der früheren Jahre als Freiheit.[405] Schließlich extrapoliert er, hilflos gegen die Sonne polemisierend, sein eigenes Leid zu einem Bild allgemeiner Not und drohenden Aufruhrs.

Umwertung, Personfikation und Überzeichnung werden hier als Strategien des Komischen erkennbar, die gemeinsam die Intensität des Monologs steigern. Die Basis, von der sie ausgehen, bleibt die Wahrnehmung der Uhr und ihrer Macht bei Autor und Publikum: Die Gattung an sich hebt den geistesgeschichtlichen Aussagewert des Fragments nicht auf, im Gegenteil, sie markiert das behandelte Sujet als aktuell und problematisch, in das traditionelle Normensystem eingreifend und daher fürs komische Fach so attraktiv, dass es dort unter den Prämissen von Überzeichnung und Verallgemeinerung behandelt werden kann.

Der überlieferte Titel *Boeotia* führt bis in das Athen des vierten vorchristlichen Jahrhunderts zurück und legt es nahe, den historischen Ursprung von ‚Uhrenfluch' und ‚Magenuhr' sowie den Vergleich der zwei Reiche ebendort zu suchen. Wie konnte dort und damals über Sonnenuhren geredet werden?[406]

Die Antwort auf diese Frage wird durch eine sehr lückenhafte Datenlage erschwert; sie fällt noch schwerer, wenn man sie allein in der Komödie sucht. Denn der Witz, der darin liegt, dass nicht die fehlende Einladung oder das Widerstreben der potentiellen Gastgeber, sondern allein die Macht der Uhren den Parasiten daran hindert, sein Ziel zu er-

---

403 Vgl. Chalmers, Plautus, 21: „Comedy is a form of literature which often reflects the life and interests of the members of its audience fairly clearly. Since people can usually be moved to laughter by the incongruous and the unexpected, the Comic writer has to take into account what his audience will be likely to consider normal."

404 Plautus setzt an die Stelle des Lobpreises ein *ut illum di perdant*, das den Lobpreis zum Fluch wendet. Der topische Charakter der trivialisierenden *heuretes*-Verfluchung wird beim Vergleich mit Naevius' gleichlautendem Fluch auf die Zwiebelküche erkennbar: *ut illum di perdant qui primus holitor protulit/ caepam.* (Naev. com. 18–19 Ribbeck). Zu den älteren Belegen von Lob und Verfluchung des Erfinders s. Leo, Forschungen, 152–154; zu den ‚Erfindern' der Zeitordnung s. oben S. 48 ff. Die ältere Forschung bis hin zu Gratwick, Sundials, reduziert den Monolog auf diesen ‚Uhrenfluch' und verstellt sich dadurch den Blick auf die anderen Aspekte des Fragments.

405 Zur Personifikation als typisch plautinischer Technik s. Fraenkel, Elementi, hier S. 95–104: „La personificazione di cose inanimate", bes. S. 95: „uno dei fenomeni più frequenti negli scherzi che mostrano tracce di libera invenzione o per lo meno di forte rielaborazione plautina, è la personificazione di oggetti inerti o privi di vita autonoma", und die dazugehörige Liste auf S. 101.

reichen, ist nur denkbar in einer Gesellschaft, die die instrumentelle Zeitmessung kennt und wichtige Teilbereiche des sozialen Lebens mit ihrer Hilfe autoritativ ordnet. Dies war in Athen frühestens im vierten vorchristlichen Jahrhundert der Fall.

In der Komödie des vierten Jahrhunderts knüpfen Bilder utopischen Müßiggangs und Witze daran an, dass jemand wartete, bis der Schatten die Essenszeit signalisierte; exemplarisch seien hier Aristophanes' *Ecclesiazusen* (um 393/391 v. Chr.) und ein nicht näher zuzuordnendes Fragment des Eubulos (flor. 375–330) genannt.[407] Als Maß diente dabei gewöhnlich das Verhältnis von Körperschatten zu Fußlänge; Uhren spielen noch keine selbständige Rolle. Diese alte Beobachtung wurde in der *Nea* nun unter neuen Gegebenheiten – der zunehmenden Ausbreitung von Uhren in Athen und den Städten der *Magna Graecia*[408] – aktualisiert. Sie erhielt eine ungekannte Schärfe dadurch, dass die Uhr im Gegensatz zum eigenen Schatten erkennbar ein Fremdes ist, von dem man sich drangsaliert fühlen kann und dem Gewalt anzutun denkbar ist. In dem Moment, wo der Gnomon nicht mehr mit dem Körperschatten identisch ist, sondern einem externen Instrument angehört, das Zeitmaß also sichtbar externalisiert und extern kontrolliert wird, kann auch die Beschimpfung sich nach außen richten: Darin liegt der entscheidende, durch einen Wandel im kulturellen Umfeld bedingte Unterschied zwischen Aristophanes und der Neuen Komödie.

---

406 Hier knüpft die ältere Forschung an, die diese Frage jeweils mit derjenigen nach der Urheberschaft des Motivs verbindet; Ritschls Position ist hier prägend gewesen. Er nahm den Gegensatz von *oppidum oppletum est solariis* und römischer Realität als Ausgangspunkt, um den Sonnenuhrenvergleich der griechischen Vorlage zuzuschreiben resp. Plautus' Autorenschaft anzuzweifeln: Ritschl, Parerga, 1, 208; vgl. Bardon, Litterature, Bd. 1, 36 ff. sowie ausführlich Gratwick, Sundials, 314 ff.

407 Praxagora verspricht Blepyros ein Leben im Müßiggang unter der Frauenherrschaft: „Du aber wirst dich nur darum kümmern müssen, gesalbt zum Essen zu gehen, wenn das Schattenmaß zehn Fuß erreicht hat" (Σοὶ δὲ μελήσει / ὅταν ᾖ δεκάπουν τὸ στοιχεῖον, λιπαρὸν χωρεῖν ἐπὶ δεῖπνον; Ar. Ec. 651–652). Zu Eubulos: PCG 5, Eubulos 117 (=Kock 119; überliefert bei Ath. 1, 8c) über einen Schmarotzer, der in dem Bemühen, nicht zu spät zu kommen, Morgen- und Abendschatten verwechselt und einen halben Tag zu zeitig erscheint. Zur Einordnung des Dichters, der der Generation nach Aristophanes angehörte, s. H. G. Nesselrath, Die attische mittlere Komödie, Berlin 1990. Zum griechischen Schattenmaß allgemein s. Ginzel, Handbuch, 2, 305 f., 388 f.; Kubitschek, Zeitrechnung, 179–181. Eine Parodie des Schattenmaßes bietet das Kaiser Trajan zugeschriebene Epigramm über das ‚Nasenmaß' (AP 11, 418).

408 Siehe dazu oben S. 83 ff. und Schaldach, Sonnenuhren Griechenlands.

Da direkte Belege aus der *Nea* fehlen, kann nur der von Gratwick herangezogene Text Alkiphrons eine gewisse Hilfestellung bieten. Dieser Zeitgenosse Lukians griff beim Verfassen seiner Hetären-, Parasiten-, Bauern- und Fischerbriefe auf Motive und Formulierungen der Neuen Komödie, besonders auf Menander, zurück. Die Wahrscheinlichkeit spricht dafür, dass er sich auch im folgenden Text an Menander orientierte; die plautinische Version war ihm vermutlich weder bekannt noch wäre ein Rekurs auf den lateinischen Dichter für ihn ähnlich attraktiv gewesen.[409] Alkiphron schreibt:[410]

Ἑκτοδιώκτης[411] Λοπαδεκθάμβῳ.
Ὁ γνώμων οὔπω σκιάζει τὴν ἕκτην, ἐγὼ δὲ ἀποσκλῆναι κινδυνεύω τῷ λιμῷ κεντούμενος. εἶεν, ὥρα σοι βουλεύματος, Λοπαδέκθαμβε, μᾶλλον δὲ μοχλοῦ καὶ καλῳδίου [ἀπάγξασθαι][412]· Εἰ γὰρ ἢ ὅλην καταβαλοῦμεν τὴν κίονα τὴν τὸ πικρὸν τοῦτο ὡρολόγιον ἀνέχουσαν, ἢ τὸν γνώμονα τρέψομεν ἐκεῖσε νεύειν οὗ τάχιον δυνήσεται τὰς ὥρας ἀποσημαίνειν, ἔσται τὸ βούλευμα Παλαμήδειον· ὡς νῦν ἐγώ σοι αὖος ὑπὸ λιμοῦ καὶ αὐχμηρός. Θεοχάρης δὲ οὐ πρότερον καταλαμβάνει τὴν στιβάδα πρὶν αὐτῷ τὸν οἰκέτην δραμόντα φράσαι τὴν ἕκτην ἑστάναι. Δεῖ οὖν ἡμῖν τοιούτου σκέμματος, ὃ κατασοφίσασθαι καὶ παραλογίσασθαι τὴν τοῦ Θεοχάρους εὐταξίαν δυνήσεται. Τραφεὶς γὰρ ὑπὸ παιδαγωγῷ βαρεῖ καὶ ὠφρυωμένῳ οὐδὲν φρονεῖ νεώτερον,[413] ἀλλ' οἷά τις Λάχης ἢ Ἀπόληξις[414] αὐστηρός ἐστι τοὺς τρόπους καὶ οὐκ ἐπιτρέπει τῇ γαστρὶ πρὸ τῆς ὥρας ἐμπίπλασθαι.

(„‚Mittagsjäger' zu ‚Schüsselstauner': Der Zeiger [Gnomon] beschattet noch nicht die sechste Stunde, aber ich drohe schon zu verdorren, vom Hunger gepiesackt. Nun los, Schüsselstauner, es ist an der Zeit, dass du einen Vorschlag bringst, nein vielmehr: einen Rammbock und ein Seil. Wenn wir nämlich die Säule umstoßen, die diese widerwärtige Sonnenuhr trägt, oder

409 Zu Menander und Alkiphron vgl. auch Gratwick, Sundials, 309.

410 Alciphr. 3, 1 (= 3, 4 Bergler). Ich folge der Teubneriana von Schepers; die neueren Ausgaben von Benner/Fobes, Avezzù/Longo und Ozanam bringen hier keinen Fortschritt. A.R. Benner/F.H. Fobes, The letters of Alciphron, Aelian and Philostratus, Cambridge/London 1979 (Loeb); E Avezzù/O. Longo, Alcifrone. Lettere di parassiti e di cortigiane, Venedig 1985; A.-M. Ozanam, Alciphron. Lettres de pêcheurs, de paysans, de parasites et d'hetaires. Paris, 1999 (Ed. Budé).

411 Als ‚Verfasser' dieses Briefes erscheint in den Handschriften Τρεχέδειπνος („Zummahlrenner"), Ἑκτοδιώκτης (eigentlich „Jäger der sechsten Stunde") als Verfasser des folgenden Briefes. Schepers hat vermutlich aus inhaltlichen Erwägungen – die Mittagsstunde ist auch im Text von ep. 3, 1, von Bedeutung – die Namen ausgetauscht; spätere Editoren sind ihm darin nicht gefolgt.

412 Von Schepers (m.E. richtig) als Glosse ausgeschieden, von allen späteren Herausgebern wieder aufgenommen. Diese Entscheidung führt dazu, dass die komische Verzweiflung der Parasiten überzeichnet wird, während ihr Plan an Sichtbarkeit und Nachdruck verliert.

den Zeiger so umbiegen, dass er die Stunden früher anzeigt, dann wird das eine wahrhaft palamedische Idee sein! Denn ich bin jetzt schon ganz ausgetrocknet und dürr vor Hunger; Theochares dagegen setzt sich nicht früher zum Essen, als bis sein Sklave zu ihm kommt und sagt, die sechste Stunde sei da! Wir brauchen irgendeinen Plan, um seine Ordnung unterlaufen und überlisten zu können. Geprägt von einem strengen und unfrohen Erzieher kommt Theochares nicht auf ungewöhnliche Gedanken, sondern, gesinnt wie ein Laches oder Apolexis, ist er sehr karg in seinem Wesen und erlaubt es seinem Magen nicht vor der Zeit, sich vollzuschlagen.")

Plautus und Alkiphron beziehen sich, wie Gratwick gezeigt hat, auf eine gemeinsame griechische Vorlage. Beide gestalten die Szene um den Fluch auf die Macht der Uhren und das Aufbegehren der Parasiten herum; auch die Enallage, die Hunger und Durst in einen unauflösbaren Zusammenhang fügt, ist von beiden bemerkt und übernommen worden.

Alkiphron arbeitet allerdings in weit stärkerem Maße als Plautus die soziale Dimension der Zeitordnung heraus: Man muss denjenigen, der für die Einhaltung des Zeitmaßes sorgt, täuschen oder umstimmen; die soziale Ordnung und die in ihr aufgehobenen Gewohnheiten (εὐταξία) müssen verändert werden, ein neuer Palamedes tut not.[415] Die angestrebten Veränderungen erweisen sich als besonders schwierig, wenn der entscheidende Mann sich so altväterlich-traditionell geriert, wie es Theochares tut. Hier gehören Traditionsbewusstsein, Selbstdisziplin und das Festhalten an der instrumentell wie sozial abgesicherten Zeitordnung eng zusammen.

Als spezifisch plautinisch können nach dem Vergleich mit Alkiphron zwei zentrale Motive des Monologs gelten: das Bild des Zeitherrschers und der Gegensatz der zwei Reiche. Plautus zeichnet ein ebenso drastisches wie

---

413 Οὐδὲν φρονεῖ νεώτερον ist hier wohl im Sinne des Aufbegehrens zu verstehen, des Suchens nach neuen, revolutionären Ideen oder, weniger ernsthaft, nach kleinen Ausbrüchen.

414 Avezzù/Longo (wie Anm. 410), 184, vermuten hier den aus Platon bekannten Laches, Feldherr der Athener; der Name Apolexis ist für einige griechische Archonten überliefert, von denen jedoch nicht genug bekannt ist, um eine Zuweisung zu ermöglichen; beide waren offenbar Vorbilder an Selbstdisziplin.

415 Die Herausgeber und Kommentatoren (Benner/Fobes, Avezzù/Longo, Ozanam) sehen in Palamedes den Erfinder schlechthin und in der Bemerkung eine sprichwörtliche Feststellung, die das Übermaß an Erfindungsreichtum charakterisiere, das hier nötig wäre. So hilflos zeigen sich die Parasiten bei Alkiphron jedoch gar nicht. Die Pointe scheint genauer konstruiert zu sein: Palamedes, in vielem Odysseus ähnlich, galt als Erfinder, der mit Verstand die Probleme des menschlichen Zusammenlebens löste. Zu seinen Erfindungen wird gelegentlich auch die Zeitordnung gerechnet. Seine Maßnahmen waren eher auf das geregelte Zusammenleben aller als auf die schnelle Bedürfnisbefriedigung Einzelner ge-

hellsichtiges Bild des machtvollen Zeitherrn, der den Tag in Stücke schlägt, den Magen entmachtet und die Ordnung des Alltags umprägt. In einer Intensität, die Alkiphron fremd ist, hebt Plautus das Neue hervor und nennt es mit seinem lateinischen Namen: *solarium* wird von ihm – jedesmal in Endposition! – dreimal in neun Zeilen verkündet; Alkiphron begnügt sich mit einer einfachen Nennung.

Auch die Metapher der zwei Reiche (*regnum ventris, regnum Solis*), die Nahvergangenheit und Gegenwart einander gegenüberstellt, hat bei Alkiphron keine Entsprechung. Sie bleibt plautinisch, was jedoch nicht ausschließen kann, dass die Metapher der gemeinsamen Vorlage entstammt und von Plautus übernommen und adaptiert wurde, da sie nur für ihn und sein Publikum Relevanz besaß. Für die Argumentation Alkiphrons jedoch und für seine Leser, die schon seit einigen Jahrhunderten mit Uhren lebten, gab es keine entsprechende Naherinnerung an das *regnum ventris*. In der Beschränkung des bei Plautus erkennbaren Metaphernkomplexes auf den Uhrenfluch wird die historische Gebundenheit des plautinischen Bildes deutlich: Wo keine Alternative zur uhrengeleiteten Zeitordnung mehr in Erinnerung gerufen werden kann, hat die Metapher schnell ihre Verankerung in der Realität eingebüßt und verliert ihren Witz.

In Rom wurde die Verfluchung von Uhren gegen Ende des dritten Jahrhunderts v. Chr. verständlich. Die primitive Zeitverkündung, die seit ungefähr 450 v. Chr. für die römische Prozesspraxis verwendet worden war, differenzierte sich in plautinischer Zeit von der Vierteilung des Lichttages bis zur Stundenmessung aus. Zugleich drückte sich in der Nutzung der erbeuteten Sonnenuhren in ihrer ursprünglichen Funktion als Chronometer ein neues, zumindest ein intensiviertes Bedürfnis nach öffentlicher Zeitordnung aus. Dies mochte besonders den ehemaligen Soldaten unter den Zuschauern auffallen, die mit dem Leben in der *Magna Graecia*, das bereits stärker durch die instrumentelle Zeitmessung geprägt war, vertraut waren.

Die erste in Rom zur Zeitordnung eingesetzte Sonnenuhr, das um 263/262 v. Chr. aufgestellte *solarium Valerianum* aus Catania, war vermutlich nicht die einzige Sonnenuhr in Rom. Doch ihr kam eine normgebende Funktion zu, indem sie innerhalb der staatlichen Ordnung von Rechtsprechung und Politik Zeitwidmungen und Fristen markierte, die (mit unterschiedlicher Gewichtung) alle forensisch tätigen Menschen betraf. Der plautinische Fluch über den Aufsteller der Uhr hatte in den hohen

richtet – hier zeigt sich das spezifische Bild, das die Parasiten von einem ‚guten' Erfinder haben. Zu Palamedes s. oben S. 59 ff.

Magistraten konkrete Adressaten. In diesem Zusammenhang weist Chalmers auf die Abhängigkeit der Autoren von Politikern, speziell von Aedilen hin – Politiker waren nicht nur Publikum, sondern auch Wegbereiter und Auftraggeber in einem.[416] Anspielungen auf ihre Lebenswelt hatten in der Komödie einen Platz. Dies ist der Hintergrund, der den Verstehenshorizont des plautinischen Publikums markiert.

Die Straffung des Zeitmaßes mit Hilfe der instrumentellen Messung war zu Plautus' Zeit so aktuell, dass man die mit ihr verbundene verstärkte Normierung noch spürte, sich noch nicht ganz daran gewöhnt hatte und noch darüber staunen und klagen konnte: Der Parasit führt seine Rückschau in die Zeit der ‚Magenuhr' als Erinnerung an die eigene Jugend ein. Plautus nimmt die Dominanz der Zeitmessung also als eine für seine Zeitgenossen spezifische, ‚moderne Erfahrung', der er – man könnte sagen: zur Erläuterung, zur Verschärfung – die Erinnerung an das *regnum ventris*, d.h. an eine Nahvergangenheit, die noch nicht durch die überindividuelle Zeitmessung der Sonnenuhr dominiert wurde, zur Seite stellte.

Betrachtet man die Bemerkung *oppidum oppletum est solariis* im Hinblick auf den nach den Quellen zu erahnenden Zustand, muss sie natürlich als maßlose Übertreibung verstanden werden: Rom war um 200 v.Chr. ebensowenig *oppletum solariis*, wie es Athen knapp 200 Jahre zuvor gewesen war. Doch Plautus hätte und hat keinen unverständlichen Witz übernommen. Seine Übernahme signalisiert vielmehr den Anfang einer Entwicklung, einen ersten großen Schritt, der hier zu greifen ist und der Plautus befähigt, blitzlichtartig den Verlauf und möglichen Endpunkt der jüngst angestoßenen Entwicklung zu beleuchten. Um eine Bemerkung wie *oppidum oppletum est solariis* zu machen und als Witz zu belachen, muss es im Sinne der ockhamschen Ökonomie genau ***eine*** Uhr mit spürbarer öf-

---

416 Chalmers, Plautus, 23: „It is unlikely that, with this kind of professional background, he [i.e. Plautus] would frequently have indulged in the luxury of making esoteric jokes which could be understood only by a very select minority [...] Moreover in the theatrical conditions of his time, his whole career depended on pleasing the aediles and other magistrates responsible for the presentation of dramatic entertainments, and they, through an understandable desire to influence the electorate, would scarcely have fostered the work of a dramatist who consistently wrote plays which were not adequately comprehensible to his audience." Angestrebte Allgemeinverständlichkeit für das plautinische Publikum ist jedoch keinesfalls mit Verständlichkeit für moderne Leser gleichzusetzen, so dass Harvey mit anderer Perspektive zu einer ganz anderen Aussage gelangen kann: „We must assume that Plautus was able and willing to insert highly specific allusions comprehensible to his audience." (Paul B. Harvey jr, Historical Topicality in Plautus, in: CW 79 (1985/86) 297–304, hier S. 299).

fentlicher Bedeutung in Rom geben – der Witz liegt auch und gerade in der Extrapolation.

Diese Annahme weist implizit einen zu erwartenden Einwurf zurück: Natürlich kann man die untersuchten Verse für eine spätere Interpolation anlässlich einer Wiederaufführung halten, so dass man bei ihrer Deutung von einer späteren und stärker uhrendominierten Epoche auszugehen hätte, auf die das Bild sich bezöge. Doch eine vergleichbar hohe Sensibilität in Bezug auf den Einsatz und die Wirkmächtigkeit von Uhren hat es nach Evidenz der Texte zumindest bis hin zu Plinius d. Ä. und zu Seneca d. J. nicht mehr gegeben – soweit müsste man die Wiederaufführung dann verschieben. Um das Fragment jedoch, wie es vorgekommen ist, in die Gracchenzeit, die späte Republik oder gar ins zweite nachchristliche Jahrhundert zu datieren, fehlt jede innere Grundlage – hier legte lediglich die zu wenig überdachte Prämisse, dass Uhren erst als Massenphänomen Wirkung entfalten, die Maßstäbe der Datierung im Vorhinein fest.[417]

Oppletum wäre nach meinen Überlegungen also eine poetische Übertreibung, die das Maß der Veränderung charakterisiert: Die wenigen Uhren, die es schon gab, veränderten den Alltag so, dass man meinen konnte, sie wären überall. Plautus und seine Zeitgenossen konnten eine Vorstellung davon besitzen und sie vermochten sich daran zu erinnern, dass es Zeiten gab, die anders organisiert waren. Demnach wäre es allein den Entwicklungsbedingungen der lateinischen Literatur und ihrer ungerechten Überlieferung zuzuschreiben, dass nur eine Handvoll Komödienverse diesen Angelpunkt des römischen Zeitdenkens kenntlich machen, an dem Uhren als Ordnungsinstrumente erkennbar und verschiedene, in ihrem Zeiterleben differente Kulturformen in ihrem Aufeinanderstoßen wahrnehmbar wurden.

417 Zwei exemplarische Spätdatierungen: Ritschl stellt das Fragment den nichtplautinischen Prologen an die Seite und datiert es, ausgehend von der Annahme, es müsse ein funktionierendes Netz über die Stadt verteilter Uhren gegeben haben, um diesen Text zu ermöglichen, in die Jahre um 100 v. Chr. (Ritschl, Parerga, 1, 208; vgl. auch 123–125). Dohrn-van Rossum datiert das Fragment irrtümlich sogar bis in die Zeit des Gellius; man möchte es weniger einer unaufmerksamen Lektüre als dem vorauseilenden Vorwissen des Wissenschaftshistorikers zuschreiben, das ein Verhältnis von 1:1 zwischen Beschreibung und beschriebener Welt zu postulieren bemüht ist (Dohrn-van Rossum, Uhr, hier 975).

3.2. Die kosmische Uhr als Modell dauerhafter Ordnungen

Platon und Aristoteles hatten in der regelhaften Bewegung der Gestirne das Instrument gesehen, das aufgrund seiner Ewigkeit und Gottesnähe besser als jedes andere die menschliche Zeit messen und Vorbild für ihre Organisation sein könne. In nachplatonischer Zeit ist ihr der Titel der ‚kosmischen Uhr' zugewachsen. Da es bislang nicht gelungen ist, den historischen Moment zu ermitteln, wo die Gestirne nicht mehr als Werkzeuge der Zeit, sondern konkret und einengend als himmlisches Uhrwerk bezeichnet wurden, muss auch das Abhängigkeitsverhältnis weiterhin als unbestimmt gelten; die Plausibilität legt es nahe, dass das kosmische *horologium* seine Spezifizierung nach dem irdischen Modell erhalten hat, nicht umgekehrt.

Ähnlich wie Kosmos und Uhr wurden auch kosmische und irdische (politische) Ordnung in staatstheoretischen Überlegungen intensiv aufeinander bezogen. Dieses Konzept von Staat und Stadt als Abbild kosmischer Ordnung führte allerdings dazu, dass das Bild der kosmischen Uhr gleichsam darin aufging, da der Ordnungsbegriff als gemeinsame Klammer alle drei verband.[418] Dabei wird das Bild von der kosmischen Uhr leicht unsichtbar, ohne dass dieses ‚Unsichtbarwerden' gleichbedeutend wäre mit ihrem Verschwinden – die Wiederaufnahme des Bildes bei den Autoren des Hochmittelalters und der Frühen Neuzeit weist deutlich auf eine kontinuierliche Tradition hin. In der römischen Antike selbst wird das Bild von der kosmischen Uhr nur ein einziges Mal und dann in kreativer Übersteigerung sichtbar – so jedenfalls möchte ich die ovidische Transposition der kosmischen Uhr deuten, die bei ihm als ‚Hofstaat der Zeiten' erscheint, der den Herrscher des Himmels geordnet umgibt. Erkennt man in diesem ‚Hofstaat derZeiten' das Bild der kosmischen Zeitordnung wieder, so lösen sich auch einige Verständnisprobleme, die die ovidische Schilderung bislang geboten hat.

Zu Beginn des zweiten Metamorphosenbuches erzählt Ovid, wie Phaeton zum Palast des Sonnengottes eilt, um dort seinen Vater, Helios, zu suchen. Sein Weg führt ihn an den reich geschmückten Palasttüren vorbei in den Thronsaal, wo er Helios und dessen Hofstaat erblickt:[419]

---

418 In diesen Kontext gehören auch die *sphaerae*, dreidimensionale Modelle des bekannten Kosmos, die dessen regelhafte Funktionsweise visualisieren. In der Literatur vermitteln sie nicht nur Erkenntnisse über die Gesetzmäßigkeiten des Himmels, sondern veranschaulichen auch die harmonische Ordnung der ganzen Welt. Siehe dazu oben S. 41 ff.

purpurea velatus veste sedebat
in solio Phoebus claris lucente smaragdis.
a dextra laevaque Dies et Mensis et Annus
Saeculaque et positae spatiis aequalibus Horae:
Verque novum stabat cinctum florente corona,
stabat nuda Aestas et spicea serta gerebat,
stabat et Autumnus, calcatis sordidus uvis,
et glacialis Hiems, canos hirsuta capillos.

(„In ein Purpurgewand gekleidet saß der Sonnengott auf dem Thron, der von strahlenden Smaragden leuchtete. Rechts und links von ihm: der Tag, der Monat, das Jahr und die Jahrhunderte und die Horen, in regelmäßigen Abständen aufgestellt: der junge Frühling stand dort, bekränzt mit einer Blütenkrone; da stand der Sommer, nackt, mit Ährengirlanden dabei; dort stand auch der Herbst, ganz schmutzig, denn er hatte Trauben gestampft, und auch der eisige Winter, struppig mit schneegrauem Haar.")

Bei der ersten Lektüre dürfte der eigentümliche Hofstaat das Auffälligste an dieser Szene sein. Ovid zeigt die Sonne als leuchtendes Gestirn und purpurgekleideten Herrscher zugleich, der weder von politischen Beratern noch von den Botschaftern aller Weltgegenden, sondern von den Vertretern der Zeiten flankiert wird. Zur Allegorie gehören vier Vertreter der linearen Zeit (*dies, mensis, annus, saeculum*), die Ovid nach ihrer Größe anordnet. Eine derartige systematische Anordnung der Zeiten darf als ‚unepisch' gelten; sie hat ihren eigentlichen Ort als Gliederungsprinzip in der wissenschaftlichen Literatur.[420] Ovid integriert diese wissenschaftliche Systematik in seine poetische Darstellung, verzichtet aber darauf, die Begriffe zu veranschaulichen. Umso mehr tut er dies bei den danach genannten Jahreszeiten *ver, aestas, autumnus und hiems*, denen in explizitem Gleichmaß je ein Vers zugeteilt ist. Blüten, Ähren, Wein und Frost, die Betonung ihrer Körperlichkeit und eine gewisse Klimax im Alter vom jungen Frühling zum weißhaarigen Winter lassen die bunte Schar lebendig vor Augen treten.

Zwischen den körperlos bleibenden Zeitmaßen und den lebhaften Personifikationen stehen die *horae* (v.26), deren genaue Bestimmung ge-

---

419 Ov. met. 2, 23–30. Hier verschiebt sich der Modus des Erzählens ein wenig, von der Ekphrasis des Kunstwerks wechselt Ovid zu einer Bildbetrachtung, deren Reichtum an Personifikationen sie in die Nähe der Allegorie rückt.

420 Maßgeblich für alle Späteren waren hier Varros verlorene *Antiquitates*, von denen sechs Bücher dem menschlichen Umgang mit der Zeit gewidmet waren. Mit Hilfe von Censorinus 16–24 und Augustin (civ. 6, 3) sind die Titel *De aevo, De saeculis, De lustris, De annis, De mensibus, De diebus* rekonstruiert worden – der Hofstaat aus Helios' Schloss in absteigender Größe.

wisse Schwierigkeiten bereitet. Die Forschung der letzten Jahre vertritt, soweit ich sehe, nahezu einhellig die Ansicht, es würde sich hier um die zwölf Stunden des Tages handeln; Barchiesi sieht in ihnen nicht nur die Stunden, sondern zugleich auch die Monate dargestellt, setzt also die hier nicht genannte Zwölfzahl voraus.[421] Ich möchte hingegen dafür plädieren, in den *horae* summarisch die im Folgenden differenziert ausgeführten Jahreszeiten zu sehen.[422] Dies scheint mir aus inhaltlichen, strukturellen und nicht zuletzt ästhetischen Gründen geboten:

Zum Ersten: Die *horae* seien, so sagt Ovid, *spatiis aequalibus positae,* in regelmäßigen Abständen aufgestellt. Diese Regelmäßigkeit wird gewöhnlich als zentrales Indiz dafür genommen, dass *hora* hier ‚Stunde' meint.[423] Doch es gibt in der antiken lateinischen Literatur keine vergleichbare Stelle, an der *horae* als *aequales* charakterisiert werden, im Gegenteil: *horae* sind aus römischer Sicht grundsätzlich *inaequales*; schon Plautus konnte seine Pointen aus diesem Faktum schöpfen.[424] Das Attribut *aequales* führt nicht dazu, die *horae* als Stunden zu identifizieren.

Zum Zweiten: In der ersten Zeitenreihe nennt Ovid die von Menschen gemessenen Zeitabschnitte in aufsteigender Ordnung. Hätte Ovid auch die Stunden am Thron Aufstellung nehmen lassen wollen, hätte das von ihm hier so explizit herausgestellte Ordnungsschema eine Nennung der *horae* vor dem *dies* gefordert, am Anfang der ersten Zeitenreihe.

---

421 Bömer, Metamorphosen 1, 246–249. Herter, Verhältnis, 67 ff. geht davon aus, dass aufgrund der Formulierung *spatia aequalia* nur Stunden gemeint sein können; begründet wird dies mit der Nennung der Horen in 2, 118, wo diese dem Sonnengott beim Anschirren behilflich sind und als *veloces* bezeichnet werden. Barchiesi/Segal folgen dieser Annahme, sehen aber offenbar auch 12 Monate und die Jahreszeiten mit den *horae* mitgemeint (1, 241 im Komm. Zu 2, 26). Diese Mehrdeutigkeit ist vom Wort her natürlich gegeben, doch die Ekphrasis bedarf der Eindeutigkeit, um vorstellbar zu sein, daher führt die vorgeschlagene Indifferenz hier nicht weiter. Weiterhin problematisch erscheint es mir, dass Nonnos als einziger Garant für das gleichzeitige ‚Gemeintsein' von Stunde, Monat und Jahreszeit herangezogen wird: zum einen liegt fast ein halbes Jahrtausend Literatur- und Kulturentwicklung zwischen Ovid und Nonnos, zum anderen vermag es Nonnos, innerhalb einer Erzählung dieselbe Bezeichnung ohne weitere Erklärungen sowohl für die Jahreszeiten als auch für Stunden zu verwenden, so dass von ihm Eindeutigkeit nicht zu erwarten ist (Nonn. 11, 485–12, 117; der Wechsel von den Jahreszeiten- zu den Stundenhoren wird in 12, 17 offensichtlich).

422 Ebenfalls postuliert von Lorenzo Abad Casal, Horae, in: LIMC 5 (1990), 510–538, hier 510.

423 Etwa Bömer, Metamorphosen, 1, 247.

Zum Dritten: Wenn man den *horae* selbst in der nachgestellten Position noch die Bedeutung ‚Stunde' unterlegen möchte, so entsteht ein Bild – und Ovids Szenen sind immer auch mit einem Auge für die ästhetische Wirkung konzipiert –, das Helios und seinen Hofstaat nicht in kosmischer Harmonie, sondern in großem Gedrängel zeigt: erst vier Kategorien der Zeitordnung, dann zwölf Stunden, schließlich noch vier Jahreszeiten und Helios mittendrin.[425] Ein derartiges Bild konterkariert die Ernsthaftigkeit und Feierlichkeit der ganzen Szene; Ironiesignale werden hier aber sonst nicht gesetzt.

Daher schlage ich vor, in den *horae* den alten Sammelbegriff für die dann folgenden vier Jahreszeiten zu erkennen, deren Länge in der römischen Literatur gewöhnlich mit je drei Monaten angenommen wird.[426] Sie sind zumindest mit sich selber, mit einer gewissen Großzügigkeit aber auch als einander *aequales* zu beurteilen.[427] Versteht man die *horae* als Jahreszeiten, so ergibt sich ein harmonisch ausgewogenes Bild: auf der einen Seite die vier Zeitabschnitte vom Tag bis zum Jahrhundert, schlicht nach Größe geordnet, auf der anderen Seite des Throns die vier Jahreszeiten, nach Alter gestaffelt und in buntem Kolorit. Das Bild evoziert eine ‚überdefinierte Ordnung' barocker Machart, die in der für Ovid so cha-

424 Der ThlL bietet s.v. *hora* zahlreiche Belege für die explizite Benennung des Ungleichmaßes der Stunden; die Aequinoktien gewinnen ihren Sonderstatus daraus, dass nur an ihnen diese Grundregel einmal ausser Kraft gesetzt ist. Vgl. etwa Plin. nat. 2, 213 (Abgrenzung der Äquinoktialstunden von den *horae inaequales vulgares*); zur literarischen Nutzung der Beobachtung s. etwa Plaut. Poen. 1304: Simo wirft Pseudolus dessen Trunksucht vor und unterstellt ihm, dass er in nur einer Stunde größte Mengen an Wein hinunterschütten könne, worauf dieser entgegnet: „Sag ruhig: ‚In einer Winterstunde', [*hora*] *hiberna addito.* Die Winterstunde dient hier als impliziter Diminutiv.

425 Eine ähnliche Überlegung könnte Herters unerklärter Bemerkung zugrunde liegen: „Wenn Ovid sie gleichen Abstand voneinander halten lässt, so hat er damit schwerlich ein künstlerisch brauchbares Motiv geliefert" (Herter, Verhältnis, 69). – Die erhaltenen Bildzeugnisse stammen sämtlich aus späterer Zeit. Die Nachzeichnung der verlorenen Wandmalereien aus Neros *Domus Aurea*, die Phaeton vor Helios zeigten, bietet eine symmetrische Anordnung der vier Jahreszeiten; der Kopenhagener Phaetonsarkophag eine in den Raum hinein ansteigende Ordnung. Hanfmann, Season Sarcophagus, Abb. 82 und 104.

426 Man kann einwenden, dass die gleichmäßige Länge der Jahreszeiten zu je 3 Monaten durch die geringfügig differierende Tagesanzahl (89–93) beeinträchtigt wird – wichtiger scheint mir aber, dass die Jahreszeiten überhaupt im normalen Wortgebrauch als *aequales* gelten konnten, was, wie gesagt, bei den Stunden außerhalb der Astronomie gar nicht möglich ist. – Gewisse stilistische Bedenken bleiben in Bezug auf das *-que* nach den *horae*, das in meiner Deutung explikativ zu

rakteristischen Weise verschiedene Traditionen der Zeitsystematik zu einem Bild zusammenfügt.[428] Die erzählerische Funktion der Thronsaalbeschreibung liegt dabei auf derselben Ebene wie diejenige der Türekphrasis:[429] Beide zeigen die harmonische Ordnung der Welt, die Phaeton durcheinanderwirbeln wird.

Helios' Hofstaat repräsentiert also, wenn wir ihn so verstehen, die Ordnung des Kosmos, in deren Zentrum die Sonne thront. Sie wird hier als eine rein zeitliche, von der Sonne ausgehende Ordnung vorgeführt, so, wie sie Platon im *Timaios* beschrieben hat und wie sie nach ihm in der Metapher der ‚kosmischen Uhr' erfasst worden war. Diese begriff das Kreisen der Gestirne analog zur Bewegung einer Maschine, eines mechanischen oder hydraulischen Automaten. Eben diesen führt Ovid hier vor, ein himmlisches Abbild geordneter irdischer Zeit, eine ‚Kunstuhr' mit anschaulichen Figuren, die die irdische Ordnung wieder an den Himmel versetzte.[430]

---

verstehen ist: Ovid schließt jedes neue Glied der Reihe unterschiedslos mit *et* oder *que* an, doch nur an einer Stelle wäre die Konjunktion explikativ zu verstehen, ohne dass weitere Hinweise dazu gegeben würden. Dies wäre tragbar, wenn Ovid mit einem sicheren Vorverständnis seiner Leser hätte rechnen können.

427 Die Länge der Vierteljahre wird entweder von den Jahrpunkten ausgehend oder aber als einfache Zusammenfassung von je drei Monaten bestimmt, so dass die Angaben über die jeweilige Länge innerhalb einer gewissen natürlichen Schwankungsbreite liegen, die jedoch vier Tage nicht überschritt (vgl. etwa Varro rust. 1, 27–28; zur Berücksichtigung der Jahrpunkte in der julianischen Reform s. Rehm, Bauernkalender, 226–227). Die Versuche der griechischen Wissenschaft, die Länge der Jahreszeiten astronomisch exakt zu bestimmen und mit der unterschiedlichen Länge zurechtzukommen, dokumentieren Bowen/Goldstein, 58–63.

428 Gall, Literatur, 148: „Diese Fülle schießt ganz bewusst über eine realitätsgetreue Darstellung hinaus. Ihr Ziel ist nicht die echte Anschauung, sondern die Versammlung aller durch die Tradition vorgegebenen oder in der Phantasie vorstellbaren Aspekte, bis hin zu einer Überfülle, die jede Anschaulichkeit sprengt."

429 Die Einsinnigkeit von Türekphrasis und Beschreibung des Thronsaals sehen auch Barchiesi/Segal in ihrem Metamorphosen-Kommentar: „Si può dire che Ovidio stia completando il lavoro di Vulcano, mostrando il potere del Sole sul Tempo, dopo che l'artista divino ne ha illustrato il controllo sullo spazio" (Barchiesi/Segal 1, 241).

3.3. Die Sonnenuhr als Sinnbild menschlicher Endlichkeit

Der ewigen Ordnung des Makrokosmos steht die Endlichkeit des Mikrokosmos gegenüber. Für diese Endlichkeit hat die lateinische Literatur zwei mit der Uhr verbundene Bilder gefunden, von denen das eine die Wasseruhr, das andere die Sonnenuhr zum Ausgangspunkt nimmt. Das erste verlagert die alte Metapher vom wassergleichen Verfließen der Zeit in das Instrument und aktualisiert sie dadurch. Das weit eigentümlichere zweite scheint durch Verknüpfung einer habitualisierten und einer neuen, kreativen Metapher entstanden zu sein und wirkt dadurch irritierend und überdefiniert zugleich.

Die Vorstellung, dass die Lebenszeit ablaufe ‚wie eine Uhr', lässt sich nicht aus jedem Uhrentyp problemlos entwickeln: Wasser- oder Sanduhren, deren Zu- oder Abfluss zu beobachten sind, erscheinen hier weit mehr geeignet als die Sonnenuhr, deren Schatten im Tages- und Jahresgang wesentlich vielfältigeren Wandlungen unterworfen ist. Ansätze für eine Metaphorisierung der Wasseruhr als Sinnbild für das Stocken oder Enden einer Handlung lassen sich zuerst bei Cicero und Quintilian beobachten; hier liegt es nahe, an eine Reaktion auf die Alltagserfahrung des Redebetriebs zu denken.[431] Ein Beispiel für die spezifische Verknüpfung von Wasseruhr und Lebensende bietet Seneca, der in einem der Briefe an Lucilius schreibt:[432]

> quemadmodum clepsydram non extremum stillicidium exhaurit, sed quicquid ante defluxit, sic ultima hora, qua esse desinimus, non sola mortem facit, sed sola consummat: tunc ad illam pervenimus, sed diu venimus.

> („So, wie es nicht der letzte Tropfen ist, der die Wasseruhr ausleert, sondern das, was vorher hinabgeflossen ist, so bereitet nicht allein die letzte Stunde, in der wir zu sein aufhören, den Tod, aber sie allein vollzieht ihn: dann erst sind wir zu ihm gelangt, aber wir sind lange auf dem Weg dorthin gewesen.")

---

430 Vgl. dazu die Schilderung von figurenbesetzten Automaten bei Vitruv und auch die – allerdings wesentlich später entstandene – Uhr, die Prokop beschrieben hat (Diels, Prokop). Nur in arabischer Übersetzung ist die Beschreibung einer mechanischen Uhr erhalten, die Archimedes zugeschrieben wird (Wiedemann/Hauser).

431 *Aqua haeret,* abgeleitet möglicherweise aus einem Defekt der Wasseruhr, wird von Cicero bereits als sprichwörtlich bezeichnet und als Bezeichnung dafür eingesetzt, dass er nicht weiter weiß (Cic. off. 3, 117; ad Q. fr. 2, 8, 2); *aquam perdere* = Zeit verlieren bei Quint. inst. 11, 3, 52 vgl. Otto, Sprichwörter, s.v. *aqua* 12, mit weiteren Belegen.

432 Sen. epist. 24 (=3, 3), 20.

Verblüffender als diese, immerhin aus einem zentralen Kennzeichen des Bildgebers – dem Ablaufen und Verschwinden des Wassers – abgeleitete Metapher ist ein m.W. singuläres Bild, das bei Valerius Maximus überliefert ist und das den Ablauf der Lebenszeit mit einer Sonnenuhr verbindet.

In seiner auf ältere Texte zurückgreifenden Exempelsammlung der *Facta ac dicta* (um 30 n. Chr.) erzählt Valerius Maximus vom Tode Ciceros. Seine Version unterscheidet sich in einem entscheidenden Detail vom Tenor der antiken Darstellungen. Diese schöpfen, wie Homeyer gezeigt hat, bei allen Bewertungsdifferenzen doch aus einem stabilen, vermutlich in Tiros Cicero-Biographie begründeten Motivfundus, der am umfangreichsten bei Plutarch und Appian erhalten ist.[433] Sie betonen, dass Ciceros Flucht von bösen Vorzeichen überschattet gewesen sei: Raben hätten sein Schiff verfolgt und seien Cicero bis in die inneren Gemächer seiner Villa hinterhergekommen, sei es, um seinen Tod zu verkünden, sei es, um ihn zu warnen und zu retten. Hinter diesem *prodigium* zeichnet sich deutlich die Vorstellung von der weissagenden und Unglück verheißenden Macht der Raben ab. Der bei Valerius Maximus überlieferte Bericht variiert diese Erzählung, indem er ein neues Vorzeichen einführt und die Raben entmachtet, von denen nur noch einer in einer – allerdings bedeutenden – Nebenrolle auftritt:[434]

> Ciceroni mors imminens auspicio praedicta est: cum enim in villa Caletana esset, corvus in conspectu eius horologii ferrum loco motum excussit, et protinus ad ipsum tetendit, ac laciniam togae eo usque morsu tenuit donec servus milites ad eum occidendum venisse nuntiaret.
>
> („Cicero wurde der bevorstehende Tod durch ein Auspizium vorhergesagt: Als er nämlich in der Villa in Caieta war, riss ein Rabe vor seinen Augen den eisernen Zeiger der Sonnenuhr heraus, eilte sogleich zu ihm hin und hielt den

433 Helene Homeyer, Die antiken Berichte über den Tod Ciceros und ihre Quellen, Baden-Baden 1964. Homeyer identifiziert das Raben-Prodigium als klassisches Motiv der Todestopik (S. 13); die Fassung von Valerius Maximus gilt ihr als „stark vergröbert“ (S. 37), ohne dass sie weiter darauf einginge.

434 Val. Max. 1, 4, 6 Briscoe. Die von Nepotianus überlieferte Fassung lautet: *M. Tullius or[ator] cum in agro Saletano proscriptus lateret insectante Antonio, corvus virgulam ferream, qua distinguebantur horae, sicte scidit* (*sic conscidit* Halm, al.al.) *rostro ut eam excuteret, togamque Tullii apprehendit et traxit. Sub momento ad eum percussores irruerunt.* Davis, Horologium, hat m.W. erstmalig auf diese Metapher aufmerksam gemacht. Die von ihm vorgeschlagene Verknüpfung des Bildes mit der ζ-η-θ-ι-Inschrift, deren Ziffern auf den Uhren zur Markierung der Stundenfolge dienen und die zugleich, als Text gelesen, zum Lebensgenuss auffordert, scheint mir weder im Text noch in der Metaphernentwicklung begründet.

Zipfel der Toga so lange mit seinem Schnabel fest, bis der Sklave meldete, Soldaten seien gekommen, um ihn [Cicero] zu töten.")

In der von Nepotianus überlieferten Fassung der Anekdote wird das Uhrenmotiv noch stärker betont, indem die Funktion des Stabes explizit benannt wird (*virgulam ferream, qua distinguebantur horae*).

Ciceros bevorstehender Tod wird dadurch angekündigt, dass seine Sonnenuhr ihren Zeiger verliert. Uhr und Herr, Uhrzeit und Lebenszeit werden aneinander gebunden; die Zerstörung der Uhr geht dem Tod des Herrn unmittelbar voraus. Der Sonnenuhr wird hier ein symbolisches Potential zuerkannt, das über ihr normales Funktionieren weit hinausreicht. Man ist versucht, in dem symbolischen Bild ein Ergebnis der frühkaiserzeitlichen Rhetorik zu sehen, die das Raben-*prodigium* mit der an der Klepsydra gebildeten Metapher von der Lebenszeit verwebt. Wie neu und unverständlich das Bild hier noch ist, zeigt die Beibehaltung des Raben, der als etablierter Unglücksbote die neue Metapher ergänzen und quasi ‚übersetzen' muss.[435]

3.4. Ausblick: Herrschaft und Ordnung in der späteren Uhrenmetaphorik

Der hier knapp skizzierte Weg durch die Metapherngeschichte lässt die Bedeutung der in der Forschung bislang nicht wahrgenommenen antiken Uhrenmetaphorik für die Geschichte der Zeitmetaphorik erkennen. Die dem Bild unterliegende Wahrnehmung von der disziplinierenden Macht der Uhren entwickelt sich in der Spätantike zu einem Topos der Kulturbeschreibung; die irrationale und individualistische ‚Magenuhr' wird zum negativen Spiegelbild der kosmischen Uhr, der Ordnung und harmonische Schönheit eigneten.

Im Bildfeld von der Herrschaft der Uhr, das seine differenzierteste Ausprägung bei Plautus gefunden hatte, sind verschiedene Teilbilder auszumachen: das Konzept der zwei Reiche, die gute Herrschaft der

435 Artem. 3, 66: Dass das Bild auch außerhalb der Ciceroviten weiterlebte, bezeugt anschaulich Artemidors Traumbuch aus dem zweiten nachchristlichen Jahrhundert, wo es heißt: Ὡρολόγιον πράξεις καὶ ὁρμὰς καὶ κινήσεις [...] σημαίνει [...]. ὅθεν συμπῖπτον ἢ κατεασσόμενον πονηρὸν ἂν εἴη καὶ ὀλέθριον, μάλιστα δὲ τοῖς νοσοῦσιν. („Eine Uhr zeigt Handlungen und Unternehmungen und Bewegungen an ... Deshalb ist ihr Einstürzen oder Zerbrechen schlimm und unheilvoll, besonders für Kranke.").

Magenuhr und die Tyrannei der Sonnenuhr. Magenuhr und Sonnentyrannei gingen in der folgenden Zeit getrennte Wege. Das Konzept der zwei Reiche und die Klage über die Tyrannei der Sonnenuhr verschwanden in dem Maße, in dem kein Widerstand gegen diese Art der Zeitordnung mehr artikuliert wurde.

Die Entwicklung der Metapher von der Magenuhr wird besonders deutlich im Gattungswechsel sichtbar. Das *regnum ventris* wandert aus der Komödie in die Fachprosa. Ammian und Cassiodor setzen es ein, um räumlich oder kulturell distante Gesellschaften zu beschreiben und die Grenzen der Zivilisation zu bezeichnen. Die Metapher rückt damit in den Diskurs über *virtutes ac vitia* ein und dient dem Bemühen, Kriterien zur Bestimmung des Fremden zu entwickeln.[436] In einem ethnographischen Exkurs über die Perser äußert sich etwa Ammianus Marcellinus (333- um 400) über deren Umgang mit den körperlichen Ausscheidungen, Sexualität, Essen und Trinken usw. Zum Letztgenannten merkt er in Abweichung von allen klassischen Berichten eine besondere Zurückhaltung an:[437]

> munditias conviviorum et luxum maximeque potandi aviditatem vitantes ut luem. nec apud eos extra regales mensas hora est praestituta prandendi, sed venter uni cuique velut solarium est, eoque monente quod inciderit editur, nec quisquam post satietatem superfluos sibi ingerit cibos.
>
> („Üppigkeit und Luxus von Gastmählern, besonders aber das übermäßige Trinken meiden sie wie die Pest. Außer an der königlichen Tafel ist bei ihnen die Essensstunde nicht vorher festgelegt, sondern der Magen dient einem jeden als Sonnenuhr, und wenn er sich bemerkbar macht, wird gegessen, was da ist, und niemand stopft sich nach der Sättigung noch überflüssige Speisen hinein.")

Ammianus kennt offensichtlich die Metapher der ‚Magenuhr' aus Plautus, dem er nahezu wörtlich folgt;[438] doch sie scheint ihm, ein halbes Jahrtausend nach Plautus, einem kulturell älteren Gesellschaftszustand individueller Bedürfnisbefriedigung anzugehören. Plautus' Naherinnerung hat hier (wie schon bei Alkiphron) keinen Raum mehr. Ammian entwickelt

---

436 Grundlegend dazu Dihle, Griechen.

437 Amm. 23, 6, 77–78; dazu J. den Boeft/J. W. Drijvers/D. den Hengst/HC. Teitler, Philological and historical Commentary on Ammianus Marcellinus 23, Groningen 1998. – Zu Ammians Exkursen s. Klaus Rosen, Ammianus Marcellinus, Darmstadt 1982 (Erträge der Forschung 183), 73–86, bes. 85 f.; zu den Persern und Ammians Umgang mit seinen Quellen bes. Hans Teitler, Visa vel lecta? Ammianus on Persia and the Persians, in: Jan Willem Drijvers/David Hunt, The Late Roman World and its Historian. Interpreting Ammianus Marcellinus, London/New York 1999, 216–223.

das Bild daher anders als Plautus nicht ins dräuend Aufbegehrende weiter, sondern er verklärt es: Die Magenuhr steht bei ihm für einen idealen Naturzustand, in dem die körperlichen Bedürfnisse mit Genügsamkeit und Mäßigung befriedigt werden; lediglich an der königlichen Tafel gelten die zivilisatorischen Zeitmaße.

Eine gewisse ironische Wendung des plautinischen Vorbildes könnte darin liegen, dass Ammian das plautinische *ubi is té monebat, esses, nisi cum nihil erat* (v.6) paraphrasiert, im nächsten Satz jedoch dessen Antithese *nunc etiam quom est, non estur* durch eine völlig andere, eben nicht gegensätzliche, sondern konsekutive Wendung ersetzt: *nec quisquam post satietatem superfluos sibi ingerit cibos.*[439] Ammian gleicht das plautinische Bild der ‚Magenuhr' an die römische *luxuria*-Kritik an, indem er seinen Schwerpunkt auf die *virtus* dieser Menschen legt, die Maß zu halten wissen und sich der *luxuria* nicht hingeben.[440] Die Spannung zwischen Selbstbestimmung und Fremdherrschaft, die Plautus ins Motiv eingebracht hatte, richtet er neu aus und setzt an die Stelle des plautinischen Antagonismus die Selbstbeherrschung des unverdorbenen Individuums.

Ein gutes Jahrhundert später sieht Cassiodor (ca. 490–585) in der Magenuhr kein Zeichen einer fernen Vergangenheit oder distanter Lebenswelten, sondern nutzt sie als Kriterium, um zivilisiertes und unzivilisiertes Leben grundsätzlich voneinander zu scheiden. Das, was bei Plautus ein Akt der Selbstbestimmung war – zu essen, wann man Hunger hat –, wird bei Cassiodor zu einem Akt tierähnlicher Unzivilisiertheit umge-

438 Nicht berücksichtigt bei Charles W. Fornara, Ammianus' Knowledge and Use of Greek and Latin Literature (=Studies in A.M. II), in: Historia 41 (1992) 420–438.

439 Jacques Fontaine hört aus der ganzen Passage einen ironisch-satirischen Nebenton heraus, der sich seiner Ansicht nach durch den Gegensatz zur üblichen Beschreibung der Perser und durch den Bezug auf Plautus begründet („Cette sobriété, jointe à la multiplicité irrégulière des petites collations, a fort déconcerté Ammien; il assimile ici avec humour ce trait de mœurs à celui d'un parasite de Plaute [...] Ammien reprend ici, à l'égard des mœurs de la société perse, l'attitude satirique qu'il a prise à l'égard des vices et travers de la société romaine." (Ammien Marcellin, Histoire, comm. par J. Fontaine., Bd. 4, Paris 1977, 23).

440 Thomas E.J. Wiedemann, Between men and beasts: Barbarians in Ammianus Marcellinus, in: I.S. Moxon/J.D. Smart/ A. J. Woodman (Hrsg.), Past Perspectives. Studies in Greek and Roman Historical Writing, Cambridge 1986, 189–201, bes. 192 und 195, zeigt, wie topisch und – im Umkehrschluss – wie wenig spezifisch die Beschreibung des Anderen, des Fremden in der deskriptiven Ethnologie der Antike ist. Das Motiv der Magenuhr gehört in den Kontext abnormer, d. h. von der römischen Norm abweichender Ernährungsgewohnheiten; es sagt mehr über diese Norm als über die Gepflogenheiten der Perser aus (vgl. dazu den deutlich abweichenden Bericht bei Hdt. 1, 133).

wertet. In einem Brief, den er im Jahre 507 als junger Mann im Namen Theoderichs verfasste und der das Geschenk zweier Uhren, einer Sonnenuhr für den Tag und einer Wasseruhr für die Nacht, an den burgundischen König Gundibald begleiten sollte, legt er den Nutzen der *antiquorum inventa* dar.[441]

Ohne Uhren sei keine vernünftige Tagesgliederung möglich und die Ordnung des Lebens gerate durcheinander, *belvarum quippe ritus est ex ventris esurie horas sentire* („denn es ist eine Gewohnheit von Tieren, nach dem Hunger des Magens die Stunden zu erfühlen"). Die Verwendung von Uhren führe zu maßvoller und geordneter Herrschaft; sie sichere den *ordo vitae.* Hier wird eine Verbindung der Metaphern von der kosmischen Uhr und der Magenuhr sichtbar, die zur Differenzierung verschiedener Kulturstufen eingesetzt werden. Die Verwendung von Uhren bei der Ausübung von Herrschaft profitiert vom historischen Kontext der kosmischen Uhr und verleiht dieser Herrschaft Gerechtigkeit und Weisheit.

Diese Vorstellung wird in der Folgezeit häufiger formuliert, so etwa in Wilhelm v. Malmesburys Beschreibung des englischen Königs Alfred des Großen oder in der Verherrlichung Karls V. von Frankreich durch Christine de Pizan:[442] Beide Herrscher werden durch die vorbildliche Ordnung ihres Tagesablaufs charakterisiert, in dem sie die jeweils rechten Zeiten dem Schlaf, dem Gebet und der Herrschaftsausübung widmen.

Seit dem 14. Jahrhundert bot sich dann mit der Entwicklung und dem öffentlichen Einsatz der Räderuhr ein neues, weit größeres Feld für die Verwendung der nie ganz vergessenen Metaphern und der ihnen unterliegenden These von der disziplinierenden Macht der Uhren: Aus der genau beobachteten Pointe des Komödienschreibers und dem Topos der Kulturbeschreibung wurde ein Bild, das in der Frühen Neuzeit offenbar mit demjenigen der kosmischen Uhr verbunden und in den Metaphern des Staates als Uhrwerk, Gottes als Uhrmacher erneuert werden konnte.[443] Diese Metaphern haben die technische Entwicklung überdauert, sie wurzeln gegen jede Erwartung fest in antikem Boden.

---

441 Cassiod. var. 1, 46, 1–2; eine detaillierte Analyse findet sich in Wolkenhauer, Ordo.

442 Wilhelm v. Malmesbury (ca. 1090–1143), De gestis regum Anglorum 2, 123; der Text ist leicht zugänglich bei Ulrich Nonn, Quellen zur Alltagsgeschichte im Früh- und Hochmittelalter, Darmstadt 2003 (Ausgewählte Quellen zur Deutschen Geschichte des Mittelalters. Freiherr vom Stein-Gedächtnisausgabe, XIa), 34 f. Christine de Pizan (1365–1429/30), Livre des Faits et Bonnes Meurs, ed S. Solente, Paris 1936/1940, 1, 42 f.

4. Fazit: Orte und Bedeutungen von Uhr, Tag und Stunde

Die Uhr und die mit ihr verbundene Strukturierung des Tages stand im Zentrum dieses Kapitels, das sich ihr aus drei Perspektiven genähert hat, die man (bei allen Überschneidungen) als historisch, begrifflich und bildlich differenzieren könnte. Die Analysen haben die literarische Verortung der Uhrzeit im Stadtbild herausgearbeitet und Orte und Zeiten hoher bzw. niedriger Zeitdichte bestimmt. Sie haben gezeigt, dass die Bedeutungen von Uhr, Stunde, Tag und Nacht sich nicht in der Zeitmessung erschöpfen, sondern darüber hinausreichende semantische Potenziale besitzen.

Die plinianische Geschichte der Uhr hat erkennen lassen, wie Uhren nach Rom gelangten und dort als Instrumente der Zeitordnung eingesetzt wurden. Plinius unterscheidet sie nach den Kriterien von Reichweite und Genauigkeit. Die Geschichte der Zeitmessung wird von ihm in Richtung auf das griechische Vorbild als ein kompetitiver Akkulturationsprozess, im Hinblick auf Rom selbst als die sukzessive Durchdringung des politisch relevanten Stadtraums mit einer spezifisch römischen Zeitordnung geschildert, deren Zentrum in der frühen und mittleren Republik auf dem Comitium, später auf dem Forum lag.

Plinius' Geschichte der Uhr endet in der Mitte des zweiten vorchristlichen Jahrhunderts. Vitruvs Gnomonik bietet, anders als man es vielleicht hätte erwarten können, kaum Historisches, sondern ist vor allem auf eine Statusgewinnung der Architektur innerhalb der *artes* ausgerichtet. Dazu kann die Wissenschaft vom Uhrenbau vor allem dann beitragen, wenn sie sich als ‚hohe' Technik, als angewandte Astronomie erweist. Indem Vitruv die Uhren nicht nur als Messgeräte kosmischer Bewegungen, sondern mit Hilfe seines astronomischen Exkurses auch als Abbilder der himmlischen Harmonie darstellt, ordnet er sich in den Chor derer ein, die (wie Cicero) Uhr, Kalender und *sphaera* als Ausdruck der gottgleichen Schaffenskraft der menschlichen *ratio* beschreiben.

Dieser literarischen Apotheose der Uhr steht die Durchdringung des Alltags mit immer genaueren kurzen Zeitangaben gegenüber. Mit den numerischen Stundenangaben erschließt sich hier eine neue Quellengruppe, die es ermöglicht, die zeitliche Durchdringung von Tag und Nacht in der späten Republik nachzuzeichnen. Einige Beispiele haben gezeigt, welche Inhalte eine Stundenangabe neben der ‚reinen' Zeitangabe transportieren kann. Die Topologie der Uhrzeit – ihre Verknüpfung mit be-

443 Dazu grundlegend: Mayr, Uhrwerk; Peil, Untersuchungen, 510–516.

stimmten Orten und Handlungen – wird aus neuer Perspektive dort noch einmal in den Blick genommen, wo in der literarischen Darstellung Tag und Nacht als gegensätzliche Lebensräume kenntlich werden, die in sehr unterschiedlicher Weise über quantifizierbare Zeit verfügen, wobei etwa der Vormittag durch eine hohe Dichte, die tiefe Nacht durch das völlige Fehlen nicht nur von quantifizierbaren Zeitangaben, sondern in letzter Konsequenz von wahrnehmbarer Zeit an sich gekennzeichnet ist: ein Abgrund mitten im Alltag.

Die Untersuchung der antiken Uhrenmetaphorik – die erste überhaupt – hat gezeigt, wie hoch die Zahl möglicher Anknüpfungspunkte für die Metaphernbildung durch die gleichzeitige Präsenz unterschiedlichster Uhrentypen war. Diese Konstellation unterscheidet die Situation im antiken Rom (ab etwa 150 v. Chr.) deutlich von derjenigen der Frühen Neuzeit, in der die mechanische Räderuhr die Bildwelt unübersehbar dominierte. Im Bild der kosmischen Uhr in platonischer Tradition einerseits, der plautinischen ‚Magenuhr' andererseits werden zwei komplementäre Bildfelder kenntlich, die die positive (‚Harmonie') und negative Ordnung (‚Zwang') der Zeit durch die Uhr erfassen. Als überzeitlich verbindend erweist sich die Verortung der Uhr zwischen menschlichem Scharfsinn und göttlicher Vollkommenheit, zwischen Ordnung und Zwang, zwischen Vergänglichkeit und Dauer, die in wechselnder Gewichtung alle Uhrenmetaphern prägt.

IV. Die Ordnung des Jahres: Die Diskussion um den römischen Kalender

In diesem Kapitel geht es um die zeitliche Struktur des römischen Jahres, besonders darum, welche Themen und Argumente in der Diskussion um die Reform des römischen Kalenders vorgebracht wurden. Es bietet also keine komputistische Analyse und rekapituliert auch nur knapp die Ereignisgeschichte der römischen Kalenderrechnung.[444] Stattdessen widmet es sich der bislang kaum beachteten kommunikativen Seite der kalendarischen Zeitordnung, ihrer Wahrnehmung, Kontextualisierung und Beurteilung in der zeitgenössischen Literatur. Dabei wird der Kalender primär als Instrument zur Organisation eines einzelnen Jahresverlaufs verstanden; sekundär gerät jedoch auch die Folge der Jahre in den Blick, deren Messung und Dokumentation in Rom eng mit dem Einzeljahr verbunden wird – erinnert sei hier nur an die gemeinsame Darstellung beider in den öffentlichen Fasten.

Manche Einschränkungen ergeben sich dabei von selbst: Natürlich ist es eine Diskussion innerhalb der stadtrömischen männlichen Oberschicht, die hier rekonstruiert wird; natürlich wirkt sich die Tatsache erschwerend aus, dass vieles in diesem Prozess als ephemere Gebrauchsliteratur betrachtet und kaum bewahrt wurde. Trotzdem lässt sich nachzeichnen, wie die kalendarische Zeitordnung zum Thema römischen Denkens wurde, welche Aspekte besondere Aufmerksamkeit fanden und in welchem Zusammenhang diese gesehen wurden. Nicht nur Autoren mit einem originär naturwissenschaftlich-technischen Interesse wie etwa Geminos oder Vitruv äußerten sich dazu, sondern auch Intellektuelle wie Varro oder Cicero trugen aus den Blickwinkeln von Traditionsbewahrung, Praktikabilität und Ver-

444 Die Geschichte des römischen Kalenders ist sowohl durch die positivistischen Arbeiten des 19. Jahrhunderts als auch durch eine Reihe moderner Untersuchungen gut erschlossen. Grundlegend sind hier Mommsen (Theodor), Chronologie; Ginzel, Handbuch; Kubitschek, Zeitrechnung. Von den neueren Arbeiten sind von großer Bedeutung: Michels, Calendar; Brind'Amour, Calendrier; zuletzt Rüpke, Kalender. Feeney, Caesar, legt den Schwerpunkt (anders, als der Titel erwarten ließe) stark auf die länderübergreifende Chronologie und Historiographie; Hannah, Calendars, betont die Aufgabe der mathematischen Astronomie.

dienst eine Reihe von Argumenten zu der Frage nach der rechten Bemessung des *tempus Romanum* bei.

Die hierarchische Mittelstellung des Jahres hat Ovids Bild der Zeiten im Hofstaat der Sonne anschaulich gemacht:[445] Es gibt kleinere Gliederungseinheiten wie *hora, dies* und *mensis*, und größere wie *lustrum, saeculum, aetas.* Die Ordnung des Jahres, seine Binnengliederung und seine Einbettung in größere Zeitabschnitte sind zentrale Bestandteile jeder gesellschaftlichen Zeitordnung. Für die Binnenorganisation ist die Abstimmung zwischen dem natürlichen Jahr und den verschiedenen kulturellen Zyklen von entscheidender Bedeutung; in dieser Notwendigkeit liegt auch die Schaltung begründet.

Dagegen reflektiert die Einbettung des Jahres in eine Kette der Jahre, die von einem zu fixierenden Anfang in eine unbekannte Zukunft reicht, die lineare Struktur der Ereignisgeschichte, in der der Kalender nur untergeordnete Bedeutung besitzt. Trotzdem wird die Jahreszählung hier angeführt, da die Fixierung ihres Anfangspunkts und die Verfahrensweisen zur Korrelation mit nichtrömischen Jahreszählungen in derselben Epoche und von denselben Protagonisten diskutiert wurden, in denen sich auch die Kalenderreform konkretisierte. Der Blick der Römer auf die Techniken der Jahreszählung bei anderen Kulturvölkern und ‚Barbaren' lässt erkennen, dass die Kalenderreform in der Mitte des ersten vorchristlichen Jahrhunderts keine isolierte Maßnahme darstellt, sondern in eine breite Bewegung zur Fixierung und kosmologischen Begründung der römischen Zeitordnung eingebettet war.

Ziel der folgenden Überlegungen ist es, den römischen Diskurs über den Umgang mit öffentlich fixierter Zeit in den letzten Jahren der Republik und während der julianischen Kalenderreform zu analysieren, in einer Epoche also, in der die Zeitordnung mehr als jemals zuvor oder später in die allgemeine Wahrnehmung rückte. Den chronologischen Anfangspunkt für die Analyse der Kalenderreform markiert die Wahl Caesars zum *pontifex maximus* (63 v. Chr.), mit dessen Untätigkeit die Kalenderverwilderung ein neues Niveau erreichte. Ihr Endpunkt liegt in augusteischer Zeit, in der die Kalenderreform abgeschlossen und – etwa durch die Bauten auf dem Marsfeld – die in allen Bereichen wiedererlangte gesellschaftliche Ordnung betont wurde.

Meine Leitfragen für die Zeit vor der Reform lauten: In welchen Kontexten wurde die Idee einer Kalenderreform vor Caesar diskutiert? Welche alternativen – räumlich, zeitlich, kulturell distanten – Zeitord-

445 Siehe dazu oben S. 138ff.

nungen wurden registriert? Welche Erkenntnisse sind aus Caesars *Commentarii* über seinen spezifischen Umgang mit Zeitordnungssystemen zu gewinnen? Bei der Untersuchung der caesarianischen Reform geht es mir dann darum, die einzelnen Schritte in der Durchführung und Kommunikation der Kalenderreform herauszuarbeiten. Ich möchte wissen, in welche Handlungszusammenhänge sie eingebettet wurde, welche literarischen Strategien sich bei der Durchführung erkennen lassen, wie der historische Bezugsrahmen sprachlich aktualisiert wurde und wie sich auf dieser Ebene das Verhältnis der augusteischen Kalenderkorrektur zur caesarianischen bestimmen lässt.

Die Orte, an denen die Geschichte und Reform des römischen Kalenders sichtbar wird, sind heterogen; zu fachwissenschaftlichen, antiquarischen, historiographischen und literarischen Texten treten wissenschaftliche Modelle wie die *sphaerae*, Bauten und ihre Inschriften hinzu. Eine Analyse der Kalenderreform nach den oben skizzierten Leitfragen wird aber vor allem durch die Unbilden der Textüberlieferung erschwert, die an zwei Stellen empfindlich spürbar werden: zum einen bei der allgemein schlechten Überlieferung der antiquarischen und naturwissenschaftlichen Literatur, die im Verlust nahezu aller varronischen Arbeiten *de tempore* gipfelt, zum anderen im Bereich des *corpus Caesarianum*, bei dessen Konstituierung unter Augustus die kalendarischen Schriften Caesars nicht mit einbezogen wurden.[446] Damit fehlen genau diejenigen Schriften, die am meisten über den römischen Blick auf das *tempus Romanum*, seine Reformbedürftigkeit und die bei der Umsetzung der Reform aktualisierten Traditionsbezüge hätten berichten können. Dies ist eine denkbar schwierige Ausgangslage, die auch durch die aufmerksame Lektüre des Vorhandenen und durch das Wissen um die Fragilität jeder Argumentation *ex silentio* nur bedingt gebessert werden kann.

Doch auch wenn weder die fachlichen Grundlagen Varros noch die breit angelegte ‚Öffentlichkeitsarbeit' Caesars im Umfeld der Kalenderreform erhalten sind, so werden doch Konturen der Kalenderschriften und ihrer zeitgenössischen Rezeption sichtbar – etwa dort, wo Cicero und Lucan in ihren Vergleichen den mit der Reform verbundenen Anspruch Caesars widerspiegeln, oder dort, wo Augustus' Gnomon als monumentaler Kommentar und als Inanspruchnahme der Reform für die eigene Person kenntlich wird. Beide Phasen der Kalenderreform – die caesarianische und die augusteische – lassen ihre Eigenheiten in kontrastierender Gegenüberstellung erkennen und bieten ein Lehrstück in erfolgreicher symboli-

---

446 Zur Konstituierung des *corpus Caesarianum* s. Spahlinger, Sueton-Studien.

scher Kommunikation. Von den nachfolgenden Autoren bewundert Plinius Caesars Reform uneingeschränkt, während Suetons Biographien Spuren einer kritischen historischen Würdigung der Kalenderreform erkennen lassen, die dieser vermutlich in seiner verlorenen Schrift *De anno Romanorum* vorgenommen hatte.

Macrobius schließlich stellt gut 400 Jahre nach der Kalenderreform – aber wohl auf der Basis älterer Texte, die ihn den Ereignissen näher bringen – die gesellschaftlichen Konsequenzen der neuen Zeitordnung heraus; sein Blick ist es, der die Wahrnehmung des Mittelalters und der Frühen Neuzeit vor allem prägte. Seine Argumente sollen am Ende an neuzeitlichen Kalenderentwürfen gemessen werden, um mehr Klarheit darüber zu gewinnen, was den julianischen Kalender auszeichnete und wie es dazu kam, dass gerade er sich trotz seiner Schwächen derart erfolgreich durchsetzen konnte.

1. *Compositio anni:* Ordnungen des Kalenderjahres

Compositio anni, „Zusammensetzung des Jahres", ist ein Begriff, der sich nur bei Cicero findet;[447] weit häufiger ist von der „Zergliederung der Zeit", *divisio temporum*, die Rede.[448] Die ungewöhnliche ciceronische Wendung deutet den geläufigen Terminus ins Konstruktive um; der Kontext lässt erkennen, dass Cicero sowohl auf die Pflicht zur richtigen, der Natur und den Menschen gerecht werdenden *compositio* abzielt als auch darauf, dass diese eine kosmologisch begründete Ordnung reflektiert. *Divisio anni* betont allein den menschlichen Zugriff, ohne ihren Maßstab anzugeben; sie wird häufig in Verbindung mit menschlichen Normen und mit den Instrumenten der Zeitmessung erwähnt.

Eine Binnengliederung des Jahres kann nach unterschiedlichen Bezugsgrößen und auf verschiedenen Ebenen vorgenommen werden, je nachdem, welcher Zweck mit Hilfe dieses chronologischen Ordnungsschemas angestrebt wird – der bäuerliche Kalender soll den Rhythmus von Saat und Ernte organisieren, der juristische legt die Zyklen und Fristen des Gerichtswesens fest; beide orientieren sich an ganz unterschiedlichen Ge-

447 Cic. leg. 2, 29; s. dazu unten S. 179.

448 Am häufigsten findet sich der Begriff der *temporum divisio* (Varro rust. 1, 37 vgl. rust. 1, 27; Plin. nat. 18, 309), der als *terminus technicus* der Zeitordnung anzusprechen ist. Ähnlich ist Tac. Germ. 30 (*diem disponere*) zu beurteilen (s. auch Sen. epist. 122, 18); *ratio* und *ordo temporum* dagegen akzentuieren den Aspekt der kosmologischen Ordnung und ihrer menschlichen Durchdringung stärker und nähern sich damit der ciceronischen *compositio* an.

gebenheiten. Weitere Differenzierungen könnte man z. B. nach natürlichen und kulturell definierten Ordnungen, nach dem Grad an Privatheit bzw. Öffentlichkeit, nach dem Stand der Verschriftlichung etc. vornehmen; eine Vorstellung davon, dass diese Differenzierungsverfahren auch in Rom durchaus präsent waren, haben die eingangs erwähnten Grammatiken geboten.[449] Folgende Gliederungsschemata könnten hier genannt werden:[450]

- Gliederung des Jahres durch die Tierkreiszeichen (Sonnenjahr);
- Gliederung des Jahres durch die Monate (Mondjahr);
- Gliederung des Jahres durch die Beobachtung zyklischer Naturereignisse wie etwa Sternaufgänge, Winde, Vegetationszyklen etc. (Bauernjahr, Schifferjahr);
- Gliederung des Jahres durch regelmäßig wiederkehrende religiöse Feiertage und politische Gedenktage, die das ganze Jahr durchziehen (Festjahr);
- Gliederung des Jahres durch den für das Markt- und Gerichtsgeschehen relevanten Nundinalrhythmus, der über die Jahres- und Monatsgrenzen hinweglief (Marktkalender);[451]
- Gliederung des Monats durch die Planetenwoche, die über die Jahres- und Monatsgrenzen hinweglief (mit primär astrologischer Funktion?);[452]
- Gliederung des Monats durch die vom Mondzyklus abgeleiteten Strukturtage *Kalendae, Nonae, Idus,* die die erste Monatshälfte prägten, aber auch die Tageszählung für alle übrigen Tage des Monats festlegten;
- Gliederung des Monats und einzelner Tage durch das immer feiner differenzierte System der Tagesqualifikation als *fasti, nefasti* oder *feriae*, das das öffentliche Leben prägte.

Die unterschiedlichen Gliederungen werden in Rom nicht nur mit verschiedenen Lebenswelten, sondern auch mit unterschiedlichen Kulturstufen verbunden. An ihrem Anfang steht die Orientierung an den *naturalia* von Tag und Monat; am Ende die hochspezifische Gliederung des römischen Kalenders. Vergleicht man die beiden in historischer Zeit gebräuchlichen

---

449 Siehe dazu oben S. 45ff.

450 Grundlegende Literatur: Rüpke, Kalender; Graf, Lauf, bes. 15 ff.; Michels, Calendar; Ginzel, Handbuch.

451 Zur Diskussion um die so genannte ‚römische Woche' und ihre Funktion im Gerichtswesen s. Kroll, Nundinae, der die Belege zusammenträgt und auf den möglicherweise etruskischen Ursprung der Nundinalrechnung hinweist.

452 Die Planetenwoche wird im Folgenden nicht weiter berücksichtigt. Sie breitete sich erst in augusteischer Zeit allmählich in Rom aus; aus Pompeji sind Bildzyklen der Wochentagsgötter bekannt. Dazu Boll, Hebdomas (zur Geschichte in Rom 2573 f.); neu diskutiert bei Michels, Calendar, 191–206.

Kalendersysteme, so wird deutlich, dass der republikanische Kalender die erwähnten Gliederungen in unterschiedlicher Weise berücksichtigte. Von zentraler Bedeutung war seit frühester Zeit die Korrelation von Sonnen- und Mondjahr mit Hilfe der Schaltung. Dabei sollten das grundlegende Monatsgerüst und die Position der Strukturtage (Kal/Non/Id) offenbar möglichst wenig beeinträchtigt werden, was zur Einschaltung ganzer Monate – und nicht einzelner Tage – führte und den Kalender etwa für Landwirtschaft und Seefahrt untauglich machte.

Der julianische Kalender verstetigte die Korrelation von Sonnen- und Mondjahr und machte sie kalkulierbar. Parallel zum Prozess der Verschriftlichung der Kalender wurden die übrigen Gliederungsverfahren der Zeit sukzessive über Konkordanzen erschlossen und in den Hintergrund gedrängt. Exemplarisch ist dies in den landwirtschaftlichen Werken zu beobachten (deren Kalender schon immer ein Sonnenkalender war, so dass die Übernahme des julianischen Kalenders hier leicht fiel), wo zuerst Varro eine punktuelle, Plinius d.Ä. dann eine ausführliche Konkordanz von landwirtschaftlichem und julianischem Kalender anbietet. Bei Columella ist dieser Prozess der Adaption des julianischen Kalenders für die Landwirtschaft bereits abgeschlossen.

Die Übersicht über die unterschiedlichen Jahresgliederungen und ihre Elemente lässt erkennen, dass die Kalenderreform sich in unterschiedlicher Weise auf sie auswirken musste. Sie fixierte die – in der Praxis bereits gegebene – Vorherrschaft des Sonnenjahrs über das Mondjahr und stabilisierte das religiöse Festjahr. Auf der Monatsebene bewahrte sie die Strukturtage (Kalenden, Nonen, Iden) in ihrer relativen Position, löste aber jede Korrelation mit dem Mondjahr und schob sie innerhalb des Monats gleichsam nach vorne, während am Ende des Monats neue Tage hinzugefügt wurden. Diese unterschiedlichen Eingriffsorte und Eingriffstiefen in verschiedene Lebensbereiche ist bei der Frage danach, weshalb Caesars Kalender so wenig Widerspruch hervorgerufen hat, stets zu berücksichtigen; ich werde bei der Darstellung der Reform darauf zurückkommen.

2. Die Vielfalt der Kalender vor der Reform Caesars

2.1. Der republikanische Kalender: Orte, Inhalte, Reformen

Die antiken Quellen sind weitgehend darin einig, dass – nach einem nur vage datierbaren, mit Romulus in Verbindung gebrachten Zehnmonatsjahr – spätestens seit dem Anfang der Republik in Rom ein Jahr mit 354 oder 355

Tagen, verteilt auf 12 Monate, gemessen wurde.[453] Dieses römische Mondjahr verlor regelmäßig 10–11 Tage im Vergleich zum Sonnenjahr mit seiner Dauer von ca. 365,25 Tagen. Innerhalb einer Generation wäre das Kalenderjahr also einmal durch alle Jahreszeiten gewandert, hätte nicht die häufige Setzung von Schaltmonaten dies verhindert. Der so genannte *mensis intercalaris*, dessen Einführung vielfach Numa zugeschrieben wird, umfasste 22 oder 23 Tage und sollte alle zwei Jahre kurz vor Jahresende im Februar, genauer: zwischen den *Terminalia* (23.02.) und dem *Regifugium* (24.02.) eingefügt werden.[454] Durch diese Schaltungen wurde der Mondkalender immer wieder neu an das Sonnenjahr angeglichen (Lunisolarjahr).

Die Schaltung als Adaptionsverfahren des Kalenderjahres an das Sonnenjahr bildet das zentrale Steuerungselement der staatlichen Zeitplanung. Umfang und Häufigkeit sagen nicht nur etwas über die relative Genauigkeit des verwendeten Kalenders, sondern auch über politische Machtverhältnisse aus. Wiederholte ‚große' Schaltungen, wie sie in Rom die Regel waren, deuten auf eine kulturell oder religiös begründete Unveränderlichkeit der astronomisch ungenauen Jahreslänge oder auf das Interesse herrschender Gruppen, das Instrument der Schaltung als Machtmittel beizubehalten. Insofern kann man die erfolgreiche julianische Reform auch als Indiz einer Epoche beschreiben, in der die religiöse Fixiertheit weniger galt als die jahreszeitliche Passgenauigkeit, Gruppeninteressen weniger galten als eine zuverlässige Normierung.

Wie die Entwicklungsgeschichte der instrumentellen Zeitmessung in Rom gezeigt hat, lagen bedeutende Reformen der Tageszeitordnung ebenso wie ihre praktische Handhabung immer in der Zuständigkeit hoher Magistrate, gewöhnlich bei den Zensoren oder Konsuln. Von der Veröffentlichung eines Kalenders wird zuerst im Zusammenhang mit Cn. Flavius berichtet.[455] Er war niedriger Herkunft und bekleidete zuerst das Amt des *scriba* (wohl *pontificius*) des Appius Claudius Caecus, bevor er im Jahre 304

---

453 Eine Zusammenstellung aller relevanten antiken Texte findet sich bei Michels, Calendar, 146–160. Die Monate März, Mai, Juli, Oktober hatten 31 Tage; der Februar 28, die übrigen 29. Rüpke weist darauf hin, dass ein echtes Lunarjahr nur Monate von 29 und 30 Tagen haben kann; die abweichenden Monatslängen schon im alten römischen Kalender deuten auf andere, nicht lunare Einflüsse hin. Rüpke, Kalender, 203, vgl. dort auch S. 192 ff. ausführlich zum Zehnmonatsjahr. – Zu Romulus und Numa s. oben S. 61 ff.

454 Ausführlich dazu Michels, Calendar 160 ff.; Rüpke, Kalender, 295–317.

455 Frühere Zustände des römischen Kalenders sind rekonstruiert bei Michels, Calendar (zu Flavius: 109 ff.) und Rüpke, Kalender (zu Flavius: 245–274). Zur Biographie s. auch Münzer, Flavius.

v. Chr. zum kurulischen Aedil gewählt wurde. In dieser Zeit ließ er auf dem Comitium bei der Graecostasis, d. h. an einem bereits als Zentrum der städtischen Zeitordnung etablierten Raum, einen Concordiatempel errichten, an dessen Wänden ein Kalender (*fasti*) zu sehen war. In der historiographischen und antiquarischen Literatur Roms wird diese Publikation damit motiviert, dass, da nicht an allen Tagen juristische Handlungen erlaubt waren, das Wissen über mögliche Termine von hohem allgemeinem Interesse war – Cicero, der nicht zuletzt im Prozess gegen Verres mit dem juristischen Instrument der Prozessterminierung seine liebe Not gehabt hatte, betont mehrfach die Problematik, die in der Unkenntnis der Tagesqualitäten liegen konnte.[456]

Flavius hatte den Ort nicht zufällig ausgewählt. Er lag im Zentrum des politischen und juristischen Geschehens, war aber, was zumindest ebenso wichtig ist (und bislang übersehen wurde), bereits zuvor als Ort des offiziellen Stundenausrufs etabliert.[457] Man kann annehmen, dass diese Maßnahme in einen größeren politischen Zusammenhang gehört, in dem die Fixierung von Tagesqualitäten und die verlässliche Publikation dieser Regelungen angestrebt wurden.[458] Die Ausführung durch einen niedrigen Magistraten, den Sohn eines Freigelassenen, lässt einen handlungspolitischen Freiraum in einem bis dato noch wenig politisierten Bereich vermuten, falls man Cn. Flavius nicht einfach als Handlanger des *pontifex* und ehemaligen Zensors Appius Claudius Caecus versteht, eines der einflussreichsten Männer dieser Jahre.[459] Ich neige dazu, App. Claudius Caecus für den geistigen Vater der Maßnahme zu halten und sie in einen direkten Zusammenhang mit seinen 312 begonnenen Infrastrukturmaßnahmen zu stellen. Sein Straßen- und Wasserbau (*Aqua Appia, Via Appia*) zeigen dasselbe Interesse an einer Zentralisierung und Normierung, wie es sich bei

456 Liv. 9, 46: *civile ius, repositum in penetralibus pontificum, evolgavit fastosque circa forum in albo proposuit, ut quando lege agi posset sciretur.* Vgl. Cic. Mur. 11, 25; Att. 6, 1, 8; Plin. nat. 33, 17; dazu Michels, Calendar, 109–111.

457 S. dazu die Karte oben auf S. 77.

458 Vgl. Brind'Amour, Calendrier, 181–187 (mit Zusammenstellung aller antiken Belege). Er fragt, ob es sich bei dem Kalender nicht um „simples ornaments" gehandelt haben könne. Wie aber begründet sich dann der enorme Nachruhm bis hin zu Macrobius, der eine ‚Reinkarnation' des Flavius an der julianischen Kalenderreform teilnehmen lässt?

459 Michels, Calendar, 117–118 diskutiert die möglichen Gründe, die zur Durchsetzung eines so wenig sozial legitimierten Kalenders führten, endet aber in der Aporie: „The most surprising thing about the calendar of Flavius is that it was accepted."

der Publikation der Fasten abzeichnet[460] und wie es im Übrigen auch für die Geschichte der Uhrennutzung in Rom herausgearbeitet werden konnte.

Ein Jahrhundert später werden wieder Maßnahmen zur Publikation und Normierung des Kalenders sichtbar, nun eindeutig in der Hand hoher Magistrate. Mit der *lex Acilia* des Jahres 191 v. Chr. wurde das Recht der *pontifices* festgehalten, durch Interkalationen in den Kalender einzugreifen.[461] Schaltungen gab es schon zuvor; die Jahre vor der *lex Acilia* sind allerdings durch extreme Abweichungen des Kalenderjahres vom Sonnenjahr geprägt, so dass die Rejustierung des Jahres ein mögliches Ziel des Gesetzes dargestellt haben könnte, das – so die These von Prack – durch eine Serie von acht (!) aufeinander folgenden Schaltungen erreicht worden wäre.[462]

Das ungebrochene öffentliche Interesse an der Zeitordnung bezeugt auch eine Maßnahme des M. Fulvius Nobilior, Konsul von 189 und Censor von 179. Er ließ – wie zuvor Flavius – öffentlich einen kommentierten Kalender anbringen.[463] Dafür wählte er den von ihm gestifteten Tempel *Herculis Musarum* auf dem Marsfeld.[464] Man kann sich den Kalender als Wandbild vorstellen, das neben den Monaten, Festen und Qualitäten der

460 Vgl. Rüpke, Kalender, 247–251; Michels, Calendar, 102. Rüpke sieht App. Claudius Caecus ebenfalls als maßgeblichen Betreiber der Reform, betont bei der Publikation der Fasten jedoch stärker den religionspolitischen und nicht den infrastrukturellen Kontext.

461 Ein Interkalationsrecht existierte bereits zuvor, es muss sich um eine Modifikation handeln. Zur *lex Acilia:* Grundlegend Ad. Berger, Lex Acilia, in: RE Suppl. 7 (1940) 378–379; zurückhaltend in Bezug auf den Inhalt ist Elster, Gesetze, 315–318. Rüpke, Kalender, 289–330 nimmt an, dass mit der *lex Acilia* die Schaltung in die Hand der *pontifices* gelegt wurde. Bennett, Evidence, legt nahe, dass auch unter der *lex Acilia* unregelmäßig geschaltet wurde. Manlius Acilius Glabrio war *decemvir sacris faciundis* 200, *aedilis* 197, *praetor* 196, *consul* 191.

462 Prack, Kalender, 170–173. Mehrfach datierte Ereignisse – vor allem Sonnenfinsternisse, aber auch Schlachten – lassen immer wieder kalendarische Abweichungen erkennen. Eine Übersicht über ältere Forschungsansätze zur Differenz von Solar- und Kalenderjahr bietet Ginzel, Handbuch, 2, 273; vgl. auch Michels, Calendar, 102–103; Morgan, Calendars (Abweichungen der Jahre 262–241v.); Hansen, Datum (101 v. Chr: Differenz von 30 Tagen).

463 Macr. Sat. 1, 12, 16.

464 Zu Fulvius und besonders zu den Umständen der Tempeldedikation s. Rüpke, Kalender, 331–345, dem ich hier folge; vgl. auch Brind'Amour, Calendrier, 187 ff.; HLL 1, § 108,2–3 (*fasti consulares* und der römische Kalender) und §190.3. M. Fulvius Nobilior war 193 *praetor*, 189 *consul*, 179 *censor* mit ausgeprägter Bautätigkeit (*Basilica Aemilia et Fulvia* auf dem Forum). Eine Zusammenfassung der Diskussion um den Tempelbau bietet neben Rüpke auch A. Viscogliosi, Hercules Musarum, in: LTUR 3 (1996) 17–19.

einzelnen Tage auch Magistratslisten enthielt, die eine Jahreszählung ermöglichten. Die Finanzierung mit *pecunia censoria* entspricht demjenigen Verfahren, das schon bei der Ordnung der Tageszeitmessung geübt worden war.

Vielleicht ist auch hier – wie bei den staatlichen Uhren – an eine Sukzession zu denken; mehr aber als dort ist die repräsentative Funktion zu berücksichtigen. Denn auch wenn der Kalender des Fulvius Nobilior den älteren flavianischen Kalender an historisierenden Kommentaren übertraf und in der Benennung der Tagesqualitäten möglicherweise aktueller war, so spielten doch im Zusammenhang adliger Repräsentation die Stiftung der *aedes Herculis Musarum* und die schriftliche Fixierung der Stiftung im Wandkalender die Hauptrolle. Die Ortsverlagerung vom politischen Zentrum auf das Marsfeld bleibt dabei erklärungsbedürftig – sollte sie kalendarische Aspekte berücksichtigt haben, so lägen diese eher in der Diversifizierung als in der direkten Sukzession, eher in der Verbreiterung der Basis als in der Stärkung eines ortsfesten ‚Normalkalenders'.

Verbindet man die eher kargen Zeugnisse über die beiden Publikationsphasen öffentlicher Kalender mit der detaillierten Darstellung der Tageszeitenmessung bei Plinius, so werden einige gemeinsame Tendenzen deutlich: Seit frühester Zeit war das Comitium, das politische Zentrum Roms, auch der Ort der Zeitbeobachtung und Zeitverkündung; die Geschichte des Ortes ist auch eine Geschichte der instrumentellen Messung und inhaltlichen Differenzierung der Zeitordnung. Beobachtung und Ausruf verkündeten dort seit der Frühzeit der Republik die juristisch relevanten Tageszeiten. Die Beobachtung musste dabei stets die jahreszeitlichen Schwankungen mitberechnen, implizierte also eine rudimentäre astronomische Kalenderkalkulation. 304 wurde auf dem Comitium der erste Kalender öffentlich aufgestellt, um neben den Tageszeiten auch die juristisch relevanten Tagesqualitäten (*fastus, nefastus*) zu fixieren. Ein halbes Jahrhundert später (um 264/262) folgte an gleicher Stelle die erste öffentliche Uhr; möglicherweise noch für einige Jahrzehnte von einem Ausruf begleitet. Die nächste greifbare Publikation und gesetzliche Regulierung des Kalenders erfolgte gut achtzig Jahre später, wieder gefolgt von der Aufstellung von Uhren, die die vorangegangenen an Genauigkeit übertrafen und neue Räume – Innenräume – für die Zeitmessung erschlossen.

Die größere Zuverlässigkeit und Exaktheit der Zeitmessung – eine gewisse Kompetitivität im Verhältnis zu den griechischen Vorbildern einerseits, den älteren römischen Modellen andererseits – werden von Plinius hervorgehoben, waren aber zum Zeitpunkt der Durchsetzung der jeweiligen Maßnahmen (entgegen unseren modernen Voreinschätzungen) nicht allein entscheidend. Zumindest ebenso wichtig waren die öffentliche Repräsentation der städtischen Zeitordnung und ihre Fixierung im politischen Zentrum der Stadt durch die einflussreichsten Magistrate im Interesse der politisch, juristisch oder ökonomisch aktiven stadtrömischen Bürger, die die Entwicklung von Kalender und Uhr als zwei eng miteinander verschränkte Bewegungen im römischen Staatsbildungsprozess erlebten. Das Zentrum der Zeitordnung fiel dauerhaft mit dem politischen, historischen und topographischen Zentrum des Römischen Reiches zusammen.

2.2. Astronomie und Kalenderkonstituierung

Jeder Kalender lässt sich als Kompromiss zwischen ‚natürlicher' Ordnung und kulturellen Bedürfnissen verstehen. Auf der einen Seite stand die harmonische Ordnung des Kosmos, die sich im regelhaften Ablauf des Sonnenjahres konkretisierte und in der so genannten ‚kosmischen Uhr' ihre symbolische Gestalt gefunden hatte, auf der anderen Seite standen spezifische religiöse, landwirtschaftliche, kaufmännische und politische Interessen an einer Strukturierung des Jahres gemäß den je eigenen Bedürfnissen. Dies hatte zur Ausprägung von Jahresgliederungen geführt, die sich in ihrer Autorität und Reichweite deutlich voneinander unterschieden.

Verschiedene Tendenzen in der späten Republik – von der Suche nach den Entstehungszusammenhängen der Zeitordnung, die oft eine starke astronomische Komponente besaßen, bis hin zur Integration von Astronomen in die julianische Kalenderreform – legen die Annahme nahe, dass aus damaliger Sicht eine einheitliche, verbindende, normative Zeitordnung, wenn man sie denn anstrebte, nur unter deutlicher Einbeziehung der Astronomie möglich sein konnte. Daher kommt der Darstellung und Vermittlung astronomischen Wissens in dieser Zeit eine hohe Bedeutung zu. Da das *Corpus* der caesarianischen Kalenderschriften nicht überliefert ist, sollen hier zwei etwas ältere Beispiele, das Antikythera-Instrument und die astronomische Lehrschrift des Geminos, erwähnt und auf das in ihnen sichtbar werdende Kalenderwissen hin untersucht werden. Ergänzt werden sie durch die eingangs formulierten Überlegungen zur Rolle von Modellen als Veranschaulichungsformen der Zeit[465] und den Anmerkungen zu Vitruvs Gnomonik.[466]

465 Siehe S. 41 ff.
466 Siehe S. 94 ff.

2.2.1. Geminos: Ein spätrepublikanisches Lehrbuch der Astronomie

Bei mathematisch-astronomischen und technischen Schriften, die die Kalenderrechnung erläutern oder eine konkrete Anleitung zum Instrumentenbau bieten, ist aufgrund der fachlichen Ansprüche, die sie an einen Leser stellten, ein deutlich geringerer Verbreitungsgrad als etwa bei historiographischer Literatur zu erwarten. Damit einhergehend scheinen auch ihre Überlieferungschancen deutlich niedriger gewesen zu sein, wie etwa der Verlust der entsprechenden Schriften von Nigidius Figulus, L. Tar(r)utius Firmanus und Sosigenes bezeugt.[467] Dies ändert jedoch wenig an der Hochachtung, die sie in ihrer Zeit genossen. Plutarch charakterisiert Tarutius mit demselben Epitheton, das er andernorts den Mitarbeitern an der caesarianischen Kalenderreform beilegt, als ‚Philosophen und Mathematiker'.[468] Auch die Notiz von Plinius, Tarutius habe eine griechische Schrift *De astris* verfasst,[469] lässt in ihm einen römischen Zwilling des Sosigenes erahnen: Personenkonstellation und die Arbeitsteilung der caesarianischen Kalenderreform scheinen nicht originell, sondern in jenen Jahren durchaus typisch gewesen zu sein, vielleicht sogar ein gewisses literarisches Eigenleben entwickelt zu haben.

Aus der Zeit der späten Republik ist einzig eine griechische, wenn auch vermutlich für römisches Publikum konzipierte Einführung in die Astronomie erhalten, Geminos' εἰσαγωγὴ εἰς τὰ φαινόμενα.[470] Der Autor sagt nichts darüber, wie er sich seinen Leser vorstellt; die klare Systematik, der schmucklose Stil und die Voraussetzung grundlegender mathematischer Kenntnisse weisen es als gehobenes Lehrbuch aus, das durch Zitate aus Homer, Hesiod und Arat einen dezenten Schmuck erhält. Die (allerdings etwas später formulierte) Empfehlung von Vitruv und Quintilian an künftige Architekten und Redner, sie möchten sich im Rahmen ihrer Bildung auch

467 Zu dem ‚Pythagoreer' Nigidius Figulus (ca. 98–45 v. Chr.) s. Wilhelm Kroll, P. Nigidius Figulus, in: RE 17,1 (1936) 199–212; zu Tarutius, dem Freund Ciceros (Cic. div. 2, 98–99) und Varros, s. Grafton/Swerdlow und Wilhelm Kroll/Friedrich Münzer, Tarutius (2), in: RE 2. Reihe, 4,2 (1932) 2407–2409; zu Sosigenes s. Anm. 636.

468 Plu. Rom. 12, 3; vgl. unten Anm. 638.

469 Plin., nat. 1, *ex auctoribus libri XVIII* erwähnt erst Tarutius, direkt danach Caesars Kalenderschrift.

470 Editionen: Manitius (1898) und Dijksterhuis (1957) sind überholt von Aujac, Geminos (1975, ²2002). Aujac wiederum wird sinnvoll ergänzt durch die kommentierte Übersetzung von Evans/Berggren 2006, die zugleich eine Einführung in die hellenistische Astronomie und in die *Phainomena*-Literatur gibt.

astronomisches Grundwissen aneignen,[471] erlaubt es, in ihnen exemplarische intendierte Leser zu sehen.

Herkunft, Lebensumstände und Lebensdaten von Geminos sind unbekannt. In der zumindest seit Scaliger andauernden Diskussion um die Datierung der Schrift sind Daten zwischen 240 v. und ca. 200 n. Chr. genannt worden (wobei sich Schwerpunkte bei 70 v. und 50 n. abzeichnen); der doppeldeutige Name lässt sowohl eine römische als auch eine griechische Herkunft zu; und auch die Frage, ob in der Eisagoge tatsächlich ein Werk des Geminos, ein Auszug daraus oder gar ein Auszug aus der Meteorologie des Poseidonios vorliege, ist ergebnislos diskutiert worden.[472] Aujac hat im Eingang zu ihrer Geminos-Ausgabe eine Biographie skizziert, die ein hilfreiches Denkmodell bietet, auch wenn immer wieder betont werden muss, dass kaum belastbare Indizien vorliegen – letztlich sind es allein die recht häufige Erwähnung von Rhodos und die inhaltliche Nähe zu Poseidonios, die die Basis jeder Rekonstruktion bilden, verbunden mit einem griechisch-ägyptischen Synchronismus (dazu s.u.). Darüber hinaus verbindet Aujac den Autor mit einem inschriftlich belegten Cn. Pompeius Geminos.[473] So gelangt sie zu dem Bild eines hellenistischen Wissenschaftlers rhodischer Herkunft, der als junger Mann, vermutlich 62 v. Chr., mit Pompeius nach Rom kam und einige Jahrzehnte lang dort wirkte, bevor er nach Rhodos zurückkehrte und kurz vor der Zeitenwende starb. Aujac datiert das Werk in die 50er Jahre, also direkt vor die Kalenderreform.[474]

Die Eisagoge führt in 18 Kapiteln in die antike Astronomie ein; Systematik und Mathematisierung kennzeichnen sie als Lehrbuch, dessen Lektüre der Beschäftigung mit komplexeren astronomischen Werken vorangeht. Tierkreis, Sternbilder, Tag und Nacht, Monat und Jahr, Finsternisse, Planeten- und Fixsternbewegung, zuletzt die Erdzonen werden in dem schmalen Buch behandelt. Am Ende steht ein vermutlich aus anderer Quelle

471 Vitr. 1, 1, 3 und 1, 1, 10; Quint. inst. 1, 10, 46–48.

472 Die Datierung auf 70 v. Chr. unterstützt auch Menso Folkerts, Geminos (1), in: DNP 4 (1998) 900–901 (mit weiterführender Literatur). Eine gute Einführung in die angedeuteten chronologischen, biographischen und inhaltlichen Probleme bietet Heath, History 2, 222–234, bes. 232 f., der die *Eisagoge* ebenfalls in die Jahre um 70 v. Chr. datiert.

473 Aujac, Geminos, XXIIf.

474 Aujac, Geminos, XXI-XXIV; mit anderer Argumentation, aber ähnlichem Ergebnis in Bezug auf die Datierung Evans/Berggren 15 ff., die jedoch den Romaufenthalt als unzureichend belegt ablehnen (16). Zum literarischen Kreis um Pompeius s. William S. Anderson, Pompey, his friends, and the literature of the first century b.C., Berkeley 1963, bes. 98 ff.

hinzugefügter Witterungskalender, der weniger mathematisiert, dafür stärker durch Erfahrungswissen geprägt ist (=Kap. 19).

Kalenderfragen kommen im 8. Kapitel zur Sprache, wo Geminos Mond- und Sonnenjahr definiert und in der Diskussion der lunisolaren Rhythmen verschiedene Kalendertypen und Schaltungsmodalitäten des Kalenders vorstellt.[475] Zuvor arbeitet er die gegensätzlichen Verfahrensweisen des griechischen und des ägyptischen Kalenders heraus: Während Ersterer das Ziel habe, religiöse Feste immer zur selben Jahreszeit stattfinden zu lassen, also eine dauerhafte Übereinstimmung von Kalender- und Vegetationsjahr anstrebe, wolle der Zweite die Feste durch das Vegetationsjahr ‚wandern' lassen. Eine offensichtliche Konsequenz dieser unterschiedlichen Konzepte liege darin, dass griechische und ägyptische Festdatierungen nie dauerhaft übereinstimmen und das ägyptische Isisfest nicht immer auf die griechische Wintersonnenwende fallen könne (8, 20–24).

Diese Feststellung ist es, die die Kommentatoren seit Scaliger herausgefordert hat; da jedoch aus Geminos' Überlegungen nicht hervorgeht, welches Isisfest er meint, müssen hier derart viele Zusatzannahmen gemacht werden, dass eine hinreichend sichere Datierung auf der Basis textimmanenter Angaben m. E. nicht möglich ist.[476]

Ich möchte eine ganz anders motivierte und m.W. bislang noch nicht vorgebrachte Überlegung hinzufügen, die gegen die Spätdatierung spricht. Dabei konzentriere ich mich auf die beiden Datierungsvorschläge, 70–50 v. Chr. und 50 n. Chr., die den größten Zuspruch in der Forschung gefunden haben. Die Frühdatierung (70–50 v.) sieht in Geminos einen zeitweise auf Rhodos tätigen Schüler von Poseidonios, während die Spätdatierung keine direkte Schülerschaft annimmt und allein aus dem von Geminos diskutierten Isisfest eine exakte Datierung zu gewinnen sucht. Neugebauer als wichtigster Vertreter dieser These kommt so auf die Mitte des ersten nachchristlichen Jahrhunderts.[477] Gegen die Spätdatierung (und für die Frühdatierung) spricht jedoch, dass das Werk trotz seines einführenden, Überblick vermittelnden Charakters kein einziges Wort über die julianische Kalen-

475 Gem. 8, 25–60.

476 Zu den Isisfesten vgl. Reinhold Merkelbach, Isisfeste in griechisch-römischer Zeit. Daten und Riten, Meisenheim 1963, dort bes. die Übersicht S. 77; einen Überblick über die neuere Forschung bieten Aujac, Geminos, XIX-XXIV und Evans/Berggren 15 ff.

477 Neugebauer, History; kommentiert und überzeugend widerlegt bei Evans/Berggren, 19–22, die aufgrund einer Neuberechnung des Isisfestes für Geminos zu einer Datierung in der Mitte des ersten vorchristlichen Jahrhunderts gelangen.

derreform verliert, die doch das Lebensumfeld von Autor und Lesern geprägt haben muss.

Hat Geminos das Werk bereits zwischen 70 und 50 v. Chr. verfasst, dann sind seine Bemerkungen über das griechische Bemühen um ein ‚stabiles Jahr' für römische Leser nachvollziehbar; sie finden eine Bestätigung in Ciceros Ansätzen, den Römern eine wohl überlegte Schaltung nahe zu bringen (s. u. S. 175 ff.) Auch im römischen Kalender sollten die Feste stets in die gleiche Jahreszeit fallen, taten es jedoch durch fehlerhafte Schaltung nicht unbedingt. Geminos hätte den vorcaesarianischen römischen Kalender also neben dem griechischen erwähnen können, aber nicht müssen, da die systematischen Probleme des griechischen und römischen Kalenders zumindest in dem zentralen Punkt, dem er sich widmet, einander damals sehr ähnlich waren.

Hätte Geminos jedoch erst um 50 n. Chr. geschrieben, dann wäre es kaum vorstellbar, dass er die Jahre der Kalenderkonfusion, Caesars Reform, Sosigenes' vermutlich griechische Begleitschriften und die Feinjustierung des Kalenders in augusteischer Zeit mit keinem einzigen Wort erwähnt hätte, wo ihm sein Kalenderkapitel doch so viele Ansatzpunkte dazu bot.[478] Daher – da das Bemühen um eine dauerhafte Übereinstimmung von Kalender- und Vegetationsjahr bei Geminos ein zentrales Thema darstellt, er sich aber nicht zur julianischen Reform äußert – halte ich eine Frühdatierung um 70–50 v. Chr., d. h. vor die julianische Kalenderreform, für überzeugender. Ich sehe Geminos demnach als Quelle an, auf die Varro und Vitruv zurückgegriffen haben könnten. Sein Werk vertritt einen spätrepublikanischen Lehrbuchtyp, seine Missachtung der Kalenderreform ist nicht inhaltlich, sondern schlicht chronologisch bedingt.

2.2.2. Der Mechanismus von Antikythera

Der so genannte Mechanismus von Antikythera ist seit Derek de Solla Price wiederholt in Verbindung mit Geminos gebracht worden und soll daher an dieser Stelle besprochen werden. Das im jetzigen Zustand etwa 34 × 18 × 9 cm messende Instrument gehört zu den bedeutendsten Funden der Unterwasserarchäologie. Es wurde Anfang des 20. Jahrhunderts gemeinsam mit zahlreichen Statuen als korrodierter Metallklumpen in einem Schiff ent-

---

478 Zwei exemplarische Ansatzpunkte: Gem. 8, 8: der Wunsch nach einem ‚stabilen Jahr' – hier hätte man den Erfolg der julianischen Reform bemerken können; 8, 23: Sonnenuhren zeigen Kalenderabweichungen deutlich an – hier wäre ein Bezug auf die so genannte Sonnenuhr des Augustus und ihre Justierungsfunktion nahe liegend.

deckt, das zwischen 80 und 50 v. Chr. vor der griechischen Insel Antikythera gesunken war.[479] Seine Entstehung wird in die Zeit um 100 v. Chr. datiert. Die intensive Erforschung des Instruments begann mit den Publikationen von Derek de Solla Price ab 1959;[480] 1971 wurden Röntgenaufnahmen gemacht, die einen ersten Blick in das Innere erlaubten. Die jüngsten Ergebnisse, die auf tomographischen Untersuchungen beruhen, wurden vom internationalen „Antikythera Research Project" Ende 2006 publiziert.[481]

Nach heutigem Wissen handelt es sich beim Antikythera-Mechanismus um ein mechanisches astronomisches Instrument – einem Uhrwerk ähnlich –, das in der Lage war, zyklische Gestirnsbewegungen darzustellen und aufeinander zu beziehen. Dazu gehören das Sonnen- und Mondjahr, ihre Korrelation (metonischer Zyklus) sowie die aktuelle Stellung beider im Tierkreis.[482] Vermutlich konnte es auch dazu verwendet werden, unter Nutzung der babylonischen Sarosperiode Sonnen- und Mondfinsternisse vorherzusagen. Das Instrument wurde in einer Kiste aufbewahrt, deren Vorder- und Hinterwand zu öffnen waren und eine Bau- und Gebrauchsanleitung trugen. Der Aufbau des Geräts aus Zahnrädern, die in Europa erst gut 1300 Jahre später wieder in Gebrauch kamen, das zu seinem Bau nötige theoretische Wissen, das ebenso nötige Vermögen, dieses Wissen in Mechanik umzusetzen und die hohe Genauigkeit der mit Hilfe des Instruments möglichen Kalkulationen stellen die Wissenschafts- und Technikgeschichte der Antike vor tief greifende Probleme.

Man könnte sagen: Das zentrale Problem der Erforschung und Deutung des Mechanismus ist seine Unzeitgemäßheit. Wenn man der allgemein akzeptierten Datierung seiner Herstellung um 100 v. Chr. zustimmt, muss man anerkennen, dass es in der hellenistischen Wissenschaft Interessen und technisch-fachliches Vermögen gab, die deutlich über das hinausgingen, was in den erhaltenen Texten tradiert wurde. Entweder muss man also annehmen, dass wichtige Fachtexte spurlos verloren sind, oder aber die These akzeptieren, dass bestimmte Bereiche hoch spezialisierten Wissens nicht

479 Grundlegend: Antikythera Shipwreck; Bol, Skulpturen.

480 De Solla Price, Gears.

481 Siehe dazu http://www.antikythera-mechanism.gr/. (zuletzt eingesehen am 28.02.2008); dort ist auch der Nature-Artikel (Freeth, Decoding) zugänglich.

482 Freeth, Mechanism, hat gezeigt, dass technisch auch die Planetenbewegungen dort hätten dargestellt werden können, und gewinnt daraus sein Argument für die Gleichsetzung des Antikythera-Mechanismus mit der von Cicero erwähnten *sphaera* des Poseidonios. Aus den erhaltenen Resten des Antikythera-Instruments ist allerdings kein eindeutiger Hinweis auf die Existenz einer Planetendarstellung abzuleiten.

verschriftlicht worden sind. In beiden Fällen vergrößert sich die Leerstelle dessen, was sich jedem forschenden Zugriff entzieht, zugleich aber von jeder Rekonstruktion zu berücksichtigen ist, beträchtlich.

Das gesunkene Schiff, zu dessen Ladung der Mechanismus gehörte, war mit reicher Fracht auf dem Weg von Kleinasien nach Rom. Ob diese nur aus Raubgut oder auch aus für diesen Export produzierten Objekten bestand, ist unklar. Manches weist auf Delos als Herkunfts- oder Umschlagsort;[483] die Gläser könnten aus Alexandria stammen,[484] und das Vorhandensein von rhodischen Amphoren für den Alltagsgebrauch an Bord könnte auf einen vorübergehenden Aufenthalt auf Rhodos hindeuten.[485] Wie Alexandria genoss auch Rhodos als Wissenschaftszentrum hohes Ansehen. In jenen Jahren soll Poseidonios dort ein bewegliches Modell des Himmels verfertigt haben, und auch Geminos schrieb dort vielleicht seine Einführung in die Astronomie. Doch man muss festhalten, dass die Zuschreibung einer rhodischen Herkunft, mehr noch: der Versuch, in dem Antikythera-Mechanismus die *sphaera* des Poseidonios zu sehen, nur schwache Indizien für sich haben und vor allem dem Bemühen zuzurechnen sind, zwischen den wenigen bekannten Artefakten Verbindungslinien zu finden. Geminos' Herkunfts- und Arbeitsort ist umstritten, die *sphaera* des Poseidonios nicht erhalten, und die Beschreibung, die Cicero von ihr bietet, lässt weit mehr an eine Armillarsphäre als an eine Rechenmaschine denken, deren mathematisches Vermögen weit spektakulärer ist als ihre schlichte äußere Form.

Für das Nachdenken über die Bedeutung der Zeitordnung in Rom liefert der Antikythera-Mechanismus damit zwei wichtige Anregungen: Zum einen legt er nahe, das grundsätzliche technische Vermögen in der Zeit des Hellenismus deutlich höher zu veranschlagen, als die ältere Literatur es getan hat, und dem nicht verschriftlichten Wissen größere Aufmerksamkeit zu widmen.

Zum anderen erinnert der Fund daran, dass das Schiff, auf dem er unterwegs war, ihn gemeinsam mit zahlreichen Statuen vermutlich nach Rom bringen sollte. Hier scheint sich die Konstellation zu wiederholen, die sich zwei Jahrhunderte zuvor bei der Aufstellung der ersten Sonnenuhr in Rom durch L. Papirius Cursor abgezeichnet hatte: Das Instrument wird den Kunstwerken zugeordnet; es ist wertvoll, und der Transport unterstellt, dass

483 Dazu Bol, Skulpturen.
484 Gladys Davidson Weinberg, The glass Vessels from the Antikythera Wreck, in: Antikythera Shipwreck, 30–39.
485 Virginia Grace, The commercial Amphoras from the Antikythera Wreck, in: Antikythera Shipwreck 5–17, hier 6–8.

es in Rom Interessenten daran gab. Aus dieser Perspektive erscheint es sinnvoll, den Mechanismus von Antikythera mit Ciceros Würdigungen astronomischer Instrumente zu verbinden.[486] Ihnen wurde im Rom des ersten vorchristlichen Jahrhunderts ein deutlich wahrnehmbares Interesse entgegengebracht. Dass dieses Interesse über den Kunstcharakter des Objekts hinausreichen konnte und nach Lehrbüchern fragte, erweist die Eisagoge des Geminos. Die dort vorgeführte Konzeption der Kalenderwissenschaft als ‚angewandte Astronomie', die Darstellung der konträren Funktionsweisen der beiden vorbildlichen Kalender Griechenlands und Ägyptens sowie die Fokussierung auf die Schaltung als zentrales Problem lassen die astronomischen Bezugspunkte der Kalenderdiskussion deutlich erkennen.

2.3. Varro: Die Verschriftlichung römischer Zeitordnungen

Die Zeitordnung Roms war Gegenstand der lateinischen Literatur antiquarischer Ausrichtung. Den Annalisten war sie manche Bemerkung wert; Varro behandelte sie in kalendarischen, antiquarischen, grammatischen und agronomischen Schriften, Plinius widmete ihr längere Abschnitte in verschiedenen Büchern seiner Enzyklopädie,[487] und Sueton verfasste in Anlehnung an Varros *Antiquitates* nicht nur ein Buch *De anno Romanorum*, sondern zeigte auch sonst ein hohes Maß an Aufmerksamkeit für Fragen der Zeitordnung. Allen gemeinsam ist die Ausrichtung auf ein relativ breites, der gebildeten stadtrömischen Bevölkerung angehörendes Publikum, was sie von den stärker fachwissenschaftlichen Publikationen unterscheidet.

Den nicht zu unterschätzenden Anteil der römischen Annalistik an der Tradition von Kalenderwissen – besonders in Bezug auf den politischen Kalender Roms – demonstriert augenfällig eine doxographische Passage bei Macrobius, in der er auf variierende Traditionen in Bezug auf die Geschichte der kalendarischen Schaltung eingeht:[488]

> Quando autem primum intercalatum sit varie refertur. Et Macer quidem Licinius eius rei originem Romulo adsignat. Antias libro secundo Numam Pompilium sacrorum causa id invenisse contendit. Iunius Servium Tullium

486 Siehe dazu oben S. 41 f.

487 Siehe dazu oben S. 70 ff.

488 Über die schwierige Grenzziehung zwischen Historiographie und antiquarischer Literatur in der älteren lateinischen Literatur s. die Anmerkungen von W. Suerbaum in HLL 1 (2002) § 190.1.

regem primum intercalasse commemorat, a quo et nundinas institutas Varroni placet. Tuditanus refert libro tertio Magistratuum decem viros, qui decem tabulis duas addiderunt, de intercalando populum rogasse.[489] Cassius eosdem scribit auctores. Fulvius autem id egisse M'. Acilium consulem dicit ab urbe condita anno quingentesimo sexagesimo secundo, inito mox bello Aetolico. Sed hoc arguit Varro scribendo antiquissimam legem fuisse incisam in columna aerea a L. Pinario et Furio consulibus, cui mensis intercalaris adscribitur. Haec de intercalandi principio satis relata sint.[490]

(„Wann jedoch zum ersten Mal geschaltet wurde, wird unterschiedlich berichtet: Und zwar schreibt Licinius Macer den Ursprung dieses Verfahrens Romulus zu. Antias behauptet im zweiten Buch, dass Numa Pompilius sie aus religiösen Gründen eingeführt habe. Junius erwähnt, dass der König Servius Tullius zuerst geschaltet habe; Varro meint, dass dieser auch die Markttage eingesetzt habe. Tuditanus berichtet im dritten Buch der ‚Magistrate', dass das Zehnmännerkollegium, das den zehn Tafeln noch zwei hinzufügte, das Volk über die Schaltung befragt habe. Cassius nennt sie ebenfalls als Urheber der Schaltung. Fulvius jedoch sagt, dass der Konsul Manlius Acilius dies getan habe, im Jahre 562 nach Gründung der Stadt, kurz vor dem aetolischen Krieg [=191 v. Chr.]. Aber dies widerlegt Varro, wenn er schreibt, dass es ein ganz altes Gesetz gegeben habe, das in einem Schaltmonat datiert sei, eingeritzt in eine erzene Säule von den Konsuln L. Pinarius und Furius.")

L. Cassius Hemina[491] und C. Sempronius Tuditanus,[492] C. Licinius Macer[493] und Valerius Antias[494] sind mit ihren Werken der Annalistik des 2. und 1. vorchristlichen Jahrhunderts zuzuordnen, wobei die erhaltenen Fragmente bei allen auch antiquarische Interessen erkennen lassen. Mit Fulvius Nobilior, dem Erbauer des Tempels *Herculis Musarum* (s. o.), ist ein ‚echter' Kalenderschriftsteller genannt. Varros betonte Endstellung zeigt ihn als größte Autorität für derartige Fragen antiquarischen Interesses. Wodurch hat er sich diese Autorität erworben?

---

489 Dazu Michels, Calendar, 101 ff.

490 Macr. Sat. 1, 13, 20–21; L.P. Mamercinus Rufus und P. Furius Medullinus Fusus waren Konsuln d. J. 472 v. Chr. Mit Michels, Calendar, 101, verstehe ich den letzten Relativsatz nicht als Inhaltsangabe des Gesetzes, sondern als einen Hinweis auf seine Datierung (daher *adscribitur*). Vgl. Macr. Sat. 1, 15, 4: *nam de kalendis, nonis et idibus deque feriarum variis observationibus innumeros auctores cura quaestionis exercuit*; ungefähr dieselbe Autorenschar findet sich auch in Cens. 20,2 bei der Behandlung von Jahreslänge und Interkalation.

491 FRH 6, frg. 21 (vgl. auch 17 und 23).

492 FRH 8, vgl. Conrad Cichorius, Das Geschichtswerk des S. Tuditanus, in: WS 24 (1902) 588–595 (Argumente für ein antiquarisches, nicht annalistisches Werk).

493 FRH 17, frg. 6.

494 FRH 15, frg. 7.

M. Terentius Varro Reatinus (116–27 v. Chr.)[495] machte die natürlichen und gesellschaftlichen Ordnungen der Zeit häufig zum Thema seiner Werke. Bis auf die drei Bücher *De re rustica* und 6 von 25 Büchern *De lingua latina* sind jedoch nur karge Fragmente der entsprechenden Werke erhalten. Alle seine Darstellungen dokumentieren eine aufmerksame Wahrnehmung alternativer Kalendersysteme und das Bemühen, traditionelle Formen der Zeitordnung zu verschriftlichen und in ihrem kulturellen Zusammenhang zu betrachten, wobei seine besondere Aufmerksamkeit auch hier stets der Stadt Rom gilt. Varros Verdienst um die Verschriftlichung und Systematisierung des zeitgenössischen Zeitwissens erkennt Cicero explizit an, wenn er in seiner wohlabgewogenen Widmung der *Academica posteriora* an Varro sagt: *tu aetatem patriae, tu descriptiones temporum* […] *tu omnium divinarum humanarumque rerum nomina, genera, officia, causas aperuisti* ….[496] Die Erwähnung der *aetas patriae* rekurriert vermutlich auf die Untersuchungen zur römischen Jahreszählung, die mit Varros Namen verbunden sind. *Descriptiones temporum* haben in großer Vielfalt im varronischen *Corpus* ihren Platz gefunden.

Als erste ist hier die bereits 77 v. Chr. publizierte *Ephemeris navalis ad Pompeium* zu nennen, eine Verschriftlichung des astronomisch und meteorologisch bestimmten Schiffahrtskalenders; ein vergleichbarer Anlass zur Verschriftlichung mündlich tradierten Wissens findet sich weit später bei *De re rustica* wieder. Auch einige seiner insgesamt 78 philosophischen Lehrdialoge (*Logistorici*) behandelten vermutlich Fragen der Zeitordnung. Censorinus benutzte den *Tubero de origine humana* für die Darstellung der Stufenlehre des menschlichen Lebens; darüber hinaus hat die Forschung zwei Bücher – *Atticus de numeris* sowie einen ohne ‚Namensgeber' überlieferten Titel *De saeculis* – auf den Bereich der Zeit- und Kalenderrechnung bezogen.[497]

Das Riesenwerk der *Antiquitates rerum humanarum ac divinarum* zerfällt in zwei ungleiche Teile, die wiederum kategorial nach *corpora, loca,*

---

495 Dahlmann, Varro; gute Einführungen bieten jetzt Cardauns, Varro, und Wolfram Ax, Varro, in: Ax, Lehrer, 1–21.

496 Cic. ac. 1, 9. Zum spannungsreichen Verhältnis der beiden Männer zueinander, der langwierigen Genese der von Varro gewünschten Widmung und der Gegenwidmung von Varros Schrift *De lingua latina* an Cicero s. Rösch-Binde, Deinos aner, 164–226 und 346–470.

497 Die Dialoge entstanden nach 54, wurden aber wohl erst um 40 v. publiziert; die wenigen erhaltenen Fragmente finden sich bei Ettore Bolisani, I logistorici Varroniani, Padua 1937. Zum *Tubero* s. Dahlmann/Heisterhagen.

tempora, res vel actiones aufgefächert sind.[498] Das Interesse an der Zeit als zentraler Kategorie menschlichen Erlebens wird darin deutlich, dass von den 25 Büchern der *res humanae* sechs,[499] von 16 Büchern der *res divinae* drei[500] den *tempora* gewidmet sind – insgesamt also neun von 41 Büchern, fast ein Viertel des Werkes. In ihnen stellt Varro die römische Zeitordnung sowohl als Funktion des Religiösen, als auch als teils astronomisch, teils kulturell bedingtes Ordnungssystem des menschlichen Lebens dar.[501] Aufgrund der schlechten Überlieferung muss ihr spezifischer Inhalt aus den Buchtiteln und wenigen Fragmenten erschlossen werden, wobei erschwerend hinzukommt, dass Augustinus, der wichtigste Überlieferungsträger, sich nur für die *res divinae* interessierte.

Zu der den Alltag aussetzenden, im weitesten Sinne dem *cultus* zuzurechnenden Zeit rechnete Varro die religiösen Feste des römischen Festkalenders, Zirkus- und Theatervorführungen.[502] Auf der Gegenseite der *res humanae* dürften dagegen die Strukturen des ‚Alltags' gestanden haben, die er, so darf man wohl aus späteren Behandlungen des Themas bei Censorinus oder Isidor v. Sevilla schließen, in einer hierarchisch auf- oder absteigenden Reihe vom Kosmos bis zu den Zeiteinheiten des menschlichen Lebens behandelt hat.[503] Die postulierten Titel lauten *De aevo, De saeculis, De lustris, De annis, De mensibus, De diebus*, wobei jedoch betont werden muss, dass nur der zweite und der letzte Titel durch Fragmente gesichert sind und für die

---

498 Zum vierteiligen Einteilungsschema vgl. Varro ling. 7, 5 und ling. 5, 11. Die Hauptquelle für die Rekonstruktion der Werkstruktur bildet Aug. civ. 6, 3–4. Siehe dazu Tarver, Varro, 50–52, Cardauns, Antiquitates, 130–131.

499 *Liber singularis* (Einleitung), 2–7 *De hominibus*, 8–13 *De locis*, 14–19 *De temporibus*, 20–25 *De rebus*.

500 *Liber singularis* (Einleitung); 2–4 *De hominibus*, 5–7 *De sacris*, 8–10 *De temporibus* (*De feriis, De ludis circensibus, De ludis scaenicis*), 11–13 *De actionibus*, 14–16 *De diis*. Die Einzeltitel sind aus Aug. civ. 6, 3 gewonnen.

501 Vgl. dazu Dahlmann, Varro, hier bes. 1229 ff.

502 Hier ist eine gewisse Nähe zu Varros Behandlung des Festkalenders in ling. 6, 12–26 zu vermuten.

503 Cens. 16–24 behandelt die Zeiten in absteigender, Isidor jedoch in aufsteigender Reihenfolge (Isid. orig. 5, 29; ausgeführt in 30–38): *momentum, hora, dies, mensis, annus, lustrum, saeculum, aetas.* – Dahlmann, Varro, 1233, hat sich der Argumentation Gruppes angeschlossen, der *De aevo* als einleitendes, ‚philosophisches' Kapitel versteht und für die übrigen a priori eine Gliederung nach Länge der behandelten Zeiteinheit voraussetzt; die abweichende Anordnung in *De lingua latina* erklärt er m. E. wenig überzeugend mit der kürzeren Behandlung des Themas ebendort. Otto Gruppe, Über die Bücher 14–18 der *Antiquitates humanae* des Varro, in: Hermes 10 (1876) 51–60.

Festlegung auf eine deszendente oder aszendente Reihenfolge der Bücher keine zwingenden Argumente vorliegen.[504]

Bei Censorinus gewinnt die hierarchische Gliederung der Zeiten eine neue, inhaltliche Potenz dadurch, dass ihre absteigende Ordnung als Konzentrationsvorgang auf das einzelne Leben und den erlebten Moment hin verstanden werden kann und nicht notwendig als unreflektierte Übernahme eines varronischen Schemas gedeutet werden muss: Sie zeigt den Geburtstag eines Menschen als Kreuzungspunkt von kosmischer und menschlicher Zeit. Damit bleibt als sichere Aussage über die varronischen *Antiquitates humanae* nur die Feststellung, dass die Zeiten dort in sechs Büchern behandelt wurden, von denen eines den *dies* und ein weiteres vielleicht den *saecula* gewidmet war. Varros ausgeprägtes systematisches Interesse wird sich auch hier ausgewirkt haben. Ob er aber eine hierarchische, d.h. aszendente (*dies* → *aevum*) oder deszendente (*aevum* → *dies*), oder aber eine systematische Gliederung nach den Gestirnen, Sonne und Mond, also dem *efficiens* wie in *De lingua latina* anlegte, ist nicht zu klären.

Die Datierung der *Antiquitates* ist umstritten. Die bei Augustin und Laktanz überlieferte Widmung der *Antiquitates rerum divinarum* an den *pontifex* C. Iulius Caesar wird von den Befürwortern der Spätdatierung als ein zentrales Indiz für die Publikation zu Beginn der Kalenderreform vorgebracht. Caesar bekleidete das Amt allerdings seit 63 v.Chr., so dass die Widmung bereits deutlich früher möglich gewesen wäre.[505] Entscheidet man sich trotzdem – wie auch ich es getan habe – für die Jahre 47/46 v.Chr. als Dedikationsjahre, so impliziert dies die Annahme, Varro habe die Neuordnung des Kalenders unter Caesar früh verfolgt und ihr eine Bedeutung zugemessen, die sich erst weit später (in *De re rustica*) wieder in vergleichbarer Direktheit ausdrückt. Für ein solches vergleichsweise ungewöhnliches Interesse an Fragen der Zeitordnung spricht auch seine nicht eindeutig zu verortende Rekonstruktion der Jahreszählung *ab urbe condita*, die zu einer neuen, von Atticus publizistisch gestützten und sich auf lange Sicht durchsetzenden Festsetzung des Gründungsdatums der Stadt führte.[506]

504 Gell. 3, 2, 2; Serv. Aen. 8, 526. Für *De saeculis* wird, da Servius keine eindeutige Zuordnung zu den *Antiquitates* vornimmt, auch die Zugehörigkeit zu den *Logistorici* diskutiert (s. Anm. 498).

505 Für Ende 46 v.Chr. argumentierte zuletzt Tarver, Varro, auf der Grundlage von Horsfall, Varro. Eine etwas unschärfere Datierung (ca. 47/46 v.) bevorzugt Cardauns, Antiquitates, in seiner den Forschungsstand zusammenfassenden Einführung, S. 125–133, hier 132–133.

506 Dazu unten S. 185ff.

Mit Interesse an inhaltlicher und etymologischer Begriffsklärung verfasste Varro in den 40er Jahren die Schrift *De lingua latina,* die explizit auf die *Antiquitates* verweist.[507] Neben den ungefähr gleichzeitig entstandenen, aber weitgehend verlorenen Schriften *De gente* und *De vita populi Romani* ist sie daher stets zur Rekonstruktion der *Antiquitates* herangezogen worden.[508] Das sechste Buch von *De lingua latina* handelt von den Handlungsverben (6, 35–97), zuvor aber von den *temporum vocabula Latina* (6,1–34) – eine Konstellation, die auch für die späteren Grammatiken typisch ist.[509]

An ihrem Anfang steht die einzige varronische Definition der Zeit, die, obwohl in der Überlieferung entstellt, doch als stoisch zu erkennen ist.[510] Varro verknüpft sie im Anschluss nicht direkt mit der Behandlung der *tempora verborum,* wie es aus stoischer Sicht zu erwarten wäre, sondern mit Anmerkungen über die Geschichte der römischen Zeitrechnung und mit der Darstellung der Gliederungsbegriffe von Tag und Jahr, d. h. mit Themen, die durchaus von antiquarischem Interesse waren.

Dabei ordnet er die Zeiteinheiten hier nicht hierarchisch nach ihrer Länge, wie er es vermutlich in den *Antiquitates* getan hatte, sondern nach ihrem jeweiligen *efficiens* an:[511] Auf Tag und Nacht, die die Sonne hervorbringt, folgen das Jahr und seine Vielfachen, die der Kreisbewegung der Himmelssphäre zugehören (ling. 6, 4–11). Beide gelten ihm als *naturalia discrimina.* Ihnen stehen die *civilia vocabula* der kulturell begründeten Ordnung gegenüber, wobei Varro zwischen religiös und politisch-historisch motivierten Festen unterscheidet (6, 12–26: *deorum causa;* 6, 27–32: *hominum causa*). Zu den letzgenannten zählt er auch die Tagesqualitäten und die Gelenktage des Monats (Kal/Non/Id), deren Konventionalisierung

507 Varro ling. 6, 13 und ling. 6, 18.

508 Darauf, dass auch *De gente populi Romani* die Zeitordnung behandelte, deutet Arnob. nat. 5, 8 hin (*Varro* [...] *in librorum quattuor primo, quos de gente conscriptos Romani populi dereliquit, curiosis computationibus edocet, ab diluvii tempore* [...] *ad usque Hirti consulatum et Pansae annorum esse milia nondum duo*). Das genannte Konsulat legt als *terminus post quem* für die Entstehung des Textes das Jahr 43 v. Chr. fest. Dazu Leuze, Jahrzählung, 241.

509 Themenfestlegung in ling. 6, 1: *dicam de vocabulis temporum et earum rerum quae in agendo fiunt aut dicuntur cum tempore aliquo*; die *vocabula* noch einmal spezifiziert in ling. 6, 35. Zu den Grammatiken s. oben S. 45 ff.

510 Zu den Definitionen der Zeit in der römischen Philosophie s. oben S. 31 ff.

511 Auch in rust. 1, 27 bekennt Varro sich dazu, zuerst die von der Sonne diktierten Zeiten und dann diejenigen des Mondes zu behandeln; die Ordnung nach dem *efficiens* ist für ihn also weder zufällig noch unüblich.

hier offenbar die Herkunft aus dem Mondrhythmus überdeckt.[512] Die durchgehend dichotomische Struktur betont die Unterschiede zwischen kosmischer und kultureller, göttlicher und menschlich geprägter Zeitordnung.

Einige Jahre später integrierte Varro den landwirtschaftlichen Kalender in das erste Buch von *De re rustica*, einen Lehrdialog für Landbesitzende, personalisiert in der Widmung an seine Gattin Fundania, die als noch unerfahrene Besitzerin eines Landguts der Belehrung bedarf.[513] Hier im Alterswerk wendet Varro erstmals eine Hybriddatierung an: Zur alt überlieferten Jahresteilung in acht Abschnitte, die nach Sternaufgängen, den Äquinoktien und Solstitien bestimmt werden, tritt bei ihm die Datierung nach *dies civiles nostri, qui nunc sunt* und den dazugehörigen ‚normierten' Jahreszeiten.[514] Als erster römischer Autor beobachtet und dokumentiert er ein knappes Jahrzehnt nach Einführung des neuen, julianischen Kalenders die Fixierung der Jahreszeiten in einem bestimmten, immergleichen Monat: So lange hat es offenbar gedauert, bis die Wahrnehmung der erreichten *stabilitas anni* verschriftlicht werden konnte.

Versucht man, aus der Struktur des Gesamtwerks und den vereinzelten Bemerkungen ein Bild zusammenzufügen, so entsteht der Eindruck eines Gelehrten, der ein originäres Interesse an Fragen der römischen Chronologie und an unterschiedlichen Zeitordnungsverfahren besaß. Er initiierte selbst Forschungen (wie etwa das Horoskop Roms), begleitete die Arbeiten Caesars mit früher und wacher Aufmerksamkeit und war geneigt, die Ergebnisse aufzugreifen. Seine Erwähnung der „Daten, die wir heute haben" ist der früheste Hinweis auf einen bewussten Umgang mit dem neuen Kalender und bezeugt zugleich das Wissen darum, dass dieser anders als sein Vorgänger auch für die Landwirtschaft eingesetzt werden kann. Auf die von Varro gelegten Grundlagen greifen alle späteren Autoren zurück.

512 Bei Varro fehlen die Monate Mai, September und November, wobei unklar bleibt, ob hier Textlücken oder bewusste Auslassungen vorliegen – das sechste Buch von *De lingua latina* ist nur etwa halb so umfangreich wie das als Gegenstück konzipierte fünfte.

513 Die Datierung ist umstritten; die Argumente sind zusammengetragen bei Flach, Varro, 1, 7–15.

514 Varro rust. 1, 28, 1; eine sehr differenzierte Analyse bietet Skydsgaard, Varro, 43–63; vgl. dort auch die Tabelle S. 45.

2.4. Cicero I: Zeitzeuge und Reformer? (70–47 v. Chr.)

Die Notwendigkeit oder Möglichkeit, reformierend in die Zeitordnung einzugreifen, haben außer Caesar offenbar nicht viele gesehen. Varros teilnehmendes Interesse scheint eher eine Ausnahme als die Regel gewesen zu sein.[515] Cicero begleitet die gesamte Reform zwar mit der Aufmerksamkeit, die er Caesars politischem Handeln auch sonst entgegenbringt, widmet der Zeitordnung Roms jedoch keine eigene Schrift, sondern nur gelegentliche Bemerkungen. Dabei fällt auf, wie sehr Gattung und intendiertes Publikum Inhalt und Form seiner Kommentare prägen. In philosophischen und historischen Kontexten äußert er sich zur kosmologischen Verankerung der Zeitordnung; in seinen Briefen dagegen interessiert ihn ihre praktische Seite, die kalendarische Schaltung, in ihren politischen, ökonomischen, alltagsrelevanten Konsequenzen. Man kann seine Position aber auch von dort zu verstehen suchen, wo er die Zeitordnung überhaupt nicht erwähnt, obwohl man es aus chronologischen wie inhaltlichen Gründen mit einigem Recht hätte erwarten können – hierzu rechne ich sein beredtes Schweigen in der programmatischen und reformorientierten Rede *Pro Marcello*, die er hielt, als Caesars Kalenderreform im vollen Gange war.

Der Zeit vor der Kalenderreform sind drei Textkomplexe in Ciceros Werk zuzuordnen, die den *status quo* der späten Republik kommentieren.[516] Sie gelten der Funktionsweise des griechischen (sizilianischen) Kalenders um 70 v. Chr. sowie der Möglichkeit zur Schaltung in den Jahren 51 und 50 v. Chr., von denen jedoch keine zustande kam. In den 50er Jahren wird auch Ciceros lebenslanges Interesse an Himmelsmodellen (*sphaerae*) erstmalig sichtbar. Sie sind ihm Ausdruck der menschlichen Befähigung zur Welterkenntnis und Weltnachschöpfung und tragen dazu bei, dieses Wissen zur Regelung des menschlichen Miteinanders einzusetzen. Da er dieselben Kriterien auch zur Beurteilung von Uhr und Kalender einsetzt bzw. zwischen diesen Instrumenten insgesamt kaum differenziert, habe ich sie bereits eingangs behandelt.[517]

Die zweite Rede gegen Verres, die im Herbst 70 v. Chr. entstanden ist und bald darauf publiziert wurde, nimmt eine Sonderstellung unter den

515 Plu. Caes. 59, 2 verweist summarisch auf zeitgenössische Kritik an der Kalenderreform, nennt aber keine Argumente und (außer Cicero, s.u.) auch keine Namen.

516 Cic. Verr. 2, 2, 129 (Herbst 70): leg. 2, 29 (Mitte der 50er Jahre); fam. 7, 2 (Januar 51); Att. 5, 9 (Juni 51); Att. 5, 13 (Juli 51) Att. 5, 21 (Februar 50); Att. 6, 1 (Februar 50); fam. 8, 6 (März 50).

517 Siehe dazu oben S. 41 ff.

Reden Ciceros ein. Neben agonalen Partien stehen Ausführungen von historischem, antiquarischem und landeskundlichem Interesse, die, so könnte man in Ergänzung von Fuhrmanns pointierter Charakterisierung sagen, der „fiktiven Mündlichkeit“ der nie gehaltenen Rede eine ‚fiktive Zeitlichkeit‘ hinzufügen – die Rede ist so lang, dass, wäre sie je gehalten worden, sie jede andere ciceronische Rede an Dauer um ein Vielfaches überboten hätte.[518] Ein Text dieser Länge ist ein Lesetext, auch wenn Cicero sich bemüht, dies so weit wie möglich vergessen zu machen. Im Zusammenhang mit der unrechtmäßigen Ämtervergabe durch Verres beschreibt Cicero das griechische Verfahren der kalendarischen Schaltung. Auf diesem basierte Verres' Coup, der es ermöglichte, Wahlen zum korrekten Termin, zugleich aber für den noch in Rom weilenden Hauptkonkurrenten seines Favoriten unerreichbar anzusetzen:[519]

> Est consuetudo Siculorum ceterorumque Graecorum, quod suos dies mensisque congruere volunt cum solis lunaeque ratione, ut non numquam, si quid discrepet, eximant unum aliquem diem aut summum biduum ex mense, quos illi exaeresimos dies nominant; item non numquam uno die longiorem mensem faciunt aut biduo. Quae cum iste cognosset novus astrologus, qui non tam caeli rationem quam caelati argenti duceret, eximi iubet non diem ex mense, sed ex anno unum dimidiatumque mensem hoc modo ut, quo die verbi causa esse oporteret Idus Ianuarias, is eo die Kalendas Martias proscribi iuberet: itaque fit omnibus recusantibus et plorantibus. Dies is erat legitimus comitiis habendis. [130] Eo modo sacerdos Climachias renuntiatus est. Herodotus cum Roma revertitur, diebus, ut ipse putabat, xv ante comitia, offendit eum mensem qui consequitur mensem comitialem, comitiis iam abhinc xxx diebus factis. Tunc Cephaloeditani fecerunt intercalarium xxxxv dies longum, ut reliqui menses in suam rationem reverterentur. Hoc si Romae fieri posset, certe aliqua ratione expugnasset iste ut dies xxxxv inter binos ludos tollerentur, per quos solos iudicium fieri posset.

> („Es gibt eine Gepflogenheit bei den Einwohnern Siziliens wie auch bei den übrigen Griechen, die darin besteht, dass sie eine Übereinstimmung ihrer Tage und Monate mit dem Lauf der Sonne und des Mondes wünschen, so dass sie gelegentlich, wenn es zu einer Abweichung kommt, einen einzelnen Tag oder höchstens zwei aus dem Monat herausnehmen; diese Tage nennen sie ‚ausgeschiedene Tage‘. In gleicher Weise verlängern sie einen Monat gelegentlich um einen oder zwei Tage. Als dieser neuartige Himmelskundige, der die

518 Die pointierte Charakterisierung der Rede stammt von Manfred Fuhrmann, Mündlichkeit und fiktive Mündlichkeit in den von Cicero veröffentlichten Reden, in: Gregor Vogt-Spira (Hrsg.), Strukturen der Mündlichkeit in der römischen Literatur, Tübingen 1990 (Scriptoralia A4), 53–62, zur zweiten Verrine s. S. 60 f.

519 Cic. Verr. 2, 2, 129–130. Zur Vorgeschichte vgl. Verr. 2, 2, 128; Nachtrag in Verr. 2, 2, 132.

> Ordnung des Himmels [*caeli ratio*] weniger schätzte als fein ziseliertes Silber [*caelatum argentum*], davon erfahren hatte, befahl er, nicht einen Tag aus dem Monat herauszunehmen, sondern anderthalb Monate aus dem Jahr, und zwar derart, dass an dem Tag, an dem regulär die Iden des Januar hätten sein müssen, er die Kalenden des März zu verkünden befahl: Und so geschah es, obwohl alle dies ablehnten und darüber klagten. An diesem Tag war es erlaubt, Wahlversammlungen abzuhalten. Auf diese Art und Weise wurde Klimachias zum Priester gewählt. Als Herodot aus Rom zurückkehrte – seiner Ansicht nach 15 Tage vor den Comitien – fand er bereits den Monat [März] vor, der dem Comitienmonat [Februar] folgt; die Comitien waren schon 30 Tage zuvor abgehalten worden. Die Einwohner von Kephaloidion [Cefalù] bildeten damals einen Interkalationsmonat von 45 Tagen Länge, damit die übrigen Monate wieder in ihre Ordnung zurückkehrten. Wenn so etwas in Rom möglich wäre, dann hätte Verres es gewiss auf irgendeine Weise durchgesetzt, dass die 45 Tage zwischen den beiden Spielen, die die einzigen waren, an denen noch Gericht gehalten werden konnte, gestrichen worden wären.“)

Cicero spielt am Ende auf sein außergewöhnliches Timing im Prozess gegen Verres an, dessen Versuch, den Prozess bis ins Folgejahr zu verschleppen, er durch eine überaus kurze Anklagerede zum Scheitern gebracht hatte. Verres hätte daher tatsächlich noch in den Tagen zwischen den *ludi Romani* und den *ludi Victoriae Sullanae* der Prozess gemacht werden können, wäre er nicht vor Anbruch dieser Frist geflohen.[520] Vor dem Hintergrund dieses Prozesses wird das politische Potential jedes kalendarischen Eingriffs deutlich.

Die Streichung (Exhairese) oder Hinzufügung (Interkalation) einzelner Tage im griechischen Kalender wird derart ausführlich demonstriert, dass man annehmen darf, Cicero habe seinen Mitbürgern dieses Verfahren absichtsvoll vorgestellt.[521] Grundsätzlich bot die tageweise Anpassung eine deutlich geringere kalendarische Schwankung als das römische Modell – die Variationsbreite betrug theoretisch nur +/- 2 Tage gegenüber 22–23 Tagen in Rom.[522] Nach Ciceros Deutung verband Verres die griechische Technik

---

520 Vgl. Cic. Verr. 1, 31. Die Distanz zwischen den beiden Spielen beträgt, wie Fuhrmann bemerkt hat, nicht 45, sondern nur 36 Tage - von XII Kal. Oct (19. September) bis zu VII Kal. Nov. (26. Oktober). Dies ist für Ciceros Argumentation jedoch unerheblich.

521 Einige griechische Beispiele für dieses Verfahren gibt Paulsen, Zeitrechnung, 37–38.

522 Dass die Praxis der griechischen Kalender ebenfalls von einer großen Vielfalt geprägt war, steht auf einem anderen Blatt. Spuren für die Fortnutzung des sizilianischen griechischen Kalenders noch im ersten nachchristlichen Jahrhundert sind inschriftlich belegt, s. dazu R.J.A. Wilson, Sicily, Sardinia and Corsica, in: CAH, 2. Auflage, Bd. 10: The Augustan Empire, 43 b.C.-A.D. 69, Cambridge 1996, 434–448, hier 441 f.

der Exhairese jedoch mit der römischen Tradition der umfangreichen Schaltung. So kam es zu einer auf Sizilien beschränkten Exhairese im Umfang von zwei römischen Schaltmonaten, einer Ungeheuerlichkeit, die auf den 12. Januar direkt den 1. März folgen ließ. Die baldige Revision der Maßnahme durch die Bürger von Cefalù, die die fehlenden 45 Tage wieder einfügten, ließ Verres offenbar widerspruchslos geschehen: Es lag ihm nichts an einer grundlegenden Revision des Kalenders. Er hatte sein politisches Ziel erreicht, einen potentiell überlegenen Kandidaten bei einer formal korrekten Wahl von vornherein auszuschalten, und war zudem, so lässt Cicero erkennen, noch ausreichend entlohnt worden – mehr war nicht beabsichtigt.

Die Maßnahme des *novus astrologus* Verres, anderthalb Monate zwischen Mitte Januar und den Kalenden des März zu streichen, ist in vielfacher Hinsicht ein Novum in der römischen Kalenderpolitik. Abgesehen davon, dass sie eine verblüffende (allerdings auch singuläre) Autonomie der Provinz bei der Handhabung ihrer Zeitordnung dokumentiert, bietet sie ein Beispiel dafür, wie die Ausweitung der römischen Zeitordnung zu Zusammenstößen mit anderen Ordnungssystemen führte. Der römische Kalender kannte bis dahin nur Hinzufügungen; Streichungen können, da das römische Kalenderjahr immer kürzer ausfiel als das Solarjahr, regulär nicht vorgekommen sein. Verres hatte ein neues Instrument nach griechischem Vorbild in die römische Kalenderpolitik eingebracht. Natürlich konnte es keine Zustimmung finden; der manipulative Charakter war zu offensichtlich. Gleichwohl erweiterte die Exhairese den Rahmen der vorstellbaren Eingriffe und wurde ohne weitere Differenzierung immer wieder dann erwähnt, wenn es darum ging, Eingriffe in den Kalender zu verurteilen.[523]

Durch die Nennung der exakten Daten betonte Cicero nicht nur die Länge der Exhairese, sondern auch ihre Position im Jahr: Verres strich nicht nur, sondern tat es in doppelter Perfidie genau dort, wo gewöhnlich ein Interkalationsmonat hinzugefügt wurde.[524] Im abschließenden Vergleich

523 Zu diesen topischen Argumenten der Kalenderkritik s. unten S. 260ff. Hier scheint ein grundsätzliches Problem vorzuliegen, das auch bei der gregorianischen Reform im 16. Jahrhundert sichtbar wurde (s.u.): Die Streichung von Tagen wird mit dem Verlust, die Hinzufügung dagegen mit dem Gewinn von Lebenszeit gleichgesetzt; entsprechend unpopulär ist jede Streichung.

524 Für die Jahre von Verres' Statthalterschaft fehlen sichere Belege darüber, wann in Rom geschaltet wurde. Da die Kornabgabe in Sizilien unter Verres zum 1. August/*Sextilis* (Cic. Verr. 2, 3, 36) erfolgen sollte, schließt Brind'Amour hier auf eine weitgehende Übereinstimmung von Vegetationsjahr und kalendarischem Datum und damit zugleich auf eine vergleichsweise regelmäßige Schaltung in jedem

verknüpfte Cicero Verres' Manipulationen eng mit dem römischen Prozess gegen ihn, was sich pointiert in der Angleichung beider Fristen auf 45 Tage ausdrückt. Im Irrealis macht er deutlich, dass Verres' Manipulationen des Kalenders mit einem anderen Maßstab zu messen sind als diejenigen der römischen *pontifices*, denen er hier (noch) Unbeeinflussbarkeit attestiert. Vermutlich gab es in diesen Jahren auch keinen großen Anlass für Kritik an der Kalenderpolitik: Das von Cicero erwähnte Datum der Kornabgabe auf Sizilien Anfang August lässt darauf schließen, dass der Kalender in diesen Jahren ‚in Ordnung' war, so dass Vegetations- und Solarjahr übereinstimmten. Aus der Perspektive der Genauigkeit erweist sich sein Vertrauen in die Schaltung der römischen *pontifices* als gerechtfertigt; inwieweit die Schaltung trotzdem politisch genutzt wurde, stand auf einem anderen Blatt.

In den folgenden beiden Jahrzehnten wurde nur unregelmäßig geschaltet, so dass es allmählich zu einer Diskrepanz von bis zu einem Vierteljahr zwischen Kalender- und Sonnenjahr kam. Derartige Abweichungen hatte es bereits in früheren Zeiten gegeben; über den genauen Umgang mit ihnen ist – bis auf die oben erwähnte *lex Acilia* – nichts bekannt.

Mitte der 50er Jahre entstanden in einer Phase erzwungener politischer Abstinenz Ciceros die staatsphilosophischen Dialoge *De re publica* und *De legibus*.[525] Im zweiten Buch über die Gesetze geht Cicero bei der Behandlung der Priesterämter zuerst auf die Feste und ihre Abstimmung mit dem Vegetationsjahr, dann auf die kalendarische Ordnung des Staates ein:[526]

> Tum feriarum festorumque dierum ratio in liberis requietem habet litium et iurgiorum, in servis operum et laborum; quas compositio anni conferre debet ad perfectionem operum rusticorum. Quod <ad> tempus ut sacrificiorum libamenta serventur fetusque pecorum quae dicta in lege sunt, diligenter habenda ratio intercalandi est, quod institutum perite a Numa posteriorum pontificum neglegentia dissolutum est.

---

zweiten Jahr. Es ist daher nicht auszuschließen, dass Verres' Streichung von 45 Tagen auch noch mit einer Einschaltung von 23 Tagen in Rom zusammentraf, was die Differenz zwischen beiden Kalendern noch zusätzlich verstärkt hätte. Brind'Amour, Calendrier, 76–77.

525 Einzelne Passagen wurden später noch einmal überarbeitet. Einen Überblick über die Datierungsansätze, die mit wechselnden Schwerpunkten Ciceros gesamtes letztes Lebensjahrzehnt erfassen, bietet Marinone, Cronologia, 277 (B 22). Überzeugend scheint mir jedoch noch immer die Argumentation von Peter Leberecht Schmidt, Die Abfassungszeit von Ciceros Schrift über die Gesetze, Rom 1969 (Collana di Studi Ciceroniani, 4) 107–108, der diese Überlegungen nur in der Zeit vor der Ankündigung von Caesars Kalenderreform motiviert und am Platze sieht.

526 Cic. leg. 2, 29.

(„Die rechte Ordnung der Fest- und Feiertage bedeutet für freie Bürger eine Erholung von juristischen Händeln und Prozessen, für Sklaven die Ruhe von Mühen und Arbeiten. Die Zusammensetzung des Jahres (*compositio anni*) muss diese mit der Durchführung der bäuerlichen Arbeiten in Einklang bringen. Damit die Opfergaben und die Jungtiere, die im Gesetz festgelegt sind, bis zur rechten Zeit aufbewahrt werden können, muss die Einschaltung [von Monaten] sorgfältig gehandhabt werden. Sie ist durch Numa zwar geschickt eingerichtet worden, durch die Nachlässigkeit späterer *pontifices* jedoch in Auflösung geraten.")

Im Kern des Urteils weicht Cicero von seiner älteren Auffassung ab: Hatte er in der zweiten Verrine das Verhalten der römischen *pontifices* noch als vorbildlich gepriesen, tadelt er jetzt ihre *neglegentia.* Dieser Tadel war sicher in der Erfahrung begründet, dass Vegetations- und Kalenderjahr sich inzwischen wegen unterlassener Schaltungen deutlich voneinander gelöst hatten. Dieses Versäumnis war besonders dem *pontifex maximus* anzulasten, zu dessen Obliegenheiten die Beaufsichtigung der Schaltung gehörte. Das Amt hatte seit 82 v. Chr. Q. Caecilius Metellus Pius innegehabt, dem noch Ciceros implizites Lob in der 2. Verrine gegolten haben könnte. Nach seinem Tod hatte Caesar im Jahr 63 v. Chr. das Amt erringen können. Er ließ bis zu seiner Reform jedoch nur etwa die Hälfte der nötigen Interkalationen durchführen: Caesar also war es, dem die *neglegentia* vorzuwerfen war und den Cicero hier hätte nennen müssen.

Cicero personalisiert seine Kritik jedoch nicht, geht nicht auf die möglichen politischen Motive der Kalendervernachlässigung ein und stellt auch die Schaltung grundsätzlich nicht in Frage – er fordert lediglich ihre regelmäßige Durchführung in Abstimmung mit den religiösen Bedürfnissen ein. Wie weit diese Forderung von Ciceros pragmatischem Umgang mit der Schaltung entfernt ist, zeigen seine Briefe mit großer Deutlichkeit. Er wusste von den Handlungsmöglichkeiten, die die Schaltungshoheit beinhaltete, und war bereit, sie in seinem Interesse zu benutzen.

Um bevorstehende Interkalationen geht es in einer Reihe von Briefen der Jahre 51 und 50 v. Chr. Caesar hatte im Jahr 52 eine Schaltung durchführen lassen,[527] so dass bei regulärer Handhabung erst für 50 (=704) wieder eine zu erwarten gewesen wäre. Ciceros Versuche, diese Situation seinen Bedürfnissen anzupassen, lässt einige in den bisherigen Texten nicht angeklungene Charakteristika des vorjulianischen Kalenders deutlich hervortreten.

527 Ascon. Mil. 30 und Mil. 31 (Text s. Anm. 619), dazu Michels, Calendar, 171, Brind'Amour, Calendrier, 36–39.

Zu Beginn des Jahres 51 schrieb Cicero aus Rom an M. Marius. Vier Briefe des ciceronischen *Corpus* bezeugen die langjährige Freundschaft Ciceros mit dem ansonsten unbekannten Marius und sprechen von ihren Treffen in Stabiae oder auf Ciceros *Pompeianum.*[528] In der Schlussbemerkung klagt Cicero, dass er durch zahlreiche Prozesse zeitlich sehr belastet sei und täglich darum bete, dass nicht auch noch geschaltet werde, damit – so ist zu ergänzen – die ersehnten Senatsferien nicht weiter nach hinten verschoben würden: er wolle Marius doch baldmöglichst sehen.[529]

Cicero befürchtete offenbar eine irreguläre Schaltung im Jahr 51 v. Chr.; der Schaltrhythmus erschien ihm nicht verlässlich – ein deutliches Indiz für die wenig kalkulierbare Handhabung Caesars. Zudem konnte, was jede Planung erschwerte, die Bekanntgabe der Schaltung offenbar sehr plötzlich erfolgen:[530] Im vorliegenden Fall wusste Cicero zu Jahresbeginn noch nicht, ob Ende Februar geschaltet werden würde. Spätere Briefe belegen seine Verunsicherung noch bis wenige Tage vor dem mutmaßlichen Beginn eines Schaltmonats (s.u.). Doch in diesem Jahr 51 erfolgte keine Schaltung, und Cicero konnte Anfang Mai tatsächlich aus Rom aufbrechen. Er besuchte wie geplant Pompeji und Stabiae, bevor er über Tarent und Brindisi nach Griechenland reiste.

Während der Reise nach Kilikien, wo er seine ungewollte Statthalterschaft antreten sollte, schrieb er Mitte Juni 51 aus Actium an Atticus und bat ihn, sich dafür einzusetzen, dass auch im folgenden Jahr, in dem auf der Basis des zweijährigen Schaltrhythmus eigentlich geschaltet werden müsste, keine Schaltung erfolge. Einige Wochen später wiederholte er seine Bitte. Je näher er seinem Bestimmungsort kam, desto mehr lag ihm offenbar daran, dass sein Amtsjahr in Kilikien im ‚Normalzustand' verblieb und ihn nicht, so muss man ergänzen, durch eine unvorhergesehene Schaltung länger als geplant von Rom fernhielte: *annus noster maneat suo statu.*[531]

---

528 Cic. fam. 7, 1–7, 4; hier 7, 2.

529 Cic. fam. 7, 2, 4: *Nos hic in multitudine et crebritate iudiciorum et novis legibus ita distinemur, ut quotidie vota faciamus, ne intercaletur, ut quam primum te videre possimus.* Mit den Gesetzen ist vermutlich die *lex Pompeia de ambitu* gemeint.

530 Vgl. Rüpke, Kalender, 294.

531 Cic. Att. 5, 13, 3 (Zeichensetzung nach Shackleton-Bailey): *redeo ad urbana. per fortunas, quoniam Romae manes, primum illud praefulci atque praemuni, quaeso <ut> simus annui, ne intercaletur quidem.* Cic. Att. 5, 9, 2: *memento curare per te et per omnis nostros, in primis per Hortensium, ut annus noster maneat suo statu, ne quid novi decernatur. hoc tibi ita mando ut dubitem an etiam te rogem ut pugnes ne intercaletur. sed non audeo tibi omnia onera imponere; annum quidem utique teneto.* Die Art der Einflussnahme auf Caesar, die Cicero von Atticus erwartet, bleibt undeutlich. Olaf Perlwitz, Titus Pomponius Atticus. Untersuchungen zur

Die Einflussnahme auf die kalendarische Schaltung, die Cicero an Verres kritisiert hatte, versuchte er hier selbst und offenbar ohne schlechtes Gewissen auszuüben. Für ihn bestand sichtlich ein subjektiv maßgeblicher Unterschied zwischen der autonomen – rechtsbrüchigen – Handhabung der provinziellen Zeitordnung, wie Verres sie ausgeübt hatte, und seinen eigenen Versuchen, auf die Entscheidungsträger in Rom in eigenem Interesse lenkend einzuwirken. Dies impliziert, dass die Entscheidung des *pontifex maximus* weder als autonom noch als allein der kosmischen Ordnung verpflichtet angesehen wurde.[532] Einer anderen als der römischen Ortszeit zu folgen, wie es Verres getan hatte, war für den Provinzstatthalter Cicero im politischen Handeln undenkbar.

Danach ruhte das Thema für einige Monate, Cicero nahm seine Statthalterschaft zu Beginn des Sextilis 51 v. auf. Derweilen versuchte der Volkstribun C. Scribonius Curio in Rom, eine Schaltung für das Jahr 50 zu erlangen. Da es 51 v. Chr. keine gegeben hatte, wäre diese Schaltung durchaus regulär gewesen. Wenige Tage vor dem möglichen Schalttermin im Frühjahr 50 v. Chr. war Cicero in Kilikien allerdings immer noch nicht darüber informiert, ob es zur Schaltung kommen würde oder nicht. In den Briefen vom 13. und 20. Februar 50 v. Chr. (=704) fragt er eindringlich nach Informationen, bis ihn schließlich mit Caelius' Brief vom 6. März der Bericht über Curios Scheitern erreichte.[533]

Seine Fragen sind hier jedoch in anderer Weise motiviert als zuvor. Es geht ihm nicht mehr nur um die Handlungsmöglichkeiten, die den politischen Parteiungen durch die Durchsetzung oder Verhinderung eines eigentlich regulären Schaltmonats zuwuchsen, und auch nicht mehr nur um die Dauer seines Aufenthaltes in der Provinz, sondern um ein ganz ‚privates' Problem: die Ausrichtung der Feierlichkeiten für seinen Neffen Quintus, der ihn in die Provinz begleitet hatte und nun die Männertoga anlegen sollte.

Person eines einflussreichen Ritters in der ausgehenden römischen Republik, Stuttgart 1992 (Hermes Einzelschriften 58) macht das Netzwerk an Kontakten sichtbar, über die Atticus verfügt, geht jedoch auf diesen konkreten Fall nicht ein.

532 Zur Funktion des *pontifex maximus* s. unten S. 211 f.

533 Cic. fam. 8, 6 (Caelius an Cicero): *Quod tibi supra scripsi Curionem valde frigere, iam calet; nam ferventissime concerpitur; levissime enim, quia de intercalando non obtinuerat, transfugit ad populum et pro Caesare loqui coepit legemque viariam, non dissimilem agrariae Rulli, et alimentariam, quae iubet aediles metiri, iactavit: hoc nondum fecerat, cum priorem partem epistulae scripsi.* Nach Dio Cassius hatte Curio die Einfügung eines Schaltmonats beantragt, um der hohen Zahl der anstehenden Gesetzesvorlagen Herr zu werden (D.C. 40, 62, 1–2). Zum politischen Geschehen dieser Monate s. Gelzer, Caesar, 162–165.

Traditionsgemäß geschah dies in einem feierlichen Akt während der *Liberalia* am 17. März,[534] die jedoch durch die Einfügung eines Schaltmonats Ende Februar deutlich verschoben worden wären. Am fünften Tag vor den *Terminalia*, an denen gewöhnlich der Schaltmonat begann, notiert Cicero mit deutlichem Widerwillen, sich in seiner Planung weiter behindern zu lassen, er wolle sich fürderhin verhalten, als werde nicht geschaltet werden (*quasi intercalatum non sit*), und die Feier entsprechend vorbereiten.[535]

Ciceros Alltag litt hier empfindlich unter den typischen Konsequenzen der römischen Schaltung – besonders darunter, dass sie so plötzlich kommen konnte und dass es eben nicht um einen oder zwei Tage, sondern stets um einen vollen Monat ging. Es ist jedoch keine Klage und kein Aufruf zur Veränderung von ihm zu hören, obwohl ihm Alternativmodelle durchaus bekannt waren, wie die Auseinandersetzung mit Verres zeigte. Die Schaltung an sich scheint ein nicht zu hinterfragendes, grundrömisches, zugleich aber kosmologisch legitimiertes Faktum. Ihr größter Mangel ist demnach nicht ihre Existenz, sondern allein ihre Handhabung durch andere. Als Privatmann erträgt er diesen Mangel; dort, wo es um Politik geht, versucht er Einfluss zu nehmen. Größere Veränderungen – gar die Reduktion der Schaltung – geraten nicht in den Blick. Vorschläge für eine grundlegende Reform des Kalenders sind aus dieser Position nicht zu erwarten.

---

534 Cic. Att. 5, 21, 14: *Cum scies Romae intercalatum sit necne, velim ad me scribas certum quo die mysteria futura sint.* Der Brief datiert von den Iden des Februar; der Schaltmonat wurde nach dem 23.02. eingefügt. Mit den *mysteria* sind vermutlich die *Liberalia* gemeint, an denen traditionsgemäß die Togafeier stattfand.

535 Cic. Att. 6, 1: *Quinto togam puram Liberalibus cogitabam dare; mandavit enim pater. ea sic observabo quasi intercalatum non sit.* – Curios Versuche waren damit aber noch nicht am Ende. Er versuchte (ebenfalls erfolglos) auch für 49 eine Schaltung zu erlangen, um Caesars Statthalterschaft in Gallien zu verlängern – aber Caesar war, obwohl *pontifex maximus*, vermutlich aufgrund seiner Abwesenheit nicht in der Lage, eine für ihn günstige Entscheidung durchzusetzen. Siehe dazu Tenney Frank, Pompey's compromise: Cic. fam. 8, 2, 3, in: CR 33, 1919, 68–69; aufgegriffen von Shackleton Bailey ad loc. (bei ihm Brief Nr. 91); Rüpke, Kalender, 292–295.

3. Römische und fremde Zeitordnungen in der historiographischen Literatur

Jeder Ort hat seine Zeit; jede Zeitordnung hat ihre Grenzen, jenseits von denen sie nicht mehr unmittelbar verstanden wird. Sichtbar wird diese räumliche und historische Verankerung jeder kulturellen Zeitordnung vor allem für den Betrachter, der außerhalb steht, über einen Vorrat verschiedenartiger Zeiterfahrungen verfügt und daher Vergleiche ziehen kann.

Die römische Zeitordnung war eine unter vielen. Hat aber überhaupt jemand diese Unterschiede für beachtenswert gehalten? Wie und wo wurden andere, in Raum und Zeit distante zeitliche Ordnungssysteme beschrieben? Hat man es für nötig gehalten, sie zu ‚übersetzen'? Zu erwarten wären derartige Beschreibungen in einer Phase, in der das Römische Reich bereits so groß war, dass es zu intensiven Kontakten mit anderen Kulturen und ihren Zeitordnungssystemen kam, die römische Zeitordnung andererseits die anderen noch nicht verdrängt hatte (was natürlich nie zur Gänze geschah: man denke nur an Eusebius' Tabellen). Für die Untersuchung bieten sich daher vor allem Texte ethnographischer oder historiographischer Natur aus der Zeit nach Pydna (168 v. Chr.) und vor der sukzessiven Durchsetzung des julianischen Kalenders in den Provinzen im ersten nachchristlichen Jahrhundert an.

Bei der Durchsicht der Texte zeichnen sich zwei Segmente der Literatur ab, in denen ‚fremde' Zeiten problematisiert werden: die Historiographie und die im weitesten Sinne ethnographische Literatur. In der Historiographie bilden Datierungen das ‚Skelett' des Textes; am deutlichsten sichtbar in der Annalistik. Die Geschichtsschreibung stößt dort auf Schwierigkeiten, wo voneinander abweichende römische Jahreszählungen vorliegen, und dort, wo sie diese mit ausländischen Daten in Übereinstimmung bringen will. In der ethnographischen Literatur dagegen geht es weniger um das Einzeldatum als um die Gesamtstruktur der zeitlichen Ordnungssysteme, die – wie die Analyse des fünften Lukrezbuches gezeigt hat – im Zusammenhang der Kulturentstehungslehren beurteilt wurden. Schriftlich festgehalten und reflektiert wurden abweichende Zeitordnungen besonders dann, wenn persönliches Erleben dahinter stand. Dabei sind es vor allem Kriegsberichte, die die Zeitordnung berücksichtigen. Die Gegenprobe bei den ‚unmilitärischen Reisen' ergibt keinen Befund. In der Periplus-Literatur werden Fragen der Zeitordnung nicht behandelt, doch Ciceros *acta*,[536] später Plinius' *Bella*

536 Offizielle Briefe wie diejenigen Ciceros über seinen Kriegszug in Kilikien muss es

Germanica und Tacitus' *Agricola* und *Germania*, vor allem aber Caesars *Bellum Gallicum* legen Zeugnis von der Konfrontation mit fremden Zeitordnungen ab.[537] Der letztgenannte Text soll hier exemplarisch untersucht werden, da er über die Konfrontation mit dem Fremden hinaus auch einen Einblick in die Zeitvorstellungen dessen ermöglicht, der nur wenige Jahre nach Abschluss des *Bellum Gallicum* damit begann, die römische Zeitordnung zu reformieren. Voran gehen einige Überlegungen zu den Formen der römischen Jahreszählung – nach Stadtjahren, Jahresnägeln oder eponymen Konsuln – und ihrer Abstimmung mit anderen Zählweisen, besonders der griechischen Olympiadendatierung.

3.1. *Series annorum:* Die Jahreszählung in Rom

Das Problem der Jahreszählung fügt sich ein in den großen Komplex der Konstituierung der *memoria*. Dazu gehörten in Rom zahlreiche Praktiken, die die fortschreitende Ordnung der Ereignisse visualisierten; erinnert sei nur an die genealogisch begründeten Maskenzüge der *pompa funebris*. Die Kategorien von Jahr und Jahresfolge können zwar ebenfalls visualisiert werden – z.B. in Form der Jahresnägel im Tempel der kapitolinischen Trias –, haben ihren zentralen Ort jedoch v.a. als Denkstruktur und Gliederungselement innerhalb der annalistischen Historiographie. Wie jede Ordnung, so wird auch die zeitliche Ordnung der Geschichte besonders dann sichtbar, wenn sie in Frage gestellt wird, z.B. wenn Zeitrechnungssysteme unterschiedlicher Reichweite zur Wahl stehen oder die Angaben verschiedener Ordnungssysteme nicht übereinstimmen und der Autor zwischen ihnen vermitteln muss.

Die *series annorum* kann theoretisch auf unterschiedlichste Weise geordnet werden, wobei die numerische Reihe (wie die römischen Jahresnägel) und die eponyme Datierung (nach regierenden Magistraten) am häufigsten auftreten. Beide sind grundsätzlich für kleine Gemeinschaften

---

von allen kriegführenden Prokonsuln gegeben haben; sie sind jedoch nicht erhalten.

537 Ich halte es für wahrscheinlich, dass die in der *Naturalis historia* überlieferten ethnographischen Bemerkungen über die Zeitordnung der Gallier (nat. 16, 250) auf Plinius' verlorene *Bella Germaniae* zurückzuführen sind. Eduard Norden, Die germanische Urgeschichte in Tacitus' Germania, Berlin [3]1923, 207–312, bes. 282 ff. äußert sich nicht zu nat. 16, 250. Vgl. auch K. Sallmann, Der Traum des Historikers: Zu den *Bella Germaniae* des Plinius und zur julisch-claudischen Geschichtsschreibung, in: ANRW II 32, 1, 1984, 578–601.

konzipiert – die athenischen Magistratslisten lagen in Athen, und die römischen Jahresnägel konnte nur sehen, wer den Tempel des kapitolinischen Jupiter aufsuchte. Während die Amtslisten regelmäßig von den Priesterschaften, ggf. in Zusammenarbeit mit hohen Magistraten, geführt wurden, waren numerische Reihen jedoch nur in ihrem Anfangspunkt autoritativ festgelegt und konnten danach ein hohes Maß an Unabhängigkeit erreichen.

In ein Verhältnis zueinander geraten die lokalen Chronologien in der Historiographie. Dies geschieht besonders dort, wo sie über den Tellerrand hinausblickt und im Inhalt oder im Publikum das ‚Auswärtige' mit einbezieht, universalhistorisch orientiert ist oder Quellen aus unterschiedlichen Kulturbereichen und Kulturstufen nutzt. Die auftretenden chronologischen Konflikte sind in der Antike durch unterschiedliche Strategien bewältigt worden, zu denen die eng miteinander verschränkten Verfahren der Synchronismenbildung sowie der Verschriftlichung, Publikation und Herausarbeitung einer ‚Leitchronologie' gehören. Ein Blick auf Polybios und Pompeius Trogus, die zu unterschiedlichen Zeiten von außen auf die römische Geschichte blickten, und auf Cicero, dessen umfangreiches Schriftencorpus seinen Umgang mit auswärtigen und lokalen Chronologien vergleichsweise leicht erkennen lässt, soll dies exemplarisch nachzeichnen.

3.1.1. Verfahren kulturübergreifender Datierung

Am Anfang der römischen Geschichtsschreibung stehen die so genannten *Annales* des Fabius Pictor, die vermutlich um 210 v. Chr. entstanden sind. Ihre internationale Ausrichtung legt die Frage nach den angewandten Datierungsverfahren nahe. Die fragmentarische Überlieferung erschwert sie dagegen in hohem Maße.[538] Aus den wenigen Fragmenten sind ein gewisses Bewusstsein für den unterschiedlichen semantischen Wert verschiedener Datierungsformen und, darin begründet, unterschiedliche Verfahren bei der Darstellung der Ktisis und der Zeitgeschichte zu erkennen. Die Stadtgründung datierte Fabius Pictor nach Olympiaden. Dies und die Tatsache, dass er für frühe Ereignisse nach Synchronismen mit Ereignissen der griechischen Geschichte suchte, spricht deutlich für das Bemühen, die Geschichte Roms in der griechischen zu verankern.[539] Die spätere Zeit, vor

538 Die Fragmente sind gesammelt in FRH 1; eine Übersicht zu den Datierungen innerhalb der überlieferten Fragmente findet sich im Kommentar zu FRH 1, 8.

539 Zu den Quellen, die Fabius Pictor zur Verfügung standen, s. Peter Bung, Q. Fabius Pictor. Der erste römische Annalist (Dissertation Köln 1950, maschinenschriftl.), 196–200; Dieter Timpe, Fabius Pictor und die Anfänge der römischen Histo-

allem die Zeitgeschichte, datierte Fabius Pictor dagegen romzentriert nach den eponymen Konsuln, ohne die Bedürfnisse des nichtrömischen – griechischen oder gar punischen – Publikums weiter zu berücksichtigen.[540]

Polybios (ca. 200–120 v. Chr.) schrieb, zwischen der römischen und der griechischen Kultur vermittelnd, Universalgeschichte. In seinen weit ausgreifenden *Historiae* benutzte er neben den etablierten Epochenjahren und Synchronismen über weite Strecken die auf Eratosthenes zurückgehende, durch Timaios vermittelte Olympiadendatierung, um den römischen Aufstieg im Zusammenhang mit den übrigen Mittelmeerkulturen zu beschreiben.[541] Die Olympiadendatierung war – im Gegensatz zur eponymen Datierung, s.u. – abstrakt, berechenbar und in einem gewissen Rahmen auch interkulturell verständlich: Jeder, der wusste, in welcher Olympiade er gerade lebte, konnte die gegebenen Datierungen rechnerisch nachvollziehen – ein Versuch, der bei eponymer Datierung regelmäßig scheitern musste, solange man nicht die Amtslisten der jeweiligen Stadt vor Augen hatte.[542]

Dass Polybios' Entscheidung für die Olympiadendatierung keine Selbstverständlichkeit war, zeigt der Blick auf die Universalgeschichte des Pompeius Trogus.[543] Wie Polybios hatte er einen nichtrömischen kulturellen Hintergrund – seine Vorfahren waren Kelten –, aber anders als dieser suchte

---

riographie, in: ANRW I 1,2 (1972) 928–969, hier 944–945 (zur Zeitlogik in der Ktisis).

540 Der Beweis ist hier nicht zwingend zu führen; die Namen der eponymen Konsuln können auch aus anderen Quellen von denjenigen Autoren beigefügt worden sein, die Fabius Pictor zitieren. Aber er hatte für die Ereignisse seiner Lebenszeit auch keinen erkennbaren Grund, die eponymen Konsuln *nicht* zur Datierung zu verwenden. Vgl. Bung 200–201; Timpe 955–956 (beide wie Anm. 540).

541 Selbstzeugnis im Epilog, Plb. 39, 8, 6. – Dass sich neben der Olympiadendatierung auch andere Datierungsverfahren bei Polybios finden, ist nicht als systematischer Mangel, sondern eher als Ausdruck eines besonderen ‚Zeitbewusstseins' zu verstehen, das sich bemüht, alle Datierungsmöglichkeiten auszuschöpfen. Dazu J. M. Alonso-Núñez, The Emergence of Universal Historiography from the 4th to the End of the 2nd Centuries b.C., in: Verdin/Schepens/de Keyser, 173–192, hier 187.

542 Die Entwicklung der Chronologie in der griechischen Geschichtsschreibung haben Konrat Ziegler und Hermann Strasburger deutlich herausgearbeitet (Ziegler, Polybios, hier bes. 1564–1567; Strasburger, Herodot). Grundlage vieler Studien ist Momigliano, Time; zum Verhältnis von historischer Erzählung und Chronologie s.S. 52 f. Eine gute vergleichende Übersicht über die Datierweisen von Herodot, Ephoros, Polybios, Diodor und Pompeius Trogus bietet Burde, Untersuchungen, 99–114. Zu der Problematik, dass ein Synchronismus auch immer eine inhaltliche Gemeinsamkeit unterstellt, s. vertiefend Bichler, Synchronismus.

543 Zu Trogus' Umgang mit der Chronologie s. Wickevoort Crommelin, Universalgeschichte, 134–185; Wilcox, Measure, 108–113.

er sein Publikum, dem er sein Werk als Ergänzung romzentrierter, livianischer Historiographie anbot,[544] ausschließlich in Rom. Sein chronologisches Netz wird v.a. von Synchronismen und Epochenjahren getragen, die die Ereignisse miteinander verknüpfen und die *translatio imperii* sichtbar machen, ohne die zeitliche Komponente in den Vordergrund zu rücken. In seinen ethnographischen Exkursen spielen (soweit es in der Bearbeitung des Justinus erkennbar ist) Fragen der Zeitordnung keine Rolle.

Ich möchte diese Beobachtungen als Arbeitshypothese verallgemeinern: Das Bemühen, Universalgeschichte zu schreiben, fördert weit mehr als die übrigen historiographischen Genera die Suche nach einer interkulturell verständlichen Zeitrechnung. Das Thema allein reicht für die Wahl einer interkulturell nachvollziehbaren Chronologie jedoch nicht aus; weitere Gründe müssen hinzutreten. Dies kann etwa die Ausrichtung auf ein internationales Publikum sein oder die grundsätzliche Bereitschaft, sich auf fremde Zeitordnungen einzulassen.

Donald Wilcox hat Polybios' Entscheidung für die Olympiadendatierung auf dessen Bemühen zurückgeführt, die neu gewonnene politische Einheit der Mittelmeerwelt in einer dafür geeigneten, einheitlichen „Zeit der Oikumene" zu beschreiben.[545] Von den lateinischen Historikern wurde Polybios' Weg nicht weiter beschritten.[546] Auch wenn sie Universalgeschichte schrieben und ihr Material grundsätzlich annalistisch anordneten, ließen sie entweder (wie Pompeius Trogus) die Chronologie ganz in den

544 Pomp. Trog. hist. Iust. praef.

545 Wilcox, Measure, hier besonders Kapitel 4: The Time of the Oecumene, S. 83–118. Polybius' Vorgehen bei der Auswahl seines Datierungsverfahrens fasst er wie folgt zusammen: „Polybius' most important concern was the new unity in human affairs arising out of the unique event of Roman conquest [...] Because this unity had historical roots, Polybius chose a chronology that transcended its beginning; because the unity included several states, he used a chronology which easily synchronized events in different parts of the Mediterranean. These factors determined his use of the Olympiad to create a linear series of years as a framework for his narrative" (S. 92).

546 Die schlechte Überlieferung läßt keine weiteren Vergleiche zu; besonders bedauerlich ist dies im Fall der verlorenen *Chronica* des Cornelius Nepos, die Catull 1, 5–7 als erste römische Darstellung außerrömischer Geschichte pries ([...] *ausus es unus Italorum/ omne aevum tribus explicare cartis/ doctis, Iuppiter, et laboriosis* [...]). Die wenigen bei Gellius und Solinus erhaltenen Fragmente (leicht zugänglich in der von P.K. Marshall besorgten Teubneriana) bieten ein buntes Spektrum von Datierungen – relative Datierungen und Synchronismen in der Art des Pompeius Trogus, aber auch eine Olympiadendatierung (Sol. 1, 27) und sogar eine Mehrfachdatierung nach Konsuln und a.u.c. (Sol. 40, 4, vom Herausgeber Mommsen, S. 220, angezweifelt).

Hintergrund treten oder datierten, was in späterer Zeit zum Normalfall wird, nur nach den eponymen Konsuln, d. h. nach einem ganz romzentrierten und außerhalb Roms nur mit Hilfsmitteln nachvollziehbaren Modus. Dabei hätten sie durchaus die Möglichkeit besessen, interkulturell verständlicher zu datieren – unter Nutzung numerischer Systeme wie der griechischen Olympiadendatierung oder auch der römischen Zählung der Jahre *ab urbe condita*. Beide Datierungsverfahren waren bekannt, konnten sich aber gegen die eponyme Datierung nicht durchsetzen, die demnach aus römischer Perspektive einen spezifischen Zusatznutzen besessen haben muss, die die kalkulierbaren und damit leicht zu internationalisierenden Systeme nicht besaßen.

Um dies besser zu verstehen, sollte man in Polybios weniger den Neuerer als vor allem die Ausnahme sehen.[547] Zwar schrieb er römische Geschichte, doch er tat dies als und für Nichtrömer. Für sein über die ganze Oikumene verstreutes Publikum war ein möglichst ortsunabhängiger Zeitmaßstab sinnvoll und er war bereit, sich darauf einzulassen, d. h. die oben erwähnten ‚weiteren Gründe' waren gegeben.[548] Sallust, Livius oder Tacitus dagegen, die unser Bild der römischen Historiographie prägen, schrieben mehr als ein Jahrhundert nach Polybios für ein römisches Publikum und im Bewusstsein römischer Hegemonie. Ihr Blick galt nicht der im Entstehen begriffenen Einheit der Oikumene, sondern war auf das *caput mundi* Rom gerichtet. Die Bevorzugung eines römischen Modells gegenüber dem griechischen und die alleinige Orientierung an römischen Amtslisten lagen aus Autoren- wie Leserperspektive gleich nahe: Die etablierte politische Vorherrschaft Roms legitimierte die dortige Jahreszählung als Leitchronologie.[549] Auf die Spezifika der eponymen Datierung geht das folgende Kapitel ein.

547 Ich folge hier weitgehend Wilcox, Measure, 94–96.

548 Dazu Jürgen Malitz, Das Interesse an der Geschichte. Die griechischen Historiker und ihr Publikum, in: Verdin/Schepens/de Keyser, 323–349, dort 337 ff.(auch im Internet zugänglich unter http://www.gnomon.ku-eichstaett.de/LAG/publikum.html, zuletzt eingesehen am 30.03.2007)

549 Die eponyme Datierung nach römischen Konsuln setzte sich seit der späten Republik auch außerhalb Roms, zuerst in Restitalien, durch. Belege bei M.H. Crawford, Italy and Rome from Sulla to Augustus. I. Extent of Romanization. II. Survival of Local cultures, in: CAH, 2. Auflage, Bd. 10: The Augustan Empire, 43 b.C.-A.D. 69, Cambridge 1996, 414–433 und 979–981.

3.1.2. Die eponyme Datierung

Die eponyme Datierung, in der das Jahr nach den beiden amtierenden Konsuln bezeichnet wird und die etwa Tacitus und Sueton im entsprechenden Kontext verwenden, ist die auf griechischem Vorbild beruhende, am weitesten verbreitete und in offiziellen Dokumenten benutzte römische Datierweise. Sie wurde nicht nur in der Zeit der Republik verwendet, sondern konnte sich bis hin zu Konstantin halten – gegen die Datierung nach Stadtjahren, aber auch gegen die allmählich sich durchsetzende Datierung nach den Regierungsjahren der Kaiser.[550] Censorins Vielfachdatierung bezeugt anschaulich das zumindest theoretisch mögliche bunte Nebeneinander in der Kaiserzeit.[551]

Gewöhnlich steht die eponyme Datierung am Anfang eines Textes oder Textabschnittes, dessen Inhalt eine genaue Datierung und/oder eine staatliche Authentifizierung erfordert. Die Konsularfasten verzeichnen die eponymen Konsuln, juristische und annalistisch geprägte Texte nutzen ihren Namen als Jahresbezeichnung. Dazu gehören natürlich die Geschichtsschreibung und auch Caesars *commentarii*,[552] jedoch nicht alle Bereiche der römischen Historiographie in gleicher Weise, wie etwa ein Blick auf Sallust deutlich zeigt.

Ihre Funktion als ‚Standarddatierung' zeigt sich bereits deutlich in der langen Verwendungsdauer, die sich sowohl auf offizielle Texte als auch auf den Alltagsgebrauch erstreckte – man denke nur an die Jahrgangsbezeichnung der Weine nach den eponymen Konsuln –, besonders aber in der Möglichkeit, die etablierte Formel als ‚Vehikel' zu benutzen und in variierender, oft scherzhafter Weise neu zu füllen. Den Gestaltungsspielraum, den die Formel bot, zeigt etwa Senecas ironisch-bittere Bemerkung über Frauen, die ihr Alter nicht nach den Konsuln, sondern nach der Zahl ihrer Gatten berechneten.[553] Censorinus vergleicht die Orientierungsfunktion der Konsulatsdatierung mit derjenigen des Titels einer Buchrolle; sie ist ihm *index et titulus* [*sc. anni*].[554] Claudian nimmt die Konsulatsdatierung in einer Variante

550 Samuel, Chronology, 249–276, bes. 253–255. Beispiele zur Form: Franz Xaver Burger, *consul*, in: ThlL 4 (1906–1909) 562–570, hier 567–568.

551 Cens. 21, 6–10, s. dazu unten S. 258 ff.

552 Vgl. etwa Tac. ann. 1, 55; 2, 1; 2, 41; 2, 53; 2, 59 usw.; Caes. Gall. 4, 1, 1; Gall. 5, 1, 1 (jeweils doppelt datiert nach Jahreszeit und Konsuln).

553 Sen. benef. 3,16 (über die inzwischen allgemeine Üblichkeit der Scheidung): *Numquid iam ulla repudio erubescit, postquam illustres quaedam ac nobiles feminae, non consulum numero, sed maritorum, annos suos computant*?

554 Cens. 21, 6.

des *toga-rara*-Gedankens in sein Lob des Landlebens auf: Hier wird nicht nach Konsuln oder – wie bei Seneca – nach Gatten, sondern nach Feldfrüchten datiert, was dem Leben seine Linearität und Begrenztheit nimmt und in zyklischen Zusammenhängen auffängt.[555]

Neben der eponymen Datierung gab es in Rom jedoch eine Reihe anderer Chronologien, so dass man danach fragen kann, wieso sich gerade die am wenigsten internationale Datierweise nach eponymen Konsuln so lange gehalten hat, obwohl in der Datierung nach Stadt- oder Tempeljahren eine erreichbare und leichter zu internationalisierende Chronologie vorgelegen hat.

Die numerischen Datierungen hatten in Rom eine alte Tradition. Die Tempeljahre wurden in den Jahresnägeln veranschaulicht; Stadtjahre und eponyme Beamte waren in gemeinsamen Listen verzeichnet, wie sie etwa in den *fasti Capitolini* aus augusteischer Zeit erhalten sind, so dass eine Konkordanz zwischen Stadt- und Regierungsjahren hergestellt werden konnte. Diese Konkordanz weist allerdings eine Schwankungsbreite von ungefähr zwei bis vier Jahren auf, die v. a. durch die unterschiedlichen Jahresanfänge von Amts- und Stadtjahr und das Problem der *interreges* und Suffektkonsuln, deren Einsatz das Amtsjahr verlängern bzw. verkürzen konnte, begründet waren; Oscar Leuze ist diesen Fragen in allen Details nachgegangen.[556] Eine Konsequenz aus den unterschiedlichen Rekonstruktionen der Jahresreihe war die variierende Ansetzung des Gründungsjahres der Stadt Rom auf die Jahre zwischen 754 und 751 v. Chr.[557]

3.1.3. Instrumente der Korrelation verschiedener Zählungen

Ausgehend von Varro wurde vermutlich in dem Jahrzehnt zwischen 50 und 40 v. Chr. ein neuer Versuch gemacht, die Chronologie der Geschichte Roms zu fixieren. Varro scheint sie berechnet und publiziert zu haben; Tarrutius wählte sie als Grundlage zur Berechnung des römischen und romuleischen

555 Claud. carm. min. 20 (*De sene Veronensi*) 11–12 : *Felix, qui* [...]/ *frugibus alternis, non consule computat annum/ autumnum pomis, ver sibi flore notat.* Diese Datierweise nähert die Darstellung – ebenso wie das Motiv des üppigen Gartens – den Eutopien an, in denen der Gang der Zeit dem Menschen nicht schadet; s. dazu unten S. 273 ff.

556 Leuze, Jahrzählung, passim.

557 Varro: ol. 6,3 (= 754/53); Fasti Capitolini: ol. 6,4 (=753/52); Eratosthenes/Cato ol. 7,1 (=752/51); Polybios/Diodor: ol. 7,2 (= 751/50). Erschwert wird die vergleichende Jahrzählung dadurch, dass Amtsjahre, Stadtjahre und Olympiadenjahre einen verschiedenen Jahresbeginn aufweisen, d. h. nie völlig zur Deckung zu bringen sind. Dazu ausführlich Leuze, Jahrzählung; Werner, Beginn.

Horoskops, Atticus schließlich machte sie zur Grundlage seines *liber annalis*. Wichtiger als die viel diskutierte Frage, ob die varronische Zählung der Stadtjahre tatsächlich auf diesen oder nicht viel eher auf Tarutius oder Atticus zurückzuführen sei, scheint mir der Blick auf ihre Verbreitung. Neben Varros Schriften sind es wohl Werke wie Atticus' viel unterschätztes kleines ‚Hilfsbuch' gewesen, die hier zu einer allmählichen Umorientierung geführt haben.[558] Sie hatten ihren Grund und ihr Publikum dort, wo ein Interesse daran bestand, weiter zurückliegende Daten exakt benennen und in ein Verhältnis zueinander setzen zu können. Dies dürfte zuerst in der Geschichtsschreibung und im Rhetorikbetrieb der Fall gewesen sein.[559]

Der *liber Annalis* des T. Pomponius Atticus (ca. 109–32 v. Chr.) ist verloren, gewinnt aber v. a. durch die Anmerkungen seines intensiven Nutzers Cicero durchaus Konturen. Das Werk umfasste die gesamte ‚römische' Zeit von der Gründung der Stadt bis etwa ins Jahr 50 v. Chr., wobei es sowohl die Stadtjahre als auch die eponymen Konsuln verzeichnete und Diskrepanzen zwischen beiden Chronologien sichtbar machte.[560] Darüber hinaus waren wichtige Ereignisse der Stadtgeschichte wie Kriege, Friedensschlüsse, Gesetze etc. verzeichnet.[561] Nepos hebt hervor, dass umfangreiche genealogische Informationen über die führenden römischen *gentes* sowie die Lebensdaten bedeutender Römer eingearbeitet oder angefügt waren.[562] Cicero benutzt das Werk zur Ermittlung relativer Chronologien[563] und betont, dass trotz des umfangreichen Inhalts die synoptische Aufbereitung so gelungen sei, dass das Werk sehr übersichtlich und gut zu handhaben sei:[564]

> Ille vero et nova, inquam, mihi quidem multa et eam utilitatem quam requirebam, ut explicatis ordinibus temporum uno in conspectu omnia viderem.

---

558 Exemplarisch genannt seien aus dem ersten Jahrhundert neben dem *liber annalis* des Atticus (FRH 19, Schanz/Hosius 1, 2, § 116) die Claudius Quadrigarius zugeschriebene Zeittafel (FRH 14, S. 110), die Schrift *Peri Chronon* von Dionysios v. Halikarnass (FGrH 251) und besonders die *Chronikon epitome* des Kastor v. Rhodos (FGrH 250, Titel unsicher), die u. a. durch Varro weiterwirkte.

559 Cic. orat. 120.

560 Cic. Brut. 72.

561 Nep. Att. 18, 1–2 ; vgl. Cic. Brut. 42.

562 Nep. Att. 18, 1–2 ; vgl. Cic. Brut. 72. Es bleibt unklar, ob man hier nur umfangreichere Filiationsangaben oder gar Stemmata erwarten darf. Für die erste Lösung spricht der geringere Platzbedarf; für die zweite müsste man wohl von einem genealogischen Anhang ausgehen (so auch FRH 19).

563 Cic. Att. 16, 13a (Korrelation zweier Amtszeiten); Cic. Att. 12, 23, 2 (eponyme Datierung der Philosophengesandtschaft); vgl. Leuze, Jahrzählung, 244.

564 Cic. Brut. 14, vgl. or. 34, 120; beide aus dem Jahr 46.

(„Es bringt mir, sagte ich [zu Atticus auf seine Nachfrage, was Cicero denn vom liber annalis habe], in jedem Fall viel Neues und einen Nutzen, nach dem ich gesucht habe: dass ich nämlich alles in klarer Anordnung der Zeiten und auf einen Blick sehen kann.")

Im Buch des Atticus waren die Daten übersichtlich geordnet und verhältnismäßig leicht zugänglich. Büchern wie diesem dürfte die allmähliche Durchsetzung der varronischen Jahreszählung und seines Gründungsdatums zu verdanken gewesen sein. Weshalb jedoch die Datierung *ab urbe condita* neben der eponymen nur so langsam an Terrain gewann, ist schwierig nachzuvollziehen und kann nicht nur mit Konkordanzschwierigkeiten und der damit einhergehenden Unsicherheit begründet werden. Vor allem fehlte der varronischen Datierung die Amtsmacht, mit der Caesar etwa seine Kalenderreform durchsetzen konnte. Eine richtige oder bessere Zählung, die allein auf dem Ansehen derer aufbauen muss, die sie vertreten, hat einen langen Weg vor sich.

In der Geschichtsschreibung existierten beide Datierungsverfahren lange nebeneinander. Livius scheint die eponyme Datierung als ‚normales' Verfahren, die Datierung nach Stadtjahren als Auszeichnung besonders relevanter Ereignisse eingesetzt zu haben.[565] Ich nehme an, dass das Episoden erzeugende, zugleich das Wirken des Einzelnen in der Geschichte dokumentierende eponyme Datierungsverfahren römischen Erwartungen besonders entgegenkam: Es gab jedem Jahr ein Gesicht, Namen und Gestalter; Censorinus hat dies in seinem Vergleich der eponymen Konsuln mit der Titelei eines Buches deutlich gemacht.

Polybios wie Varro oder Cicero ging es darum, Geschichte zum Zweck der *memoria* zu strukturieren. Grenzen der Zeitordnung wurden bei universalhistorischen Fragestellungen und bei der Beschreibung weiter zurückliegender Zeiten sichtbar. Aus Sicht der Autoren bedurften sie einer chronologischen Analyse, um stimmig in einen Gesamtrahmen eingefügt werden zu können. Diese Herausforderung wurde auf wissenschaftstheoretischer – der jeweiligen Neuabmessung des Historischen und seiner Ordnung – und pragmatischer Ebene – der Entwicklung der Chronologie und der Nutzung von ‚Hilfsbüchern' – angenommen.

565 Leuze, Jahrzählung 293; zu anderen Autoren s. dort S. 244–247. Leuze nimmt an, dass sich die varronischen Stadtjahre erst in der Kaiserzeit sukzessive gegen die anderen Chronologien durchsetzten (295).

3.2. Zeitangaben in Caesars *Bellum Gallicum*

Caesar zeigt – wie nach ihm Plinius und Tacitus – ein grundsätzliches ethnographisches Interesse, das die Zeitordnung als Teil der Kultur der jeweils beschriebenen Völker wahrnimmt. Das bezeugen z.B. seine Anmerkungen über den Tagesbeginn bei den Galliern und Germanen als Teil der *instituta vitae:* Caesar bemerkt, dass bei den Galliern alle Daten – vom Kalendertag bis zum Jahr – stets von der Nacht ausgehend gerechnet würden, und fügt eine religionsgeschichtliche Erklärung hinzu: Dies täten sie, da sie meinten, von Dis, dem Gott der Unterwelt und des Dunkels, abzustammen.[566] In ihren jeweiligen ethnographischen Darstellungen erwähnen auch Plinius d.Ä. und Tacitus die Nachtzählung unter den Charakteristika ‚barbarischer' Kulturen. Die Zuordnung einzelner Momente des Tages zu spezifischen Tätigkeiten hebt Tacitus in seinem Chattenexkurs als herausragende kulturelle Errungenschaft hervor.[567] Hinzu kommen die Monats- und die Zyklenrechnung, die durch die Orientierung an Neu- und Vollmond geprägt sind.[568]

---

566 Caes. Gall. 6, 18: *Galli se omnes ab Dite patre prognatos praedicant, idque ab Druidibus proditum dicunt. Ob eam causam spatia omnis temporis non numero dierum sed noctium finiunt; dies natalis et mensum et annorum initia sic observant ut noctem dies subsequatur. In reliquis vitae institutis hoc fere ab reliquis differunt* [...].

567 Tacitus nennt unter den kulturellen Fortschritten der Chatten gegenüber den übrigen Germanen, dass sie dem Tag (v.a. im Kriege) eine geordnete Struktur gegeben hätten. Sie sind – wie auch die anderen Charakteristika belegen – dabei, den ‚Barbarenzustand' zu überwinden: *Multum, ut inter Germanos, rationis ac sollertiae: praeponere electos, audire praepositos, nosse ordines, intellegere occasiones, differre impetus, disponere diem, vallare noctem, fortunam inter dubia, virtutem inter certa numerare, quodque rarissimum nec nisi ratione disciplinae concessum, plus reponere in duce quam in exercitu.* (Tac. Germ. 30).

568 Im Bereich der Zeitordnung scheint es aus Sicht der Römer keine Unterschiede zwischen Galliern und Germanen zu geben. Plin. nat. 16, 250 (im Zusammenhang mit der Mistelernte): *est autem id rarum admodum inventu et repertum magna religione petitur et ante omnia sexta luna, quae principia mensu<u>m annorumque his facit et saeculi post tricesimum annum, quia iam virium abunde habeat nec sit sui dimidia.* Die Betonung des 6. Tages ist eigentümlich; falls es Plinius nicht nur darum ging, ein auf der Dreizahl basierendes System vorzuführen, könnte es – gegen Plinius – doch den Halbmond vertreten. Tac. Germ. 11: *De minoribus rebus principes consultant; de maioribus omnes, ita tamen, ut ea quoque, quorum penes plebem arbitrium est, apud principes pertractentur. Coeunt, nisi quid fortuitum et subitum incidit, certis diebus, cum aut incohatur luna aut impletur; nam agendis rebus hoc auspicatissimum initium credunt. Nec dierum numerum, ut nos, sed noctium computant. Sic constituunt, sic condicunt: nox ducere diem videtur. Illud ex*

Damit treten die Gallier und Germanen aus dem Halbdunkel der Barbarei heraus, in dem Zeitabläufe nur erlebt und erlitten, aber weder beschrieben noch strukturiert werden, und nähern sich den Kulturvölkern an: Sie besitzen eine rudimentäre staatliche und zeitliche Ordnung, die in ihrer Orientierung am natürlichen Tages- und Mondrhythmus einem frühen Zustand der Kulturentwicklung gleicht, wie ihn etwa Lukrez skizziert hatte.[569]

Diese ethnographischen Beobachtungen sind vermutlich alle im Zusammenhang mit Feldzügen gemacht worden, die die Römer, soweit diese sich darauf einließen, mit anderen Zeitordnungen konfrontierten. Zugleich aber weist jeder Feldzug auch selbst eine implizite Zeitstruktur auf, die sich vom bislang betrachteten römischen Alltag deutlich unterscheidet. Durch die Entfernung von Rom verliert das *tempus Romanum* an Bedeutung. Natürliche Rhythmen (Sommer und Winter, Tag und Nacht) und die in der militärischen Tradition begründete Vorherrschaft der Wachenrechnung gegenüber der Stundenzählung werden wichtiger. Daneben drängt sich die ganz eigene, durch die Ereignisse geprägte Zeitlichkeit des Feldzugs in den Vordergrund, die sich besonders in kurzfristigen relativen Datierungen niederschlägt: Nach 10 Tagen der Vorbereitung bricht man auf, der Marsch dauert 15 Tage, die Belagerung erstreckt sich vom Morgen bis zum Abend etc.etc.

Akzeptiert man diese relativen Datierungen als charakteristische und situationsadäquate Art der Datierung für einen Feldzugsbericht, sollten die Momente stutzig machen, wo ein Autor Verfahren anwendet, die sich weder aus dem *usus* nahe stehender Texte ergeben noch situationsangemessen erscheinen. Dies gilt etwa für die Verwendung eponymer Datierungen und kalendarischer Daten in Caesars *Bellum Gallicum*, die auf ein Ordnungssystem außerhalb der geschilderten Welt verweisen. Im Sinne einer *interpretatio Romana* dienen sie dazu, den Bericht aus Gallien in die römische Zeitordnung der potentiellen Leser zu ‚übersetzen'. Doppeldatierungen dagegen verankern ein Ereignis in zwei verschiedenen Lebenswelten. Caesar setzt diese Verfahren innerhalb des *Bellum Gallicum* nicht häufig, aber, wie ich zeigen möchte, durchaus gezielt ein. Dabei lassen sich zwei verschiedene Verfahren unterscheiden, die man mit Blick auf die etablierten

---

libertate vitium, quod non simul nec ut iussi conveniunt, sed et alter et tertius dies cunctatione coeuntium absumitur. Vgl. dazu Ginzel, Handbuch, 3, S. 76–79.

569 Siehe dazu oben S. 33ff.

historiographischen Verfahren als ‚Übersetzung' und ‚Synchronismus' charakterisieren kann.[570]

Caesars *Bellum Gallicum* basiert auf ereignisnah entstandenen ‚Tagebüchern', die er während des Krieges in Gallien seit 58 v. Chr. verfasste; auch Berichte seiner Legaten sind vermutlich in den Text eingeflossen.[571] Dem publizierten Werk gingen – außer den Tagebüchern – private und öffentliche Briefe über den Fortgang des Krieges voraus, darunter die regelmäßigen Rechenschaftsberichte an den Senat, die dafür sorgten, dass die gallischen Entwicklungen in ihren Grundzügen den Römern stets bekannt waren: Cicero etwa zeigt sich in seiner Rede *De provinciis consularibus* aus dem Frühsommer 56 v. Chr. über die Ereignisse in Gallien umfassend informiert; als Quellen nennt er *litterae, fama* und *nuntii.*[572]

Das *Bellum Gallicum* wurde in einem noch kaum romanisierten Umfeld konzipiert, in dem die römische Zeitordnung nicht verankert war. Es richtete sich aber an römische Leser, die römische Oberschicht, entstand also im Erlebnis kultureller Differenz, geprägt durch die Wahrnehmung, dass (neben vielem anderen auch) die Zeit am Ort des Geschehens ganz anders geordnet und benannt wurde als dort, wo die künftigen Leser lebten.

Vermutlich im Winter 52/51 v. Chr. ist die Schilderung des Krieges in sieben Büchern abschließend überarbeitet und unter dem Titel *Commentarii rerum gestarum belli Gallici* publiziert worden.[573] Der chronologisch fortschreitende, durch jährliche Berichte gegliederte Entstehungsprozess des Textes ist in der ungefähren Entsprechung von *liber* und Jahr in den publizierten *Commentarii* sichtbar geblieben.[574] Darüber hinaus gibt es fast nur relative, kurzfristig auf das jeweils nächstliegende Ereignis bezogene Datierungen; selten greift Caesar weiter aus; anders formuliert: Die einzelnen Kriegszüge bilden in seiner Darstellung einen weitgehend abgeschlossenen

570 Caes. Gall. 1, 2, 1; Gall. 1, 6, 4; Gall. 1, 7, 5; Gall. 4, 1, 1; Gall. 5, 1, 1.

571 Zum erschlossenen Titel s. Mensching, Caesar, 9; zum Verhältnis von *commentarius* und *hypomnema* s. Bömer, Commentarius, 210 ff., fortgeführt von Rüpke, Commentarii.

572 Cic. prov. 19 ff.; die Informationsquellen in 22, wiederholt in 33.

573 Die *vexata quaestio* der jahrweisen Entstehung und Publikation muss hier nicht weiter erwogen werden. Da man davon ausgehen darf, dass Caesar Notizen und Briefe besaß, an die er sich bei der Rekonstruktion der Chronologie halten konnte, wenn es nötig war, spielt die Frage, in welcher zeitlichen Distanz zum Geschehen er seine *Commentarii* verfasst hat, keine besondere Rolle für die Untersuchung der Datierungsmodalitäten.

574 Abweichungen diskutiert Santini, Tempi, 455.

Kosmos jeweils eigener Zeitlichkeit.[575] Mag sich dies auch als mögliches Charakteristikum der Gattung erweisen, so ist es doch auch Zeichen einer Erzähltechnik, die die jeweils eigene zeitliche Struktur einzelner Ereignisse und Orte herausarbeitet.

Im *Bellum Gallicum* datiert Caesar nur äußerst selten mit Hilfe kulturell bestimmter Fixpunkte, also etwa nach dem römischen Kalender, den Monatsnamen oder den eponymen Konsuln.[576] Häufiger nutzt er die Jahreszeiten, in den allermeisten Fällen jedoch eine kulturunabhängige Zählung nach Tagen oder Jahren, die relational zu dem jeweils vorangehenden oder folgenden geschilderten Ereignis zu verstehen sind: „Dafür benötigte er ungefähr zehn Nächte", „sie bereiteten sich zwei Jahre lang darauf vor", „die Gesandten versprachen, am vierten Tage zurückzukehren" u. ä. lauten die Zeitangaben, die die Beschreibung der Gallischen Kriege strukturieren. Ähnlich gliedern Formeln wie „zu Beginn des nächsten Sommers" oder „im folgenden Winter"[577] das erzählte Geschehen durch Nennung der beiden Jahreszeiten, die den Rhythmus des Krieges bestimmten: der Sommer als Zeit der Kriege und Treffen, der Winter als Zeit der erzwungenen militärischen Ruhe und der Rechtsprechung.[578]

Diese relativen Zeitangaben haben in der Forschung zwei widersprüchliche, aber gleichermaßen zutreffende Positionen entstehen lassen: Auf der einen Seite betont man die ‚Datierwut' Caesars, die mit einer Vielzahl von Einzelangaben alle geschilderten Ereignisse in irritierender Genauigkeit miteinander verknüpfe. Auf der anderen Seite wird die große Schwierigkeit hervorgehoben, seine Datierungen mit externen Daten in

575 Adcock, Caesar, 22, beobachtet ebenfalls die separierende Beschreibung, führt sie aber auf den Notizcharakter der *Commentarii* zurück.

576 Merguet, Caesar, bietet keinen einzigen Nachweis für die Monatsadjektive; *mensis* taucht nur in civ. 3, 25 (unspezifisch: *multi menses*) und in Gall. 6, 18 auf, wo Caesar die Zeitordnung der Gallier erwähnt (s. o. Anm. 567). Eponyme Datierungen finden sich in Caes. Gall. 1, 2; Gall. 1, 6; Gall. 1, 35; Gall. 4, 1; Gall. 5, 1 (dazu unten S. 202 ff.)

577 Exemplarisch Caes. Gall. 2, 35; Gall. 4, 1.

578 Vgl. die Belege bei Merguet, Caesar, s.v. *aestas* bzw. *hiems; ver* und *autumnus* haben jeweils nur einen einzigen Nachweis (*ver:* Gall. 6, 3; *autumnus:* Gall. 7, 35). Die traditionelle militärische Zweiteilung des Jahres, die *aestas* als Synonym für die kriegstaugliche Zeit, *hiems* für den Rest verwendet, läßt keinen Platz für Frühling und Herbst. Folgerichtig entwickeln sie keinen Eigencharakter, sondern werden von Caesar nur als ‚nicht mehr Winter' oder ‚nicht mehr Sommer' eingesetzt. Vgl. Santini, Tempi, 453–454.

Übereinstimmung zu bringen.[579] Man könnte sagen: Die erzählte Zeit fügt sich ganz den ordnenden Interessen Caesars; dort, wo er selbst keine Klarheit über die Dauer und den zeitlichen Abstand von Ereignissen entstehen lässt, ist sie für den Leser nicht zu gewinnen.[580] Seine Konzentration auf relative Datierungen erleichtert den Nachvollzug einzelner Handlungsstränge; die Korrelation von Ereignissen innerhalb Galliens oder auch zwischen Gallien und Rom ist indes nur dort möglich, wo Caesar selbst durch eine entsprechende Datierung eine Brücke baut. Auf der Grundlage dieser Überlegungen kommt den eponymen und kalendarischen Datierungen innerhalb des *Bellum Gallicum*, die genau diesem Brückenbau dienen, eine neue Bedeutung zu.

3.2.1. Die Wahrnehmung und Übersetzung fremder Zeiten

Das erste Buch des *Bellum Gallicum* beginnt mit einer Skizze des geographischen Raumes, in dem sich das Geschehen entfalten wird (Gall. 1, 1). *In nuce* übernimmt sie die Funktionen eines klassischen historischen Proömiums, indem sie das Thema des Werkes – die Unterwerfung ganz Galliens – und die Selbstbestimmung des Autors – das Zurücktreten hinter die scheinbar objektive Schilderung – sichtbar werden lässt.[581]

Der räumlichen Fixierung der geschilderten Ereignisse folgt die zeitliche.[582] Besonders im ersten Buch setzt Caesar Zeitmarken, die die gallischen

579 Beide Aspekte werden deutlich in der Analyse der Erzählzeit vs. erzählte Zeit bei Mensching, Caesar, hier 71–75.

580 Als Darstellungsstrategie Caesars bildet diese Beobachtung eine Prämisse von Michel Rambauds berühmter Studie (Rambaud, Art). Zu Einzelfragen s. dort S. 98 ff. („disjonction des faits"), 133–140 („transpositions chronologiques"). Mensching, Caesar, 73: „Das Aussparen der Daten dagegen, insbesondere der absoluten Chronologie [worunter M. auch die eponyme Datierung fasst], macht es dem Leser nahezu unmöglich, wesentliche Teile der militärischen Leistungen von Imperator und Heer selbständig zu beurteilen." Ulrich Maier konstatiert: „Es bleibt festzustellen, daß die Quellenlage eine genaue chronologische Einordnung der Ereignisse in Gallien kaum, in manchen Fällen überhaupt nicht zuläßt." (Maier, Feldzüge, 17). W. Richter scheint aus anderer Perspektive Ähnliches zu beschreiben, wenn er über Caesars „Kunst des Raffens und Aussparens" spricht und dabei bemerkt, dass die Chronologie der Bereich sei, wo dieser am einfachsten die Realitäten seinen Darstellungsinteressen anpassen konnte (Richter, Caesar, 101, vgl. 143 f.).

581 Vgl. Rüpke, Commentarii, 214 f.

582 Auch beobachtet von Meier, Caesar, 288.

Ereignisse mit der stadtrömischen Geschichte verknüpfen:[583] Im zweiten Kapitel blickt er auf die unmittelbare Vorgeschichte der *res gestae* im Jahr 61 zurück;[584] im sechsten und siebten auf zentrale Momente des Kriegsausbruchs im Frühjahr 58, konkret den Helvetieraufbruch Ende März und seine eigenen hinhaltenden Verhandlungen im April, die nötig waren, um die nötigen Kriegsvorbereitungen treffen zu können. Dort heißt es:[585]

> Omnibus rebus ad profectionem comparatis diem dicunt, qua die ad ripam Rhodani omnes conveniant. Is dies erat a.d. V Kal. April., L. Pisone A. Gabinio consulibus.
>
> („Als alles zum Aufbruch vorbereitet war, legten die Helvetier einen Termin fest, an dem alle am Rhoneufer zusammenkommen sollten. Es war der 5. Tag vor den Kalenden des April, im Konsulat des Lucius Piso und Aulus Gabinius.")

Caesar beschreibt den Auszugsplan für seine römischen Leser im Gestus der *interpretatio Romana*, denn es ist kaum anzunehmen, dass die Helvetier ihre Termine am römischem Kalender und den römischen Konsuln ausgerichtet hätten. Weit eher werden sie ein durch den Mond bestimmtes Datum gewählt haben, wie es auch die eingangs zitierten ethnographischen Bemerkungen erwarten lassen.

Der fünfte Tag vor den Kalenden des April entspräche, modern ausgedrückt, dem 28. März des republikanischen Kalenders. Da das republikanische Jahr 696 varr. (=58 v. Chr.) dem julianischen Jahr nur um drei Tage vorauseilte, kann man annehmen, dass die Helvetier sich auf den 25. März (jul.) verabredet hatten.[586] Dieser Termin wäre für alle durch die Beobachtung von Mond und Sonne einzuhalten gewesen: Er fiel auf den Tag des ersten abendlichen Neulichts (25.03.) nach dem ersten Neumond (24.03.)

---

583 Mensching, Caesar, 73, registriert die seltenen eponymen bzw. kalendarischen Datierungen, betrachtet sie jedoch als „singuläre Ausnahmen", die keiner weiteren Diskussion bedürften. Gerold Walser, Bellum Helveticum. Studien zum Beginn der Caearischen Eroberung von Gallien, Stuttgart 1998, geht nicht auf die Datierungen ein; der klassische Kommentar von Kraner/Dittenberger/Meusel ‚übersetzt' die Datierung in den julianischen Kalender und erwägt die Möglichkeit einer gallischen Datierung.

584 Caes. Gall. 1, 2, 1: *Apud Helvetios longe nobilissimus fuit et ditissimus Orgetorix. Is M. Messalla et M. Pupio Pisone consulibus regni cupiditate inductus coniurationem nobilitatis fecit, et civitati persuasit ut de finibus suis cum omnibus copiis exirent.*

585 Caes. Gall. 1, 6, 4.

586 Nach Drumann/Groebe, S. 220–223 und bes. 774–777 (dort 28.03. rep. = 24.03. jul.), ergänzt und korrigiert von Brind'Amour, Calendrier, 49–51 (dort 28.03. rep. = 25.03. jul.), übernommen von Marinone, Cronologia.

nach dem Frühjahrsäquinoktium (23. oder 24.03.). Die Helvetier hatten für sich also einen Aufbruch ins Licht geplant, begleitet vom wachsenden Mond und beständig länger werdenden Tagen – in Tacitus' Worten: ein *auspicatissimum initium.*[587]

Nachdem Caesar den Helvetiern den Durchzug verweigert hatte, schickten sie Unterhändler zu ihm. Seine um Zeitgewinn bemühte Antwort formuliert Caesar folgendermaßen:

> Tamen, ut spatium intercedere posset dum milites quos imperaverat convenirent, legatis respondit diem se ad deliberandum sumpturum:[588] si quid vellent, ad Id. April. reverterentur.[589]
>
> („Schließlich antwortete er den Gesandten – damit noch eine gewisse Zeitspanne vergehen könne, während der die neu rekrutierten Soldaten zusammenkommen konnten –, dass er sich Zeit zum Überlegen nehmen werde. Wenn sie etwas wollten, sollten sie an den Iden des April wiederkommen.")

Diese Aufforderung an die helvetischen Gesandten lässt zwei Lesarten zu: Entweder waren diese so sehr mit den römischen Gepflogenheiten vertraut, dass sie den genannten Zeitpunkt nach dem römischen Kalender hätten bestimmen können – oder aber der Termin stellt wiederum eine Adaption für die römischen Leser dar und wurde während des Gesprächs in einer für die Gallier verständlicheren Weise formuliert.

Die Iden des April lagen etwas mehr als zwei Wochen nach dem ersten Termin. Es war also Vollmondzeit. Caesars Antwort enthielt vermutlich nicht die Aufforderung, an den Iden, sondern zu Vollmond zurückzukehren.[590] Die Verabredung funktionierte, wie Caesar explizit vermerkt: Die

---

587 Tac. Germ. 11 (s. auch Anm. 569).

588 Ich gehe davon aus, dass Caesar *diem sumere* in der unspezifischen Bedeutung von „sich Zeit nehmen" benutzt (so auch Meusel, Lexikon, s.v. *dies*, Sp. 904). Dafür spricht nicht nur die sachliche Notwendigkeit der Kriegsvorbereitungen, sondern auch die im Folgenden vorgenommene Bestimmung (Gall. 1, 8, 3) *ubi ea dies quam constituerat cum legatis venit et legati ad eum reverterunt*, die kaum ein schlichtes *postridie* ersetzen wird.

589 Caes. Gall. 1, 7, 5.

590 Die Iden des April 58 v. Chr. entsprechen dem 13. April (rep.) bzw. dem 10. April (jul.). Drumann/Groebe, S. 767, geben mit Ginzel den 8./9. April jul. als Vollmondtermin an. Der Termin läge also noch innerhalb der Vollmondphase (*plenilunarium*), aber nicht mehr genau auf dem Termin. Andere Quellen lassen erkennen, dass die Tagzählung in Gallien zu dieser Zeit innerhalb des Monats in zwei Blöcken à 14 bzw. 15 Tagen erfolgte, was wiederum auf den 9. April führen würde: Von Neumond bis Vollmond (15 Tage), dann abnehmend 14 oder 15 Tage bis Monatsende. Vgl. Paul-Marie Duval, Gallien. Leben und Kultur in römischer Zeit, Stuttgart 1979 (frz. OA 1952, [2]1976), 86. – Der viel diskutierte Kalender von

Gesandten hielten sich an die Absprache und waren pünktlich wieder da, erreichten aber ihr Verhandlungsziel bekanntlich nicht.

Caesar behandelt den Modus der Zeitangaben hier nicht als objektiv gegeben, sondern als im Erzählerinteresse gestaltbar. Er registriert differierende Arten der Zeitordnung – der Herkunftszeit (des Erzählten) und der Zielzeit (der Leser) – und bringt fremde Zeiten auf ein römisches Maß. ‚Seine' Gallier werden in entscheidenden Momenten genötigt, so zu datieren, dass auch Römer sie verstehen können; ‚seine' Römer müssen keine fremden Datierungssysteme erlernen. Die schlichte Tageszählung ist ihr kleinster gemeinsamer Nenner.

Die bisherige Forschung lässt nicht erkennen, wie verbreitet das Verfahren der *interpretatio Romana* von Datumsangaben gewesen ist. Es ist deutlich von den Synchronismen abzugrenzen, die es voraussetzt: Caesar hätte durchaus schreiben können: „Kommt am nächsten Vollmond, d.h. nach unserer Rechnung an den Iden des April". Er tat es aber nicht, sondern verknappte die Zeitangabe und richtete sie allein auf das römische Publikum aus, darin den Historiographen vergleichbar, die nur die eponymen Konsuln zur Datierung verwenden.[591] Eine Bemerkung von Otta Wenskus lässt darauf schließen, dass sie die *interpretatio* für ein gängiges Verfahren im Umgang mit Zeitangaben hält.[592] Leider führt sie nur ein einziges Beispiel an, das m. E. nicht genau zur skizzierten Fragestellung passt: Sie weist darauf hin, dass Plinius bei der Beschreibung der Nilschwelle auf Herodot zurückgreift, doch während Herodot nur von „100 Tagen" nach dem Sommersolstitium spricht,[593] füge Plinius hinzu, dass die Sonne in dieser Zeit

Coligny ist in seiner Struktur und Datierung sehr umstritten. Da alle Rekonstruktionen die hier diskutierten Textbelege als Ausgangspunkt nutzen, liegen Zirkelschlüsse nahe (vgl. zuletzt Jean-Michel le Contel/Paul Verdier, Un calendrier celtique. Le calendrier gaulois de Coligny, Paris 1997; Annemarie Bernecker, Der gallorömische Tempelkalender von Coligny, Bonn 1998; Joseph Monard, Histoire du calendrier Gaulois. Le calendrier de Coligny, Vannes 1999). Doch vermutlich kommt es hier gar nicht auf die Tagesgenauigkeit an – Tacitus' Bemerkung, die Germanen kämen gelegentlich 2–3 Tage zu spät zu derart lunar determinierten Treffen, lässt auf eine erwartungsgemäß größere Verspätungstoleranz als heute üblich schließen. Natürlich ist es nicht in Caesars Interesse, die längere Zeitspanne anzuführen, sondern Drohung und Dringlichkeit sichtbar zu machen.

591 Man könnte hierin eine Entwicklung sehen, die sich in ähnlicher Weise in der Jahresrechnung vollzog, wo römische Datierungen sukzessive alle anderen an den Rand drängten; dazu oben S. 191 ff.

592 Wenskus, Zeitangaben, 12.

593 Plin. nat. 5, 57 und Hdt. 2, 19.

durch die Tierkreiszeichen von Krebs bis Waage ziehe. Die Angabe von 100 Tagen bedarf jedoch von sich aus keiner Übersetzung, da die Bezeichnung einer Frist durch fortschreitende Tageszählung Griechen und Römern gemeinsam ist. Plinius' Ergänzung ist also kein Ersatz, sondern eine Zusatzinformation, die vielleicht die gelegentlich alternativ genannte Dauer von vier Monaten repräsentiert,[594] vielleicht auch auf den Einfluss der Gestirne auf die Nilschwelle hindeuten soll, aber keine *interpretatio Romana* eines griechischen oder ägyptischen Datums darstellt.

3.2.2. Zur Funktion eponymer und doppelter Datierungen

Nach der Fixierung des zeitlichen Ausgangspunktes verzichtet Caesar in den folgenden Büchern auf jegliche römische Datierung; nur die beiden Jahreszeiten des Krieges und die Jahreswechsel in den Buchfugen machen die Chronologie weiterhin kenntlich. Um so auffälliger sind die Verbindungen von jahreszeitlicher Bestimmung und eponymer Datierung, die die Anfänge des vierten und fünften Buches markieren.[595] Diese Datierungen sind in der Forschung durchaus bemerkt und unterschiedlich beurteilt worden.[596] Ich möchte vorschlagen, in ihnen den Versuch zu sehen, Kalender- und Vegetationsjahr, die in diesen Jahren – anders als zu Kriegsbeginn! – deutlich auseinander drifteten, in Deckung zu bringen. Als Instrument der Leserlenkung dienen sie dem Ziel, Caesars Handlungen schärfere Konturen zu verleihen und sie zugleich am Ort seiner potentiellen Leser verständlich zu machen.

Wie groß diese Differenz genau war, ist allerdings schwer zu bestimmen. In der Forschung gibt es keine Einigkeit darüber, wann in den 50er Jahren des ersten Jahrhunderts Schaltmonate eingefügt worden sind.[597] Theoretisch hätte in jedem zweiten Jahr geschaltet werden müssen, um die Kongruenz

594 Vgl. etwa. Sen. nat. 4, 21.

595 Caes. Gall. 4, 1, 1 und Gall. 5, 1, 1; abgeschwächt fortgeführt in Gall. 6, 1, 2 und Gall. 7, 1, 1.

596 Rüpke, Commentarii, 216; Mensching, Caesar, 73 (v. a. zur Erzähltechnik).

597 Brind'Amour, Calendrier, S. 325 (vgl. dazu S. 39 ff.), kommt zu folgenden Entsprechungen: 1.1.58 (rep.) = 9.12.59 (jul.), durch Interkalation ist dann aber 1.3.58 (rep.) = 26.2.58 (jul.); 1.1.57 (rep.) = 21.12.58 (jul.); 1.1.56 (rep.) = 10.12.57 (jul.); 1.1.55 (rep.) = 30.11.56 (jul.); 1.1.54 (rep.) = 12.12.55 (jul.); 1.1.53 (rep.) = 2.12.54 (jul.); 1.1.52 (rep.) = 21.11.53 (jul.). Die ältere Chronologie, zusammengestellt bei Drumann/Groebe, die in ihrer Synopse (S. 761–762) Schaltungen für 58, 56, 54, 52 diskutieren, errechnet noch größere Abweichungen. Marinone, Cronologia, gibt in einem Fall (1.1.54 (rep) = 20.11.55 (jul.)) eine andere Rekonstruktion als Brind'Amour.

von Vegetations- und Kalenderjahr zu wahren. Caesar aber, der als *pontifex maximus* die Schaltung hätte veranlassen müssen, vernachlässigte in diesen Jahren sein Amt, womit er maßgeblich zu der Kalenderkonfusion beitrug, die er später beheben sollte. Brind'Amour führt überzeugende Argumente dafür an, dass 56 und 54 keine Schaltungen stattfanden, 55 und 52 dagegen geschaltet wurde. Trotzdem war der Kalender dem Vegetationsjahr in fast jedem dieser Jahre um einen Monat, manchmal auch mehr voraus. Für den Winter 56/55 bedeutet das, dass Caesars Einleitungssatz zum vierten Buch nur eine scheinbare Doppeldatierung darstellt:

> Ea quae secuta est hieme, qui fuit annus Cn. Pompeio, M. Crasso consulibus, Usipetes Germani et item Tencteri magna multitudine hominum flumen Rhenum transierunt [...]
>
> („Im folgenden Winter – es war das Jahr, in dem Pompeius und Crassus Konsuln waren – überquerten Usipeter, Germanen und Tencterer in großer Zahl den Rhein.")

Der Winter beginnt nach römischer Vorstellung mit dem Morgenuntergang der Plejaden, d. h. um den 10. November. Dass Caesar hier jedoch auf kein Ereignis zu Winterbeginn hinweist, verdeutlicht die folgende Konsulatsdatierung. Die Konsuln des Jahres 55 v. Chr. hatten ihr Amt erst nach einem Interregnum verspätet antreten können; die Erinnerung daran dürfte in Rom auch ein paar Jahre später noch frisch gewesen sein.[598] Damit ist eine Funktion der Doppeldatierung deutlich benennbar: Caesar verknüpft die natürliche Zeitangabe mit der eponymen Datierung zum Zweck größerer Genauigkeit.[599]

Doch die Doppeldatierung erweckt nicht nur den Anschein größerer Exaktheit – nimmt man sie ernst, so kann der Rheinübergang nicht vor Februar erfolgt sein –, sondern sie verbindet nach Art der Synchronismen sowohl Zeiten als auch Ereignisse, in diesem Fall die innen- und außenpolitischen Unruhen miteinander. Die Nennung der eponymen Konsuln verbindet die heftigen innenpolitischen Turbulenzen in Rom, die Crassus und Pompeius an die Macht gebracht hatten, mit der in Gallien neu drohenden Gefahr, auf die Caesar mit großer und später viel kritisierter Gewalt reagierte.

---

598 Erst ein Brief Ciceros vom 11. Februar (rep.) zeigt die Konsuln im Amt (Cic. ad Q. fr. 2, 7 (=2, 8; 2, 13)). Zu den Ereignissen s. Gelzer, Caesar, 114–115; Meyer, Monarchie, 154 f.

599 Dies ist keineswegs eine neue Idee – exemplarisch genannt sei die Diskussion bei Thukydides 5, 20 darüber, dass eine Datierung nach Jahreszeiten gelegentlich eine größere Genauigkeit erreichen kann als diejenige nach Archonten.

Unterstellt man Caesar das Bemühen, die Ereignisse in Gallien zu dramatisieren, um sein Handeln zu legitimieren, ergab sich für ihn noch ein drittes Motiv für die Doppeldatierung: Das natürliche Jahr war zu dieser Zeit um mindestens einen Monat hinter dem römischen Kalender zurück. Auch wenn in Rom zum angegebenen Zeitpunkt rechnerisch schon Februar war, herrschte noch tiefste Januarkälte. In Gallien standen noch mindestens zwei Wintermonate bevor, bis die Zeit der Kriegszüge wieder beginnen konnte. Caesar kehrte, wie er kurz darauf sagt, infolge der Ereignisse noch vor der üblichen Zeit ins Winterlager zurück und begann mit den Vorbereitungen für einen Feldzug, den man im Licht der Datierungen durchaus als Winterfeldzug bezeichnen kann.[600] Wer die Differenz von natürlichem und Kalenderjahr wahrnahm, konnte auf der Grundlage der gegebenen Datierungen die Bedrohlichkeit der Rheinüberquerung noch stärker empfinden (im tiefsten Winter!) und Caesars entschlossenes Eingreifen noch mehr würdigen (sogar im Winter!).

Ähnlich ist die Funktion der Doppeldatierung zu Beginn des fünften Buches zu beurteilen, wo Caesar in Bezug auf die Winterpause nach der ersten Britannienexkursion (55/54 v. Chr.) bemerkt:

> L. Domitio App. Claudio consulibus discedens ab hibernis in Italiam, ut quotannis facere consuerat, legatis imperat quos legionibus praefecerat uti quam plurimas possent hieme navis aedificandas veteresque reficiendas curarent.
>
> („Als L. Domitius und App. Claudius Konsuln waren, reiste Caesar aus dem Winterquartier nach Italien, wie er es in jedem Jahr zu tun pflegte. Er befahl den Legaten, die er an die Spitze der Legionen gestellt hatte, im Winter so viele Schiffe, wie sie nur konnten, zu bauen und dafür zu sorgen, dass die alten wiederhergestellt würden.")

Der Satz bildet eine unübliche Reihenfolge der üblichen (*consuerat*) Ereignisse ab. In Rom haben bereits die neuen Konsuln ihr Amt angetreten, als Caesar ins cisalpine Gallien aufbricht; frühestens also im Januar 54. Er lässt seine Soldaten im Winterlager zurück, wo sie noch einige Zeit bleiben werden, um den zweiten Britannienfeldzug vorzubereiten. Für sie ist noch lange kein Aufbruch in Sicht – die Natur ist dem Kalender noch immer ungefähr einen Monat hinterher; der Winter wird noch dauern.[601] Caesars

600 Caes. Gall. 4, 6, 1: *Qua consuetudine cognita Caesar, ne graviori bello occurreret, maturius quam consuerat ad exercitum proficiscitur.*

601 Auch konstatiert von Gelzer, Caesar, 120 (der auf Basis anderer chronologischer Rekonstruktionen jedoch eine noch deutlichere Differenz von mindestens sechs Wochen annimmt).

Winterpausen und die römische Stadtpolitik – besonders die Wahlperioden – entsprachen einander in ihrer Lage nicht vollständig, sondern besaßen lediglich mehr oder minder große Schnittmengen. Neben den inhaltlichen Implikationen der Synchronismen ist es dies, worauf Caesar mit seinen Doppeldatierungen zu Beginn des vierten und fünften Buches hinweist und was er zu Beginn der folgenden Bücher durch die Erwähnung römischer Ereignisse und Wahldaten andeutet.[602]

Caesar setzt im *Bellum Gallicum* zwei Verfahren ein, um Daten und ihre jeweiligen kulturellen Implikationen verständlich zu machen. In der *interpretatio Romana* ersetzt er ‚gallische' Daten durch römische, bei der Doppeldatierung nach dem natürlichen Jahr und den eponymen Konsuln betont er die stets gegebene, aber von Jahr zu Jahr schwankende Varianz im Verhältnis beider Zeitordnungssysteme zueinander und nutzt ihre Spezifika als subtiles Instrument der Leserleitung.

Caesar selbst stand im Schnittpunkt beider Zeitordnungen; in ihm ist einer der ‚distanzierten Betrachter' zu finden, der die lebendige Erfahrung macht, dass die Zeitordnung zu den zentralen Charakteristika einer jeden Kultur gehört und wie Sprache und Sitten einer erklärenden ‚Übersetzung' bedarf. Wie eigenwillig sein Vorgehen ist, wie wenig es der literarischen Tradition verdankt und wie sehr es sich von dem seiner Zeitgenossen unterscheidet, kann ein Blick auf Xenophon und Cicero zeigen. Aber auch ein Seitenblick auf das *Bellum Africum* bestätigt die Spezifika von Caesars Datierweise: Bei allen Ähnlichkeiten zum *Bellum Gallicum* weist das *Bellum Africum* doch einen ganz anderen Umgang mit Zeitangaben auf. Eponyme Datierungen sind häufig, die Konsulatsangaben werden dabei noch durch Daten aus dem römischen Kalender gestützt. Anders als bei Caesar gibt es keinen Blick von außen, keine Übersetzungen, keine Doppeldatierungen, keine inhaltliche Aufladung der Datierungen.[603]

---

602 Die folgenden Bücher 6 und 7, in denen Caesar mit ähnlichen kalendarischen Differenzen zu kämpfen hatte, werden durchaus kenntlich, aber weniger prononciert durch den Verweis auf zentrale Ereignisse der römischen Innenpolitik zu Buchbeginn datiert. Caes. Gall. 6, 1, 2 erwähnt das Prokonsulat des Pompeius; angesichts seiner fünfjährigen Dauer kaum eine geeignete Datierung, wohl aber eine Erinnerung an Pompeius' Präsenz vor den Toren Roms und die drohende Diktatur. Caes. Gall. 7, 1, 1 erwähnt die Ermordung des Clodius am 18. Januar 52 v. Chr.: *Quieta Gallia Caesar, ut constituerat, in Italiam ad conventus agendos proficiscitur. Ibi cognoscit de Clodii caede senatusque consulto certior factus* [...].

603 Bell. Afr. 1, 1; Bell. Afr. 2, 4; Bell. Afr. 9, 1; Bell. Afr. 19, 4; Bell. Afr. 37, 1; Bell. Afr. 47, 1; Bell. Afr. 75, 1; Bell. Afr. 79, 1; Bell. Afr. 98, 1–2.

3.2.3. Eine Überprüfung: Zeitangaben bei Xenophon und Cicero

Caesars *Commentarii* sind ein Unikum in der lateinischen Zeitgeschichtsschreibung. Sie stehen durch ihren Titel der Memoirenliteratur nahe und tragen den Charakter des Vorläufigen. Vergleichspunkte, um Caesars Umgang mit Zeitangaben besser charakterisieren zu können, sind schwer zu finden. Nimmt man allein die Kategorien ‚Feldzugsbericht', ‚eigene Beteiligung' und ‚kulturelle Differenz von Ereignis- und Rezeptionsort' zum Maßstab, so bleiben nur Xenophons *Anabasis* und Ciceros Berichte aus Kilikien als Referenztexte übrig.

Xenophon datiert nur relational und meist kurzfristig; charakteristisch ist seine der geographischen Literatur abgewonnene enge und kontinuierliche Verbindung von Strecken- und Zeitbestimmung, die den Nachvollzug der Ereignisse deutlich einfacher gestaltet als Caesars an Auslassungen reiche Datiertechnik.[604] Jegliche kulturell definierte Zeitangabe – ob nach Monatsnamen, Feiertagen, Olympiaden o. ä. – vermeidet er, allein die inhaltlich unabdingbare Nennung des regierenden Großkönigs setzt einen Fixpunkt, der auch chronologische Orientierung vermitteln kann.[605] Die Differenz der Zeitordnungssysteme am Ort der geschilderten Ereignisse und am Ort seiner potentiellen Leser wird nicht reflektiert. Zeitangaben werden nicht an athenische Normen und Vorstellungen angepasst, sondern bis auf ihre einfachste, kulturunabhängige Form reduziert: die Angabe von Sonnenauf- und -untergang, die Zählung von Tag zu Tag.[606]

Die offiziellen Berichte des Prokonsuls Cicero aus der damals noch jungen Provinz Kilikien aus dem Herbst 51 v. Chr. gelangten mit ähnlicher Intention an den Senat wie Caesars *acta*. Sie sind verloren, doch zwei offizielle und drei private Briefe, die die Ereignisse des Feldzuges behandeln,

604 Beide von Xenophon gewöhnlich benutzten Distanzangaben, sowohl Parasange als auch Stathmos, verbinden die räumliche Distanz mit der zu ihrer Bewältigung nötigen Zeit. Übersicht über die Zeit- und Entfernungsangaben bei Hans Rudolf Breitenbach, Xenophon von Athen, Stuttgart 1966 (= RE 2. Reihe 9, 2), 1579–1638, s. dazu auch 1651. Die Diskussion darüber, ob Parasangen ursprünglich ein Raum- oder Zeitmaß darstellten, fasst Lendle in seinem Kommentar zusammen (Otto Lendle, Kommentar zu Xenophons Anabasis. Bücher 1–7. Darmstadt 1995, 14 f.). Jahreszeiten werden nur dann erwähnt, wenn sie die Kriegsführung beeinflussen, wie etwa der Schnee in Armenien, Xen. An. 4, 4, 8 ff.

605 Eine der wenigen Ausnahmen ist die nicht zur Datierung bestimmte Festlegung, wie viel Sold pro Monat gezahlt werde solle, so etwa in Xen. An. 7, 3, 10; An. 7, 5, 4 f.

606 Vgl. Breitenbach (wie Anm. 605).

sind erhalten.[607] In ihnen legt er Rechenschaft ab und macht seine Hoffnung auf die Gewährung zumindest einer *supplicatio* deutlich. Da der Feldzug innerhalb eines Herbstes abgeschlossen werden konnte, dominieren Tagesdatierungen; Jahresangaben spielen keine Rolle.

Zwei Briefe berichten Ende Dezember 51 v. Chr. übereinstimmend über den Kriegszug vom sommerlichen Eintreffen in der Provinz bis zum Winterlager; beide enthalten Hinweise darauf, dass ein offizielles Schreiben an den Senat direkt bevorstand.[608] Sicher unterscheiden sie sich in der Gestimmtheit, der eine eine singuläre Bitte, der andere ein fortdauerndes briefliches Gespräch in einer Mischung aus Stolz und Selbstironie entfaltend. Ihre Gemeinsamkeiten sollten jedoch ausreichen, um eine Vorstellung von den Datierverfahren innerhalb der ciceronischen *acta* zu vermitteln.

Beide beginnen mit einer exakten Fixierung von Tag und Ort des Eintreffens in der Provinz.[609] Danach werden vor allem die entscheidenden Handlungsfortschritte – die Ankunft im Lager, die Gesandtschaft des Königs von Commagene, die Schlacht am Amanergebirge, im Atticusbrief darüber hinaus sogar die zurückgelegten Wegstrecken – kalendarisch fixiert, bis am Ende der Übergang ins Winterlager und die Gesamtsumme der Belagerungstage von Pindenissus stehen.[610] Relative Datierungen (*biduum, pauci dies*) werden immer wieder durch das kalendarische Gerüst aufgefangen. Die Dominanz des Kalendarischen wird an einer Stelle besonders deutlich, wo Cicero Marcus Cato von einem Nachtmarsch berichtet, wobei er betont, wie er am 4. Tag vor den Iden des Oktober in der Abenddämmerung aufbrach, um am 3. Tag vor den Iden bei Tagesanbruch den *mons* Amanus besteigen zu können.[611] Eine derartige kalendarische ‚Pingeligkeit' im Angesicht der Schlacht fände sich bei Caesar nie; er zählt nur kurz und

607 Cic. fam. 15, 1 und fam. 15, 2 sind an den Senat gerichtet (September 51); fam. 15, 3 und fam. 15, 4 an M. Cato (August und Dezember 51). Aus dem Dezember stammt ebenfalls Att. 5, 20. In den Datierungsmodalitäten sind zwischen den Briefen nur geringe Unterschiede feststellbar.

608 Cic. fam. 15, 4, 11 und Att. 5, 20, 7; das offizielle Schreiben ist nicht erhalten.

609 Cic. Att. 5, 20: *Laodiceam pridie Kal. Sextilis venimus*; Cic. fam. 15, 2 und fam. 15, 4: *cum pr. K. Sext. in provinciam venissem.*

610 Der Atticusbrief scheint insgesamt weniger formalisiert; er stellt die Gesamtdauer mit einer selbstironischen Bemerkung voran.

611 Cic. fam. 15, 4: [...] *cumque me discedere ab eo monte simulassem et alias partes Ciliciae petere abessemque ab Amano iter unius diei et castra apud Epiphaneam fecissem, a. d. IIII Id. Oct., cum advesperasceret, expedito exercitu ita noctu iter feci, ut a. d. III Id. Oct., cum lucisceret, in Amanum ascenderem* [...]

bündig von der Nachtwache zum ersten Morgenlicht, mit dem der Angriff beginnt.[612]

Cicero datiert durchgehend nach dem römischen Kalender und nach wichtigen Festen; vereinzelte relative Datierungen werden durch den Kalender fixiert (ohne dass sich dadurch jedoch immer eine widerspruchsfreie Datierung ergäbe).[613] Dieses Bemühen in den Kriegsberichten deckt sich mit dem Befund, den andere Briefe aus der Zeit seines kilikischen Prokonsulats bieten. Er bemüht sich stets, sein Handeln mit dem römischen Kalender in Einklang zu bringen. Selbst bei einem so privaten Ereignis wie der Feier zum Anlegen der Toga seines Neffen Quintus kämpfte er lange darum, sie auch in Kilikien genau am Tag der *Liberalia,* an dem in Rom traditionell gefeiert wurde, stattfinden zu lassen.[614]

Cicero, so könnte man sagen, exportierte den römischen Kalender; er scheint selbst auf seinem Feldzug mehr mit dem römischen Alltag verbunden gewesen zu sein als mit dem Krieg in Kilikien. Sein Vorgehen war ganz auf Rom ausgerichtet; relative Datierungen, über die etwa Xenophon nie hinausgegangen war und die Caesar geschickt nutzte, entsprachen seinem allein auf Rom gerichteten Darstellungsinteresse nicht. Andererseits wird bei Cicero auch kein Interesse sichtbar, dem Kriegsgegner Stimme oder Geschichte zu verleihen, wie Caesar es getan hat.[615]

4. Vermittlung und Rezeption von Caesars Kalenderreform

Man kann danach fragen, was dazu geführt hat, dass es im ersten vorchristlichen Jahrhundert in Rom zu einer Kalenderreform gekommen ist, und worin die Gründe für ihre so erstaunlich erfolgreiche Umsetzung liegen. Bei der Suche nach einer Antwort gelangt man unausweichlich zu der Person Iulius Caesars, der als *spiritus rector* hinter der Reform und ihrer Vermittlung steht. Das Folgende ist der Versuch, aus Daten, überlieferten Handlungen, aus der Analyse des Kalenders und aus Publikationsfragmenten ein differenziertes Bild der Reform zu gewinnen. Die Analyse der Genese und Durchführung der Reform sowie der im Zusammenhang mit ihr entstan-

612 Vgl. etwa Caes. Gall. 1, 21–22.
613 Nach den Saturnalien datiert Cic. Att. 5, 20.
614 Siehe oben S. 182 ff.
615 Zum grundlegend unterschiedlichen Umgang Xenophons, Ciceros und Caesars mit ihrem feindlichen Gegenüber s. Hugo Montgomery, Caesar und die Grenzen, SO 49 (1973) 57–92, bes. 58–60 und 72.

denen Schriften zeigt, dass es nicht nur das naturwissenschaftliche Interesse war, das Caesar leitete, und nicht nur das ägyptische Vorbild, dem er nacheiferte, sondern dass das Vorhaben sowohl im Zusammenhang mit Caesars gallischen Erfahrungen als auch mit seinem politischen Bemühen um ein spezifisches ‚image' zu verstehen ist.

Neu an der caesarianischen Kalenderreform war nicht das Problem, sondern seine Benennung und der Versuch einer Lösung durch einen Mann, der mit dem System vertraut war und aus seinen Mängeln zuvor selbst Profit geschlagen hatte. Die Argumente waren allen Beteiligten sattsam bekannt, auch wenn sie erst in nachcaesarianischen Quellen und aus einer gewissen historisierenden Distanz schriftlich fassbar werden (s.u.): Ohne Regulierung hatte man einträgliche Ämter willkürlich verlängern und politische Gegner in ihren Handlungsmöglichkeiten empfindlich einschränken können, ‚wanderten' jahreszeitlich bestimmte Feste durchs Kalenderjahr und existierten für Landwirtschaft, Handel und Seefahrt differente Zeitordnungssysteme, da der damalige republikanische Kalender ihren spezifischen Bedürfnissen nicht gerecht wurde.

Mit der Überführung des republikanischen in den julianischen Kalender wurde die Grundlage dafür gelegt, konkurrierende Kalendersysteme innerhalb der römischen Gesellschaft zu homogenisieren, die Gestaltungshoheit über die politische Zeitordnung den *pontifices* zu entwinden und an der neuen Spitze der Gesellschaft, beim *dictator/princeps*/Kaiser, anzusiedeln. Die Zeitordnung verlor bald den Charakter eines politischen Instruments und wurde zum übersubjektiven Ordnungsschema: Schon Augustus diskutierte sie nicht mehr, sondern ließ sie übermenschengroß anzeigen. Die Ansiedlung der Zeitordnung bei der höchsten personalen Entscheidungsinstanz verschob den Tenor von der Vermittlung hin zur Verkündigung.

4.1. Genese und Durchführung der Reform

Im Laufe der Jahre muss Caesar begonnen zu haben, die Schwächen der traditionellen Zeitordnung nicht mehr nur als Chance, sondern auch als Problem zu betrachten, an dessen Lösung er Interesse entwickelte. Dass das Kalenderjahr regelmäßig zehn Tage pro Jahr vom astronomischen Jahr abwich, war keine Naturnotwendigkeit; hier war mehr zu erreichen. Vor allem aber lag in einer Kalenderreform für Caesar die politische Möglichkeit, sich als Vertreter einer neuen, gerechteren und nicht mehr der Senatsaristokratie und ihren ‚Mauscheleien' verpflichteten Zeitordnung zu zeigen. Er griff das Bedürfnis nach einer allgemeinen Regulierung und

Normierung in Zeitordnungsfragen auf, das nach den unruhigen Bürgerkriegsjahren sicher besonders stark ausgeprägt, doch bereits in den frühen kalenderpolitischen Maßnahmen von App. Claudius Caecus (304 v.) und M. Fulvius Nobilior (nach 179 v.) angelegt gewesen war. Hinzu kam das argumentativ attraktive Ziel, ägyptische und griechische Vorbilder zu erreichen. Der vermutlich aus Alexandria stammende Astronom Sosigenes, Caesars Helfer bei der Umsetzung der Reform, verkörperte diesen Vorsprung.

Seit 63 v. Chr., seit er das Amt des *pontifex maximus* innehatte, war Caesar für den Kalender und damit auch für eine angemessene Einfügung von Schaltmonaten verantwortlich. Spätestens seit dieser Zeit muss er auch mit den Problemen des römischen Kalenders vertraut gewesen sein; er hat in den Folgejahren gelegentlich, wenn auch unregelmäßig Schaltungen veranlasst, die seinen Interessen dienten und der damaligen Kalenderkonzeption entsprachen.

Instruktiv ist ein Blick auf die Handhabung der Schaltung in den 17 Jahren seiner Zuständigkeit, die der Kalenderreform vorangingen. In dieser Zeit wären neun Schaltungen möglich gewesen, doch nur gut die Hälfte davon fand tatsächlich statt. Zwei Schaltungen sind sicher belegt und chronologisch fixierbar (52 und 46 v.), drei weitere müssen erfolgt sein, können aber nicht sicher datiert werden; vier sind unterblieben, so dass in den letzten Jahren der Republik eine Differenz von insgesamt 90 Tagen zwischen Kalender- und Sonnenjahr auflaufen konnte. Die Rekonstruktion von Brind'Amour macht plausibel, dass zu den ausgefallenen Schaltungen nicht nur diejenige von 50 v. Chr.,[616] sondern auch diejenige von 48 v. Chr. gehörte, so dass die Abweichung des Kalenders in den ersten Jahren von Caesars Amtsführung eher bei 22–45 Tagen gelegen haben dürfte und erst in den innenpolitischen Krisenjahren nach 52 v. Chr. die Spanne von einem ganzen Vierteljahr erreichte.[617]

Die politischen Handlungsmöglichkeiten, die die Schaltung eröffnete, lassen sich an der ersten sicher datierbaren Schaltung dieser Jahre erkennen. Sie fand im Jahr 52 v. Chr. statt und diente vermutlich nicht nur der Kalenderberichtigung, sondern vor allem dazu, Caesar einen zusätzlichen innenpolitischen Handlungsspielraum zu verschaffen: Nach der Ermordung des Clodius am 18. Januar 52 und den anschließenden Ausschreitungen war der Ruf laut geworden, Pompeius zum *consul sine collega* zu machen.[618] Der

616 Siehe dazu oben S. 175 ff.

617 Detailliert bei Brind'Amour, Calendrier, 27–41; vgl. auch Bennett, Evidence, 183.

618 Asc. Mil. 30 und 31: *Inter haec cum crebresceret rumor Cn. Pompeium creari dictatorem oportere neque aliter mala civitatis sedari posse, visum est optimatibus*

Prokonsul Caesar musste diese Entwicklung, die seine Position entscheidend zu schwächen drohte, aus seinem Winterquartier in Ravenna verfolgen: Nach Rom durfte er nicht, um sein *imperium* nicht zu gefährden, nach Gallien wollte er nicht, aber Zeit konnte er sich verschaffen.

Es ist nicht nachzuvollziehen, ob die Schaltung dieses Jahres vielleicht schon lange im Voraus angekündigt worden war. Wäre sie jedoch überraschend verfügt worden, so hätte vor allem Caesar davon profitiert: Er hätte den Pompeianern demonstriert, wie mächtig auch ein abwesender Caesar war, hätte Zeit für Verhandlungen gewonnen und etwaige bereits von den Gegnern terminierte Wahlen verschoben. Dass das Letztere der Fall war, legen die Umstände von Pompeius' Wahl nahe. Sie erfolgte am 5. Tag vor den Kalenden des März, d. h. direkt im Anschluss an die alte Monatsfuge, in die der Interkalarmonat eingefügt worden war, und am ersten Tag nach dem Ende des Schaltmonats.[619] Caesar hatte die zusätzliche Zeit genutzt und sich das Recht der Bewerbung um das Konsulat *in absentia* einräumen lassen.

In Anbetracht dieses Beispiels fällt es schwer, Caesar Unwissenheit oder Desinteresse in Bezug auf den Kalender zu unterstellen; eher ist anzunehmen, dass sich ihm nicht ausreichend Möglichkeiten boten, das Mittel der Schaltung häufiger politisch einzusetzen, wobei seine Entfernung von Rom zusätzliche Probleme bereitet haben dürfte.

Die Rechtslage in Bezug auf die Interkalation ist erstaunlich unklar; es gibt keine schriftlichen Quellen, die festhalten, wer wann entscheiden konnte, ob geschaltet würde oder nicht, und wie die Vertretungsrechte geregelt waren.[620] Dafür, dass dem *pontifex maximus* hier eine Vorrangstellung

---

tutius esse eum consulem sine collega creari, et cum tractata res esset in senatu, facto in M. Bibuli sententiam S.C. Pompeius ab interrege Servio Sulpicio V. Kal. Mart. mense intercalario consul creatus est statimque consulatum iniit. Zur politischen Entwicklung jener Monate s. Meier, Caesar, 364–367. – Die große Schaltung des Jahres 46 v. Chr., mit der die Reform faktisch begann, führte dazu, dass Caesars drittes Konsulat sich insgesamt um ein Vierteljahr verlängerte, ohne dass hierfür ein zusätzliches Engagement von seiner Seite nötig gewesen wäre. Ob er dieser Legitimation zu diesem Zeitpunkt noch bedurfte, ist eine andere Frage.

619 Schaltmonate wurden regulär nicht nach Ablauf des Februar, sondern zwischen den *Terminalia* (23.02.) und dem Fest des *Regifugium* (24.02.), in den laufenden Monat eingefügt.

620 Grundlegend: Bleicken, Oberpontifex, der davon ausgeht, dass der *pontifex maximus* keine Eigenständigkeit gegenüber den anderen *pontifices* besessen habe (364 f.). Bleicken berücksichtigt die kalendarische Schaltung allerdings nirgends explizit. Die Forschung der letzten Jahrzehnte ist hervorragend aufgearbeitet in Ridleys Studie zu Lepidus, Caesars Nachfolger im Amt: Ridley, Absent pontifex, bes. 278 f. (zum Kalender), 280 f. (zur Rangordnung). Ridley weist darauf hin, dass

zufiel, spricht nicht nur die hohe Bedeutung des Amtes, sondern auch, dass wir von keiner Schaltung wissen, die *gegen* seinen Willen veranlasst worden wäre. Ob er durch andere hätte vertreten werden können, ist nicht bekannt; in Ciceros Liste der Dinge, für die die Entscheidung dreier *pontifices* ausreicht, taucht die Schaltung nicht auf.[621] Dass der *pontifex maximus* jedoch durchaus auf irgendeine nicht näher zu spezifizierende Unterstützung angewiesen war, belegen Curios Versuche, eine Schaltung zu erlangen.[622] Als Gefolgsmann Caesars hatte er vermutlich die Unterstützung des *pontifex maximus*, doch die Schaltung, um die Curio kämpfte, kam nicht zustande – sei es, weil der *pontifex maximus* sich nicht durchsetzen konnte (aber wogegen?), sei es, dass er noch weitere Ziele in seine Güterabwägung miteinbezogen hatte und daher letztlich von dem Plan absah.

Neben der unklaren Rechtslage fällt auf, dass selbst ein aufmerksamer Beobachter wie Cicero Caesars Vorgehen nicht explizit kommentiert: Die Interkalation gehörte offenbar zu den Instrumenten, deren Nutzung durch Tradition und ohne verschriftlichte Regeln erfolgte und deren Kontrolle man anstrebte, über deren Einsatz man aber nicht öffentlich sprach. Dementsprechend finden sich Ciceros Bemerkungen über durchzuführende oder zu verhindernde Interkalationen sämtlich in seinen Briefen (dazu hier S. 175 ff.).

Die genaue Genese der Kalenderreform ist nicht leicht nachzuvollziehen.[623] Geht man der ägyptischen Spur nach, die Dio Cassius und andere gelegt haben, wird man zuerst nach Alexandria schauen.[624] Nach dem vorläufigen Ende des Bürgerkriegs hielt Caesar sich ein Dreivierteljahr lang, von Oktober 48 bis Juni 47 v. Chr., dort auf. Der damalige ägyptische Kalender weist zwei Charakteristika auf, die sich im späteren julianischen Kalender wiederfinden lassen: die Orientierung an der Sonne und eine darin begründete Jahreslänge von 365 Tagen. Dieses ägyptische Jahr ist allerdings

---

es keine Quellen zur Zuordnung der Aufgaben gibt. Ein unbestreitbares Argument für eine tatsächliche Vorrangstellung des *pontifex maximus* bieten die heftigen politischen Auseinandersetzungen, die die Wahl jeweils begleiteten, und die Tatsache, dass es sich bei dem Amt in den letzten beiden Jahrhunderten der Republik quasi um einen ‚Erbhof' der einflussreichsten Familien handelte. Auch die Tatsache, dass Augustus trotz der Vielzahl seiner Priesterämter und seiner faktischen Leitungsfunktion auf Lepidus' Tod wartete, bevor er die Kalenderkorrektur vornahm, scheint mir ein eindeutiger Hinweis zu sein.

621 Cic. har. resp. 6, 12.

622 Curio versuchte für 50 und 49 Schaltungen durchzusetzen; vgl. auch Anm. 536.

623 Eine Übersicht bietet Malitz, Kalenderreform; kritisch auf ihn aufbauend Rüpke, Kalender, 369–391.

624 D.C. 43, 26, 1–3; Macr. 1, 16, 39.

ein Wandeljahr, da es um einen Vierteltag zu kurz ist. Im späteren julianischen Kalender wird dagegen durch die geregelte kurze Schaltung (ein Tag auf vier Jahre) eine durchschnittliche Jahreslänge von $365\frac{1}{4}$ Tagen erreicht, so dass eine dauerhafte und sichere Korrelation von Kalender- und Sonnenjahr entsteht. Dieses zentrale Moment der julianischen Reform kann ebenfalls aus Ägypten entlehnt sein. Nimmt man dies an, ergeben sich jedoch einige wichtige Folgehypothesen.

Denn die Schaltung, die das Kalenderjahr auf die astronomisch korrekte Länge brachte, war nicht Teil desjenigen Kalenders, mit dem Caesar in Alexandria lebte, sondern gehörte zu einer Kalenderreform, die zwei Jahrhunderte zuvor unter Ptolemaios III. Euergetes (284–221 v. Chr.) durchgeführt, aber nach seinem Tod sofort wieder rückgängig gemacht worden war. Der Verlust an Genauigkeit wog hier offenbar nicht so schwer wie die Rückkehr zur Tradition, zu mathematischer Schönheit und religiöser Ordnung. Möglicherweise in Reaktion darauf wurden spätere Herrscher Ägyptens eidlich verpflichtet, sich jeglicher Schaltung zu enthalten, wie Nigidius Figulus festgehalten hat.[625]

Nimmt man also an, dass Caesar von dieser gescheiterten Kalenderreform Kenntnis erhalten hat und sein Konzept daran orientierte, dann muss man ihm bereits im Winter 48/47 v. Chr. wissenschaftliche Interessen an der Struktur des Kalenders und den Kontakt mit entsprechenden Texten respektive Wissenschaftlern unterstellen. Dies datiert die Anfänge der Reform um gut zwei Jahre vor ihren offiziellen Beginn zurück und lässt sie weit weniger spontan und unvollendet erscheinen, als sie von denjenigen beurteilt wird, die ihre Entstehung erst in den Herbst 47 oder gar ins Frühjahr 46 datieren. Sie ist langfristig bedacht und geplant worden und gehörte zu den ersten Maßnahmen in der Staatsverwaltung nach dem vorläufigen Ende des Bürgerkrieges.[626] Planungsdauer und Terminierung verdeutlichen das Gewicht, das Caesar ihr beimaß.

---

625 Nig. frg. 98 Swoboda: [*reges*] *deducuntur a sacerdote Isidis in locum, qui nominatur adytos, et iure iurando adiguntur neque mensem neque diem intercalandum iurare neque minus festum diem immutaturos, sed CCCLXV peracturos, sicut institutum ab antiquis.* Das Fragment ist innerhalb der Scholien zu den *Aratea* des Germanicus überliefert (Schol. Germ. Bas. p. 88 f. und Schol. Germ. Sang. p. 157). Mir ist kein weiteres Zeugnis für dieses Schaltungsverbot bekannt. Es wäre interessant zu wissen, in welchem Kontext Nigidius sein römisches Publikum auf dieses Verfahren der ansonsten in Kalenderdingen als vorbildlich geltenden Ägypter hingewiesen hat.

626 Zusammen mit einer Erhöhung der Anzahl der Magistrate und der *pontifices* (*leges Iuliae de magistratibus creandis, de sacerdotiis*, beide 47): Die meisten

Anfang Oktober 47 v. Chr. kehrte Caesar nach Rom zurück.[627] Gemäß der eben skizzierten Hypothese ist anzunehmen, dass er den Ablauf der Reform, besonders die Konstruktionsweise des Jahres 46 mit seiner außergewöhnlichen Länge von 445 Tagen, im Herbst des Jahres 47 festlegte, um dann im Februar 46 mit der Umsetzung zu beginnen.[628] Sein aktueller Ansatzpunkt war die damalige Differenz zwischen Vegetations- und Kalenderjahr um rund drei Monate – seine Rückkehr nach Rom im Oktober 47 v. Chr. ereignete sich, klimatisch betrachtet, an einem heißen Tag Anfang Juli. Für diese dramatische Differenz war Caesar weitgehend selbst verantwortlich, und man könnte sich fragen, ob er nicht von dem Moment an, in dem er sich für eine Kalenderreform entschieden hatte, alles dazu getan hat, um den alten Kalender aus den Fugen geraten zu lassen, um so eine möglichst große Zustimmung zu seiner Reform zu erreichen.

Im Februar 46 begann Caesar mit der Umsetzung der Reform, indem er zuerst einen ‚normalen' und dann, am Jahresende, zwei vollkommen ‚anomale', überlange und deplazierte Schaltmonate einfügen ließ.[629] Mit diesem Paukenschlag endete das Jahr 46 v. Chr., mit insgesamt 445 Tagen das längste Jahr der europäischen Geschichte. Die Wiedereinholung der Zeit durch Schaltmonate war dabei durchaus im Geiste des alten römischen Kalenders. Seine Befugnisse als *pontifex maximus* hätten sich eigentlich nur auf die

---

Gesetze Caesars stammen erst aus dem Herbst 46 sowie der Zeit von September 45 bis März 44, als er in Rom war. Suet. Iul. 40 bildet diese Chronologie ab; er nennt die Kalenderreform an erster Stelle. Zur Chronologie der Gesetze s. Yavetz, Caesar, 159–161 und 179 (mit weiterführender Literatur); zu den drängenden politischen Problemen dieser Jahre, s. Gelzer, Caesar, 261–269.

627 Die fixierbaren Daten dieser Zeit sind zusammengestellt bei Judeich, Caesar, bes. S. 184–191.

628 Vgl. Anm. 656. Geht man davon aus, dass die Festlegung der Details der Kalenderreform doch wohl eher in Rom als während des afrikanischen Kriegszuges erfolgte, muss Caesar zumindest die Schaltung im Februar noch vor dem Dezember 47 festgelegt haben; die anderen beiden Schaltmonate waren spätestens im Frühsommer 46 in Rom bekannt, wie Ciceros Brief Att. 12, 3, 2 (s. unten S. 221 ff.) erkennen lässt.

629 Man hätte erwarten können, dass die 67 Tage der beiden herbstlichen Schaltmonate römischer Tradition gemäß auf drei Monate à 22 bzw. 23 Tage verteilt würden – so formuliert es auch Hannah, Calendars, 117, der ergebnislos nach einer Erklärung sucht. Ich möchte vorschlagen, auch hier das offensichtliche Bemühen am Werke zu sehen, das Jahr 46 so monströs wie nur möglich erscheinen zu lassen. Die Notwendigkeit weiterer Schaltmonate, ihre Positionierung am Jahresende, aber auch ihr abnormes Maß weisen in dieselbe Richtung und transportieren die Überzeugung, dass bei diesem Kalender keine ‚normale' Korrektur mehr hilft.

‚reguläre' Schaltung erstreckt, scheinen aber in Ermangelung von Präzedenzfällen und unter den gegebenen politischen Umständen entsprechend dehnbar gewesen zu sein. Mit den Umständen wird man auch den Befund erklären, dass seine eindeutige Rechtsüberschreitung bei der Definition der Tagesqualitäten in den erhaltenen Texten nicht erwähnt wird.[630] Caesars anschließende Neuerungen entsprachen jedoch nicht mehr der römischen Tradition, sondern zeigten deutlich ‚ägyptische' Charakteristika, vor allem die alleinige Orientierung am Sonnenjahr und die nur geringe und daher manipulationsunempfindliche Schaltung.

Caesar erlegte alle gesellschaftlichen Kosten der Neuordnung dem Jahr 46 v. Chr. auf, das Macrobius später auf die oft zitierte Formel des *annus confusionis ultimus,* brachte, das „letzte Jahr des großen Durcheinanders"[631]. Das Jahr 45, das erklärte erste Jahr der neuen Rechnung, blieb von großen Veränderungen verschont. Alle kurzen Monate wurden gleichmäßig ein wenig länger, ohne dass aber die Gelenktage des Monats oder religiöse Feiern davon betroffen wären; auch die Sonderstellung des Februar blieb sichtbar.[632] Es war ein geschickter politischer Schachzug, der alle großen kalendarischen Eingriffe noch dem alten Kalender aufbürdete und sie an seinem Ende konzentrierte, um den neuen geradezu sanft und ohne spürbare Veränderungen beginnen zu lassen.

In ihrer inhaltlichen Ausrichtung ist die Reform am ehesten der (allerdings nach Umfang und Terminierung äußerst umstrittenen) *lex de urbe augenda* gleichzusetzen, da sie für die Infrastruktur der Zeit das zu leisten versucht, was die *lex de urbe augenda* für die örtliche Infrastruktur anstrebt – auch hier lassen sich Parallelen zu App. Claudius Caecus ziehen.[633] Bemerkenswert ist in jedem Falle die frühe Datierung der Reform, die auf ein schon länger vorliegendes und durchdachtes Konzept hindeutet (wobei man die Bedeutung der Reform für Caesar und Rom jedoch auch nicht überschätzen darf; Probleme wie das der Veteranenversorgung besaßen für die römische Tagespolitik eine ungleich größere Brisanz). Niemand hätte

630 Huber, Oberpontifikat, 84–87.

631 Macr. Sat. 1, 14, 3.

632 Caesar verlängerte jeden Monat um maximal zwei Tage bis zur alten Höchstdauer von 31 Tagen; der Februar behielt seine Sonderstellung mit 28 (29) Tagen: Januar, August und Dezember wurden von 29 auf 31 Tage verlängert, April, Juni, September und November von 29 auf 30, März, Mai, Juli und Oktober hatten bereits vorher 31 Tage.

633 Yavetz, Caesar, 159–161. Rüpke, Kalender, 371 sieht in den Handlungen des Herbstes 47, der Erweiterung des Beamtenapparates und den Wahlregulierungen, Ansätze einer umfassenderen Verwaltungsreform.

Caesar unter diesen Umständen aufgefordert, eine Kalenderreform durchzuführen; er hätte es nicht tun müssen – um so erstaunlicher ist, dass er es trotzdem getan und sich derart darum bemüht hat.

4.2. Schriften im Umkreis der Kalenderreform

So leicht es auch ist, Caesar als gedanklichen Vater der Reform zu benennen und ihm die Konzeption und politische Verantwortung zuzuschreiben, so schwer ist es, die weiteren Beteiligten und die Art ihres Tuns zu benennen. Die Texte lassen eine gewisse Arbeitsteilung zwischen der theoretischen Begründung und praktischen Durchführung der Kalenderreform auf der einen, ihrer öffentlichen Kommunikation und Repräsentation auf der anderen Seite erkennen, auch wenn es sicherlich zuviel ist, hier eine „Kommission“ am Werke zu sehen.[634] Neben Caesar werden zwei weitere Beteiligte namentlich genannt, der Astronom Sosigenes[635] und der römische Schreiber M. Flavius, dessen Existenz allerdings (mit Recht) angezweifelt worden ist.[636] Plutarch erwähnt darüber hinaus eine ungenannte Zahl von „Philosophen und Astronomen“[637] – was weniger wie ein überlieferter Befund wirkt als wie die Feststellung, dass eine Vielzahl ungenannter Menschen und Qualifikationen nötig war, um die Reform durchzuführen und in der Öffentlichkeit zu vermitteln.[638]

---

634 So Malitz, Kalenderreform; von Rüpke, Kalender, 371 übernommen.

635 Plin. nat. 18, 211–212 (s. Anm. 643); nat. 2, 39 (Beobachtungen zum Merkur). Rehm, Sosigenes.

636 Macr. Sat. 1, 14. Fr. Münzer, Flavius (20), in: RE 6,2 (1909) 2529. Brind'Amour sieht diesen Flavius, den nur Macrobius erwähnt, als ‚Wiedergänger‘ des republikanischen Flavius an (s. o.) und bezweifelt daher seine Existenz (Brind'Amour, Calendrier, 181–187, mit einer Zusammenstellung aller antiken Zeugnisse zum älteren Flavius). Seine Skepsis scheint mir berechtigt; es gibt keinen nachvollziehbaren Grund, weshalb ein Schreiber eine derart herausgehobene Funktion innerhalb der Reform gehabt haben sollte; seine Verbindung mit einem Kalender schlägt den gedanklichen Bogen zum historischen Vorgänger.

637 Plu. Caes. 59, 5.

638 Plu. Caes. 59. Plutarch entwirft in seiner überschwänglichen Würdigung der Reform aus dem Abstand eines Jahrhunderts das Bild einer intensiven Kooperation des Imperators mit Fachwissenschaftlern, in dem er Caesar als tätigen Wissenschaftler vorführt, der über ausreichend fachliche Kompetenz und kritisches Vermögen verfügte, um die ihm vorliegenden Berechnungen zu überprüfen und zu einem eigenen Modell zusammenzufügen: Um den Preis der Vernachlässigung der publizistischen Seite arbeitet er Caesars grundsätzliche Führungsrolle auch in den ‚unrömischen‘ Naturwissenschaften heraus.

Ähnlich unbestimmbar und umfangreich zugleich ist die Liste der begleitenden Publikationen, die jedoch sämtlich verloren und schon in der Antike nicht immer klar unterschieden worden sind. Mindestens fünf Texte unterschiedlichen Umfangs und für verschiedene Bereiche der Öffentlichkeit sind in Umrissen zu rekonstruieren: Caesars Bekanntmachung im Senat und das dazugehörige öffentlich ausgestellte Edikt, der als Konkordanz gestaltete Witterungskalender (Parapegma) und eine meist mit *De astris* bezeichnete Schrift; zudem noch mehrere *commentationes* des Sosigenes. Wieso wurde so viel Aufwand betrieben um etwas, das im Verhältnis zu den großen politischen Umwälzungen dieser Jahre als eine verwaltungstechnische Lappalie erscheinen konnte? Dieser hohe Aufwand widerspricht der Einschätzung der Forschung, die Kalenderreform habe so wenig Aufmerksamkeit erregt, dass der Kalender „ohne erkennbare Begeisterung, aber auch ohne wirklichen Widerstand" etabliert worden sei.[639] Besaß die Kalenderreform aus Caesars Sicht vielleicht eine größere Reichweite und weitere Funktionen, die es nahe legten, sich derart intensiv um ihre Vermittlung zu bemühen? In diese Richtung wies bereits ihre lange und gründliche Vorbereitung.

Um besser zu verstehen, welchem konkreten Zweck die einzelnen Texte dienten, wen sie erreichen und was sie bewirken sollten, will ich versuchen, ihre Konturen nachzuzeichnen. Die Datierung der Texte lässt sich nur ungefähr bestimmen. Der skizzierte Verlauf der Reform fixiert den Winter 48/47 als *terminus post quem*; inhaltliche Gründe legen das Jahr 46 v. Chr. nahe, dem alle wahrnehmbaren Reformschritte aufgebürdet worden waren, so dass hier eine stärkere Wahrnehmung und ein größeres Interesse als sonst an derartigen Fragen vermutet werden darf. Weiterhin kann man annehmen, dass die von Caesar verfassten oder angeregten Schriften die Akzeptanz der Kalenderreform zum Ziel hatten. Die Zeugnisse lassen es zu, vier Textgruppen unterschiedlichen Inhalts und mit ganz unterschiedlichen Zielgruppen zu benennen, wobei die Herkunft der beiden namentlich fassbaren Autoren, Caesar und Sosigenes, bei einigen Schriften eine eher mathematische, bei anderen eine eher rhetorisch-suasorische Ausrichtung erwarten lässt.[640]

Zur ersten Gruppe gehört Caesars Bekanntmachung im Senat und das dazugehörige Edikt. Dafür, dass es über die Senatoren hinaus bis in die Stadt wirken konnte, ließ er es in Stein hauen und öffentlich – vermutlich in der

---

639 Rüpke, Kalender, 387. Zur differenzierten Haltung Ciceros s. oben S. 175 ff.

640 Siehe auch Rehm, Sosigenes, der aus einer anderen Perspektive zu einer ähnlichen Beurteilung der Aufgabenteilung zwischen Sosigenes und Caesar gelangt.

Gegend des Comitium – aufstellen, womit er die Tradition der früheren Kalenderreformen fortführt.[641]

Zur zweiten rechne ich die *commentationes* des Sosigenes, die dieser mit dem Ziel einer stetigen Verbesserung mehrfach überarbeitete.[642] Der antike Sprachgebrauch, der *commentatio* als Gattungsbezeichnung für wissenschaftliche Werke aller Disziplinen kennt,[643] und die von Plinius erwähnten Überarbeitungen weisen auf wissenschaftliche Publikationen für die internationale ‚scientific community' hin. Der spezifisch mathematisch-astronomische Inhalt und das intendierte Publikum lassen eine Schrift in griechischer Sprache erwarten.

Die dritte Gruppe füllen die Witterungskalender (Parapegmata) in Text und Stein, die als Konkordanz von Bauernkalender und julianischem Kalender gestaltet waren. Beide verband die Orientierung am Sonnenlauf, so dass man in einem begleitenden Text den julianischen Kalender durchaus als eine Annäherung des allgemeinen an das bäuerliche Jahr hätte darstellen können. Ein Auszug aus dem Parapegma Caesars ist bei Plinius d.Ä. überliefert, der ihn in seine Abhandlung über die Landwirtschaft integriert hat.[644] Man kann erkennen, dass er die Daten des neuen Kalenders mit astronomischen Ereignissen (Sternauf- und -untergängen) und mit bestimmten regelmäßig wiederkehrenden Wetterereignissen verknüpfte; weitere Angaben wären, sofern sie enthalten waren, von Plinius hier nicht berücksichtigt worden, so dass man über den Gesamtinhalt der Konkordanz keine abschließenden Aussagen treffen kann, ebenso wenig darüber, welche Irr-

641 Macr. Sat. 1, 14, 13. *Sic annum civilem Caesar* […] *edicto palam posito publicavit.* Dio Cassius äußert sich nicht explizit, betont jedoch in 43, 27, d. h. direkt nach der Behandlung der Kalenderreform (43, 36), dass Caesar sein gesetzgeberisches Handeln stets mit dem Senat abgestimmt habe. – Zur öffentlichen Bekanntmachung der älteren Kalenderreformen s. oben S. 156ff.

642 Plin. nat. 18, 211–212 : *et Sosigenes ipse trinis commentationibus – quamquam diligentior ceteris – non cessavit tamen addubitare ipse semet corrigendo.*

643 Klassisch tritt der Begriff *commentatio* bei Cicero in variierender Verknüpfung mit *cogitatio* (de orat. 1, 150) oder *exercitatio* (Brut. 105) auf, bezeichnet also einen Denkprozess. Die erwähnte Pliniusstelle bildet im ThlL den ersten Beleg für die Ausweitung des Begriffs *commentatio* auf schriftlich niedergelegte Gedanken (*scriptum*). In dieser Bedeutung wird er vor allem von Plinius d. Ä. und Gellius benutzt (z.B. für die Schriften von Demokrit, Plin. nat. 28, 7, und von dem Grammatiker Probus, Gell. 15, 30, 5), wobei der Grad der Verschriftlichung allerdings gelegentlich im Unklaren bleibt, so etwa bei den Vorlesungen bzw. Vorlesungsmitschriften von Aristoteles (Gell. 20, 5, 1) und Nigidius Figulus (Gell. 19, 14, 3). Wilhelm Bannier, *commentatio*, in: ThlL 3 (1906–1912) 1861–1862.

644 Rekonstruiert von A. Klotz in den Fragmenta seiner Caesarausgabe, S. 218–229.

tümer Caesar und welche Plinius zuzuweisen sind. Zu gebrauchen war er in der ländlichen Umgebung Roms; die topographische Fixierung seiner Daten ist allerdings umstritten.

Man könnte den Witterungskalender möglicherweise unter die ‚technischen Begleitschriften' und damit im weitesten Sinne unter die *commentationes* rechnen und so den von Plinius dort verwendeten Plural erklären, doch es fällt schwer, einen vermutlich tabellarischen Witterungskalender als *commentatio*, abwägende Überlegung, zu bezeichnen. Die Tatsache allerdings, dass dieser Witterungskalender auch griechisches und ägyptisches Material verarbeitet,[645] weist durchaus auf Sosigenes hin, so dass hier möglicherweise eine weitere ihm zuzurechnende ‚technische' Schrift vorliegt oder aber eine Kontamination verschiedener Schriften durch Plinius. Ich neige der zweiten Überlegung zu.

An letzter Stelle steht die von Plinius erwähnte Schrift *De astris*, die am wenigsten Kontur bewahrt hat. Sie könnte mit der von Macrobius erwähnten Schrift Caesars *De siderum motibus* in mehreren Büchern identisch sein, sofern dort nicht bereits das gesamte Corpus der Schriften zur Kalenderreform gemeint ist.[646] Die gelegentlich in diesem Zusammenhang vorgebrachte Erwähnung Caesars bei Firmicus Maternus zielt recht eindeutig auf ein sehr dichtungsaffines Werk oder ein Lehrgedicht in arateischem Stil.[647] Dies liegt in den Aratea des Caesar Germanicus bereits vor, so dass weitere Argumente hinzutreten müssten, damit man hier einen Hinweis auf ein Lehrgedicht C. Iulius Caesars (analog vielleicht zum *Iter*) sehen dürfte, das in ungewöhnlicher Weise ein derart aktuelles Themen vorbrächte.[648]

Keiner dieser Texte ist erhalten; nur Teile des Witterungskalenders sind bei Plinius bewahrt. Dass sie im Corpus der Caesarschriften, das unter

645 Zu den Quellen und Irrtümern bei der Übernahme ausführlich Boeckh, Eudoxos, 417–424; Ideler, Fasti; vgl. auch Rehm, Bauernkalender.

646 Plin. nat. 1, ind. lib. 18: *L. Tarutio qui Graece de astris scripsit. Caesare dictatore qui item*; die knappe Angabe lässt keinen eindeutigen Rückschluss auf Sprache und Titel zu. Macr. Sat. 1, 16, 39: *Nam Iulius Caesar ut siderum motus, de quibus non indoctos libros reliquit, ab Aegyptiis disciplinis hausit, ita hoc quoque ex eadem institutione mutuatus est ut ad solis cursum finiendi anni tempus extenderet.* Klotz verzeichnet die Testimonien zu *De astris* ohne Einschränkungen in seiner Caesarausgabe, bezweifelt jedoch an anderer Stelle dessen Autorschaft (RE 10, 266). Rüpke, Quis vetat, 298, vermutet hier auch die ‚fachwissenschaftlichen' Informationen, die ich den Schriften des Sosigenes zuordnen möchte.

647 Firm. math. 2 praef. 2; math. 8, 5, 3 (Inhaltsskizze).

648 Gegen Courtney, Poets, 187–188, der hier eine Erwähnung Caesars vermutet; ähnlich kritisch argumentiert auch Mark Possanza in seiner Rezension, BMCR 95.10.06.

Augustus konstituiert wurde, fehlen, dürfte nicht nur in ihrer Anlassgebundenheit begründet sein. Sie vertraten etwas, das Augustus auf sich allein bezogen wissen wollte: In der *aetas Augusta* war kein Platz für einen anderen Gestalter der Zeitordnung.[649]

Die kargen Indizien lassen nur vorsichtige Rückschlüsse zu, doch auch so wird noch deutlich, wie sehr Caesars ‚Publikationsoffensive' sich von dem eher zurückhaltenden Umgang mit der Öffentlichkeit unterschied, der die älteren kalendarischen Verfügungen kennzeichnete. Seine Ausgangssituation ähnelte durchaus derjenigen des Jahres 191 v. Chr.; ebenso wie damals hatte der Kalender die Bindung ans Solarjahr verloren. Der Kalender wurde in beiden Fällen durch legislatorische Maßnahmen neu justiert, und Caesars damit verbundene Publikationen könnten in die Tradition eines App. Claudius Caecus oder eines Fulvius Nobilior gestellt werden. Damit erschöpfen die Gemeinsamkeiten sich jedoch. Caesars Reform hatte nicht die Fixierung alter Regeln zum Ziel, sondern baute den Kalender ganz neu auf. Den älteren Reformen reichte – soweit wir wissen – die zentrale öffentliche Sichtbarmachung eines kommentierten Kalenders aus.[650] Caesar folgte ihnen darin nach, legte aber mit dem Schriftcorpus der Kalenderschriften eine zusätzliche und wohldurchdachte ‚publizistische Offensive' zur Etablierung seines Kalenders vor. Intention, Umfang und Ausdifferenzierung unterscheiden sie von allen anderen kalenderrelevanten Texten.

Betrachtet man die einzelnen Texte des kalendarischen Corpus aus der Perspektive des Publikums, so wird seine Ausrichtung auf verschiedene Arten von Öffentlichkeit sichtbar. Das Edikt richtet sich an eine stadtrömische Öffentlichkeit und war nicht nur verkündet, sondern auch zur dauerhaften Kenntnis verschriftlicht und öffentlich ausgestellt worden (Macr. Sat. 1, 14, 13: *edicto palam posito*), erreichte also deutlich mehr Bürger als nur die Senatoren. Das Parapegma indes mit der intendierten Ablösung des agrarischen durch den julianischen Kalender zielt auf das agrarisch genutzte Umland Roms; es könnte sogar zum Einsatz in entfernteren italischen Regionen konzipiert worden sein, sofern sie klimatisch den römischen Gegebenheiten entsprachen.[651] Durch das Parapegma, das als Konkordanz

649 S. dazu ausführlich unten S. 237 ff. – Spahlinger, Sueton-Studien, 128, resümiert: „Die Kanonisierung und Eliminierung caesarischer Schriften wird so zu einem Instrument der Prinzipatsideologie." Spahlinger geht leider nicht explizit auf *De astris* ein.

650 Sie dazu HLL 1 (2002) § 108.3 (Kalender); 111.3 (Flavius); 112 (App. Claudius Caecus); 190.3 (Fulvius Nobilior).

651 In diesen Zusammenhang gehören auch die erhaltenen Inschriften der epigraphischen *menologia rustica*, deren Konkordanz von Vegetations- und julianischem

von *annus naturalis* und julianischem Kalender angelegt war, bemühte Caesar sich darum, an den bereits seit langer Zeit etablierten agrarischen Solarkalender anzuschließen.

Die Schriften des Sosigenes strebten dagegen einen hohen Grad an Exaktheit an – so verstehe ich die von Plinius erwähnten Überarbeitungen. Dieses Kriterium legt es nahe, hier einen wissenschaftlichen Text für ein eng begrenztes Fachpublikum zu erwarten. Zu der stadtrömischen Öffentlichkeit, in der sich vermutlich nur wenige mit derart spezifischen astronomischen Fragen beschäftigen wollten oder konnten, trat die internationale ‚scientific community'.

Welche Position könnte schließlich die zentrale Schrift *De astris* innerhalb des *Corpus* eingenommen haben? Vielleicht galt sie dem großen Rest der stadtrömischen Öffentlichkeit, der in den übrigen Texten noch nicht explizit angesprochen worden war; Menschen, die nicht durch den Gesetzestext und nicht durch fachwissenschaftliche Information, sondern durch einen auf rhetorische Qualität und breite Rezeption angelegten, für die individuelle Lektüre oder das Gespräch im kleinen Kreis konzipierten Text zu erreichen waren: eine Schrift nicht für den negotionalen, sondern für den otionalen Raum.[652] Die Sprache der Publikation dürfte unter diesen Umständen (und in Abgrenzung von Sosigenes) Latein gewesen sein. Hier könnte auch der von Cicero erwähnte *annus Metonis* seinen Platz gehabt haben[653] – als eine von Caesar selbst geprägte Formel, in der sich der Anspruch seiner Reform ebenso wie seine Orientierung an griechischen Vorbildern konkretisierten.

4.3. Cicero II: Konservative Kritik (46–44 v. Chr.)

In den Reformjahren wird das Bild der ciceronischen Verhaltensweisen deutlich komplexer; das schwierige persönliche Verhältnis zwischen Caesar und Cicero wirkt sich auch auf die Beurteilung der Kalenderreform aus. In den philosophischen Werken dieser Zeit äußert Cicero sich gelegentlich zur Funktion der Zeitordnung an sich und zur spezifischen Zeitwahrnehmung

---

Kalender auf eine Verwendung in Norditalien hinweist. Vgl. Broughton, Menologia; Skydsgaard, Varro, 47 f.; dagegen Eckhard Christmann, Zum Verhältnis von Autor und Leser in der römischen Agrarliteratur. Bücher und Schriften für Herren und Sklaven, in: Horster/Reitz 121–152, hier 144–147, der den geringen Gebrauchswert der *menologia* herausstellt.

652 Für den Begriff s. Heil, Kommunikation.

653 Siehe unten S. 234 ff.

des Menschen; zur kalendarischen Neuordnung da gegen schweigt er – vor großem Publikum.[654] Seine Äußerungen in den Briefen dieser Zeit implizieren Distanzierung und Kritik, bleiben jedoch voraussetzungsreich und gelegentlich schwer verständlich; gleiches gilt für ein bei Plutarch überliefertes Apophtegma unbekannter Herkunft. Noch einmal zu betonen ist die unterschiedliche Gattungszugehörigkeit der hier herangezogenen Texte, die sie mit einem variierenden Grad von Privatheit resp. Öffentlichkeit versieht. Während für die Briefe die Prämissen einer großen Offenheit und eines kleinen Publikums gelten, sind die Ciceronischen Apophtegmata immer auf Zuspitzung und Kolportage ausgerichtet gewesen; beiden Gattungen gemeinsam ist ihre Anlass- und Adressatengebundenheit, deren unausgesprochene Voraussetzungen das heutige Verständnis erschweren.

Im Frühsommer 46 v. Chr. erwähnt Cicero in einem Brief an Atticus die anstehende Kalenderreform Caesars und bringt sie mit dem griechischen Astronomen Meton in Verbindung. Die genaue Datierung des Briefes ist umstritten. Ich meine, dass die dort von Cicero gestellte Frage *quando iste Metonis annus veniet?* nur im Jahr 46 v. Chr. gestellt werden konnte – nach dem Bekanntwerden von Caesars Reformplänen und vor ihrer ausführlichen Darstellung und Durchführung –, und gehe daher von der traditionellen Datierung zwischen April und Juni 46 v. Chr. aus.[655] Aus demselben Grund nehme ich die Frage als Frage ernst; sie ist in der damaligen politischen Situation verankert und keine ‚uneigentliche Rede', die metaphorisch

654 In die Zeit der julianischen Reform gehören Att. 12, 3 (Juni 46), Tusc. 1, 68 (Sommer 45); nat. deor. 2, 87 (Uhr als Produkt der *ratio hominis*, Herbst 45; siehe dazu vorne S. 38 ff.); off. 1, 11 (Zeitbewusstsein unterscheidet Mensch und Tier, Herbst 44); Att. 16, 1 (Juli 44) sowie das bei Plu. Caes. 59, 6 überlieferte, dem Spätherbst 46 oder Frühjahr 45 zuzuordnende Bonmot. Zu Ciceros *Timaios*-Bearbeitung aus den Jahren 45/44 s. vorne S. 40 f.

655 Die Datierung auf den Frühsommer 46 bieten die Ausgaben der Cicerobriefe durch O.E. Schmidt und Tyrrell/Purser. – Die Frage nach dem metonischen Jahr macht eine sehr viel spätere Datierung, wie sie u. a. von Shackleton Bailey erwogen und zuletzt von Marinone übernommen wurde, m. E. unmöglich – sie war 45 bereits überholt. Shackleton Bailey nimmt vor allem an einer Bemerkung in diesem Brief (Att. 12, 3 = SB 239) über Atticas schlechte Gesundheit Anstoß, da solche Sorgen erst wieder aus Briefen vom Jahresende 46 bekannt sind (vgl. Att. 12, 6a = SB 243; Att. 12, 11 = SB 249). Beaujeu ordnet den Brief überlegt in den Kontext anderer finanzieller Transaktionen i. J. 45 ein. Die Anspielung auf den Kalender nimmt keiner von ihnen als konkurrierende Datierungshilfe wahr, sondern begnügt sich mit dem Hinweis, er sei sprichwörtlich zu verstehen. Beaujeu (Bd. 8, S. 142 f. und S. 297 f.; nr. 650). Marinone, Cronologia, 223 (45 C 72).

gedeutet werden müsste: Das, was Cicero hier sagt, ist direkt aus der Situation zu verstehen.

Damit wende ich mich gegen das bisherige Verständnis dieser Passage, die das ‚metonische Jahr' Ciceros als Bezeichnung einer unendlich langen Frist gleichsam in die Nähe der ‚griechischen Kalenden' rückte. Dies geschah auf der Basis byzantinischer Sprichwortsammlungen, die die Wendung ἀναβάλλεσθαι εἰς τὸν Μέτωνος ἐνιαυτόν verzeichnen.[656] Für den sprichwörtlichen Charakter dieser Wendung gibt es allerdings keine antiken Belege, und auch Cicero benutzt m. E. *Metonis annus* hier nicht sprichwörtlich, sondern im Hinblick auf ihre astronomische Bedeutung als „exakteres Jahr". Der diskutierte Abschnitt lautet:[657]

> Sed tamen, ne nihil de re, nomen illud, quod a Caesare tris habet condiciones: aut emptionem ab hasta – perdere malo, etsi praeter ipsam turpitudinem hoc ipsum puto esse perdere; aut delegationem a mancipe annua die – quis erit, cui credam, aut quando iste Metonis annus veniet? aut Vettieni condicione semissem.
>
> („Aber damit ich es nicht ganz übergehe, jener Schuldtitel, den ich von Caesar bekommen habe, bietet drei Möglichkeiten: entweder den Kauf bei einer Versteigerung – aber lieber möchte ich das Geld verlieren, auch wenn ich glaube, dass die Ersteigerung neben der Schande dasselbe ist wie ein glatter Verlust – oder die Abtretung [mit Zahlung] durch einen Händler am Jahrestag – aber wem soll ich's anvertrauen, und wann wird dieses metonische Jahr kommen? – oder aber die Hälfte nach dem Angebot des Vettienus.")

Cicero erwägt drei Möglichkeiten, seine Ansprüche auf eine Schuld geltend zu machen. Alle betreffen den Umgang mit dem Schuldtitel (*delegatio debitoris*): Er kann ihn bei der Versteigerung der konfiszierten Güter des Schuldners auf einen Kauf anrechnen lassen, ihn für Eintreibung auf Jahresfrist abtreten oder für den halben Nennwert an Vettienus verkaufen.[658] Der erste und dritte Fall beinhalten eine direkte Eigentumsübergabe;

---

656 Gaisford B 672. Leutsch-Schneidewin 1, 433 verweist auf zahlreiche Stellen, die jedoch alle nur Informationen *ad rem* bieten, ebenso die Suda, die zusätzlich auf die Nennung Metons in Aristophanes' *Aves* und den zugehörigen Scholien zurückgreift: Suda 2, 284 (ε 1331) und 3, 376 (μ 801) Adler. Vgl. Otto, Sprichwörter, 221 (ebenfalls – außer Cicero – nur *ad rem*).

657 Cic. Att. 12, 3, 2 (=SB 239).

658 Für Ciceros Geldgeschäfte und das Problem der Kreditgeldschöpfung ist eine Studie von Stanislaw Mrozek sehr instruktiv, auch wenn er sich nicht direkt zu diesem Brief äußert. Naivität in Geldgeschäften ist Cicero danach kaum mehr zu unterstellen: St. M., Faenus. Studien zu Zinsproblemen zur Zeit des Prinzipats, Stuttgart 2001 (Historia Einzelschriften 136), S. 10. Vgl. auch M. W. Frederiksen, Caesar, Cicero and the problem oft debt, in: JRS 56 (1966), 128–141.

Zinsen fallen nicht an. Lediglich im zweiten Fall findet eine Koppelung an die Zeit und damit eine Verzinsung statt. Nur hier wäre es finanziell relevant und damit wichtig zu wissen, wie viel Zeit – wie viele Tage – das aktuelle Jahr umfassen wird, um die Verzinsung den Gegebenheiten der üblichen 12 oder der außerordentlichen 15 Monate anzupassen. Die Voraussetzung für eine derartige Bemerkung ist, dass die Schaltmonate, die das Jahr auf ‚metonisches Maß' bringen sollten, indem sie die Korrelation von Kalender- und Sonnenjahr wiederherstellten, bereits angekündigt, aber noch nicht endgültig terminiert worden waren, was auf einen Zeitpunkt nach der regulären Schaltung im Februar und vor der außerordentlichen im Herbst schließen lässt.

Ciceros Bemerkung hat also einen ganz konkreten, ökonomischen Hintergrund: Es geht um eine finanzielle Schuld und ihre Verzinsung. Sie bezeugt, dass er zu diesem Zeitpunkt über die anstehende Reform und die bis dahin noch nötigen Schaltungen in groben Zügen informiert war; zugleich wird deutlich, dass er hier keine kritische Auseinandersetzung mit Caesars Reform im Sinn hat: Sein Interesse ist dasjenige eines besitzenden Römers, der wissen möchte, ob er sein ökonomisches Handeln an den alten oder neuen Gegebenheiten ausrichten muss.[659]

Der Vergleich mit Meton impliziert sowohl einen Bezug auf griechische Vorbilder als auch die mit seinem Namen verbundene geregelte Interkalation. Cicero nennt ihn in seinen Schriften an keiner anderen Stelle;[660] hier aber wird er in ganz selbstverständlichem Gestus vorgebracht – *iste Metonis annus.* Worauf bezieht sich Cicero? Was impliziert das *iste?*

Meton hatte um 430 v. Chr. den athenischen Kalender auf eine neue Basis gestellt, die die Korrelation von Mond- und Sonnenjahr mathematisch

---

659 Rüpke, Kalender, 320–322, nimmt an, dass der Schaltmonat (im Gegensatz zum griechischen Verfahren) in Rom zinsrechtlich nicht berücksichtigt wurde; mir scheint das kaum glaublich. Quellen hierzu fehlen; das Vorherrschen der monatlichen Verzinsung legt m. E. eine Einbeziehung auch des *mensis intercalaris* nahe. Und selbst wenn ein ‚normaler' *intercalaris* zinsfrei gewesen wäre, muss man im außerordentlichen Jahr 46, wo immerhin ein Vierteljahr hinzukam, doch damit rechnen, dass eine Verzinsung eingefordert wurde. Darüber hinaus wurden ab 45 die nun integrierten Tage ja normal mitgerechnet; Kreditlaufzeiten verlängerten sich dementsprechend.

660 Nach den Onomastica von Shackleton Bailey. Eudoxos, der in gleicher Funktion hätte alternativ genannt werden können und auf den Lucan später im Zusammenhang mit dem julianischen Kalender zurückgreifen wird, taucht bei Cicero immerhin zweimal auf (rep. 1, 22, bei der Doxographie anlässlich der Sphaira des Archimedes, und div. 2, 87).

fixierte.[661] Der so genannte metonische Zyklus umfasst einen Zeitraum von 19 Sonnenjahren, die 235 synodischen Monaten entsprechen. Um die Übereinstimmung von Sonnen- und Mondjahr wieder zu erreichen, müssen die 7 ‚überzähligen' Monate regelhaft in das Sonnenjahr eingefügt werden.

Im Diskurs jener Monate vor der Kalenderreform kann ein Bezug auf Meton nicht überraschen, hatte doch sein Zyklus die Mathematisierbarkeit von Kalender und Schaltung ebenso wie die Vereinbarkeit von Lunar- und Solarjahr vor Augen geführt. Die Namensnennung konnte dazu dienen, Genauigkeit und internationale Konkurrenzfähigkeit des neuen Kalenders hervorzuheben.[662] Vor allem aber konnte Meton dort gleichsam als Argument eingeführt werden, wo es darum ging, die Überwachung des Kalenders von den *pontifices* auf *mathematici* (unter politischer Leitung) zu verlegen.

Unter diesen Umständen muss man annehmen, dass der formelhafte Begriff *Metonis annus* von jemandem geprägt wurde, der Caesars Plänen wohlwollend gegenüber stand – wenn nicht gar von Caesar selbst. *Metonis annus* ist in diesen Monaten als eine Variatio von *Caesaris annus*[663] zu verstehen, als Kurzformel der Reform, die Caesar hier noch mit den Namen bedeutender Vorläufer zu verbinden suchte, bevor sie in gleicher Weise mit dem seinen verbunden werden konnte. Der Begriff galt keinem spezifischen Jahr, sondern dem geordneten, sich regelhaft nach Sonne und Mond ausrichtenden Jahr an sich.

Auf die Erwähnung des *Metonis annus*, der darauf schließen lässt, dass Cicero die Grundzüge der anstehenden Reform im Frühsommer 46 bekannt waren, folgte im September, spätestens im Oktober 46 die Rede *Pro Marcello,* die Cicero als Reaktion auf die Begnadigung des C. Claudius Marcellus vor Caesar und den Senatoren hielt. Es war seine erste Rede unter Caesars Diktatur.[664] Entsprechend groß muss die Aufmerksamkeit gewesen sein; entsprechend sorgsam wird er jedes Wort der verschriftlichten Fassung erwogen haben. Cicero entwarf in der Rede ein Programm der Regulie-

---

661 Zu Meton: Bowen/Goldstein (grundlegend); W. Kubitschek, Meton (2) in: RE 15,2 (1932) 1458–1466 (ausschweifend und wenig zum Thema); Waerden, Wissenschaft, passim.

662 Geminos hatte die verschiedenen Zyklen (8-, 19- und 76-jähriger Zyklus) zwar erwähnt, Metons Namen jedoch nicht genannt; vgl. Geminos 8, 25ff. mit dem Kommentar von Evans/Berggren ad loc.

663 Diese Bezeichnung setzte sich erst weit später durch; s. dazu unten Anm. 694.

664 Der Brief Ciceros an Ser. Sulpicius Rufus, der von den Ereignissen im Senat berichtet (fam. 4, 3) ist nicht eindeutig zu datieren; die bei Marinone, Cronologia, 192 (46 B 6) zusammengestellten Datierungen schwanken zwischen Anfang September und Ende Oktober 46 v. Chr.

rungsmaßnahmen und ordnungspolitischen Eingriffe, die nach seiner Einschätzung vordringlich in Angriff zu nehmen seien. Eine zentrale Passage lautet:[665]

> Omnia sunt excitanda tibi, C. Caesar, [...] constituenda iudicia, revocanda fides, comprimendae libidines, propaganda suboles: omnia, quae dilapsa iam diffluxerunt, severis legibus vincienda sunt.

Und weiter führt Cicero aus:[666]

> Obstupescunt posteri certe imperia, provincias, Rhenum, Oceanum, Nilum, pugnas innumerabiles, incredibiles victorias, monumenta, munera, triumphos audientes et legentes tuos. Sed nisi haec urbs stabilita tuis consiliis et institutis erit, vagabitur modo tuum nomen longe atque late, sedem stabilem et domicilium certum non habebit.

(„Alles muss von dir, Caesar, wieder aufgerichtet werden [...]: Du musst Gerichte einrichten, die Kreditsicherheit wiederherstellen, Ausschweifungen zügeln, Zeugung und Erziehung von Nachkommen fördern und alles, was schon auseinander gefallen und auseinander geströmt ist, musst du durch strenge Gesetze wieder binden [...] Sicherlich werden die Nachgeborenen von deinen militärischen Oberbefehlen, den Provinzen, den Siegen an Rhein, Nordmeer und Nil, den zahllosen Schlachten, den unglaublich scheinenden Siegen, den Bauwerken, Festspielen und Triumphen staunend hören und lesen. Aber wenn diese Stadt nicht durch deine Beschlüsse und Einrichtungen gefestigt wird, dann wird dein Name zwar weit und breit umherschweifen, jedoch keinen festen Wohnsitz und keine dauerhafte Heimat erlangen.")

In seiner Agenda für Caesar stellt Cicero den Ordnungsaspekt an die erste Stelle und beginnt bei den juristischen Institutionen (*iudicia, fides, leges*), deren Beachtung das Fortbestehen des Staates garantiert. An zweiter Stelle folgt die moralische Rekonstruktion; Cicero hebt hier die Ordnungsfunktion einer erfolgreichen Familienpolitik hervor (*libidines, propago*). Bei einem neuerlichen Blick auf die Agenda fokussiert er noch einmal, was von Caesars Taten für seinen Nachruhm entscheidend sein wird: nicht die militärischen Siege, auch nicht die Bauten oder die von ihm eingerichteten Feste und die Berichte darüber, sondern vor allem die *stabilitas urbis*, die Wiedererstehung der städtischen und staatlichen Ordnung.

Als Cicero diese Rede hielt, fand Caesars Kalenderreform, die dem Jahr seine *stabilitas* zurückgeben und zum dauerhaftesten seiner Werke werden

665 Cic. Marcell. 23.
666 Cic. Marcell. 28–29.

sollte, bereits statt. Die außerordentlichen Interkalationsmonate von zusammen 67 Tagen sollten vermutlich nach dem regulären November eingefügt werden; sie standen zum Zeitpunkt der Rede also unmittelbar bevor.[667] Auch der ungewöhnliche Umfang der Schaltung war Cicero bekannt.[668] Ihre Erwähnung hätte exemplarisch für viele Errungenschaften der Republik stehen können, die in den zurückliegenden Jahrzehnten ihre Gestalt verloren hatten und einer Neuerung durch Caesar dringend bedurften (*dilapsa iam diffluxerunt, severis legibus vincienda sunt,* Marcell. 23). Zieht man die Darstellung von Caesars Reformen bei späteren Autoren zum Vergleich heran, wird der Sonderweg Ciceros noch auffälliger. Plutarch beschreibt die Kalenderreform, die bei ihm mehr Raum als jede andere Reform einnimmt, mit Lob und detailliertem Interesse; er hebt hervor, dass sie als einziges der großen Projekte auch tatsächlich durchgeführt wurde.[669] Sueton stellt sie an den Anfang der Reformen und beschreibt sie ausführlich.[670] Dio Cassius erwähnt sie ähnlich betont am Ende; seine Aufzählung erinnert stark an die oben zitierte Ciceros, mit dem Unterschied, dass er die Kalenderreform am Ende berücksichtigt.[671] Die mittlerweile verstrichene Zeit hatte offenbar ausgereicht, um die Tragweite und den Erfolg der Kalenderreform kenntlich werden zu lassen. Das grundsätzlich positive Urteil, das die antiquarische Literatur der Kaiserzeit prägte, beginnt sich hier abzuzeichnen.

Caesar hatte sein Reformwerk mit dem Kalender begonnen; Cicero aber erwähnt diese bereits spürbare Maßnahme mit keinem Wort. Welche Motive lassen sich dafür finden? Die Forschung sieht in Ciceros beredtem

---

667 Brind'Amour, Calendrier 34 f.; Rüpke, Kalender 384 f.

668 Cicero datiert fam. 6, 14, 2 a.d.*V.K. intercalares priores*, d.h. er muss vor Beginn der Schaltmonate gewusst haben, dass es (ganz abgesehen vom unüblichen Termin) entgegen allen Regeln zwei von ihnen geben würde.

669 Plu. Caes. 57–59.

670 Suet. Iul. 40, 1–2: *Conversus hinc ad ordinandum rei publicae statum fastos correxit iam pridem vitio pontificum per intercalandi licentiam adeo turbatos, ut neque messium feriae aestate neque vindemiarum autumno conpeterent; annumque ad cursum solis accomodavit, ut trecentorum sexaginta quinque dierum esset et intercalario mense sublato unus dies quarto quoque anno intercalaretur. Quo autem magis in posterum ex kalendis ianuariis novis temporum ratio congrueret, inter Novembrem ac Decembrem mensem interiecit duos alios; fuitque is annos, quo haec constituebantur, quindecim mensium cum intercalario, qui ex consuetudine in eum annum inciderat.*

671 Dio Cassius behandelt nacheinander die Neubesetzung der Gerichtshöfe, Luxusgesetze, Prämien für Kinderreichtum, Beschränkung der Amtszeiten der Prätoren und Prokonsuln, zuletzt die Kalenderreform (D.C. 43, 25–26).

Schweigen bislang vor allem eine beleidigte Reaktion darauf, dass Ciceros eigene Überlegungen in Bezug auf den Kalender von Caesar übergangen worden seien. Wenn Cicero tatsächlich konkrete Reformvorschläge entwickelt hatte – der Passus in leg. 2, 29 reicht, wie die vorstehende Analyse gezeigt hat, nicht aus, um diese Annahme zu begründen –, sahen sie sicher eine geordnetere Schaltung, aber keine grundlegenden Änderungen vor.[672] Doch die These eines ciceronischen Reformvorschlags unterstellt ihm letztlich mehr Neigungen und Fähigkeiten, als er besaß. Cicero war vor allem an einer durch die Nobilität kontrollierten Schaltung interessiert. Ihre mathematisch-astronomische Dimension lag ihm fern, und der revolutionäre Ansatz, auf das politische Mittel der Schaltung zu verzichten, ist ihm – soweit dies aus den Quellen ersichtlich ist – zu keiner Zeit in den Sinn gekommen.

Die Gegenannahme, Cicero habe die Bedeutung der Kalenderreform nicht erkannt, wird durch seine früheren oben analysierten Äußerungen ebenfalls widerlegt. Cicero war mit dem politisch-kultischen Instrument der Schaltung gut vertraut. Bereits Monate zuvor hatte er Caesars aktuelle Eingriffe in den Kalender in ihren Grundzügen erfasst und in seine Planungen einbezogen.

Als Letztes bleibt, hinter dem Schweigen Skepsis oder Kritik zu vermuten, sei es, dass Cicero aufgrund seiner bisherigen Erfahrungen mit Caesars politischer Handhabung der Schaltung keine konsequente Reform erwartete, sei es, dass er es grundsätzlich für unklug hielt, das Instrument der Schaltung aus der Hand zu geben. Unter diesen Umständen hätte er die Reform ganz bewusst nicht erwähnt, da sie ihm zu revolutionär war: Anstatt das alte Recht des *pontifex maximus*, gestaltend in den Kalender einzugreifen, zu regulieren, nahm sie es ihm gleich ganz aus der Hand. So stellte Cicero sich die *stabilitas* nicht vor. Diese Position des Beobachters, der seine konservative Kritik nicht offen anklagend, sondern allein im kleinen Kreis und in spitzen Bemerkungen artikuliert, zeichnet sich in den folgenden Monaten immer deutlicher ab.

Die Cicero zugeschriebene, von Plutarch in der Caesarvita überlieferte Bemerkung, das Sternbild der Leier (*lyra, fides*) würde am nächsten Tage aufgehen, da es ihm so befohlen sei (Plut. Caes. 59, 2),[673] ist sicher in die Reformjahre 46/45 zu datieren; eine genauere Bestimmung fällt jedoch

672 Anders Malitz, Kalenderreform, 110; dagegen Rüpke, Kalender, 370: „Cicero hat keine Reform im Sinn, sondern will Exzesse der zeitgenössischen Praxis beschneiden."

673 Weder Müller (Bd. 4, 3; 1879) noch Garbarino (1984) haben das Apophtegma in ihre Sammlungen der Fragmente aus Ciceros Werken aufgenommen.

schwer. Plutarch selbst nennt keinen Zeitpunkt. Aus inhaltlichen Gründen ist das Bonmot lediglich innerhalb einer gewissen Frist nach Caesars erstem großen Eingriff in den Kalender – der Einschaltung der beiden außerordentlichen Interkalationsmonate im Herbst 46 – denkbar. In jenen Jahren vieler Reformen war der sichtlich funktionierenden Kalenderreform aber sicher keine lange Aufmerksamkeit beschieden, so dass es vermutlich auch nicht wesentlich später zu datieren ist.

Die Datierung lässt sich also durch Plausibilitätsabschätzungen auf die Monate zwischen Herbst 46 und Frühjahr 45 einengen. Eine genauere Bestimmung hängt entscheidend von der Bedeutung ab, die man den von Plutarch zitierten Worten zuspricht, der postulierten Sprechsituation und dem Publikum, ganz zu schweigen von dem Wissenshorizont, den man für Plutarch, Cicero und dessen Publikum jeweils neu zu definieren hat – anders gesagt: Vielleicht war Cicero mehrdeutig, vielleicht wurde er so verstanden; sicher aber zitiert Plutarch so knapp, dass spätere Leser kaum mehr über die offensichtlichste, von Plutarch auch noch erklärte Pointe hinauskommen konnten. Er schreibt:[674]

> οὐ μὴν ἀλλὰ καὶ τοῦτο τοῖς βασκαίνουσι καὶ βαρυνομένοις τὴν δύναμιν αἰτίας παρεῖχε· Κικέρων γοῦν ὁ ῥήτωρ, ὡς ἔοικε, φήσαντός τινος αὔριον ἐπιτέλλειν Λύραν, „ναί“ εἶπεν, „ἐκ διατάγματος“, ὡς καὶ τοῦτο πρὸς ἀνάγκην τῶν ἀνθρώπων δεχομένων.
>
> („Aber sogar dies [die Kalenderreform] bot den Gegnern Caesars und denen, die seine Macht nur schwer ertrugen, Anlass zur Kritik. Cicero, der Redner, soll jedenfalls, als jemand sagte, das Sternbild der Lyra werde am nächsten Tage aufgehen, gesagt haben: ‚Ja, ganz nach Vorschrift‘, so als ob die Menschen auch dies [die Kalenderreform] nur gezwungenermaßen akzeptierten.“)

Plutarch zitiert Ciceros Ausspruch als zeitgenössische Kalenderkritik; sein Interesse konzentriert sich auf Caesars Verfahren bei der Durchführung der Kalenderreform, das er in Ciceros kaustischer Bemerkung, der *dictator* befehle jetzt sogar schon den Sternen, gespiegelt sah.

Die ältere Forschung hat hier nicht nur eine Kritik Ciceros an Caesars diktatorischem Vorgehen sehen wollen, sondern auch den Hinweis auf einen fachlichen Fehler, der Caesar unterlaufen sei.[675] Plinius datiert in seinem Witterungskalender, den er auf Caesar zurückführt, den Frühaufgang des Sternbilds Lyra in die ersten Januartage. Diese Angabe findet sich auch bei

---

674 Plu. Caes. 59, 6.
675 Holleman, Reaction.

Ovid, Manilius und Columella, trifft aber auf die ‚echte' Lyra astronomisch nicht zu.[676]

Demnach könnte Ciceros Bonmot nicht nur eine Reaktion auf Caesars Durchsetzungsweise seiner kalenderpolitischen Maßnahmen gewesen sein, sondern zugleich ein Hinweis auf einen Fehler in einer von Caesars Begleitschriften zur Reform. Damit entstehen jedoch neue Probleme: Der Witterungskalender kann kaum vor dem Sommer 46 v. Chr. entstanden sein. Wer aber hatte ihn in den aufregenden Monaten bis zum Jahresende so gut studiert, dass er die Fehler kannte und ein derartiges Bonmot entweder selbst erfinden oder zumindest goutieren konnte?

Nimmt man Ciceros Bonmot ernst und stellt es seinen anderen Aussprüchen an die Seite, muss man ein kräftiges Wissenssubstrat voraussetzen, auf dem es sich entwickeln konnte – was mir die öffentliche Wahrnehmung der Kalenderreform doch überzustrapazieren scheint. Ohne diese Schwäche zu formulieren, versucht Holleman, sie auszugleichen, indem er einen geeigneten Kontext konstruiert: Er malt ein Gespräch zwischen Cicero und seinen Freunden aus, das in den Mittwintertagen des Jahres 46 v. Chr. stattfindet und sie alle um einen Kalender versammelt zeigt, der bereits die neuen Angaben des julianischen Jahres enthält.

Der dialogische Kontext, den Plutarch mitreferiert, verweist zwar auf eine kolloquiale Situation; doch dass dort über die Kalenderreform und nicht etwa in konvivialem Smalltalk über das Wetter – vgl. Ovids Bemerkung *signa dabunt imbres exoriente lyra* (fast. 1, 316) – gesprochen wurde, bleibt Hypothese. Akzeptiert man Hollemans eher neuzeitlich anmutende Rekonstruktion der Gesprächssituation, liegt die Datierung des Bonmots auf den 3. oder 4. Januar 45 sehr nahe. Es wäre doppelbödig und gälte sowohl Caesars diktatorischem Verhalten als auch einem Irrtum in seinen Schriften. Das ist aber keineswegs die einzige mögliche Lösung.

Andere Forscher haben versucht, Caesars ‚Fehler' dadurch zu retten, dass sie die bei Plinius genannte *fidicula* nicht mit der Lyra, sondern mit einem weit weniger bekannten Sternbild, dem „Fohlen" (*equulus*) identifizierten, das in den ersten Januartagen tatsächlich seinen Frühaufgang hat. Damit wäre Caesars Parapegma – zumindest an dieser Stelle – gerettet und

676 Ausführlich zur Lyra: Gundel, Lyra (2), in: RE 13, 2 (1927) 2489–2498, bes. 2494–2495. Das Problem des doppelten Frühaufgangs ist bereits aufgearbeitet bei Boeckh, Eudoxos, 420. Die Angabe findet sich in Plin. nat. 18, 234: *Pridie nonas Ian. Caesari Delphinus matutino exoritur et postero die Fidicula, quo Aegypto sagitta vesperi occidit.* Vgl. Ov. fast. 1, 315; Manil. 5, 409ff. Colum. 11, 2, 97. Zu Ovids ‚schlechter' Astronomie s. zuletzt Gee, Ovid, bes. 205–208.

die augusteischen Dichter wären von dem Vorwurf befreit, Fehler nachgebetet zu haben, von denen dank Cicero jedes Kind wusste.[677] Die Evidenz der Texte lässt diese Lösung allerdings problematisch erscheinen, da das lichtarme Sternbild *equulus* und seine alternative Bezeichnung als *fides* oder *lyra* weitgehend unbekannt gewesen zu sein scheinen.[678] Nimmt man jedoch trotzdem die Gleichsetzung von *equulus* und *lyra* als möglich an, d.h. unterstellt man, dass Cicero beide Namen des Sternbildes kannte und bei der Nennung der Lyra wirklich an das „Fohlen" dachte, dann wäre das Apophtegma auf Anfang Januar zu datieren und beschränkte sich allein auf eine Kritik an Caesars Führungsstil; eine fachliche Kalenderkritik wäre nicht mehr enthalten.

Es ist aber auch möglich, das Gespräch in die Nähe des Frühaufgangs der ‚echten' Lyra zu datieren. Das auch heute noch so bezeichnete Sternbild, dessen Hauptstern Wega zu den hellsten Sternen der nördlichen Hemisphäre gehört, hat seinen Frühaufgang Anfang November. Im vorjulianischen Jahr 46 v. Chr. fiel dieses astronomische Datum auf die ersten Tage des zweiten außerordentlichen Schaltmonats. Bei dieser Datierung bliebe Ciceros Kritik zwar einschichtig, gewönne aber durchaus an Intensität:[679] Sie gehörte dann in eine Situation, in der Caesar so lange Monate ins Kalenderjahr einfügte, bis es wieder mit dem Solarjahr übereinstimmte, so dass er nicht nur den Menschen zu befehlen schien, denen die beiden Schaltmonate einiges Ungemach bereiteten,[680] sondern man sogar den Eindruck gewinnen

677 In diese Richtung argumentiert A.E. Housman in seinem Kommentar zu Manil. 5, 409ff. – Die in dieser Zeit häufigen differenten Datierungen könnten vielleicht auch als ein Hinweis darauf verstanden werden, dass die Datierung nach den Auf- und Untergängen der Sternbilder bei der städtischen Bevölkerung an Bedeutung zu verlieren begann und ihr topischer Einsatz in der Literatur nicht mehr an den Realitäten gemessen werden musste. Ovids massive ‚Fehler' in den Fasten scheinen mir so am ehesten verständlich zu sein. Eine sorgfältige Prüfung nicht nur von Ovids Quellen, sondern vor allem vom Umgang der augusteischen Kultur mit den ‚falschen' Angaben könnte hier Aufschluss bringen.

678 Die unterstellte Identität der beiden Sternbilder (*equulus-fidicula*) habe ich in der Literatur der ciceronischen Zeit nicht nachweisen können. Der gelegentlich (zuletzt von Le Bonnier in seinem Kommentar zu Plin. nat. 18; dort S. 271 f.) geäußerte Hinweis auf Nigidius Figulus und seine *Sphaera barbarica* führt ins Leere. Boll gibt an, dass *equulus* sowohl Eudoxos als auch der gesamten Aratliteratur unbekannt war. Auch hier stellt sich dann die Frage, wie hoch man Ciceros Sternbildkenntnisse veranschlagen darf und wer das Apophtegma überhaupt hätte verstehen sollen. Boll, Sphaera, 349–363 (zur *Sphaera barbarica*).

679 Bereits erwogen, aber nicht weiter ausgeführt bei Carcopino, César, 550.

680 Zu den praktischen Problemen s. exemplarisch Suerbaum, Geburtstage.

konnte, er befehle den Sternen. Ich halte diese Lösung für die überzeugendste.

Alle drei Datierungsversuche bleiben in den Wochen zwischen dem Spätherbst 46 v. Chr. und den ersten Tagen des Jahres 45. Gemeinsam ist den darauf basierenden Deutungen die Caesarkritik; das ἐκ διατάγματος ist beinahe das einzige, was aus Plutarchs Zitat mit einiger Sicherheit zu entnehmen ist. Die Unterschiede beginnen dort, wo der Wissenshorizont der beteiligten Personen bestimmt werden muss. Ich neige der zuletzt genannten Erklärung zu, da sie mit dem geringsten Aufwand zusätzlicher Voraussetzungen auskommt: Durch die vollkommen unübliche Einfügung von Schaltmonaten im Herbst war die Aufmerksamkeit bereits auf die Kalendermanipulationen gelenkt. Die Leier hingegen, besonders ihr Hauptstern Wega, ist durch Helligkeit und Form auch von ausgesprochenen Laien zu identifizieren; Cicero nennt sie in seiner Aratübersetzung *clara fides*. Sie gehört zu den traditionellen Merksternen, deren Frühuntergang den Beginn des Herbstes, deren Frühaufgang eine winterliche Regenperiode einleitete. Pointiert gesagt: Nicht im Januar 45, sondern an einem Abend des zweiten Interkalarmonats im Spätherbst 46 v. Chr. waren die Bedingungen dafür, dass möglichst viele Römer Ciceros spitze Bemerkung über Caesars Machtgier und Tatendrang verstehen konnten, am besten.

Im folgenden Jahr 45 trat Cicero öffentlich kaum in Erscheinung; um so produktiver widmete er sich seinen rhetorischen und philosophischen Schriften. Verschiedentlich thematisierte er dabei das Verhältnis von Mensch und Zeit. Cicero hier eine geschlossene Theorie der Zeit abzuverlangen, wäre zu viel – die wäre, wenn überhaupt, in den nicht fertiggestellten Arbeiten zur Physik zu erwarten gewesen. Er referiert Topoi der griechischen Philosophie in ciceronischer Lesart, wobei sich Differenzierungen von göttlicher und menschlicher Zeit einerseits, menschlicher und tierischer Zeit andererseits erkennen lassen. Auch seine *Timaios*-Übertragung gehört in diese Epoche und lässt ein grundsätzliches zeitphilosophisches Interesse erkennen.[681]

Eindeutig ist Ciceros Urteil über die ehrenvolle Umbenennung des Monats *Quinctilis* in *Iulius*, die auf Antrag von Marcus Antonius im Frühjahr 44 erfolgte und im Sommer 44 erstmalig zur Anwendung kam. Aus Ciceros Perspektive ist sie durch nichts zu rechtfertigen, da sie nicht einzelne Taten, sondern stets den ganzen Menschen mit all seinem Tun in Erinnerung ruft:[682]

---

681 Dazu ausführlich oben S. 40ff.

682 Cic. Att. 16, 1, 1 vom 8. Juli 44; vgl. auch Att. 16, 4, 1.

Nonis Quinctilibus veni in Puteolanum. Postridie iens ad Brutum in Nesidem haec scripsi. Sed eo die quo veneram cenanti Eros tuas litteras. itane? ‚Nonis Iuliis'? Di hercule istis! Sed stomachari totum diem licet. Quicquamne turpius quam Bruto ‚Iuliis'?

(„An den Nonen des Quinctilis bin ich auf dem Puteolanum angekommen; am Tag danach – heute – schreibe ich dir auf dem Weg zu Brutus, der auf [der Insel] Nesis ist. Am Tag meiner Ankunft hat mir Eros deinen Brief gebracht, als ich gerade beim Essen war. Ist es wirklich so? ‚An den Nonen des Juli?' Herkules steh' ihnen bei. Vor Wut platzen könnte man, den ganzen Tag lang. Was könnte scheußlicher sein als ‚im Juli', gerade für Brutus!")

Ciceros Ärger ist ebenso deutlich wie sein Mitgefühl für Brutus. Die Schmach, die die Umbenennung ihm antut, ist eine mehrfache: Nicht nur, dass er als Caesarmörder miterleben muss, wie ein Monat nach dem Ermordeten benannt und dieser Akt just bei der Eröffnung der Spiele sichtbar wird, als deren Mitveranstalter er gilt; auch die Ehre seiner *gens* wird beeinträchtigt. In seiner Analyse der „honorific months" hat Weinstock die Verknüpfung beschrieben, die zwischen Iunius Brutus, dem ersten Republikaner, und dem *mensis Iunius* gezogen wurde.[683] Dass der Tyrann gleich nach dem Tyrannenmörder im Kalender fixiert wurde, muss M. Iunius Brutus hart getroffen haben.

Ciceros Äußerungen aus den Reformjahren zu einem (wenn auch arg lückenhaften) Bild zusammenzusetzen, gestaltet sich schwierig; am deutlichsten lassen sich im internen Vergleich gewisse Tendenzen herausarbeiten: In den früheren Jahren nahm er den Kalender als gegeben hin; er litt unter seiner Unberechenbarkeit, wünschte eine durch die Nobilität geregelte Schaltung und wies auf die Gefahren des Missbrauchs hin. Dass der Kalender grundlegend geändert werden könnte, muss ihm mindestens so fern gelegen haben wie die Vorstellung, die Republik könne untergehen.

Caesars Reform ließ Cicero öffentlich sprachlos, privat irritiert zurück. Er konnte und wollte nicht loben, konnte sie aber auch nicht völlig ignorieren. Seine Bemerkungen lassen nicht erkennen, dass er sich intensiver mit Caesars Eingriffen befasste, sondern dokumentieren vor allem das Festhalten am Verlorenen und das Unbehagen, das in der nur in Andeutungen

683 Weinstock, Divus, 153. Etwas unklar bleibt die zeitliche Folge. Rüpke, Kalender, 394 f. geht davon aus, dass der Bezug des *mensis Iunius* auf die Iunii erst nach der Umbenennung des *Quinctilis* erfolgte. Sicher ist diese Verbindung nach der Ermordung Caesars aktualisiert worden; dass der Familie der Iunii ähnlich etwa wie Numa schon in früherer Zeit ein Monat zugeordnet wurde, scheint mir jedoch nicht unwahrscheinlich. Macrobius, der als Erster direkt darauf eingeht (Sat. 1, 12, 31), hat auch sonst in Kalenderdingen vieles Alte bewahrt.

formulierten Überzeugung begründet war, dass es niemandem zustehe, die überlieferte, kosmologisch begründete Zeitordnung zu stören. So hatte er auch schon seine allererste Kalenderkritik motiviert, und so zeigt ihn auch seine lebenslange Hochachtung für alles, was die himmlische Ordnung abbildet.

4.4. Ausblick: Das Jahr Caesars, das Metonsjahr und *Eudoxi annus* bei Lucan

Der Vergleich Caesars mit Meton scheint sich im Kontext der Kalenderreform so etabliert zu haben, dass noch Lucan ihn aufgreifen und variieren konnte. Im 10. Buch seiner *Pharsalia* zeigt er, wie in einem gebildeten Tischgespräch Caesar dem ägyptischen Priester Acoreus sein Interesse an den Nilquellen als Konsequenz einer wissenschaftsorientierten Lebenshaltung glaubhaft zu machen sucht.[684] Er lässt Caesar sagen:[685]

> […] media inter proelia semper
> stellarum caelique plagis superisque vacavi
> nec meus Eudoxi vincetur fastibus annus.

> („Selbst mitten im Kriege habe ich mir stets Zeit genommen für die Gefilde des Himmels und der Sterne und für die Dinge, die über der Erde sind! Mein Kalenderjahr wird von dem des Eudoxos nicht übertroffen werden.")

Eudoxos v. Knidos hatte im vierten vorchristlichen Jahrhundert in Griechenland und Ägypten astronomische Studien betrieben.[686] Kalenderrelevant war neben seiner Beobachtung der stellaren Auf- und Untergänge vor

---

684 König, Mensch, 446 f. deutet die Szene als Desavouierung Caesars in seiner Rolle als Naturforscher. Bettenworth, Gastmahlsszenen, 201–209, arbeitet das Besondere dieser Mahlsituation heraus, in der der Gast Caesar (und nicht die eigentliche Gastgeberin, Kleopatra) zum gesprächslenkenden Partner wird und sich von der mahnenden Rede des Priesters in keiner Weise beeindruckt zeigt.

685 Lucan. 10, 185–187. Mit Cic. ac. 2 (=Luc.) 123 sind die *supera* als Entsprechung von μετέωρα zu verstehen: alles, was außer den genannten Himmelskörpern sonst noch über der Erde ist. Tonlage und Inhalt dieser und vor allem der dann folgenden Verse über die Nilschwelle werden häufig als eine Anspielung auf Nero und Kritik an Caesars Wesen und politischen Bestrebungen gewertet. Wolfgang Tasler, Die Reden in Lucans Pharsalia, Bonn 1972, S. 86–89. Radicke befasst sich S. 498–499 mit dieser Passage, ohne auf den diskutierten Vers en détail einzugehen. Jan Radicke, Lucans poetische Technik. Studien zum historischen Epos, Leiden 2004 (Mnemosyne Suppl. 249).

686 Die genauen Lebensdaten sind umstritten; die früheste Datierung setzt 408–355 an; die späteste 390–337 v. Chr.

allem die Beschreibung der Oktaeteris, d. h. eines achtjährigen Zyklus, der Mond- und Sonnenjahr in Übereinstimmung zu bringen suchte. Der bereits erwähnte 19-jährige metonische Zyklus erreichte allerdings eine deutlich größere Genauigkeit.[687] Wenn Caesar sich, wie oben vermutet, in seinen Schriften explizit den astronomisch genaueren Meton als Bezugspunkt gewählt hatte, dann ist dieser Vers Lucans nicht nur als gelehrte *Variatio* zu verstehen, die Caesars ‚Image' als Naturwissenschaftler kolportiert, sondern sogar doppelbödig angelegt. Denn das Jahr des Eudoxos ist ein schwacher Maßstab für jemanden, der sich an Meton orientiert; Eudoxos an Genauigkeit zu übertreffen wäre für einen ‚metonsgleichen' Caesar keine Kunst, sondern eine Niederlage gewesen.[688]

Die Ironie der Geschichte brachte es mit sich, dass Caesars Kalender aufgrund der fehlerhaft durchgeführten Schaltungen dem Sonnenjahr schon um 8 v. Chr. drei Tage vorauseilte, was Augustus zum Anlass seiner Kalenderkorrektur nahm, so dass der Fehler spätestens in augusteischer Zeit allgemein bekannt gewesen sein dürfte. Ob dieser Fehler in einer missverständlichen Formulierung Caesars oder nicht eher im mangelnden Interesse der *pontifices* an einer ‚zahnlosen' Schaltung lag, sei dahingestellt. Richtig ist, dass Caesars Jahr sich in dieser Zeit an Meton nicht hätte messen können, sondern der schon lange überholte Eudoxos ihm weit näher stand. Caesars Anspruch erweist sich als vermessen, seine Kräfte sind zu gering. Lucans ausgeprägte astronomische Interessen machen eine derart subtile Spitze durchaus denkbar.[689]

Gelegentlich hat man die Darstellung Lucans beim Wort genommen und mit Caesars naturwissenschaftlichen Beobachtungen in Verbindung

687 Die Differenz zwischen Sonnen- und Mondjahr beträgt $11\frac{1}{4}$ Tage ($365\frac{1}{4}$ zu 354), d. h. ohne jede Schaltung entsteht innerhalb von drei Jahren eine Differenz von ungefähr einem Monat zwischen beiden Jahresrechnungen. Die Oktaeteris führt beide nach acht Jahren wieder zusammen (99 Monate = 8 Jahre + 3 Schaltmonate); ihre Abweichung beträgt anderthalb Tage pro Zyklus. Der metonische Zyklus (Enneadekaeteris) umspannt 19 Jahre (235 Monate = 19 Jahre + 7 Schaltmonate); seine Abweichung beträgt weniger als zwei Stunden pro Zyklus.

688 Diese Pointe fügt sich in die von Bettenworth, Gastmahlsszenen, 210 f. herausgearbeitete Charakterisierung Caesars bei Lucan als eines wissbegierigen und zugleich rücksichtslosen Tatmenschen.

689 Dazu König, Mensch (S. 457–476 zum Umgang Lucans mit Zeitangaben, v. a. zur semantischen ‚Aufladung' von Äquinoktien und Dämmerung); zur inhaltlichen Füllung astronomischer Angaben bei Lucan s. Ulrich Hübner, Der Sonnenaufgang von Pharsalus, in: Philologus 120 (1976) 107–116; Francisco Barrenechea, The star signs at Brundisium: Astral symbolism in Lucan, in: CQ 54/1 (2004) 312–317.

gebracht, besonders mit denjenigen zur veränderlichen Tageslänge, die er beobachtete und mit einer Wasseruhr maß, wie im *Bellum Gallicum* berichtet wird. Der dortige Exkurs unterliegt jedoch dem Interpolationsverdacht, so dass kaum zu entscheiden ist, ob Caesar wirklich diese Untersuchungen vornahm, sie aus anderen Quellen übernahm und als die seinigen darstellte oder ob man ihm in späterer Zeit einfach *zutraute*, wissenschaftliche Interessen selbst noch in Kriegszeiten gepflegt zu haben.[690]

Basis der Exkurse wie auch der Bemerkung Lucans ist ein Caesarbild, das Platz für den Naturwissenschaftler hat. Gemeinsame Eigenschaften von Eudoxos und Meton, die als *tertia comparationis* zu Caesar anzusetzen wären, sind die astronomische Fundierung des Kalenders, das Bemühen, Lunar- und Solarjahr durch Schaltung miteinander in Übereinstimmung zu bringen und (mit Abstrichen) die Würdigung, die sie und ihre Forschungen erfahren haben. Durch den Vergleich mit Meton rückt Caesar unter die großen Mathematiker und Astronomen, auch wenn Lucan an diesem Nimbus kratzt. Dass diese Facette des Caesarbildes durchaus existierte, zeigt eine Notiz bei dem sicher nicht ironieverdächtigen Plinius.[691] Es gebe insgesamt vier große Schulen (*sectae*) der Kalenderrechnung:

> tres autem fuere sectae, Chaldaea, Aegyptia, Graeca. His addidit quartam apud nos Caesar dictator [...] nos sequimur observationem[692] Caesaris maxime, haec erit Italiae ratio.
>
> („Drei gab es schon früher, die chaldäische, ägyptische und griechische. Diesen fügte bei uns Caesar als *dictator* eine vierte hinzu [...] Wir folgen vor allem Caesars Beobachtung [der Sterne und der daraus resultierenden Daten]; sie wird das Maß Italiens werden.")

---

690 Caes. Gall. 5, 13, 3–4: *complures praeterea minores subiectae insulae existimantur, de quibus insulis nonnulli scripserunt dies continuos triginta sub bruma esse noctem. Nos nihil de eo percontationibus reperiebamus, nisi certis ex aqua mensuris breviores esse quam in continenti noctes videbamus.* Zur Stellung der Exkurse in Caesars Werk s. den Forschungsbericht von Gesche, Vergottung; zur Echtheitsfrage dieser Passage innerhalb des Exkurses über Land und Leute der Britischen Inseln s. ausführlich Gerhard Götte, Die Frage der geographischen Interpolationen in Caesars Bellum Gallicum, Diss. Marburg/Lahn 1964, 162–195; nach ihm Richter, Caesar, S. 54–58, der ein Zitat aus dem Reisebericht des Pytheas v. Massilia (4. Jhdt. v. Chr.) annimmt. Alfred Klotz, Cäsarstudien nebst einer Analyse der strabonischen Beschreibung von Gallien und Britannien, Leipzig 1910, 43 f. (zur Struktur und Sprache des Abschnitts) und-147-148 (unterstellt eine bewusste, kaiserzeitliche Fälschung des Textes). Die neuere Zeitforschung hat diesen Einwand nicht immer berücksichtigt, s. u. a. Bayer, Zeitmessung, hier 43.

691 Plin. nat. 18, 211 und nat. 18, 214.

692 Zum Begriff *observatio* vgl. Plin. nat. 7, 212.

In der Personalisierung und Nationalisierung der Kalendergeschichte – der *observatio Caesaris*, die in Plinius' Perspektive die *secta Romana* begründete – drückt sich eine Hochschätzung gegenüber der Reform aus, die alle späteren Quellen prägt. Lucan überzeichnet dies im Ausdruck *annus meus*. Erst wesentlich später, wird der Name ganz selbstverständlich benutzt und zum *terminus technicus* für die Bezeichnung des reformierten Jahres: Censorinus spricht in aller Beiläufigkeit von *annus Iulianus;* Ausonius vom *annus Caesaris*.[693]

5. Vermittlung und Rezeption der augusteischen Kalenderkorrektur

5.1. Genese und Durchführung der Korrektur

Augustus führte die caesarianische Kalenderreform fort, wobei er sowohl repräsentativen als auch mathematisch-kalendarischen Bedürfnissen folgte. Anders als Caesar verfasste er keine umfangreichen Legitimationsschriften – auch die *res gestae* erwähnen die Kalenderreform nicht, und die verlorene Autobiographie reichte nicht so weit. Die Forschung erwähnt seine Kalenderkorrektur gewöhnlich als Fußnote zu Caesars Reform und sieht ihre Durchführung entweder in einer missverständlichen Darstellung Caesars oder im bewussten Falschverstehen der Schaltungsanweisung durch die *pontifices* begründet.[694]

Auf der Grundlage der Analyse von Caesars Kalenderreform möchte ich den Horizont hier etwas weiter öffnen. Schon dort war deutlich geworden, dass die Kalenderpolitik in einen weit über das tatsächliche Problem hinausreichenden ordnungspolitischen Kontext eingebettet war. Caesar hatte damit großen Erfolg gehabt. Also liegt es nahe, danach zu fragen, wie der erklärte Nachfolger sich in ‚zeitpolitischen' Fragen verhielt. Die Vorstellung einer expliziten augusteischen Zeitpolitik lässt sich besonders mit den Jahren 12–8 v.Chr. verbinden, die durch eine Reihe von kalenderrelevanten Ereignissen geprägt waren. Ihnen voraus ging die Feier der Säkularspiele im Jahr 17 v.Chr., die das Bild einer grundlegenden Erneuerung des Staates bildhaft als Beginn eines neuen *saeculum* formulierten. Ungefähr gleichzeitig mit den hier geschilderten Ereignissen sind Konzeption und Bau

693 Cens. 20, 11; Auson. 26, 50 Peiper (*precatio consulis designati*).

694 Ginzel, Handbuch, 2, 280–281 und 288; Samuel, Chronology, 156–158; Brind'Amour, Calendrier, 11–15 (mit Übersicht der relevanten Quellen).

der *ara Pacis* anzusetzen, die 13 v. Chr. gelobt und am 30. Januar 9 v. Chr. dediziert wurde.

In den auf die Ermordung Caesars folgenden Jahren war der julianische Kalender wieder in Unordnung geraten – sei es, dass Caesars Angaben, wann genau geschaltet werden müsse, nicht eindeutig genug waren; sei es, dass M. Aemilius Lepidus (ca. 90–12 v. Chr.),[695] der in das Amt des *pontifex maximus* gewählt worden war, sich für eine ‚zahnlose' Schaltung nicht sonderlich interessierte. Jedenfalls schaltete er etwas zu häufig, mit der Folge, dass das Kalenderjahr scheinbar hinter das Sonnenjahr zurückfiel.[696] Nach Lepidus' Tod übernahm Augustus im März 12 v. Chr. das Amt des *pontifex maximus* und erlangte damit formal die Zuständigkeit für Fragen der kalendarischen Zeitordnung.[697] Erst aus dieser Position begann er zu handeln.

Vermutlich im gleichen Jahr begann Augustus damit, in einer groß angelegten Aktion ägyptische Obelisken nach Rom zu bringen – Zeichen der Unterwerfung Ägyptens wie der technischen und politischen Potenz Roms. Zwei Obelisken wurden in Heliopolis niedergelegt, mit der Nilschwelle bis nach Alexandria gebracht, dort verladen und auf extra angefertigten Schiffen nach Puteoli verschifft, wo sie umgeladen und an der Küste entlang und den Tiber hinauf bis nach Rom geschafft wurden, bis sie auf dem Marsfeld bzw. dem Circus Maximus aufgestellt werden konnten. Wirsching hat plausibel gemacht, dass die Transportprobleme einen Zeitraum von ungefähr zwei Jahren zwischen der Niederlegung in Heliopolis und der erneuten Aufstellung in Rom erforderten.[698]

Einer der Obelisken wurde zwischen Juli 10 und Juli 9 v. Chr. auf dem Marsfeld aufgestellt. Wann er zum Gnomon bestimmt wurde, wissen wir nicht. Als *terminus post quem* darf der Beginn der Arbeiten in Heliopolis gelten (12 v.), als mögliche, aber keineswegs unwiderlegbare *termini ante*

---

695 Zur Biographie: v. Rhoden, Aemilius (73) in: RE 1,1 (1893) 556–561; Ridley, Absent Pontifex.

696 Beobachtet bei Plin. nat. 18, 211.

697 R. gest. div. Aug. 10. Rüpke; Kalender, 381 gelangt zu dem Schluss, dass das Amt für die Kalenderreform irrelevant sei; bei Augustus macht jedoch die Abfolge der Daten deutlich, dass er das Amt zumindest zur Legitimation der Handlung einsetzte. – Zu den Handlungsmöglichkeiten des *pontifex maximus* s. Anm. 621.

698 Armin Wirsching, Wie die Obelisken um die Zeitenwende und im 4. Jahrhundert aufgerichtet wurden, Gymnasium 113 (2006) 329–358, hier 333. Buchner, Sonnenuhr, 48–49, geht von einer mindestens dreieinhalbjährigen Bauzeit aus, wobei allerdings der Wunsch, Obelisk/Gnomon und *ara Pacis* als ein zusammenhängendes Bauensemble zu betrachten, die Datierung vorgeprägt zu haben scheint.

quos die Dedikationsinschrift bzw. das Edikt zur Monatsumbenennung,[699] so dass sich hier eine unscharfe Grenze um 9 v. Chr. ergibt.

Zwischen 11 und 9. v. Chr. kam es in der Provinz *Asia* auf Anregung des dortigen Statthalters Paullus Fabius Maximus zu einer Kalenderreform, die zu Ehren des *princeps* die neue Zeitrechnung übernahm und das Jahr jeweils mit seinem Geburtstag beginnen ließ.[700] Laffi hat gezeigt, dass das Edikt vor der augusteischen Kalenderkorrektur erlassen worden sein muss, da es noch mit der falschen Schaltung operiert.[701] Daher konnte Augustus hier noch nicht als Kalenderreformer angesprochen werden, sondern nur im Lob des julianischen Kalenders ‚mitgemeint' sein und durch die Verlegung des Jahresbeginns auf seinen Geburtstag ausgezeichnet werden. Um so mehr legen der Zeitpunkt und die ungewöhnliche Art des Herrscherlobs, das die Provinz wählte, nahe, dass auch schon zu dieser Zeit eine Verbindung zwischen Augustus und dem Kalender hergestellt worden war, d. h. dass er das kalendarische Erbe Caesars bereits sichtbar angetreten hatte.[702]

Im Februar 9 v. Chr. ließ Augustus noch – der Gewohnheit der letzten Jahrzehnte entsprechend – im falschen Rhythmus einen Tag einschalten.[703] Spätestens im Sommer 9 v. Chr. war der Obelisk auf dem Marsfeld aufgestellt, so dass zu den Herbstäquinoktien die Abweichung des Kalenderjahres vom Sonnenjahr in riesenhafter Überzeichnung ablesbar war.[704] Im Jahr 8 v. Chr. verordnete Augustus eine Kalenderkorrektur von drei Tagen, um die Schaltungen, die seit Caesars Tod zu häufig durchgeführt worden waren, zu kompensieren. Im gleichen Jahr beschloss der Senat, ihm zu Ehren den

---

699 Zu beiden s. unten, S. 240 ff.

700 Witulski, Kaiserkult, 27 (zur Datierung).

701 Laffi, Iscrizioni, 28.

702 Der Statthalter reagierte mit seinem Edikt auf einen 20 Jahre zuvor ausgeschriebenen Wettbewerb; man möchte annehmen, dass es irgendeine Information über Augustus' kalendarisches Handeln war, das ihn nun zu dieser neuartigen Initiative im Kaiserkult veranlasste. Zum Kontext s. Witulski, Kaiserkult, 25–32,

703 Kubitschek, Zeitrechnung, 105, zeigt sich irritiert über diese Schaltung, die in seinen Augen belegt, dass Augustus selbst zu diesem Zeitpunkt noch nichts von der Abweichung des Kalenders wusste. Mir scheint diese Annahme ebenso unwahrscheinlich wie ihm. Nach meiner Rekonstruktion der Ereignisse muss Augustus allerdings bereits einige Zeit früher um das Problem gewusst haben und wartete nur den Moment ab, in dem der Gnomon die Abweichung für alle sichtbar dokumentierte und damit sein Eingreifen für alle sichtbar legitimierte. Ein neues Argument könnten hier ägyptische Quellen liefern: Vermutlich wurde der julianische Kalender dort im Jahr 26 v. Chr. eingeführt und von Anfang richtig geschaltet, so dass Augustus ein korrektes Vorbild vor Augen gehabt haben dürfte. Dazu Herklotz, Prinzeps, 316–317.

704 Hier folge ich den Überlegungen von Hannah, Calendars, 119 f.

Sextilis in *Augustus* umzubenennen – eine Ehre, die vor ihm nur dem Kalenderreformer Caesar gewährt worden war. Das Edikt wird ausführlich von Macrobius, in verknappter Form auch von Sueton zitiert.[705]

Augustus' Vorgehen bei seiner Kalenderkorrektur zeugt von Umsicht und reiflicher Überlegung: Er ließ die überschüssigen Tage nicht ausfallen – was sicher als ‚Zeitdiebstahl' empfunden worden wäre –, sondern setzte die Schaltung für die folgenden 12 Jahre aus, so dass der Fehler sukzessive weniger wurde.[706] Aber wieso hat Augustus überhaupt reagiert, und wie hat er die Notwendigkeit begründet, auf eine nach römischen Maßstäben so geringe Verschiebung überhaupt zu reagieren? Zum Zeitpunkt seiner Amtsübernahme betrug die Differenz lediglich drei Tage – ein Unterschied, der für *cultus*, Landwirtschaft und Politik weitgehend bedeutungslos war und nur von gebildeten Beobachtern mit instrumenteller Hilfe hätte wahrgenommen werden können.

Die seinem Handeln zugrunde liegende Notwendigkeit war von einer anderen Art als diejenige Caesars. Wie bei diesem ist natürlich ein persönliches Interesse nicht auszuschließen – Augustus' hohe Zeitdisziplin in allen Angelegenheiten des Lebens wird oft betont –, doch wichtiger scheint mir die Einbettung der Kalenderkorrektur in das augusteische Reformprogramm. In der Umwidmung des Obelisken zum Gnomon und der daran anknüpfenden Gestaltung des Marsfeldes stellt Augustus die geordnete Zeit als Teil seines Gesellschaftsentwurfs dar. Das neue *saeculum*, das mit seiner Herrschaft angehoben hatte, sollte die Kinderkrankheiten des julianischen Kalenders ebenso überwinden, wie dieser die Regellosigkeit des republikanischen Kalenders hinter sich gelassen hatte. Das Interesse an einem ganz genau auf das Sonnenjahr abgestimmten Kalender, das sich in der augusteischen Korrektur ausdrückt, war also, um es pointiert zu formulieren, nicht pragmatisch, sondern ideologisch bestimmt.

---

705 Suet. Aug. 31, 2; Macr. Sat. 1, 12, 35. – Die ersten literarischen Belege für den *mensis Augustus* finden sich bei Festus (322 Lindsay und 460 Lindsay) und bei Ovid (Ov. fast. 5, 147)). Keiner von beiden lässt erkennen, dass die Bezeichnung für ihn noch Neuigkeitswert besäße. Bosworth, Augustus, sieht in dem Edikt, dessen Formulierung er auf Tiberius zurückführt, eine Reihe von Spitzen gegen Augustus, die letztlich zur dauerhaften Entfremdung zwischen beiden geführt habe.

706 Sol. 1, 47: *Quod deprehensum Augustus reformavit, iussitque annos duodecim sine intercalatione decurrere, ut tres illi dies, qui ultra novem necessarios temere fuerant intercalati, hoc modo possent repensari. Ex qua disciplina omnium post ea temporum fundata ratio est.*

Anders als Caesar hatte Augustus keinen dramatischen Missstand zu beheben. Er konnte auch nicht auf so eindeutige Effekte wie die schnelle und dauerhafte Rückkehr der Jahreszeiten an ihren kalendarischen Ort vertrauen – er hatte nur eine kleine Verschiebung zu bewältigen und benötigte, wenn er sie politisch nutzen wollte, zu ihrer Darstellung um so größere Mittel. Also machte er, so meine These, seine Kalenderkorrektur so groß und sichtbar wie irgend möglich, um daraus die Größe seiner Maßnahme und des Verdienstes abzuleiten. Dazu benötigte er den monumentalen Obelisken.[707] Man könnte in dem Medienwechsel eine bewusste Distanzierung von Caesar bei gleichzeitiger inhaltlicher Fortführung seiner Projekte erkennen, ein augusteisches Verfahren, das auch in anderen Zusammenhängen beschrieben worden ist.[708]

5.2. Schriften im Umkreis der Kalenderkorrektur

Von den Schriften zur augusteischen Kalenderpolitik sind ein Senatsbeschluss und zwei Inschriften erhalten bzw. in den Grundzügen rekonstruierbar; zum weiteren Umfeld könnte man die inschriftlich überlieferten Fasten zählen, die die sukzessive Durchdringung des Jahres mit imperialen Gedenktagen festhielten.[709] Die Darstellung der Korrektur bei späteren Autoren – von Plinius bis Macrobius – lässt an keiner Stelle deutlich erkennen, ob darüber hinaus weitere Texte von Augustus' Seite vorlagen, die

707 Zu ähnlichen Überlegungen gelangte auch Schütz, Sonnenuhr, 447–448, führte seine Überlegungen aber leider nicht weiter aus. Simpson, References, sieht im Obelisken verkürzend, aber im Grunde richtig „a concrete expression of the new Julian calender" (478). Hannah, Calendars, 120, denkt auch in diese Richtung, allerdings unter anderen Vorzeichen: Er vermutet, erst der Schatten des Gnomon habe es ermöglicht, die Kalenderverschiebung wahrzunehmen und damit eher zufällig die augusteische Kalenderkorrektur ausgelöst. Die Chronologie der Ereignisse spricht m.E. eine andere Sprache.

708 Zur gewöhnlichen Distanzierung Augustus' von Caesar s. Hahn, Augustus; das Problem hat kürzlich Spahlinger, Sueton-Studien, differenzierter ausgearbeitet. Malitz, Kalenderreform, 128 sieht im Fehlen der Kalenderreform in den *Res gestae* ein Zeichen dafür, dass Augustus die Kalenderreform doch gänzlich Caesar zuschrieb. Ich meine, dass er die bewusste Gestaltung des Caesarbildes durch Augustus damit unterschätzt. Augustus installierte den ersten Obelisken auf römischem Boden und funktionalisierte ihn als Instrument der Zeitordnung, was nachdrücklich von der großen Bedeutung zeugt, die Augustus ihr beimaß.

709 Einen Eindruck davon vermittelt die Zusammenstellung bei Victor Ehrenberg/ Arnold H.M. Jones, Documents illustrating the reigns of Augustus & Tiberius, Oxford 1955, 44–55.

sein Handeln erläuterten und historisch einordneten. Die Verbindung zwischen Kalenderkorrektur und Obelisk, die ich vorschlage, lässt sich aus einer Analyse der drei Texte ableiten.

Die erste der Inschriften beschreibt die Funktionen des Obelisken und die Ämter seines Stifters, ohne auf die Kalenderreform einzugehen. Es ist die erhaltene Dedikationsinschrift, die beiden Obelisken, die in diesen Jahren in Rom aufgestellt wurden, gemeinsam ist:[710]

> Imp. Caesar divi f. Augustus, pontifex maximus, imp. XII, cos. XI, tr. pot. XIV Aegypto in potestatem populi Romani redacta Soli donum dedit.
>
> („Der Imperator Caesar Augustus, Sohn des vergöttlichten Caesar, Pontifex maximus, hat, als er zum 12. Mal Imperator, zum 11. Mal Konsul und zum 14. Mal Volkstribun war, der Sonne dieses Geschenk gemacht, da er Ägypten in den Herrschaftsbereich des römischen Volkes eingegliedert hatte.")

Die Titulatur des Augustus nennt in typischer Weise seine wichtigsten Ämter, ohne dass diese notwendigerweise mit der Aufstellung des Gnomon in Verbindung stehen müssten. Alföldy hat gezeigt, dass die republikanische Tradition, jeweils dasjenige Amt zu vermerken, aus dem heraus eine spezifische Handlung motiviert war, in augusteischer Zeit durch das Bemühen um eine möglichst vollständige Titulatur abgelöst wurde.[711] Gleichwohl konnte einzelnen Ämtern innerhalb der Aufzählung noch besonderes Gewicht zukommen, wenn die nötigen Kontextsignale gesetzt waren, was mir hier der Fall zu sein scheint.

Die Begründung *Aegypto in potestatem populi Romani redacta,* die sich wörtlich auch im Edikt zur Monatsumbenennung findet, macht den Obelisken zum Siegesmonument; seine Widmung an Sol – *Soli donum dedit* – verweist auf seine ursprüngliche Funktion im Kult des ägyptischen Sonnengottes. Augustus hätte diese ägyptische Dedikation nicht beibehalten müssen. Dass er es tat, kann als Indiz für eine intendierte Gleichsetzung der Sonnengottheit mit Helios Apollon, also für eine Personalisierung des Denkmals im Kontext der augusteischen Bauten auf dem Marsfeld gelten. In Verbindung mit dem an erster Stelle genannten Amt des *pontifex maximus* gewinnt es jedoch auch eine kalendarische Dimension, da es als Hinweis auf

710 CIL 6, 702. – Marietta Horster, Bauinschriften römischer Kaiser. Untersuchungen zur Inschriftenpraxis und Bautätigkeit in Städten des westlichen Imperium Romanum in der Zeit des Prinzipats, Stuttgart 2001 (Historia Einzelschriften 157) verzeichnet das Stadttor von Fanum Fortunae (VI, 2, 1) mit vergleichbarer Titulatur, das jedoch rund 20 Jahre später entstanden sein muss und einem ganz anderen Kontext angehört.

711 Alföldy, Augustus, bes. 296 und 310.

dessen zentrale Aufgabe verstanden werden konnte, das Kalenderjahr mit dem Sonnenjahr in Übereinstimmung zu bringen. Eine Kalenderkorrektur, die eine genauere Korrelation zwischen beiden Jahren und damit eine engere Bindung des Kalenders an das Maß der Sonne zum Ziel hatte, hätte durchaus als Geschenk an die Sonne, als ein Anerkennen ihrer Vorherrschaft dargestellt werden können. Eine derartige Lesart der Inschrift liegt jedoch nur dort nahe, wo Kalenderjahr und Sonnenjahr sichtbar gemacht werden, d. h. bei dem Obelisken auf dem Marsfeld; bei seinem Zwilling im Circus Maximus, von dem keine Messlinie bekannt ist, ist sie nicht zu erwarten.

Eine zweite, anders ausgerichtete Inschrift erwähnt allein Macrobius; der Wortlaut ist nicht überliefert. Bei ihm heißt es:[712]

> Post hoc unum diem secundum ordinationem Caesaris quinto quoque incipiente anno intercalari iussit et omnem hunc ordinem aereae tabulae ad aeternam custodiam incisione mandavit.
>
> („Danach befahl er [Augustus], dass künftig ein Tag gemäß der Regelung Caesars zu Beginn jedes fünften Jahres eingeschaltet werden solle, und ließ die gesamte Ordnung zur dauerhaften Bewahrung auf einer Metalltafel inschriftlich festhalten.")

Die Inschrift handelte von einem *ordo* und sollte dauerhaft bewahrt, wohl auch dauerhaft beherzigt werden. Die Dedikationsinschrift kann aus vielen Gründen hier nicht gemeint sein – weder spricht sie von etwaigen *ordines* noch ist sie in Metall geschnitten. Der Kontext, in dem Macrobius sie erwähnt, legt es nahe, hier das Verfahren der Kalenderkorrektur dargelegt zu sehen und den Modus der Schaltung, der eingehalten werden müsse, um einen dauerhaften *ordo temporum* zu erreichen.[713] Macrobius sagt leider nicht, wo diese Inschrift aufgestellt war. Ich nehme nach den obigen Ausführungen an, dass dies dort erfolgte, wo das Symbol der augusteischen Zeitordnung stand, d. h. auf dem Marsfeld in der Nähe des Obelisken. Ich sehe in der zweiten Inschrift eine Art ‚Gebrauchsanweisung', die vermutlich etwas weniger monumental, dafür aber etwas länger als die Dedikationsinschrift war und daher vielleicht aus pragmatischen Gründen nicht in Stein, sondern in Metall ausgeführt worden war.

Der Senatsbeschluss aus dem Jahr 8 v. Chr., mit dem die Umbenennung des *Sextilis* in *Augustus* beschlossen wurde, führt eine Reihe militärischer

712 Macr. Sat. 1, 14, 15; s. hierzu auch Anm. 769.

713 *Ordo* zur Bezeichnung einer Kalenderkorrektur bzw. eines danach ‚richtig' funktionierenden Kalenders findet sich in mehreren Varianten bei Suet. Aug. 31, 2 (s. unten S. 256 f.)

Siege und politischer Erfolge auf, die die Ehre und deren Terminierung rechtfertigen sollten.[714] Aus ihm können Argumente für die These gewonnen werden, dass zwischen der Monatsumbenennung und der Aufstellung des Obelisken bzw. der Kalenderkorrektur ein Zusammenhang wahrgenommen wurde.

Das erste Indiz dafür, dass es eine inhaltliche Verbindung zwischen dem Senatsbeschluss und dem Obelisken gibt, ist sprachlicher Natur: Unter den Taten, die die große Ehre der Monatsumbenennung rechtfertigten, wird im Edikt ebenso wie in der Dedikationsinschrift der ägyptische Sieg genannt: *Aegypto in potestatem populi Romani redacto.* Beide Texte, das Edikt und die Inschrift auf dem Obelisken, entsprechen einander in diesem einen Punkt im Wortlaut genau, ohne dass dieser als formelhaft vorgeschrieben gelten könnte – Augustus selbst wählt in seinem späteren Tatenbericht eine andere Formulierung.[715] Diese ‚unnötige' Nähe im Wortlaut kann als Hinweis auf einen gemeinsamen Ursprung von Inschrift und Senatsbeschluss verstanden werden.

Das zweite Argument gründet in der Art der Ehrung: Eine Monatsumbenennung war zuvor nur Caesar zuteil geworden, bei dem sie vermutlich ebenfalls durch die Kalenderreform legitimiert worden war. Das gänzlich unrömische Verfahren konnte in Bezug auf Augustus nur durch eine vergleichbare Reform, nicht etwa durch Herrscherqualitäten nach kleinasiatischem Vorbild legitimiert werden, wenn es auf Akzeptanz stoßen wollte. Dass Augustus die gleiche Art der Ehrung wie Caesar zugesprochen wurde, legt nahe, dass auch das Legitimationsverfahren ähnlich gewesen ist. Dies hat natürlich wenig mit dem ‚wahren' Grund für die Ehrung zu tun, macht aber deutlich, dass die augusteische Kalenderreform im öffentlichen Bewusstsein ausreichend präsent war, um eine derartige Verknüpfung vermitteln zu können.

714 Macr. Sat. 1, 12, 35: *Augustus deinde est qui Sextilis antea vocabatur, donec honori Augusti daretur ex senatus consulto cuius verba subieci: „cum imperator Caesar Augustus mense Sextili et primum consulatum inierit et triumphos tres in urbem intulerit et ex Ianiculo legiones deductae secutaeque sint eius auspicia ac fidem, sed et Aegyptus hoc mense in potestatem populi Romani redacta sit finisque hoc mense bellis civilibus impositus sit, atque ob has causas hic mensis huic imperio felicissimus sit ac fuerit, placere senatui ut hic mensis Augustus appelletur." Item plebiscitum factum ob eandem rem Sexto Pacubio tribuno plebem rogante.*

715 R. gest. div. Aug. 27: *Aegyptum imperio populi Romani adieci.*

5.3. Die Funktionen des Obelisken auf dem Marsfeld

Dem Obelisken kam eine Reihe von Funktionen zu, die z. T. bereits in der Dedikaktionsinschrift erwähnt wurden: Sein Transport nach Rom und seine Aufstellung waren technische Meisterleistungen, die die Größe und Vormachtstellung Roms eindrücklich veranschaulichten, seine Inschrift bestimmt ihn als Weihgeschenk für den Sonnengott und Erinnerung an Augustus' ägyptischen Sieg, und seine Widmung an die Sonne machte ihn – gemeinsam mit der im Boden verankerten Skala – zu einem Monument der messbaren und geordneten Zeit.

Dabei lassen sich zwei Aspekte unterscheiden: Auf lange Zeit symbolisierte der Obelisk die Ordnung der Zeit durch die Sonne; ein Motiv, dem seit ältester Zeit auch außerhalb Ägyptens große Bedeutung zukam. Erinnert sei hier nur an Platons ‚kosmische Uhr', die Sonne und Planeten als Maß der menschlichen Zeitordnung beschrieb, an die zentrale Stellung des Sonnenjahres für *cultus* und Landwirtschaft, besonders aber an Caesars Aktualisierung des ägyptischen Sonnenjahres im Rahmen seiner Kalenderreform. Dass Obelisken in Ägypten als Sonnenuhren eingesetzt wurden und dass sich dies in der bekrönenden Kugel ausdrückt, die manche von ihnen tragen, legt Alföldy dar.[716]

Aktuell war der Obelisk auf dem Marsfeld als Gnomon an einer Installation beteiligt, die die Zeitordnung mit der Person des Augustus verknüpfte und seine Bemühungen um eine exakte Zeitordnung veranschaulichte. Hier berühren sich meine Überlegungen mit der Forschungsdiskussion um den archäologischen Befund.

Die im Boden verankerte monumentale Messlinie, die den Obelisken zum Gnomon und die ganze Anlage zu einem Meridianinstrument macht, ist in den 70er und 80er Jahren des letzten Jahrhunderts von Edmund Buchner ergraben worden. Er prägte in diesem Zusammenhang die Formel von der „Sonnenuhr des Augustus" und nahm an, der Obelisk habe primär die Aufgabe gehabt, die augusteischen Personalbauten auf dem Marsfeld zu bestimmten Zeiten des Jahres durch seinen Schatten symbolisch miteinander zu verknüpfen.[717]

716 Alföldy, Obelisk, 55 f.

717 Buchner, Sonnenuhr; Buchner, Horologium, dagegen überzeugend Schütz, Sonnenuhr und Schaldach, Römische Sonnenuhren 79–83. Buchner korrigiert einige seiner Thesen in Buchner, Horologium (LTUR) und lehnt Schütz rundweg ab, ohne jedoch dessen Argumente entkräften zu können. – Buchner geht davon aus, dass Augustus' Geburtstag am 23.09. gefeiert wurde und dies auch der Tag der

Buchners These ist nach der überzeugenden Rekalkulation von Michael Schütz nicht mehr haltbar: Der ergrabene Befund, Buchners Vorannahmen und seine Berechnungen passen nicht so zusammen, dass seine zentrale mathematische Pointe sich halten ließe – der Schatten des Gnomon kann sich am Geburtstag des Augustus nicht vom *mausoleum Augusti* zur *ara Pacis* bewegt und auch nicht deren Eingang erreicht haben.

Doch auch wenn seine zentrale These sich als nicht haltbar erwiesen hat, bleibt die grundsätzliche Feststellung davon unberührt, dass es sich bei dem Gnomon um ein Instrument der Zeitordnung handelt, das innerhalb des augusteischen Memorialprogramms eine wichtige Funktion einnimmt. Das Ensemble – das Mausoleum mit Park und kleinen Obelisken, Gnomon und *ara Pacis;* später auch der inschriftliche Tatenbericht – konstituiert eine dauerhafte symbolische Präsenz des *princeps* im städtebaulichen Kontext des Marsfeldes. Aufgrund der performativen Möglichkeiten des riesenhaften, über den Platz wandernden Schattens konnte der Gnomon die Anlage optisch dominieren und vermochte es, die Kaiserbauten in großer Geste immer wieder neu aufeinander zu beziehen. Dazu bedurfte es, wie gesagt, der von Buchner postulierten exakten Linie nicht.

Die Reduktion der Buchnerschen These – keine Uhr, keine Personalsymbolik an festgelegten Daten – öffnet den Blick auf andere Funktionen des Obelisken im Rahmen der Zeitordnung. Seine Neukontextualisierung durch die am Boden angebrachte Skala zur zeitlichen Interpretation des Schattens macht aus ihm ein Instrument und einen Repräsentanten der Zeitordnung zugleich. Er veranschaulichte die sonnenkonforme Ordnung der Zeit in täglich neuer Performance und verband sie mit der Person des Augustus. Daher liegt es nahe, hier auch die Anbringung der zweiten Inschrift zu erwarten, in der Augustus seine Reform beschrieb und das künftige Verfahren der Schaltung darlegte: Der Gnomon wachte im Auftrag des Kaisers über die rechte Ordnung der Zeit.

Die Abweichung des kalendarischen vom astronomischen Jahr, die zum Zeitpunkt der Errichtung drei Tage betrug, drückte sich in der Tageslänge nur in wenigen Minuten aus; sie wäre ohne instrumentelle Hilfe nicht wahrnehmbar gewesen.[718] Der Gnomon mit seinem großen, das Marsfeld überstreichenden Schatten konnte sie jedoch demonstrieren und besonders während der raschen Veränderungen der Tageslänge im Umfeld der

---

Herbstäquinoktien gewesen sei. Beide Annahmen erweisen sich als höchst problematisch, vgl. dazu zuletzt ausführlich Schmid, Augustus, bes. 307–312.

718 Vgl. Gem. 8, 22: Eine Abweichung von ein bis zwei Tagen wird nicht unbedingt wahrgenommen.

Äquinoktien optisch erfahrbar machen. Mir scheint es daher plausibel anzunehmen, dass die zentrale Funktion des Obelisken nicht so sehr darin lag, den Lebensbogen des *princeps* Augustus in einem symbolischen Raum zwischen *ara Pacis* und *mausoleum Augusti* anzuzeigen, sondern darin, täglich wieder die neue Ordnung in Raum und Zeit, an der Augustus in Fortführung und Perfektionierung des caesarianischen Werkes maßgeblichen Anteil hatte, sichtbar werden zu lassen.[719]

Dies geschah konkret durch die verordnete und von Augustus sichtbar gemachte allmähliche Korrektur des Kalenders. Die von ihm in diesem Zusammenhang vertretenen Argumente sind nicht überliefert. Die schiere Größe des Projekts, die Hinzuziehung von Technikern – für Transport und Aufstellung des ersten Obelisken auf römischem Boden – und Mathematikern deuten auf Argumente von Vervollkommnung und Exaktheit, verbunden mit einer hohen Wertschätzung der sichtbaren staatlichen Zeitordnung. Dabei machte er seine Kalenderkorrektur in einem Monument anschaulich, das *sowohl* die vorangehenden Leistungen Caesars *als auch* ihre Korrekturbedürftigkeit demonstrierte. Es war ein eleganter ‚Versuchsaufbau', der sein Resultat für alle sichtbar in sich trug: veröffentlichter Wissenschaftsdiskurs und Repräsentationskunst in einem. Wie erfolgreich er mit seiner Übernahme der Kalenderreform war, zeigt eine Notiz bei Ammianus Marcellinus, der die *ganze* Kalenderreform allein Augustus zurechnet und Caesar mit keinem Wort mehr erwähnt.[720]

---

719 Für eine derartige Funktion ist es unwichtig, ob es sich bei der so genannten ‚Sonnenuhr' tatsächlich um eine Uhr oder nicht eher um ein Meridianinstrument handelte. Schon die Inschrift macht deutlich, dass der Gnomon mehrere Aufgaben zu erfüllen hatte; der Etesienvermerk weist auf kalendarische Funktion, der Schatten selbst war jedoch zumindest zur Abschätzung einer Tageszeit immer geeignet. Iversen hat darauf hingewiesen, dass ein Uhrenbau auf dem Marsfeld sich auch aus der Geschichte der Uhrennutzung in Rom kaum motivieren lässt: In augusteischer Zeit existierten eine Normaluhr auf dem Forum und zahlreiche Uhren in Privatbesitz; mit einem weiteren, nur als Uhr konzipierten Bau hätte Augustus kaum Renommee gewinnen können. Iversen, Obelisks, 143.

720 Amm. 26, 1, 13: *quibus abolitis Octavianus Augustus Graecos secutus hanc inconstantiam correcta turbatione conposuit, spatiis duodecim mensium et sex horarum magna deliberatione collectis, per quae duodecim siderum domicilia sol discurrens motibus sempiternis anni totius intervalla concludit.* Insgesamt erscheinen die Bemerkungen bei Ammian recht konfus. Griechenland dürfte weder von Caesar noch von Augustus als Vorbild angegeben worden sein, und die Jahreslänge mit „12 Monaten und 6 Stunden" anzugeben, ist unsinnig und zeigt, dass der Autor weder das Verhältnis vom Mond- zum Sonnenjahr noch auch nur die faktisch differierenden Monatslängen realisiert hat. Gleichwohl kann seine singuläre Konzentration auf Augustus durchaus in dem Eindruck begründet sein,

Als er aufgestellt wurde, zeigte der Gnomon den anfänglichen Fehler in der Zeitmessung an, der von Jahr zu Jahr geringer wurde, bis um 4 n. Chr. der Ausgleich erreicht gewesen sein sollte. Von einem begleitenden ‚Ritual des Verschwindens', das der römischen Bevölkerung den jeweils erreichten Fortschritt in Erinnerung gerufen hätte, ist nichts bekannt. Für einige Jahrzehnte funktionierte er als Kalendermonument. Buchners Grabungen konnten eine spätere Rekonstruktion des Liniennetzes nachweisen, die er in die Zeit der Flavier datierte.[721] Es liegt nahe, diese Rekonstruktion als Reaktion auf die von Plinius beschriebenen Mängel zu betrachten (s.u.). Demnach hätte der Gnomon nach der Erfüllung seiner kalendarischen Aufgaben für ungefähr ein Jahrhundert das Marsfeld dominiert und die Erinnerung an die augusteische Zeitordnung wach gehalten, bis er allmählich aus der Wahrnehmung verschwand. Spätere Erwähnungen sind nicht bekannt.

So lassen sich für den Gnomon erstaunlich viele und vielfältige Funktionen im politischen und städtebaulichen Kontext beschreiben: Er war Symbol technischer und politischer Potenz, ein Weihgeschenk für den Sonnengott, erinnerte an den ägyptischen Sieg und wirkte im Dienst von Re/ Helios Apollon und Augustus als ‚Sonnenzeiger' für eine geordnete Zeit in einem geordneten *imperium.* Wie vielteilig und ausdifferenziert seine Anzeige war, ist dabei von nachgeordneter Bedeutung. Als Sonnenzeiger machte er die vom *pontifex maximus* geleitete Kalenderreform täglich neu sichtbar und verband sie aufs engste mit dessen Person und dem von ihm gestalteten öffentlichen Raum.

5.3.1. Ausblick: Die Sichtbarmachung der Zeitordnung in der Stadt

Die bauliche Fixierung der Zeitordnung ist kein so außerordentlicher Akt, wie es hier scheinen mag. Schon das athenische *heliotropion* auf der Pnyx und auch dasjenige in Syrakus müssen eine gewisse Monumentalität besessen haben.[722] Charakteristisch für alle frühen Uhren ist die Aufstellung an Orten hoher Besucherfrequenz und das Bemühen um ihre Sichtbarmachung. Alle römischen Uhren auf dem Comitium und dem Forum waren

den der Obelisk auf ihn gemacht hatte. Er widmet der Transport- und Aufstellungsgeschichte der römischen Obelisken eine ausführliche Darstellung und bezeugt, dass der Obelisk auf dem Marsfeld zu seiner Zeit noch stand, auch wenn er nicht die gleiche Aufmerksamkeit auf sich zog wie sein Zwilling im Circus Maximus.

721 Buchner, Horologium, 504 f., korrigiert in Buchner, Horologium (LTUR) 36.

722 Dazu oben S. 83 ff.

vermutlich auf Säulen montiert. Chronologisch am nächsten steht dem augusteischen Gnomon der so genannte „Turm der Winde“ in Athen, dessen Erbauung jüngere Untersuchungen in die 90er Jahre des ersten vorchristlichen Jahrhunderts datiert haben.[723] Seine Funktionen sind, soweit es sich aus zeitgenössischen Quellen erschließen lässt, ähnlich vielfältig wie diejenige des augusteischen Gnomons gewesen: Als Ausdruck politischer Ordnung und technischen Vermögens, als Zeit- und Windmesser ist er auf Staatskosten erbaut und restauriert worden, wobei er möglicherweise die alte Uhr auf der Pnyx ablöste; hierin eine Verlagerung des Stadtzentrums in die Region, in der das *Forum Iulii* entstehen sollte, verdeutlichend.

Neben den Uhrenbauten sind es vor allem die gemalten und inschriftlichen Fasten, die die Zeitordnung in der Stadt Rom und in den wichtigsten Provinzstädten veranschaulichten. Sie zeigten an, wie parallel zu den Monatsumbenennungen, die bis weit in die Kaiserzeit fortdauerten,[724] neue, imperiale Feste in das Kalenderjahr eindrangen. In der späten Republik ist mit einer Aufstellung der Kalender und Amtslisten vor allem in den Stadtzentren zu rechnen (das einzig erhaltene Fragment fällt hier allerdings aus dem Rahmen; es scheint dem privaten Gebrauch zuzuordnen zu sein). In der Kaiserzeit fanden inschriftliche *fasti* mit z.T. monumentalen Maßen sich in allen Städten des Reiches, in Tempelbezirken, Theatern und an öffentlichen Versammlungsorten, aber auch im semiprivaten Raum der Villa.[725]

Wie sehr der wandernde Schatten des Gnomon auf dem Marsfeld in augusteischer Zeit den Stadtraum zu prägen vermochte, belegt ein Detail in Ovids *Ars amatoria*, auf das C.J. Simpson vor einiger Zeit hingewiesen hat.[726] Dort empfiehlt der Dichter seinen Schülern in Liebesdingen, die *porticus* des Pompeius aufzusuchen, um Menschen des anderen Geschlechts kennen zu lernen, und zwar *cum sol Herculei terga Leonis adit* und *Virginis aetheriis*

---

723 Schaldach, Sonnenuhren Griechenlands, 61–83 (mit Aufarbeitung der älteren Literatur).

724 Dazu Weinstock, Divus, 152–158; Saldern, Bemerkungen.

725 Dazu detailliert Rüpke, Kalender. Die einzigen erhaltenen vorjulianischen Fasten sind die *fasti Antiates maiores*. Man sollte erwägen, ob sie nicht erst, nachdem sie außer Gebrauch geraten waren, in Privatbesitz geraten sind. In jedem Fall dürfte grundsätzlich eine öffentliche Aufstellung der *fasti* der Mode des privaten Raumschmucks mit Kalendern, wie sie etwa Petron parodiert, vorangegangen sein. Verblüffend sind die von Rüpke ermittelten Maße, die eine Höhe von zwei Metern und eine (ggf. auf mehrere Tafeln verteilte) Breite von bis zu fünf Metern erreichen (*fasti Praenestini*).

726 Simpson, References.

cum caput ardet equis.[727] Simpson schlägt vor, in den beiden Versen neben den zodiakalen Zeitangaben für Hoch- und Spätsommer, Löwe und Jungfrau, und den Sinnbildern des jagenden Mannes und der zu verführenden Jungfrau auch die Fixierung eines realen Treffpunktes auf dem Marsfeld zu sehen – dort, wo die Tierkreiszeichen auf dem Meridian markiert sind. Das hieße, in den ovidischen Versen eine Paraphrase des Treffpunkts „im Schatten des Gnomons" zu sehen. Diese Interpretation befreit den ovidischen Text von einer inhaltlichen Schwierigkeit: Denn verstünde man *leo* und *virgo* nur in den ersten beiden Bedeutungen, wäre ein Treffen nur in den heißen Sommermonaten möglich und die übrigen 10 Monate wären a priori zur Abstinenz verdammt. Erst wenn man die dritte Lesart des Textes hinzunimmt, wird der Ausdruck zur Ortsangabe und werden Treffen das ganze Jahr über möglich: In der ovidischen *Ars* ist die Zeitangabe im städtebaulichen Kontext zur Ortsmarkierung geworden.

5.4. Zeitnahe Darstellungen der Kalenderkorrektur

Augustus' eigene Sicht auf seine Kalenderpolitik fand in den Inschriften und im Edikt zur Monatsumbenennung Ausdruck. Auf die Präsenz des Gnomons im Stadtbild scheint von den Zeitgenossen allein Ovid reagiert zu haben, der sie als geistvolle Pointe in seine Liebestopographie integrierte. Um so auffälliger ist es, dass er die augusteische Kalenderkorrektur dort, wo sie am Platz gewesen wäre, nicht erwähnt: Seine Bemerkungen zur Geschichte des römischen Kalenders beginnen mit Romulus und enden mit Caesar, dessen Reform er bis ins Detail von rechnerischer Jahreslänge und Schaltung vorführt; Augustus hingegen wird mit keinem Wort erwähnt.[728]

Plinius d. Ä. griff auf Quellen zurück, die die Position des Obelisken im Stadtbild über einen längeren Zeitraum verfolgten. Aus späterer Zeit verdanken wir den antiquarischen und fachwissenschaftlichen Werken von Sueton, Censorinus, Solin und Macrobius wichtige Darstellungen der augusteischen Kalenderkorrektur.[729] In ihrem Interesse für die Zeitordnung

727 Ov. am. 1, 67–68 (an die jungen Männer) *tu modo Pompeia lentus spatiare sub umbra/ cum sol Herculei terga Leonis adit*; am. 3, 387–388 (an die Mädchen): *at licet et prodest Pompeias ire per umbras/ Virginis aetheriis cum caput ardet equis.*

728 Ov. fast. 1, 27–44 und fast. 3, 99–166.

729 Plin. nat. 36, 72–73; Suet. Aug. 31, 2; Cens. 22, 16; Sol. 1, 47 (s. o.); Macr. Sat. 1, 14, 13–15; s. auch D. C. 55, 6–7 (zur Umbenennung des *Sextilis*).

stehen diese Autoren in der Nachfolge Varros, den Censorinus und Macrobius explizit als Vorbild und Quelle benennen.

Macrobius' Darstellung macht auch deutlich, dass antiquarische und historiographische Literatur hier eine große Schnittmenge aufweisen und letzterer eine zentrale Bedeutung für die Vermittlung kalendarischen Wissens zukam.[730] An anderer Stelle spricht Macrobius von *innumeri auctores*, die sich zu der Binnenstruktur des römischen Kalenders, besonders zu den Gelenktagen (Kal/Non/Id) und zu den Festen geäußert hätten – ob er auch hier die Geschichtsschreiber meint oder ob hier der ganze Umfang der verlorenen antiquarischen und fachwissenschaftlichen Literatur noch einmal aufscheint, ist nicht zu klären.[731]

Der beinahe vollständige Verlust aller Texte der späten Republik und des Prinzipats, die sich mit der Zeitordnung befassten, ist vielleicht nicht nur mit den Zufällen der Überlieferung zu erklären. Augustus ließ die Begleittexte zu Caesars Kalenderreform nicht in das *Corpus Caesarianum* aufnehmen; sei es, dass sie ihm überholt erschienen, sei es, dass er die Kalenderreform nur mit seiner Person verbunden sehen wollte. Unterstützt und getragen wurde dieses Vorgehen jedoch von einer breiteren gesellschaftlichen Strömung, die die Thematisierung der Zeitordnung durch alle literarischen Gattungen hindurch irgendwann offenbar als obsolet, als nicht mehr überlieferungswürdig empfand.

Man kann dies als Zeitgebundenheit, als ephemere Konzeption der entsprechenden Texte beschreiben; gerade für kalenderbezogene Texte ist hier aber auch ein Zeichen des außerordentlichen Erfolgs der caesarianischen Reform zu sehen: Wo nicht nur die Zeit selbst, sondern auch die Zeitordnung zur Naturkonstante wird, wird sie zur unhinterfragbaren Gegebenheit, deren historisches ‚Gemachtsein' aus dem Blick gerät. Dies gilt besonders für die Schriften von Caesar und Sosigenes, die im Zusammenhang mit der Reform entstanden, nach der Durchsetzung jedoch ihre Bedeutung einbüßten und verloren gingen, jedoch auch für Dichtungen, die sich mit diesem Sujet befassten, und für ihre Berücksichtigung innerhalb der Historiographie.

730 Siehe oben S. 168f.

731 Macr. Sat. 1, 15, 4: *nam de kalendis, nonis et idibus deque feriarum variis observationibus innumeros auctores cura quaestionis exercuit.*

5.4.1. Plinius: Ein Bericht aus eigener Kenntnis?

Der einzige Text, der mit einigem Recht aufgrund seines Detailreichtums, seiner expliziten, von der Gegenwart des Autors ausgehenden Datierung und des Autor wie Leser umfassenden Urteils, der Gnomon sei eine *digna cognitu res,* auf Augenzeugenschaft zurückgeführt werden kann, ist derjenige des älteren Plinius. Im 36. Buch seiner *Naturalis historia*, das den Steinen – besonders dem Marmor – und den damit verbundenen Baukunstwerken gilt, beschreibt Plinius den Obelisken. Er erwähnt ihn nach anderen Obelisken und bevor er zu den Weltwundern kommt, so dass die Themen der ägyptischen Herkunft und der alles überstrahlenden Großartigkeit durch den Kontext vorbereitet sind. Direkt vor der zitierten Passage deutet er die Hieroglyphen, mit denen die Obelisken geschmückt waren, als Ausdruck der ägyptischen Naturphilosophie.[732] Dann wendet er sich dem Obelisken auf dem Marsfeld zu:[733]

> Ei qui est in campo divus Augustus addidit mirabilem usum ad deprendendas solis umbras dierumque ac noctium ita magnitudines, strato lapide ad longitudinem obelisci, cui par fieret umbra brumae confectae die sexta hora paulatimque per regulas, quae sunt ex aere inclusae, singulis diebus decresceret ac rursus augesceret, digna cognitu res, ingenio Facundi Novi mathematici. is apici auratam pilam addidit, cuius vertice umbra colligeretur in se ipsam, alias enormiter iaculante apice, ratione, ut ferunt, a capite hominis intellecta. haec observatio XXX iam fere annis non congruit, sive solis ipsius dissono cursu et caeli aliqua ratione mutato sive universa tellure a centro suo aliquid emota (ut deprehendi et aliis in locis accipio) sive urbis tremoribus ibi tantum gnomone intorto sive inundationibus Tiberis sedimento molis facto, quamquam ad altitudinem inpositi oneris in terram quoque dicuntur acta fundamenta.

> („Dem Obelisken, der auf dem Marsfeld steht, fügte der vergöttlichte Augustus einen bewundernswerten praktischen Nutzen hinzu, [nämlich den,] die Schatten der Sonne und so die Länge der Tage und Nächte festzuhalten. Ein entsprechendes Steinpflaster in der Größe des Obelisken wurde so gelegt, dass ihm der Schatten am Tag der Wintersonnenwende um 12 Uhr mittags entsprach und dass dieser allmählich entlang der Messlinien – sie sind aus Metall dort eingelassen – von Tag zu Tag kleiner und dann wieder größer wurde: ein Ding, das das Kennenlernen lohnt, geschuldet dem Genie des mathematicus Nov[i]us Facundus. Er fügte der Spitze eine vergoldete Kugel hinzu, damit sich an ihrem Scheitel der Schatten konzentriere, da er andernfalls unscharf gewesen wäre – es heißt, er habe dies nach dem Vorbild des menschlichen Kopfes entworfen. Diese Korrelation stimmt schon seit un-

---

732 Plin. nat. 36, 71: *inscripti ambo rerum naturae interpretationem Aegyptiorum philosophia continent.*

733 Plin. nat. 36, 72–73; vgl. nat. 18, 211.

gefähr 30 Jahren nicht mehr, sei es durch eine Abweichung im Sonnenlauf, sei es durch irgendeine Veränderung des Himmels, sei es, dass die ganze Erde ein wenig von ihrem Mittelpunkt verschoben ist, was, wie ich lese, auch anderswo notiert wurde, sei es, dass der Gnomon durch lokale Beben der Stadt schief geworden ist, oder sei es, dass der Boden infolge der Tiberüberschwemmungen nachgegeben hat, obgleich es heißt, dass in der Erde Fundamente gelegt worden seien, die der Größe der Auflast entsprechen.")

Plinius hält fest, dass die Funktion des Obelisken nicht mit der bravourösen Aufstellung und der Weihe als Siegesmonument erschöpft war, sondern dass der Prinzeps selbst noch einen zusätzlichen *mirabilis usus* vorgesehen hatte, um dessentwillen der Obelisk um eine ins Pflaster eingelassene Skala ergänzt worden war. Diese diente dazu, die Veränderung des Schattens im Jahreslauf mit bestimmten im Boden fixierten Angaben erläuternd zu verbinden.

Der erwähnte ‚Eichpunkt' des Mittagsschattens zum Wintersolstitium lässt die Annahme zu, dass dieses am entferntesten Ende der Skala vermerkt war; im Anschluss daran lassen sich auch Markierungen für die Äquinoktien und das Sommersolstitium erwarten, wie sie auf Sonnenuhren üblich waren. Da Plinius sich über weitere Angaben ausschweigt, ist aus seinem Text allein nicht abzuleiten, ob der Gnomon auch als Uhr oder als vollgültiger Kalender verwendet werden konnte; er lässt lediglich die Markierung der Jahrpunkte erwarten, legt die Länge der Skala und die Beobachtung des Instruments zur Mittagsstunde fest.[734]

Die Ausgrabungen bieten hier ein anderes Bild: Sie lieferten die Sternbilder des Tierkreises und meteorologische Daten, beides in griechischer Sprache, was gewöhnlich auf eine Vorlage aus dem griechischen Osten zurückgeführt wird. Aufgrund ihrer Lage rund anderthalb Meter oberhalb des augusteischen Bodenniveaus muss man davon ausgehen, dass sie nicht mit der augusteischen Installation identisch sind, sich aber in ihrer Nähe befinden und vielleicht mit der Rekonstruktion dieser Anlage im ersten nachristlichen Jahrhundert zu tun haben.[735]

---

734 Ob der Gnomon tatsächlich auch als Stundenzeiger – als ‚Uhr' in unserem Sinne – verwendet wurde oder werden konnte, wird aus Plinius' Bericht nicht deutlich, so dass die von E. Buchner geprägte Bezeichnung „Sonnenuhr des Augustus" als suggestive Vereinfachung angesehen werden muss. Genauer wäre die Bezeichnung ‚Meridianinstrument'.

735 Buchner möchte in ihnen gleichwohl das augusteische Material sehen, das bei einer Renovierung wiederverwertet wurde; die Frage nach möglichen Differenzen zwischen Erst- und Zweitverwendung stellt er nicht. Buchner, Sonnenuhr, 79; vgl. Szabó, Weltbild, 278 ff. Kritisch Schaldach, Römische Sonnenuhren, 84; Schütz, Sonnenuhr, 453.

Die unterschiedlichen Befunde lassen sich vereinbaren, wenn man akzeptiert, dass Plinius nicht alle Details der Skala erwähnt hat, sondern nur dasjenige, das ihm besonders bewundernswert, *mirabilis*, erschien. Weit schwerwiegender scheint mir das Problem der Sprache zu sein. Wenn die entdeckten Markierungen tatsächlich den augusteischen entsprechen – wieso sind sie nicht in lateinischer Sprache formuliert? Welcher Sinn lag darin, sprachlich wie inhaltlich[736] nur auf den griechischen Osten zu verweisen? Wendet er sich allein an die griechisch sprechende Bevölkerung Roms?

Zieht man Caesars Kalenderschriften zum Vergleich heran, so wird deutlich, dass sie zwar einen griechischen Anteil besaßen, sich jedoch nicht darauf beschränkten, ganz im Gegenteil: Sie nutzten das Griechische dort, wo sie sich an die zahlenmäßig geringe internationale ‚scientific community' richteten. Wieso hätte Augustus dies hier, im Herzen der Hauptstadt tun sollen? Buchner versucht das Problem dadurch zu umgehen, dass er eine Bilingue annimmt und eine bislang nicht entdeckte zweite, lateinische Skala postuliert; andere sind nicht darauf eingegangen.[737] Ich habe keinen Erklärungsvorschlag anzubieten.

Plinius macht deutlich, weshalb dem *usus* das Attribut *mirabilis* zukam: Sowohl die Erwähnung eines eigens hinzugezogenen *mathematicus* als auch die Beschreibung der goldenen Kugel auf der Gnomonspitze, die nach Plinius' Worten einen schärferen, d.h. besser ablesbaren Schatten hervorrufen sollte, zeigen den Obelisken als wissenschaftliches Instrument. Diese Nutzung fügt sich gut zu Plinius' eingangs getroffener Feststellung, die auf ihm angebrachten Hieroglyphen würden Erkenntnisse der Naturphilosophie festhalten.

Plinius ist der einzige Autor, der einen Mitarbeiter nennt, der Augustus bei der Kalenderkorrektur wissenschaftlich unterstützt haben soll, den Mathematiker Nov(i)us Facundus.[738] Doch hier sind Zweifel angebracht. Der Name lässt zwar – wenn es denn ein Name ist – auf einen Römer

736 Die Skala notiert Beginn und Ende der Etesienwinde, die für die Schiffahrt im östlichen Mittelmeer relevant waren.

737 Buchner, Sonnenuhr, 69 f.; vgl. Alföldy, Obelisk, 61 f.

738 Stein, Novius (10), in: RE 17,1 (1936) 1218. Novius ist ein altes, vormals campanisches Gentiliz, das seit dem 3. vorchristlichen Jahrhundert nachgewiesen ist. Theoretisch könnte auch Facundus als Gentiliz angesehen werden; es ist jedoch erst spätantik belegt. – Die Historizität des Novius ist bislang m.W. nicht in Frage gestellt worden, obwohl sowohl die Namensform als auch die bereits oft konstatierte ‚Wiederauferstehung' des Flavius in der caesarianischen Kalenderreform hätte stutzig machen können.

schließen, doch die Ähnlichkeit mit älteren Erzählungen ist unübersehbar und legt die Frage nahe, ob man es hier nicht vor allem mit einer Konvention der römischen Kalenderreformer zu tun hat: Appius Claudius hatte seinen Cn. Flavius, Caesar hatte Sosigenes (und eine ‚Reinkarnation' des Flavius)[739], also bedurfte Augustus ebenfalls eines Mathematikers, der ihm zur Hand ging. Dieser hatte mit dem historischen Flavius nicht mehr den Namen, aber ein wichtiges Charakteristikum gemeinsam: Auch dieser war, wie Livius im entsprechenden Kontext bemerkt, *facundus.*[740]

Doch nicht allein die Tradition der ‚Helferfigur' spricht hier für eine nur imaginierte Gestalt, sondern auch der sprechende Name. Ich möchte hier wie bei Caesar annehmen, dass hinter Nov(i)us Facundus der Versuch steht, den ungenannten Helfern Name und Gesicht zu verleihen und die augusteische Korrektur in die Tradition der römischen Kalenderreformen einzuschreiben. Um so besser, wenn der Name des Helfers sprachliches Vermögen und reformatorische Kraft verhieß – ein gutes Omen für alle Beteiligten.[741]

Plinius ist auch der einzige Autor, der sich für die weitere Geschichte des Obelisken interessiert. Sein Hinweis darauf, dass der Gnomon schon seit 30 Jahren nicht mehr richtig funktioniere, datiert den Fehler mindestens bis in die 40er Jahre des ersten Jahrhunderts zurück, vielleicht sogar noch weiter. Plinius wägt unterschiedliche Erklärungen des Fehlers gegeneinander ab, darunter veränderte Positionen von Sonne und Erde zueinander sowie Einflüsse der stadtrömischen Umwelt (Erschütterungen, Überschwemmungen). Der astronomischen Richtigkeit des reformierten julianischen Kalenders scheint er sich dabei so sicher zu sein, dass er kalendertechnische Ursachen ausschließt.

Eine derartige Erklärung hätte er für die falsch gehenden Sonnenuhren Roms nicht durchgehen lassen. Damals war es nach seiner Darstellung das Unvermögen der damaligen Bewohner Roms gewesen, das sie eine unzureichende Technik hatte benutzen lassen.[742] Das Vermögen des Gnomons, die richtige Zeit anzuzueigen, stellt er an keiner Stelle in Frage – der Fehler musste in der beobachteten Natur liegen, die Messung war offenbar über jeden Zweifel erhaben. Die hier implizierte Kategorie der

---

739 Macr. Sat. 1, 14, 2.

740 Liv. 9, 46, 1.

741 Man denkt an Junkturen wie *facundus Ulixes* (Ov. met. 13, 92 u. ö.) und an den Freigelassenen, der zum Senator aufsteigt und den passenden Namen *Novius*, „Herr Neumann" trägt (Hor. sat. 1, 6, 40).

742 Dazu oben S. 86 ff.

Genauigkeit für die Beurteilung der Instrumente der Zeitordnung zieht sich durch Plinius' Schriften zur Zeitordnung; sie ist *seine* Kategorie. Andere Autoren traktieren weit häufiger die *neglegentia*, wo die Frage nach der Genauigkeit nicht dem Instrument, sondern der menschlichen Handhabung der jeweiligen Praktik gilt.

5.4.2. Sueton: *neglegentia* und *ordinatio*

C. Suetonius Tranquillus (um 70 – nach 130 n. Chr.) handelte im achten Buch seines *Pratum de rebus variis* vom „Jahr der Römer".[743] Das Werk ist zum großen Teil verloren; lediglich die Suda überliefert eine Liste von 10 Titeln in 12 Büchern.[744] Unter Berufung auf die Tradition enzyklopädischer Werke hat della Corte postuliert, dass das *Pratum* mehr als 10 und vermutlich (wie später Gellius' *Noctes Atticae*) 20 Bücher umfasst habe.[745] Sicher bezeugt ist die Darstellung der Tagesqualitäten im achten Buch.[746] Mit Varro teilte Sueton die Konzentration auf Rom.

Nach den Rekonstruktionen sind auch Suetons erhaltene Abhandlungen über die *Viri illustres* ein Teil des *Pratum* gewesen. Einige Bemerkungen in ihnen weisen inhaltlich auf den Themenkreis von *De anno Romanorum* hin und finden sich in dieser Ausführlichkeit nur bei ihm. Es handelt sich dabei um die Beschreibungen der kalendarischen Eingriffe durch Numa, Caesar und Augustus sowie die Aufführung der Monatsumbenennungen in den Kaiserviten.[747] Suetons Bemerkungen über die spezifische Datierweise von Augustus, den exakten Geburtstermin Neros, die zeitliche Fixierung der Säkularspiele usw. dokumentieren eine ausgesprochene Sensibilität für Datierungsfragen.[748] Das Werk wurde noch im dritten nachchristlichen Jahrhundert von Solinus in seinen der Buntschriftstellerei zuzurechnenden *Collectanea* sowie in den enzyklopädischen Schriften Isidors v. Sevilla aus dem sechsten Jahrhundert intensiv

743 Die Fragmente von *De anno Romanorum* (durchgehend aus Isidor) bei Reifferscheid, 113–123. Einen Forschungsbericht bietet Schmidt, Sueton; hier S. 3807.

744 Suda 4, 581 (τ 895) Adler.

745 Francesco della Corte, Suetonio eques Romanus, Florenz ^{2}1967, darin s. 233–245: Le opere minori di Suetonio e l'enciclopedia dei ‚Prata' (Erstdruck in RAI 1940).

746 Prisc. gramm. 2, 387, 2–3 Keil.

747 Siehe Anm. 755.

748 Suet. Aug. 50, Nero 6, Claud. 21.

genutzt;[749] auch die Monatsdichtungen von Ausonius (310 – ca. 394) sind gelegentlich auf Sueton zurückgeführt worden.

Suetons Darstellung der augusteischen Kalenderkorrektur im *Pratum* ist nicht erhalten, so dass allein eine Notiz in seiner Augustusbiographie die Richtung seiner Überlegungen erahnen lässt:[750]

> Annum a Divo Iulio ordinatum, sed postea neglegentia conturbatum atque confusum, rursus ad pristinam rationem redegit. in cuius ordinatione Sextilem mensem e suo cognomine nuncupavit magis quam Septembrem quo erat natus, quod hoc sibi et primus consulatus et insignes victoriae obtigissent.
>
> („Das vom vergöttlichten Caesar geordnete, doch dann durch Nachlässigkeit wieder völlig durcheinander geratene Jahr brachte er von neuem in seine frühere Ordnung. Bei dieser Regulierung benannte er lieber den Monat *Sextilis* als den September, in dem er geboren war, nach seinem *cognomen*, weil ihm im *Sextilis* sowohl das erste Konsulat als auch entscheidende Siege zuteil geworden waren.“)

Im ersten Teil überträgt Sueton das alte, schon bei Cicero beobachtete *neglegentia*-Motiv auf die neue Situation. Cicero hatte *neglegentia* als Ursache der vorreformatorischen Kalenderprobleme bezeichnet und damit indirekt Caesar angegriffen. Jetzt gilt die Anschuldigung Caesars Nachfolgern in der Kalenderaufsicht, die seine Reform nicht begriffen hätten; ist sie konkret zu verstehen, können damit nur M. Aemilius Lepidus und das Priesterkollegium seiner Zeit gemeint gewesen sein.[751] Dieser *neglegentia* sind beide Julier durch *ordinatio* und *ratio* entgegengetreten. In variierender Wiederholung hält Sueton den Wechsel von Chaos und Ordnung in der Zeitordnung fest. Die wieder hergestellte *ratio* ist allerdings nicht mehr die natürliche Ordnung, an die Cicero bei seinem Tadel dachte, sondern diejenige Caesars, ein menschengemachtes Maß.

Im zweiten Teil paraphrasiert Sueton den Senatsbeschluss zur Monatsumbenennung, der so zur direkten Folge der Kalenderkorrektur wird.[752] Die Monatsumbenennung durch Augustus erscheint in diesem Zusammenhang nicht als zusätzliche – und vielleicht kritikable – Ehrung, sondern als konsequente Fortsetzung des Ordnungsprozesses, in dem jeder, der die *neglegentia* überwindet und die Zeit auf ihre *ratio* zurückführt, Anspruch auf einen Platz im kollektiven Gedächtnis erwirbt. Die Umbe-

749 Zur Benutzung in der Antike s. Schmidt, Sueton, 3812; sogar eine griechische Ausgabe wurde vermutet (Schmidt, S. 3817). Zu Solinus s. Walter, Collectanea; zu Solinus und Plinius s. Borst, Buch, 41–42.

750 Suet. Aug. 31, 2.

751 Zu Lepidus s. oben S. 238 und Anm. 621.

752 Siehe dazu oben S. 241 ff.

nennung des *Quinctilis* in *Iulius* (44 v.)[753] und des *Sextilis* in *Augustus* (8 v.) aktualisiert die Verdienste beider Julier um die Zeitordnung Roms in jedem Jahr. Spätere Kaiser, die ohne entsprechende kalendarische Verdienste Monatsnamen für sich beanspruchten, konnten ihre Benennungen auf Dauer nicht durchsetzen: Es brauchte also neben aller Panegyrik auch eine gewisse Verankerung der Ehrung im konkreten politischen Handeln, um der Umbenennung Beständigkeit zu verleihen.[754]

6. Der römische Kalender in der späteren Literatur

6.1. Censorinus: Lebenszeit und Zeitordnung

Im dritten nachchristlichen Jahrhundert verfasste der sonst unbekannte Censorinus eine kleine Monographie *De die natali.* Sie ist dem ebenfalls nicht weiter bekannten Redner und Ritter Caerellius anlässlich seines 49. Geburtstags im Jahr 238 n. Chr. gewidmet und schöpft vermutlich viel aus älteren Quellen, namentlich aus Varro.[755]

Nach dieser inhaltlichen Abhängigkeit von Varro wird Censorinus beurteilt; der Aufbau seiner kleinen Schrift jedoch ist wirklich originell. Er stellt den Geburtstag eines Menschen als Schnittpunkt individueller und gesellschaftlicher Zeit dar; dementsprechend zerfällt sein Werk in zwei Hälften: Kap. 1–14 handeln von der geordneten ‚harmonischen' Entwicklung des Individuums von der Zeugung bis zum Tod, wobei Varro und Pythagoras seine wichtigsten Quellen bilden, 16–24 von den kulturell und astronomisch definierten Gliederungen der Zeit vom *aevum* bis zur *hora,* deren inhaltlicher Bestimmung und jeweiligen Geschichte er nachgeht. In der logischen Mitte des Buches (Kap. 15) steht ein Lobpreis des Adressaten, dessen Lebensstufen kurz in Anlehnung an das referierte Modell und an berühmte Vorbilder dargestellt werden.

753 Die Umbenennung erfolgte vermutlich noch zu Caesars Lebzeiten zu Beginn des Jahres 44; sie wird erstmalig in Datierungen vom Juli/*Quinctilis* 44 v. Chr. greifbar. Gesche, Vergottung, 73–74. Weinstock, Divus, 152–158.

754 So schon Cens. 22, 16–17. – Sueton erwähnt die Monatsumbenennungen in Iul. 76, Aug. 31, Tib. 26, 2; Cal. 15, 2; Nero 55, Dom. 13, 3. Vgl. Saldern, Bemerkungen (mit weiterer Literatur).

755 Zur Biographie s. Wissowa, Censorinus, und jetzt K. Sallmann in HLL4 (1997) § 441.

An der Gelenkstelle zwischen beiden Hälften schiebt er den Werktitel[756] ein, bemüht sich aber vor allem darum, über den Begriff des andauernden Ruhms den Bogen von der individuellen Fortdauer zur zeitlichen Konstituierung des Staates zu spannen, der die zweite Hälfte seines Werkes gilt. Zuerst spricht er der Redekunst des Caerellius in topischer Weise Ewigkeitswert zu:[757]

> de eloquentia quoque sileo, quam omnia provinciarum nostrarum tribunalia, omnes praesides noverunt, quam denique urbs Roma et auditoria sacra mirata sunt. haec se et ad praesens et in futura saecula satis ipsa nobilitat.
>
> („Von deiner Redekunst aber, die an allen Gerichtshöfen unserer Provinzen und bei allen Statthaltern bekannt ist und die sogar die Stadt Rom und ihr ehrwürdiges Publikum bewundert haben, schweige ich. Sie sichert heute und in künftigen saecula sich selbst Ruhm zu Genüge.“)

Dann wendet er sich den Zeiten zu, ausgehend von ihrer größten vorstellbaren Ausdehnung, der Ewigkeit, bis hin zu den Zeiten des Tages:[758]

> tempus autem non diem tantummodo vel mensem vel annum vertentem appello, sed et quod quidam lustrum aut annum magnum vocant et quod saeculum nominant.
>
> („Zur ‚Zeit‘ rechne ich nicht nur den Tag und den Monat und das laufende Jahr, sondern auch das, was die Leute als ‚Lustrum‘ oder ‚großes Jahr‘ bezeichnen und was sie ‚Zeitalter‘ nennen.“)

Die Dauer des Ruhms wird in allen ihren Momenten durchbuchstabiert. Das *saeculum* dient hier nicht mehr zur Bekräftigung und Bestätigung der *gloria*, sondern wird selbst zum Untersuchungsgegenstand. Das Buch endet pointiert mit den bewegungslosen Stunden der tiefen Nacht; ein Epilog, wie er seit Wissowa gelegentlich vermisst wurde, scheint mir hier nicht nötig.

Beim absteigenden Durchgang durch die verschiedenen Zeiteinheiten demonstriert Censorinus am Beispiel des aktuellen Jahres sieben verschiedene gültige Datierungsweisen (Kap. 21): nach Konsuln, Olympiaden, nach der Stadtgründung Roms, nach der Einführung des julianischen Kalenders, nach Kaiserjahren, nach ägyptischer und griechischer Rechnung – ein Datierungsmarathon, der nicht nur Kenntnisse der mathematischen Chronologie, sondern vor allem auch das Bewusstsein davon vor-

756 Cens. 16, 1 *Nunc vero quatenus de die natali scribo.*
757 Cens. 15, 6.
758 Cens. 16, 2.

aussetzte, dass die kalendarische Ordnung des Lebens menschengemacht, politisch geprägt und örtlich gebunden war.[759]

Censorinus referiert die Geschichte des römischen Kalenders, die für ihn mit Caesars Kalenderreform endet.[760] Er sagt also nichts zur augusteischen Kalenderkorrektur – sei es, dass sie ihm irrelevant erschien, sei es, dass er seiner Hauptquelle Varro treu blieb, die zu diesem Punkt nichts hergab. Aus seiner Sicht stellen die fehlerhaften durch *odium* oder *gratia* verursachten Interkalationen das größte Problem des republikanischen Kalenders dar.[761] Dabei erscheint Caesar in überaus positivem Licht; seine Reform gilt als Konsequenz einer richtigen Amtsführung, ohne dass ihm die vorangegangene und ebenfalls von ihm verursachte Kalenderverwahrlosung angekreidet würde. Durch seine Reform habe er die Fehler der Vergangenheit korrigiert und Vorsorge für die Zukunft getroffen.[762]

6.2. Macrobius: Eine kritische Würdigung der römischen Kalenderpolitik

Die *Saturnalia* des Ambrosius Macrobius Theodosius (nach 410 n. Chr.) sind formal der dialogischen Symposienliteratur, inhaltlich der Buntschriftstellerei zuzurechnen, wobei der Autor selbst in der Widmung an seinen Sohn Eustachius den pädagogischen Impetus hervorhebt.[763] Das Hauptthema der *Saturnalia*, die Vergilerschließung, tritt im ersten Buch in den Hintergrund; deutlich greifbar sind dagegen eigene religionsgeschichtliche und astronomische Interessen des Autors, wie sie auch der spätere Kommentar zum *somnium Scipionis* erkennen lässt.

An früher und prominenter Stelle der *Saturnalia* widmet Macrobius sich Caesars Kalenderreform, ihrer Geschichte und ihren gesellschaftlichen Folgen. Zu diesem Zweck ist in ein Gespräch über das Saturnalienfest ein längerer, für die Symposienliteratur durch Thema und monologische Struktur untypischer Vortrag eingefügt. Als Redner wird der Gastgeber

---

759 Aufgegriffen und überboten in Joseph Scaligers *Opus de emendatione temporum*, das in weiten Teilen einen Kommentar zu Censorinus bietet: Scaliger hat mehr als 20 Datierungsweisen für ein Datum zusammengetragen. Vgl. dazu Grafton/Swerdlow, 454.

760 Cens. 20, 8–11.

761 Cens. 20, 7.

762 Cens. 20, 8.

763 Macr. Sat. praef. 4: *praesens opus non eloquentiae ostentationem sed noscendorum congeriem pollicetur.* Dazu Guittard, Macrobe, X f., XII f.

Vettius Agorius Praetextatus (ca. 310–384) eingeführt, dessen *gravitas* und großes Wissen in religiösen Dingen – denen das Kalenderwesen hier zugeordnet ist – auch sonst betont wird.[764] Das Thema der Zeit war bereits zuvor in den Anmerkungen des Caecina Albinus über die Tageszeiten (1, 3–4) und in den Ausführungen über die Zeitgottheiten Saturn und Janus (1,7–9) angeklungen, als Praetextatus darum gebeten wurde, über die Ordnung des Jahres Auskunft zu geben (1, 12,1).

Dies tut er in den Kapiteln 12 bis 16, wobei er anfänglich personenorientiert und chronologisch, dann nach Problemkreisen vorgeht: Zuerst widmet er sich dem Kalender des Romulus (1,12), dann Numa (1,13), zuletzt Caesar und Augustus (1,14), wobei er wiederholt auf den ägyptischen und die griechischen Kalender verweist (1,12 und 1,15). Neben den Personen stehen einzelne, in der älteren Literatur vielfach behandelte Themen, so die Herkunft der Monatsnamen (1,12), die Notwendigkeit der Interkalation (1,13), die Modalitäten der caesarianischen Reform (1,14) sowie die Tagesqualitäten der Kalenden, Nonen und Iden, der *dies fasti* und *nefasti* (1,15 und 1,16).[765] Daran schließt sich eine umfängliche Abhandlung (1,17–1,23) zu antiken Göttern mit solarem und zeitlichem Charakter an, die den Bogen zurück zu der Beschreibung von Janus und Saturn (1,7–9) schlägt.

Macrobius' Quellen sind sicher in der älteren antiquarischen Literatur zu suchen. Manche von ihm genutzten Werke standen auch Censorinus und Solinus zur Verfügung; die Forschung hat versucht, bei der Quellensuche bis auf Varros *Antiquitates* und Suetons *De anno Romanorum* oder von ihnen abhängige kompilierende Schriften zurückzugehen. Aufgrund der schlechten Überlieferungslage sind Beweise hier jedoch nicht schlüssig zu führen.[766]

764 Macr. Sat. 1, 7, 17: *sacrorum omnium unice conscius;* vgl. Sat. 1, 11, 1. Knappe Charakterisierungen aller Gesprächsteilnehmer bieten Davies und Guittard in den Einleitungen ihrer Ausgaben: Davies, Macrobius, 3–13; Guittard, Macrobe, XIV-XIX.

765 Bis hier wird von Wissowa alles einer einzigen gemeinsamen Quelle mit wenigen Ergänzungen (Sat. 1,12, 20–29; 1,14, 4–5; 1,16, 12; 1, 16, 26; 1,16, 37-Ende) zugeschrieben, die auch von Censorinus und Solinus genutzt wurde. Georg Wissowa, De Macrobii Saturnaliorum fontibus capita tria. Dissertatio inauguralis ... Breslau, 1880, 26.

766 Forschungsübersicht zur Quellendiskussion für die Darstellung des Kalenders bei Macrobius in Bevilacqua, Introduzione, 106–109; Guittard, Macrobe, XXI-XXIV.

Für die Beschäftigung mit der Zeitordnung sind die Kapitel 1,12–16 zentral, da hier nicht nur eine Entwicklung referiert, sondern auch in ihren gesellschaftlichen Konsequenzen beurteilt wird. Ein vergleichbares Bemühen deutete sich bereits bei Plinius d.Ä. an. Die zwischen Plinius und Macrobius liegenden Texte sind aber zu schlecht überliefert, als dass man hier eine kritische Auseinandersetzung mit der Reform über die Jahre beobachten könnte. Damit bleibt in vielen Fällen auch unklar, ob die in den *Saturnalia* formulierten Urteile tatsächlich dem durch die Erfahrung von 400 Jahren geschärften Blick Macrobius' oder nicht doch eher einem seiner Vorgänger zuzuschreiben sind.

In der Einführung markiert Praetextatus die beiden Bezugsgrößen der Kalenderrechnung: die Ägypter, die als Einzige einen vollkommenen, d.h. dem Sonnenlauf entsprechenden Kalender zu berechnen in der Lage sind, und die Griechen, an denen die frühen Römer sich orientierten, deren Kalender jedoch Irrtümer aufwiesen, denen die Römer selbst bei der Übernahme noch weitere hinzufügten.[767] Caesar ist derjenige, der die römische Zeitrechnung endlich richtig, d.h. am ägyptischen Modell ausgerichtet hat.[768]

Der vorcaesarianische römische Kalender war nicht nur mathematisch fehlerhaft, er wurde auch durch menschliches Handeln noch ungenauer. Macrobius schreibt:[769]

> Verum fuit tempus, cum propter superstitionem intercalatio omnis omissa est: nonnumquam vero per gratiam sacerdotum, qui publicanis proferri vel inminui consulto anni dies volebant, modo auctio modo retractio dierum proveniebat, et sub specie observationis emergebat maior confusionis occasio.

(„Es gab wirklich eine Zeit, als aufgrund von Aberglauben jegliche Schaltung unterlassen worden ist. Bisweilen aber kam es durch die Gunst der Priester,

767 Macr. Sat. 1, 12, 1–2 und Sat. 1, 12, 11.

768 Dieses bereits anfänglich formulierte Urteil bietet ein gutes Argument dafür, den viel diskutierten, von Eyssenhardt 1868 abgelehnten, von Willis 1994 wieder aufgenommenen *error* in Sat. 1, 14, 13 endgültig als Fehlschreibung abzulehnen – Macrobius lobt Caesars Handeln, er ist weit davon entfernt, es als *error* zu bezeichnen. Mir scheint es plausibel, an dieser Stelle mit O. Zwierlein (briefliche Mitteilung, 5.3.2010) einen Verdrängungsfehler anzunehmen, der zur Ersetzung des ursprünglichen *ordo* durch den folgenden *error* geführt hat. Zu lesen wäre also: *ordo* (statt *error*) *huc usque stare potuisset, ni sacerdotes sibi errorem novum ex ipsa emendatione fecissent. Ordo* (als *ordo vitae, ordo temporum* u.ä.) ist neben *ratio* die übliche Bezeichnung der kulturellen Zeitordnung; vgl. dazu hier S. 33ff und Anm.713, vgl. auch Macr. Sat. 1, 16, 39.

769 Macr. Sat. 1, 14, 1.

die den Steuerpächtern absichtlich die Tage des Jahres ausdehnen oder verringern wollten, zu einer Erhöhung oder Verringerung der Tagesanzahl. So entstand unter dem Anschein der pflichtgemäßen Handhabung eine bessere Gelegenheit zur Regellosigkeit.")

Macrobius nennt zwei zentrale Beweggründe für das Aufkommen von Differenzen zwischen *annus naturalis* und *civilis:* den Aberglauben, der die Schaltung verhinderte, und die konkrete Vorteilsnahme durch die zuständigen Priester. Deutlicher als alle Vorgänger analysiert er die Vorgänge, die sonst im vergleichsweise euphemistischen Begriff der *neglegentia* zusammengefasst wurden. Man darf annehmen, dass sich auch hinter den älteren Beschreibungen des pontifikalen Handelns als *neglegentia* häufig genug der Ärger der jeweils Unterlegenen über die ungünstige Schaltung verbirgt.[770]

Caesars Eingreifen in diese Art der Kalendergestaltung bedeutete einen Zwang, der hier positiv beurteilt wird, insofern er eine verlässliche Ordnung begründete.[771] Auch dieses Urteil ist bereits vor Macrobius formuliert worden; bei Sueton und Solin klingt es in der Gegenüberstellung von *neglegentia* und *ordo* an.[772] Dabei hebt Macrobius besonders die konservative Grundhaltung der Reform hervor, die dazu führte, dass Caesar ihre Folgen als nur geringfügige Eingriffe darstellen konnte.[773] Er habe stets *stata sacra custodiens* gehandelt, „in dem Bemühen, die Daten, die für religiöse Feste festgelegt waren, zu erhalten". Seine Maßnahmen seien nicht nur als Bemühungen um mathematische Korrektheit, sondern auch als Fixierung und Stärkung von Traditionen zu verstehen. Konkret nennt Macrobius Caesars Maßnahmen, die typische Monatslänge von maximal 31 Tagen beizubehalten, Gradzahligkeit bzw. Ungradzahligkeit der Monatstage nicht zu verändern und die Tagespositionen innerhalb der religiös bedeutsameren ersten Monatshälfte zu bewahren.[774]

770 Cic. leg. 2, 29; Suet. Iul. 40, 1; Sol. 1, 43, Cens. 20, 7 ; Amm. 26, 1, 12. Rüpke, Kalender, 320 geht noch weiter zurück und fixiert als *terminus post quem* für die Entstehung des Vorwurfs eine entwickelte Geldwirtschaft, wie sie in Rom seit dem 3. vorchristlichen Jahrhundert existierte.

771 Macr. Sat. 1, 14, 2: *omnem hanc inconstantiam temporum vagam adhuc et incertam in ordinem statae definitionis coegit.*

772 Sol. 1, 44: *C. Caesar universam hanc inconstantiam incisa temporum turbatione composuit.* Zu Sueton s. oben S. 256ff.

773 Macr. Sat. 1, 14, 13: *sic annum civilem Caesar habitis ad limam dimensionibus constitutum edicto palam posito publicavit.* Ich schließe mich der von Willis aufgenommenen Lesart *ad limam* an (gegen *ad lunam*, zuletzt bei Ideler) vgl. Malitz, Kalenderreform, dort Anm. 78.

774 Macr. Sat. 1, 14, 7.

Neben diesen konservativen Tendenzen bei gleichzeitigem Bemühen, der alten Beliebigkeit und Vorteilsnahme ein Ende zu machen, betont Macrobius noch ein strategisches Moment in der Definition der Tagesqualitäten durch Caesar: Dieser hatte durch die Einfügung aller neuen Tage in die zweite Monatshälfte die Möglichkeit gewonnen, sie alle als Werktage (*fasti*) zu kennzeichnen, d. h. weder als Feiertage (*feriae*) noch als Versammlungstage (*comitiales*). Im Ergebnis liege dadurch eine kalkulierte Erhöhung der Arbeitszeit und besonders der Gerichtstage vor, ohne dass die Zeiten für politisches oder religiöses Handeln in gleichem Umfang mit ausgedehnt worden wären.[775]

Auf die augusteische Kalenderkorrektur geht Macrobius nur kurz ein, wobei ihn die Genese des Fehlers weit mehr interessiert als die Durchführung und Vermittlung der Korrektur. Sein Vokabular trägt jedoch möglicherweise noch eine Reminiszenz an eine visuelle Darstellung der Kalenderreform in sich: In ganz unüblicher Weise spricht er davon, dass Tage aus dem Jahr „herauswachsen" (*excrescere*) und wieder „verschlungen werden" (*devorari*). Diese organische Begrifflichkeit ist sonst nirgends nachweisbar. Ich möchte vorschlagen, in ihr die Spuren einer bildlichen Vorstellung oder Darstellung zu erkennen, die das Verhältnis von Kalender und Sonne als ein Wechselspiel nach dem Modell der belebten Natur erfasst. Hinter einem derartigen Bild könnte die Beobachtung des Schattens auf dem Marsfeld stehen, der gelegentlich über die Grenze hinauswächst, die ihm durch die Skala am Boden gesetzt ist, und dann wieder in seine Grenzen verwiesen wird:[776]

> Sed hunc quoque errorem sero deprehensum correxit Augustus, qui annos duodecim sine intercalari die transigi iussit, ut illi tres dies qui per annos triginta et sex vitio sacerdotalis festinationis excreverant sequentibus annis duodecim nullo die intercalato devorarentur. Post hoc unum diem secundum ordinationem Caesaris quinto quoque incipiente anno intercalari iussit, et omnem hunc ordinem aereae tabulae ad aeternam custodiam incisione mandavit.[777]

> („Aber diesen spät bemerkten Irrtum korrigierte Augustus, der befahl, dass zwölf Jahre ohne Schalttag durchgeführt werden sollten, damit jene drei Tage,

---

775 Macr. Sat. 1, 14, 12.

776 *Excrescere* und *devorare* bezeichnen ursprünglich konkrete Vorgänge aus dem Bereich des Lebendigen. Der ThlL charakterisiert den Transfer des Begriffs *excrescere* in den unbelebten Bereich als Abschwächung der konkreten Bildlichkeit, nicht – wie es hier erscheint – als Verlebendigung des Kampfes von Schatten und Licht.

777 Macr. Sat. 1, 14, 13–15.

die für 36 Jahre durch den Fehler priesterlicher Übereilung ‚herausgewachsen' waren, von den folgenden zwölf Jahren ohne jeden Schalttag wieder ‚verschlungen' würden. Danach befahl er, dass ein Tag gemäß Caesars Anordnung am Beginn jedes fünften Jahres eingeschaltet werden solle, und ließ diese ganze Ordnung auf einer Metalltafel zur ewigen Beachtung gravieren.")

6.3. Ausblick: Verfahren und Struktur späterer Kalenderreformen

Ein Blick auf spätere Kalenderreformen hilft, Caesars Reform angemessen zu würdigen. Eine neuere Arbeit über den französischen Revolutionskalender trägt den eindeutigen Untertitel: „Planung, Durchführung und Scheitern einer politischen Zeitrechnung".[778] Der französische Kalender ist ebenso wie der russische Revolutionskalender nach nur wenigen Jahren gescheitert; die geplante Dezimaluhr wurde im nachrevolutionären Frankreich gar nicht erst eingeführt. Bereits die vergleichsweise winzige gregorianische Kalenderkorrektur um 10 Tage hatte bei vielen Menschen den Eindruck hinterlassen, ihnen sei Zeit gestohlen worden. Sie benötigte ein halbes Jahrtausend und den steten Druck der katholischen Kirche, um sich durchzusetzen. Vor diesem Hintergrund lohnt es sich, mit Macrobius danach zu fragen, was Caesar anders gemacht hat: Wieso hatte er einen solchen Erfolg?

Die Forschung hat gelegentlich konstatiert, dass Caesars Reform kaum (überlieferten) Widerspruch hervorgerufen hat, und dies als ein Zeichen grundsätzlicher Zustimmung der relevanten gesellschaftlichen Kräfte gedeutet. Die späteren Darstellungen der caesarianischen Kalenderreform lassen jedoch erahnen, dass nicht nur die Terminplanung, sondern auch die Struktur und Kommunikation der Reform strategisch äußerst klug angelegt waren. Dadurch, dass Caesar alle Schalttage in das letzte Jahr des alten Kalenders verlegt hatte, ließ er es als *annus confusionis ultimus* erscheinen,[779] in dem alle Mängel kulminierten, während kurz darauf der neue ‚julianische' Kalender nahezu unmerklich beginnen konnte. Dadurch, dass Caesar so viel Energie darauf verwendet hatte, die Benennung der Tage

---

778 Michael Meinzer, Der französische Revolutionskalender (1792–1805). Planung, Durchführung und Scheitern einer politischen Zeitrechnung, München 1992 (Ancien Régime. Aufklärung und Revolution, 20). Eine pointierte kritische Auseinandersetzung mit der französischen ‚Kalenderrevolution' bietet Borst, Kalenderreform, 763–768.

779 Macr. Sat. 1, 14, 3.

und selbst den Ort der jetzt minimalen Schaltung unverändert zu lassen, wirkte die Reform geringer, als sie war; dadurch, dass die Schaltmonate auf die Monate verteilt und als einzelne Tage in sie integriert wurden, konnte subjektiv das Gefühl entstehen, mehr Zeit zur Verfügung zu haben als vorher. Die Religionsausübung beeinträchtigte sie nicht; spürbare Einschnitte gab es allein im politischen und wirtschaftlichen Bereich, wo die beliebige Schaltung ein machtvolles Instrument dargestellt hatte. Wie wenig die altüberlieferte Struktur der Kalenden, Nonen und Iden und der durch sie definierten Tagzählung mit Caesars Kalender zu tun hatte, zeigt sich am deutlichsten darin, dass sie in der frühen Kaiserzeit durch die Wochengliederung des Monats verdrängt werden konnte, ohne den caesarianischen Kalender nennenswert zu beschädigen.

Die französische Reform dagegen konnte sich auf keine vergleichbare astronomische Notwendigkeit berufen, die die Kalenderreform nötig gemacht hätte, so dass ihre Ausgangsposition eher mit derjenigen des Augustus zu vergleichen wäre. Anders als Augustus vermochte sie es jedoch nicht, die neue Zeitordnung in einem Symbol zu konkretisieren, das ihr Handeln gleichermaßen legitimiert und veranschaulicht hätte.

Auch ihr war keine allgemein spürbare kalendarische *confusio* vorausgegangen. Strukturen wie die Woche, Tages- und Monatsnamen wurden unter den Prämissen der Rationalisierung und Entkirchlichung aufgegeben, ohne zu berücksichtigen, dass mit dem historischen ‚Ballast' auch alle alltagsrelevanten Orientierungspunkte verloren gingen. Im Gegensatz zur julianischen Reform durchlief der Reformationskalender einen jahrelangen Diskussions- und Abstimmungsprozess, der gemeinsam mit dem Bemühen, den Kalender von Grund auf und bis ins letzte Detail neu zu regeln, eine große Menge an wechselnden Vorschriften erzeugte, die die praktische Umsetzung nahezu unmöglich machte. Gewohnheiten und religiöse Bedürfnisse wurden in keiner Weise berücksichtigt.

Die Kehrseite der Kompromisse, die Caesar eingegangen ist, um seinen Kalender durchsetzbar zu machen, wird in den bis heute immer wieder aufflammenden Diskussionen um eine Weltkalenderreform deutlich. Ein auf die Überlegungen von Marco Mastrofini[780] zurückgehender, zuletzt am 30.10.1953 von Indien vor die UN gebrachter Vorschlag sieht einen Kalender vor, der Monate zu 30 und 31 Tagen aufweist, gleichlange Vierteljahre von je 91 Tagen, einen fixen Jahresbeginn am Sonntag sowie 1–2

780 Der italienische Abt und Universalgelehrte Mastrofini (1763–1845) entwickelte 1843 in seiner Schrift „Amplissimi frutti da raccogliere sul calendario Gregoriano" die Grundlagen des sogenannten Weltkalenders.

außerhalb der Kalender- und Wochenordnung stehende Feiertage – ein Modell, das dem ägyptischen Vorbild Caesars außerordentlich nahe kommt. Als Argumente für die Neuordnung benennt der Antrag zahlreiche Mängel des julianischen Kalenders, wobei er vor allem ökonomisch und dort besonders mit den variablen Monatslängen argumentiert:[781] Die Monate, Viertel- und halben Jahre sind im gregorianisch-julianischen Jahr von ungleicher Länge; ebenso differiert die Anzahl der Werktage pro Monat. Dadurch würden ökonomisches Handeln und vergleichende Statistik stark erschwert. Die Inkongruenz von Woche und Jahr erfordere jedes Jahr neue Abstimmungen für die Daten periodischer Ereignisse und stelle einen unnötigen Aufwand dar.

Die US-amerikanische Ablehnung, die den Antrag scheitern ließ, konzentrierte sich auf religiöse Argumente: Die Existenz eines Tages, der keiner Woche zugehört, beschädige den Siebentagezyklus der Woche; die Erhaltung der jüdisch-christlichen Siebentagewoche mit dem Sonntag sei jedoch ein zentrales Anliegen der Vereinigten Staaten.[782] Die Orientierung an den Gestirnen, die der letzte und entscheidende Bezugspunkt aller antiken Diskussionen war, spielt hier sichtlich keine Rolle mehr.

7. Fazit: Zentrale Themen und Begriffe der römischen Kalenderdiskussion

Thema des vorangegangenen Kapitels war die Kalenderdiskussion in Rom. Im Umfang, der chronologischen Ausdehnung und in der Anzahl der behandelten Texte übertrifft es alle anderen, was letztlich weniger dem Überfluss als einem entscheidenden Mangel zuzuschreiben ist: Ich habe eingangs auf das Fehlen der beiden wichtigsten Texte bzw. Textcorpora, die caesarianischen Kalenderschriften und Varros *Antiquitates*, hingewiesen. Die Rekonstruktion ‚von den Rändern her' erfordert ein viel weiter ausgreifendes Vorgehen, als nötig wäre, wenn die zentralen Texte vorlägen. Was hat sie erbracht?

781 Das Dokument ist im Internet unter http://www.geocities.com.peacerusader888/un.htm zugänglich (UN Economic and Social Council, E/2514 vom 30.10.1953, zuletzt eingesehen am 10.12.2005).

782 Die Antwort von Henry Cabot Lodge Jr. an den Generalsekretär der Vereinten Nationen, Dag Hammarskjöld ist im Internet unter http://personal.ecu.edu/mccartyr/Lodge.html zugänglich (Auszug aus dem U.S. Department of State Bulletin, 11.04.1955, p. 629; eingesehen am 10.12.2005).

Es hat sich gezeigt, dass im letzten vorchristlichen Jahrhundert in Rom ein intensiver Verschriftlichungsprozess der verschiedenen Kalender und Chronologien stattfand. Auch das Wissen um den ‚genauen' Kalender, d. h. um die astronomischen Daten, die nötig sind, um einen Kalender zu konstruieren, der mit dem Mond- und dem Sonnenjahr in Übereinstimmung gebracht werden kann, war zugänglich – allerdings nur in griechischer Sprache, was aber den Rezipientenkreis nicht weiter einschränken dürfte, da die Frage nach einem ‚richtigen' Kalender immer nur die der stadtrömischen Oberschicht war. Der singuläre Fund des Antikythera-Instruments zeigt an, dass die Rolle von Instrumenten und Modellen in diesem Prozess der ‚Zeitfindung' nicht zu hoch veranschlagt werden kann. Sie transportierten ein Wissen, das nicht notwendigerweise mit dem verschriftlichten identisch war, und dienten zugleich als Sinnbild der schöpferischen Potenz des Menschen – ein Motiv, das bei den Uhren bereits anklang.

Durch alle Darstellungen des römischen Kalenderwesens ziehen sich zwei Argumentationslinien, die ich als ‚kosmisch' und ‚pragmatisch' apostrophieren möchte. Die ‚kosmische' beschreibt die irdische Zeitordnung als Abbild der kosmischen Ordnung. Hier ist das Sonnenjahr das ideale Maß, dem der Kalender unter Nutzung astronomischen Wissens angenähert werden soll. Instrument und Modell dienen sowohl als Konstruktionshilfen als auch als Sinnbild; die Genauigkeit (im Sinne einer exakten Korrelation himmlischer und irdischer Zeitabläufe) stellt einen hohen Wert dar. Beide oben erwähnten Bereiche – die Kenntnis des Kosmos, die Fähigkeit zum Instrumentenbau – werden hier über den Begriff der menschlichen *ratio* miteinander verknüpft. Sie ist es, die den Menschen zur Welterkenntnis befähigt. Die mit ihrer Hilfe entwickelte Zeitordnung (*ratio temporum*) ist Ausdruck seines schöpferischen, göttergleichen Vermögens.

Der ‚pragmatische' Argumentationsstrang konzentriert sich dagegen auf den Kalender als Organisationsinstrument des römischen Alltags, besonders des Festjahres, des juristischen und politischen Kalenders. Sein Leitbegriff ist derjenige der *traditio*; sein Begründungszusammenhang ist meist historisch. Eine Differenz zwischen Kalender- und Sonnenjahr wird in relativ großem Umfang toleriert: Der republikanische Kalender etwa besaß aufgrund seines Schaltmodus eine kontinuierliche Differenz zum Sonnenjahr, die regelmäßig bis auf 23 Tage anwuchs, und selbst darüber hinausgehende Abweichungen bis hin zu einem oder zwei Monaten scheinen keine sofortige Reaktion ausgelöst zu haben. Durch das neue

Schaltverfahren des julianischen Kalenders wurde die mögliche Abweichung auf maximal einen Tag reduziert.

Die Darstellung der julianischen Kalenderreform baute auf beiden Argumentationen auf, indem sie sowohl die Ausrichtung am kosmischen Maß der Sonne als auch die Bedürfnisse des *cultus* und die Reduktion von politischen Eingriffsmöglichkeiten in die Zeitordnung ins Feld führte, um das Ziel der besseren Korrelation von Kalender- und Sonnenjahr zu erreichen. Die überdimensionale Visualisierung der augusteischen Kalenderkorrektur kann man in ähnlicher Weise als einen Versuch verstehen, ‚kosmische' Kriterien in einen ‚pragmatischen' Kontext einzuführen, d.h. den Römern ein Problem anschaulich und dringlich zu machen, das sie ohne den Hinweis des augusteischen Gnomon vermutlich kaum bemerkt und sicher nicht für akut lösungsbedürftig gehalten hätten: Die fehlerbedingte Abweichung von drei Tagen dürfte für eine Kultur, deren Abläufe noch wenige Jahrzehnte zuvor mit einer dauerhaften Abweichung von mindestens 12 Tagen hatten organisiert werden müssen, unterhalb der Relevanzgrenze gewesen sein.

Die Zeitordnung verlor in der späten Republik ihre Konzentration auf Rom; andere Zeitordnungen gerieten in den Blick antiquarischer, historiographischer und ethnographischer Studien. Während für die Darstellung weit entfernter Orte und Zeiten dem eutopischen Motivgut große Bedeutung zuwuchs (s. Kap. V), entwickelte die Historiographie eigene Strategien des Umgangs mit fremden Zeitordnungen.

Kulturübergreifend verständliche Datierungen (v.a. die Olympiadenrechnung und die intensive Nutzung von Synchronismen) konnten sich dort in der römischen Literatur behaupten, wo die hellenistische Welt als Vorbild oder Zielgruppe präsent war; Fabius Pictor, vor allem aber Polybios zeigen dies deutlich. Beim weit überwiegenden Teil der römischen Autoren hatte die römische Jahreszählung Vorrang, genauer: die eponyme Datierung, die ein Höchstmaß an ‚Romzentrierung' bietet und dem Verständnis außerhalb Roms die größten Schwierigkeiten entgegensetzt. Beide Tendenzen, Übersetzung wie Romzentrierung, lassen sich bis ins Detail einzelner Texte nachzeichnen.

Am Beispiel von zeitlich und inhaltlich vergleichbaren Berichten über auswärtige Ereignisse, Caesars *Bellum Gallicum* und Ciceros Briefen aus Kilikien, habe ich gezeigt, wie der eine, Cicero, das römische Maß in penibelster Weise bewahrt und selbst dort, wo es kaum mehr möglich ist, noch um die Einhaltung der römischen Norm ringt, während Caesar sowohl den unterschiedlichen Aussagewert der verschiedenen römischen Datierverfahren nutzt als auch fremden Zeitordnungen mit dem Modus der Übersetzung begegnet – wobei er sich allerdings, eingedenk seiner römischen Leser, mit einer Übertragung in das heimische Zeitmaß begnügt.

V. Eutopische und dystopische Entwürfe der Zeitordnung

Selbständige utopische Erzählungen in einem der Neuzeit vergleichbaren Zuschnitt sind in der griechischen Antike selten, in der römischen nicht vorhanden. Eutopische Motive, d.h. ideale oder paradiesische Entwürfe einer denkbaren Lebensumwelt, und dystopische Bilder von Schreckensorten und Lebenshöllen sind jedoch selbstverständlicher Teil beider Literaturen.[783]

In allen Kulturen und Epochen findet sich das immer gleiche Substrat eutopischer Vorstellungen – ein lebensfreundliches Klima, ausreichend Nahrung, weder tierische noch menschliche Feinde, wenig oder keine Ar-

---

783 Ich benutze den Begriff „Utopie", wenn ich von der literarischen Gattung bzw. einem literarischen Motiv, das dieser Gattung typischerweise angehört, spreche; „Eutopie" und „Dystopie" charakterisieren die jeweilige – positive oder negative – Ausrichtung des Textes. Bei der Bestimmung des Utopiecharakters literarischer Darstellungen orientiere ich mich an den breiten Utopiedefinitionen der letzten Jahre, die allerdings alle eine starke Orientierung auf den Staatsroman hin zeigen und daher die Konstruktionsformen einer idealen Natur nicht weiter reflektieren. Zimmermann, Utopisches, 58–59, bietet einen sehr hilfreichen Kriterienkatalog, der besser als manche Definition dazu in der Lage ist, utopisches Gedankengut zu erfassen (stichwortartig zu benennen als: Staatswesen, Eudaimonie, Phantastik, Zeitkritik; räumliche oder zeitliche Distanz; Vermittlungsinstanz). Koch, Utopie, 402, definiert Utopien als „gesellschaftlich gerichtetes Wünschen, welches die gegenwärtige Befindlichkeit denkend durchbricht und in subjektiver Weise absolute Besserung gedanklich verwirklicht und bisweilen in Realität umsetzen will." Im Anschluss bestimmt er vier Utopietypen (Konstruktions- und Rekonstruktionsutopie, Flucht- und Erlösungsutopie), die sich für eine Systematisierung der dargestellten Zeitordnungen leider nicht einsetzen lassen. Zumschlinge, Utopie, bietet eine Definition, die für Staatsromane durchaus hilfreich, für Utopien aber viel zu eng gefasst ist („ein rational geplantes, intaktes Gemeinwesen, in dem im Gegensatz und wohl auch meist als Gegenbild zur Zeit des jeweiligen Autors, die wechselseitigen Beziehungen zwischen Staat (Polis) und Bevölkerung vollkommen sind"). Die von ihr entwickelten Kriterien orientieren sich stark an Platon; allgemein nutzbar sind „Wunschraum am Weltrand", „ideale Naturverhältnisse" und „Beschränkung in Einwohnerzahl und Größe". – Grundlegende Literatur zu antiken Utopien: Rohde, Roman, 178–309; Doren, Wunschräume; Ferguson, Utopias; Kytzler, Denken; Kytzler, Roman 7–16; Bichler, Insel. Keiner der Autoren befasst sich mit den spezifischen Zeitordnungen utopischer Entwürfe.

beit, Freiheit von Angst und Schmerz. Darüber hinaus können Eutopien auch eine spezifische zeitliche Ordnung aufweisen, womit *nicht* die Zeit als narrative Struktur, sondern die imaginäre Zeitordnung der Fiktion gemeint ist. Wie diese utopische Zeitstruktur in der antiken Literatur gestaltet worden ist, ist Gegenstand der folgenden Überlegungen.

Zwei Kategorienpaare helfen dabei, die formal heterogenen utopischen Texte zu gruppieren. Neben der schon erwähnten Ausrichtung der Utopien auf ein Wunsch- oder Schreckensbild ist es die Art der Zeitordnung, die eine Gliederung ermöglicht, und zwar danach, ob sie natürlich oder kulturell definiert, gegeben oder menschengemacht erscheint. Zur natürlichen Zeitordnung sind der Ablauf der Tage, der Jahreszeiten und Jahre sowie der Prozess des Alterns zu rechnen. Utopische Hoffnung zielt hier auf die Dehnung bzw. Verlangsamung aller Zeitabläufe oder – mit individuell vergleichbaren Konsequenzen – auf die Verlängerung des Lebens; idealiter richtet sie sich darauf, Lebenszeit und Weltzeit zu harmonisieren. Kulturelle Zeitordnungen dagegen basieren auf dem Bemühen, die natürliche Zeitordnung gedanklich nachzuvollziehen, um sie planbar zu machen und in die Organisation gesellschaftlicher Prozesse einbinden zu können. Sie sind auf Instrumente, Gesetze und Übereinkünfte angewiesen.

Eine ideale Zeitordnung kann in zwei Richtungen von der faktisch erlebten abweichen: in Hinsicht auf die kulturellen Konventionen, dann ist sie potentiell erreichbar, und in Hinblick auf ihre naturgegebenen Aspekte, dann ist sie per definitionem Fiktion und faktisch unerreichbar (was ihrem Vermögen, Wünsche und Ängste auszudrücken, keinen Abbruch tut). Um ein Beispiel zu geben: Ein anderer Kalender ist, wie Caesars Reform gezeigt hat, grundsätzlich möglich, ein längerer Tag, der Platz für alle Sehnsüchte böte, ist es nicht.

Auch für dystopische Zeitordnungen sind beide Ausrichtungen denkbar. Die dystopische natürliche Zeitordnung gehört zu einer Natur, deren Ordnung ‚aus dem Ruder' läuft bzw. in der keine Ordnungsstrukturen sichtbar werden – die tiefe Nacht, dunkle und kalte Klimate gehören dazu. Dystopische kulturelle Ordnungen, d. h. Beschreibungen von quälenden, Menschen in ihrer Entfaltung behindernden Zeitstrukturen scheinen mir in der Antike sehr selten zu sein; eine Analyse von Ovids Beschreibungen des ‚kalenderlosen Lebens' in der Verbannung kann gleichwohl eine Vorstellung davon vermitteln, wie und in welcher Weise Störungen der kulturellen Zeitordnung utopisch extrapoliert werden konnten.

Vorab ist noch auf ein methodisches Problem der Eutopie hinzuweisen. Eigentlich dürfte es in der Eutopie keine Zeitordnung geben, da der in ihr entworfene Zustand als bestmöglicher definiert ist. Jede Veränderung, jede

Entwicklung, ja: jede Bewegung wäre ein Eingeständnis davon, dass die Eutopie doch noch nicht den besten Zustand erreicht hätte. Ohne Veränderung kann es jedoch, wie alle Definitionen seit Aristoteles deutlich gemacht haben, keine Erkenntnis der Zeit geben.

Eine Eutopie müsste im Idealfall also derart statisch sein, dass die Dimension der Zeit in der Beschreibung keine Rolle mehr spielte; man kann hier von der Verweigerung der Zeitlichkeit als Grundkonstante aller Eutopien sprechen.[784] Es ist die Erzählung, die Veränderung und Zeit in die Eutopie hineinträgt. Wenn Zeitordnungen in Eutopien aufscheinen, dann sind sie also ‚Leihgaben' aus der erlebten Welt, extrapolierte Hoffnungen und Ängste, antiutopische Residuen des Lebens. Dieser innere Widerspruch prägt jede Eutopie. Als Wunschort wird sie räumlich oder zeitlich in sichere Ferne gerückt, während sie zugleich aufs engste mit den Erfahrungen, Hoffnungen und Ängsten ihrer Erzähler verbunden bleibt.[785]

1. Gute Ordnungen der natürlichen Zeit

Den größten Raum unter den Utopien nehmen die Paradiesschilderungen ein; anders gesagt: die literarische Darstellung von Orten, an denen ein glückliches Leben allein durch die Gunst der Umgebung möglich ist und von keinem natürlichen, göttlichen oder menschlichen Hindernis beeinträchtigt wird. Konstituierendes Merkmal aller Paradiese ist ihre Distanz; sie sind räumlich oder zeitlich weit entfernt. Ihre natürliche Zeitordnung wird – dort, wo sie Erwähnung findet – als Ideal beschrieben; eine rudimentäre kulturelle Zeitordnung findet sich bestenfalls auf den Inseln. Räumlich distante Paradiese haben ihren Ort v.a. in Texten, die der Geographie und Ethnographie zuzurechnen sind;[786] zeitlich distante Paradiese werden im

---

784 In seinen „Pfaden aus Utopia" notiert Ralf Dahrendorf: „Der Unterschied zwischen Utopia und einem Friedhof liegt darin, dass in Utopia wenigstens gelegentlich etwas geschieht. Aber [...] alle Prozesse, die in utopischen Prozessen ablaufen, folgen wiederkehrenden Mustern und vollziehen sich innerhalb und als Teil des Plans des Ganzen. [...] Obwohl einige seiner Teile sich in vorgezeichneten und berechenbaren Bahnen bewegen, bleibt Utopia als Ganzes ein *perpetuum immobile.*" Zitiert nach: R. Dahrendorf, Pfade aus Utopia. Arbeiten zur Theorie und Methode der Soziologie. Gesammelte Abhandlungen I, München 1974, 242–263, hier 245.

785 An diesem Punkt setzt Reinhold Bichlers anregende Untersuchung über das Nicht-Athenische in den hellenistischen Utopien ein (Bichler, Ordnung).

786 Der Anteil fiktionaler Elemente in den genannten Werken schwankt, was in der Forschungsliteratur zu differenten Klassifizierungen als wissenschaftliche, be-

Zusammenhang mit Darstellungen der Kulturentwicklung, besonders im so genannten Zeitaltermythos erwähnt. Beide Themengebiete sind jedoch weder auf eine spezifische literarische Gattung noch auf eine Epoche festzulegen. Da der Zeitaltermythos jedoch vor allem in der (epischen) Dichtung, die Darstellung fremder Völker und Länder vor allem in Reisebericht und Reiseroman ihren Ausdruck gefunden hat, stammen die Texte, die ich im Folgenden exemplarisch analysiere, auch aus diesen Bereichen. Eine Entwicklungs- oder Motivgeschichte lässt sich aus diesen Einzelstudien jedoch nicht ableiten – das wäre ein Buch für sich.

1.1. Der Zeitaltermythos

1.1.1. Die Dehnung der Lebensmitte (Hesiod)

Das vertrauteste Motiv der antiken Literatur, in dem die natürliche Zeitordnung thematisiert und zum Objekt der Veränderung wird, ist sicher das der *aurea aetas.*[787] Die goldene Zeit bildet den idealen Kontrast zu anderen vorstellbaren oder erlebten Epochen. Eine Erzählung, die mit ihr anhebt, folgt den Spuren einer Deszendenz, auf deren Weg die Werte und Güter der goldenen Zeit – aus welchen Gründen auch immer – verloren gegangen sind.[788] Als in die erinnerbare Zeit hineinreichendes, nur zeitlich, nicht örtlich entlegenes Paradies versammelt es alle Glückserinnerungen in sich. Das vollständige Fehlen kultureller Ordnungssysteme, Entschleunigung und individuelle Dauer kennzeichnen die zeitliche Struktur der *aurea aetas.* Bereits die älteste Darstellung des Zeitaltermythos bei Hesiod trägt die skizzierten zeitlichen Aspekte in sich. Dort heißt es im λόγος vom ge-

---

schreibende, mythische, utopische Geographie bzw. Ethnographie geführt hat. Gemeinsam ist allen jedoch der Bezug auf die griechische bzw. römische Gesellschaft, die jeweils das Maß bietet, woran das Fremde gemessen wird. Daher ist der Grad an Fiktionalität für die Frage nach römischen Hoffnungen und Ängsten von nachgeordneter Bedeutung.

787 Grundlegende Literatur: Haß, Locus amoenus (mit dem Versuch einer Abgrenzung vom Goldenen Zeitalter und den Inseln der Seligen); Kubusch, Saecula; Schwabl, Weltalter, bes. 821 ff. (zum goldenen Zeitalter); Wifstrand Schiebe, Dasein; Gatz, Weltalter; Dihle, Fortschritt.

788 Zum Verhältnis von Zeitaltermythos und Kulturentstehungslehre bei Hesiod s. Thomas G. Rosenmeyer, Hesiod und die Geschichtsschreibung (1957), Wiederabdruck in Heitsch, Hesiod, 602–648, hier 640.

meinsamen Ursprung der Götter und Menschen über das Leben in der goldenen Zeit:[789]

ὥστε θεοὶ δ' ἔζωον, ἀκηδέα θυμὸν ἔχοντες,
νόσφιν ἄτερ τε πόνου καὶ ὀιζύος, οὐδέ τι δειλόν
γῆρας ἐπῆν, αἰεὶ δὲ πόδας καὶ χεῖρας ὁμοῖοι
τέρποντ' ἐν θαλίῃσι, κακῶν ἔκτοσθεν ἁπάντων·
θνῇσκον δ' ὥσθ' ὕπνῳ δεδμημέμοι· ἐσθλὰ δὲ πάντα
τοῖσιν ἔην· καρπὸν δ' ἔφερε ζείδωρος ἄρουρα
αὐτομάτη πολλόν τε καὶ ἄφθονον· οἳ δ' ἐθελημοί
ἥσυχοι ἔργ' ἐνέμοντο […]

(„Wie die Götter lebten die Menschen [des goldenen Geschlechts], das Herz frei von Sorgen, weit entfernt von Mühe und Jammer: es gab kein elendes Alter, sondern an Füßen und Händen immer gleich genossen sie das Fest [sc. des Lebens], fern aller Gebrechen. Sie starben wie vom Schlaf überwältigt. Alle Güter waren ihnen zu eigen. Frucht trug der Getreide spendende Acker von sich aus, viel und freigebig; die Menschen aber bestellten die Felder freiwillig und ruhig…")

Hesiod kennzeichnet das Leben in der goldenen Zeit durch die leibliche Unversehrtheit im Alter, verstanden als zeitliche Dehnung der Lebensmitte, in der der Körper noch kraftvoll und das Leben ein Fest ist. Da die Natur alles reichlich gibt, wird die körperliche Arbeit ein freiwilliges und seltenes Tun ohne die Schrecken von Mühsal und Mangel – ganz anders als in den folgenden Zeitaltern.[790] Die höhere Lebensdauer, verbunden mit einer Reduktion der zum Lebenserhalt nötigen Arbeitszeit und einer Ausdehnung der ἀκμή, der guten mittleren Jahre, führt zu einem Mehr an Lebenszeit für jeden Einzelnen. Am Ende des Lebens wartet ein sanfter Tod; ein Tod aus der Lebensfülle, der erst eintritt, wenn den Wünschen des Menschen an das Leben Genüge getan ist.

Dieses Bemühen um die Ausdehnung der ἀκμή als Kennzeichen einer guten Zeit wird, was bisher kaum gesehen wurde, von Hesiod zu einem zentralen Motiv des Zeitaltermythos weiterentwickelt,[791] wobei er jedem

---

789 Hes. Op. 109–200, hier 112–119 (vgl. die Ausdeutung – nach Dikaiarch – bei Porph. abst. 4, 2). Den zitierten Versen voran geht der Pandora-Mythos, der ebenfalls in einer Zeit ohne Alter und Krankheit einsetzt (Op. 90–92). Dazu Joseph Fontenrose, Work, Justice and Hesiod's five ages, in CPh 69, 1974, 1–16; vgl. Haß, Locus amoenus 127–128.

790 Vgl. Hes. Th. 42–48: Vor Prometheus' Feuerraub und Zeus' Strafe reichte die Arbeit eines Tages aus, um den Bedarf eines Jahres zu decken.

791 Ich folge hier einer Anregung von M. L. West, Hesiod. Works & Days, edited with Prolegomena and Commentary, Oxford 1978, 173–174. Die parallele Struktur ist

Zeitalter eine spezifische Gewichtung der Lebensphasen zuspricht. Dass die Menschen des goldenen Geschlechts stets im Vollbesitz ihrer körperlichen und geistigen Kräfte imaginiert werden, entspricht den Erwartungen an das Paradies. Ihre Kindheit ist Hesiod keine Erwähnung wert; ihr Alter wird, wie er betont, weder in der Physis noch im Verhalten kenntlich, sondern scheint eine unveränderte Fortsetzung der mittleren Jahre zu sein. Hesiods nächstes Menschengeschlecht, das silberne, verbleibt überlang im Zustand der Kindheit; auf eine kurze Reife folgt bald der Tod.[792] Das dritte und vierte gehen eigene Wege.[793] Das fünfte und letzte Zeitalter ist erreicht, wenn die Kinder bereits bei der Geburt grauhaarig sind, d.h. Kindheit und Greisentum in eins fallen, ohne dass das mittlere ‚goldene' Alter auch nur gestreift würde.[794]

Die Beschleunigung des Alterns und der Verlust der Lebensmitte zeigen je an, wie weit die goldenen Zeiten entfernt sind. Ideal ist aus der Perspektive des Dichters dabei nicht die gleichmäßige und kalkulierbare Dauer aller Lebensphasen, wie sie als ‚Lebensstufen' Solon literarisch fixieren sollte,[795] sondern die möglichst weite Ausdehnung der besten Zeit. Solons Gleichmaß erschiene aus Hesiods Perspektive nur als ein Zwischenhalt auf dem Weg des

---

von vielen bemerkt, jedoch jeweils nur auf das betreffende Zeitalter bezogen worden. West ist, soweit ich sehe, der Erste und Einzige, der andeutet, dass die unterschiedlichen Längen der menschlichen Lebensphasen in den Zeitaltern als eigenständiges Motiv beschrieben werden könnten. Diese Vorstellung hat nichts mit der etwa aus Ov. met. 15, 199–213 bekannten Parallelisierung von Lebensphasen und Jahreszeiten zu tun.

792 Hes. Op. 127–134.

793 Die Schilderung des erzenen und des heroischen Geschlechts greift diese Vorstellung nicht auf. Die Entrückung der Heroen auf die Inseln der Seligen, wo sie alterslos weiterleben dürfen (Hes. Op. 156–172), erweist sich jedoch als Echo der goldenen Zeit, das deren Segnungen nun auch auf die dort noch unerwähnten Kämpfer ausdehnt. Man wird davon ausgehen dürfen, dass die Kämpfer als in den mittleren Jahren stehend gedacht wurden und in dieser Lebensphase verblieben.

794 Hes. Op. 179–180. Meyer sieht hier nicht die Beschleunigung des Alterns, sondern versteht das Paradox des grauhaarigen Neugeborenen als Sinnbild der Frühreife im Gegensatz zur „blasierten Verdummung" der silbernen Zeit, Kurt von Fritz beschreibt darauf aufbauend die Menschendarstellung der Zeitalter als Ausdruck verschiedener Arten, die Vergangenheit zu sehen: als schlicht und gut, als kindisch am Alten festhaltend usw. (Eduard Meyer, Hesiods Erga und das Gedicht von den fünf Menschengeschlechtern (1910); zitiert nach dem Wiederabdruck in Heitsch, Hesiod, 471–522, hier S. 510 und 512; K.v. Fritz, Pandora, Prometheus und der Mythos von den Weltaltern (1947); zitiert ebenfalls nach dem Wiederabdruck bei Heitsch, Hesiod, 367–410, hier 398).

795 Umfassend dazu: Boll, Lebensalter.

Abstiegs. Das, was am Ende der hesiodischen Erzählung steht, ist eine fratzenhafte Verzerrung des archetypischen *puer senex*, der hier nicht die Weisheit des Alters mit der Physis der Jugend, sondern genau gegenteilig, jugendliche Unbedachtsamkeit mit Altersschwäche verbindet.[796] Beschleunigung im Detail und Verlust der Dauer im Ganzen werden so zum Schreckensbild einer pervertierten Zeiterfahrung des Individuums. Die eutopische Hoffnung der goldenen Zeit hatte dagegen ein Mehr an guter Lebenszeit für jeden Einzelnen ersehnt.

Hesiod konzentriert sich hier in singulärer Weise auf das individuelle Leben und dort besonders darauf, wie innerhalb seiner engen Grenzen ein Höchstmaß an Dauer zu erreichen sei. Andere Antworten sind denkbar; einige seien angedeutet: Hesiod hätte das Gleichmaß der Lebensphasen zur Richtschnur nehmen können; er hätte sich – wie es Homer oder Pindar in ähnlichen Konstellationen tun[797] – stärker auf die förderliche Wirkung der natürlichen Gegebenheiten, d.h. auf Eukrasie und Isochronie stützen können. Wäre er ein Römer gewesen, so hätte er wohl die Lebensphasen beiseite gelassen und sich ganz dem urrömischen Topos des Ruhmes als eines Garanten irdischer Dauer gewidmet.[798]

1.1.2. Eukrasie und Zeitlosigkeit (Ovid)

Viele frühe Darstellungen konzentrieren sich auf die natürlichen Gegebenheiten des Paradieses, unter denen auch die natürliche Zeitordnung Erwähnung finden kann. Sie ist durch Isochronie, d.h. das Gleichmaß aller

796 Die Nähe zum *puer senex/senilis* ist hier bislang wenig berücksichtigt worden. Curtius, Europäische Literatur, 106–109, stellt die Entwicklung des Topos ausführlich dar, beginnt jedoch erst in der Spätantike und erwähnt weder Cicero noch Hesiod. Ebenfalls einen Schwerpunkt in der späteren Zeit weist die materialreiche Arbeit von Christian Gnilka, Aetas spiritalis. Die Überwindung der natürlichen Altersstufen als Ideal frühchristlichen Lebens, Bonn 1972 (Theophaneia 214) auf; zu Curtius s. bes. S. 49ff. Zum Motiv s. auch Cic. div. 2, 50 (über die Auffassung des etruskischen Gottes Tages als *puerili specie sed senili prudentia*) und Ov. met.14, 136ff. (das ewige Leben jenseits der ἀκμή als Fluch).

797 Vgl. etwa das ausgewogene und helle Klima des Olymp (Hom. Od. 6, 42–45) und Pindars Bemerkung, dass zu dem Lohn des gerechten Lebens auch die Gabe gehöre, sorglos in immer gleichen Nächten und Tagen zu leben (Pi. O. 2, 61–62) Dass sich derartige Vorstellungen nie auf den Zeitaltermythos beschränken, sich aber dort zu einem Gesamtentwurf zusammenfinden, zeigt eine Bemerkung in der Odyssee über utopische Charakteristika der Insel Syria, der Heimat des Eumaios (Hom. Od. 15, 403ff.: keine Krankheit und ein sanfter, von den Göttern gegebener Tod).

798 Cicero berücksichtigt diese Fragen in seinem *Cato Maior* (*de senectute*) nicht.

zeitlichen Strukturen, und Eukrasie geprägt.[799] Die κρᾶσις τῶν ὡρῶν bezeichnet dabei nicht nur ‚gutes Wetter', sondern umfasst wesentlich mehr: ein ausgeglichenes und mildes Klima, keine extremen Wetterereignisse, eine hohe Fruchtbarkeit des Bodens und nicht zuletzt eine auf den günstigen klimatischen Bedingungen aufbauende, vergleichsweise arbeitsarme Lebensweise.

Fast alle irdischen Paradiese der Literatur verfügen über diese günstigen Voraussetzungen – die Insel der Phäaken ebenso wie Unterägypten und Vergils ideales Italien; das Land im Süden der Oikumene ebenso wie das Siedlungsgebiet der Hyperboreer. Gelegentlich kollidieren literarischer Topos und geographisches Wissen miteinander; auf die Probleme, die daraus resultieren, werde ich im Abschnitt über die Hyperboreer eingehen.

In der für die Neuzeit wirkmächtigsten Darstellung des Zeitaltermythos bei Ovid gewinnt die zeitliche Konstruktion der *aurea aetas* ihren Eigencharakter aus der Perspektive des „noch nicht", und dort vor allem aus der Besonderheit des *ver aeternum:* In Ovids Schilderung der goldenen Zeit gibt es noch keinen Staat, keine Arbeit, keinen Handel und Verkehr (also keinen kulturell begründeten Bedarf an zeitlichen Strukturen). Wie aber sieht es mit der natürlichen Zeitordnung aus?[800]

ver erat aeternum, placidique tepentibus auris
mulcebant zephyri natos sine semine flores;
mox etiam fruges tellus inarata ferebat,
nec renovatus ager gravidis canebat aristis;

---

799 Zur Isochronie zähle ich alle Phänomene, die zu einem auch subjektiv erfahrbaren Gleichmaß der Zeit beitragen: gleich lange Tage und Nächte, geringe Differenzen zwischen den Jahreszeiten, eine festgelegte Lebensdauer etc. Es ergeben sich Überschneidungen mit dem Begriff der Eukrasie, der jedoch nicht das Individuum, sondern die Umwelt fokussiert. – Die weitgehende Beschränkung des Begriffs Eukrasie auf den medizinischen Bereich scheint sich erst in der Moderne durchgesetzt zu haben; noch Stephanus nennt als erste Bedeutung *bona temperies;* in dieser Bedeutung und im Bewusstsein seiner Prägung durch Paradiesvorstellungen wird er auch hier benutzt. – Der gelegentlich alternativ gebrauchte Begriff des αὐτόματος βίος konzentriert sich dagegen allein auf die Fruchtbarkeit des Bodens und die daraus resultierenden Erleichterungen des Lebens.

800 Ov. met. 1, 89ff.; hier 107–112. Barchiesi/Segal 1, 168 heben hervor, dass besonders die explizite Verzeitlichung der *aetates* Ovid von den griechischen Vorbildern unterscheide. – Die Ereignisarmut könnte man mit dem Begriff der Einfachheit verbinden, die bei der Charakterisierung primitiver Kulturstufen und paradiesischer Zustände topisch auftritt; eine explizite Ausweitung der *simplicitas*-Vorstellung auf den Zeitbegriff scheint es aber nicht gegeben zu haben. S. dazu Vischer, Leben, 88 ff.

[...]
Iuppiter antiqui contraxit tempora veris
perque hiemes aestusque et inaequalis autumnos
et breve ver spatiis exegit quattuor annum.
tum primum siccis aer fervoribus ustus
canduit, et ventis glacies adstricta pependit;
tum primum subiere domos [...]

(„Es herrschte ewiger Frühling, und milde Winde schmeichelten mit sanften Lüften den Blumen, die ohne Samen entstanden waren. Bald auch trug die Erde, ohne bearbeitet worden zu sein, Früchte, und ohne gepflügt zu sein leuchtete der Acker hell von schweren Ähren [...] Jupiter verkürzte [im silbernen Zeitalter] die Zeiten des vormaligen Frühlings und schuf durch Winter und Sommer, wechselhafte Herbste und einen kurzen Frühling ein viergeteiltes Jahr. Damals zuerst glühte die Luft in trockner Hitze und hingen Eiszapfen starr im Wind; damals zuerst suchten die Menschen Behausungen auf [...]")

Die nicht mehr nur klimatische, sondern auch zeitliche Qualifikation des *ver aeternum* ist neu.[801] Sie geht weit über einen Hinweis auf das milde und fruchtbare Klima paradiesischer Gegenden, weit über die für die Utopie charakteristische Eukrasie hinaus, und zielt auf eine spezifische Qualität der Zeitordnung in der *aetas aurea:* ihre unstrukturierte Dauer. Weder Geburt noch Tod, weder Jugend noch Alter werden erwähnt, selbst die Jahreszeiten fehlen – alles ist auf Dauer gestellt: *ver erat aeternum.*

Die *contradictio in adiecto* wird in der Betonung des *ver breve* der silbernen Zeit explizit, den Jupiter verordnete, nachdem er den Tod in die Welt gebracht hatte.[802] Mit dem Bild des αὐτόματος βίος, der den Menschen allen Tuns enthebt, da ihm alles reichlich gegeben ist, entsteht der Eindruck einer statischen Existenz, einer Gegenwart in Fülle, ohne die Mühen und Versprechen der Vergangenheit, ohne die Not künftiger Erwartungen; eine Dauer, die – anders als etwa bei Hesiod – Individuum und Welt in gleicher Weise umfasst. Hesiod imaginiert ein Paradies, in dem Menschen gut leben und gut sterben können; das ovidische Paradies hingegen erweist seine Schönheit dadurch, dass es in ihm keinerlei Veränderung gibt, also auch keine Geburt, keinen Tod.

801 Bömer, Metamorphosen 1, S. 55, zu met. 1, 107 (Herleitung aus ethnographischen Darstellungen); Barchiesi/Segal 1, 170 (Verweis auf ältere Traditionen, die aber m.E. nur dem αὐτόματος βίος gelten und keinen zeitlichen Aspekt aufweisen). Stellensammlung zum *ver aeternum* bei Reynen, Frühling, hier bes. 416–418; zur Eukrasie Reynen, Klima, hier bes 96–102.

802 Ov. met. 1, 113 und met. 1, 118.

Den Übergang vom goldenen zum silbernen Zeitalter markiert Ovid dadurch, dass hier die Jahreszeiten und – begründet in ihrer Härte – die menschliche Kultur entstehen. Die Veränderung, d. h. Zeit, Mangel und Tod, kommen durch das Eingreifen Jupiters in die Welt, der so zum göttlichen εὑρετής einer a priori wenig attraktiven Gabe wird. Das aufklärerische Potential, das im Handeln des Gottes steckt, der den Menschen zur Erkenntnis seiner Möglichkeiten nötigt, hat bereits bei Vergil seine Würdigung erfahren.[803] Ovid geht einen Schritt zurück und beschreibt die Tat mit all ihren schmerzhaften Folgen als einen Wurf in die Zeitlichkeit. Jupiters Gliederung des Jahres wird ihm zur Reduktion *(contrahere)*;[804] die Charakterisierung der Jahreszeiten mit den unüblichen, die Neuerung betonenden Epitheta als *inaequalis* und *brevis* hebt die Unkalkulierbarkeit und die schmerzhafte Differenz von Lebenszeit und Hoffnung hervor: Der Frühling ist immer zu kurz.[805]

Auch wenn Ovid vielleicht derjenige unter den Augusteern war, der dem Zeitaltermythos die größte Aufmerksamkeit widmete, so war er doch nicht der erste.[806] Bereits in der ersten Generation augusteischer Dichter hatte das Motiv unter dem Einfluss der stoischen Philosophie eine neue Gestalt angenommen.[807] Während sich in ihm schon immer die ideale Vergangenheit als Gegenbild einer verworfenen Gegenwart konstituiert hatte, machte die Überführung der deszendenten Zeitalterfolge in einen Kreislauf es nun möglich, Gegenwart und nahe Zukunft als Wiederkehr vergangenen Glückes in den Bildern der *aurea aetas* zu preisen. Ohne dies weiter vertiefen zu können, möchte ich drei weitere Beobachtungen dazu knapp anführen.

---

803 Verg. georg. 1, 121 ff.

804 Bömer ad. loc. weist darauf hin, dass *contrahere* ein ovidischer *terminus technicus* zur Charakterisierung einer Metamorphose sei; ich meine jedoch, dass dieser (im Übrigen meist medial formulierte) Aspekt hier nicht zum Tragen kommt und *contrahere* wie z. B. bei Ovids Beschreibung des Schattens in met. 3,144 eine konkrete Verringerung und Verkürzung bezeichnet (ähnlich Alfred Gudeman, *contraho*, in: ThlL 4 (1906–1909), 761, hier 54 ff.).

805 Ov. met. 1, 107–124. Das Motiv ist angelegt bei Hes. Op. 43–50 (Aitiologie der Arbeit als Zeus' Konsequenz aus Prometheus' Täuschungsversuch), prominent ausgeführt im oben besprochenen Prometheus Desmotes. In der lateinischen Literatur thematisiert etwa in Verg. georg. 1, 121 ff.(*labor improbus*). Die horazischen *arva beata* (epod. 16) weisen keine spezifische Zeitstruktur auf.

806 Zum Zeitaltermythos in der augusteischen Literatur s. Galinsky, Aspects.

807 Ich beziehe mich hier v. a. auf Verg. ecl. 4 und Hor. epod. 16; die neuere Literatur zu beiden ist aufgearbeitet bei Ernst Doblhofer, Horaz in der Forschung nach 1957, Darmstadt 1992 (Erträge der Forschung 279) 85–89. Zur bildlichen Darstellung s. Zanker, Augustus, bes. S. 171 ff.

Motive der Zeitordnung werden in der augusteischen Fassung des Mythos nur selten ausgeführt. Dies kann bei genauer Betrachtung kaum überraschen: Sofern es um Abweichungen von der natürlichen Zeitordnung geht – *ver aeternum* –, fallen sie unter das Verdikt der Unerreichbarkeit; dort, wo es um beeinflussbare Dinge geht – weniger Arbeit, mehr Zeit für ‚Müßiggang' – waren sie sicher kein Ziel augusteischer Politik: Augustus' goldene Zeit ist nicht die des primitiven goldzeitlichen Menschen. Vergils vierte Ekloge, deren motivische Nähe einen Vergleich mit den hier besprochenen Goldaltervorstellungen nahe legt, betont zwar die Wiederkehr der goldenen Zeit, sagt aber über ihre spezifischen Zeitqualitäten nichts aus.

Wenn schon den Menschen keine Wiederkehr des entschleunigten, längeren oder zumindest arbeitsärmeren Lebens zu versprechen war, so war doch das Bild der unverrückbaren Dauer zu reizvoll, um aufgegeben zu werden. Im Bild der *Roma aeterna* findet es sich aus dem Zeitaltermythos herausgelöst auf die personalisiert gedachte Stadt übertragen, die damit ideale Qualität erlangt.[808] Ein derartiger Transfer unterliegt der Bemerkung Ovids, unter Augustus alterten die Tempel nicht;[809] er wird sichtbar im Kult von Aeternitas/Aion, der unter Augustus im Reich installiert wird,[810] und steht nicht zuletzt hinter der vergilischen Formel des *imperium sine fine,* das nicht nur räumliche, sondern auch zeitliche Qualitäten aufweist.[811]

Augustus legte Wert darauf, als Vollender der Kalenderreform in die Geschichte einzugehen.[812] Sein innerweltliches *saeculum aureum* konkretisierte sich in geordneter, kalkulierbarer Zeit, in der visualisierten Ordnung des so genannten *horologium Augusti*, aber nicht im Zeitreichtum des Paradieses: Dieser Teil des Mythos war für ihn schlicht nicht zu gebrauchen.

---

808 Dazu Gatz, Zeitalter, 135–136; die Wahrnehmung von Rom als Sinnbild kosmischer Ordnung arbeitet Klingner, Rom, heraus.

809 Ov. fast. 2, 59–62: *cetera ne simili caderent labefacta ruina,/ cavit sacrati provida cura ducis/ sub quo delubris sentitur nulla senectus/ nec satis est homines, obligat ille deos;* vgl. fast. 3, 72.

810 Die Geschichte der Verehrung der *Aeternitas Imperii* ist von Günther Zuntz in mehreren Studien aufgearbeitet worden; grundlegend: Zuntz, Aion.

811 Verg. Aen. 1, 278–279: *his ego nec metas rerum nec tempora pono:/ imperium sine fine dedi.* Dazu Mehl, Imperium, bes. 435 ff.

812 Dazu ausführlich oben S. 237 ff.

1.2. Das Inselmotiv

Aus dem Reservoir der Goldzeitvorstellungen speist sich auch das Motiv der νῆσοι τῶν μακάρων.[813] Es gibt jedoch augenfällige Differenzen zwischen goldenen Zeiten und seligen Inseln, die sich mit den Begriffen Kontext, Ort und Variation umreißen lassen:

Zeitalter werden gewöhnlich als Folge dargestellt und legen einen Vergleich miteinander nahe, ‚glückliche Inseln' dagegen existieren für sich allein und ohne die Einbindung in einen Zyklus. Der zeitlichen Distanz der Zeitalter entspricht die räumliche Distanz der Inseln, die bestimmte Erzählformen wie den Reisebericht unterstützt, wobei mythische und wissenschaftliche Geographie in enger Wechselwirkung miteinander stehen.[814] Insgesamt weisen die Inseln einen weit stärkeren Eigencharakter, eine größere Varianz auf, als sie sich in den Zeitaltervorstellungen finden lässt. Sie mag darin begründet sein, dass bei den Inseln das Paradiesische weit weniger zentral ist als etwa in der Darstellung der *aetas aurea* und sich anderen Motiven – wie etwa dem der Fremdheit, der Anomalie – unterordnet.

Die Insellage versinnbildlicht nicht nur eine kulturelle Isolation, sondern auch eine zeitliche Grenzstellung. Die Inseln können Orte des Jenseits sein; meist liegen sie am äußersten Rand der Oikumene und reichen schon in andere Gefilde hinüber, wie etwa das nahferne Phäakenland,[815] Thule und das Land der Hyperboreer im äußersten Norden, das homerische Aiaia im Osten oder die Gärten der Hesperiden, Ogygia und die *arva beata* weit im Westen, am Rande des Okeanos.[816] Ihre spezifische Helligkeit bzw. Dun-

813 Zum Motiv s. Rohde, Psyche, 1, 68–90, Frenzel, Motive, s.v. Insellage, Börner, Suche, zur Antike bes. 28–41. Die Sicht der historischen Geographie bei Wolfgang Orth, Insel; in: Sonnabend, Lexikon, 231–234; zu der Unterscheidung der Randlagen nach den Himmelsrichtungen s. Hübner, Geographie, hier 22–25.

814 Im Begriff der mythischen Geographie konkretisiert sich die These, dass die (antike) Geographie nicht nur von Berechnung und Beschreibung, sondern auch von Fiktionen des Fremden und Wunderbaren geprägt ist, die eigene Orte, Raumverhältnisse und Beziehungen konstituieren. Am Beispiel der Argofahrt macht Sonnabend deutlich, wie die Zunahme topographischen und geographischen Wissens dazu führte, dass sich die Route der Argo in der literarischen Darstellung veränderte, d. h. die mythische Geographie auf Wissenszuwächse in der wissenschaftlichen und beschreibenden Geographie reagierte. Sonnabend, Grenzen 68–71. – Siehe auch Anm. 787.

815 Das Phäakenland Scherie wurde an vielen Orten gesucht; vgl. dazu F.G. Welcker, Phäaken und Inseln der Seligen, in: F.G.W., Kleine Schriften 2, 1845, 1–79.

816 Eine gut zugängliche Zusammenstellung der relevanten Texte findet sich bei Lovejoy/Boas, 290–303.

kelheit kann zum Charakteristikum der Randlage werden; ungeachtet der jeweiligen geographischen Lage herrschen jedoch, solange es sich um eutopische Darstellungen handelt, Eukrasie und Isochronie vor – die mythische Geographie dominiert. Ich möchte im Folgenden die zeitlichen Eigenheiten zweier dieser Orte exemplarisch skizzieren, um mich dann dem wohl eigenartigsten von ihnen ausführlicher zu widmen: dem Land der Hyperboreer, an dem man deutlich erkennen kann, zu welchen Schwierigkeiten es führt, wenn mythische Geographie und Reiseerfahrungen aufeinander stossen.

1.2.1. Die Zeitordnung ‚glücklicher Inseln' bei Iambulos und Lukian

Vermutlich in hellenistischer Zeit – die Datierungsansätze schwanken zwischen ca. 300 und 21 v. Chr.[817] – verfasste der Dichter Iambulos die Beschreibung einer paradiesischen Insel und seiner Bewohner, die in der Forschung meist als „Sonnenstaat" bezeichnet wird.[818] Sein Text ist verloren, nur Diodorus Siculus bietet eine kurze Zusammenfassung, die den Ausgangspunkt aller modernen Auseinandersetzungen mit dem Werk bildet. Hier steht es exemplarisch für die Reiseberichte an die Grenzen der bekannten Welt, deren Motivschatz Faller in seiner beeindruckenden Studie zu Taprobane aufgearbeitet hat;[819] die Auswahl von Iambulos ist durch die besondere Berücksichtigung der Zeitordnung in der erhaltenen Paraphrase Diodors begründet.

Ein Charakteristikum der fernen Insel, auf der die Sonne als Gottheit verehrt wird, ist die dort herrschende ewige Tagundnachtgleiche.[820] Dies ist als Kennzeichen einer äquatornahen Lage verstanden worden und hat Anlass dazu geboten, Fahrtroute und Insel auf der Landkarte zu suchen.[821] Die genaue Betrachtung der zeitlichen Topoi lässt diesen Versuch allerdings als wenig ertragreich erscheinen.

817 Eine Übersicht gibt Faller, Taprobane, 186.

818 Iambulos' Reisebericht bzw. Reiseroman ist in Auszügen überliefert bei Diodor 2, 55–60; die weit verstreute Literatur dazu ist durch den sehr hilfreichen Forschungsbericht von Marek Winiarczyk erschlossen (Winiarczyk, Werk).

819 Faller, Taprobane.

820 D. S. 2, 56, 7: εἶναι δὲ διὰ παντὸς παρ' αὐτοῖς τὴν ἡμέραν ἴσην τῇ νυκτί, καὶ κατὰ τὸ μέσον τῆς ἡμέρας μὴ γίνεσθαι παρ' αὐτοῖς σκιὰν μηδενὸς διὰ τὸ κατὰ κορυφὴν εἶναι τὸν ἥλιον.

821 Als nicht-fiktionalen Reisebericht interpretiert Ehlers, Südwestmonsun, den Text; s. dazu Winiarczyk, Werk, 139–141 und die Kritik bei Faller, Taprobane, 183 f.

Im „Sonnenstaat“ lassen sowohl das günstige Klima und das Fehlen von Krankheiten als auch das zeitliche Gleichmaß, das Verlässlichkeit und Dauer der Lebensgrundlagen verspricht, das Leben paradiesisch erscheinen. Es gibt gleich lange Tage und Nächte, regelmäßige und differenzierte Essenszeiten, einen regelmäßigen Wechsel des Arbeitsortes und ein im Verhältnis überlanges Leben, an dessen Ende ein friedlicher und planbarer Tod steht.[822] Ideale natürliche Zeitordnungen, wie sie aus Darstellungen der *aurea aetas* bekannt sind, und ideale kulturelle Strukturen, wie sie in der Staatsutopie formuliert werden, greifen hier direkt ineinander.

Berücksichtigt man jedoch einerseits die Prägung des ganzen Textes durch Topoi der goldenen Zeit,[823] andererseits die Konventionen der antiken Ethnographie, die die Lebensweise derart aus den Gegebenheiten des Ortes ableitet, dass das Lob einer geregelten Lebensweise die Schilderung einer durch Eukrasie geprägten Umwelt provozieren konnte,[824] kann das Gleichmaß der Tage als Aussage über und Begründung für das innere Gleichmaß jenes wundersamen Randvolkes gedeutet werden. Es ist nicht notwendig, dies mit der geographischen Lage des Sonnenstaates in den Tropen zu begründen.[825] Das heißt: Die Isochronie kann sehr wohl als eutopisches Ideal gelten, doch Schilderungen des zeitlichen Gleichmaßes, die in einem auch nur entfernt eutopisch anmutenden Kontext erfolgen, bieten von sich aus keinen Anlass, in ihnen einen Hinweis auf ein real erfahrbares Klima zu suchen.

Auf die Spitze getrieben findet sich die Idee einer zeitlichen Grenzstellung, die sowohl die natürliche Lage am Rand der Welt als auch das

822 D. S. 2, 56, 7 (κρᾶσις τῶν ὡρῶν nach dem Vorbild des Phäakenlandes) 2, 59, 5 (Essenszeiten), 2, 59, 6–7 (Arbeitszeiten nach platonischem Modell), 2, 57, 5 (Tod).

823 Vgl. Winiarczyk, Werk, 137 und 152. Winiarczyk differenziert zu Recht nicht weiter zwischen *locus amoenus, aetas aurea* und der Idealisierung des Primitiven – der Motivschatz ist weitgehend identisch, das Iambulos-Fragment zu kurz, um hier weitergehen zu können.

824 Zentral ist hier die Schrift *De aere, aquis, locis* aus dem *corpus Hippocraticum,* die in ihrem zweiten Teil eine Gegenüberstellung der Klimata Europas und Asiens und deren Konsequenzen für das Wesen der jeweiligen Bewohner enthält; vgl. Diller, Wanderarzt, bes. 31 ff.; Müller, Ethnologie, bes. 475–476; Kettemann, Verbannungsort, bes. 717–719.

825 Dass die symbolische Relevanz geographischer Angaben weit über ihre wissenschaftliche hinausgehen kann, zeigen die entstehenden Widersprüche: Die Insel des Iambulos etwa soll am Äquator liegen, zugleich aber ein vollkommen ausgeglichenes und nicht besonders heißes Klima haben (D. S. 2, 56, 7): Eukrasie und Gleichmaß stehen hier im Zentrum, nicht die exakte Lage.

goldzeitliche Motivgut berücksichtigt, in Lukians um 170/180 n. Chr. entstandenen „Wahren Geschichten". Auf den dort üppig ausgemalten Inseln der Seligen wird es nie ganz Nacht und nie ganz Tag; im dauernden Zwielicht eines ewigen Frühlings verharren ihre Bewohner, ohne noch irgendeiner Veränderung unterworfen zu sein – eine *reductio ad absurdum* der Lage am Rande der Welt und des Sonnenlaufs. Die Veränderungsfeindlichkeit der Utopie wird hier so greifbar vorgeführt wie nirgends sonst in der antiken Literatur:[826]

> Γηράσκει δὲ οὐδείς, ἀλλ' ἐφ' ἧς ἂν ἡλικίας ἔλθῃ παραμένει. Οὐ μὴν οὐδὲ νὺξ παρ' αὐτοῖς γίνεται, οὐδὲ ἡμέρα πάνυ λαμπρά· καθάπερ δὲ τὸ λυκαυγὲς ἤδη πρὸς ἕω, μηδέπω ἀνατείλαντος ἡλίου, τοιοῦτο φῶς ἐπέχει τὴν γῆν. καὶ μέντοι καὶ ὥραν μίαν ἴσασιν τοῦ ἔτους· αἰεὶ γὰρ παρ' αὐτοῖς ἔαρ ἐστὶ καὶ εἷς ἄνεμος πνεῖ παρ' αὐτοῖς ὁ ζέφυρος.
>
> („Und niemand altert, sondern jeder behält das Alter, das er bei seiner Ankunft hatte. Es wird bei ihnen auch nicht Nacht noch überhaupt heller Tag: wie das Morgengrauen direkt vor Sonnenaufgang, wenn die Sonne noch nicht aufgegangen ist – ein solches Licht bescheint ihre Erde. Außerdem gibt es nur eine einzige Jahreszeit: Bei ihnen herrscht ewiger Frühling, und es weht nur ein Wind bei ihnen, der Westwind.")

Peter von Möllendorff hat gezeigt, dass der Passus, dem diese Beschreibung entnommen ist, außerordentlich reich an chronologischen Anspielungen ist – von den 365 Quellen im Lande der Seligen bis zur monatlichen Fruchtreife, die aus Rücksicht auf den griechischen Schaltmonat nicht nur zwölf, sondern dreizehnmal im Jahr erfolgt.[827] Mir scheint das zentrale Motiv hinter den Zahlenspielen hier allerdings die Überdeterminierung der Zeitordnung zu

826 Lukian. VH 2, 12–13, dazu direkt Fauth, Inseln, bes. S. 53 f. Bichler, Insel, 25–26 weist auf die Irritation hin, die die Darstellung des Lebens auf der Insel des Aiolos beim modernen Leser auslösen mag: Auch dort ist alles auf Dauer gestellt, ohne dass diese für Odysseus und die Seinen wirklich erreichbar wäre. Möllendorff, Suche, ad loc. verweist auf Parallelen in der Apokalypse des Johannes (cap. 21–23), die mir jedoch eher auf ein gemeinsames utopisches Substrat als auf eine direkte Parodie zu weisen scheinen. Joh. 21, 23 blickt auf eine vom Licht Gottes strahlend erhellte Stadt, die wenig mit der Dämmerung Lukians zu tun hat, der die Lage am Rande der Welt ganz wörtlich nimmt.

827 Siehe dazu auch Anm. 871. – Möllendorff, Suche 318–327, bes. 325 f. Seine geistreichen Versuche, alles gegebene Zahlenmaterial auf den Kalender und dort auf die Differenz von lunarem und lunisolarem Jahr zu beziehen, kann ich nicht überall nachvollziehen. Mir fehlen z. B. Signale dafür, dass die Zahlen 7, 8 und 50 nicht allgemeiner Ausdruck der Vollkommenheit des Kosmos hätten sein sollen (wie es etwa Roscher für die Zahlen 7 und 50 gezeigt hat), sondern spezifisch auf verschiedene Kalendersysteme hätten verweisen und entsprechend rezipiert werden sollen.

sein – von der exakten Entsprechung der kulturellen Zeitordnung in den Rhythmen der Natur bis zur Überdehnung der eutopischen Ideale.

Lukian greift Ovids Begriff des ewigen Frühlings auf und gestaltet ihn ebenfalls zu einem Bild unveränderlicher und strukturloser Dauer. In der phantastischen Fixierung vergänglichster Momente – der Dämmerung, des Frühlings, eines Lebensaugenblicks – wird sie als Erstarrung und Veränderungsresistenz kenntlich. Daher nimmt die umständliche Schilderung des Zwielichts hier so viel Raum ein. Paradiese und Wohnsitze der Götter sind gewöhnlich vom hellen Licht geprägt, das sie durchflutet, während das Land der Kimmerier, am Eingang zur Unterwelt gelegen, stets in Dunst und Nebel gehüllt ist.[828] Lukians Selige, so deutet sich an, stehen irgendwo dazwischen; es ist kein reines Paradies, in dem sie leben. Der Begriff der *coincidentia oppositorum,* den Peter von Möllendorff hier vielfach exemplifiziert sieht, trifft auch in diesem Fall zu, erzeugt aber keine positive Übersteigerung, sondern eine eher zwielichtige Unsicherheit.[829]

1.2.2. Das Land der Hyperboreer zwischen wissenschaftlicher und mythischer Geographie

Die Beschreibungen der Hyperboreer in der antiken Literatur bieten den Idealfall einer kontinuierlich präsenten und mit einer spezifischen Zeitordnung verknüpften Utopie; ihnen ist daher ein eigenes Kapitel gewidmet.[830]

Die Wohnorte der Hyperboreer wurden – wie schon die antiken Etymologien andeuten[831] – von Thrakien ausgehend immer weiter im Norden der Oikumene gesucht, jenseits des Nordwindes und des imaginären Rhipäengebirges, das die Grenze der bewohnbaren Welt markierte. Mit zunehmender Kenntnis des Nordens und seiner Darstellung in der wissenschaftlichen und beschreibenden Geographie wurde das postulierte Siedlungsgebiet mit den Grenzen immer weiter hinausgeschoben, so dass es sukzessive in Regionen mit stark differierenden Tages- und Nachtlängen

828 Hom. Od. 6, 42–45 (Olymp); Od. 7, 84–85 (der strahlende Palast des Alkinoos); Od. 11, 11–19 (Kimmerier). Die ältere Forschungsliteratur ist aufgearbeitet bei Möllendorff, Suche, 324.

829 Möllendorff, Suche, 323–324.

830 Die meisten Texte über die Hyperboreer sind zu erschließen über Daebritz, Hyperboreer; Sonnabend, Hyperboreer (mit weiterführender Literatur); Timpe, Entdeckungsgeschichte, hier bes. 311–313 und 332 ff.; Bichler, Insel, 76 ff. 119 ff., 128 ff.; s. auch Ph. Zaphiropoulou, Hyperboreoi, in: LIMC Suppl. (1997) 641–643.

831 Eine Zusammenfassung der Etymologiediskussion bietet Werhahn, Hyperboreer.

verlegt wurde. Der Endpunkt der Entwicklung ist spätestens im ersten nachchristlichen Jahrhundert erreicht, wo die Hyperboreer am Nordpol bzw. unter den Bedingungen von Polartag und Polarnacht verortet wurden.[832]

Das Verhältnis zwischen der topischen Beschreibung eines götternahen Volkes, die eine ideale, auf Eukrasie und Stabilität basierende Natur implizierte, und dem geographischen Wissen, das die Hyperboreer in zunehmend unwirtlichen Gegenden verortete, hätte vielleicht nicht problematisiert werden müssen – Iambulos' Beschreibung des Sonnenstaates hat die Annahme nahe gelegt, dass geographische Angaben nicht immer geographischen Inhalt transportierten, und Vergils Darstellung des eisigen Nordens in den Georgica fasst Skythen und Hyperboreer zusammen, ohne der topischen Eukrasie besondere Aufmerksamkeit zu widmen.[833] Gleichwohl ist dieses Verhältnis im ersten nachchristlichen Jahrhundert aufgegriffen und problematisiert worden. Bei dem Versuch, die Hyperboreer zu ‚retten', war ihnen der letzte noch mögliche Siedlungsort – die Polarregion – zugewiesen worden. Wie aber ließ sich ihr literarischer Ort, dessen Darstellung stets durch die Eukrasie geprägt war, mit der Verschiebung in den Norden versöhnen? In welchem Verhältnis stehen die deskriptiven und die narrativen Züge der Erzählung zueinander?[834] Ich meine, dass Plinius hier einen Weg zur Rettung der literarischen Vorstellung suchte, indem er die besonderen Qualitäten des Polartages herausarbeitete und im Sinne der antiken Anthropogeographie deutete.

1.2.2.1. Hekataios und die „hyperborean stability"

Seit Pindar wurden die Hyperboreer als *iustissimi homines* geehrt – unerreichbar, gottesfürchtig, musennah, frei von Alter, Krankheit und Krieg;[835] allein die südlichen Randvölker der Oikumene, die Äthiopen, galten als

---

832 Die sukzessive ‚Entrückung' der Hyperboreer konstatiert auch Bichler, Insel, 111 f., ohne jedoch Konsequenzen daraus zu ziehen.

833 Verg. georg. 3, 349–383. Eine vertiefte Interpretation des Skythenexkurses könnte zeigen, wie sehr Vergil seine Darstellung in Abgrenzung vom Hyperboreerlob konturiert.

834 Die Differenzierung folgt Romm, Edges, 5 ff., der deskriptive – durch Beobachtung legitimierte – und narrative – durch die literarische Tradition legitimierte – Elemente der Erzählung unterscheidet. Natürlich ist die Differenzierung nicht immer eindeutig zu treffen, sie verdeutlicht aber sinnfällig die doppelte Ausrichtung der antiken geographischen Literatur auf „geographer's science and storyteller's art" (ebendort).

835 Pi. O. 3, P. 10, I. 6 . Siehe dazu Paulos Sfyroeras, Olive trees, north wind, and time: A symbol in Pindar, Olympian 3, in: Mouseion, 3. Serie, 3 (2003) 313–324.

ähnlich götternah.[836] Der Mythos erzählt von einer ungebrochenen Anwesenheit der Götter bei den Hyperboreern am fernen Rand der Welt, zugleich aber spricht er auch von einer Verbindung des ‚Randvolkes' mit Griechenland und den griechischen Göttern, besonders mit Apoll und seinem Kultort Delphi. Eine Traditionslinie legt sogar einen Kulttransfer aus dem Norden nahe und macht die Hyperboreer zu den eigentlichen Begründern des delphischen Orakels. Diese Einbettung der fernen Nordländer – die nicht nur heroische, sondern eben auch ‚ausländische' Züge tragen – in die griechische Tradition ist beispiellos. Sie begründet die Sonderstellung Delphis, indem es den Nabel der Welt ursächlich mit ihrem fernsten Rand verbindet.[837]

Hekataios von Abdera (um 300 v. Chr.) erwähnt in seiner bei Diodoros Siculus zitierten landeskundlichen Schrift über die Hyperboreer, dass diese jenseits der Kelten wohnten.[838] Diodor hat keine anderen Angaben zur geographischen Lage übernommen, doch eine Besonderheit in der weiteren Darstellung macht stutzig. Nach Diodors Zeugnis beschrieb Hekataios die Hyperboreer als ein Volk von Apollonpriestern, deren Gott zu genau bestimmten Zeiten bei ihnen weilte, und zwar jeweils nach Abschluss eines Großjahres von 19 Jahren, in den Tagen zwischen Frühjahrsäquinoktium und Plejadenaufgang.

Die astronomische Datierung der apollinischen Epiphanie fixierte den Aufenthalt im Norden auf die Zeit von Mitte März bis Mitte Mai. Das ist just die Zeit, in der selbst nördliche Regionen eine aus mediterraner Sicht beinahe ‚normale' Tageslänge aufweisen – in der Gegend des Polarkreises steigt sie in diesen Wochen von 12 auf ca. 17 Stunden. Ein besonderer Grund dafür, die Epiphanie genau in diese Zeit zu verlegen, ist bei Diodor nicht zu erkennen. Ich möchte daher vermuten, dass schon zu Hekataios' Zeit die Hyperboreer so weit im Norden verortet wurden,[839] dass der Gott des Lichts

836 Vgl. z. B. Hom. Il. 1, 423; Hdt. 3, 23 und 3, 141.

837 Vgl. dazu Romm, Edges, 60–67. Alkaios' Apollonhymnus, der in einer Paraphrase bei Himerios überliefert ist, erzählt vom Konkurrenzverhältnis zwischen den Hyperboreern und den Einwohnern Delphis, die Apoll erst nach intensivem Bemühen dazu bewegen konnten, zu ihnen zu kommen. (Alc. frg. 307c Voigt); s. dazu Denys Page, Sappho and Alcaeus. An introduction to the study of ancient Lesbian poetry, Oxford 1955, 244–252, die ältere Literatur zu den Hyperboreern kommentiert auf S. 251.

838 Hekataios' Schrift über die Hyperboreer ist paraphrasiert bei Diodorus Siculus (D.S. 2, 47 =Jacoby, FGrH 264, 7); zur topographischen Lage s. D. S. 2, 47, 1.

839 Pytheas von Massilia war bereits bis in die Nähe des Polarkreises gelangt und hatte das Phänomen der Mitternachtssonne beobachtet (zur Reiseroute: Bianchetti, Pitea, 52–67).

bei ihnen nur dann gesucht werden konnte, wenn der Tag der Nacht nicht mehr unterlag, d. h. nach dem Frühjahrsäquinoktium, und die Bedingungen der Isochronie so weit als möglich hergestellt waren. Die Mathematisierung erscheint so als eine Ausweichstrategie, die es ermöglicht, eine Aussage nur für eine geringe Zeitspanne machen zu müssen; die Problematik der nördlichen Klimata – ihre stark schwankende Tageslänge – gerät nicht in den Blick.

Mit dem Morgenerst der Plejaden am 19. Mai begannen Schiffahrt und Ernte. Apolls anschließende Reise nach Delphi ist in Hekataios' Darstellung also eine Reise zur rechten Zeit, zu der auch die Menschen ihre Reisetätigkeit wieder aufnahmen; eine Reise in den Sommer hinein. Diese Vorstellung einer rational nachvollziehbaren und datierbaren Reise des Sonnengottes ist sicher nicht auf Hekataios zurückzuführen, auch wenn sie hier in unerreichter Deutlichkeit ausgesprochen wird: Schon eine Wendung bei Alkaios verknüpft in logischer Entsprechung des Gedankens Apolls Eintreffen in Delphi mit der Sommersonnenwende und dem Beginn des Hochsommers.[840]

Über die Lichtmetaphorik und deren astronomische Fixierung hinaus erwähnte Hekataios bei der Beschreibung der göttlichen Präsenz im Norden auch noch einen 19-Jahres-Rhythmus.[841] Diodor spezifiziert diesen Zeitraum als denjenigen, nach dem die Sterne wieder am gleichen Ort stünden, wobei er unter den ἄστρα hier Sonne und Mond verstanden haben muss.[842] Beide Datierungen können als Bemühen verstanden werden, den Gott im Rhythmus des astronomischen Jahres einzufangen und in seinen datierbaren

840 Alc. frg. 307c Voigt; zur Reise des Lichtgottes s. auch Daebritz, Hyperboreer, 264 ff.

841 D.S. 2, 47, 6.

842 Einige Diodor-Handschriften bieten hier Μέτωνος ἐνιαυτόν, andere μέγαν ἐνιαυτόν, also „Metonsjahr" oder „großes Jahr" – was in Bezug auf den 19-Jahres-Zyklus inhaltlich auf dasselbe hinausläuft: Der 19-Jahres-Zyklus konnte in der Antike (wie andere Jahresvielfache allerdings auch) als ‚großes Jahr' bezeichnet werden. Vgl. die zwar späte, aber umfängliche und differenzierte Liste der verschiedenen *anni maiores* bei Cens. 18. Mir erscheint die Lesart μέγαν ἐνιαυτόν wahrscheinlicher, da die Erwähnung und numerische Spezifizierung des Großjahres die schon früher erwähnte Ordnung des Himmels betonen, in dem beide Zeitgeber, Sonne und Mond, in einem rational nachvollziehbaren Rhythmus immer wieder zueinander finden; die Erwähnung Metons würde die Himmel ‚profanisieren'. Zum selben Ergebnis gelangt Jacoby, der Μέτωνος ἐνιαυτόν als eine in den Text geratene Glosse identifiziert (vielleicht aufgrund der ausführlichen Behandlung des Metonischen Zyklus in 12, 36, wo beide Begriffe auftauchen). Jacoby FGrH 264, 2;7; Kommentar S. 56.

Epiphanien Kalkulierbarkeit und langfristige Stabilität zu erkennen. Dieses Interesse an einer Zeitordnung im Dienste der Dauer und der Berechenbarkeit ließe sich sinnvoll in zwei übergeordnete Zusammenhänge einfügen:

Zum einen hat Dillery für andere Motive nachweisen können, dass die „hyperborean stability" ein zentrales Kriterium in Hekataios' Utopie bildet. Meine Vermutung betrifft also keine Ausnahme, sondern eine Regel des Textes und kann Dillerys Thesen bestätigen und ergänzen.[843] Darüber hinaus hat er plausibel gemacht, dass in Hekataios' Utopieentwurf ein spezifisches Vorbild wirksam ist: Hekataios habe sein Ideal der Hyperboreer an einem anderen idealen Volk entwickelt, den Ägyptern, deren Kultur und Geschichte ihm als Autor der *Aigyptiaka* wohl vertraut waren.[844] Die ägyptische Fähigkeit zur Dauer und zur minutiösen Regulierung[845] stünde demnach hinter dieser Schilderung der Hyperboreer als eines Volkes, das den Sonnengott beobachtet und seinen Lauf mit den Mitteln der *ratio* zu bestimmen sucht; die unbekannte nördliche Hochkultur der Hyperboreer wurde nicht nur mit der Elle der alten Hochkultur Ägyptens gemessen, sondern sogar nach ihr geschneidert.

Allein die extrem schwankende und nur schwer in den Begriffen der Dauer zu beschreibende Tageslänge hätte die Zeitordnung der Hyperboreer von der vorbildlichen und gänzlich regulären der Ägypter unterscheiden können – wenn Hekataios sie explizit sehr weit im Norden verortet hätte. Mit seiner geschickten Terminierung hat er dieses Problem wissentlich oder unwissentlich umgangen.

1.2.2.2. Pomponius Mela, Plinius d.Ä. und das Problem der Polarnacht

In der beschreibenden geographischen Literatur der Römer finden sich bei Mela und Plinius zwei ungefähr gleichzeitige und eng miteinander verwandte Darstellungen der Hyperboreer. Die Erforschung des Nordens hatte das Wissen um die extremen Tages- und Nachtlängen der Polarregion erbracht, die wohl seit Pytheas von Massilia bekannt, im Rom der frühen

843 Dillery, Hecataeus, hier 269; Bichler, Ordnung, 636 ff.und 643 f. untersucht die fremden, nicht-athenischen Einflüsse auf Hekataios.

844 Jacoby, FGrH 264, 1, 1–6.

845 Herodot geht unter seinen zahlreichen ethnographischen Exkursen nur bei den Ägyptern auf die Zeitordnung ein. Gleich zu Beginn nennt er ihren vorbildlichen Kalender (Hdt. 2, 4), später die ihnen zugeschriebene Erfindung der Sonnenuhr (Hdt. 2, 109). „Die Monarchie des Alten Ägypten ist zu einem utopisch überhöhten Demonstrations-Objekt der staatsphilosophischen Literatur geworden" (Bichler, Insel, 165).

Kaiserzeit sicher vorausgesetzt werden konnte.[846] Vergils Hinweis auf die Eiseskälte im Land der Hyperboreer reflektiert dieses Wissen. Zugleich galt das Land der Hyperboreer von jeher als sonnig, ausgeglichen und warm. Es liegt also nahe, danach zu fragen, wie diese beiden unterschiedlichen Perspektiven, die auch für zwei unterschiedliche Auffassungen vom Wesen der geographischen Literatur stehen, verarbeitet wurden – fühlte sich jemand genötigt, sie zu vereinen? Wie war dies möglich?

Pomponius Mela und Plinius d.Ä. sind die Ersten, die die Hyperboreer direkt in der Polarregion verorten. Unter Nutzung sehr ähnlicher Quellen beschreiben beide die Hyperboreer als ein Volk, das im Unbestimmten zwischen erfahrbarer Welt und Mythos existiert. In der *Chorographia* des Pomponius Mela heißt es:[847]

> in Asiatico litore primi Hyperborei super aquilonem Riphaeosque montes sub ipso siderum cardine iacent;[848] ubi sol non cotidie ut nobis sed primum verno aequinoctio exortus, autumnali demum occidit; ideo sex mensibus dies et totidem aliis nox usque continua est. terra angusta aprica per se fertilis. cultores iustissimi et diutius quam ulli mortalium et beatius vivunt. [...] habitant lucos silvasque, et ubi eos vivendi satietas magis quam taedium cepit, hilares redimiti sertis semet ipsi in pelagus ex certa rupe praecipitant. id eis funus eximium est.
>
> („An der asiatischen Küste wohnen zunächst die Hyperboreer, jenseits des Nordwindes und des Rhipäengebirges und direkt am Nordpol, dem Angelpunkt der Gestirne. Dort geht die Sonne nicht täglich auf – wie bei uns –, sondern sie geht zum ersten Mal beim Frühjahrsäquinoktium auf und dann erst beim Herbstäquinoktium wieder unter. Daher haben sie sechs Monate lang Tag und ebenso viele Monate lang ununterbrochen Nacht. Das Land ist schmal, der Sonne zugewandt und von sich aus fruchtbar. Seine Bebauer sind die gerechtesten unter allen Menschen, und sie leben länger und glücklicher als alle anderen .... Sie leben in Hainen und Wäldern, und wenn sie des Lebens satt und bevor sie seiner überdrüssig sind, stürzen sie sich heiter und bekränzt von einem bestimmten Felsen ins Meer. Dies gilt ihnen als das schönste Begräbnis.“)

---

846 Plinius erwähnt die extreme Tageslänge in Britannien und ‚Thule‘ und verweist auf den Bericht des Pytheas (nat. 2, 186).

847 Mela 3, 36–37. Zu Mela s. Gisinger, Pomponius.

848 Brodersen übersetzt hier „Wendekreis“, dafür wäre jedoch die plinianische Wendung *ambitus siderum* weit treffender. Nach ThlL und im Vergleich mit Plinius d.Ä. und Solinus (s.u.) möchte ich *cardo* daher in seiner Grundbedeutung als (Angel-)Punkt und damit als Bezeichnung des Nordpols verstehen – was zudem den Vorzug hätte, dass Melas Bemerkung sachlich richtig wäre: Am nördlichen Wendekreis gibt es mit ca. 10–13 Stunden keine auffällige Tageslänge, am Polarkreis einen einzigen Lichttag von 24 h Dauer („Mitternachtssonne“), am Pol dagegen einen halbjährigen Lichttag, wie Mela ihn schildert. Pomponius Mela, Kreuzfahrt durch die Alte Welt. Zweisprachige Ausgabe von Kai Brodersen, Darmstadt 1994, hier S. 155.

Mela beginnt seine Schilderung mit einer zutreffenden Beschreibung des äußersten Nordens und führt aus, welche Konsequenzen diese Lage für die natürliche Zeitordnung hat: Sie verursacht Tage und Nächte, die im äußersten Fall ein halbes Jahr lang dauern. An zweiter Stelle folgt die seit Pindar vertraute Charakterisierung des ‚Frommenlandes' und der dortigen Lebensweise. Mela stiftet keine Kausalbeziehungen zwischen Nordlage und Klima noch bemüht er sich, den besonderen βίος seiner Bewohner zu begründen; ja, er erträgt sogar den offensichtlichen Widerspruch, ein Land, das monatelang im Dunkeln liegt, als *apricus* zu bezeichnen.

In seiner nur wenige Jahre später entstandenen Darstellung der Hyperboreer innerhalb der *Naturalis historia* greift Plinius nicht nur auf Mela, sondern zumindest noch auf zwei weitere Quellen zurück, deren genaue Betrachtung dazu beitragen kann, das in Bezug auf Plinius häufig kolportierte Urteil der ungenügenden gedanklichen Durchdringung zu revidieren.[849] Der im Folgenden nach seinen Quellen gegliederte, in der überlieferten Form allerdings sprachlich problematische Pliniustext lautet:[850]

> **[Q1]** Pone eos montes ultraque Aquilonem gens felix, si credimus, quos Hyperboreos appellavere, annoso degit aevo, fabulosis celebrata miraculis. **[Q2]** ibi creduntur esse cardines mundi extremique siderum ambitus[851]

849 Die u.a. von König und Rathmayr vertretene Erklärung, Plinius habe seine Quelle nicht verstanden und daher durch die von ihm vorgenommene Kürzung unverständlich gemacht, scheint mir wenig befriedigend. Sie berücksichtigt weder, dass hier offensichtlich mehrere Quellen herangezogen wurden, noch fragt sie nach möglichen Interessen oder Vorannahmen des Autors, die ihn dazu brachten, so und nicht anders zu verfahren. König, Plinius, Bücher 3–4, München 1988, 420; Rathmayr, Winter, 47.

850 Plin. nat. 4, 89–90 in der Auslassung werden differierende Ansichten zur genauen geographischen Lage des Siedlungsgebiets am Nordrand der Oikumene referiert. Vgl. zum Gesamtkomplex Plin. nat. 6, 34–35 und dazu Sol. 16, 1–17, 1, hier bes. 16, 2–3: *Apud quos mundi cardines esse credunt et extimos siderum ambitus, semenstrem lucem, aversum una tantum die solem: quamquam existant qui putent non cotidie ibi solem, ut nobis, sed vernali aequinoctio exoriri, autumnali occidere: ita sex mensibus infinitum diem, sex aliis continuam esse noctem.* Solinus hat die beiden kurz aufeinander folgenden und einander nach der üblichen Übersetzung widersprechenden Formulierungen, *semenstrem lucem aversum una tantum die solem*, und *sex mensibus infinitum diem, sex aliis continuam esse noctem* offenbar nicht als problematisch empfunden, obgleich er in diesem Abschnitt durchaus deutliche Kritik formuliert (vgl. etwa *quod aspernatur ratio* in 16, 2).

851 Nimmt man die Begriffe als *termini technici*, müsste *siderum cardo* den Pol, *extremus siderum ambitus* vermutlich den Polarkreis (66,56 n.B.) bezeichnen, die den Bereich umspannen, in dem Tageslängen von 24 h und mehr auftreten; die Parallelität beider Ausdrücke lässt jedoch erkennen, dass zwischen Pol und Po-

semenstri luce et una die solis adversi,[852] non, ut imperiti dixere, ab aequinoctio verno in autumnum: semel in anno solstitio oriuntur iis soles brumaque semel occidunt. regio aprica, felici temperie, omni adflatu noxio carens. domus iis nemora lucique, et deorum cultus viritim gregatimque, discordia ignota et aegritudo omnis. mors non nisi satietate vitae epulatis delibutoque senio luxu e quadam rupe in mare salienti*bus*; hoc genus sepulturae beatissimum [...]. **[Q3]** qui <non>[853] alibi quam in semenstri luce constituere eos, serere matutinis, meridie metere, occidente fetus arborum decerpere, noctibus in specus condi tradiderunt.

(**[Q1]** „Hinter diesen Bergen und jenseits des Nordwinds lebt, wenn wir es glauben wollen, ein glückliches Volk, das man die ‚Hyperboreer' nennt; es ist langlebig und wird in vielen Wundergeschichten gerühmt. **[Q2]** Dort sollen die Angelpunkte der Welt und die äußersten Umlaufbahnen der Gestirne sein, mit halbjährigem Licht und einem einzigen (kontinuierlichen) Lichttag bei zugewandter Sonne. Diese Lichtzeit dauert aber nicht, wie unkundige Leute gesagt haben, vom Frühlings- bis zum Herbstäquinoktium, sondern einmal im Jahr,

---

larkreis hier – dem Kenntnisstand entsprechend – keine Unterschiede gemacht wurden.

852 Mayhoff hat in seiner Teubneriana *et una die* getilgt und folglich das Genitivattribut auf *semenstri luce* bezogen. Ich habe jedoch den Eindruck, dass die Streichung von *et una die* (das kaum als in den Text geratenes Scholion zu erklären ist) nicht zwingend notwendig ist, sondern in Analogie zu dem vorangegangenen Ausdruck *cardines mundi extremique siderum ambitus* zwei Perspektiven auf dasselbe Phänomen bietet. *Una die* wäre dann als „ein einziger, kontinuierlicher Lichttag" zu verstehen; dieses Verständnis wird bereits von frühneuzeitlichen Editionen nahe gelegt (vgl. Plinius, Naturalis historia cum commentariis et adnotationibus Hermolai Barbari, Pintiani, Rhenani, Gelenii, Delchampii, Scaligeri, Salmasii, Is. Vossii [...], Leiden/Rotterdam, Hack, 1669, S. 227: *semestris lux illis una dies est*). – Solinus bietet (mit einigen Pliniushandschriften) *aversi* statt *adversi.* Diese Lesart ist nur dann hinzunehmen, wenn man Plinius die Vorstellung zweier halbjähriger Lichtphasen unterstellen möchte, die von einer eintägigen Nacht unterbrochen werden; eine Vorstellung, die mit dem Folgesatz in keinerlei Übereinstimmung zu bringen ist. – Der Passus ist unverständlich bei Müller, Ethnologie, 486.

853 Die Negation ist in keiner überlieferten Handschrift erhalten. Sie taucht vermutlich zuerst in einer von dem Humanisten und Erasmusfreund Johann Caesarius (1468–1551) im Jahr 1524 für Cervicornus in Köln besorgten Pliniusausgabe auf und wurde in zahlreichen Ausgaben der Frühen Neuzeit beibehalten. Ob die Negation auf die benutzte Handschrift oder auf Caesarius' philologischen Scharfblick zurückzuführen ist, ist m.W. nicht bekannt. Trotz dieser überlieferungsgeschichtlichen Schwäche möchte ich (im Gegensatz zu Mayhoff) an der Negation festhalten, da die innere Logik des Textes sie erfordert: Wer im halbjährigen Licht wohnt, sät naturgemäß morgens, um mittags zu ernten; es handelt sich um ein hier rational hergeleitetes, letztlich aber paradiesisches Motiv: Saat und Ernte an einem Tag.

zur Sommersonnenwende, geht bei ihnen die Sonne auf/ beginnen die Tage[854] und einmal, zur Wintersonnenwende, geht sie unter. Es ist eine lichterfüllte Gegend, wohltemperiert, jeder schädlichen Luft entbehrend. Als Wohnstatt dienen ihnen Wälder und Haine; den Gottesdienst feiern sie einzeln oder in Gemeinschaft; Streit und jeglicher Kummer sind unbekannt. Der Tod kommt nur, wenn sie lebenssatt, wohlgenährt und nach einem mit Wohlstand reich gesegneten Alter von einem gewissen Felsen ins Meer springen; dies gilt als die glücklichste Art des Begräbnisses.**[Q3]** Diejenigen, die die Hyperboreer nicht anderswo als im halbjährigen Licht ansiedeln, haben berichtet, dass sie am Morgen säen, mittags ernten, bei Sonnenuntergang die Baumfrüchte pflücken und sich nachts in Höhlen verbergen.")

Plinius beginnt mit zwei die Etymologien ausschreibenden Angaben, die zwei Grundmotive der Hyperboreerdarstellung fixieren. Die erste von ihnen, die Ansiedlung „hinter dem Nordwind", ist Gemeingut, während die zweite, ihre jedes Maß überschreitende Lebensdauer, weit seltener bezeugt ist.[855]

Bei seiner zweiten Quelle dürfte es sich um Pomponius Mela oder um eine beiden Autoren gemeinsame Vorlage – möglicherweise Varro – gehandelt haben.[856] Plinius nennt beide unter den im vierten Buch genutzten *auctores.* Die Beschreibungen von Plinius und Mela ähneln sich nicht nur in den Motiven, sondern sind bis in den Wortgebrauch hinein identisch. Plinius ergänzt seine Vorlage durch interpretierende Zusätze, so wird etwa das bei Mela irritierende *apricus* bei ihm durch den Zusatz *felici temperie* erklärt. Vor allem aber im entscheidenden Detail des Tagesbeginns distanziert Plinius sich deutlich von Mela, ohne dass die Gründe für diesen Sonderweg sofort kenntlich würden.

Die dritte Quelle scheint einen Gedanken ausgeführt zu haben, der die einzelnen Verrichtungen des bäuerlichen Jahreslaufs auf den Polartag

854 Der Plural ist irritierend – hier geht nur eine Sonne auf; der Plural von *sol* wird dagegen gewöhnlich im Sinne von *dies* verwendet (vgl. Gramm. suppl. 112, 20: *quando* [...] *soles in plurali numero dicuntur, dies significat*). Es scheint eine Kontamination beider Vorstellungen vorzuliegen, die vielleicht aus derÜberlänge des Polartages abzuleiten ist: ein dortiger Tag ist so lang wie viele ‚normale' Tage.

855 Beide Etymologien gemeinsam sind nur bei Festus überliefert, der zudem der einzige Zeuge für die zweite darstellt, also aus derselben Tradition schöpft, auf die auch Plinius hier zurückgreift. Festus s.v. *Hyperborei* (91 Lindsay): *Hyperborei supra aquilonis flatum habitantes dicti, quod humanae vitae modum excedant vivendo ultra centesimum annum, id est* ὑπερβαίνοντες ὅρον *saeculi humani*; vgl. Daebritz, Hyperboreer, und Werhahn, Hyperboreer.

856 Alfred Klotz, Quaestiones Plinianae geographicae, Berlin 1906, 68 f., 87 f.; Müller, Ethnologie, 478.

überträgt:[857] Wenn der Tag ein halbes Jahr dauert, dann sind auch Morgen, Mittag und Abend sehr viel länger als sonst, so dass man die Ernte eines ganzen Jahres über Mittag bewältigen kann.

Es wird deutlich, dass sowohl Plinius' zweite als auch seine dritte Quelle von einem Tagesbeginn zum Frühjahrsäquinoktium ausgehen. Der zweiten meint er widersprechen zu müssen, wobei er vehement die Ansicht vertritt, der halbjährige Tag dauere von Mittsommer bis Mittwinter, die Nacht, so wäre zu ergänzen, von Mittwinter bis Mittsommer. Damit lenkt er den Blick von den Äquinoktien auf die Solstitien. Das widerspricht dem Konsens der Tradition, die von der ebenso durch Erfahrung wie durch Berechnung zu erlangenden Vorstellung eines Polartages ausgeht, der vom Frühjahrs- bis zum Herbstäquinoktium reicht – und die auch Plinius durchaus bekannt war.[858]

Weshalb Plinius sich gegen eigenes Wissen so deutlich von Mela und der von diesem repräsentierten Tradition absetzt und deren Vertreter als *imperiti* disqualifiziert, scheint mir das gewichtigste inhaltliche Problem dieses Abschnitts zu sein. Seine Überlegung kann kaum auf Beobachtung beruhen – dann wäre er zu zutreffenderen Ergebnissen gelangt –, sondern muss auf anderen, nicht in der Beobachtung verankerten Kriterien aufbauen. Möglicherweise erschien es Plinius angemessener, den Tagesbeginn am Pol auf den Zeitpunkt der größten Sonnenkraft zu Mittsommer und das Tagesende zum Zeitpunkt ihrer größten Schwäche zu Mittwinter anzusetzen. Dies bedeutete, eine ganz eigene Zeitordnung für die Hyperboreer zu schaffen. Plinius verfuhr dabei nach dem seit Hesiod vertrauten Verfahren, die beste Zeit auszudehnen – in diesem Fall die hellste Zeit des Jahres. Dadurch, dass er dem Jahr eine überlange ἀκμή gewährt, kann auch die überlange ἀκμή der Hyperboreer plausibel topographisch abgeleitet werden. Andere Vertreter dieser Idee sind nicht greifbar.

Ein Blick auf die Funktion der Isochronie in der Utopie, wie sie u. a. bei Pindar, Iambulos oder Lukian sichtbar geworden ist, kann hier weiterhelfen. Jede Isochronie ist eine Aussage über und Begründung für das innere Gleichmaß jener wundersamen Randvölker, die der goldenen Zeit so nahe zu sein scheinen. Aufgrund der wechselseitigen Abhängigkeit darf das Gleichmaß der Tage als Ausdruck der inneren Verfassung gelesen werden und ist nicht nur, vielleicht noch nicht einmal notwendigerweise mit einer spezifischen geographischen Lage zu verknüpfen. Wenn aber das Gleichmaß

857 Vgl. Hdt. 4, 25, der möglicherweise auf ein ähnliches Motiv rekurriert, wenn er von einem sagenhaften Nordvolk spricht, das ein halbes Jahr schlafe.

858 Vgl. Plin. nat. 2, 186.

der Tage Bedingung für ein gutes und glückliches Leben war – wie konnte man dann noch davon sprechen, dass die Hyperboreer, die nun unter den extremen Bedingungen von Polartag und Polarnacht gesehen wurden, in gleicher Weise ausgeglichen und glücklich seien?

Von Mela oder Plinius zu erwarten, dass sie das Frommenland der Hyperboreer ganz ausließen, würde dem sammelnden und unterhaltenden Charakter beider Werke nicht gerecht. Beide betonen die geographische Lage, doch allein Plinius scheint in der Auswahl seiner Quellen den Versuch zu unternehmen, die Hyperboreer zu ‚retten'. Ich möchte daher vorschlagen, in Plinius' eigenwilliger Quellenauswahl den Versuch zu sehen, nicht nur unterschiedliche Berichte über die Hyperboreer unverstanden zusammenzutragen, sondern vor allem ihrer prekären geographischen Lage den einzufordernden Sinn abzugewinnen:

Das breit ausgeführte Wissen um die überaus langen Tage und Nächte im Norden lenkt den Blick auf eine Unmäßigkeit, eine ‚Dyskrasie', die nicht ins Bild der Hyperboreer passt. Entgegen seinem üblichen Verfahren (etwa beim Chaukenexkurs oder im physischen Vergleich der Süd- und Nordländer)[859] arbeitet Plinius daher kein direktes logisches Verhältnis zwischen Umweltbedingungen und ‚Volkscharakter' heraus – wie hätte es auch sein sollen? Es gab keinen nahe liegenden Weg, die Hyperboreer überzeugend in dieses System einzupassen, das die besten Umweltbedingungen und Lebensformen unter den klimatischen Bedingungen des Mittelmeerraumes sah, der vergleichsweise regelmäßige und kurze Tageslängen aufweist.

Bei dem Versuch, die Hyperboreer als *iustissimi homines* in einem irdischen Paradies zu retten, griff Plinius auf Texte zurück, die nicht zum Mainstream der Überlieferung gehören (Quelle 1, 3), und wagte es zudem, sich in einem relevanten Punkt gegen diesen Mainstream zu stellen (Quelle 2). In allen drei Fällen spielt die zeitliche Struktur hyperboreischen Lebens eine zentrale Rolle.

Unterstellt man, dass er – unzeitgemäß den Mythos weiterdenkend – den Graben zu schließen versuchte, der sich zwischen der auf Dauer und Gleichmaß basierenden Erhabenheit der Hyperboreer und der außerordentlichen Wechselhaftigkeit ihrer Tage geöffnet hatte, so stellt sein Umgang mit den Quellen den Versuch dar, diese extrem variable Tageslänge des

859 Plin. nat. 2, 189f.; nat. 16, 2–4; vgl. Müller, Ethnologie, 484 und 487 (zur Darstellung der Hyperboreer bei Plinius): „Den Versuch, das Ideale derartiger Lebensweisen von innen heraus, etwa aus dem besonderen Aufbau der Daseinsorganisation zu begründen, unternimmt Plinius nicht, obwohl ihm ein solcher Gedanke eigentlich hätte nahe liegen können [...].“

Nordens aufzuwerten. Dies tut er, indem er das Moment der Dauer im Wandel herausarbeitet (*semenstri luce et una die solis adversi*), die hyperboreischen Tage als rational nachvollziehbare Extrapolation normaler Tage beschreibt (daher der Beginn an Mittsommer, dem üblicherweise längsten Tag) und alternativ mit der halb märchenhaften, den Bogen zur *aetas aurea* schlagenden Vorstellung, ein Jahr sei ihnen wie ein Tag, zu fassen versucht.[860]

Diese Auswahl deutet eine Lösung der Aporie an. Die Tageslänge wird von der natürlichen Gegebenheit zu einem Teil der spezifischen hyperboreischen Kultur; sie ist nicht erklärungsbedürftige Umkehr der äquatorialen Verhältnisse, sondern deren folgerichtige Steigerung. So, wie die Lebensjahre in mancher Goldzeitvorstellung auf 100 oder 150 gedehnt wurden, so werden hier die Tage gedehnt, bis sie die Länge eines halben Jahres erreichen und in ihnen der gesamte landwirtschaftliche Zyklus Raum finden kann. Nicht die Andersartigkeit und Fremdheit des Polartages, sondern sein Verständnis als ‚großer Bruder' des normalen Tages ist Grundlage dieser Beschreibung; Polartag und -nacht stehen nicht für klimatische Komplikationen, sondern für die Größe der Hyperboreer und ihre Nähe zu den besseren Geschlechtern der goldenen Zeit.[861]

2. Die Optimierung der kulturellen Zeitordnung

Überlegungen zu alternativen kulturellen Zeitordnungen sind dort zu erwarten, wo intensive Kulturkontakte vorhanden sind und wo die Fiktion nicht darauf verzichtet, die Institutionen von Staat und Gesellschaft mitzudenken. Beides hat, wie bereits angedeutet, nicht viel Niederschlag in der römischen Literatur gefunden.[862]

---

860 Im ‚anthropologischen' siebten Buch der *Naturalis historia* führt Plinius fabelhafte Lebensalter von weit über 100 Jahren auf chronologisches Unwissen zurück (*omnia inscita temporum acciderunt:* 7, 155), dass in manchen Kulturen jede Jahreszeit oder gar jeder einzelne Monat mit einem Begriff bezeichnet werde, der dem lateinischen *annus* entspräche, was zu Missverständnissen geführt habe (nat. 7, 155).

861 Weitgehend abgeschlossen scheint dieser Gedanke bei Martianus Capella (Mart. Cap. 6, 664), der Sitten und Religiosität, Klima und Tageslänge der Hyperboreer als gleichermaßen ausgezeichnet und unter den Bedingungen der Dauer (*prolixitas*) stehend beschreibt.

862 Für die Kulturkontakte sei an das vorangegangene Kapitel erinnert (oben S. 184ff.), das aus einer pragmatischen Perspektive v.a. auf historiographische Texte blickt und nicht nach anderen Zeitkonzepten, sondern nach dem Umgang mit der erfahrenen Differenz der Zeitordnung fragt.

Dass die kulturelle Zeitordnung – anders als die natürliche – in der utopischen Literatur kaum reflektiert wird, mag nicht zuletzt daran liegen, dass goldene Zeiten und glückselige Inseln gewöhnlich mit einem äußerst geringen Grad staatlicher Organisation auskommen: Der Motivhorizont antiker Utopien drängt ihren Autoren das Nachdenken über die Zeitordnung nicht auf. Doch selbst dort, wo staatliche Organisationsformen im Zentrum antiker Utopien stehen, ist die Zeitordnung eine *cura posterior*[863] – anders als in der Moderne; es sei nur an die utopischen Entwürfe der russischen und französischen Revolutionskalender erinnert.

Gleichwohl gibt es in der Staatstheorie zumindest gewisse Ansätze dazu, für den idealen Staat auch eine ideale Zeitordnung zu entwickeln, ohne dass dies jedoch je zu einem zentralen Thema geworden wäre. Trotz aller Schwierigkeiten, die sie bereitete, ist sie offenbar über lange Zeiten nicht als reformbedürftig bzw. reformierbar angesehen worden. Um den Horizont des Wünschbaren zu skizzieren, möchte ich knapp festhalten, welchen Platz Platon als wirkmächtigster Staatsdenker der Zeitordnung in seinen Staatsentwürfen zuwies.

2.1. Platon: Ein verbessertes Athen

Platon beschreibt geringfügig differierende, jedoch immer als ideal verstandene Staaten in der *Politeia*, im *Timaios* und im *Kritias*, am detailliertesten aber in den *Nomoi*. In keinem seiner utopischen Entwürfe macht er die Zeitordnung explizit zum Thema; implizit setzen seine hochkomplexen Gesellschaftsentwürfe jedoch spezifische kulturelle Konventionen der Zeitordnung voraus. Im ‚zweitbesten Staat' der *Nomoi* geht er so weit ins Detail, dass man es wagen kann, die der Beschreibung unterliegende Zeitordnung in ihren Umrissen nachzuzeichnen und sie daraufhin zu untersuchen, inwieweit sie auf einer spezifischen natürlichen Zeitordnung gründet und welche kulturellen Zeitordnungen ihr als Vorbild gedient haben.

Voraussetzung aller platonischen Idealstaaten ist die Eukrasie.[864] Man hätte erwarten können, dass Platon dieses Ebenmaß durch die Einführung des ägyptischen Kalenders noch steigert – schon Herodot hatte die dortige

863 *Cura posterior* offenbar auch für die antiken städtebaulichen Utopien: Für keine der Idealstädte – Atlantis, Magnesia, Thourioi, Uranopolis, Platonopolis usw. – wird die Existenz einer ‚Zentraluhr' oder eines öffentlichen Kalenders auch nur erwogen. Zu den Uhren in der *Magna Graecia* s. oben S. 83 ff.

864 Pl. Plt. 272a; vgl. auch Kritias' Lob der Dauer und der Eukrasie in Urathen, Pl. Ti. 20d-25d, bes. 24c; dazu Bichler, Insel, 135 f.

Zeitordnung in seinem Ägyptenexkurs als vorbildlich dargestellt.[865] Doch Anzeichen für eine Orientierung am ägyptischen Modell fehlen. Zwar hebt der namenlose athenische Redner der *Nomoi* das Vermögen der Ägypter, bei einem einmal erreichten Standard mit aller Entschiedenheit zu verharren, als Befähigung zur Dauer lobend hervor, bezieht dies aber auf die gesamte Kultur und geht nicht explizit auf den Kalender ein.[866] Auch der fixe Jahresbeginn zum ersten Neulicht nach Mittsommer, der sowohl in der Rahmenhandlung als auch im utopischen Entwurf herausgehoben wird, verweist nicht auf das ägyptische Wandeljahr, sondern weit deutlicher auf die athenische Praxis.[867]

Wenn Ägypten – wie auch Sparta und Kreta, wenn auch aus anderen Gründen[868] – als Vorbild ausfällt, dann bleibt zu überprüfen, inwieweit die verstreut gegebenen Informationen über die Struktur und gesellschaftliche Verankerung der Zeitordnung mit den vertrauten athenischen Konventionen übereinstimmen und wo sie sich diesen entgegenstellen.

Der Jahresbeginn zu Mittsommer entspricht attischem Usus. Das Sonnenjahr von 365 Tagen wird so zur Basis des zivilen und des Festkalenders. Darin folgt Platon allerdings nicht nur dem konkreten attischen Vorbild, sondern auch seinen eigenen astronomischen Vorstellungen, in denen er der

865 Der Kalender wird im Ägyptenexkurs (Hdt. 2, 4) erwähnt; an späterer Stelle geht Herodot noch auf die Erfindung der Sonnenuhr ein (Hdt. 2, 109).

866 Pl. Lg. 2, 656d-e; zur grundsätzlichen Vorbildhaftigkeit Ägyptens s. Assmann, Weisheit, bes. 44–56.

867 Pl. Lg. 3, 683c (Rahmenhandlung kurz vor der Sommersonnenwende), Lg. 6, 767c (Amtsjahr in Magnesia). – Einführungen in den athenischen Kalender bieten Ginzel, Handbuch 2, 294–491; Paulsen, Zeitrechnung; Bickermann Chronology, 27–33.

868 Neben Ägypten ist Sparta kanonisches Vorbild platonischer Staatsutopie (Schmal, Sparta, 670; Bichler; Insel, 145 ff.). Abgesehen davon, dass auch in einem Verweis auf die spartanische Zeitordnung mehr ‚Anti-Athen' als ureignes Sparta zu erwarten wäre, kann man zumindest festhalten, dass über den historischen spartanischen Kalender derart wenig bekannt ist, dass es unmöglich zu überprüfen ist, ob über den topischen Verweis hinaus spezifische Inhalte von dort übernommen wurden. Ähnliches gilt für die indigenen Kalender Kretas. Zeugnisse zum spartanischen und kretischen Kalender sind zusammengestellt bei Bickermann, Chronology, 92 ff., 134–136. Nicholas F. Jones, The organisation of the Kretan City in Plato's Laws, in: CW 83 (1989/1990) 473–492 untersucht die von Platon beschriebenen staatlichen Organisationsformen auf ihre Vorbilder u. a. in der Geschichte des historischen Magnesia, fokussiert jedoch weniger die Herkunft der Institutionen als vielmehr ihre Befähigung dazu, Entwurzelung und Haltlosigkeit in einer familienlosen Gesellschaft zu verhindern. Die Zeitordnung wird von ihm nicht unter die gesellschaftlichen Institutionen gerechnet.

Sonne unter den himmlischen Zeitgebern einen zentralen Rang einräumt, wie er es im Bild der ‚kosmischen Uhr' im *Timaios* anschaulich gemacht hat: Himmlische Ordnung und Ordnung der Polis werden auf diese Weise mit Hilfe der solaren Zeitordnung eng miteinander verknüpft.[869]

Platon äußert sich nicht zur Länge der Monate und zum Verhältnis von Monat und Jahr in Magnesia. Details wie das eigentümliche 13. Monatsopfer und der langjährig fixierte Festkalender deuten jedoch darauf hin, dass er von einem Lunisolarjahr mit geregelter Schaltung ausgeht, auch wenn er das Verfahren der Schaltung – das Kernstück jedes Lunisolarkalenders – nicht näher spezifiziert.[870]

Unterhalb der Monatsebene sind nur die nach Waren differenzierten Markttage am 1., 10. und 20. Tag jedes Monats genannt; sie reflektieren die Dekadengliederung des attischen Kalenders.[871] Der Tagesbeginn ist auf den Morgen, beim Morgenrot, festgelegt.[872] Platon weist hier darauf hin, dass auch noch der Einzeltag eines festgelegten Ablaufes bedürfe, es dem Gesetzgeber aber nicht anstünde, derart detaillierte Regelungen zu treffen.

Im idealen Staat obliegen alle kalenderrelevanten Aufgaben den Euthynoi, die höchste und eponyme Magistrate sowie Priester des Apoll und des Helios sind.[873] Sie legen die Festordnung mehrere Jahre im Voraus fest,[874] was unter der von Griechen und Römern geteilten Prämisse, dass Festanlass und Jahreszeit übereinstimmen müssen, nur möglich ist, wenn eine geregelte Schaltung existiert. Zu ihren jährlich im Voraus zu vollziehenden Aufgaben gehört die regelmäßige Verteilung von Opfern auf alle 365 Tage des Jahres.

---

869 Pl. Ti. 38c-d, Ti. 39b; vgl. Pl. Lg. 10, 886a (natürliche Zeitordnung als Gottesbeweis). Dazu Schäfer, Paradigma, bes. 135–138 und 350–358.

870 Pl. Lg. 8, 828c; zum Festkalender s.u.

871 Pl. Lg. 8, 849b.

872 Pl. Lg. 7, 807e. Dies scheint nicht der damaligen attischen Situation zu entsprechen – zu Platons Zeiten lag er vermutlich in der Abenddämmerung –, entspricht aber möglicherweise einfach der kolloquialen Verwendung des Begriffs, die im Zusammenhang mit der Arbeit vom Lichttag ausgeht.

873 Pl..Lg. 12, 947a-b, vgl. aber Lg. 6, 785a, wo die Jahreszählung nach Archonten zugrunde gelegt wird. Marcel Pierart, Platon et la Cité grecque. Théorie et réalité dans la constituion des „Lois", Brüssel 1974, 220, 319 ff., 456 ff. weist auf die offenbar vorbildlose Konstruktion dieses machtvollen Amtes hin, in dem juristische, Verwaltungs- und Religionsaufsicht zusammenfallen und bei dem folgerichtig auch das Eponymrecht liegt. Einen Vergleich der platonischen und der ‚realen' Euthynoi bietet Pierre Fröhlich, Les cités greques et le contrôle des magistrats (IVe – Ier siècle avant J.-C.), Genf 2004, 26–32 und 103–116.

874 Pl. Lg. 7, 799a (Festplanung für das ganze Jahr); Lg. 8, 834e-835a.

Den 12 Hauptgöttern sollen 12 Monatsfeste geweiht werden, zu denen im Monat des Pluto ein weiteres für die unterirdischen Götter kommt.[875]

Als Magistrate führen die Priester die Listen der eponymen Beamten, Geburts- und Sterberegister und achten vermutlich auch auf die Einhaltung vordefinierter gesellschaftlich fixierter Zeitschwellen wie Heirats- und Amtsantrittsalter.[876] Hier wird Platos Tendenz zur Rationalisierung und Zentralisierung am deutlichsten: Die Zuständigkeit für den Kalender liegt in der Hand der Priester, die zugleich hohe Magistrate sind, der Festkalender ist durch Gesetze fixiert und wird in seinen flexiblen Teilen weit im Voraus bestimmt. Opfer werden nach rationalen Kriterien gleichmäßig über das Sonnenjahr verteilt; nicht nur zentrale Staatsereignisse, sondern auch relevante Personendaten werden öffentlich dokumentiert. Festkalender, historisches Gedächtnis und Teile der Staatsverwaltung liegen in einer Hand.

Man kann für die v.a. in den *Nomoi* aufscheinenden Gedanken zur Zeitordnung Folgendes festhalten:

1. Platons Jahr orientiert sich am athenischen Modell; ein Einfluss anderer Kalender ist nicht eindeutig nachzuweisen. Seine Überlegungen implizieren keine Ablösung, wohl aber eine Verbesserung der Organisation gesellschaftlich relevanter Zeiten.
2. Im Zentrum von Platons Überlegungen stehen der Festkalender und die öffentliche Verwaltung. Die Organisation beider Bereiche durch höchste Magistrate spricht für die Hochschätzung, die Platon ihnen entgegenbringt. Ihre Zusammenführung in einer Institution zeigt eine starke Tendenz zur Rationalisierung und Zentralisierung.
3. Für die Funktion und Akzeptanz eines Kalenders zentrale ‚technische' Details – wie etwa die schwierige Vermittlung zwischen Sonnen- und Mondjahr – behandelt Platon in seinen utopischen Entwürfen nicht.[877] Ein Problembewusstsein in Bezug auf Fragen der Zeitordnung liegt erkennbar nur beim Festkalender vor.
4. Kalenderwissen spielt als ‚angewandte Astronomie' im Bildungswesen Magnesias eine relevante Rolle. Das nötige astronomische Wissen zum

875 Pl. Lg. 8, 828b (365 Opfer, damit an jedem Tag geopfert werde) Lg. 8, 828c (dreizehntes Monatsopfer).

876 Pl. Lg. 6, 785a-b, Lg. 12, 947a-b.

877 Offenbar ist dieses Thema zu ‚technisch' für die Staatsutopien; auch Morus weist zwar darauf hin, dass der Kalender Utopias Sonne und Mond folge; den Problemen der Schaltung aber weicht er, wie Borst konstatiert, aus. Borst, Kalenderreform, 759–761.

Verständnis der natürlichen und der (hier eng daran gekoppelten) kulturellen Zeitordnung wird an beide Geschlechter vermittelt.

2.2. Die Zeitordnung in späteren Staatsentwürfen

Stellt man den Befund der platonischen Schriften Ciceros Staatsentwürfen gegenüber, so verstärkt sich der Eindruck, die antiken Staatsdenker hätten nur wenig Interesse für Detailfragen der Zeitordnung übrig gehabt. Der fragmentarische Zustand, in dem Ciceros Überlegungen *De legibus* und *De re publica* auf uns gekommen sind, mahnt jedoch zur Vorsicht; die Hochschätzung, die Cicero andernorts der gesellschaftlichen Strukturierung von Zeit und ihren Instrumenten entgegenbringt, und der Verlust z.B. der Kulturentstehungslehre zu Beginn des dritten Buches *De re publica* warnt vor vorschnellen Schlüssen.[878]

Ciceros Idealstaat ist das vergangene Rom, seine Utopie rückwärtsgewandt. Auf die Darstellung von Kalender und Uhr bei Cicero als Ausdruck menschlichen Schöpfertums und Garanten einer unhinterfragten, kosmisch determinierten Ordnung habe ich bereits hingewiesen.[879] Sein idealer Kalender ist der vorcaesarianische republikanische Kalender, wobei hier die religiöse Funktion an erster Stelle steht: Innerhalb der Schrift *De legibus* betont er in der Rechtsvorschrift *sacra sollemnia obeunto*, wie nötig es sei, die Kalenderpolitik am Festkalender auszurichten und dafür Sorge zu tragen, dass dieser mit dem Sonnenjahr übereinstimme.[880] Die kalendarischen Probleme seiner Zeit führt er auf ‚Bedienerfehler' zurück.

In weiter historischer Distanz – Jahrhunderte nach der julianischen Kalenderreform und zu Zeiten bereits allgegenwärtiger Uhren – werden in phantastischen und märchenhaften Erzählungen gelegentlich Wundermotive mit einem Bezug zur kulturellen Zeitordnung sichtbar. Die offenbar als selbstverständlich empfundene Zeitmessung erscheint in ihnen durch besondere Begabungen bzw. Beobachtungen verbessert: Antonios Diogenes benennt einen Helden nach dem Vater der Sterne Astraios und verleiht ihm Augen, die als absolute Zeitmesser die Mondphasen anzeigen. Das bringt

878 Zur inhaltlichen und formalen Zusammengehörigkeit beider Texte s. P.L. Schmidt, The original version of the *De re publica* and the *De legibus*, in: J.G.F. Powell/J. A.North, Cicero's republic, London 2001, 7–16; zum Bezug auf die platonischen Staatsschriften, der in den Titeln evoziert wird s. Schäfer, Paradigma, 363–367.

879 Siehe oben S. 38ff.

880 Cic. leg. 2, 19, ausgeführt in leg. 2, 29; s. dazu oben S. 179f.

ihm bei den Aquitaniern große Anerkennung ein und schlichtet einen politischen Zwist.[881] Sein Zeitgenosse Lukian dagegen entwickelt in seinen z. T. an Antonios orientierten „Wahren Geschichten“ die Idee, aus dem regelmäßigen Maulöffnen eines Wales eine Zeitrechnung von Stunden bis hin zur Jahreszählung abzuleiten.[882] Beide Beispiele parodieren Alltägliches und zielen auf den komischen Effekt. Gemeinsam ist ihnen die Herkunft aus einer Welt, in der die allgegenwärtige Zeitmessung selbstverständlich geworden ist.[883]

Damit zeigt sich Iulius Caesars Reformprojekt als einziger römischer Entwurf einer alternativen kulturellen Zeitordnung. Ein neuer Kalender ist, das haben die vorangegangenen Überlegungen gezeigt, stets eine Utopie; Caesar hat sie realisiert. Soweit es zu rekonstruieren ist, wurde seine Kalenderveränderung weder von ihm selbst noch von anderen als Neuschöpfung oder Utopie beschrieben. Die Verankerung der Reform in den höchsten Institutionen, die die römische Tradition ebenso wie das platonische Ideal auszeichnet, hat Caesar beibehalten. Vor allem aber hat er in hohem Maße das Bedürfnis nach zeitlichem Gleichmaß, das die eutopische Literatur formulierte, in seinem Kalender berücksichtigt.

Außer dem Verweis auf griechisches und ägyptisches Wissen und dem Anspruch, ihnen gleichzukommen, lassen die erhaltenen Reste wenig von seinem Umgang mit den literarischen Topoi der Zeitordnung erkennen. Seine alternative Zeitordnung kann an keine Vorbilder anknüpfen; auch das, was Platon bietet, erschöpft sich letztlich in einer strikteren Regelung und Normierung des Ist-Zustandes.

Caesars Entwurf ist revolutionär, geriert sich aber nicht als utopischer Entwurf, sondern als Rückkehr zum Bewährten, als Reparatur von Irrtümern und Fehlern der Vergangenheit. Zeitordnung ist, das haben die bisherigen Überlegungen gezeigt, niemals nur als technisches Problem, sondern in griechischer, vor allem aber römischer Sicht als eine der vornehmsten

---

881 Die „Wunder jenseits von Thule“ des Antonios Diogenes entstanden vermutlich im zweiten nachchristlichen Jahrhundert; sie sind in der Zusammenfassung des Photios überliefert (bibl. 166; die Augen des Astraios: 109b 27–33). Zum Namen vgl. Hes. Th. 375–376 und Th. 378–382. Eine Einführung in das Werk bietet Holzberg, Roman, 75–79.

882 Lukian. VH 1, 40.

883 Dass die Zeitmessung mit der Uhr im zweiten nachchristlichen Jahrhundert zu den Selbstverständlichkeiten des Lebens gehörte, macht ihre Erwähnung in einem ganz anderen Zusammenhang deutlich: Artemidor (Artem. 3, 66) nennt sie unter den Dingen, die einem im Traum erscheinen können, und interpretiert sie als Zeichen des bevorstehenden Endes (s. dazu oben S. 145).

Aufgaben eines Gesetzgebers betrachtet worden, begründet in ihrer Nähe zur Astronomie und zur Definition des Menschen als eines Wesens, das zur rationalen Durchdringung der Welt aufgerufen ist. So kann die kulturelle Ordnung der Zeit zum Sinnbild von Weltverständnis und positiv bewerteter Staatlichkeit werden.

3. Störungen der Zeitordnung

Der Begriff der „Dystopie" wird in der Literaturwissenschaft vor allem auf Texte der letzten beiden Jahrhunderte bezogen, die als „Anti-Utopien" Endzeitdarstellungen und totalitäre Staatsentwürfe vorführen. In dieser Weise kann der Begriff natürlich nicht für die antike Literatur eingesetzt werden. Dort ist er als Zerrbild und Gegenpol der Eutopie, als komplexe Darstellung einer lebensfeindlichen Umwelt zur verstehen. Bei reduzierten Zukunftshoffnungen und -ängsten entspricht ihnen auf motivischer Ebene das Zwillingspaar von *locus horribilis* und *locus amoenus*.[884] Der mahnende Unterton, der der neuzeitlichen Literatur eignet, fehlt hier: Die antiken Schreckensorte werden nicht als mögliche Entwicklungen, sondern als fiktional gegenwärtig imaginiert.

Im vorangegangenen Abschnitt hat es sich als sinnvoll erwiesen, über den engen Raum des *locus amoenus* hinauszugehen und alle ‚Wunschorte' in einer Zusammenschau zu betrachten, da nur so die Frage nach den spezifischen guten Zeitordnungen zufriedenstellend beantwortet werden konnte. Bei den weit selteneren literarischen Schreckensorten muss das Vorgehen ähnlich sein. Die im Folgenden untersuchten Texte setzen alle mit der Schilderung eines *locus horribilis* an, der die nötige Vorbedingung dafür bietet, dass die Ordnungen der Zeit durcheinander geraten und beschädigt werden können. Diese *loci* erscheinen jedoch weder zeitlich noch räumlich besonders separiert. Der erste und mächtigste Schreckensort, die Nacht, ist überall unausweichlich präsent.

Wenn auch die erste Kategorie fortfällt, so kann man die Zeitordnungen der Schreckensorte zumindest nach den natürlichen, nur in der Fiktion beeinflussbaren, und den kulturellen, reformierbaren Ordnungen differenzieren. Eutopische Zeiten waren durch Licht, Dauer und Ebenmaß bzw. die

884 Zur Typologie des *locus terribilis* bzw. *horribilis* s. Klaus Garber, Der *locus amoenus* und der *locus terribilis*. Bild und Funktion der Natur in der deutschen Schäfer- und Landlebendichtung des 17. Jahrhunderts, Köln/Wien 1974, bes. 258 ff. (zur Dunkelheit).

Ausdehnung der besten Zeitabschnitte gekennzeichnet. Dystopien dagegen gehen, was nach dem bisherigen Befund kaum verwundert, häufig mit Dunkelheit einher. Ich bin bereits in einem früheren Kapitel auf den Antagonismus von Tag und Nacht, Helligkeit und Dunkelheit eingegangen; hier sei nur noch einmal an den dystopischen ‚Höhepunkt' der Nacht, die *nox intempesta,* erinnert.

Doch es gibt noch weitere Charakteristika. Wie im vorangegangenen Kapitel möchte ich einige Texte exemplarisch analysieren. Ohne Absicht – aber vielleicht mit einem guten Grund – hat es sich ergeben, dass hier die Texte Ovids im Mittelpunkt stehen: Ovid ist nicht nur der Dichter der ‚geordneten Zeit', die sich in den *Fastorum libri* ausdrückt, und nicht nur ein Römer, der seine eigene ebenso wie andere Zeitordnungen mit großer Aufmerksamkeit wahrnimmt, sondern er ist auch derjenige, der Verzerrungen, Dehnungen und Auflösungen (nicht nur) der zeitlichen Ordnung in seinem literarischen Schaffen am intensivsten thematisiert hat.

Es ist verlockend, die Anregungen dazu in seiner Umwelt zu vermuten: Ovid wurde geboren, als der julianische Kalender noch jung war; als erwachsener Mann erlebte er die augusteische Kalenderreform; als alternder Mann war er gezwungen, sich in einer völlig anderen Kultur zu orientieren.[885] In der Stadt und auf dem Land, in Rom und den umliegenden Regionen, in Literatur und Mythos war ‚Zeit' stets unterschiedlich fixiert und zu unterschiedlichen Zwecken genutzt worden; man musste es nur wahrnehmen. Es scheint, als sei die ‚Zeit an sich' gerade während seines Lebens beweglicher geworden, damit zugleich sichtbarer und für die literarische Behandlung zugänglicher. Ovid ist der einzige klassische römische Autor, der Phänomene wie die regional unterschiedliche Kalenderrechnung, städtische und ländliche Tageszyklen, die Verknüpfung von Zeit und Herrschaft, die Geschichte des römischen Kalenders und die Differenz von sozialer und astronomischer Zeitordnung wahrgenommen und literarisch fixiert hat.[886]

Beide großen Dichtungen, die *Fastorum libri* und die *Metamorphoses*, sind in der Forschung als Geschichten der Zeit angesprochen worden, die um spezifische chronologische Ordnungen herum konzipiert worden seien – das Jahr als Maß der *Fastorum libri*, die Geschichte der Welt und der Stadt Rom als roter Faden der *Metamorphoses*. Während man die meisten der in den

885 In diese Richtung argumentiert Stephen Hinds in seinen Studien zur Zeit in Ovids Werken: Hinds, Exile; Hinds, Dislocations, 214 f.

886 ‚Ortszeit': Ov. fast. 1, 1; Zeit und Herrschaft: fast. 1, 27; differente Zeitordnungen: fast. 1, 31 ff.; fast. 1, 295 f. Tageszyklen: fast. 4, 165 ff.; Kalendergeschichte: fast. 1, 31 ff.; fast. 1, 149 ff., fast. 3, 99 ff.

Fastorum libri angesprochenen Themen der kulturellen Zeitordnung zuweisen kann, nutzen einige Erzählungen der *Metamorphoses* den Gestaltungsspielraum, der sich öffnet, wenn die ‚Zeit an sich' verändert, d.h. objektiv verlängert oder verkürzt oder subjektiv anders empfunden wird.[887] Auch seine Darstellung eines nächtlichen Zeitzaubers kann in diesen Zusammenhang gestellt werden.

3.1. Dehnung und Umkehr der Zeit

Dehnung und Umkehr der Zeit wird gewöhnlich in Bezug auf kurze Zeiträume – einige Tage oder Stunden – beschrieben, d.h. auf Zeitspannen, die für ein Individuum problemlos zu überschauen sind und deren Schwankungen direkt spürbar werden. Sie erschöpfen sich häufig in ihrer Bedeutung für das Individuum, stellen also literarische Externalisierungen innerer Prozesse dar. Gleichwohl kann man danach fragen, wie das Verfahren beschrieben wird, wo und von wem es eingesetzt wird und wie der Eingriff in die Zeit poetisch plausibilisiert wird – denn eine Plausibilisierung wird in jedem Falle geboten. Niemand greift in der antiken Literatur ‚einfach nur mal so' in die regelmäßige Folge von Tag und Nacht ein.

Endzeitszenarien betonen in allen Kulturen die Aufhebung der Grenzen, das Ineinanderfließen von Tag und Nacht.[888] Diese Furcht drückt sich abgeschwächt in der Darstellung der Dämmerung als Übergangszeit, als ‚Zwielicht' aus. Die folgende Dunkelheit erschwert die Wahrnehmung der Zeit als Veränderung und erscheint für Eingriffe der Zeitordnung besonders anfällig. Magisches Handeln, das den Lauf der Gestirne und damit ursächlich die Ordnung der natürlichen Zeit beeinträchtigen kann, wird gewöhnlich als nächtliches Tun gekennzeichnet.

---

887 Verbildlichung der linearen und der zyklischen Zeitordnung: Ov. met. 2, 23ff.; Objektivierung des subjektiven Zeiterlebens: met. 4, 197ff. (Apoll und Leukothoe); Rückläufigkeit der Zeit: met. 7, 167ff. (Medea und Aeson); parodiert z.B. in met. 9, 394–437 (alle Götter wollen Zeit für ihre Lieblinge); *tempora labuntur:* met. 15, 179–185; Jahresgang und Lebensgang: met. 15, 199–213; zum Motiv der *nox longa* bei Ovid s.u.

888 Wie eng das Motiv der rückwärts laufenden Zeit mit dem der Bedrohung und der beschädigten Welt verbunden ist, zeigt ein Blick auf Platos *Politikos*-Mythos (Plt. 268d-274d). Auch dort wird die Entwicklung im Bild des Menschen, der als Greis aus der Erde geboren wird, sich beständig verjüngt, um dann zu verschwinden, am Einzelmenschen sichtbar gemacht. Der Forschungsstand zum *Politikos*-Mythos ist aufbereitet in den Studien von Chr. Schäfer, Chr. Horn und Chr. Rowe in Janka/Schäfer, 115–175.

Doch auch den olympischen Göttern eignet das Vermögen, die Länge von Tag und Nacht zu verändern. Ihr Handeln wird meist mit liebevoller Fürsorge oder erotischem Begehren begründet, könnte also als poetische Konkretisierung eines Zeitwünschens beschrieben werden: Hera schickt Helios zum Okeanos hinab, um den Kampf um die Leiche des Patroklos durch die Nacht zu beenden;[889] Athene hindert Eos am Anschirren, um die Nacht für Odysseus und Penelope zu verlängern,[890] Phöbus bricht den Tag in der Mitte ab, um das Thyestesmahl nicht beleuchten zu müssen.[891] Zeus' *nox longa* mit Alkmene schließlich lässt den Topos in der Welt der Komödie heimisch werden.[892] Als unerfüllbarer Wunsch findet die subjektive Zeitdehnung und Zeitverkürzung in der Elegie ihren Platz, wo sie als Klage über die zu kurze Nacht die Erwartungen der Liebenden spiegelt.[893] Während also das Sehnen der Menschen gar nicht, das Handeln der Götter nur punktuell auf die natürliche Ordnung der Zeit einwirkt und sie nicht grundsätzlich in Frage stellt, gilt das Tun der Hexen a priori als widernatürlich und zutiefst bedrohlich.

Das Motiv der magischen Naturbeherrschung findet seinen höchsten Ausdruck im Stillstand oder gar Rücklauf der ganzen Natur, besonders der Sterne und der von ihnen verkündeten Zeit:[894] So nennt Dido unter den Fähigkeiten der von ihr zur Verschleierung ihres Selbstmordplans erdachten *Massylae gentis sacerdos* das Vermögen, den Lauf der Flüsse anzuhalten und den Gang der Sterne umzukehren,[895] und Lucan spricht in karikierender Übersteigerung vom Vermögen der Hexen, Welt und Zeit anzuhalten, so,

---

889 Hom. Il. 18, 239–242.

890 Hom. Od. 23, 241–246.

891 Sen. Thy. 776–883; vgl. Sen. Ag. 53–56.

892 Ekkehard Stärk, Die Geschichte des Amphitryonstoffes vor Plautus, RhM 125 (1982) 275–303, Eckard Lefèvre, Marcus vortit Barbare. Vom tragischen Amphitryon zum tragikomischen Amphitruo, Mainz 1982 (Akad. d. Wiss. u.d. Literatur, Abhandlungen der geistes- u. sozialwiss. Klasse 1982, 5); speziell zur Nacht: Robert Hannah, Alcumena's long Night: Plautus, Amphitruo 273–276, in: Latomus 52 (1993), 65–74; Jean Soubiran, Mythologie et astronomie: La longue nuit de Jupiter et d'Alcmène (Plaute, Amph., 272–276), in: Pallas 38 (1992) 345–358.

893 Guido Paduano, La brevità del tempo amoroso, in: Giornate filologiche „Francesco della Corte" 3, Genua 2003, 129–148.

894 In der Literatur gehört es zu den selbstverständlichen Fähigkeiten einer Zauberin wie Kirke oder Medea, die Gestirne „herabzuziehen". Hill, Trick, bietet zahlreiche Beispiele und macht deutlich, dass mit *lunam deducere* u. ä. nicht allein Finsternisse gemeint sein können. Ausführliche Stellensammlung: Tupet, Magie, 92–103: La descente de la lune.

895 Verg. Aen. 4, 483.

wie es Erichtho in der Nacht vor Pharsalos dann auch – beinahe beiläufig – tut.[896]

Der etablierten Topoi der göttlichen Zeitdehnung und der magischen Naturbeherrschung bedient sich auch Ovid.[897] Während die weitgehend folgenlosen Zeitstillstände, die die Zeithoffnungen der verliebten Götter externalisieren und ihnen poetische Kraft verleihen, hier beiseite bleiben sollen, verdient ein singuläres Motiv bei ihm besondere Beachtung. In der Erzählung von Aesons Verjüngung lässt Ovid Medea einen nächtlichen Trank ersinnen, der weit mehr kann, als die Zeit nur für einige Stunden anzuhalten: Er lässt Aesons Lebenszeit um Jahrzehnte zurücklaufen, nimmt ihm die Spuren des Alters, macht ihn wieder jung. In subtiler Weise verbindet Ovid hier die Vorstellung von der zeitlichen Fragilität der Nacht mit poetologischen Überlegungen über die Macht der Sprache und schafft so ein singuläres, Magie, Dichtung und Zeit verbindendes Bild. Die höchst kunstvolle Machart dieses ebenso Furcht erregenden wie Segen spendenden Zeitzaubers steht im Zentrum der folgenden Überlegungen.

3.2. Medeas Zeitzauber – die Verjüngung Aesons (Ov. met. 7)

Die Erzählung von der Verjüngung Aesons, um die Jason Medea bittet, gehört zu den ältesten Elementen des Medea-Mythos,[898] hatte aber in den

896 Die Ankündigung Luc. 6, 461–465: *cessavere vices rerum dilataque longa/ haesit nocte dies; legi non paruit aether/ torpuit et praeceps audito carmine mundus/ axibus et rapidis impulsos Iuppiter urguens/ miratur non ire polos.* Erichthos Verlängerung der Nacht beschließt das sechste Buch: Luc. 6, 826–830: *accensa iuuenem positum strue liquit Erictho/ tandem passa mori, Sextoque ad castra parentis/ it comes; et caelo lucis ducente colorem,/ dum ferrent tutos intra tentoria gressus,/ iussa tenere diem densas nox praestitit umbras.*

897 Ov. met. 4, 197ff. (Apoll und Leukothoe), met. 9, 281 (Alkmene).

898 Bildliche Darstellungen sind v. a. aus archaischer Zeit bekannt; sie konzentrieren sich meist auf den jungen Mann im Topf im Gestus der Epiphanie; ihm zur Seite steht Medea, gelegentlich auch Jason. Ältere Übersichten bei K. Seeliger, Medeia, in: Roscher 2, 2 (1894–1897), 2482–2515, bes. 2484–2486, 2491–2492, 2505; A. Lesky, Medea, in: RE 15, 1 (1931) 29–65, bes. 39 ff.; Erika Simon, Die Typen der Medeadarstellung in der antiken Kunst, in: Gymnasium 61 (1954) 203–227, bes. 207–210. Hugo Meyer, Medeia und die Peliaden. Eine attische Novelle und ihre Entstehung, Rom 1980, hier bes. Taf. 16 und 17. Eine umfassende Analyse aus archäologischer Sicht bietet Angeliki Kottaridou, Kirke und Medeia. Die Zauberinnen der Griechen und die Verwandlung des Mythos (Diss. Köln 1989), Köln 1991, bes. 174 ff., 295 ff. Die beste Abbildungsqualität bietet das LIMC: Margot

traditionsbildenden Fassungen von Euripides und Apollonios keine Aufnahme gefunden. Die fragmentarisch erhaltenen Euripides-Kommentare lassen erkennen, dass Medea in den *Nostoi* zahlreiche Kräuter (φάρμακα πολλά) für diesen Trank verwendete. Simonides sprach davon, dass sie den zu Verjüngenden gekocht habe; detailliertere Schilderungen des Geschehens scheinen jedoch in der älteren Literatur gefehlt zu haben.[899] Dieses Motiv greift Ovid in seiner Medeaerzählung in den *Metamorphoses* auf, deren Ponderierung in vielerlei Hinsicht von anderen Fassungen des Mythos abweicht.[900]

Die Verjüngung des Aeson entwickelt keine Bedeutung für den weiteren Gang der Handlung. Ovid nutzt sie vielmehr, um Medeas inhumane Macht, ihr Außerhalb-der-Welt-Stehen, vorzuführen. Dementsprechend stellt er die Gewährung der Bitte nicht als Mitleidsgeste Medeas dar – weder Kindes- noch Gattenliebe treiben sie an – und nicht als heilenden Akt, wie es die literarische Tradition der Heilerin Medea ermöglicht hätte, sondern konzentriert sich allein auf die Konstruktion des machtvollen Zaubers. Sein darstellerisches Interesse gilt nicht der Tatsache, *dass,* sondern vielmehr *wie* Medea ihrem Schwiegervater Leben und Jugend zurückbringt.

In der Entwicklung des dazu nötigen Zaubermittels zeigt Ovid sich als wahrer *poeta doctus:* Als Erster beschreibt er die Wirkstoffe und die Wirkweise des Leben bringenden und Zeit verkehrenden Trankes in aller Ausführlichkeit.[901] Seit Roberts Einschätzung, die Beschreibung der Zuta-

---

Schmidt, Medeia, in: LIMC 6,1 (1992) 386–398, bes. 388 und Jenifer Neils, Iason, in: LIMC V, 1, (1990) 629–638, bes. 634–635.

899 Simon. frg. 548 PMG (hier wird Jason verjüngt), Nostoi frg. 6 Davies (beide aus der Hypothesis zur euripideischen Medea); weitere Stellen bei Seeliger (wie Anm. 899), 2483. – Beim Widderwunder, das Aesons Verjüngung wiederholt, nennt Ovid nur die drei ‚klassischen', aber nicht zeitrelevanten Motive des Zaubers (Zerstückelung, Kochen im Kessel, Zugabe von Kräutern bzw. Säften; met. 7, 314–317).

900 Der ovidischen Medea ist in den letzten Jahren viel Aufmerksamkeit zuteil geworden, wobei der Schwerpunkt allerdings gewöhnlich in Kolchis liegt: s. zuletzt Gabriele Stein, Mutter-Tochter-Geliebte. Weibliche Rollenkonflikte bei Ovid, Leipzig 2004 (BzA 204), 49–83. Zu Medea in Iolkos: Christine Binroth-Bank, Medea in den Metamorphosen Ovids. Untersuchungen zur ovidischen Erzähl- und Darstellungsweise, Frankfurt/Berlin u. a.1993 (Europ. Hochschulschriften Reihe15, Bd. 62), 104–122.

901 Auch Seneca zeigt Medea bei der Bereitung eines Giftes (Sen. Med. 705–739). Schon ein oberflächlicher Vergleich der ‚Rezepturen' macht jedoch deutlich, dass beide nichts miteinander gemeinsam haben. Der senecanische Zaubertrank, der dazu dienen soll, Creusa zu vernichten, ist ganz und gar klassisch aus Schlangen- und Pflanzengiften entwickelt; Ovids Trank dagegen soll Leben zurückbringen

ten für den Verjüngungstrank seien nichts als „eine lange prächtige Ausmalung des in der Medeia-Hypothesis citierten Nosten-Verses“,[902] wurde ihnen keine sonderliche Aufmerksamkeit in der Forschung mehr zuteil. Nur gelegentlich wurde in der Magieforschung versucht, die magische Relevanz der Zutaten zu erweisen.[903]

Die Zutaten des Tranks und damit der ganze Zauber sind allerdings, wie ich zeigen möchte, nicht so sehr magisch als vielmehr durch und durch ovidisch, als Zauber aus der Macht der Sprache zu verstehen. Dabei nutzt er die doppelte Valenz des Begriffs *carmen*, um den Gegensatz zwischen dem magischem und dem poetischem Verfahren der Verjüngung sichtbar zu machen.[904] Der Gedanke, dass nicht nur Zaubersprüche, sondern auch

---

und bedarf daher einer Vielzahl ungewöhnlicher Ingredienzien. So ist es nicht verwunderlich (und bezeugt bestenfalls Senecas Aufmerksamkeit), dass beide nur die Allerweltszutat der Eule gemeinsam haben – die einzige, für die sich keine zeitliche Potenz nachweisen lässt. Thurn tut recht daran, den Trank bei seiner Untersuchung der senecanischen Medea mit Hilfe der ovidischen beiseite zu lassen. Nikolaus Thurn, Die Ausgangssituation in der Medea Senecas und ihre Bedeutung für das Verhältnis zu Euripides' Medeia, in: RhM 145 (2002) 328–353, bes. 333 f.

902 Carl Robert, Bild und Lied. Archäologische Beiträge zur Geschichte der griechischen Heldensage, Berlin 1881 (Philolog. Untersuchungen 5), 231–232; unverändert vorgebracht noch in der Metamorphosen-Ausgabe von Haupt/Ehwald/v. Albrecht, [10]1966.

903 A. Delatte, Herbarius. Recherches sur le cérémonial usité chez les anciens pour la cueillette des simples et des plantes magiques, 2. Aufl. Liège 1938 (Bibliothèque de la Faculté de Philosophie et Lettres de l'Université de Liège. 81); Tupet, Magie. Das Interesse von Viarre, Originalité, gilt der „magie de la transformation“ (329) als Grundströmung in den *Metamorphoses* und schließt die Verjüngung Aesons explizit aus den Betrachtungen aus (330). Bömers Kommentar geht nur an wenigen Stellen darüber hinaus; der Kommentar von Barchiesi/Segal zu diesem Band fehlt noch.

904 Methodisch ist festzuhalten, dass die literarische Beschreibung des Verjüngungszaubers zwar auf der Kenntnis magischen Denkens und magischer Praktiken bei Autor und Leser beruht, sich aber nicht darin erschöpft. Versuche, Ovid als Quelle magischer Praxis zu lesen, belegen daher zwar eine überzeugende Konsistenz seiner Äußerungen und lassen auf grundlegende Kenntnisse der zeitgenössischen Magie rückschließen, können dem Text jedoch nicht gerecht werden. Exemplarisch Viarre, Image, bes. 153–210, die ihre Forschungsabsicht folgendermaßen benennt (S.173): „…s'imposent à nous un certain nombre de faits magiques concrets qu'il est possible de classer puisqu'Ovide en avait parfaitement conscience et les décrit comme tels.“ Sie charakterisiert die Auflistung der Zutaten für Aesons Verjüngungstrank als „pas exhaustive“ (S. 186), bemerkt an ihnen offenbar keine magische Wirksamkeit und ist an anderen Wirksamkeitskonzepten hier nicht interessiert.

Dichtungen die Ordnung der Welt zu durchbrechen vermögen, indem sie als „*carmina* im doppelten Sinne“[905] wirken, findet sich bereits im poetologischen Eröffnungsgedicht zum zweiten Buch der *Amores*:[906]

> carmina sanguineae deducunt cornua lunae,
> et revocant niveos solis euntis equos;
> carmine dissiliunt abruptis faucibus angues,
> inque suos fontes versa recurrit aqua.
> carminibus cessere fores, insertaque posti,
> quamvis robur erat, carmine victa sera est.

(„Zauberlieder ziehen die Hörner des blutroten Mondes herab und rufen die schneeweißen Pferde der aufbrechenden Sonne zurück; durch ein Zauberlied zerspringen die Schlangen mit zerrissenen Mäulern und strömt das Wasser rückwärts zu seinen Quellen zurück. Liedern gab die Tür nach, und auch der vorgeschobene Riegel wurde – obwohl er fest am Pfosten und aus Eichenholz war! – durch ein Lied besiegt.“)

Dieses Changieren zwischen magischer und pragmatischer Wirksamkeit zielt in den *Amores* auf eine witzige Pointe; in den *Metamorphoses* lässt es die methodische Grundlage des Zaubers erahnen: Denn die notwendige Voraussetzung für den literarischen Zauber liegt nicht nur im Wissen um die Sympathie als theoretische Grundlage magischen Handelns, sondern vor allem in der Einschätzung literarischer Bilder als strukturell der Magie verwandter, da ebenfalls auf Analogie beruhender Formen, aus denen sich neue, zaubrisch wirksame Gegenstände ableiten lassen.[907] Jasons Bitte um die Verjüngung seines Vaters, die er mit der rhetorischen Frage *Quid enim non carmina possunt* unterstützt (met. 7, 167), kündigt also nicht nur handlungsimmanent das bevorstehende Wirken der Zauberin Medea an, sondern ist auch poetologisch als Hinweis auf das dichterische Verfahren zu verstehen, das die Verjüngung ermöglichen wird.

Auf dieser Grundlage lässt sich für jede einzelne Zutat des Zaubertranks die Frage nach ihrer Funktion stellen, wobei der zu erwartende magische

---

905 Barbara Weinlich, Ovids Amores. Gedichtfolge und Handlungsablauf, Stuttgart 1999 (= BzA 128) 96. In seiner Doppeldeutigkeit vergleichbar ist Verg. ecl. 8, 68 (von Weinlich nicht berücksichtigt); s. Hill, Trick, 234 ff.

906 Ov. am. 2, 1, 23–28; siehe dazu den Kommentar von J.C. McKeown, Ovid. Amores. Text, prolegomena and commentary, 1987 ff., hier Bd. 3 (1998) 17 ff.

907 Vergleichbare Verfahrensweisen wendet Ovid an, wenn er metaphorischen Verfahren und Vorstellungen dingliche Realität verleiht, wie z. B. in der Erzählung von Deucalion und Pyrrha, wo Erdadern (*vena*) zu Adern und aus Steinen ‚steinharte‘ Menschen werden (*genus durum*; met. 1, 407 ff.).

Zusammenhang (d.h. von der Zutat ist aus magischer Sicht begründet Heilung zu erwarten) durch einen literarischen Zusammenhang (d.h. die Zutat verweist auf intertextueller Ebene auf andere sprachlich tradierte Bilder, die Bezüge zum angestrebten Ziel des Zaubers aufweisen) ersetzt, ergänzt oder überlagert werden kann. Meine These ist, dass Ovid hier vom literarischen Bildbestand ausgehend neue Pharmaka ‚entwickelt' und ungesehene Aspekte an altbewährten magischen Zutaten herausgearbeitet hat, die so angelegt sind, dass sie auf Basis der Sympathie bei Aeson eine die Lebenszeit zurücknehmende, seine Jahre reduzierende Wirkung entfalten könnten. Viele Bestandteile, die Ovid anführt, bezeichnen in einem Aspekt ihres semantischen Spektrums Dauer, Zyklizität oder Neubeginn – diejenigen Zeitaspekte, deren Medea bedarf, um Aeson durch den Tod hindurch zu neuem Leben führen zu können.[908] Natürlich zollen einige Zutaten auch dem Grauen Tribut; Ekel und Angst werden – wie etwa in den Canidia-Gedichten von Horaz oder dem Zaubertrank Medeas bei Seneca – provoziert, spielen aber nicht die Hauptrolle.

Die Schilderung des Zaubers hebt an mit dem Warten auf eine Vollmondnacht, deren nächtlichen Frieden Medea mit der Beschwörung der Nachtgötter durchbricht.[909] In der Anrufung resümiert sie ihre bisherigen Taten und Fähigkeiten, die sämtlich auf eine Verkehrung der Ordnung hinauslaufen. Unter ihnen steht bereits ihre Macht über die Zeit, ausgedrückt als Herrschaft über Luna und Aurora.[910] Dann holt sie Beistand für den neuen Zauber ein, wobei zwei zentrale Motive, die *renovatio* des Alters und die Orientierung an den Lebenszyklen der Natur, anklingen.[911] Als Zeichen der Zustimmung höherer Mächte erscheint der Drachenwagen und bringt sie an verschiedene Orte Thessaliens, damit sie dort die nötigen Kräuter sammeln kann. Mit dem abnehmenden Mond kehrt Medea zurück, baut der schützenden Hekate und der erstrebten Iuventas Altäre und beginnt – wiederum in nächtlicher Einsamkeit – mit der Bereitung ihres Zaubertranks für Aeson:[912]

Interea validum posito medicamen aeno
fervet et exsultat spumisque tumentibus albet.

908 In der Tendenz bereits gesehen von Tupet, Magie 405 ff.; von Bömer, Metamorphosen, nicht berücksichtigt.

909 Ov. met. 7, 192–219.

910 Ov. met. 7, 207–209.

911 Ov. met. 7, 215–216: *nunc opus est sucis, per quos renovata senectus/ in florem redeat primosque recolligat annos.*

912 Ov. met. 7, 262–278.

illic Haemonia radices valle resectas
seminaque floresque et sucos incoquit atros.
adicit extremo lapides Oriente petitos
et quas Oceani refluum mare lavit harenas;
addit et exceptas luna pernocte pruinas
et strigis infames ipsis cum carnibus alas
inque virum soliti vultus mutare ferinos
ambigui prosecta lupi; nec defuit illis
squamea Cinyphii tenuis membrana chelydri
vivacisque iecur cervi, quibus insuper addit
ora caputque novem cornicis saecula passae.
his et mille aliis postquam sine nomine rebus
propositum instruxit mortali barbara maius,
arenti ramo iampridem mitis olivae
omnia confudit summisque inmiscuit ima.

(„Inzwischen brodelt ein wirksames Mittel im bronzenen Kessel und sprudelt empor und glänzt hell von aufschwellendem Schaum. Darin kocht sie [Medea] die Wurzeln, im Haemonstal geschnitten, und die Samen und Blüten und schwarzen Säfte ein. Sie fügt Steine hinzu, die aus dem fernsten Osten stammen und Sand, den das zurückfließende Wasser des Ozeans bespülte. Dann gibt sie Tau hinein, gesammelt, als der Mond die ganze Nacht hindurch schien, und Flügel der schauderhaften Eule, an denen noch Fleisch hängt, und Eingeweide des doppelgestaltigen Wolfes, der seine Tiergestalt mit der eines Menschen zu tauschen pflegt. Drin fehlen weder die durchscheinend-schuppige Haut der Schlange vom Cinyps noch die Leber des schnellen Hirschs. Überdies fügt sie noch den Schnabel und das Haupt einer Krähe hinzu, die schon neun Menschenalter gelebt hat. Nachdem die Barbarin mit diesen und tausend anderen namenlosen Dingen ihren übermenschlichen Plan vorbereitet hat, verrührt sie alles mit dem schon lange vertrockneten Zweig einer milden Olive und mischt das Oberste mit dem Untersten.")

Mit dem *interea* beginnt innerhalb der Medea-Erzählung eine neue Sequenz, in der der Trank und seine Wirkung im Mittelpunkt stehen. Die Zutaten sind in neun Nächten gesammelt worden, jetzt ist es wieder Nacht: Nur in diesem Raum kann Medeas Zauber, der die Ordnung der Zeit durchbrechen soll, wirksam werden.[913]

---

913 In rituell wiederholender Bewegung wirft sie die Zutaten in den Kessel, in dem das dunkle Medikament bereits sprudelt. Die Bewegung ist ausgedrückt in nahezu gleich lautenden Verben in herausgehobener Anfangs- oder Endposition *adicit* (266) – *addit* (268) – *addit* (273), gerahmt von *incoquit* (265) und *inmiscuit* (278) zu Beginn und Ende der Handlung; die einzige und durch die Negation noch betonte *variatio* bietet das perspektivwechselnde *nec defuit illis* (271) in der Mitte der Zeremonie.

Ovid ordnet die Zutaten systematisch nach ihrer Herkunft aus der unbelebten und belebten, pflanzlichen und tierischen Natur. Dabei kommt mit Ausnahme der eng aufeinander bezogenen und daher auch im Umfang kontrahierten Pflanzen jeder Zutat eine Zeile zu: Auf vier Gaben aus dem Pflanzenreich (Wurzeln, Samen, Blüten, Säfte, v. 264–265) folgen drei unbelebte Zutaten (Stein, Sand und Tau, v. 266–268) und schließlich fünf tierische Ingredienzien (von Eule, Werwolf, Schlange, Hirsch und Krähe; v. 269–274), bevor Medea alles mit einem Olivenzweig zu vermischen beginnt, an dem sich bald – wie schon zuvor an den Drachen des Himmelswagens – ein Verjüngungswunder zeigt. Den beabsichtigten Erfolg des Zaubers, die physische Verjüngung Aesons durch den Trank, der sein altes Blut ersetzen wird, zeigen die Verse 287–293, bis nach einem kurzen, die Macht Medeas betonenden Zwischenspiel die doppelte Spiegelung der Erzählung einsetzt: die Verjüngung des Böckchens und die Ermordung des Pelias (v. 297 ff.).

In der bisherigen Forschung sind besonders zwei der Zutaten, Sand und Hirschleber, Steine des Anstoßes gewesen, da sie sich nicht hinreichend ‚magisch' erklären ließen. Sie als ‚literarisch wirksam' zu erweisen, soll daher die erste Aufgabe sein, die zweite, die Konsequenz des gesamten Zaubers und das Verfahren seiner Wirkung darzulegen.

Medea streut Sand in den Trank hinein, und zwar keinen beliebigen, sondern denjenigen, den das *refluum mare* überspült hat. Zwar hat Bömer „zur Verwendung von Sand beim Zauber"[914] keine Parallele in der lateinischen Literatur nachweisen können – aber vielleicht muss die Frage auch anders gestellt werden: Nicht nach den magischen Qualitäten von Sand ist zu suchen, sondern nach den Vorstellungen und Sprachbildern, in denen zurückflutendes Meer und Sand durch Analogieschlüsse gemeinsam das zeitliche Potential entwickeln, das hier vonnöten ist. Zwei geläufige Bilder, die Ovid an anderer Stelle getrennt, jedoch jeweils mit zeitlicher Perspektive einsetzt, bieten sich hier als Ausgangspunkt an: die meist im Wunsch präsente Formel, jemand möge so viele Jahre leben, wie es Sandkörner gebe, und die Wassermetapher, die in zahlreichen Variationen das Verstreichen von Zeit in der Bewegung des Wassers veranschaulicht.

Auf die wiederholte Verwendung des ersten Bildes in den *Metamorphoses* Ovids ist in der Forschung bereits hingewiesen worden:[915] In der Geschichte der Sibylle erzählt Ovid, wie diese sich von Apoll weitere Lebensjahre erbat, wobei sie ein Sandhäufchen (*pulveris cumulus*) als

914 Bömer, Metamorphosen, ad loc.
915 Tupet, Magie, 405; von Bömer, Metamorphosen, nicht aufgegriffen.

Vergleichspunkt wählte.[916] Apoll gewährte die Bitte, knüpfte aber dann den von ihr zuvor vergessenen Zusatz, diese Jahre in ewiger Jugend zu verbringen, an die Bedingung sexueller Vereinigung, die sie nicht zu erfüllen bereit war. So verlebt sie sieben Jahrhunderte als Greisin; nach weiteren drei Jahrhunderten wird sie so viele Jahre verlebt haben, wie Sand auf dem Haufen lag.[917] 1000 Jahre dauert diese menschliche Ewigkeit, angezeigt durch den *pulveris cumulus*, der Dauer, aber keine ewige Jugend verspricht.

Zum Sand setzt Ovid das Meer hinzu, das in seiner beständigen Bewegung (*Oceani refluum mare*, v. 267) der Dauer eine Richtung gibt. Auch hier hilft ein anderer Abschnitt aus den *Metamorphoses*, das zugrunde liegende Bild zu verstehen. In der Rede des Pythagoras hat Ovid unter einem nur geringfügig verschobenen Blickwinkel das Anbranden des Wassers als Zeitmetapher eingesetzt:[918]

cuncta fluunt, omnisque vagans formatur imago.
ipsa quoque adsiduo labuntur tempora motu,
non secus ac flumen. neque enim consistere flumen
nec levis hora potest: sed ut unda inpellitur unda
urgeturque eadem veniens urgetque priorem,
tempora sic fugiunt pariter pariterque sequuntur
et nova sunt semper; nam quod fuit ante, relictum est,
fitque, quod haud fuerat, momentaque cuncta novantur.

(„Alles fließt, und jede Gestalt ist vergänglich gebildet, auch die Zeit selbst gleitet in unmerklicher Bewegung dahin, nicht anders als ein Fluss: Anhalten kann weder er noch die flüchtige Stunde, sondern in der Weise, wie eine Welle von einer anderen Welle vorangetrieben wird und ebendiese ankommend die vorangegangene bedrängt, so fliehen und folgen die Zeiten zugleich und sind immer neu: denn das, was schon war, ist zurückgelassen worden, und es wird, was noch nicht war, und jeder Augenblick wird wieder neu.")

‚Pythagoras' lässt hier zwei Wassermetaphern im Bild des immer währenden Andrangs verschmelzen: die meist mit Heraklit verbundene habitualisierte Metapher der Zeit als eines beständig fließenden Flusses und diejenige des

916 Ov. met. 14, 136–139; die Sibylle spricht: *ego pulveris hausti/ ostendi cumulum: quot haberet corpora pulvis,/ tot mihi natales contingere vana rogavi;/ excidit, ut peterem iuvenes quoque protinus annos.*

917 Ov. met. 14, 144–146: *nam iam mihi saecula septem/ acta vides: superest, numeros ut pulveris aequem,/ ter centum messes, ter centum musta videre.*

918 Ov. met. 15, 178–185; zugrunde liegt natürlich die alte Metapher vom Fluss der Zeit, die Ovid u. a. am. 3, 62 ff. ausgeführt hat: *eunt anni more fluentis aquae./ nec quae praeteriit iterum revocabitur unda/ nec quae praeteriit, hora redire potest.* Siehe dazu oben S. 23.

ewig sich wiederholenden Wellenrhythmus als Bild für den inneren Zusammenhang von Vergangenheit, Gegenwart und Zukunft.

Indem er auf diese einfache Beobachtung zurückgreift, führt Ovid das ob seiner ‚Unnatürlichkeit' den Hexen oft zugesprochene Vermögen, Wasser zum Stillstand zu bringen und zurückfluten zu lassen, auf ein ‚natürliches' Geschehen zurück. In Analogie zum anflutenden Meer (*unda inpellitur unda*), das die vorwärts drängende Zeit versinnbildlicht, entwickelt Ovid für Medea das rückwärts flutende Meer (*Oceani refluum mare*) als Sinnbild rückwärts laufender Zeit. In ihrem Zaubertrank bedürfen Meeresflut und Sand einander: Denn nur so, wieder und wieder vom Meer überspült, kann der Sand nicht nur seine eigene Unendlichkeit, sondern auch die durch das Meer gewonnene Fähigkeit zum Rücklauf in den Trank einbringen und damit die Ambiguität seiner Dauer entkräften. Eine derart komplexe Metapher funktioniert nur, wenn sie einen ‚Türöffner' hat. In diesem Fall entwickelt Ovid sie auf der Basis der geläufigen Wassermetapher, der er durch das seltene, vermutlich von Vergil geprägte und im skizzierten Kontext als ‚marker' wirkende Wort *refluum* eine neue Wendung gibt.[919]

Vor kurzem hat Edward J. Kenney eine Konjektur vorgeschlagen, die entscheidende Auswirkungen auf diese Verse hätte. Liest man mit ihm in v. 266/67 *adicit extremo lapides Oriente petitos/ et quas Oceani refluum mare lavit harenis* (statt *harenas*), so hat man es nur noch mit Steinen aus dem Osten und aus dem Meer, in Kenneys Deutung: mit Perlen aus dem tidegeprägten Atlantik zu tun; der Sand verschwindet von der Zutatenliste.[920] Die Argumentation kann sprachlich wie paläographisch überzeugen; allein ihre Prämisse, „Sand cuts an odd figure among the other exotic ingredients of Medea's brow"[921] schaut nur nach den ‚magischen' Funktionen und spitzt den Text daraufhin zu, dass Ovid endlich so ‚magisch' denken möge, wie man es von ihm erwarten zu können meint, ohne zu sehen, was man ihm damit

919 Die gelegentlich vorgebrachte Stelle in Hom. Od. 6, 94–95, die Ausbreitung der Wäsche auf dem blank gespülten Strand, bietet ein ähnliches Bild, zielt aber nicht auf zeitliche Deutung. Wenn das Bild Ovid angeregt hat, dann hat er es an entscheidenden Stellen verändert, um ihm die gewollte zeitliche Relevanz zu geben: Homer hat Kiesel, Ovid Sand; bei Homer spült das Meer, bei Ovid flutet es zurück.

920 Mit *harenas* verliert Kenney auch das Bezugswort für *quas.* Er rettet sich vorläufig durch die gedankliche Ergänzung von *margaritas,* was mich jedoch nicht überzeugt, da die Nennung des *oceanus* allein nicht spezifisch genug ist, um diese Ergänzung zu legitimieren.

921 Kenney, Notes, 545.

nimmt – nicht nur eine kunstvolle, doch ganz natürliche Metapher, sondern vor allem das hier in die Waagschale geworfene Vertrauen in die Macht der Dichtung, die diejenige der Magie noch übertrifft.[922] Die Konjektur glättet den Text, ist aber inhaltlich weder nötig noch gerechtfertigt.

Dem Magischen das Natürliche entgegenzusetzen, die etablierten poetischen Bilder genau zu nehmen und in ihrer immanenten Bildlichkeit weiterzuentwickeln: so könnte man Ovids Verfahren bei der ersten Zutat charakterisieren.

Bei der zweiten von der Forschung inkriminierten Beimischung, der Hirschleber, scheint Ovid reduktiv mit seinen Vorlagen umgegangen zu sein: So, wie er keine ganze Eule braucht, benötigt er auch keinen ganzen Hirsch, die Leber reicht ihm. Der Hirsch gehört dabei (im Gegensatz zu Eule und Schlange) nicht zu den beim Zauber gewöhnlich erwähnten Tieren. Seine Verwendung im Trank ist nicht durch magische oder literarische Tradition des Trankes, sondern allein durch die zeitliche Potenz des Hirschbildes in der antiken Literatur begründet: seine Langlebigkeit ist ebenso sprichwörtlich wie diejenige der direkt danach genannten Krähe; in beiden Fällen betonen die Attribute zudem diese besondere Qualität.[923] Exemplarisch sei hier nur auf die von Cicero überlieferte Theophrast-Anekdote verwiesen, nach der dieser, als er im Sterben lag, die Natur verflucht haben soll, da sie den Hirschen und Krähen ganz überflüssigerweise ein so langes Leben zugestehe, dem Menschen gegen alle Notwendigkeit nur ein ganz kurzes.[924]

Ein kurzer Überblick über die Zutaten lässt Ovids Vorgehensweise nun deutlich erkennen. Die drei Pflanzenteile Wurzel, Samen und Blüte (*radices,*

---

922 Zwei weitere Bedenken gegen die Konjektur sollen kurz skizziert werden: In dem Versuch, den Steinen eine Bedeutung zu verleihen, die dem Raum entspricht, den sie einnehmen, weicht Kenney auf die These aus, es könne sich um Perlen gehandelt haben, die allerdings kostbar, aber m.W. nicht für magische Wirkungen bekannt sind, d.h. keine inhaltliche Verankerung im Textzusammenhang aufweisen; indem er das Sandproblem löst, schafft er also ein Perlenproblem. Mit der Einengung des *refluum* von „hin- und zurückflutend" auf „der Tide ausgesetzt" verstellt er den Blick auf die Wassermetapher zugunsten einer enggeführten naturkundlichen Betrachtungsweise; das Attribut verliert seine Wirksamkeit und wird zur schlichten Ortsangabe.

923 Ov. met. 7, 273f: *vivacis iecur cervi* und *ora caputque novem cornicis saecula passae.*

924 Cic. Tusc. 3, 69: *Theophrastus autem moriens accusasse naturam dicitur, quod cervis et cornicibus vitam diuturnam, quorum id nihil interesset, hominibus, quorum maxime interfuisset, tam exiguam vitam dedisset; quorum si aetas potuisset esse longinquior, futurum fuisse ut omnibus perfectis artibus omni doctrina hominum vita erudiretur.*

semina, flores) sind als poetische Variation der thessalischen *herbae* zu verstehen, die zentraler Bestandteil jedes Zaubertranks sind.[925] Die dreigestaltige Auffächerung der Pflanze nach ihren Teilen lenkt darüber hinaus den Blick auf den Kreislauf der Natur vom Ursprung (Wurzel) über die Blüte, Sinnbild der Jugend, bis zum Samen, der den Neubeginn ermöglicht.[926] Damit wird – wie beim Zurückfluten des Wassers – das Magische der Zutaten in schlichter Beobachtung natürlicher Kreisläufe aufgefangen, entzaubert, ohne dass jedoch die Vorstellung der wirkenden Sympathie beeinträchtigt würde.

Nach den Pflanzen folgen die unbelebten Zutaten: Steine aus dem Osten, Sand vom Spülsaum, der Reif einer Mondnacht. Alle drei weisen im Einsatz der Attribute, in der Junktur *extremo Oriente*, der seltenen vergilischen Neubildung *refluum* und dem durch Konjektur wiedergewonnenen *pernocte*, semantische Singularitäten auf, die zur Aufmerksamkeit mahnen.

Die Steine sind in der Forschung gelegentlich als Symbole der Dauer, der Osten ist als Verweis auf die Babylonier als Magier par excellence aufgefasst worden.[927] *Oriens*, hier durch das Epitheton *extremum* verstärkt, ist jedoch Osten und Ursprung zugleich, es besitzt gleichermaßen räumliche wie zeitliche Aspekte. Der am weitesten entfernte ‚Orient' ist daher nicht nur ein geheimnisvoller Ort, sondern auch derjenige, der dem Aufgang der Sonne am nächsten ist. Er verheißt den neuen Tag, Neubeginn und Morgenhelle; im Vergleich von Tageslauf und Menschenleben kommen ihm Kindheit und Jugend zu. Dieser Aspekt des *extremus Oriens* bliebe allerdings schwach und zwischen den Dimensionen oszillierend, wenn er nicht von anderer Seite – den jugendvollen Blüten, dem jung gewaschenen Sand, der Häutung der Schlangen – gestützt würde.

An dritter Stelle nach Stein und Sand folgt in absteigender Konsistenz der feine Reif, *pruina*. Medea hat ihn *luna pernocte* gesammelt, da Nächte, in denen der Mond die ganze Zeit zu sehen ist, besonders viel und besonders wirksamen Ertrag versprechen. Der nächtliche Niederschlag wird in der Literatur meist der *luna spumans* zugeschrieben und mit der Vorstellung magischer Praktiken und schädlicher Wirkung verbunden, wie er sich auch

925 So Bömer, Metamorphosen, ad loc.

926 Die Wirksamkeit wird kaum das entscheidende Motiv sein; im Moment des Sammelns erwähnt Ovid nur *gramen* und *radix:* Ov. met. 7, 226–228; met. 7, 232.

927 Tupet, Magie, 405 fasst die Steine als „symbole de durée immuable" auf. Ausführlich zu den magischen Fähigkeiten verschiedener östlicher Regionen äußert sich Viarre, Image, 199 ff. Bömer, Metamorphosen, ad loc. deutet sie als Zeugnisse des Volksglaubens an heilende Steine. Die Parallele in Ov. medic. 21 hilft nicht weiter: dort bezeichnen die *lapides oriente petitos* Schmucksteine.

im Begriff des *virus lunare* ausdrückt.[928] Man darf in ihm sowohl die magische Giftigkeit als auch die zyklische Kraft des Mondes symbolisiert sehen. Schwierig ist es, dieser Zutat eine positive zeitliche Konnotation abzugewinnen. Sicher betont der Mond (wie die Häutung, das flutende Meer etc.) die zyklischen Rhythmen der Wiederkehr. Vielleicht aber klingt auch in *pruina* bzw. in der Vorstellung des nächtlichen Niederschlages eine Idee an, die in der klassischen Literatur nur bei Plinius Aufnahme gefunden hat:[929] dass dem schädlichen auch ein guter, Leben spendender nächtlicher Niederschlag entspricht, ein *ros genitale*, das, von den Strahlen der Venus getroffen oder hervorgerufen, ihre zeugende Kraft in sich trage.[930]

An den folgenden tierischen Zutaten wird das Grausen exemplifiziert, das mit einem jeden Opfer verbunden ist. Die ersten beiden, Eule und Werwolf, sind stets unhinterfragt als typisch magisch verstanden worden. Die Forschung hat herausgearbeitet, wie der fleischige Eulenflügel als „barocke Übersteigerung" des „klassischen Motivs" der Eulenfeder zu verstehen ist, die im Zauber ihren festen Platz hat;[931] man kann hier jedoch auch dieselbe Haltung wirken sehen, die vom Hirsch nur die Leber und von der Krähe nur den Kopf will: ein Teil reicht aus; die unnötig genaue Beschreibung der Details lässt den Leser schaudern und doppelt an die Wirksamkeit aller übrigen Zutaten glauben.

In ähnlicher Weise ist die nächste Zutat, die Innereien eines Werwolfs, verstanden worden. Doch die Vorstellung vom Werwolf impliziert nicht nur die Überschreitung der in der Natur bestehenden Grenzen, sondern auch den physischen Gestaltwechsel. Ovids Augenmerk gilt genau dieser Wandlungsfähigkeit, der *ambiguitas*; um diese in ein sympathisch wirksames *medicamen* zu überführen, nimmt er einen unerhörten (und m. E. bislang nicht erklärten) Wechsel vom Täter zum Opfer in Kauf: Werwölfe töten – aber wo sonst wären sie je selbst im Dienste eines Zaubers getötet worden?[932] Ovids besondere Perspektive wird in der ausführlichen Charakte-

928 *virus lunare:* Lucan. 6, 667–669; Val. Fl. 6, 443–447 (*virus lunare, luna spumans*); Stat. Theb. 2, 284; s. dazu Tupet, Magie, 94 f.; 101 f., die *pruina* mit *ros* gleichsetzt; weitere Belegstellen bei Lunais, Lune, 215–256.

929 Zur gelegentlichen Entsprechung von *pruina* und *ros* bei Ovid vgl. etwa Ov. fast. 3, 357, wobei *ros* allerdings ein weit größeres Bedeutungsspektrum abdecken kann als *pruina* (in Ermangelung eines ThlL-Artikels sei verwiesen auf den Beitrag von Giuliana Crevatin, *ros*, in: EV 5 (1988) 577–579.

930 Plin. nat. 2, 38; vgl. Ambr. hex. 4, 7, 29.

931 Bömer, Metamorphosen, ad. loc. mit weiterer Literatur.

932 Vor Ovid nennt nur Horaz ein Teil eines Werwolfs – allerdings nur den Bart, nicht die Innereien – als Zutat zum Zaubertrank (sat. 1, 8, 42). Wilhelm Kroll, Werwolf,

risierung des Werwolfs kenntlich, die in dem gipfelt, was man *mutatis mutandis* auch für den durch die *anni seniles* (7,163) geschwächten Aeson formulieren könnte: Beide wechseln ihre Gestalt (7, 270).

Für die Schlange gilt so sicher wie für Eule und Werwolf, dass sie ihren Platz in der Magie hat; Name und Attribute erzeugen Fremdheit und angstvolle Scheu.[933] In den Ovid wohlbekannten *Theriaca* des um einige Jahre älteren Aemilius Macer heißt es über den Chelydrus: [*squamea*] *seu terga exspirant spumantia virus/ seu tellus fumat, qua taeter labitur anguis.*[934] Eine Schlange, von deren Haut Gift auf alles übergeht, was sie berührt – diese Vorstellung ist so einprägsam, dass sie nicht nur Vergil und Ovid, sondern auch noch Lucan in seinem Schlangenkatalog aufgreift und die „rauchende Spur" ausmalt, die sie hinterlässt.[935] Ovid evoziert mit der Nennung dieser Schlange also ein Bild hoher Giftigkeit und bringt zugleich mit der Betonung der Haut *squamea … membrana* das schon einmal eingeführte Häutungsmotiv ins Spiel, das Verjüngung verspricht.[936]

---

in: RE Suppl. 7 (1940) 423–426 sieht hier „künstlich übersteigerte Magie" (425); Will Richter, Wolf, in: RE Suppl. 15 (1978) 960–987 weist darauf hin, dass Wolfsopfer höchst selten und wenn, dann nur im Apollonkult belegt sind (976).

933 Den unübersichtlichen und oft widersprüchlichen Forschungsstand zu den zoologischen und literarischen Eigenschaften der Schlange Chelydrus (χέλυδρος) hat Claudia Wick kürzlich referiert und überzeugend analysiert. Sie zeigt, dass die in der griechischen Literatur (außerhalb der Iologie) unwichtige Schlange in der lateinischen Dichtung zunehmend zum „märchenhaft giftigen Untier" wird, dessen literarisch fixierte Eigenschaften eine genaue zoologische Bestimmung ausschließen. Claudia Wick, M. Annaeus Lucanus. Bellum civile: Liber IX. Einleitung, Text und Übersetzung/Kommentar, Leipzig 2004 (BzA 201–202).

934 Frg. 8 Blänsdorf; Macer greift hier auf Nikander zurück. Zur Kenntnis der Theriaca bei Ovid s. trist. 4, 10, 43. – Hellfried Dahlmann, Über Aemilius Macer, Wiesbaden 1981 (Akad. d. Wiss. u. d. Literatur, Abh. d. Geistes- u. sozialwiss. Klasse, 1981, 6), bes. 19 ff.; sein Vorschlag, den fehlenden Daktylus durch *squamea* zu ergänzen, scheint mir überlegenswert.

935 Verg. georg. 2, 214: *niger*; Luc. 9, 711: *tractique via fumante chelydri.* Macer als Quelle Lucans s. Hellmann, wie Anm. 935, 21.

936 Ov. met. 7, 236ff. legen die Drachen Medeas mit der Haut auch das Alter ab, nachdem sie die für den Trank bestimmten Kräuter gerochen haben. An anderer Stelle, bei der Feuergeburt des Herkules zum ewigen Leben, führt Ovid diesen Vergleich weiter aus: Ov. met. 9, 263–270: *nec cognoscenda remansit/ Herculis effigies, nec quicquam ab imagine ductum/ matris habet, tantumque Iovis vestigia servat;/ utque novus serpens posita cum pelle senecta/ luxuriare solet squamaque nitere recenti,/ sic, ubi mortales Tirynthius exuit artus/ parte sui meliore viget maiorque videri/ coepit et augusta fieri gravitate verendus.* – Weshalb Ovid den *chelydrus* vom Cinyps, d.h. aus der Gegend von Leptis Magna stammen ließ,

Ovid hat die außerordentliche Kraft der Kräuter bereits zuvor erkennen lassen, indem er ihr Wirken auf den Drachenwagen und den Olivenzweig, mit dem Medea den Trank rührte, erwähnte. Nun sind es die umgebende Natur und vor allem Aeson, die die Wirkung des Trankes erfahren:[937]

ecce vetus calido versatus stipes aeno
fit viridis primo nec longo tempore frondes
induit et subito gravidis oneratur olivis.
at quacumque cavo spumas eiecit aeno
ignis et in terram guttae cecidere calentes,
vernat humus, floresque et mollia pabula surgunt.
quae simul ac vidit, stricto Medea recludit
ense senis iugulum veteremque exire cruorem
passa replet sucis; quos postquam conbibit Aeson
aut ore acceptos aut vulnere, barba comaeque
canitie posita nigrum rapuere colorem,
pulsa fugit macies, abeunt pallorque situsque,
adiectoque cavae supplentur corpore rugae,
membraque luxuriant: Aeson miratur et olim
ante quater denos hunc se reminiscitur annos.

(„Sieh, wie der alte Zweig, im heißen Kessel gerührt, zuerst ergrünt, nach kurzer Zeit Blätter ansetzt und schon bald mit schweren Oliven beladen ist. Überall, wo die Hitze Schaum aus dem gewölbten Topf herausgeschleudert hat und heiße Tropfen auf die Erde gefallen sind, da wird der Boden grün und Blumen und weiches Gras keimen auf. Sobald sie dies sieht, zieht Medea das Schwert, öffnet die Kehle des Greises, lässt das alte Blut hinausfließen und füllt sie mit ihren Säften. Nachdem Aeson diese mit dem Mund oder durch die Wunde ganz aufgesogen hat, legen Bart und Haupthaar ihre weiße Farbe ab und nehmen sogleich eine dunkle Farbe an. Die Magerkeit gibt sich geschlagen und flieht, Blässe und körperlicher Verfall verschwinden, und die tiefen Runzeln füllen sich mit dem hinzugefügten Fleisch auf, sein Körper strotzt vor Kraft. Aeson staunt und erinnert sich, dass er einst, vor 40 Jahren, so gewesen sei.")

Ovid betont immer wieder die Wirksamkeit des Trankes. Eingangs hatten die Drachen, dann ein Olivenzweig sie bezeugt, jetzt ist es der Boden. Alle betroffenen Körper zeigen die ihnen je eigene zyklische Verjüngung, d. h. Häutung oder Wiederkehr von Blüten und Blattwerk. Die zyklische Verjüngung kann als das zentrale Motiv des Zaubers ausgemacht werden, der nun auch auf das menschliche Leben ausgedehnt werden soll.

---

bleibt sein Geheimnis; es mag am Reiz der alliterierenden Alternative zu Libya liegen, der traditionellen Heimat aller Schlangen.

937 Ov. met. 7, 279–293.

Gleichwohl weist der Verlauf des Zaubers bei Aeson, den Ovid detailliert schildert, noch in eine andere Richtung: Im entscheidenden Moment – nachdem Medea ihm die Kehle aufgeschnitten hat – läuft der Zyklus nicht mehr weiter, sondern er kehrt um. Wie in einem rückwärts laufenden Film saugt der Körper das neue Blut auf, gewinnt Farbe, Fleisch und Haltung und füllt die Falten wieder auf, bis alle Glieder vollkommen wiederhergestellt sind. Aeson, der bislang wie ein lebloser Körper behandelt worden war – schon zur ‚Behandlung' bei Medea hatte er von anderen gebracht werden müssen[938] –, erhebt und sieht sich. In einer ganz ovidischen ‚Ichspaltung' vergleicht er das, was er sieht, mit seiner Erinnerung. Nur hier wird er als Handelnder, Denkender kenntlich.

Medeas Eingreifen galt dem schon nicht mehr handlungsfähigen Greis kurz vor seinem Ende; ihr Trank hat die Zahl seiner Lebensjahre halbiert, so dass er sich als Mann von 40 Jahren wieder erleben darf.[939] Aeson liegt am Ende der nächtlichen Ereignisse nicht als Säugling vor Medea, sondern hat seinen Körper in seiner ἀκμή wieder erlangt: Der hesiodische Traum der goldenen Zeit ist an ihm Wirklichkeit geworden: keine Wiedergeburt, keine Alterslosigkeit, sondern die Rückkehr in die ‚beste Zeit' seines Lebens. Sein Geist hat die Erkenntnisfähigkeit und damit das Wissen des verbrachten Lebens bewahrt (*miratur*), während sein Körper die Spuren des gelebten Lebens abgelegt hat und wieder jung und faltenfrei ist. Ovid lässt in feiner Differenzierung den Trank bei Aeson etwas anders wirken als bei den Tieren und Pflanzen, an denen er ihn zuvor erprobt hatte: Aeson wird anders als Zweig und Schlange nicht in die zyklische Zeit der Natur aufgenommen, sondern kehrt gleichsam linear in die Zeit zurück, die den Menschen als beste des Lebens gilt.

Dieses Glück Aesons beschäftigt den Dichter allerdings nicht weiter: Ihn interessierte die Konstruktion und die Wirksamkeit des Zaubers, nicht die Konsequenzen für Aeson, der sich mit der Weisheit des Alters in einem jugendlichen Körper neu entdeckt. Man könnte darüber streiten, ob es sich hier eigentlich um eine eutopische oder um eine dystopische Veränderung der natürlichen Ordnung gehandelt habe. Doch auch wenn sie für Aeson erfreulich gewesen sein mag – im Zentrum der Darstellung stehen die

938 Ov. met. 7, 252: *Aesonis effetum proferri corpus …iussit.*

939 Ovid macht sich natürlich nicht die Mühe, ein Ausgangsalter anzugeben; dies ist auch nicht nötig. Vor der Verjüngung steht Aeson im hohen Greisenalter, das in den Darstellungen der Lebensalter zwischen 70 und 84 angesetzt wird. Die poetische Logik der 40 Jahre legt nahe, dass sie ihm genau so viel nimmt, wie ihm verbleiben, und er bis ins 40. Jahr, in die Phase der regulären ἀκμή verjüngt wird.

magische Bemächtigung der Zeit, die sich bemüht, die ewige Ordnung der Zeit zu unterlaufen, und die dichterische Weltaneignung, die Metaphern zu finden vermag, die diesen Vorgang auf eigene Weise sinnfällig machen können.

3.3. Zeiterhalt und Zeitverlust in Ovids Schriften aus Tomi

Nur selten sind Zeitordnungen anderer Länder oder Entwicklungstendenzen der eigenen Zeitordnung, die man kritisch beurteilte, Thema der antiken Literatur geworden. Die Unterwelt, bei deren Darstellung negative Zeitordnungen ebenfalls hätten berücksichtigt werden können, besitzt in der antiken Literatur gewöhnlich weder staatsähnliche Ordnungsstrukturen noch eine erkennbare zeitliche Ausdehnung. Ihre topische Verbindung mit Dunkelheit und Kälte ließe eine Art ‚Zeitstarre' erwarten, ein Verschwinden der Zeitstrukturen in der Unterwelt aufgrund des Fehlens von Bewegung und Veränderung: Dies wird jedoch nirgends explizit thematisiert.[940]

Die spezifisch römische Kritik an Uhr und Kalender in Rom habe ich an anderer Stelle behandelt.[941] Daher möchte ich hier nur kurz auf die negative Darstellung außerrömischer Zeitordnungen in der römischen Literatur eingehen. Besonders Reisende registrieren die eigene kulturelle Zeitordnung aus der Erfahrung der Differenz. Wie sich dies auf die literarische Konstituierung der Zeitordnung in den ‚Kriegsberichten' Ciceros und Caesars auswirkte, habe ich bereits gezeigt – Cicero schien den römischen Kalender auch in Kilikien stets vor dem geistigen Auge zu haben, während Caesar in Gallien eine eigene Zeitlichkeit entwickelte, die gleichermaßen offen war für Römisches und Fremdes.[942]

940 Vergil betont (nach altem Vorbild – s. Pi. frg. 129 Snell/Maehler = 114 Bowra), dass es im Elysium eigene Gestirne, also eine eigene Zeitlichkeit gebe: *largior hic campos aether et lumine vestit/ purpureo, solemque suum, sua sidera norunt* (Aen. 6, 640–641). Dies impliziert vermutlich, dass es in der Vorstellung der Unterwelt als Gegenwelt zum Elysium, d. h. als Buß- und Strafort keine am Licht orientierte Zeitordnung gibt. Andere Unterweltsschilderungen heben v. a. die dort herrschende Dunkelheit hervor; vgl. etwa Verg. georg. 4, 490 und georg. 4, 497; Sen. Herc. f. 668 (einladende Dämmerung) und Herc. f. 704 f (tiefe Dunkelheit). Dazu Aldo Setaioli, Inferi, in: EV 2 (1985) 953–963, bes. 961 f.; Haß, Locus amoenus, 122–124.

941 Siehe oben S. 124 ff. (‚Uhrenzwang'); S. 221 ff. (Ciceros Kritik).

942 Siehe oben S. 194 ff.

Ovid, der Reisende wider Willen, gestaltet in den Exildichtungen Rom und die unzivilisierte, ‚skythische' Welt zu einem zentralen Gegensatzpaar: *quid melius Roma? Scythico quid frigore peius?*[943] Dabei charakterisiert er auch die unterschiedlichen kulturellen Zeitordnungen Roms und seines Verbannungsorts in spezifischer Weise.

Der Verlust von Heimat und der *voluptates urbis* implizieren den Verlust städtischer Zeitstrukturen. In Ovids Werken aus den Jahren der Relegation in Tomi verschwinden jedoch nicht alle Zeitbestimmungen in gleicher Weise. Die alltäglichen Strukturen der gezählten Stunden, der Gelenktage (Kal/ Non/Id) und der kleineren Feste, ebenso die Namen der Monate fehlen völlig.[944] Zur wichtigsten Zeiteinheit, in der Ovid hier misst, wird das Jahr, geprägt durch Beginn und Ende der Schiffahrt und die Laufzeit der Briefe, die er mehrfach mit rund einem halben Jahr angibt. In der Konsequenz verliert das zeitliche Netz seine Engmaschigkeit, seine feste Struktur.

Dass Ovid den römischen Kalender gleichwohl im Blick hatte, zeigen die Daten, deren er sich entsinnt – die großen Feste und die Geburtstage des *princeps*, sein eigener und der seiner Gattin.[945] Ihnen kommt die Funktion zu, die römische Erinnerung in den zyklischen Rhythmen der Zeit zu konkretisieren. Sie entsprechen auf funktionaler Ebene den ‚Erinnerungsreisen' in die Hauptstadt und dem Transferpotential des Briefmediums an sich,[946] indem sie dazu beitragen, das, was im Raum nicht zu erlangen ist, in der Zeit zu erreichen.

Neben dem erinnerten römischen Kalender wird jedoch ein zweiter Kalender sichtbar, der von Strukturarmut und Ursprünglichkeit geprägt erscheint. Ovid stilisiert das Land seiner Verbannung bekanntlich als ein Land unter dem Sternbild der Bären, ein Land des Nordens und des ewigen Winters, der die Zählung der Jahre vorgibt. Sein dortiges Leben beschreibt er

943 Ov. Pont. 1, 3, 37. Grundlegend zur Instrumentalisierung der Barbarentopik und der literarischen Gestaltung von Tomi: Kettemann, Verbannungsort; s. auch Evans, Carmina.

944 Die einzige – und bezeichnende – Ausnahme bildet der Dezember, der zum Synonym des ewigen pontischen Winters wird (Ov. trist. 1, 11, 3).

945 Ov. trist. 1, 13 (Ovid), vgl. trist. 3, 13, 1ff.; trist. 4, 10, 5ff.; trist. 5, 5 (Ehefrau), Pont. 4, 9, 115ff. (Kaiser); trist. 3, 12, 17ff. (Festkalender); Pont. 4, 4, 23ff. (Amtsantritt der Konsuln) zu den Geburtstagen und Festen s. Hinds, Dislocations.

946 Zur „mental vision" als Verfahren der Heimatbewahrung s. Ernst Doblhofer, Exil und Emigration. Zum Erlebnis der Heimatferne in der römischen Literatur, Darmstadt 1987 (Impulse der Forschung 51), 143–155, bes. 153. Veränderungen in der Zeitgliederung oder Zeitwahrnehmung im Exil werden von ihm leider nicht eigens untersucht.

als ein Leiden am Strukturmangel bzw. an der Reduktion von zeitlichen Fixpunkten.[947]

> Ut sumus in Ponto, ter frigore constitit Hister,
> facta est Euxini dura ter unda maris.
> At mihi iam videor patria procul esse tot annis,
> Dardana quot Graio Troia sub hoste fuit.
> Stare putes, adeo procedunt tempora tarde,
> et peragit lentis passibus annus iter.
> Nec mihi solstitium quicquam de noctibus aufert,
> efficit angustos nec mihi bruma dies.
> Scilicet in nobis rerum natura novata est,
> cumque meis curis omnia longa facit.
> An peragunt solitos communia tempora motus,
> stantque magis vitae tempora dura meae?

(„Seit ich am Pontus bin, ist die Donau dreimal in Kälte erstarrt, dreimal ist das Wasser des ‚gastfreundlichen' Meeres fest geworden. Aber ich habe den Eindruck, schon so viele Jahre von zu Hause fort zu sein, wie das dardanische Troja vom griechischen Feind belagert wurde. Man meint, sie stünde still: so langsam geht die Zeit voran und vollendet den Weg mit trägen Schritten das Jahr. Keine Sommersonnenwende nimmt mir etwas von den Nächten fort, und keine Wintersonnenwende macht mir die Tage kurz. Sicher ist in mir die natürliche Ordnung der Dinge verwandelt und macht mir mit meinen Sorgen alles lang. Oder vollziehen die allgemeinen Zeiten die gewohnten Bewegungen und stehen nur die harten Zeiten meines Lebens still?")

In der Subjektivierung der Zeitempfindung, die die ‚eigene' Zeit gegen die ‚allgemeine' Zeit stellt, stellt Ovid eine dritte Zeitordnung neben die natürliche und die kulturelle. Diese Subjektivierung der Zeit findet sich bereits in den *Metamorphoses*; hier wird sie zur Aussageform des dichtenden Ich. Natürlich verstreicht auch in Tomi das Jahr in aller Regelmäßigkeit, und Sommer- und Wintersonnenwenden hätte Ovid in Tomi (das etwa auf der Breite von Rimini liegt) weit besser beobachten können als in Rom – wenn er es denn gewollt hätte. Indem er jedoch die Sonnenwenden literarisch verleugnete, nahm er dem Jahr seinen Rhythmus und seine Fixpunkte. In ähnlicher Weise ‚verleugnet' er andernorts die Existenz der Jahreszeiten in

947 Ov. trist. 5, 10, 1–12; dazu Hinds, Dislocations, 214 f., der in der Nennung des *solstitium* einen weiteren Hinweis auf das Erstarren der Zeit sieht. Der Kontext ermöglicht es sicher, auch die Etymologie hier wahrzunehmen; wichtiger ist jedoch die Aussage des Satzes darüber, dass zentrale Markierungen der natürlichen Zeitordnung fehlen. Evans, Carmina, 99–100, betont den paradoxen Charakter der Schilderung, erzeugt durch die Inversion pastoraler Motive und durch die Überzeichnung alles Fremdartigen.

Tomi, deren am italischen Maß gemessene Charakteristika ihm fehlen.[948] Er postuliert das Fehlen jeder Zeitstruktur, ja jeder Bewegung, als Chiffre des verschwindenden eigenen Zeitempfindens: *tempora stare putes.*

Amann hat diese Elegie als absurde Darstellung einer in ihrer Lebensfeindlichkeit überzeichneten Umwelt gelesen. Er berücksichtigt die hier untersuchten Eingangsverse nicht, da er annimmt, dass sie nicht zur „eigentlichen Beschreibung" gehören, was ihnen scheinbare ‚Normalität' attestiert. Dabei folgen sie durchaus dem von ihm für spätere Passagen der Elegie herausgearbeiteten Gestus der Überzeichnung, auch wenn ich hier weniger Komik als das Vermögen, ein subjektives Empfinden zu externalisieren, am Werk sehe.[949]

Dort, wo Ovid Zeitangaben für Tomi formuliert, folgen sie einem eigenen Maß. So konturiert er etwa die Rahmenhandlung zur Schilderung eines Traums, in dem ihm Amor erscheint, seine Klage über den Verbannungsort anhört und Besserung hoffen heißt, folgendermaßen:[950]

> Nox erat et bifores intrabat luna fenestras,
> mense fere medio quanta nitere solet.
>
> („Es war Nacht, und das Mondlicht strömte durch die Flügelfenster, so, wie er ungefähr in der Monatsmitte zu strahlen pflegt.")

Beim Dichter der Fasten ist diese Bemerkung nicht als beiläufig zu beurteilen. Die Koppelung von Mond- und Monatsrhythmus war alt und nach der Loslösung aus der Kalendergeschichte noch als Topos der Kulturbeschreibung in Gebrauch. Sie ruft die alte Bedeutung des Monatsbegriffs in Erinnerung und charakterisiert Tomi als einen Ort, an dem der alte Mondkalender noch gilt. Das beiläufig vermittelte Detail trägt dazu bei, an den vorzivilisatorischen Zustand zu erinnern, den Ovid in ständig repetierter Beschreibung von Klima, Sitten und Kleidung der Gegend und ihren Bewohnern zuschreibt. Das alleinige Regiment der Mondmonate, so hatte Ovid in der Kalendergeschichte, die er seinen *Fastorum libri* voranstellte, bemerkt, galt in Rom unter Romulus, als die Römer noch besser kämpfen als rechnen konnten; sie gehört einem lang überwundenen Kulturzustand an.[951]

948 Ov. Pont. 3, 1, 11–14: Durch die Negation aller typischen Kennzeichen der Jahreszeiten (Blüten, Heumahd, Trauben) wird der Wechsel der Jahreszeiten negiert und das Jahr als Perpetuierung des Winters definiert.

949 Martin Amann, Komik in den Tristien Ovids, Basel 2006 (SBA 31), 241–245, hier 242.

950 Ov. Pont. 3, 3, 5–6. Montuschi, Tempo, 261 registriert, dass in der Exillyrik nur in diesen Versen von der ‚Mitte' einer Zeit die Rede ist, dringt aber nicht weiter vor.

951 Zum altrömischen Mondjahr s. oben S. 61 ff., 156 ff.

4. Fazit: Isochronie und Dehnung der ἀκμή – Stillstand und Strukturmangel

Zwei ganz unterschiedliche Wege, eine ideale Zeitordnung zu imaginieren, zeichnen sich ab. Der eine zielt in der Nachfolge Hesiods auf die Ausweitung der ἀκμή. Denkbar ist er dort, wo eine ‚beste Zeit' festzustellen ist – die beste Zeit des Lebens, des Jahres, des Tages. Hierher gehören der Lobpreis der Lebensmitte, des Frühjahres und der Helligkeit ebenso wie der Versuch, diesen Zeiten in irgendeiner Weise Dauer zu verleihen.

Der andere zielt auf eine möglichst gleichförmige Strukturierung der Zeit. Er lässt sich besonders im Lob ferner Länder und Völker nachweisen, in dem ein gleichförmiges und ruhiges Leben aus einer eben solchen Zeitordnung abgeleitet wird. Die Ausgewogenheit kann sich sowohl im zeitlichen Nacheinander (etwa von Tag und Nacht) als auch in paradiesischer Gleichzeitigkeit der Zeiten (etwa von Frühling und Herbst, Saat und Ernte) realisieren. Lukian ironisiert dieses Verfahren im Lob der Dämmerung – auch in ihr herrscht implizit ein ausgewogenes Verhältnis von Licht und Dunkel vor. Das erstrebte Gleichmaß folgt dem Rhythmus der Sonne und der von ihr geprägten Tages- und Jahresrhythmen, wobei es keine Rolle zu spielen scheint, wie es organisiert wird.[952]

Die Phantasie, die für die Zeitordnung des besten Staates aufgewandt wird, ist gering. Es scheint, als ob die Bewahrung des Status quo und der Ausgleich eingerissener Missstände bereits das Maximum des Wünschbaren darstellen. Nur Caesars Kalenderreform – wenn man sie als verwirklichte Eutopie ansieht – geht über diesen konservativen Ansatz hinaus.

Beim Blick auf die imaginierten ‚schlechten Orte' und ihre spezifische Zeitordnung werden ebenfalls Grundstrukturen sichtbar, die über das Werk Ovids hinaus Gültigkeit besitzen.

Das Leben in der Verbannung erhält seine Charakteristika sowohl vom positiven Bild Roms als auch aus der negativ besetzten Nordlandtopik. So kommt es, dass kein großer Gegensatz zwischen den untersuchten natürlichen und kulturellen Dystopien sichtbar wird, da beide durch eine verwandte Topik geprägt sind. Der Verlust der städtischen Zeitordnung erscheint als Erfahrung eines Strukturverlusts. Als Konsequenz daraus erfährt die subjektive Zeit eine Dehnung bis ins Unendliche. Doch es ist keine positive Dehnung, wie sie in den Schilderungen der goldenen Zeit auftritt, sondern eher eine inerte Masse, die jedes Handeln im Keim erstickt. In-

952 Über die Bedeutung der Monate lässt sich wenig sagen; sie werden zu selten und zu unspezifisch erwähnt.

teressant ist dabei die Differenzierung der verschiedenen Gliederungsebenen der Zeit, die Ovid in der Exilliteratur vornimmt. Während er alle kleinschrittigen Ordnungen ausblendet, bleiben Jahr und Geburtstag als zentrale und offenbar kulturunabhängige Momente bestehen. Mit dem Mondmonat führt er zudem eine ursprüngliche Recheneinheit der Zeit wieder ein.

Ein Vergleich der Nordlandtopik in den Darstellungen von Tomi und dem Land der Hyperboreer zeigt sie als strikt gegensätzliche Entwürfe. Während Ovid die eigentlich angenehme, der italienischen entsprechende geographische Lage Tomis dem finsteren Skythenbild angleicht, mühen sich Hekataios und Plinius, den *locus amoenus* bei den Hyperboreern noch unter widrigsten klimatischen Bedingungen literarisch aufrechtzuerhalten. In ihrer Darstellung ist das Bemühen zu beobachten, Lage und ‚Volkscharakter' zu versöhnen, so dass Plinius aus den Spezifika des Polartages einen ganz unbarbarischen Charakter abzuleiten vermag. In Tomi dagegen wird die natürliche Isochronie mit erkennbarem Aufwand ‚wegerklärt', um dann ihr Fehlen als Mangel des Ortes und seiner Bewohner beschreiben zu können. Eutopie und Dystopie erweisen sich so einmal mehr als fiktionale Gestalten, deren Verankerung in der Realität, sosehr sie auf begrifflicher Ebene betont wird, doch stets einer Überprüfung bedarf.

VI. Rückschau

Am Anfang der Untersuchung stand die Frage danach, was ‚Zeit' in Rom bedeutete. Sie hat sich mit Hilfe der antiken Definitionen auf den Begriff der Zeitordnung einschränken und in viele Teilfragen aufgliedern lassen – etwa nach dem Bedeutungspotential spezifischer Zeitangaben, nach der Konzeption und Rezeption von Eingriffen in die staatlich organisierte Ordnung der Zeit oder nach den Vorstellungen idealer bzw. Leid verursachender Zeitstrukturen. Aus der Summe der Einzelanalysen sollen im Folgenden noch einmal einige Kerngedanken herausgearbeitet werden.

1. Tempus Romanum

In historischer Zeit werden zwei Bereiche der gemessenen Zeit intensiv problematisiert: die Stunde bzw. ihr Instrument, die Uhr, und das Jahr mit seinem Instrument, dem Kalender. Andere Substrukturen der Zeitordnung sind dabei entweder mitzudenken oder werden nicht eigens in Frage gestellt: Wenn in Rom über die Stunde gesprochen wird, sind die anderen kurzen Fristen, die Uhr und die Gliederung von Tag und Nacht ‚mitgemeint'. Wenn es um das Jahr geht, stehen vor allem Sonnen- und Mondjahr und deren Fristen, die mit wechselnder Priorität in Übereinstimmung zu bringen sind, zur Disposition.

Offenbar erschien es nicht nötig, die Substrukturen des Jahres – von den Gelenktagen (Kal/Non/Id.) über die Nundinen bis zum Festjahr oder der Länge der Monate – zu problematisieren. Vielleicht erfüllten sie einfach ihre Aufgabe. Es ist deutlich, dass Caesar sich bemühte, sie in seiner Kalenderreform möglichst unangetastet zu bewahren. Sie sind das stabile Gerüst, auf das er sich stützt und das den Eindruck hervorruft, der römische Kalender sei sich auch über die julianische Reform hinweg eigentlich immer gleich geblieben.

Ein dritter Bereich der gemessenen Zeit ist, wenn auch mit Abstrichen, hinzuzufügen, da er eine zwar wahrnehmbare, aber deutlich untergeordnete Rolle spielte: die Jahresrechnung. In den Jahren kurz vor Caesars Kalenderreform gab es Bestrebungen, das Gründungsjahr der Stadt und die darauf aufbauende Jahreszählung neu zu bestimmen. Allein: In der Politik hat sich nie jemand der Diskussion angenommen; sie blieb Gegenstand allein wissenschaftlichen Interesses und wurde – anders als Uhr und Kalender – niemals mit der gebotenen Autorität fixiert. Die Folge war ein langjähriges Nebeneinander verschiedenster Ansätze für das Gründungsjahr Roms. Für eine Vereinheitlichung scheint auf lange Sicht kein machtvoller Eingriff, sondern eher das stille und stete Wirken der historiographischen ‚Hilfsbücher' und der auf ihnen aufbauenden Literatur gesorgt zu haben.

Das *tempus Romanum* erscheint eng mit der Geschichte der Stadt Rom und mit ihrer Topographie verbunden. Dies zeigt sich besonders deutlich dort, wo ein Anfang, ein Ursprung benannt werden soll: Die griechische Tradition bot hier eine Reihe griechischer Heroen als Erfinder der Sternenbeobachtung und der Zeitordnung nach dem kosmischen Maß an, die in Rom jedoch nur ein geringes Echo fanden. Dagegen wurden Romulus und Numa, die beiden legendären Gründungskönige der Stadt, zu Urhebern der spezifisch römischen Zeitordnung gemacht, die ihre maßgebliche Prägung nicht durch die Himmelsbeobachtung, sondern vor allem durch Gesetzgebung erfuhr, also weniger kosmisch als human legitimiert wurde.

Die hohe Ortsgebundenheit macht es möglich, eine ‚Topographie der Zeitordnung' für das antike Rom zu erstellen. Ihr Mittelpunkt liegt im Stadtzentrum. Dort, auf dem Comitium, später auf dem Forum stand die ‚Normaluhr' der Stadt, die juristische und politische Relevanz besaß und von der man Genauigkeit erwarten konnte. Im politisch-religiösen Zentrum der Stadt wurden auch der Kalender und die Jahreszählung sichtbar gemacht – als Standort für den ersten öffentlichen Kalender wurde ebenfalls das Comitium ausgewählt; die Jahresnägel fanden sich im Tempel der Kapitolinischen Trias auf dem Capitol. Die Texte schweigen allerdings über alltägliche Dinge, etwa darüber, seit wann Uhren den Badebetrieb regelten; auch die Aufstellung von Uhren und Kalendern in Privathäusern fand erst in der Kaiserzeit ihren Weg in die Literatur.

Darüber hinaus lässt eine Topographie der Zeitordnung das unterschiedliche Zeitmaß von Stadt und Land sichtbar werden. Dabei fällt der Stadt die Transgression der natürliche Ordnung zu, dem Land seine Einhaltung, der Stadt die Stundenzählung, dem Land die Orientierung am Sonnengang, der Stadt der schriftlich fixierte Kalender, dem Land die Orientierung an den Kalendersternen usw. Andere Gegenüberstellungen wie etwa Rom und Provinz, Hochkultur und Barbarei ergäben vergleichbare Dichotomien.

2. Mehr als Zeit: Semantische und metaphorische Potentiale

Auf dem Versuch, die Zeit bildlich zu fassen, basiert jede Vorstellung von Zeitmessung: Nur was in irgendeiner Weise räumlich gedacht ist, kann gegliedert, geordnet, gemessen und verteilt werden. Die Analyse der antiken Zeitdefinitionen hat gezeigt, wie Platon und Aristoteles diese ursprüngliche Bildlichkeit der Zeitrede aufgegriffen, sprachlich markiert und im Dienste einer Veranschaulichung ihres Zeitbegriffs eingesetzt haben.

In der Rezeption der platonischen Zeittheorie hat sich die im Hinblick auf die Planeten gebildete Metapher von den ‚Werkzeugen der Zeit' (ὄργανα χρόνου) zur ‚kosmischen Uhr' konkretisiert, was weit reichende Konsequenzen hatte. Sie vermengte Urbild und Abbild, himmlische Ordnung und technisches Modell. In letzter Konsequenz verlieh sie dem technischen Modell hohe Autorität, indem sie die Ähnlichkeit zum vermeintlichen Urbild der Gestirnsbewegungen herausstrich. Eine bislang nicht reflektierte Konsequenz dieser Vermengung ist allerdings die dauerhafte Unsicherheit in der Forschung über den Zeitpunkt und den Modus, nach dem die Uhr in die Welt und in die philosophische Theorie eingetreten ist. Die Wertschätzung, die den Artefakten der Zeitordnung – von den Himmelsmodellen des Archimedes über öffentliche Uhren bis zum Obelisken auf dem Marsfeld – entgegengebracht wurde, ist zu einem großen Teil in der sich hier exemplarisch konkretisierenden Überzeugung begründet, sie gäben die kosmische Ordnung in idealer Weise wieder.

Das Konzept der ‚kosmischen Uhr' bezeugt ihr positives metaphorisches Potential; dass es auch ins Negative ausschlagen kann, erweist die Darstellung der Uhr als machtvoll-aggressive Zeitherrscherin. Doch auch dort, wo ‚nur' eine Zeitangabe gegeben wird, ist ihr Modus in hohem Maße interpretationsbedürftig. Bestimmten Zeiten und bestimmten Formen der Zeitangabe kommen spezifische Räume, Ereignisse und Bewertungen zu. Die Textanalysen haben gezeigt, dass die Entscheidung für eine Art der Zeitangabe und gegen eine andere sie in unterschiedliche Zusammenhänge einbetten, ja ganze Diskurse aktualisieren kann. Ich erinnere an drei Beispiele: Die Entscheidung, die Datierung nach Stadtjahren, Olympiaden, regierenden Konsuln oder nach Wintern anzugeben, stellt die jeweilige Aussage in vier nach Bezugsgröße und Reichweite deutlich differenzierte Zusammenhänge hinein; Autoren wie Caesar haben dies bedacht. Dagegen verweist die numerische Stundenzählung auf den städtischen Kontext und kann Genauigkeit, Dramatik oder auch eine dichte Ereignisfolge bedeuten, wie ihre Verwendung bei Cicero und Livius zeigt. Die Verlegung von Handlungen in die Nacht, gar in die *nox intempesta,* betont hingegen ihre

Gefährdung bis hin zur Auflösung von Rechts- und Zeitordnung in der jeweils geschilderten Situation.

3. Die Ambiguität der Zeitordnung

Die Moderne ist geprägt von einer Problematisierung der Zeitordnung. Ein zentrales Thema ist die alltäglich erfahrene Disziplinierung durch die Uhr; der Kalender, wiewohl wiederholt Objekt ökonomischer Kritik und politischer Experimente, tritt dahinter zurück und erscheint heute eher als kraftloses Mängelwesen denn als wirkungsvolles Machtinstrument. Dagegen ist die Uhr in der Neuzeit zum zentralen Instrument politischer und ökonomischer Lenkungsbestrebungen herangewachsen. Während sie anfangs vor allem durch optische und akustische Präsenz wirkte (Turmuhr, Glocke), garantiert seit dem 19. Jahrhundert zunehmend der individuelle Uhrenbesitz ihren Einfluss. Widerstand gegen die Verdichtung der Zeitordnung und die damit verbundenen Sanktionen wird v.a. aus religiöser Perspektive und aus derjenigen der Lohnabhängigen formuliert.[953]

Wendet man sich mit dem Ballast historischer Erfahrung der Antike zu, fällt es nicht leicht, die Frage nach der Kritik der Zeitordnung für Rom neu zu stellen. Zu blickprägend erscheint die moderne Kritik, zu unterschiedlich die Lebenswelten, um zu einer objektivierbaren Antwort zu gelangen. Gleichwohl gibt es genügend Anlass, die Frage zu stellen: Ich habe an anderer Stelle betont, wie ‚modern' die Zeitordnung in Rom und seinen Nachbarstädten etwa zur Zeit von Plinius d.Ä. war. Die Lebenswelt eines vermögenden Stadtrömers in der Zeit um Christi Geburt war angefüllt mit einer Vielzahl von Zeit-Zeichen, vor allem mit Uhren.[954] Sie prägten das Stadtbild, regelten Rechtsgeschäfte ebenso wie den Zugang zum öffentlichen Bad, fanden sich aber auch in privaten Gärten. Die Katastrophe von Pompeji und Herculaneum hat eine Momentaufnahme davon bewahrt. Bislang sind dort rund 30 Sonnenuhrenfunde dokumentiert; es dürften weit mehr gewesen sein. Sie überzogen die Stadt mit einem Netz von Zeitgebern, und sie taten dies in einer Dichte, die erst in der Neuzeit wieder erreicht werden sollte.

953 Siehe dazu die grundlegenden Werke von Dohrn-Van Rossum, Stunde (Frühe Neuzeit) und Muri, Pause (Schwerpunkt im 19./20. Jahrhundert).

954 Was Handwerker, Frauen oder Sklaven von den Uhren hielten, ist nicht überliefert; hier läuft jeder Vergleich ins Leere.

Doch diese Uhren dienten nicht allein, vielleicht noch nicht einmal hauptsächlich der Disziplinierung und der Organisation eines engmaschigen Zeitnetzes. Ein Blick auf die pompejanischen Sonnenuhren zeigt, dass die Genauigkeit, die Plinius von der zentralen Uhr auf dem römischen Forum einforderte, von ihnen offenbar nicht erwartet wurde. Die Ungenauigkeit der pompejanischen Uhren muss jeden Technikhistoriker enttäuschen. Kaum eine von ihnen ist richtig auf die geographische Breite eingestellt; Jahres- und Stundenlinien sind oft unvollständig.[955] Wer diese Sonnenuhren aufstellte, unterlag sicher nicht dem Diktat der Pünktlichkeit, sondern verband andere Interessen mit ihnen. Welche dies gewesen sein könnten, lehrt der Blick auf die literarischen und sozialen Kontexte, in denen Uhren Erwähnung fanden.

Cicero hat sie als Abbilder der kosmischen Ordnung und Zeichen menschlicher Schöpfungskraft bezeichnet. Sie waren Kennzeichen städtischen Lebens und Symbole eines gewissen kulturellen Niveaus. Als Gegenstand der Konversation lenkten *sphaera* und *horologium* den Blick in die Geschichte, dienten als *exempla* für die Macht der *ratio*, und legten (wie der Kalender) den kompetitiven Vergleich mit griechischen und ägyptischen Leistungen nahe. Die Uhrenmetaphorik hat *sphaera*, Uhr und Kalender als Abbilder und Vertreter der kosmischen Harmonie gezeigt; ihrem Maß nachzufolgen konnte als Einbettung des Lebens ins kosmische Maß verstanden werden.

Diese Vielfalt von Funktionszuweisungen in unterschiedlichen gesellschaftlichen Kontexten lässt zweierlei erkennen: Zum einen, dass es im antiken Rom viele mögliche Gründe dafür gab, eine Uhr an einem bestimmten Ort aufzustellen bzw. über sie zu reden. Zum anderen, dass jede Wahrnehmung, jedes Gespräch über eine Uhr sich in einen oder mehrere komplexe zeitgenössische Diskurse einordnen lässt. Daher sollte es nicht überraschen, dass in einigen Darstellungen von Uhr und Kalender auch Kritik anklingt; eine Kritik, die sich nicht in das grundsätzlich positive Bild der Zeitordnung einfügen lässt. Als Zeugnisse einer offenbar schwachen, aber durchaus vorhandenen Strömung sollen sie abschließend dem positiven Bild der Zeitordnung entgegen gestellt werden.

Schon sehr früh in der Geschichte der römischen Zeitordnung, in einer plautinischen Komödie, wird die Uhr als Instrument der Herrschaftsausübung kenntlich gemacht. Eine Komödienfigur begehrt gegen die Macht der Uhr und ihrer ‚Hintermänner' auf und stellt in kaum zu überbietender Di-

955 Vgl. dazu Schaldach, Sonnenuhren Griechenlands, 35–37 (über die abnehmende Genauigkeit der Sonnenuhren in der Kaiserzeit).

rektheit die Machtfrage. Die Verbindung von Macht und Zeitordnung bleibt in den folgenden Jahrhunderten in der praktischen Politik dadurch kenntlich, dass die Aufrechterhaltung der Zeitordnung in Rom stets mit den höchsten politischen und religiösen Ämtern verbunden wird. Diese Formalität respektiert noch Augustus, der erst nach der Amtsübernahme als *pontifex maximus* in den römischen Kalender eingreift und diesen Eingriff monumental visualisiert. Gleichwohl wird die Macht der Uhren nie wieder so deutlich kritisiert wie bei Plautus, der in der Epoche schrieb, als alles noch neu war und die Regelung des Alltags erstmalig mit Hilfe der Uhr bewältigt wurde.

In der Literatur der späten Republik und der frühen Kaiserzeit wird die Zeitordnung mit dem kritischen Diskurs über die Entstehung der Kultur und der damit einhergehenden Beschädigung der natürlichen Ordnung in Verbindung gebracht. Hier wird – wie bei Plautus – der Zustand vor und nach Einführung einer Zeitordnung verglichen, wobei allerdings nicht das betroffene Individuum, sondern die Wirkung des menschlichen Zeithandelns auf die Natur im Mittelpunkt steht. Dies wird besonders in der Geschichte der Uhren in Rom von Plinius d.Ä. deutlich, die oben ausführlich analysiert wurde.[956]

Plinius lässt seine Geschichte der Uhren in Rom um 160 v. Chr. enden. Für ihn gab es in jenem Moment demnach so etwas wie eine Epochenschwelle: Alle gesellschaftlich relevanten Räume waren zu jedem beliebigen Moment zeitlich fixierbar geworden. Sein rückblickender Schlusssatz lautet: *tam diu populo Romano indiscreta lux fuit.*[957] „so lange war das Tageslicht für das römische Volk ungeschieden."

Die implizite Negation des *in-discretus* resümiert die zeitlich vorangehende Handlung: Das, was einmal *indiscretus* war, ist geteilt worden, die Geschichte der *discretio temporum* in Rom ist erzählt, ihre Urheber sind benannt. Doch Plinius hätte das Geschehene durchaus anders zusammenfassen können. Die Entwicklung einer Zeitordnung muss nicht als *discretio*, sondern könnte z.B. auch als Ergebnis eines Denkprozesses, als *ratio temporum,* oder als Konsequenz einer Zusammenfügung unterschiedlicher Teile und Teilbedürfnisse, also als *compositio* bezeichnet werden, wie andere Beispiele zeigen.[958] *Indiscreta lux* ist weder ein *terminus technicus* noch eine inhaltlich zwingende Formulierung – wohl aber eine schöne Wendung für den

956 Siehe S. 70 ff.

957 Plin. nat. 7, 215; die Analyse des voranstehenden Abschnitts findet sich im Kapitel III.1.

958 Siehe dazu Anm. 31.

Abschluss von Plinius' siebtem Buch. Welche Gründe könnten seine Wahl bestimmt haben?

Der Begriff *indiscretus* besitzt zwei Nuancen, deren Plinius sich, wie er an anderer Stelle zeigt, durchaus bewusst ist:[959] Er kann sowohl eine fehlende innere Differenzierung als auch das Fehlen eines differenzierenden Mittels bezeichnen,[960] d.h. er kann sowohl darauf verweisen, dass die Römer lange Zeit kein Instrumentarium zur Stundengliederung besessen hätten, als auch darauf, dass der Tag in der Frühzeit Roms noch ‚intakt' gewesen sei.

Eine nahe Parallele deutet darauf hin, dass der zweiten Lesart des oszillierenden Begriffs die höhere Bedeutung zukommen könnte. Sie findet sich in Ovids Geschichte des römischen Kalenders, die dieser gut ein halbes Jahrhundert vor Plinius innerhalb seiner *Fastorum libri* formuliert hatte. In einer Passage über die Frühzeit Roms, in der Ovid das griechische mit dem römischen Wissen über die Kalendersterne vergleicht, bemerkt er, die Gestirne seien damals, als die Römer noch vornehmlich mit der Kriegsführung beschäftigt waren, *libera et inobservata*, frei und unbeobachtet, über den Himmel gezogen.[961] Nimmt man Ovid hier beim Wort, dann hat die *observatio temporum* den Gestirnen ihre Freiheit genommen.

Den Begriffen *indiscreta* und *inobservata* eignet eine gemeinsame Struktur und eine gemeinsame Zielrichtung. Sie gehören zu den Verbaladjektiven, die das Fehlen eines Eingriffs betonen, wobei als eingreifendes Subjekt meist der Mensch mitgedacht wird: *indiscretus, indivisus, intactus, integer, inobservatus, incorruptus, individuus* etc. Diese und ähnliche Begriffe haben einen festen Platz im römischen Deszendenzdiskurs, der in den Kulturtechniken von Landbau, Schiffahrt und Städtebau Verletzungen einer ursprünglichen Ordnung sieht. Es ist trivial darauf hinzuweisen, dass alle drei eng mit der Entwicklung von Zeitordnungen zu tun haben. Die goldene Zeit wird vor der *prisca fraus* angesiedelt,[962] eine Epoche, in der die Kulturtech-

959 Plinius benutzt *indiscretus* gewöhnlich im Sinne von „ununterscheidbar"; verwendet es jedoch zumindest in einem anderen Fall in der Bedeutung „in sich selbst ungeschieden, undifferenziert"(Plin. nat. 11,129). Die doppelte Valenz des *indiscretus* hat mittelbare Konsequenzen für die Beurteilung des Dativs *populo Romano* als *possessivus, commodi* oder *auctoris*, d.h. darauf, ob das römische Volk hier als zeitbesitzend, als Nutznießer der Zeitordnung oder als deren Urheber vorgestellt wird.

960 Bernard Rehm, *indiscretus*, in: ThlL 7,1, (1934–1964) 1200–1203, hier 1201.

961 Ov. fast. 3, 105–112: *quis tunc aut Hyadas aut Pliadas Atlanteas/ senserat, aut geminos esse sub axe polos,/ esse duas Arctos, quarum Cynosura petatur/ Sidoniis, Helicen Graia carina notet,/ signaque quae longo frater percenseat anno,/ ire per haec uno mense sororis equos?/ libera currebant et inobservata per annum/ sidera; constabat sed tamen esse deos.*

962 Verg. ecl. 4, 31–33.

niken noch nicht existierten und in der auch die Zeit (zumindest in Ovids Konzept der *aurea aetas*) noch nicht war, sondern das goldene Geschlecht in der undifferenzierten Dauer des *ver aeternum* verharrte.[963]

Das Verhältnis der Entwicklungs- oder Zeitphasen zueinander wird in derartigen Zusammenhängen oft als ein „noch nicht" beschrieben; ich habe an anderer Stelle darauf hingewiesen. Ovid beschreibt die Erde des goldenen Zeitalters als noch unberührt und unversehrt, *immunis* und *intacta.*[964] Erst später habe der Mensch zur Pflugschar gegriffen und die Erde aufgerissen. Lukrez benutzte in seiner Kulturentstehungslehre die Begriffe *divisa* und *discreta,* um die Anfänge von Landwirtschaft und Eigentum zu charakterisieren: *et divisa colebatur discretaque tellus*, „und die Erde wurde aufgeteilt und in Abschnitte geschieden und bebaut".[965] Kulturentwicklung erscheint hier unter dem Blickwinkel des ambivalenten menschlichen Zugriffs, der im selben Moment benutzt und ordnet, zergliedert und zerstört.

Ausgehend von der Analyse dieser spezifischen Begrifflichkeit darf man annehmen, dass um die Zeitenwende eine Kritik der Zeitordnung möglich und denkbar war, die in der Beobachtung der Gestirne und der daraus abgeleiteten Ordnung der Zeit nicht mehr nur die Orientierung am himmlischen Maß, sondern auch einen Eingriff in die Natur und in die naturgemäße Existenz des Menschen erkennen konnte. Diese strukturierende Inbesitznahme der Zeit wurde begrifflich an die Bemächtigung des Raumes angenähert, für die bereits eine lange Tradition der Kulturkritik existierte. Mittelbar drückt sie sich in der Klage über das eilige Stadtleben und das ebenso topische Lob der ländlichen Muße aus, die u. a. nach der Intensität ihrer zeitlichen Zergliederung unterschieden werden.

In den überlieferten Texten deutet sich dies v. a. bei Ovid und Plinius d. Ä. an. Die Kulturskepsis blieb ein leiser Unterton, ein vereinzelter Anklang. Es scheint mir kein Zufall zu sein, dass gerade Ovid, der die verschiedensten Entwicklungen der Zeitordnung aufmerksam registrierte, und Plinius, der die Zeitordnung als eine historisch sich wandelnde Größe erkannte, diesen Ton wahrnahmen und benannten. Alle anderen römischen Autoren haben die Frage, ob es überhaupt eine Zeitordnung geben sollte, in ihren Schriften nicht explizit bedacht – sie interessierte weniger das ‚Ob' als vielmehr das ‚Wie' ihres *tempus Romanum.*

963 Dazu oben S. 277 ff.

964 Ov. met. 1, 101–102: *ipsa quoque inmunis rastroque intacta nec ullis/ saucia vomeribus per se dabat omnia tellus* […].

965 Lucr. 5, 1441.

VII. Literaturverzeichnis

Dieses Verzeichnis enthält nur grundlegende und mehrfach zitierte Werke; weitere Literatur ist nach Bedarf in den Fußnoten angeführt. Die Zitierweise der antiken Autoren folgt in der Ansetzungsform und in den zugrunde gelegten Ausgaben dem *Greek-English Lexicon* (Liddell/Scott) für die griechischen, dem *Thesaurus Linguae Latinae* für die lateinischen Autoren, sofern dies im Text nicht anders vermerkt ist. Ausgaben antiker Autoren sind in das Literaturverzeichnis nur dann aufgenommen worden, wenn Einführung und Kommentar von besonderer Bedeutung waren; sie sind unter dem Namen des Kommentators verzeichnet. Zeitschriften werden nach Marouzeau, Reihen und Standardwerke nach DNP abgekürzt.

Adcock, Caesar	Frank E. Adcock, Caesar als Schriftsteller, Göttingen 1957 (engl. OA 1956).
Albrecht, Geschichte	Michael v. Albrecht, Geschichte der römischen Literatur von Andronicus bis Boethius, München ^{2}1997.
Alföldy, Augustus	Géza Alföldy, Augustus und die Inschriften. Tradition und Innovation. Die Geburt der imperialen Epigraphik, in: Gymnasium 98 (1991) 289–324.
Alföldy, Obelisk	Géza Alföldy, Der Obelisk auf dem Petersplatz in Rom. Ein historisches Monument der Antike, Heidelberg 1990 (Sitzungsberichte der Heidelberger Akademie der Wissenschaften, Philosoph.-histor. Klasse 1990, 2).
Antikythera Shipwreck	The Antikythera Shipwreck reconsidered, hrsg. v. Gladys Davidson Weinberg, Virginia R. Grace, G. Roger Edwards, Henry S. Robinson, Peter Throckmorton, Elizabeth K. Ralph, Philadelphia 1965.
Assmann, Weisheit	Jan Assmann, Weisheit und Mysterium. Das Bild der Griechen von Ägypten, München 2000.
Assmann, Zeit	Aleida Assmann, Zeit und Tradition. Kulturelle Strategien der Dauer, Köln 1999.
Aujac, Geminos	Germaine Aujac, Géminos. Introduction aux phénomènes. Texte établi et traduit, Paris ^{2}2002 (Ed. Budé).

Ax, Lehrer	Wolfram Ax (Hrsg.), Lateinische Lehrer Europas. 15 Porträts von Varro bis Erasmus von Rotterdam, Köln 2005.
Bapp, Prometheus	K. Bapp, Prometheus, in: Roscher 3 (1897–1909) 3032–3110.
Barchiesi/Segal	Alessandro Barchiesi, Ovidio. Metamorfosi. Con un saggio introduttivo di Charles Segal, Mailand 2005 ff.
Bardon, Aurore	Henry Bardon, L'aurore et le crépuscule. Thèmes et clichés, in: REL 24 (1946) 82–115.
Bardon, Litterature	Henry Bardon, La litterature latin inconnue, Paris, 1952.
Bayer, Zeitmessung	Karl Bayer, Antike Zeitmessung. Die Kalenderreform des C. Julius Caesar, in: Markwart Herzog (Hrsg.), Der Streit um die Zeit: Zeitmessung – Kalenderreform – Gegenzeit – Endzeit, Bonn 2002 (Irseer Dialoge 5), 35–64.
Bennett, Calendars	Chris Bennett, The Early Augustan Calendars in Rome and Egypt, in: ZPE 142 (2003) 221–240.
Bennett, Evidence	Chris Bennett, Evidence for the Regulation of Intercalation under the ‚Lex Acilia', in: ZPE 151 (2005) 167–184.
Bettenworth, Gastmahlsszenen	Anja Bettenworth, Gastmahlsszenen in der antiken Epik von Homer bis Claudian. Diachrone Untersuchungen zur Szenentypik, Göttingen 2004 (Hypomnemata 153).
Bevilacqua, Introduzione	Michele Bevilacqua, Introduzione a Macrobio, Lecce 1973.
Bianchetti, Pitea	Serena Bianchetti, Pitea di Massalia, L'oceano. Introduzione, testo, traduzione e commento, Pisa/Rom 1998.
Bichler, Insel	Reinhold Bichler, Von der Insel der Seligen zu Platons Staat. Geschichte der antiken Utopie I, Wien/Köln/Weimar 1995 (Alltag und Kultur im Altertum 3).
Bichler, Ordnung	Reinhold Bichler, Politische Ordnung und fremde Kultur im Bild der hellenistischen Utopie, in: Bernd Funck (Hrsg.), Hellenismus. Beiträge zur Erforschung von Akkulturation und politischer Ordnung in den Staaten des hellenistischen Zeitalters. Akten des Internationalen Hellenismus-Kolloquiums 9.–14. März 1994 in Berlin, Tübingen 1996, 629–652.
Bichler, Synchronismus	Reinhold Bichler, Der Synchronismus von Himera und Salamis. Eine quellenkritische Studie zu Herodot, in: E. Weber/G. Dobesch (Hrsg.), Römische Geschichte, Altertumskunde und Epigraphik. FS

	Artur Betz, Wien 1985, 59–74; Wiederabdruck in: R.B., Historiographie – Ethnographie – Utopie. Gesammelte Schriften 1: Studien zu Herodots Kunst der Historie, hrsg. v. R. Rollinger, Wiesbanden 2007, 47–54 (Philippika 18, 1).
Bickermann, Chronology	Elias J. Bickermann, Chronology of the Ancient World, London 1980 (zuvor in deutscher Sprache innerhalb der Einleitung in die Altertumswissenschaft, Bd. 3, 5; Leipzig 1933).
Bilfinger, Horen	Gustav Bilfinger, Die mittelalterlichen Horen und die modernen Stunden. Ein Beitrag zur Kulturgeschichte, Stuttgart 1892.
Bilfinger, Stundenangaben	Gustav Bilfinger, Die antiken Stundenangaben, Stuttgart 1888.
Bilfinger, Tag	Gustav Bilfinger, Der bürgerliche Tag. Untersuchungen über den Beginn des Kalendertages im classischen Alterthum und im christlichen Mittelalter, Stuttgart 1888.
Blänsdorf/Breckel	Jürgen Blänsdorf/Eberhard Breckel, Das Paradoxon der Zeit. Zeitbesitz und Zeitverlust in Senecas *Epistulae morales* und *De brevitate vitae*, Freiburg 1983.
Bleicken, Oberpontifex	Jochen Bleicken, Oberpontifex und Pontifikalkollegium. Eine Studie zur römischen Sakralverfassung, in: Hermes 85 (1957) 345–366.
Blickman, Lucretius	Daniel R. Blickman, Lucretius, Epicurus and Prehistory, in: HSPh 92 (1989) 157–191.
Blumenberg, Lebenszeit	Hans Blumenberg, Lebenszeit und Weltzeit, Frankfurt/Main 2001 (stw 1514).
Blumenberg, Licht	Hans Blumenberg, Licht als Metapher der Wahrheit. Im Vorfeld der philosophischen Begriffsbildung, in: Studium generale 10 (1957) 432–447.
Blumenberg, Paradigmen	Hans Blumenberg, Paradigmen zu einer Metaphorologie, Frankfurt/Main ^{2}1999 (stw 1301).
Boeckh, Eudoxos	August Boeckh, Ueber des Eudoxos Bestimmungen des Auf- und Unterganges des Orion und des Kyon, mit einem Anhang über die Auf- und Untergänge des Arktur und der Lyra (1863), wiederabgedruckt in: A.B., Gesammelte Kleine Schriften 3, Leipzig 1866, 343–448.
Böhme, Idee	Gernot Böhme, Idee und Kosmos. Platons Zeitlehre – Eine Einführung in seine theoretische Philosophie, Frankfurt/Main 1996 (ergänzter Wiederabdruck von „Zeit und Zahl“).
Bömer, Commentarius	Franz Bömer, Der commentarius. Zur Vorgeschichte und literarischen Form der Schriften Caesars, in: Hermes 81 (1953) 210–250.

Bömer, Fasten — Franz Bömer, P. Ovidius Naso. Die Fasten, hrsg., übersetzt und kommentiert, Heidelberg 1957–1958.

Bömer, Metamorphosen — Franz Bömer, T. Ovidius Naso. Metamorphosen. Kommentar, Heidelberg 1969–1986.

Börner, Suche — Klaus H. Börner, Auf der Suche nach dem irdischen Paradies. Zur Ikonographie der geographischen Utopie, Frankfurt/Main 1984.

Boiadjiev, Nacht — Tzotcho Boiadjiev, Die Nacht im Mittelalter, Würzburg 2003.

Bol, Skulpturen — Peter Cornelius Bol, Die Skulpturen des Schiffsfunds von Antikythera, Berlin 1972 (Mitteilungen des Deutschen Archäologischen Instituts, Anthenische Abteilung, 2).

Boll, Hebdomas — Franz Boll, Hebdomas, in: RE 7, 2 (1912) 2547–2578.

Boll, Lebensalter — Franz Boll, Die Lebensalter (zuerst 1913), Wiederabdruck in: F.B., Kleine Schriften zur Sternkunde des Altertums, hrsg. und eingeleitet v. V. Stegemann, Leipzig 1950, 156–225.

Boll, Sphaera — Franz Boll, Sphaera. Neuere griechische Texte und Untersuchungen zur Geschichte der Sternbilder, Leipzig 1903.

Borchhardt-Birbaumer, Imago — Brigitte Borchhardt-Birbaumer, Imago noctis. Die Nacht in der Kunst des Abendlandes. Vom Alten Orient bis ins Zeitalter des Barock, Wien u. a. 2003.

Borst, Buch — Arno Borst, Das Buch der Naturgeschichte. Plinius und seine Leser im Zeitalter des Pergaments, Heidelberg 1994 (Abhandlungen der Heidelberger Akademie der Wissenschaften, Philosoph.-histor. Klasse, 1994/1).

Borst, Computus — Arno Borst, Computus. Zeit und Zahl in der Geschichte Europas, Berlin 3.erw.2004.

Borst, Kalenderreform — Arno Borst, Die karolingische Kalenderreform, Hannover 1998 (MGH Schriften 46).

Borst, Streit — Arno Borst, Der Streit um den karolingischen Kalender, Hannover 2004 (MGH Studien und Texte, 36).

Bostock, Account — David Bostock, Aristotle's Account of Time, in: Phronesis 25 (1980) 148–169.

Bosworth, Augustus — Albert B. Bosworth, Augustus and August: some pitfalls of historical fiction, in: YClS 86 (1982) 151–170.

Bowen/Goldstein — Alan C. Bowen/Bernard R. Goldstein, Meton of Athens and Astronomy in the Late Fifth Century B.C., in: E. Leichty/M. de Ellis/P. Gerardi (Hrsg.),

A Scientific Humanist. Studies in Memory of Abraham Sachs, Philadelphia 1988, 39–81.

Brauneiser, Tagzeiten — Martha Brauneiser, Tagzeiten und Landschaft im Epos der Griechen und Römer, Würzburg 1944.

Bremer, Licht — Dieter Bremer, Licht und Dunkel in der frühgriechischen Dichtung. Interpretationen zur Vorgeschichte der Lichtmetaphysik, Bonn 1976 (ABG Suppl. 1).

Brind'Amour, Calendrier — Pierre Brind'Amour, Le calendrier Romain. Recherches chronologiques, Ottawa 1983 (Collection d'études anciennes de l'Université d'Ottawa, 2).

Bringmann, Bedeutung — Klaus Bringmann, Die Bedeutung der Philosophie in Rom zur Zeit der späten Republik, in: Karen Piepenbrink (Hrsg.), Philosophie und Lebenswelt in der Antike, Darmstadt 2003, 149–164.

Brodersen, Terra — Kai Brodersen, Terra Cognita. Studien zur römischen Raumerfassung. Hildesheim u. a. 1995 (Spudasmata 59).

Broughton, Menologia — Annie Leigh Broughton, The Menologia Rustica, in: CPh 31 (1936) 353–356.

Brown, Vitruvius — Frank E. Brown, Vitruvius and the Liberal Art of Architecture, in: Bucknell Review 11, 4 (1963) 99–107.

Buchheit, Numa — Vinzenz Buchheit, Numa – Pythagoras in der Deutung Ovids,in: Hermes 121 (1993) 77–99.

Buchheit, Plutarch — Vinzenz Buchheit, Plutarch, Cicero und Livius über die Humanisierung Roms durch König Numa, in: SO 66 (1991) 71–96.

Buchner, Horologium — Edmund Buchner, Horologium Augusti. Neue Ausgrabungen in Rom, in: Gymnasium 90 (1983) 494–508.

Buchner, Horologium (LTUR) — Edmund Buchner, Horologium Augusti, in: LTUR 2 (1995) 35–37.

Buchner, Reiseuhren — Edmund Buchner, Antike Reiseuhren, in: Chiron 1 (1971) 457–482.

Buchner, Sonnenuhr — Edmund Buchner, Die Sonnenuhr des Augustus, Mainz 1982 (erw. Nachdruck seiner Publikationen aus RhM).

Bultmann, Lichtsymbolik — Rudolph Bultmann, Zur Geschichte der Lichtsymbolik im Altertum, Philologus 97 (1948) 1–36.

Burde, Untersuchungen — Peter Burde, Untersuchungen zur antiken Universalgeschichtsschreibung, München 1974.

Carcopino, César — Jérôme Carcopino, Jules César, Paris 5.erw.1965.

Cardauns, Antiquitates — Burkhart Cardaus, M. Terentius Varro, Antiquitates rerum divinarum I: Die Fragmente; II: Kommentar, Mainz 1976 (Akademie der Wissenschaften und der Literatur, Mainz, Schriften der geistes- und sozialwiss. Klasse).

Cardauns, Varro — Burkhart Cardauns, Marcus Terentius Varro. Einführung in sein Werk, Heidelberg 2001.

Chalmers, Plautus — Walter R. Chalmers, Plautus and his Audience, in: T. A. Dorey/Donald R. Dudley (Hrsg.), Roman Drama, London 1965 (Studies in Latin Literature and its Influence), 21–50.

Cloud, Numa — J.D. Cloud, Numa's Calendar in Livy and Plutarch, in: LCM 4, 4 (1979) 65–71.

Cole, Democritus — Thomas Cole, Democritus and the Sources of Greek Anthropology, Cleveland 1967.

Conen, Zeittheorie — P.R. Conen, Die Zeittheorie des Aristoteles, München 1964 (Zetemata 35).

Cornford, Cosmology — Francis Macdonald Cornford, Plato's Cosmology. The Timaeus of Plato translated with a running Commentary, London ^{3}1952.

Courcelle, Intempesta — Pierre Courcelle, Intempesta nocte, in: Mélanges d'histoire ancienne offerts a William Seston, Paris 1974, 127–134.

Courtney, Poets — Edward Courtney, The Fragmentary Latin Poets, edited with Commentary, Oxford 1993.

Curtius, Europäische Literatur — Ernst Robert Curtius, Europäische Literatur und lateinisches Mittelalter, Bern/München ^{3}1961.

Daebritz, Hyperboreer — Rudolf Daebritz, Hyperboreer, in: RE 9,1 (1914) 258–279.

Dahlmann, Varro — Hellfried Dahlmann, M. Terentius Varro (84), in: RE Suppl. 6 (1935) 1172–1277.

Dahlmann/Heisterhagen — Hellfried Dahlmann/Reinhard Heisterhagen, Varronische Studien I : Zu den Logistorici, Mainz 1957 (Akademie der Wissenschaften und der Literatur, Abhandlungen der Geistes- und sozialwissenschaftlichen Klasse, Jg. 1957, 4).

Davies, Macrobius — Macrobius, The Saturnalia. Translated with an Introduction and Notes by Percival Vaughan Davies, New York/London 1969.

Davis, Horologium — Hugh H. Davis, The Horologium and Symbolism, in: Classical Weekly 49 (1956) 69–71.

De Jong, Narrators — Irene de Jong (Hrsg.), Studies in Ancient Greek Narrative, 1: Narrators, Narratees and Narratives in Ancient Greece, Leiden 2004 (Mnemosyne Suppl. 257).

De Romilly, Time — Jacqueline de Romilly, Time in Greek Tragedy, Ithaca 1958.

De Solla Price, Automata — Derek J. de Solla Price, Automata and the Origins of Mechanism, and Mechanistic Philosophy, in: T & C 5, 1 (1964) 9–23.

De Solla Price, Gears	Derek J. de Solla Price, Gears From the Greeks. The Antikythera Mechanism – A Calendar Computer from ca. 80 B.C., Philadelphia 1974 (TAPhS 64).
De Solla Price, Origin	Derek J. de Solla Price, On the Origin of Clockwork, perpetual motion Devices and the Compass, in: Contributions from the Museum of History and Technology, Bulletin 218 (1959) 82–111.
Derow, Calendar	Peter S. Derow, The Roman Calendar 190–168 b.C., in: Phoenix 27 (1973) 345–356
Diels, Prokop	Hermann Diels, Über die von Prokop beschriebene Kunstuhr von Gaza. Mit einem Anhang enthaltend Text und Übersetzung [...] Berlin 1917. (Abhandlungen der Königl. Preuss. Akademie der Wissenschaften 1917, Philosoph.-histor. Klasse, 7).
Diels, Technik	Hermann Diels, Antike Technik Leipzig/Berlin 2.erw.1920.
Dihle, Fortschritt	Dihle, Fortschritt und goldene Urzeit, in: J. Assmann/T. Hölscher, Kultur und Gedächtnis, Frankfurt/Main 1988, 150–169.
Dihle, Griechen	Albrecht Dihle, Die Griechen und die Fremden, München 1994.
Diller, Wanderarzt	Hans Diller, Wanderarzt und Aitiologe. Studien zur hippokratischen Schrift „Peri aeron, hydaton, topon", Leipzig 1934 (Philologus Suppl. 26, 3).
Dillery, Hecataeus	John Dillery, Hecataeus of Abdera: Hyperboreans, Egypt, and the Interpretatio Graeca, in: Historia 47 (1998) 255–275.
Dingel, Epigramme	Joachim Dingel, Senecas Epigramme und andere Gedichte aus der Anthologia Latina. Ausgabe mit Übersetzung und Kommentar, Heidelberg 2007.
Dissen, De partibus	Ludolph Dissen, De partibus noctis et diei ex divisionibus veterum, Göttingen 1836. Wiederabdruck in: L.D., Kleine lateinische und deutsche Schriften, Göttingen 1839, 129–150.
Dohrn-van Rossum, Stunde	Gerhard Dohrn-van Rossum, Die Geschichte der Stunde. Uhren und moderne Zeitordnung, München 1992.
Dohrn-van Rossum, Uhr	Gerhard Dohrn-van Rossum, Uhr, in: DNP 12/1 (2002) 969–976.
Domenicucci, Astra	Patrizio Domenicucci, Astra Caesarum. Astronomia, astrologia e catasterismo da Cesare a Domiziano, Pisa 1996.
Doren, Wunschräume	Alfred Doren, Wunschräume und Wunschzeiten, in: Vorträge der Bibliothek Warburg (1924–1925) 158–205; Wiederabdruck in: Arnhelm Neusüss

(Hrsg.), Utopie. Begriff und Phänomen, Neuwied/Berlin 1968, 123–177.

Drumann/Groebe — Wilhelm Drumann/Paul Groebe, Geschichte Roms in seinem Übergange von der republikanischen zur monarchischen Verfassung, oder Pompeius, Caesar, Cicero und ihre Zeitgenossen nach Geschlechtern und mit genealogischen Tabellen, Leipzig ^{2}1899–1929.

Edwards, Incorporating — Catharine Edwards, Incorporating the Alien: the Art of Conquest, in: C. Edwards/Greg Woolf, Rome the Cosmopolis, Cambridge 2003, 44–70.

Ehlers, Südwestmonsun — Widu-Wolfgang Ehlers, Mit dem Südwestmonsun nach Ceylon. Eine Interpretation der Iambul-Exzerpte Diodors, in: WJA 11 (1985) 73–84.

Ekirch, Close — A. Roger Ekirch, At Day's Close. A History of Nighttime, London 2005.

Elias, Zeit — Norbert Elias, Über die Zeit. Arbeiten zur Wissenssoziologie 2, hrsg. v. Michael Schröter, Frankfurt/Main 1988 (stw 756).

Elster, Gesetze — Marianne Elster, Die Gesetze der mittleren römischen Republik. Text und Kommentar, Darmstadt 2003.

Erler, Platon — Michael Erler, Platon, Basel 2007 (Grundriss der Geschichte der Philosophie, begründet von F. Ueberweg. Die Philosophie der Antike, hrsg. v. H. Flashar, 2, 2).

Evans, Carmina — Harry B. Evans, Publica Carmina. Ovid's Books from Exile, Lincoln/London, 1983.

Evans/Berggren — James Evans/J. Lennart Berggren, Geminos's Introduction to the Phenomena. A Translation and Study of a Hellenistic Survey of Astronomy, Princeton/Oxford 2006.

Faller, Taprobane — Stefan Faller, Taprobane im Wandel der Zeit. Das Sri-Lanka-Bild in griechischen und lateinischen Quellen zwischen Alexanderzug und Spätantike, Stuttgart 2000 (Geographica historica 14).

Fano Santi, Archeologia — Manuela Fano Santi (Hrsg.), Archeologia e astronomia. Colloquio internazionale, Venezia 1989, Rom 1991 (RdA Suppl. 9).

Fauth, Inseln — Wolfgang Fauth, Utopische Inseln in den „Wahren Geschichten“ des Lukian, in: Gymnasium 86 (1979) 39–58.

Feeney, Caesar — Denis Feeney, Caesar's Calendar. Ancient Time and the Beginnings of History (Sather Classical Lectures 65).

Ferguson, Utopias — John Ferguson, Utopias of the Classical World, London 1975.

Flach, Varro — Marcus Terentius Varro, Gespräche über die Landwirtschaft, hrsg., übersetzt und erläutert v. Dieter Flach, Darmstadt 1996–2002.

Flaig, Akkulturation — Egon Flaig, Über die Grenzen der Akkulturation. Wider die Verdinglichung des Kulturbegriffs, in: Vogt-Spira/ Rommel, 81–112.

Flaig, Umkämpfte Zeit — Egon Flaig, Die umkämpfte Zeit. Adlige Konkurrenz und Zeitknappheit in der römischen Republik, in: A. Schwarcz/E. Chvojka/K. Thien (Hrsg.), Zeit und Geschichte. Kulturgeschichtliche Perspektiven, Wien 2002 (Veröffentlichungen d. Instituts f. Österr. Geschichtsforschung, 36) 72–84.

Flasch, Zeit — Kurt Flasch, Was ist Zeit? Augustinus von Hippo. Das XI. Buch der Confessiones. Historisch-philosophische Studie. Text-Übersetzung-Kommentar, Frankfurt/Main 1993.

Fraenkel, Elementi — Eduard Fraenkel, Elementi Plautini in Plauto, Florenz 1960 (überarbeitete Fassung; dt. OA 1922).

Fränkel, Zeitauffassung — Hermann Fränkel, Die Zeitauffassung in der archaischen griechischen Literatur (1931), Wiederabdruck mit leicht verändertem Titel in: H.F., Wege und Formen frühgriechischen Denkens. München ^{2}1968, 1–22.

Fraser, Study of time — Julius T. Fraser et al. (Hrsg.), The Study of Time. Proceedings of the First (-Fourth) Conference of the International Society for the Study of Time, Berlin/Heidelberg/NY, 1972–1981.

Fraser, Zeit — Julius T. Fraser, Die Zeit. Auf den Spuren eines vertrauten und doch fremden Phänomens. Vom Autor um ein Nachwort erweiterte Ausgabe, München 1991 (engl. OA 1987).

Frazer, Fastorum libri — P. Ovidius Naso, Fastorum libri sex, edited with a Translation and Commentary by James George Frazer, Hildesheim 1973 (Nachdruck der Ausgabe London 1929).

Freeth, Decoding — Tony Freeth et al: Decoding the Ancient Greek astronomical Calculator known as the Antikythera Mechanism, in: Nature 444 (2006) 587–591.

Freeth, Mechanism — Tony Freeth, The Antikythera Mechanism. 2. Is it Posidonius' orrery?, in: Mediterranean Archaeology and Archaeometry 2, 2 (2002) 45–58.

Frenzel, Motive — Elisabeth Frenzel, Motive der Weltliteratur, Stuttgart ^{4}1992.

FRH — Hans Beck/Uwe Walter (Hrsg.), Die frühen römischen Historiker (FRH), Darmstadt 2001–2004 (Texte zur Forschung 76–77).

Friedrich, Epigramme — Gustav Friedrich, Drei Epigramme des Martial, in: RhM 68 (1913) 257–278.

Fuhrmann, Lehrbuch — Manfred Fuhrmann, Das systematische Lehrbuch. Ein Beitrag zur Geschichte der Wissenschaften in der Antike, Göttingen 1960.

Gain, Aratus — David B. Gain, The Aratus ascribed to Germanicus Caesar, edited with an introduction, translation & commentary, London 1976.

Gaiser, Philosophenmosaik — Konrad Gaiser, Das Philosophenmosaik in Neapel. Eine Darstellung der platonischen Akademie, Heidelberg 1980 (Abhandlungen der Heidelberger Akademie der Wisenschaften, Phil.-hist. Klasse 1980, 2).

Galinsky, Aspects — G. Karl Galinsky, Some Aspects of Ovid's Golden Age, in: GB 10 (1981/1983) 193–205.

Gall, Literatur — Dorothee Gall, Die Literatur in der Zeit des Augustus, Darmstadt 2006

Gärtner, Nox — Ursula Gärtner, Quae magis aspera curis nox. Zur Bedeutung der Tageszeiten bei Valerius Flaccus, in: Hermes 126 (1998) 202–220.

Gatz, Weltalter — Bodo Gatz, Weltalter, goldene Zeit und sinnverwandte Vorstellungen, Hildesheim 1967 (Spudasmata 16).

Gee, Cicero — Emma Gee, Cicero's Astronomy, in: CQ 51,2 (2001) 520–536.

Gee, Ovid — Emma Gee, Ovid, Aratus and Augustus. Astronomy in Ovid's Fasti, Cambridge 2000.

Geerlings, Kalender — Wilhelm Geerlings (Hrsg.), Der Kalender. Aspekte einer Geschichte, Paderborn 2002.

Gell, Anthropology — Alfred Gell, The Anthropology of Time. Cultural Constructions of Temporal Maps and Images, Oxford/Washington 1992.

Gelzer, Caesar — Matthias Gelzer, Caesar, Wiesbaden [6]1960.

Gesche, Vergottung — Helga Gesche, Die Vergottung Caesars, Kallmünz 1968.

Gibbs, Sundials — Sharon L. Gibbs, Greek and Roman Sundials, New Haven/London 1976.

Ginzel, Handbuch — Friedrich Karl Ginzel, Handbuch der mathematischen und technischen Chronologie. Das Zeitrechnungswesen der Völker, Leipzig 1906–1914.

Gisinger, Pomponius — Friedrich Gisinger, Pomponius (104), in: RE 21, 2 (1952) 2360–2411.

Gloy, Studien — Karen Gloy, Studien zur Platonischen Naturphilosophie im Timaios, Würzburg 1986.

Goldschmidt, Temps — Victor Goldschmidt, Temps physique et temps tragique chez Aristote, Paris 1982.

Golzio/Knauf/ Mell/Glessmer/ Vogtherr	K.-H. Golzio/E.A. Knauf/U. Mell/U. Gleßmer/Th. Vogtherr, Zeitrechnung, in: TRE 36 (2004) 589–615.
Gotter, Akkulturation	Ulrich Gotter, Akkulturation als Methodenproblem der historischen Wissenschaften, in: W. Eßbach (Hrsg.), wir/ihr/sie. Identität und Alterität in Theorie und Methode, Würzburg 2000, 373–406.
Graf, Lauf	Fritz Graf, Der Lauf des rollenden Jahres. Zeit und Kalender in Rom, Stuttgart 1997 (lectio teubneriana, 6).
Grafton/Swerdlow	A.T. Grafton/N.M. Swerdlow, Technical Chronology and Astrological History in Varro, Censorinus and Others, in: CQ 35 (1985) 454–465.
Gratwick, Sundials	A.S. Gratwick, Sundials, Parasites, and Girls from Boeotia, in: CQ 29 (1979) 308–323.
Grimal, Place	Pierre Grimal, Place et rôle du temps dans la philosophie de Sénèque, in: REA 70 (1968) 92–109.
Guittard, Macrobe	Macrobe, Les Saturnales, livres I-III. Introduction, traduction et notes par Charles Guittard, Paris 1997 (Les Belles Lettres).
Gundel, Hora	Wilhelm Gundel, *hora*, in: ThlL 6 (1936–1942) 2952–2964.
Hahn, Augustus	István Hahn, Augustus und das politische Vermächtnis Caesars, in: Klio 67 (1985) 12–28.
Hanfmann, Season sarcophagus	George M.A. Hanfmann, The Season Sarcophagus in Dumbarton Oaks, Cambridge/Mass. 1951 (unveränderter Nachdruck London 1971).
Hannah, Calendars	Robert Hannah, Greek and Roman Calendars. Constructions of Time in the Classical World, London 2005.
Hannah, Orality	Robert Hannah, From Orality to Literacy? The Cases of the Parapegma, in: Janet Watson (Hrsg.), Speaking Volumes. Orality and Literarcy in the Greek & Roman World, Leiden u. a. 2001, 139–159 (Mnemosyne Suppl. 218).
Hannah, Stars	Robert Hannah, The Stars of Iopas and Palinurus, in: AJPh 114 (1993), 123–135.
Hansen, Datum	C.G.Hansen, Das Datum der Schlacht bei Vercellae, in: Klio 67 (1985) 588.
Hardie, Aeneid	Philip R. Hardie, Virgil's Aeneid. Cosmos and Imperium, Oxford 1986.
Hardie/Barchiesi/ Hinds	Philip Hardie/Alessandro Barchiesi/Stephen Hinds (Hrsg.), Ovidian Transformations. Essays on the Metamorphoses and its Reception, Cambridge 1999.

Haß, Locus amoenus — Petra Haß, Der *locus amoenus* in der antiken Literatur: Zur Theorie und Geschichte eines literarischen Motivs, Bamberg 1998.

Healy, Pliny — John F. Healy, Pliny the Elder on Science and Technology, Oxford 1999.

Heath, History — T.L. Heath, A History of Greek Mathematics, Oxford 1921.

Heil, Kommunikation — Andreas Heil, Literarische Kommunikation in der späten römischen Republik. Versuch einer Topographie, in: A. Haltenhoff/A. Heil/F.-H. Mutschler (Hrsg.), O tempora o mores! Römische Werte und römische Literatur in den letzten Jahrzehnten der Republik, München/Leipzig 2003 (BzA 171), 5–50.

Heitsch, Hesiod — Ernst Heitsch (Hrsg.), Hesiod, Darmstadt 1966 (WdF 44).

Hellwig, Raum — Brigitte Hellwig, Raum und Zeit im homerischen Epos, Hildesheim 1964 (Spudasmata 2).

Herklotz, Prinzeps — Friederike Herklotz, Prinzeps und Pharao. Der Kult des Augustus in Ägypten, Frankfurt/Main 2007 (Oikumene 4).

Herter, Verhältnis — Hans Herter, Ovids Verhältnis zur bildenden Kunst, in: N. I. Herescu (Hrsg.), Ovidiana, Paris 1958, 49–74.

Hill, Trick — D.E. Hill, The Thessalian Trick, in: RhM 116 (1973) 221–238.

Hinds, Dislocations — Stephen Hinds, Dislocations of Ovidian Time, in: Schwindt, Zeit, 203–230.

Hinds, Exile — Stephen Hinds, After Exile: Time and Teleology from Metamorphoses to Ibis, in: Hardie/Barchiesi/Hinds, 48–67.

Höcker, Vitruvius — Christoph Höcker, Vitruvius (2) in: DNP 12, 2 (2003) 266–270.

Hölkeskamp, Exempla — Karl-Joachim Hölkeskamp, *Exempla* und *mos maiorum:* Überlegungen zum kollektiven Gedächtnis der Nobilität (1996). Überarbeitet und ergänzt in: K.-J.H., Senatus populusque Romanus. Die politische Kultur der Republik – Dimensionen und Deutungen, Stuttgart 2004, 169–198.

Holleman, Reaction — A. W. J. Holleman, Cicero's Reaction to the Julian Calendar (Plut., Caes 59: January 4th (45)), in: Historia 27 (1978) 496–498.

Hölscher, Anfänge — Tonio Hölscher, Die Anfänge römischer Repräsentationskunst, in: MDAI (R) 85 (1978) 315–357.

Holzberg, Roman — Niklas Holzberg, Der antike Roman, Darmstadt 3.bearb.2006.

Horsfall, Varro — Nicholas Horsfall, Varro and Caesar. Three Chronological Problems, in: BICS 19 (1972) 120–128.

Horster/Reitz — Marietta Horster/Christiane Reitz (Hrsg.), Antike Fachschriftsteller: Literarischer Diskurs und sozialer Kontext, Stuttgart 2003 (Palingenesia 80).

Howe, Defense — Nicholas Ph. Howe, In Defense of the Encyclopedic Mode: On Pliny's Preface to the Natural History, in: Latomus 44 (1985) 561–576.

Huber, Oberpontifikat — Gustav Huber, Untersuchungen zu Caesars Oberpontifikat (Diss.), Tübingen 1971.

Hübner, Geographie — Wolfgang Hübner, Mythische Geographie, in: W.H. (Hrsg.), Geographie und verwandte Wissenschaften, Stuttgart 2000 (Geschichte der Mathematik und der Naturwissenschaften in der Antike, 2) 19–32.

Ideler, Fasti — Ludwig Ideler, Über den astronomischen Theil der Fasti des Ovid, in: Abhandlungen der königlichen Akademie der Wissenschaften zu Berlin (1822–1823) 137–169.

Isager, Pliny — Jacob Isager, Pliny on Art & Society, London 1991.

Iversen, Obelisks — Erik Iversen, Obelisks in Exile, 1: The Obelisks of Rome, Kopenhagen 1968, 143.

Janka/Schäfer — Markus Janka/Christian Schäfer (Hrsg.), Platon als Mythologe. Neue Interpretationen zu den Mythen in Platons Dialogen, Darmstadt 2002.

Judeich, Caesar — Walther Judeich, Caesar im Orient. Kritische Übersicht der Ereignisse vom 9. August 48 bis October 47, Leipzig 1885.

Kaletsch, Tag — Hans Kaletsch, Tag und Jahr. Die Geschichte unseres Kalenders, Zürich/Stuttgart 1970.

Kenney, Notes — Edward J. Kenney, Textual Notes on Ovid, Metamorphoses 7–9, in: CQ 51,2 (2001) 545–550.

Kettemann, Verbannungsort — Rudolf Kettemann, Ovids Verbannungsort – Ein *locus horribilis?*, in: Ovid. Werk und Wirkung. Festgabe für Michael von Albrecht zum 65. Geburtstag, Frankfurt/Main u. a. 1999 (Studien zur klassischen Philologie 100) 2, 715–735.

Kleingünther, Protos heuretes — Adolf Kleingünther, Protos heuretes. Untersuchungen zur Geschichte einer Fragestellung, Leipzig 1933 (Philologus Suppl. 26,1) 52–59.

Klibansky/ Panofsky/Saxl — Raymond Klibansky/Erwin Panofsky/Fritz Saxl, Saturn und Melancholie. Studien zur Geschichte der Naturphilosophie und Medizin, der Religion und der Kunst, Frankfurt/Main 1990 (engl. OA 1964).

Klingner, Rom — Friedrich Klingner, Rom als Idee (zuerst 1927), Wiederabdruck in: F.K., Römische Geisteswelt, München [5]1965, 645–666.

Knell, Architekturtheorie — Heiner Knell, Vitruvs Architekturtheorie. Versuch einer Interpretation, Darmstadt 1985.

Knell, Vitruvius — Heiner Knell, Vitruvius, in: R. Vollkommer (Hrsg.), Künstlerlexikon der Antike, Darmstadt 2004, 498–509.

Koch, Utopie — Michael Koch, Zur Utopie in der Alten Welt, in: H. Sund/M. Timmermann (Hrsg.), Auf den Weg gebracht. Idee und Wirklichkeit der Gründung der Universität Konstanz, Konstanz 1979, 399–417.

König, Mensch — Fritz König, Mensch und Welt bei Lucan im Spiegel bildhafter Darstellung, in: W. Rutz, Lucan, Darmstadt 1970 (Wege der Forschung 235), 439–476.

König, Plinius — Roderich König, C. Plinius Secundus d.Ä., Naturkunde, lateinisch-deutsch hrsg. und übersetzt in Zusammenarbeit mit J. Hopp, W. Glöckner, G. Winkler, K. Brodersen, München 1973–2004 (Sammlung Tusculum) (Bd. 1, 2 und 7 liegen in überarbeiteten Auflagen vor).

Köves-Zulauf, Vorrede — Thomas Köves-Zulauf, Die Vorrede der plinianischen Naturgeschichte, in: WS NS 7 (1973) 134–184.

Kranz, Lied — Walther Kranz, Das Lied des Kitharoden von Jaffa, RhM 96 (1953) 30–38.

Kraus, Prometheus — Walther Kraus, Prometheus. I. Überlieferung. II. Synopsis, in: RE 23,1 (1957) 653–702.

Kroll, Nundinae — Wilhelm Kroll, Nundinae, in: RE 17,2 (1937) 1467–1471.

Kubitschek, Zeitrechnung — Wilhelm Kubitschek, Grundriß der antiken Zeitrechnung, München 1928 (HdbA I 7).

Kubusch, Saecula — Klaus Kubusch, Aurea saecula. Mythos und Geschichte. Untersuchung eines Motivs in der antiken Literatur bis Ovid, Frankfurt 1986 (Studien zur Klassischen Philologie 28).

Kunkel/Wittmann — Wolfgang Kunkel/Roland Wittmann, Staatsordnung und Staatspraxis der römischen Republik II: Die Magistratur, München 1995 (Rechtsgeschichte des Altertums 3, 2, 2; Handbuch der Altertumswissenschaft X 3, 2, 2).

Künzl, Himmelsgloben — Ernst Künzl; Himmelsgloben und Sternkarten. Astronomie und Astrologie in Vorzeit und Altertum, Darmstadt 2005.

Kyriakides, Narrative — Stratis Kyriakides, Aeneas' Narrative and the Epic Reality developed during the Night, in: EEAth 2 (1992) 17–37.

Kytzer, Denken — Bernhard Kytzler, Utopisches Denken und Handeln in der klassischen Antike, in: Villgradter/Krey, 45–68.

Kytzler, Roman — Bernhard Kytzler, Zum utopischen Roman der klassischen Antike, in: Groningen Colloquia on the Novel, Groningen 1988, 7–16.

Laffi, Iscrizioni — Umberto Laffi, Le iscrizioni relative all'introduzione nel 9 a.C. del nuovo calendario della provincia d'Asia, in: Studi Classici e Orientali 16 (1967) 5–98.

Langholf, Ὥρα — Volker Langholf, Ὥρα – Stunde. Zwei Belege aus dem Anfang des 4. Jh. v. Chr., in: Hermes 101 (1973) 382–384.

Leberl, Domitian — Jens Leberl, Domitian und die Dichter. Poesie als Medium der Herrschaftsdarstellung, Göttingen 2004 (Hypomnemata 154).

LeBoeuffle, Ciel — André Le Boeuffle, Le ciel des Romains, Paris 1989.

LeGoff, Zeit der Kirche — Jacques LeGoff, Zeit der Kirche und Zeit des Händlers, (deutsch in): C. Honegger (Hrsg.), Schrift und Materie der Geschichte: Vorschläge zur systematischen Aneignung historischer Prozesse, Frankfurt/Main 1977, 393–414 (frz. OA 1960).

Leo, Forschungen — Friedrich Leo, Plautinische Forschungen. Zur Kritik und Geschichte der Komödie, Berlin ^{2}1912.

Leuze, Jahrzählung — Oscar Leuze, Die römische Jahrzählung. Ein Versuch, ihre geschichtliche Entwicklung zu ermitteln, Tübingen 1909.

Little, Song — D. A. Little, The Song of Iopas – Aeneid 1, 740–746, in: Prudentia 24 (1992) 16–36.

Long/Sedley — Anthony A. Long/David N. Sedley, Hellenistic Philosophers, Cambridge 1998.

Loose, Plinius — Gabriele Loose, Das 2. Buch der Naturalis Historia von Plinius dem Älteren. Eine kritische Analyse im Lichte moderner geowissenschaftlicher Erkenntnisse (Diss.), Köln 1995.

Lovejoy/Boas — Arthur Oncken Lovejoy/George Boas, Primitivism and Related Ideas in Antiquity. With supplementary Essays by W.F. Albright and P.-E. Dumont, Baltimore/London 1997 (EA 1935).

Lunais, Lune — Sophie Lunais, Les auteurs latins, Leiden 1979 (M.J. Vermaseren (Hrsg): Études préliminaires aux religions orientales dans l'Empire romain. Recherches sur la Lune, I).

Maier, Feldzüge — Ulrich Maier, Caesars Feldzüge in Gallien (58–51 v. Chr.) in ihrem Zusammenhang mit der stadtrömischen Politik, Bonn 1978 (Saarbrücker Beiträge zur Altertumskunde 29).

Malitz, Kalenderreform — Jürgen Malitz, Die Kalenderreform Caesars. Ein Beitrag zur Geschichte seiner Spätzeit, in: AncSoc 18 (1987) 103–131 (zugänglich auch unter http://www.gnomon.ku-eichstaett.de/LAG/kalender.html , eingesehen am 05.03.2008)

Maltby, Lexicon — Robert Maltby, A Lexicon of Ancient Latin Etymologies, Leeds 1991.

Manuwald, Aufbau — Bernd Manuwald, Der Aufbau der lukrezischen Kulturentstehungslehre (De rerum natura 5, 925–1457), Wiesbaden 1980 (Abhandlungen der Mainzer Akademie der Wissenschaften und der Literatur, geistes- und sozialwiss. Klasse, 1980, 3).

Marinone, Cronologia — Nino Marinone, Cronologia Ciceroniana. Seconda edizione aggiornate e corretta con nuova versione interattiva in CD ROM a cura die Ermanno Malaspina, Bologna 2004.

Marquardt, Privatleben — Joachim Marquardt, Das Privatleben der Römer, Leipzig ^{2}1886 (unveränderter Nachdruck Darmstadt 1975).

Mayr, Uhrwerk — Otto Mayr, Uhrwerk und Waage. Autorität, Freiheit und technische Systeme in der frühen Neuzeit, München 1987 (OA unter dem Titel: Authority, liberty, and automatic machinery in Early Modern Europe, London 1986).

Mehl, Imperium — Andreas Mehl, Imperium sine fine dedi. Die augusteische Vorstellung von der Grenzenlosigkeit des Römischen Reiches, in: E. Olshausen/H. Sonnabend (Hrsg.), Stuttgarter Kolloquium zur historischen Geographie des Altertums 4, Amsterdam 1994 (Geographica historica 7), 431–464.

Mehmel, Virgil — Friedrich Mehmel, Virgil und Apollonius Rhodius. Untersuchungen über die Zeitvorstellung in der antiken epischen Erzählung, Hamburg 1940 (Hamburger Arbeiten zur Altertumswissenschaft 1).

Meier, Caesar — Christian Meier, Caesar, Berlin ^{2}1988.

Meissner, Fachliteratur — Burkhard Meissner, Die technologische Fachliteratur der Antike. Struktur, Überlieferung und Wirkung technischen Wissens in der Antike (ca. 400 v. Chr. – 500 n. Chr.), Berlin 1999.

Mensching, Caesar	Eckart Mensching, Caesars Bellum Gallicum. Eine Einführung, Frankfurt/Main 1988.
Merguet, Caesar	Hugo Merguet, Lexikon zu den Schriften Caesars und seiner Fortsetzer mit Angabe sämtlicher Stellen, Jena 1886 (unveränderter Nachdruck Hildesheim 1966).
Merlan, Lucretius	Philip Merlan, Lucretius – Primitivist or Progressivist?, in: JHI 11 (1950) 364–368.
Mesch, Bildlichkeit	Walter Mesch, Die Bildlichkeit der Platonischen Kosmologie. Zum Verhältnis von Logos und Mythos im Timaios, in: M. Janka/Chr. Schäfer (Hrsg.), Platon als Mythologe. Neue Interpretationen zu den Mythen in Platons Dialogen, Darmstadt 2002, 194–213.
Mesch, Gegenwart	Walter Mesch, Reflektierte Gegenwart. Eine Studie über Zeit und Ewigkeit bei Platon, Aristoteles, Plotin und Augustinus, Frankfurt/Main 2003.
Meusel, Lexicon	Heinrich Meusel, Lexicon Caesarianum, Berlin ²1887–1893.
Meyer, Monarchie	Eduard Meyer, Caesars Monarchie und das Principat des Pompejus. Innere Geschichte Roms von 66 bis 44 v. Chr., Stuttgart/Berlin ³1922.
Michels, Calendar	Agnes Kirsopp Michels, The Calendar of the Roman Republic, Princeton 1967.
Möllendorff, Suche	Peter von Möllendorff, Auf der Suche nach der verlogenen Wahrheit. Lukians Wahre Geschichten, Tübingen 2000 (Classica Monacensia, 31).
Momigliano, Time	Arnaldo Momigliano, Time in Ancient Historiography, in: History and Theory, Beiheft 6, 1966, 1–23 (deutsch in: A.M., Wege in die Alte Welt, Berlin 1991, 38–58 und 212–217).
Mommsen (August), Chronologie	August Mommsen, Chronologie. Untersuchungen über das Kalenderwesen der Griechen, insonderheit der Athener, Leipzig 1883.
Mommsen (Theodor), Chronologie	Theodor Mommsen, Die römische Chronologie bis auf Caesar, Berlin ²·ʳᵉᵛ·1859.
Montuschi, Tempo	Claudia Montuschi, Il tempo in Ovidio. Funzioni, meccanismi, strutture, Florenz 2005 (La Colombaria Studi 226).
Moreno Soldevila, Martial	Rosario Moreno Soldevila, Martial, Book IV. A Commentary, Leiden 2006 (Mnemosyne Suppl. 278).
Morgan, Calendars	M.G. Morgan, Calendars and Chronology in the First Punic War, in: Chiron 7 (1977) 89–117.
Müller, Entdeckung	Reimar Müller, Die Entdeckung der Kultur. Antike Theorien über Ursprung und Entwicklung der

Kultur von Homer bis Seneca, Düsseldorf/Zürich 2003.

Müller, Ethnologie — Klaus E. Müller, Geschichte der antiken Ethnologie, Hamburg 1997.

Münzer, Beiträge — Friedrich Münzer, Beiträge zur Quellenkritik der Naturgeschichte des Plinius, Berlin 1897.

Münzer, Flavius — Friedrich Münzer, Flavius (15) in: RE 6, 2 (1909) 2526–2528.

Münzer, Sulpicius — Friedrich Münzer, Sulpicius (66), in: RE 2. Reihe 4, 1 (1931) 808–811.

Murgatroyd, Narrative — Paul Murgatroyd, Mythical and Legendary Narrative in Ovid's Fasti, Leiden 2005 (Mnemosyne Suppl. 263).

Muri, Pause — Gabriela Muri, Pause! Zeitordnung und Auszeiten aus alltagskultureller Sicht, Frankfurt/NY 2004.

Nauta, Poetry — Ruurd N. Nauta, Poetry for Patrons. Literary Communication in the Age of Domitian, Leiden 2002 (Mnemosyne Suppl. 2006)

Neugebauer, History — Otto Neugebauer, A History of Ancient Mathematical Astronomy, Berlin 1975.

Newlands, Playing — Carole E.Newlands, Playing with Time. Ovid and the Fasti, Ithaca 1995.

Nilsson, Time-Reckoning — Martin P. Nilsson, Primitive Time-Reckoning. A Study in the Origins and First Development of the Art of Counting Time among the Primitive and Early Culture Peoples, Lund 1920.

Otto, Sprichwörter — August Otto, Die Sprichwörter und sprichwörtlichen Redensarten der Römer, Leipzig 1890 (unveränderter Nachdruck Hildesheim 1962).

Paulsen, Zeitrechnung — Thomas Paulsen, Zeitrechnung und Kalender im Klassischen Griechenland, in: Geerlings, Kalender, 32–42.

Peil, Untersuchungen — Dietmar Peil, Untersuchungen zur Staats- und Herrschaftsmetaphorik in literarischen Zeugnissen von der Antike bis zur Gegenwart, München 1983 (Münstersche Mittelalter-Schriften 50).

Pohlenz, Stoa — Max Pohlenz, Die Stoa. Geschichte einer geistigen Bewegung, Göttingen ^{3}1964.

Pöhlmann, Lukrez — Egert Pöhlmann, Lukrez als Quelle griechischer Kulturentstehungslehre, in:WJA 17 (1991) 217–228.

Possanza, Translating — D. Mark Possanza, Translating the Heavens. Aratus, Germanicus and the Poetics of Latin Translation, New York 2004 (Lang Classical Studies 14).

Prack, Kalender — Norbert Prack, Der römische Kalender (264–168 v.Chr.). Verlauf und Synchronisation, Sinzheim 1996.

Radden, Metaphorisierte Zeit	Günter Radden, Metaphorisierte Zeit, in: Ch. Dürscheid/K.-H. Ramers/M. Schwarz (Hrsg.), Sprache im Fokus. Festschrift für Heinz Vater zum 65. Geburtstag, Tübingen 1997, 427–442.
Rambaud, Art	Michel Rambaud., L'art de la déformation historique dans les commentaires de César, Paris ^{2}1966.
Rathmayr, Winter	Reinhard Rathmayr, Der antike Mensch in der Jahreszeit des Winters, Hamburg 2001 (Studien zur Geschichtsforschung des Altertums, 9).
Rehm, Bauernkalender	Albert Rehm, Der römische Bauernkalender und der Kalender Caesars, in: Epitymbion Heinrich Swoboda, Reichenberg 1927, 214–228.
Rehm, Horologium	Albert Rehm, Horologium, in: RE 8, 2 (1913) 2416–2433.
Rehm, Parapegma-Studien	Albert Rehm, Parapegmastudien, München 1941 (Abhandlungen der Bayerischen Akademie der Wissenschaften. Philosoph.-histor. Abteilung, NF 19).
Rehm, Sosigenes	Albert Rehm, Sosigenes (6), in: RE 2. Reihe, 3,1 (1927) 1153–1157.
Reimbold, Nacht	Ernst Thomas Reimbold, Die Nacht in Mythos, Kultus, Volksglauben und in der transpersonalen Erfahrung. Eine religionsphänomenologische Untersuchung, Köln 1970.
Reimbold, Symbolik	Ernst Thomas Reimbold, Die bipolare und ambivalente Symbolik der Nacht und Dunkelheit, in: W. Bies/H. Jung (Hrsg.), Mnemosyne. Festschrift für Manfred Lurker zum 60. Geburtstag, Baden-Baden 1988 (Bibliographie zur Symbolik, Ikonographie und Mythologie, Ergänzungsband 2) 35–44.
Rengakos, Zeit	Antonios Rengakos, Zeit und Gleichzeitigkeit in den homerischen Epen, in: A & A 41 (1995) 1–33.
Rey, Nacht	Heidemarie Rey, Die Bedeutung der Nacht in der epischen Erzählung der Aeneis, Hamburg 1967.
Reynen, Frühling	Hans Reynen, Ewiger Frühling und goldene Zeit. Zum Mythos des goldenen Zeitalters bei Ovid und Vergil, in: Gymnasium 72 (1965) 415–433.
Reynen, Klima	Hans Reynen, Klima und Krankheit auf den Inseln der Seligen. Zu Horat. Epod. 16, 61 f., in: Gymnasium Beih. 4 (1964) 77–104.
Richter, Caesar	Will Richter, Caesar als Darsteller seiner Taten. Eine Einführung, Heidelberg 1977 (Bibliothek der klassischen Altertumswissenschaften NF 2, 61).
Ridley, Absent pontifex	Ronald T. Ridley, The Absent Pontifex Maximus, in: Historia 54 (2005) 275–300.

Ritschl, Parerga	Friedrich Wilhelm Ritschl, Parerga zu Plautus und Terenz, Leipzig 1845.
Rösch-Binde, Deinos aner	Christiane Rösch-Binde, Vom deinós anér zum diligentissimus investigator antiquitatis. Zur komplexen Beziehung zwischen M. Tullius Cicero und M. Terentius Varro (Diss. Köln 1997), München 1998.
Rohde, Psyche	Erwin Rohde, Psyche, Tübingen [7]1921.
Rohde, Roman	Erwin Rohde, Der griechische Roman und seine Vorläufer, Leipzig [2]1900.
Rohde, Sage	Erwin Rohde, Die Sardinische Sage von den Neunschläfern, in: RhM. 35 (1880) 157–163.
Rowland/Howe	Vitruvius, Ten Books on Architecture. Translation by Ingrid D. Rowland, Commentary and Illustrations by Thomas Noble Howe with Additional Commentary by Ingrid D. Rowland and Michael J. Dewar, Cambridge 1999.
Romm, Edges	James S. Romm, The Edges of the Earth in Ancient Thought. Geography, Exploration, and Fiction, Princeton 1992.
Rudolph, Zeit	Enno Rudolph (Hrsg.), Zeit, Bewegung, Handlung. Studien zur Zeitabhandlung des Aristoteles, Stuttgart 1988.
Rüpke, Commentarii	Jörg Rüpke, Wer las Caesars bella als commentarii?, in: Gymnasium 99 (1992) 201–226.
Rüpke, Einheit	Jörg Rüpke, Kognitive Einheit ritueller Sequenzen? Zur kommunikativen Funktion kalendarischer Gattungen in Rom, in: G. Binder/K. Ehlich (Hrsg.), Religiöse Kommunikation – Formen und Praxis vor der Neuzeit, Trier 1997 (Stätten und Formen der Kommunikation im Altertum, 6; zugleich BAC 26), 191–223.
Rüpke, Kalender	Jörg Rüpke, Kalender und Öffentlichkeit. Die Geschichte der Repräsentation und religiösen Qualifikation von Zeit in Rom, Berlin/NY 1995 (RVV 40).
Rüpke, Quis vetat	Jörg Rüpke, Quis vetat et stellas …? Les levers des étoiles et la tradition calendaire chez Ovide, in: B. Bakhouche/A. Moreau/Je.-C. Turpin (Hrsg.), Les Astres 1: Les astres et les mythes. La descripiton du ciel. Actes du Colloque International de Montpellier, 23–25 mars 1995, Montpellier 1996, 293–306.
Rüpke, Zeit	Jörg Rüpke, Zeit und Fest. Eine Kulturgeschichte des Kalenders, München 20206.

Saldern, Bemerkungen — Falko von Saldern, Einige Bemerkungen zur Kalenderreform des Commodus, in: ZPE 146 (2004) 189–192.

Sambursky, Physics — Samuel Sambursky, Physics of the Stoics, Westport 1959.

Samuel, Chronology — Alan E. Samuel, Greek and Roman Chronology. Calendars and Years in Classical Antiquity, München 1972 (HdbA I, 7).

Santini, Tempi — Carlo Santini, I tempi di Cesare, in: Diego Poli (Hrsg.), La Cultura in Cesare. Atti del convegno internazionale di studi, Macerata 1993, 445–471.

Sarton, History — George Sarton, A History of Science, I: Ancient Science through the Golden Age of Greece, Cambridge 1959.

Saxl, Veritas — Fritz Saxl, Veritas filia temporis, in: Philosophy & History. Essays presented to Ernst Cassirer, New York 1963, 197–222.

Schäfer, Paradigma — Lothar Schäfer, Das Paradigma am Himmel. Platon über Natur und Staat, Freiburg/München 2005.

Schaldach, Römische Sonnenuhren — Karlheinz Schaldach, Römische Sonnenuhren, Frankfurt/Main ^{3}2001.

Schaldach, Sonnenuhren Griechenlands — Karlheinz Schaldach, Die antiken Sonnenuhren Griechenlands. Festland und Peloponnes, Frankfurt/Main 2006.

Schirlitz, Homer — Samuel Chr. Schirlitz, Über die Darstellung der Nacht bei Homer, in: Verhandlungen der 35. Versammlung deutscher Philologen und Schulmänner in Stettin, Leipzig 1881, 62–79.

Schlachter/Gisinger — Alois Schlachter/Friedrich Gisinger, Der Globus. Seine Entstehung und Verwendung in der Antike nach den literarischen Quellen und den Darstellungen in der Kunst, Leipzig/Berlin 1927 (Stoicheia 8).

Schmal, Sparta — Stephan Schmal, Sparta als politische Utopie, in: Bernd Funck (Hrsg.), Hellenismus. Beiträge zur Erforschung von Akkulturation und politischer Ordnung in den Staaten des hellenistischen Zeitalters. Akten des Internationalen Hellenismus-Kolloquiums 1994 in Berlin, Tübingen 1996, 653–670.

Schmid, Augustus — Alfred Schmid, Augustus und die Macht der Sterne. Antike Astrologie und die Etablierung der Monarchie in Rom, Köln 2005.

Schmidt, Entstehung — Max C. Schmidt, Die Entstehung der antiken Wasseruhr, Leipzig 1912 (Kulturhistor. Beiträge zur Kenntnis des griechischen und römischen Altertums, 2).

Schmidt, Sueton	Peter L. Schmidt, Suetons ‚Pratum' seit Wessner (1917), in: ANRW II 33, 5 (1991) 3794–3825.
Schneider, Technikverständnis	Helmuth Schneider, Das griechische Technikverständnis von den Epen Homers bis zu den Anfängen der technologischen Fachliteratur, Darmstadt 1989 (Impulse der Forschung 54).
Schöps, Zeit	Martina Schöps, Zeit und Gesellschaft, Stuttgart 1980.
Schürmann, Mechanik	Astrid Schürmann, Griechische Mechanik und antike Gesellschaft. Studien zur staatlichen Förderung einer technischen Wissenschaft, Stuttgart 1991 (Boethius 27).
Schütz, Sonnenuhr	Michael Schütz, Zur Sonnenuhr des Augustus auf dem Marsfeld. Eine Auseinandersetzung mit E. Buchners Rekonstruktion und seiner Deutung der Ausgrabungsergebnisse, aus der Sicht eines Physikers, in: Gymnasium 97 (1990) 432–457.
Schwabl, Weltalter	Hans Schwabl, Weltalter, in: RE Suppl. 15 (1978) 783–850.
Schwindt, Tagesspanne	Jürgen Paul Schwindt, Das Motiv der ‚Tagesspanne' – Ein Beitrag zur Ästhetik der Zeitgestaltung im griechisch-römischen Drama, Paderborn 1994 (Studien zur Geschichte und Kultur des Altertums NF 1,9).
Schwindt, Zeit	Jürgen Paul Schwindt (Hrsg.), La répresentation du temps dans la poésie augustéenne. Zur Poetik der Zeit in augusteischer Dichtung, Heidelberg 2005 (Bibliothek der Klassischen Altertumswissenschaften NF 2, 116).
Severino, Orologi	Nicola Severino, Orologi Solari Greco-Romani. Aggiornamento al catalogo di Sharon Gibbs, Roccasecca 2003 (CD Rom).
Simpson, References	C.J. Simpson, ‚Unexpected' References to the Horologium Augusti at Ovid *Ars Amatoria* 1,68 and 3, 388, in: Athenaeum 80 (=NS 70, 1992) 478–484.
Skydsgaard, Varro	Jens Erik Skydsgaard, Varro the Scholar. Studies in the First Book of Varro's de re rustica, Kopenhagen 1968 (Analecta Romana Instituti Danici IV Suppl.).
Solmsen, Nature	Friedrich Solmsen, Nature as Craftsman in Greek Thought, in: JHI 24 (1963) 473–496.
Sonnabend, Grenzen	Holger Sonnabend, Die Grenzen der Welt. Geographische Vorstellungen der Antike, Darmstadt 2007.
Sonnabend, Hyperboreer	Holger Sonnabend, Hyperboreer in: RGA 15 (2000) 308–310.

Sonnabend, Lexikon — Holger Sonnabend (Hrsg.), Mensch und Landschaft in der Antike. Lexikon der Historischen Geographie, Stuttgart 1999.

Sontheimer, Tageszeiten — Walther Sontheimer, Tageszeiten, in: RE 2. Reihe 4, 2 (1932) 2011–2023.

Sorabji, Time — Richard Sorabji, Time, Creation and the Continuum. Theories in Antiquity and the Early Middle Ages, London 1983.

Spahlinger, Sueton-Studien — Lothar Spahlinger, Sueton-Studien I: Sueton, Divus Julius 55–56. Caesars Schriften und ihr Nachleben im frühen Prinzipat, in: Philologus 147 (2003) 114–128.

Staden, Herophilus — Heinrich von Staden, Herophilus. The Art of Medicine in Early Alexandria. Edition, Translation and Essays, Cambridge 1989.

Strasburger, Herodot — Hermann Strasburger, Herodots Zeitrechnung (1956), erw. Wiederabdruck in: Walter Marg (Hrsg.), Herodot. Darmstadt 1965 (WdF 26), 688–736.

Strobl, Macht — Petra Strobl, Die Macht des Schlafes in der griechisch-römischen Welt. Eine Untersuchung der mythologischen und physiologischen Aspekte der antiken Standpunkte, Hamburg 2002 (Studien zur Geschichtsforschung des Altertums, 11).

Stutzinger, Wasserauslaufuhr — Dagmar Stutzinger, Eine römische Wasserauslaufuhr. Hrsg. von der Kulturstiftung der Länder in Verbindung mit dem Museum für Vor- und Frühgeschichte – Archäologisches Museum der Stadt Frankfurt am Main, Frankfurt 2001.

Suerbaum, Geburtstage — Werner Suerbaum, Merkwürdige Geburtstage. Der nicht existierende Geburtstag des M. Antonius, der doppelte Geburtstag des Augustus, der neue Geburtstag der Livia und der vorzeitige Geburtstag des älteren Drusus, in: Chiron 10 (1980) 327–355.

Sullivan, Classic — J.P. Sullivan, Martial: The Unexpected Classic. A Literary and Historical Study, Cambridge 1991.

Szabó, Weltbild — Arpad Szabó, Das geozentrische Weltbild. Astronomie, Geographie und Mathematik der Griechen, München 1992.

Tarver, Varro — Thomas Tarver, Varro, Caesar and the Roman Calendar: A Study in Late Republican Religion, in: A. H. Sommerstein (Hrsg.), Religion and Superstition in Latin Literature, Bari 1996, 39–57.

Thalheim, Klepsydra — Theodor Thalheim, Klepsydra (2), in: RE 11,1 (1921) 807–809.

Theunissen, Pindar	Michael Theunissen, Pindar. Menschenlos und Wende der Zeit, München 2000.
Theunissen, Zeit	Michael Theunissen, Zeit II. Antike – A. Griechenland (vor Platon), in: HWdPh 12 (2007) 1190–1196.
Theunissen, Zeitbegriffe	Michael Theunissen, Griechische Zeitbegriffe vor Platon, in: ABG 44 (2002) 7–23.
Thraede, Erfinder	Klaus Thraede, Erfinder II (geistesgeschichtlich). AI: griechisch-römisch, in: RAC 5 (1962) 1192–1246.
Tiffeneau, Mythes	Dorian Tiffeneau, Mythes et répresentations du temps, Paris 1985.
Timpe, Entdeckungsgeschichte	Dieter Timpe, Entdeckungsgeschichte, in: RGA 7 (1989) 307–389
Titzmann, Kulturelles Wissen	Michael Titzmann, Kulturelles Wissen – Diskurs – Denksystem. Zu einigen Grundbegriffen der Literaturgeschichtsschreibung, in: Zeitschrift für französische Sprache und Literatur 99 (1989) 47–61.
Tosi, Architettura	Giovanna Tosi, Architettura e astronomia nel *De architectura* di Vitruvio, in: Fano Santi, Archeologia, 74–82.
Traglia, Germanio	Antonio Traglia, Germanico e il suo poema astronomico, in: ANRW II 32, 1 (1984) 321–343.
Tränkle, Livius	Hermann Tränkle, Livius und Polybios, Basel/Stuttgart 1977.
Traversari, Pelecinum	Gustavo Traversari, Il 'Pelecinum' – un particolare tipo di orologio solare raffigurato su alcuni rilievi di sarcofagi di età Romana, in: Fano Santi, Archeologia, 66–73
Tupet, Magie	Anne-Marie Tupet, La magie dans la poésie latine, 1: Des origines à la fin du règne d'Auguste, Paris 1976 (Coll. d'études anciennes).
Uxkull-Gyllenband, Kultur-Entstehungslehren	Woldemar Uxkull-Gyllenband, Griechische Kultur-Entstehungslehren, Berlin 1924 (Archiv für Geschichte und Philosophie, Beilage 36, 3–4).
Verdin/Schepens/ de Keyser	H. Verdin, G. Schepens, E. de Keyser (Hrsg.), Purposes of History, Leuven 1990.
Verdon, Nuit	Jean Verdon, La nuit au moyen age, Paris 1994.
Viarre, Image	Simone Viarre, L'image et la pensée dans les „Metamorphoses" d'Ovid, Paris 1964.
Viarre, Originalité	Simone Viarre, L'originalité de la magie d'Ovide dans les Metamorphoses, in: Atti del Convegno Internazionale Ovidiano, Sulmona 1958, Rom 1959, 2, 327–338.
Villgradter/Krey	Rudolf Villgradter/Friedrich Krey, Der utopische Roman, Darmstadt 1973.

Vischer, Leben — Rüdiger Vischer, Das einfache Leben. Wort- und motivgeschichtliche Untersuchungen zu einem Wertbegriff der antiken Literatur, Göttingen 1965 (Studienhefte zur Altertumswissenschaft 11).

Vogt-Spira, Zukunft — Gregor Vogt-Spira, Die Einschätzung der Zukunft in der Zeitreflexion der Antike, in: Communicazioni/Mitteilungen der Villa Vigoni 5 (2001) 41–60.

Vogt-Spira/Rommel — Gregor Vogt-Spira/Bettina Rommel (Hrsg.), Rezeption und Identität. Die kulturelle Auseinandersetzung Roms mit Griechenland als europäisches Paradigma, Stuttgartt 1999.

Volk, Carmine — Katharina Volk, *Cum carmine crescit et annus.* Ovid's fasti and the poetics of simultaneity, TaPhA 127 (1997) 287–313.

Waerden, Wissenschaft — Bartel L. van der Waerden, Erwachende Wissenschaft, 2: Die Anfänge der Astronomie, Basel/ Stuttgart 1968.

Walter, Collectanea — Hermann Walter, Die Collectanea rerum memorabilium des C. Julius Solinus. Ihre Echtheit und die Echtheit ihrer Zweitfassung, Wiesbaden 1969 (Hermes Einzelschriften 22).

Weeber, Nachtleben — Karl-Wilhelm Weeber, Nachtleben im alten Rom, Darmstadt 2004.

Weinstock, Divus — Stefan Weinstock, Divus Julius. Oxford 1971.

Wendorff, Zeit — Rudolf Wendorff, Zeit und Kultur. Geschichte des Zeitbewusstseins in Europa, Opladen [3]1985.

Wenskus, Zeitangaben — Otta Wenskus, Astronomische Zeitangaben von Homer bis Theophrast, Stuttgart 1990 (Hermes Einzelschriften 55).

Werhahn, Hyperboreer — Heinz Martin Werhahn, Hyperboreer, in: RAC 16 (1994) 967–986.

Westermann, Zeit — H. Westermann, Zeit. II. Antike. B. Platon bis Boethius, in: HWdPh 12 (2007) 1196–1207.

Westphalen, Kulturenstehungslehre — Klaus Westphalen, Die Kulturentstehungslehre des Lukrez, München 1957.

White, Klio — Hayden White, Auch Klio dichtet oder Die Fiktion des Faktischen. Studien zur Tropologie des historischen Diskurses. Einführung von Reinhart Koselleck, Stuttgart 1991 (Sprache und Geschichte 10).

Whitrow, Erfindung — G. J. Whitrow, Die Erfindung der Zeit, Hamburg 1991.

Wickevoort Crommelin, Universalgeschichte — Bernard R. van Wickevoort Crommelin, Die Universalgeschichte des Pompeius Trogus. Herculea audacia orbem terrarum adgressus, Hagen 1993 (Beiträge zur Geschichtskultur 7).

Wiedemann/Hauser E. Wiedemann/F. Hauser, Uhr des Archimedes und zwei andere Vorrichtungen. Halle 1918 (Nova Acta Leopoldina 103, 2)

Wifstrand Schiebe, Dasein Marianne Wifstrand Schiebe, Das ideale Dasein bei Tibull und die Goldzeitkonzeption Vergils, Uppsala 1981 (Acta Universitatis Upsaliensis, Studia Latina 13).

Wilamowitz-Moellendorff, Aischylos Ulrich von Wilamowitz-Moellendorff, Aischylos-Interpretationen, Berlin 1914.

Wilcox, Measure Donald J. Wilcox, The Measure of Times Past. Pre-Newtonian Chronologies and the Rhetoric of Relative Time, Chicago/London 1987.

Windau, Somnus Bettina Windau, Somnus. Neulateinische Dichtung an und über den Schlaf. Studien zur Motivik, Texte, Übersetzung, Kommentar, Trier 1998 (BAC 34).

Winiarczyk, Werk Marek Winiarczyk, Das Werk des Jambulos. Forschungsgeschichte (1550–1988) und Interpretationsversuch, in: RhM 140 (1997) 128–153.

Wissowa, Bauernkalender Georg Wissowa, Römische Bauernkalender, in: Apophoreton, überreicht von der Graeca Halensis anläßlich der 47. Versammlung deutscher Philologen und Schulmänner, Berlin 1903, 29–51.

Wissowa, Censorinus Georg Wissowa, Censorinus (7), in: RE 3,2 (1899) 1908–1910.

Witulski, Kaiserkult Thomas Witulski, Kaiserkult in Kleinasien. Die Entwicklung der kultisch-religiösen Kaiserverehrung in der römischen Provinz Asia von Augustus bis Antoninus Pius, Göttingen 2007 (NTOA 63)

Wolkenhauer, Gastmahl Anja Wolkenhauer, ‚Gastmahl der Zeiten' und ‚Gastmahl des Lebens': Zur Bildlichkeit der Zeit und einem spätantiken Mosaik aus Antiochia, in: Millennium 3 (2006) 103–123.

Wolkenhauer, Ordo Anja Wolkenhauer, Ordo vitae: Die Entwicklung der Uhrenmetapher als Sinnbild guter Herrschaft in der spätantiken lateinischen Literatur, in: Physica et historia. Festschrift Andreas Kleinert zum 65. Geburtstag, hrsg. v. S. Splinter et al., Halle 2005 (Acta historica Leopoldina 45) 43–50.

Wolkenhauer, Ricerca Anja Wolkenhauer, Alla ricerca di antenati classici. Tac., Ann. 11,14 e l'atteggiamento degli umanisti nei confronti della tipografia, in: Luisa Secchi Tarugi (Hrsg.), L'Europa del Libro nell'Età dell'Umanesimo. Atti del XIV Convegno Internazionale. Chianciano, Firenze, Pienza, 16–19 luglio 2002, Firenze 2004 (Quaderni della Rassegna 36), 205–218.

Wright, Dancing	John Wright, Dancing in Chains: The Stylistic Unity of the Comoedia Palliata, Rom 1974.
Wüst, Palamedes	Ernst Wüst, Palamedes (1), in: RE 18,1 (1942) 2500–2512.
Yavetz, Caesar	Zvi Yavetz, Caesar in der öffentlichen Meinung, Düsseldorf 1979 (Schriftenreihe des Instituts f. Dt. Geschichte, Univ. Tel Aviv, 3).
Zanker, Augustus	Paul Zanker, Augustus und die Macht der Bilder, München 2003.
Ziegler, Polybios	Konrat Ziegler, Polybios (1), in: RE 21,2 (1952), 1440–1578.
Zimmermann, Utopisches	Bernhard Zimmermann, Utopisches und Utopie in den Komödien des Aristophanes, in: WJA 9 (1983) 57–77.
Zumschlinge, Utopie	Marianne Zumschlinge, Utopie, in: H.H. Schmitt/E. Vogt (Hrsg.), Lexikon des Hellenismus, Wiesbaden 2005, 1094–1096.
Zuntz, Aion	Günther Zuntz, Aion. Gott des Römerreiches, Heidelberg 1989 (Abhandlungen der Heidelberger Akademie der Wissenschaften, Phil.-hist. Klasse, 1989, 2).

Stellenindex

Die Ansetzung der Autorennamen folgt dem *Thesaurus Linguae Latinae* bzw. Liddell/ Scott/ Jones; zugeschriebene Werke und Corpusschriften werden wie Verfasserschriften behandelt.

FSC
www.fsc.org
MIX
Papier | Fördert gute Waldnutzung
FSC® C083411

Kolibri 360 GmbH
Ferdinand-Jühlke-Straße 7
99095 Erfurt, Deutschland
produktsicherheit@kolibri360.de